Word
Excel
PPT

办公应用从入门到精通

许东平◎编著

北京时代华文书局

图书在版编目(CIP)数据

Word/Excel/PPT 办公应用从入门到精通 / 许东平编著. -- 北京：北京时代华文书局, 2019.10(2021.9重印)
ISBN 978-7-5699-3190-7

Ⅰ. ①W… Ⅱ. ①许… Ⅲ. ①办公自动化－应用软件
Ⅳ. ①TP317.1

中国版本图书馆CIP数据核字(2020)第085046号

Word/Excel/PPT 办公应用从入门到精通
Word/Excel/PPT BANGONG YINGYONG CONG RUMEN DAO JINGTONG

编　　著 | 许东平

出 版 人 | 陈　涛
选题策划 | 王　生
责任编辑 | 周连杰
封面设计 | 乔景香
责任印制 | 刘　银

出版发行 | 北京时代华文书局 http://www.bjsdsj.com.cn
北京市东城区安定门外大街136号皇城国际大厦A座8楼
邮编：100011　电话：010-64267955 64267677
印　　刷 | 三河市祥达印刷包装有限公司　电话：0316—3656589
(如发现印装质量问题，请与印刷厂联系调换)
开　　本 | 170mm×240mm　1/16　印　　张 | 18.5　字　　数 | 140千字
版　　次 | 2020年6月第1版　印　　次 | 2021年9月第2次印刷
书　　号 | ISBN 978-7-5699-3190-7
定　　价 | 69.80元

前言

为什么要阅读本书

Office 是现代公司日常办公中不可或缺的工具，主要包括 Word、Excel、PowerPoint 等组件，被广泛地应用于财务、行政、人事、统计和金融等众多领域。本书从实用的角度出发，结合实际应用案例，模拟真实的办公环境，介绍 Word/Excel/PPT 2010 的使用方法和技巧，旨在帮助读者全面、系统地掌握 Word/Excel/PPT 2010 在办公中的应用。

Office 2010 具有界面友好、操作简便、功能强大等特点，是广大职场人士商务办公不可或缺的得力“助手”。用户可以利用软件中的 Word/Excel/PPT 2010 组件制作工作所需的各种文档、表格、图表和演示文稿，快速提高工作效率，轻松搞定各种办公难题。

本书针对初学者的学习特点，在结构上采用“由简单到深入、由单一应用到综合应用”的组织思路，在写作上采用“图文并茂、一步一图、理论与实际相结合”的教学原则，全面具体地对 Word/Excel/PPT 2010 的使用方法、操作技巧、实际应用、问题分析与处理等方面进行了阐述，并在正文讲解过程中穿插了很多操作技巧，帮助读者找到学习的捷径。经此安排，旨在让读者学会办公软件→掌握操作技能→熟练应用于工作之中。

本书内容导读

全书共 11 章，其中各部分内容介绍如下。

第 1~5 章：介绍了 Word 文档的编辑与排版功能、Word 的图文混排功能应用、Word 表格的编辑与应用、Word 样式与模板功能应用、Word 文档处理的高级应用技巧等。

第 6~9 章：介绍了 Excel 表格的编辑与美化，函数与公式的应用，数据的排序、筛选与分类汇总，图表的创建与美化，数据透视图 / 表的应用等。

第 10~11 章：PPT 幻灯片的编辑与设计、PPT 幻灯片的动画制作与放映等。

选择本书的理由

以案例为主线，贯穿知识点，实操性强，与读者需求紧密吻合，模拟真实的工作学习环境，帮助读者解决在工作中遇到的问题。

高手支招，高效实用

每章最后提供有一定质量的实用技巧，满足读者的阅读需求，也能解决在工作和学习中一些常见的问题。

编者说

最后，真诚感谢您购买本书。您的支持是我们最大的动力，我们将不断努力，为您奉献更多、更优秀的计算机图书！如您需要书中使用的素材，可发邮件至 382798384@qq.com 获取。由于计算机技术发展非常迅速，加上编者水平有限，疏漏之处在所难免，敬请广大读者和同行批评指正。

编者

2020 年 5 月

目 录

Chapter 01

Word文档的编辑与排版功能

本 章 导 读

在日常办公应用中，通常文本都需要输入和排版。Word 2010 是微软公司推出的强大的文字处理软件，使用该软件可以轻松地输入和编排文本。本章通过制作劳动合同、办公行为规范和员工手册介绍 Word 2010 的基本使用方法。

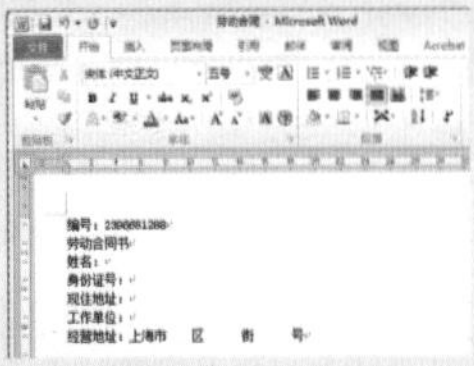

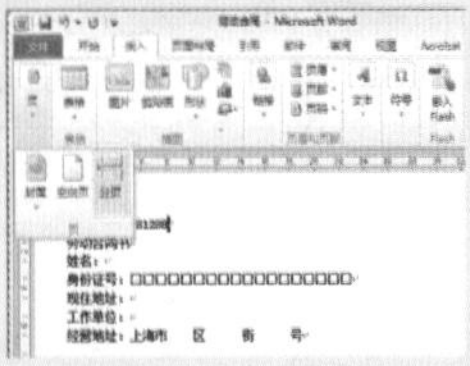

知识技能要求

通过本章内容的学习，读者主要学如何在 Word 2010 软件中输入文本内容，掌握文本的常用格式设置方法。学完后需要掌握的相关知识技能如下：

- ⊙ Word 文档的基本操作
- ⊙ 文档内容的录入方法与技巧
- ⊙ 字符格式的设置
- ⊙ 段落格式的设置
- ⊙ 页面格式的设置
- ⊙ 格式的复制及应用

1.1 编排劳动合同

劳动合同是用人单位和劳动者之间签订的合同，它主要用于用人单位与受雇人员明确规定双方的权利和义务，是双方必须共同遵守的文书。本节将以劳动合同文书的编排过程为例，为读者介绍此类文书编排时需要应用的软件功能及技巧。

1.1.1 创建劳动合同文档

在编排劳动合同前，用户需要在 Word 2010 中新建文档，并输入文档内容，修改内容后再保存文档，具体操作如下。

1. 输入劳动合同首页内容

通常，启动 Word 2010 软件后，软件将自动创建一个空白文档，用户可直接在该文档中输入内容。

将鼠标指针定位于空白文档，输入如下图所示的劳动合同首页内容。

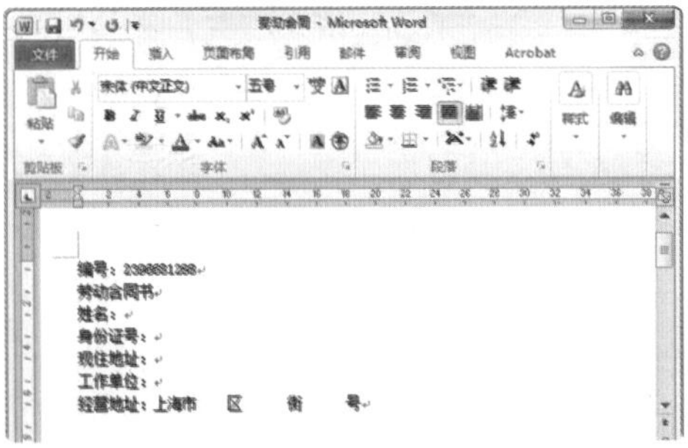

知识加油站

文档内容录入技巧

为提高文档录入与编排的工作效率，用户通常可先将所有文档内容录入之后，统一进行编辑和格式设置。

在文本中多次重复出现并且较长的短语或名词，可先录入在文章中不会出现的简称或字符串，在录入完成后应用查找替换功能进行替换。

2. 插入特殊符号

在录入文档内容时，有时需要输入一些特殊符号，在 Word 2010 中可以使用“插入”选项卡中的“符号”功能插入需要的符号。例如，本例中要在“身份证号”后插入 18 个方框符号“□”，具体操作如下。

（1）执行插入符号命令

①将鼠标指针定位于“身份证号”文字后；

②单击“插入”选项卡；

③单击“符号”按钮；

④选择“其他符号”命令，如下图所示。

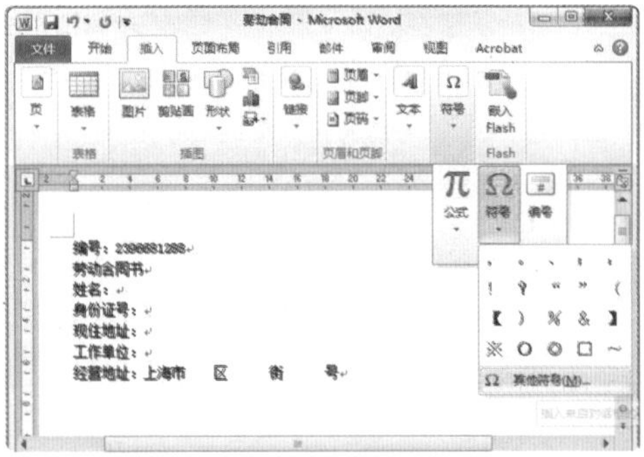

（2）选择并插入方框符号

①在“字体”下拉列表框中选择“普通文本”；

②在“子集”下拉列表框中选择“几何图形符”；

③在列表框中选择“空心方形”符号；

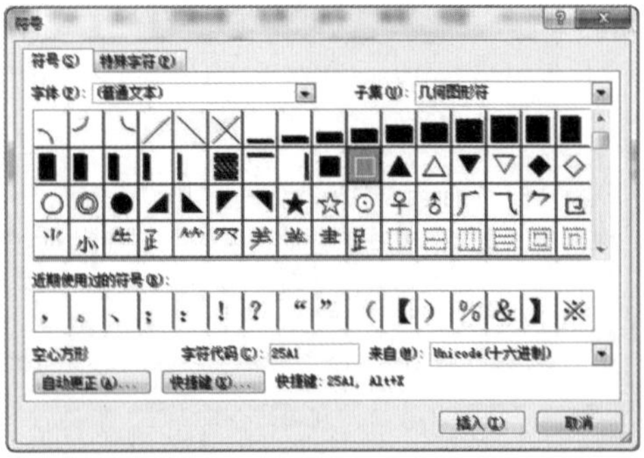

④单击“插入”按钮即可插入方框符号，如上图所示。

3. 插入分页符

前面添加的内容为劳动合同的首页，在输入完这些内容后应换到下一页再输入合同的详细内容，可通过插入分页符的操作来完成，具体操作如下。

①将鼠标指针定位于要分页的位置，单击“插入”选项卡；

②单击“页”组中的“分页”按钮即可，如下图所示。

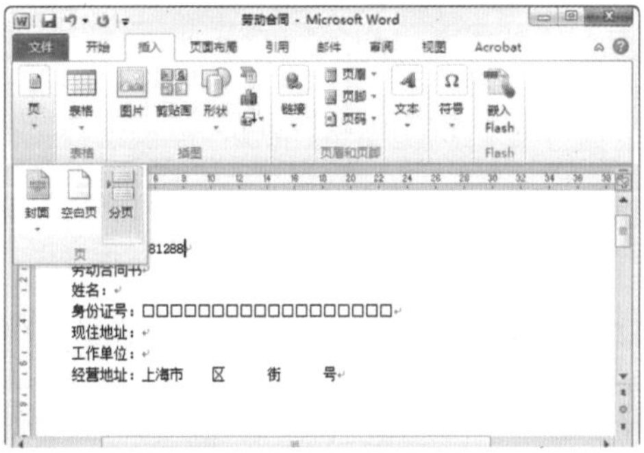

4. 复制和粘贴文本内容

在录入和编辑文档内容时，有时需要从外部文件或其他文档中复制一些文本内容，例如，本例中将从素材文本文件中复制劳动合同内容到Word中进行编辑，具体操作如下。

（1）打开并复制文本文件中的内容

在记事本中打开素材文本文件，按【Ctrl+A】快捷键全选文本内容，再按【Ctrl+C】快捷键复制所选内容，如上图所示。

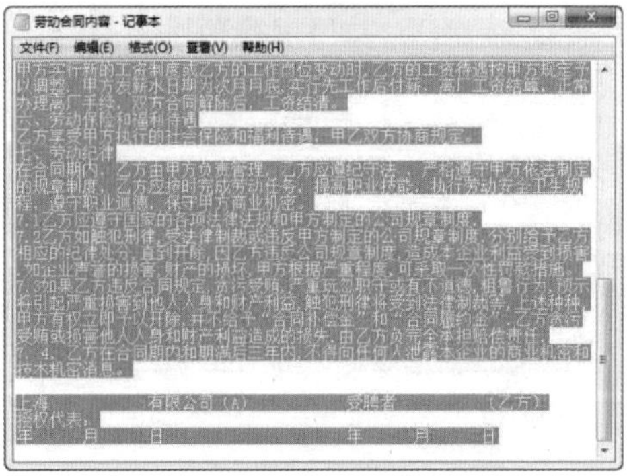

知识加油站

关于粘贴选项

在Word 2010中粘贴复制内容时，根据复制源内容的不同，会出现一些粘贴选项供用户选择，单击“粘贴”下拉按钮或按【Ctrl】键即可打开粘贴选项，在选项中选择所需要的格式选项即可。例如，将一个Word文档中带格式的内容复制到另一个文档中，此时可供选择的粘贴选项有“保留源格式”“合并格式”和“只保留文本”等。

（2）将文本粘贴于Word文档中

将鼠标指针定位于Word文档末尾，单击“开始”选项卡中的“粘贴”按钮或按【Ctrl+V】快捷键，即可将复制的内容粘贴于文档中，如下图所示。

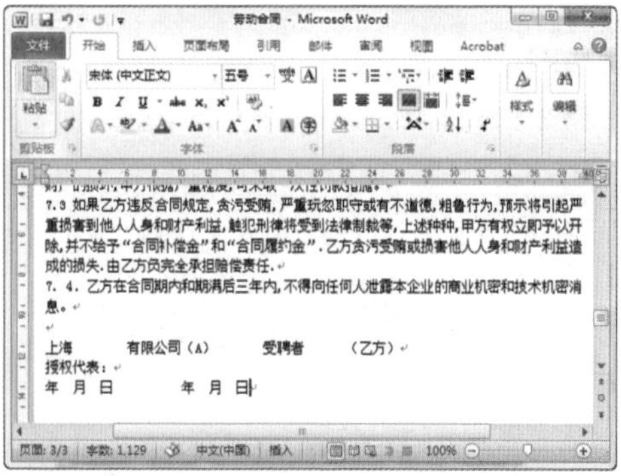

5. 查找和替换文本内容

在对内容进行编辑和修改时，如果要在文档中将所有的指定文本内容替换为新的文本内容，此时，用户可以使用“查找和替换”功能，可提高录入速度。例如，本例中所有的文本“甲方”，在录入时使用了字母“A”进行替代，现需要将所有的字母“A”替换为文本“甲方”，具体操作如下。

（1）单击“替换”按钮

单击“开始”选项卡“编辑”组中的“替换”按钮，如下图所示。

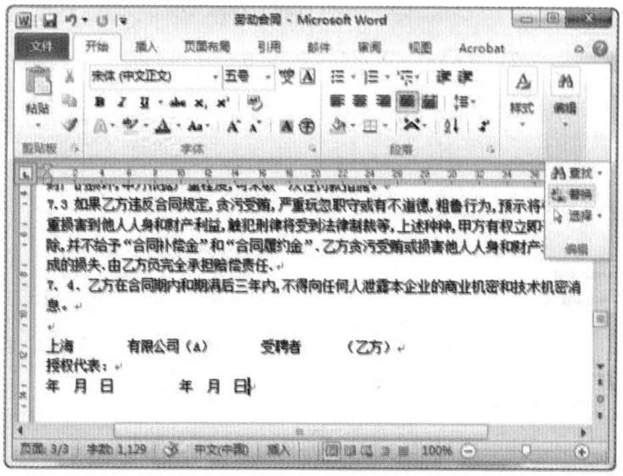

（2）设置查找和替换内容并替换

①在“查找内容”文本框中输入“A”；

②在“替换为”文本框中输入“甲方”；

③单击“全部替换”按钮即可，如下图所示。

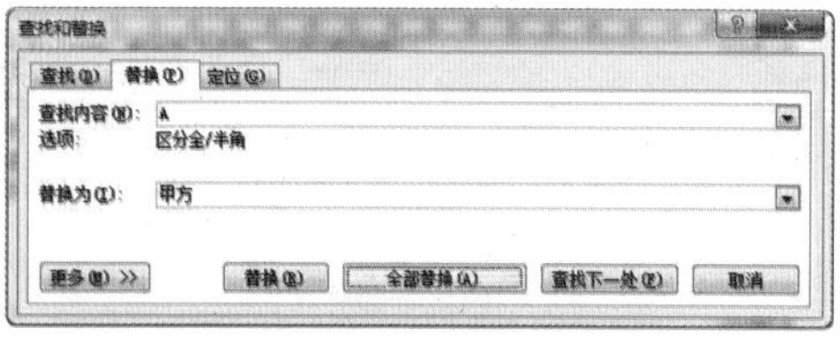

疑难解答

问：在查找替换时如果有部分查找内容不需要进行替换怎么办？

答：在“查找和替换”对话框中单击“查找下一处”按钮，Word将自动选中下一处查找内容，若所选择的内容需要进行替换则单击“替换”按钮，否则再单击“查找下一处”按钮，重复这样的操作即可。

6. 查找和替换空行

本例中复制到Word中的内容出现一些多余的空行，要快速将其删除，同样可使用“查找和替换”功能，具体操作如下。

（1）单击“更多”按钮

打开“查找和替换”对话框，删除“查找内容”和“替换为”文本框中的内容，并将鼠标指针定位于“查找内容”文本框中，单击“更多”按钮，如下图所示。

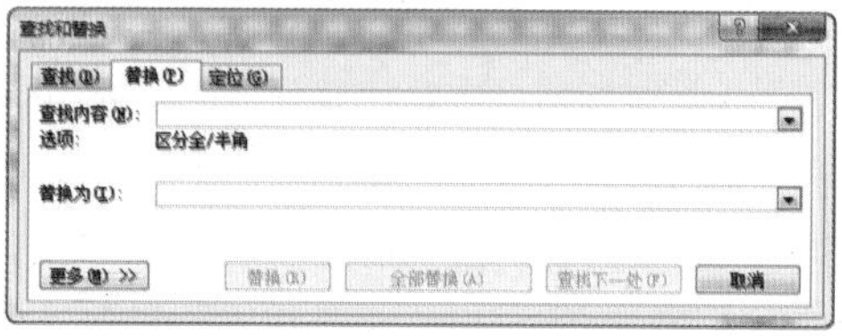

（2）选择“段落标记”命令

①单击“特殊格式”按钮；

②在菜单中选择“段落标记”命令，如下图所示。

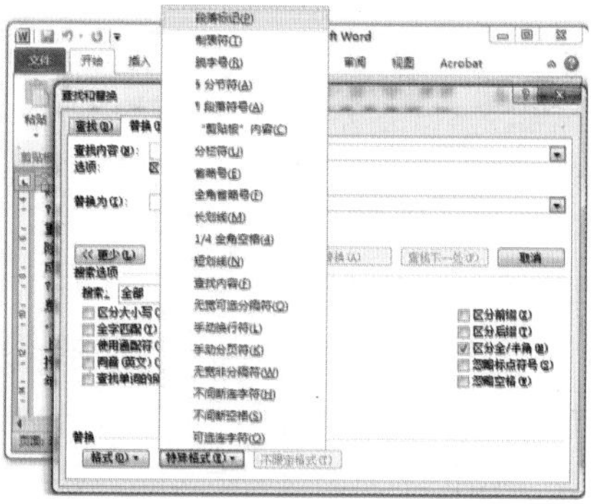

（3）重复上一步操作

在完成上一步操作后，将鼠标指针定位于“查找内容”文本框中，重复上一步操作，即设置查找内容为两个连续的“段落标记”，

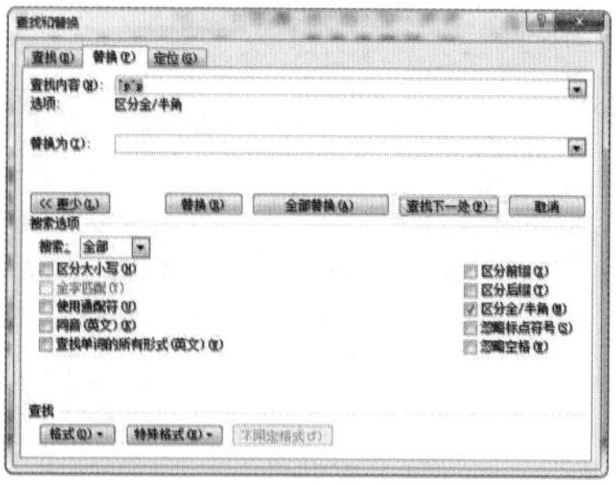

如上图所示。

（4）替换文档中的空行

①将鼠标指针定位于“替换为”文本框中，用与前两步相同的方式设置“替换为”文本框的内容为段落标记；

②单击“全部替换”按钮。若文档中空行较多，则多次单击“全部替换”按钮即可，如下图所示。

知识加油站

关于“特殊格式”菜单的应用

在对文档内容进行查找替换时，如果所查找的内容或所需要替换为的内容中包含特殊格式，如段落标记、手动换行符、制表位、分解符等特定内容，均可在“查找和替换”对话框的“特殊格式”菜单中选择相应的命令。

7. 保存劳动合同文档

在对文档进行编辑后，将文档存储于磁盘中的操作如下。

（1）执行“保存”命令

①选择“文件”选项卡；

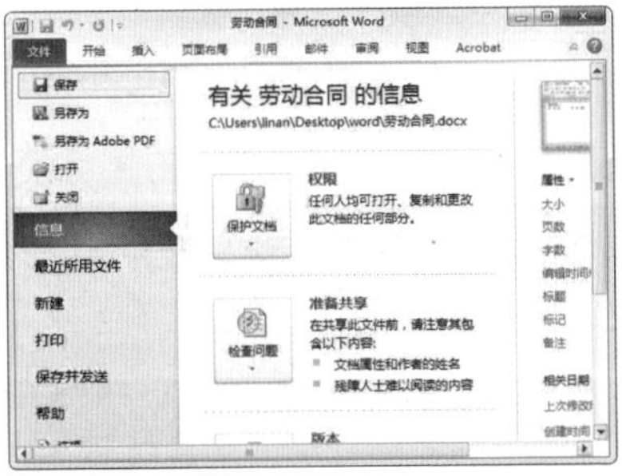

②单击“保存”命令，如上图所示。

（2）设置保存位置及文件名称

①在打开的“另存为”对话框中设置文件保存位置；

②输入文件名称；

③单击“保存”按钮保存文件，如下图所示。

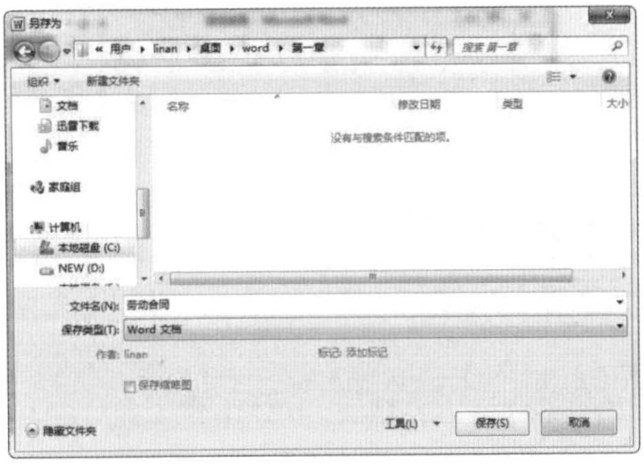

知识加油站

文件保存的注意事项及技巧

在对文档进行编辑和处理时，为防止文件在编辑过程中因突发情况丢失，用户应提前保存文件，并在编辑的过程中不时地保存文档。保存文件的快捷键为【Ctrl ＋ S】。在文档中首次保存文件时，Word 会自动打开“另存为”对话框，要求用户选择保存位置，之后再保存文件时，文件将直接保存并替换前一次保存的文件，若要将文件进行备份或保存为新文件，可使用“文件”选项卡中的“另存为”命令。

1.1.2 编辑劳动合同

在录入完文档内容后，用户通常需要对文档的内容进行编辑和排版。下面通过对劳动合同的编辑和排版，为读者介绍 Word 2010 文档编辑和排版的相关知识。

1. 设置字体格式

下面对劳动合同内容中各部分的字体格

式进行设置，使其更加整齐、美观，具体操作如下。

（1）选择设置格式的文本

①按【Ctrl+A】快捷键全选文档内容；

②单击“开始”选项卡中“字体”组中的“对话框启动器”按钮，如下图所示。

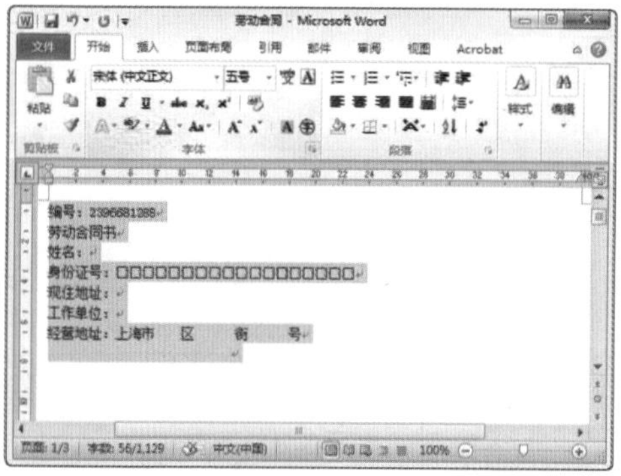

（2）设置字体、字号等格式

①在“中文字体”下拉列表框中选择“宋体”；

②在“西文字体”下拉列表框中选择“Arial”；

③设置“字形”为“常规”；

④设置“字号”为“五号”；

⑤单击“确定”按钮，完成设置，如下图所示。

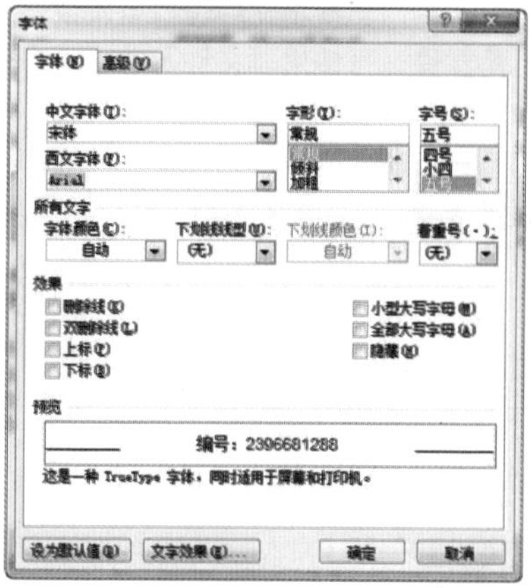

（3）设置标题文字格式

①选择标题文字“劳动合同书”；

②在“开始”选项卡中的“字体”下拉列表框中选择字体“黑体”；

③在“字号”下拉列表框中选择“初号”，如下图所示。

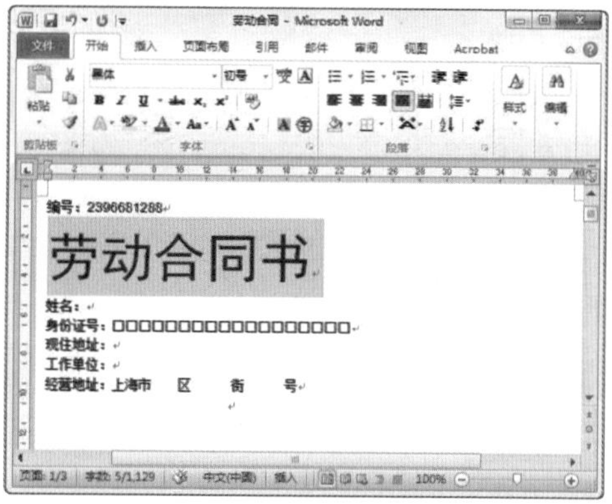

（4）设置首页底部文字格式

①选择首页中标题文字下方的所有段落；

②在“字号”下拉列表框中选择“四号”，如下图所示。

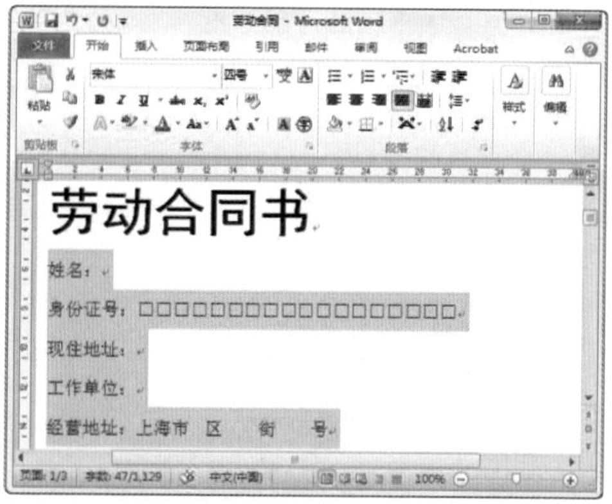

（5）设置文字倾斜

①选择文字“经营地址”后的文字内容；

②单击“开始”选项卡中的“倾斜”按钮，

使所选文字倾斜，如下图所示。

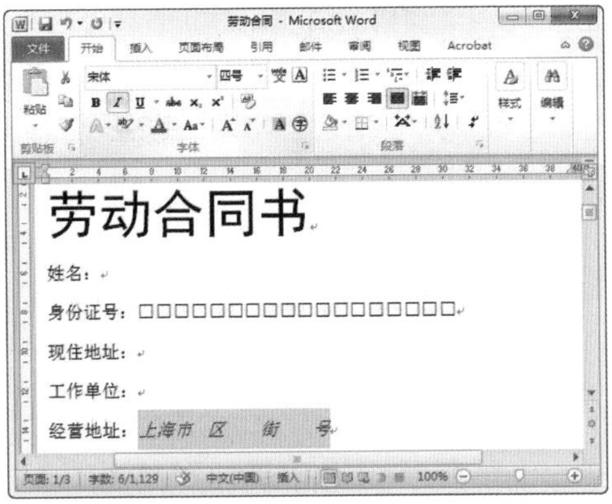

（6）设置文字颜色

①单击“开始”选项卡中的“字体颜色”下拉按钮；

②单击要应用的字体颜色，如“深蓝”，如下图所示。

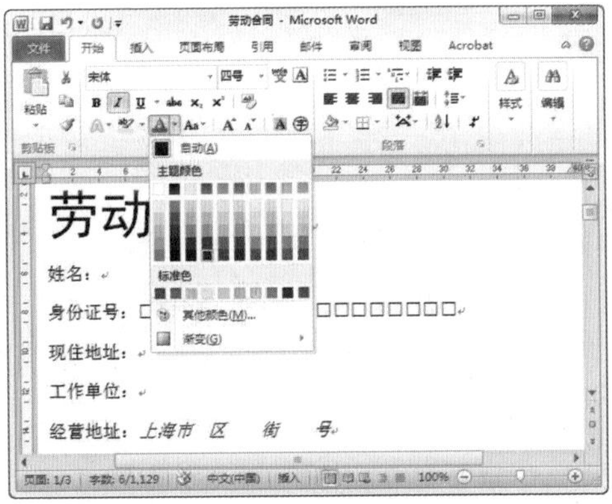

疑难解答

问：在文字上应用了多种字体格式后，如何快速将所有格式删除？

答：选择要清除格式的文本内容后，单击“开始”选项卡“字体”组中的“清除格式”按钮，可快速清除文字格式。

2. 添加下划线

在合同文档中，有打印之后让合同签订双方填写的区域，通常需要为这些空白区域添加下划线，具体操作如下。

（1）应用下划线格式

①将鼠标指针定位于“姓名”文字后；

②单击“开始”选项卡中的“下划线”按钮，如下图所示。

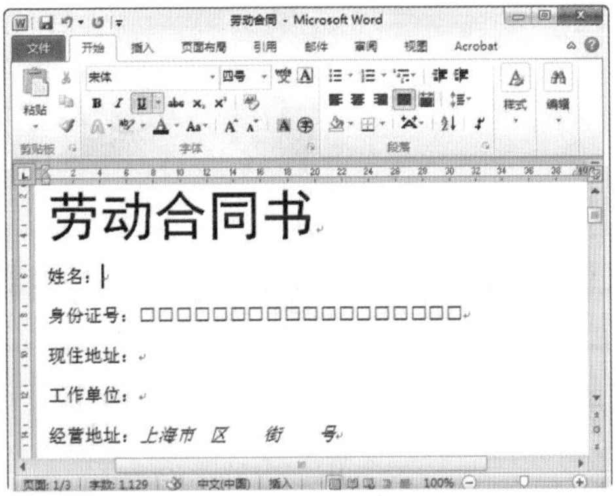

（2）使用空格显示下划线

输入多个空格字符即可显示出下划线，如下图所示。

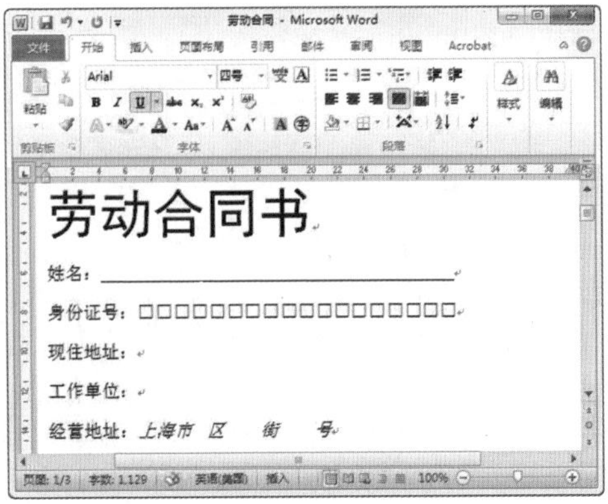

（3）为其他区域添加下划线

用相同的方式为合同书需要填写的空白区域加上下划线，如下图所示。对于已存在空格的区域，可选择该区域的空格，直接单击“下划线”按钮即可。

3. 设置段落格式

对文档内容进行修饰时，除对字符格式

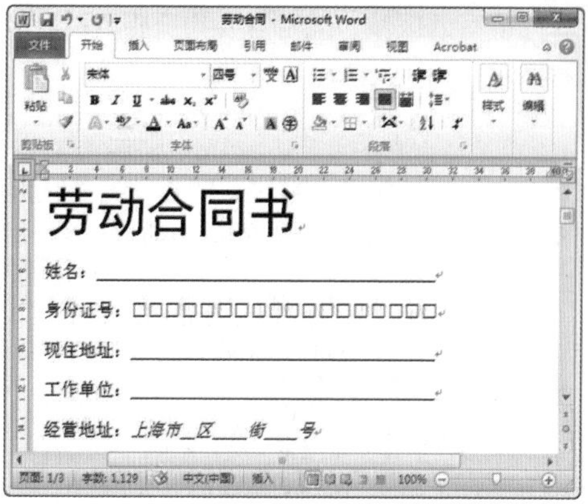

进行设置外，通常还需要针对段落的整体格式进行设置。对劳动合同书中各段落的格式进行设置的具体操作如下。

（1）设置标题段落居中对齐

①选择标题文字段落；

②单击“开始”选项卡“段落”组中的“居中”按钮，将标题设置为居中对齐，如下图所示。

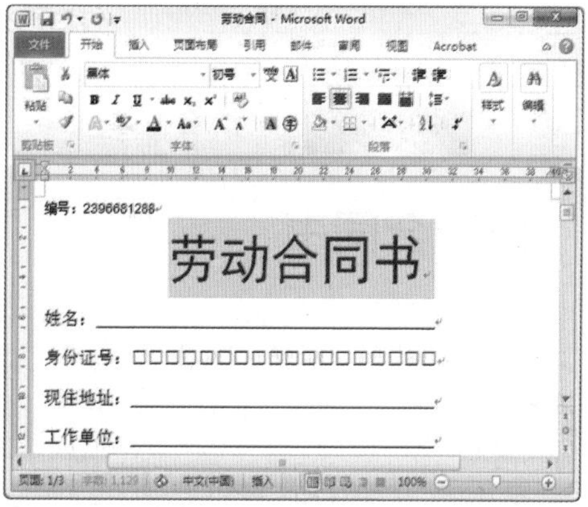

（2）设置标题段落间距

单击“段落”组中的“对话框启动器”按钮，打开“段落”对话框；

①设置段前距离为“6 行”；

②设置段后距离为“16 行”；

③单击“确定”按钮，完成段落间距设置，如下图所示。

（3）设置段落缩进

①选择首页中标题下方的段落；

②单击“开始”选项卡“段落”组中的“增加缩进量”按钮，使所选段落的左侧空白增大，单击多次将段落调整至合适位置，如下图所示。

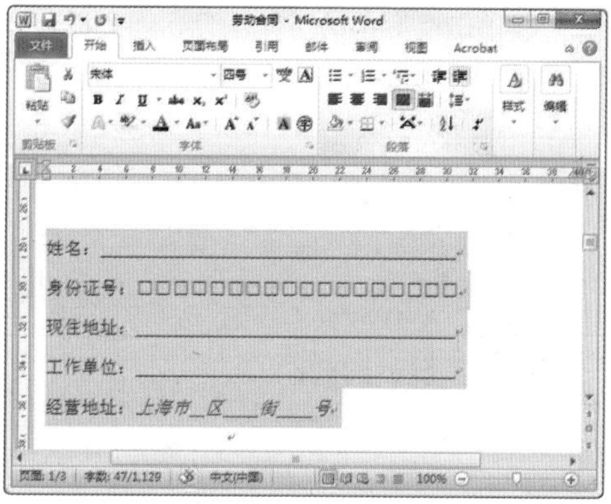

（4）设置正文行间距

①选择第 2 页开始到文章末尾的正文内容；

②单击“对话框启动器”按钮，打开“段落”对话框；

③设置“行距”为“多倍行距”；

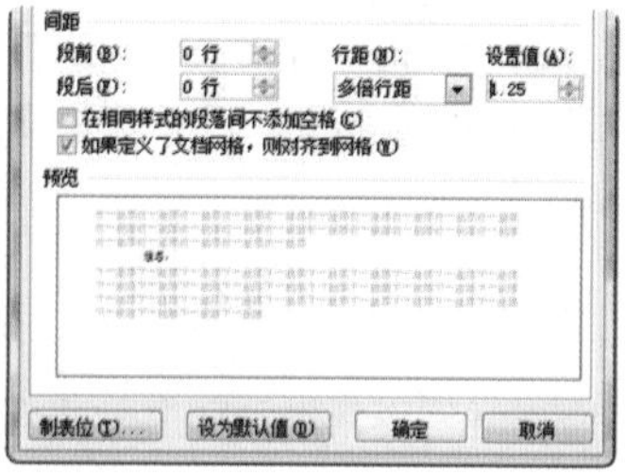

④设置“设置值”为 1.25；

⑤单击“确定”按钮，如上图所示。

（5）设置正文第一段格式

将鼠标指针定位于正文第一段开头位置，按【Tab】键使该段落首行缩进两个字符，如下图所示。

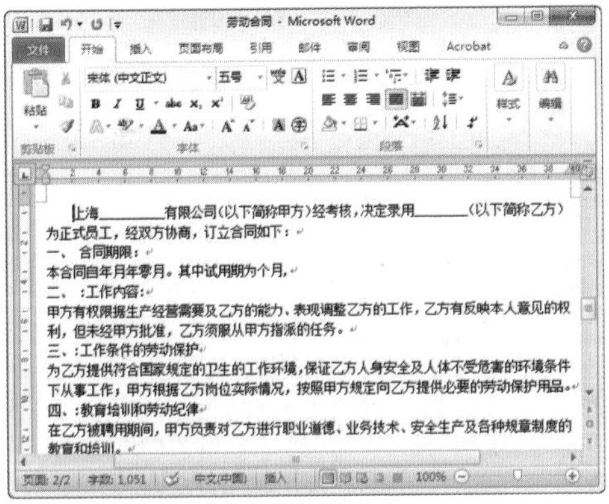

（6）设置正文内容段落缩进

①选择第一条的标题；

②单击“增加缩进量”按钮，为该段落添加左缩进，如下图所示。

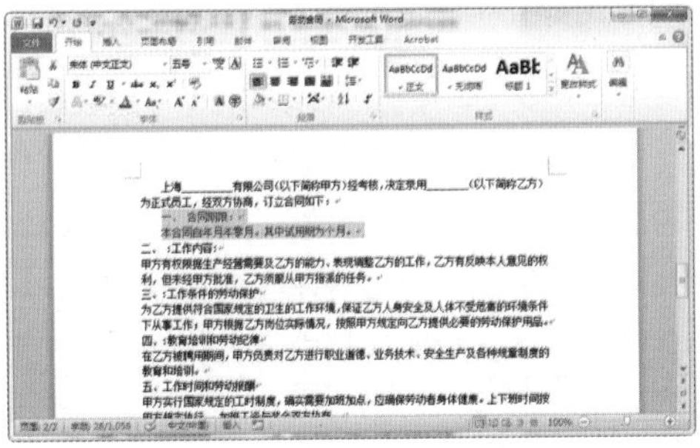

疑难解答

问：如何使行距更小？

答：在设置段落文字的行间距时，若要使行间距比该行文字高度更小，则可以使用“固定值”选项，即在“段落”对话框的“行距”下拉列表框中选择“固定值”，设置“设置值”参数为固定的高度值即可，该值可以小于该行文字的高度，但此时可能会出现文字无法完整显示的情况。

4. 添加项目符号

在排版文档时，为了让几段并列的段落更加醒目，用户可以在这些段落前加上一些图形符号，即项目符号。例如，为合同中的细则内容加上项目符号，具体操作如下。

①选择第一条的内容部分；

②单击“开始”选项卡“段落”组中的“项目符号”下拉按钮；

③选择要应用的项目符号样式，如下图所示。

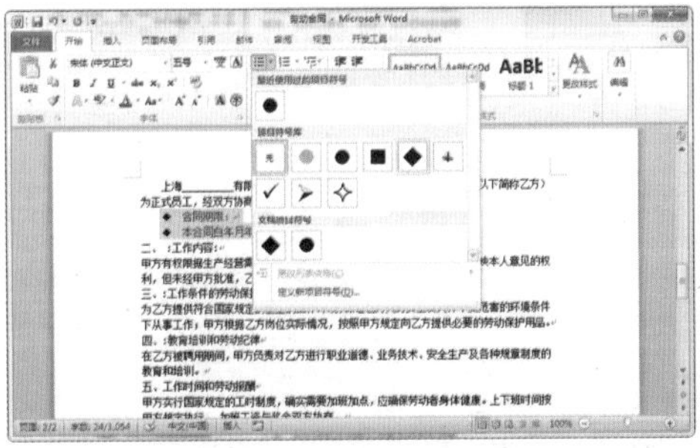

疑难解答

问：如何定义新项目符号？

答：在文本中使用项目符号时，如果要使用默认项目符号样式以外的符号作为项目符号，可以单击“项目符号”下拉按钮，在菜单中选择“定义新项目符号”命令，在打开的对话框中设置其他符号或图片作为项目符号。

5. 使用格式刷快速应用格式

如果要将文档中已经使用过的格式应用于文档中其他文本，可以使用“格式刷”工具。例如，本例中要将第一条内容中的格式应用于每一条的内容上，具体操作如下。

（1）使用格式刷

①选择第一条内容部分；

②单击“开始”选项卡“剪贴板”组中的“格式刷”按钮，如下图所示。

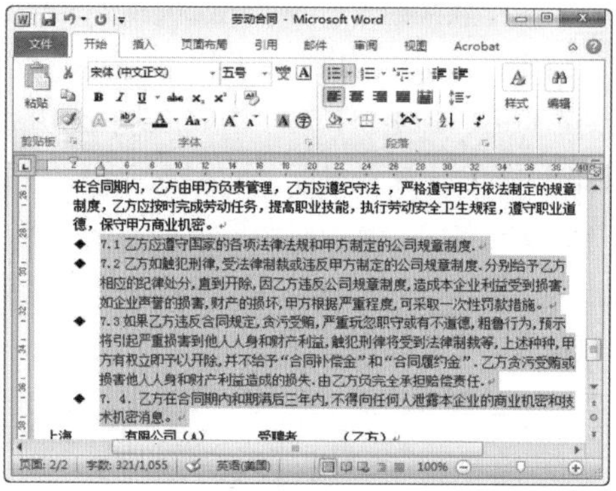

（2）选择目标应用格式

拖动鼠标选择文档中其他需要应用相同格式的文字内容，即可将上一步中所选内容的格式应用于当前所选内容上，如下图所示。

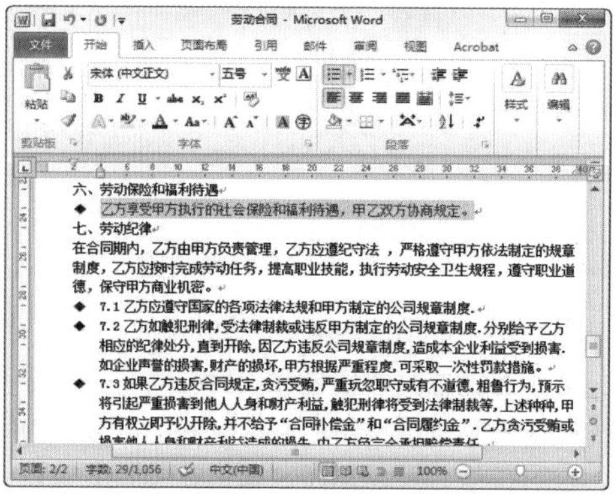

疑难解答

问：如何重复多次应用相同的格式？

答：在使用格式刷时，如果要将复制的格式应用于文档的多处内容上，可以在选择要复制格式的源内容后，双击“格式刷”按钮，再拖动鼠标选择内容即可自动应用复制的格式，要停止应用格式，可按【Esc】键或执行其他命令。

6. 统计字数

在编辑完文档内容后，要统计文档中的文字字数，单击“审阅”选项卡中的“字数统计”按钮，即可打开“字数统计”对话框，通过该对话框可以查看到页数、字数、字符数、段落数、行数等相关的统计信息，如下图所示。

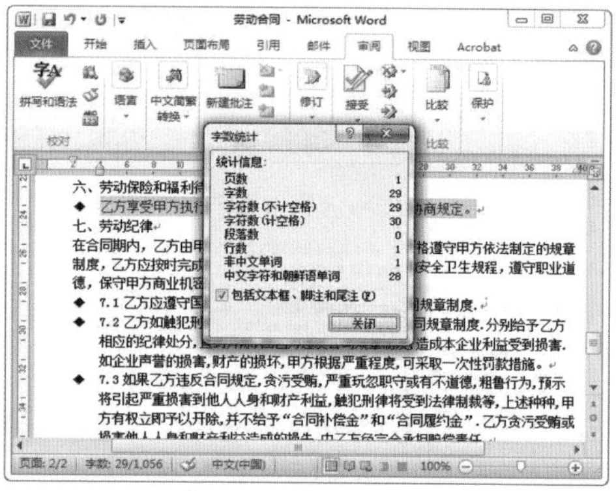

1.1.3 阅读劳动合同

在编排完文档后，用户通常需要对文档排版后的整体效果进行查看，本节将以不同的方式对劳动合同文档进行查看。

1. 使用阅读版式

在对文档进行查看时，为方便阅读文档内容，用户可使用“阅读版式”视图查看文档，在该状态下文章内容将以全屏方式显示在屏幕上，方便用户对文档内容进行查看，如下图所示。

要切换到“阅读版式”视图，单击“视图”选项卡中的“阅读版式视图”按钮即可。

在“阅读版式”视图下，文档内容的显示不会以当前的页面格式进行显示，内容的自动换行、分页等均根据屏幕大小自动调整，以方便用户查看文档内容。

2. 应用“导航”窗格

“导航”窗格可以用于查看文档内容结

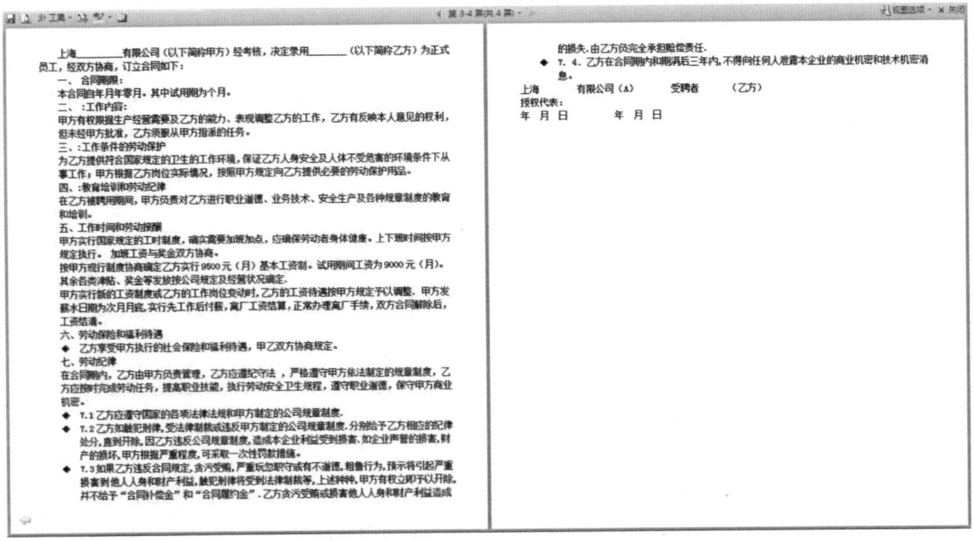

构，快速跳转到文档中相应的位置，其位置位于窗口的左侧，选择“视图”选项卡中的“导航窗格”选项可以显示出“导航”窗格，如下图所示。

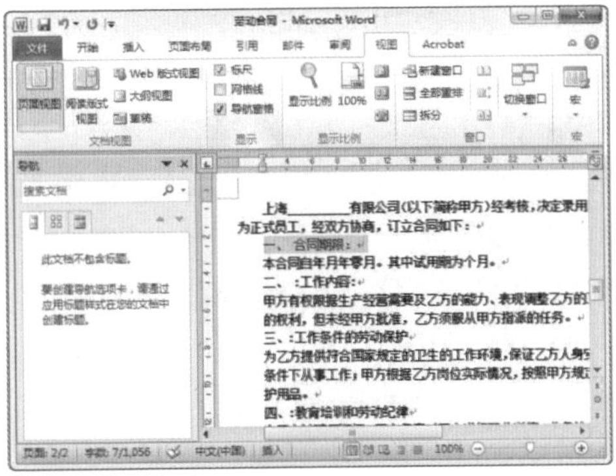

单击“导航”窗格中列举出的文章标题，可快速转到文章中相应标题的位置。在“搜索文档”文本框中输入内容，则可以快速从文档中查找到相应的文字内容。

疑难解答

问：为什么在我创建的文档中，“导航”窗格里没有文章标题列表？

答：“导航”窗格中的列表内容来源于文档中使用了标题样式的文本，使用了不同级别的标题样式后，“导航”窗格里才会显示出列表内容。

3. 更改文档显示比例

在查看文档时，可通过调整缩放比例来查看文档，即查看文档放大或缩小后的效果。在Word 2010中调整文档显示比例的方式有以下几种。

拖动窗口右下方的“显示比例”滑块可快速调整显示比例。

按住【Ctrl】键滑动鼠标滚轮。

单击“视图”选项卡“显示比例”组中的按钮，亦可调整视图的缩放比例，如下图所示。

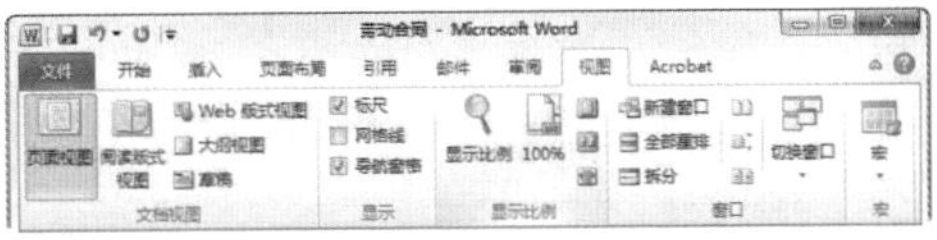

“显示比例”组中各按钮的功能如下。

单击“显示比例”按钮，将打开“显示比例”对话框，在对话框中可选择视图缩放的比例大小，如下图所示。

单击 100% 按钮，则可将视图比例还原到原始比例大小。

单击“单页”按钮，可将视图调整为在屏幕上完整显示一整页的缩放比例。

单击“双页”按钮，可将视图调整为在屏幕上完整显示两页的缩放比例。

单击“页宽”按钮，可将视图调整为页面宽度与屏幕宽度相同的缩放比例。

4. 拆分窗口

在查看文档内容时，若要对比文档前后的内容，即同时能看到文档中两部分不同位置的内容，可使用拆分窗口功能，将文档窗口拆分为两个窗口，在两个窗口中显示出同一个文档中不同位置的内容，具体操作如下。

（1）单击“拆分”按钮

单击“视图”选项卡中的“拆分”按钮，如下图所示。

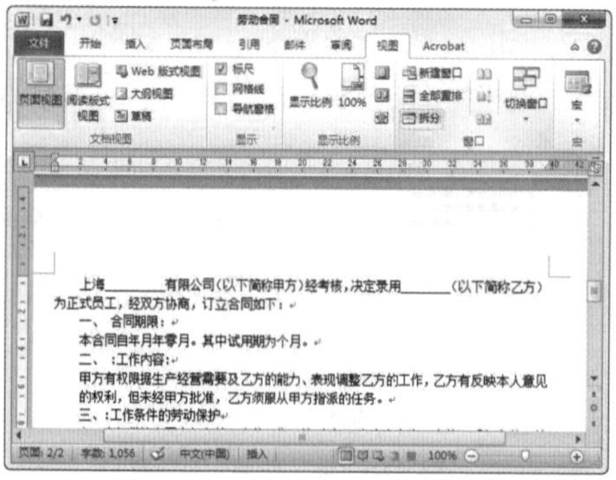

（2）拆分窗口

单击窗口中要进行拆分的位置，窗口拆分后的效果如下图所示。

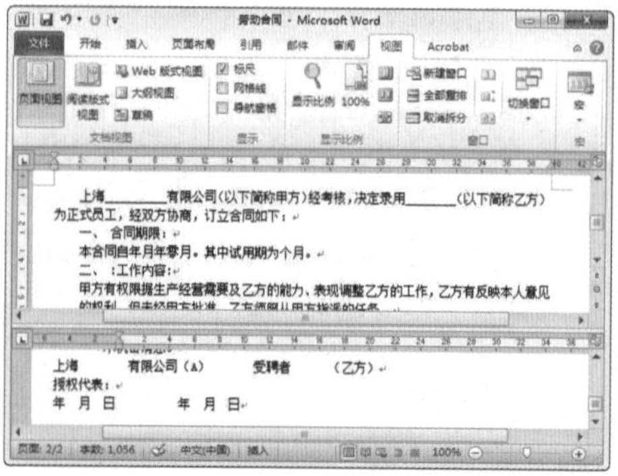

要取消窗口的拆分，单击“视图”选项卡中的“取消拆分”按钮即可。

1.2 编排办公行为规范

在办公应用的文档中，某些文档可能需要进行张贴和宣传，为加强文档的视觉效果，用户在编排文档时有必要对文档内容进行适当的修饰。本例将以编排办公行为规范文档为例，介绍文档修饰的过程。

1.2.1 设置文档格式

1. 设置字符间距

为使文档标题更加清晰醒目，可增加文章标题文字之间的距离，可使用字体格式设置中的“字符间距”进行调整，具体操作如下。

（1）打开“字体”对话框

①选择文档中的标题文本；

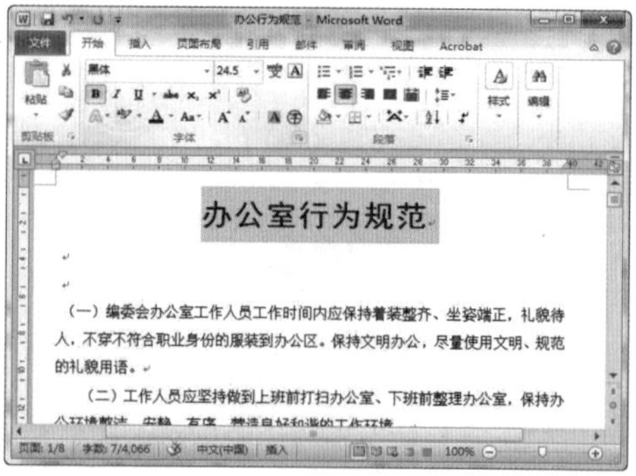

②单击“开始”选项卡“字体”组右下角的“对话框启动器”按钮，如上图所示。

（2）设置字符间距

①选择“高级”选项卡；

②在“间距”下拉列表框中选择“加宽”；

③设置“磅值”为“6 磅”；

④单击“确定”按钮，如下图所示。

知识加油站

调整文字上下位置

在编排文档时，有时需要改变同一行中文字的上下位置，此时可以使用“字体”对话框“高级”选项卡中的“位置”选项，通过设置其“提升”或“降低”选项的值来改变文字的上下位置。

2. 设置文字边框

要为标题文字添加文字边框，具体操作如下。

（1）执行“边框和底纹”命令

①选择标题文字；

②单击“开始”选项卡中的“下框线”下拉按钮；

③选择“边框和底纹”命令，如下图所示。

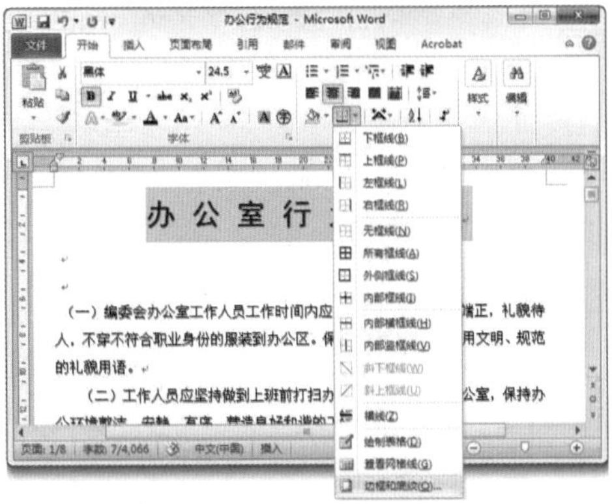

（2）设置边框

①在“边框和底纹”对话框的“应用于”下拉列表框中选择“文字”选项；

②在“设置”栏中选择“阴影”选项；

③在“样式”列表框中选择“直线”样式，在“颜色”下拉列表框中选择“红色”，在“宽度”下拉列表框中选择“1.5 磅”；

④单击“确定”按钮，如下图所示。

3. 设置文字底纹

如果想强调文章的标题文字，体现文章的层次结构，可以为文章的标题文字添加底纹颜色，具体操作如下。

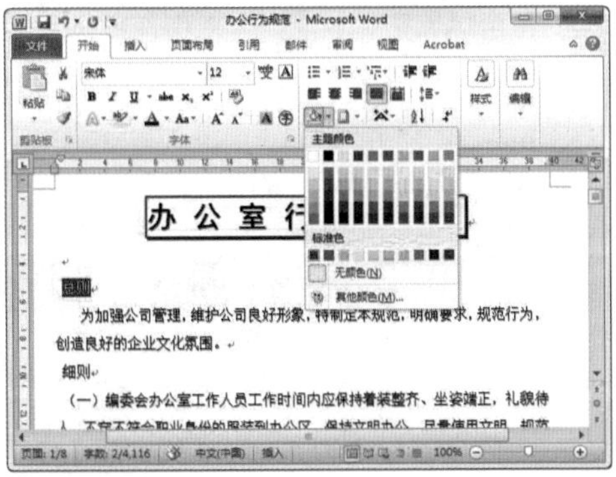

①选择要添加底纹的标题文字；

②单击“开始”选项卡中的“底纹”下拉按钮；

③在菜单中选择底纹颜色“深红”，如上图所示。

4. 设置段落底纹

要为文章的内容添加底纹修饰，具体操作如下。

（1）执行“边框和底纹”命令

①选择要添加底纹的段落；

②单击“开始”选项卡中的“边框”下拉按钮；

③选择“边框和底纹”命令，如下图所示。

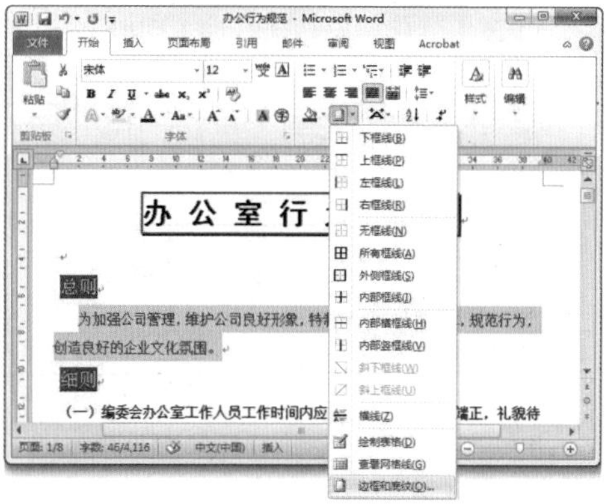

（2）设置底纹效果

①选择“底纹”选项卡；

②在“应用于”下拉列表框中选择“段落”选项；

③在“填充”下拉列表框中选择填充颜色“红色 60%”，在“样式”下拉列表框中选择“浅色上斜线”，设置“颜色”为“红色 80%”；

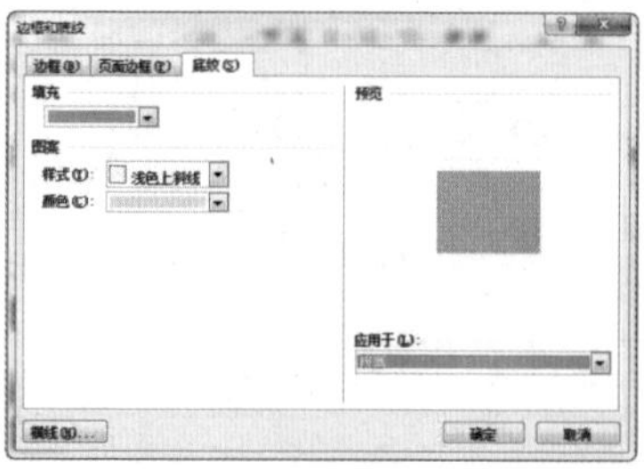

④单击“确定”按钮，完成段落底纹设置，如上图所示。

疑难解答

问：文字底纹和段落底纹有何区别？

答：文字底纹可应用于段落中的部分文字，其底纹色仅出现在相应字符的底层；段落底纹则应用于整个段落，其底纹色出现于整个段落所在的一个矩形区域。在应用了文字底纹的段落中亦可应用段落底纹，文字底纹将显示于段落底纹的上层。

5. 自定义段落边框

为使段落的边框效果更加丰富，可以自定义段落四周的边框样式，具体操作如下。

（1）执行“边框和底纹”命令

①选择文档中最后一个段落；

②单击“开始”选项卡中的“边框”下拉按钮；

③选择“边框和底纹”命令，如下图所示。

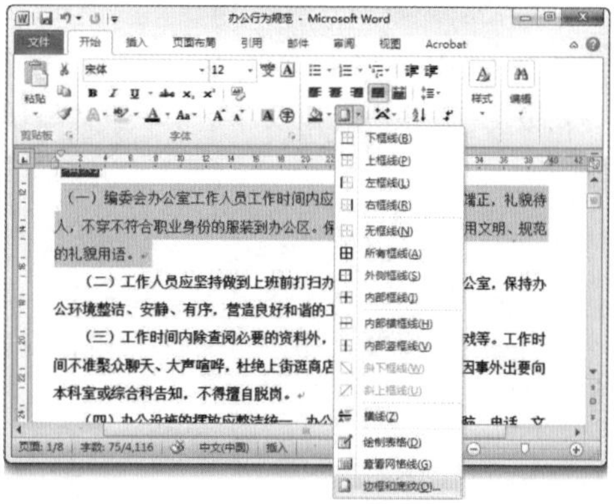

（2）定义顶部边框样式

①在“边框和底纹”对话框的“应用于”

下拉列表框中选择“段落”选项；

②在“设置”栏中选择“自定义”选项；

③在“样式”列表框中选择“直线”样式，在“颜色”下拉列表框中选择“红色”，在“宽度”下拉列表框中选择“0.5磅”；

④单击“预览”栏中的“顶部边线”按钮，如下图所示。

（3）定义底部边框样式

①设置线条样式、颜色及粗细；

②单击“预览”栏中的“底部边线”按钮；

③单击“确定”按钮，如下图所示。

（4）完成边框设置后的效果

自定义边框完成后的效果如下图所示。

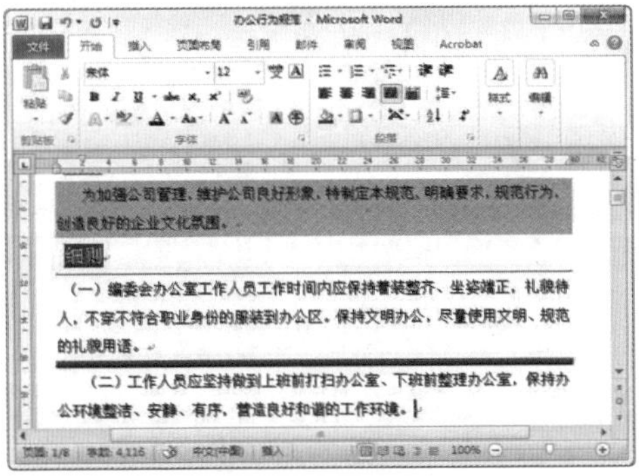

6. 添加编号格式

为使文章内容中的条款更加清晰，可以为条款内容加上编号，如“第一条”“第二条”等，具体操作如下。

（1）执行“定义新编号格式”命令

①选择添加编号的段落内容；

②单击“开始”选项卡中的“编号”下拉按钮；

③选择“定义新编号格式”命令，如下图所示。

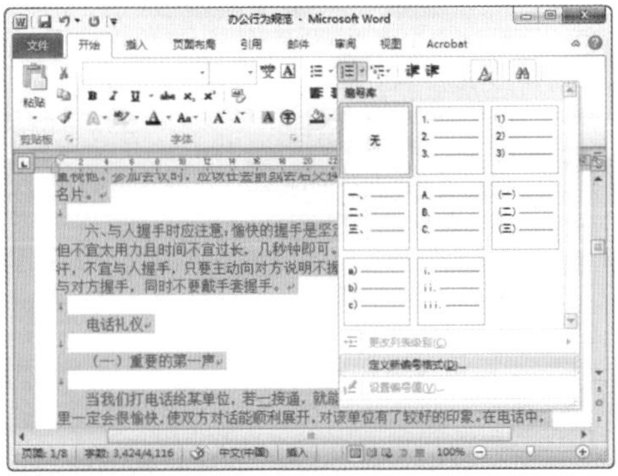

（2）添加并设置编号

①在打开的对话框的“编号格式”下拉列表框中选择“一,二,三（简）…”选项；

②在“编号格式”的“一”前加上文字“第”，在其后输入文字“条”；

③单击“确定”按钮完成编号定义，如下图所示。

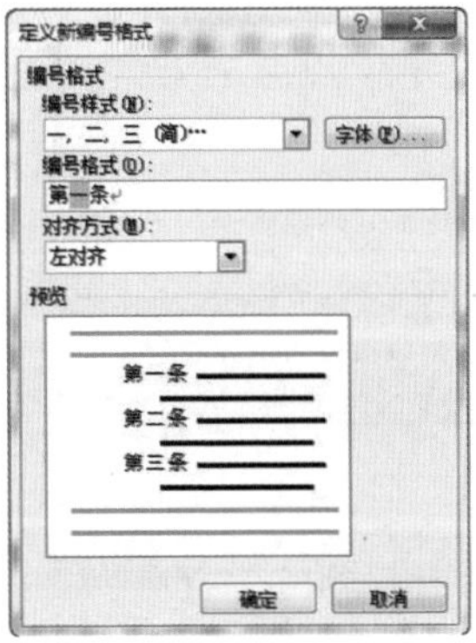

（3）应用自定义编号

在上一步操作结束后，所选段落中将应用上新定义的编号样式。

①选择其他要应用该编号样式的段落；

②单击“开始”选项卡中的“编号”下拉按钮；

③在“编号库”栏中选择新定义的编号样式即可，如下图所示。

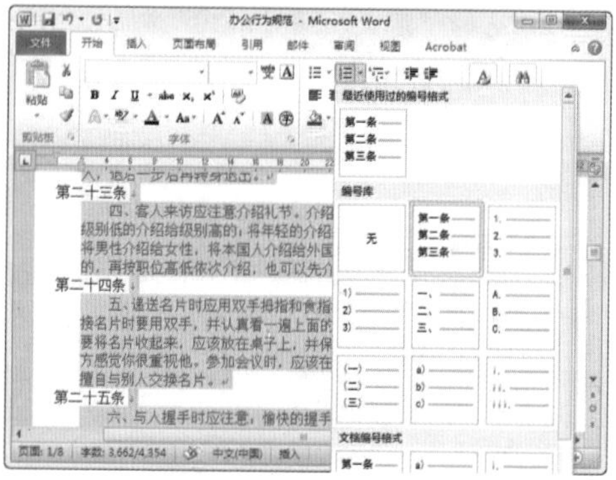

7 继续上一列表进行编号

在文章中有多处应用编号的列表时，每一条列表默认重新开始编号，但有时需要接着前面的列表继续往下编号。例如，本例中“服务规范”中有5条内容，在其后的“办公秩序”中的编号应设置为“第六条”，即继续上一列表进行编号，具体操作如下。

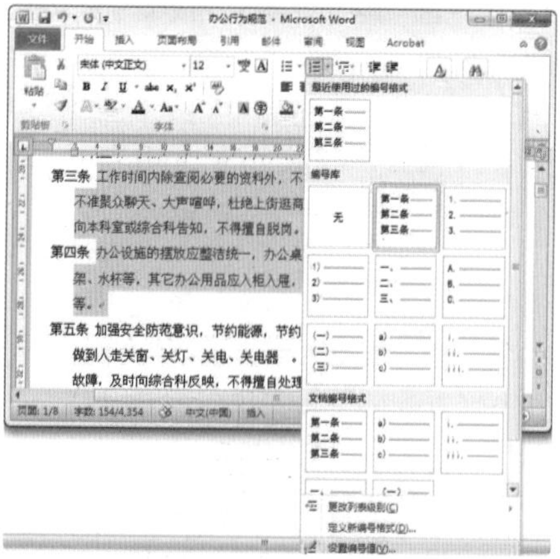

（1）执行“设置编号值”命令

①选择要进行连续编号的列表内容；

②单击“开始”选项卡中的“编号”下拉按钮；

③选择“设置编号值”命令，如上图所示。

（2）设置编号起始数

①在打开的对话框中的“值设置为”文本框中单击微调按钮，将值设置为“六”；

②单击“确定”按钮，如下图所示。

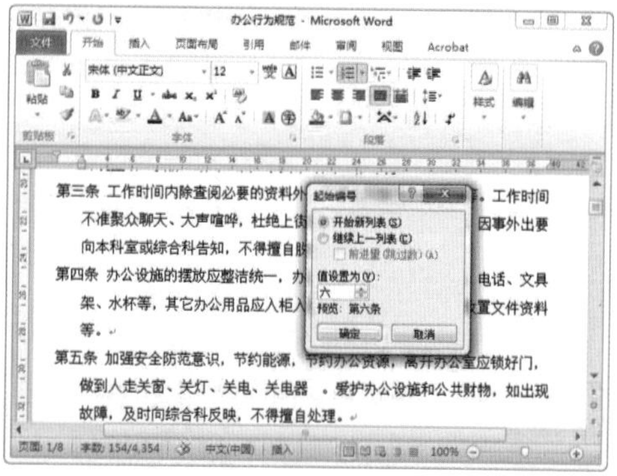

1.2.2 设置页面格式

要将文档打印张贴，用户通常需要对纸张格式进行设置，同时还可以在页面中加入一些修饰元素，具体操作如下。

1 设置纸张大小

Word默认使用的纸张大小为A4，其宽度为21cm，高度为29.7cm。本例需要将纸

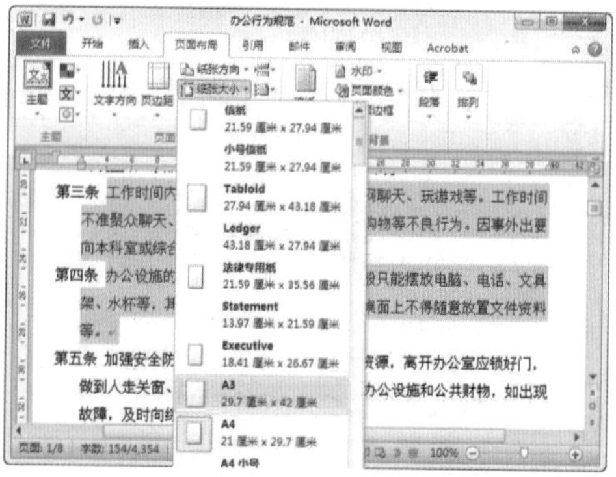

张大小增加一倍，即使用A3大小的纸张进行打印。更改纸张大小的操作如下。

①选择“页面布局”选项卡；

②单击“纸张大小”按钮；

③在下拉列表中选择“A3”选项即可，如上图所示。

疑难解答

问：如何自行定义纸张大小？

答：若“纸张大小”列表中没有需要的纸张大小，可单击“其他页面大小”命令，在打开的对话框中自行输入纸张宽度及高度值。

2. 设置纸张方向

纸张的方向可以更改为横向，具体操作如下。

①选择“页面布局”选项卡；

②单击“纸张方向”按钮；

③选择“横向”选项即可，如下图所示。

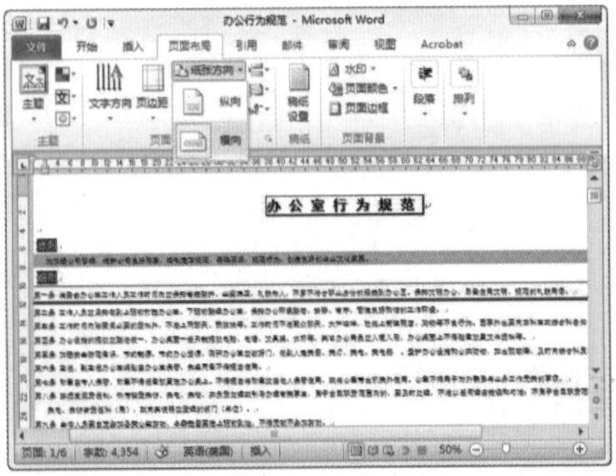

3. 设置页边距

页边距是指纸张内容与纸张边缘之间的空白距离，通常调整页边距是为了使页面更加美观，同时，也可通过调整页边距使页面中能够容纳更多的内容。例如，本例中有两行内容在单独的一页，为使这两行内容能与前面的内容容纳于一页中，可调整页边距，具体操作如下。

（1）执行“自定义边距”命令

①选择“页面布局”选项卡；

②单击“页边距”按钮；

③单击“自定义边距”命令，如下图所示。

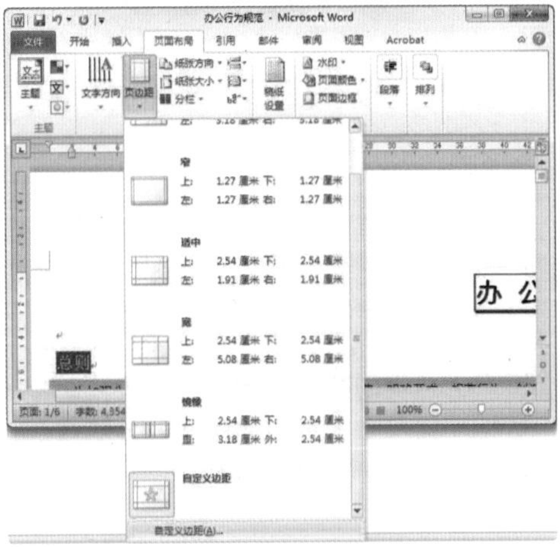

（2）设置页边距

在打开的对话框中的“页边距”组中设置上、下、左、右四个方向的页边距值，如下图所示。

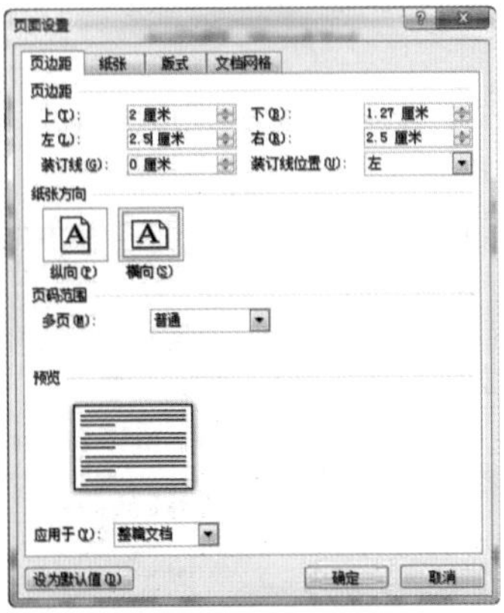

（3）确定后查看效果

单击“确定”按钮后，文档所有内容在一页中完整显示，效果如下图所示。

知识加油站

快速调整页边距

除了用前面介绍的方法设置具体的页边距数值之外，还可在标尺上直接拖动调整页边距，从而更快地改变页边距。标尺上两端的灰色部分即表示页边距，故拖动标尺上灰色与白色间的分隔线，即可改变对应位置的页边距。

4. 添加页面背景

为使页面更加美观，可以为文档页面添加背景进行修饰。例如，本例将为当前文档添加黄色到橙色的渐变背景效果，具体操作如下。

（1）选择“填充效果”命令

①选择“页面布局”选项卡；

②单击“页面颜色”按钮；

③单击“填充效果”命令，如下图所示。

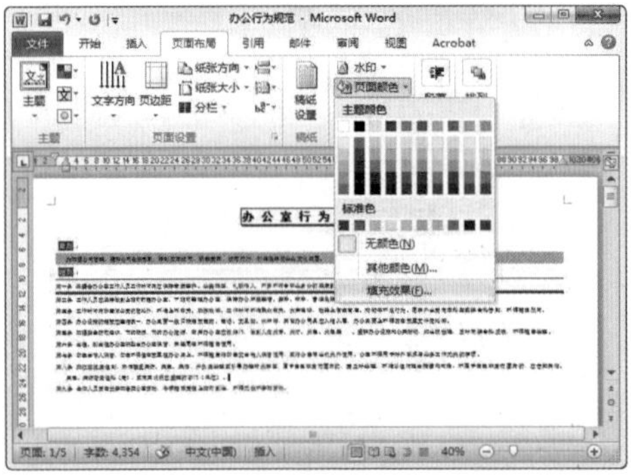

（2）设置颜色效果

①在对话框的“渐变”选项卡中选择“双色”选项，设置“颜色 1”为黄色，设置“颜色 2”为橙色；

②在“底纹样式”组中选择“水平”；

③选择“变形”中的第 1 个选项，如下图所示。

（3）确定后查看效果

单击“确定”按钮后，页面效果如下图所示。

5. 打印预览及打印设置

在打印文档时，可预先查看页面的打印效果，同时进行一些打印前的设置。例如，本例在查看文档打印的效果时发现，页面背景在预览中无法看到，即打印时不会打印页面背景，现需要修改打印设置，具体操作如下。

（1）预览打印效果

①选择“文件”选项卡；

②单击“打印”选项，在窗口右侧可以预览到文档打印出来的效果，目前打印预览的效果没有背景颜色；

③单击中间栏底部的“页面设置”链接，如下图所示。

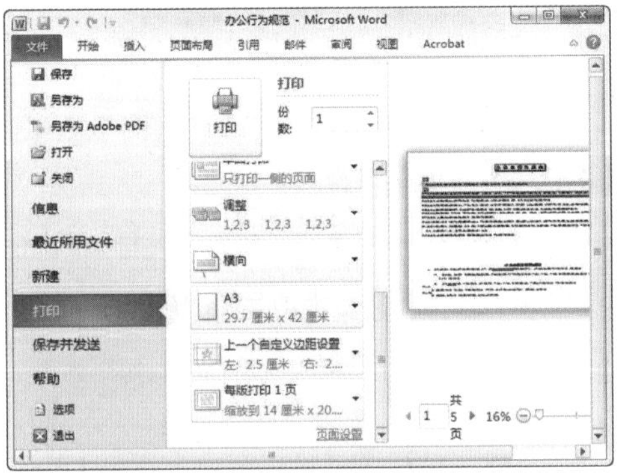

（2）设置打印选项

①在打开的“页面设置”对话框中选择“纸张”选项卡；

②单击“打印选项”按钮，如下图所示。

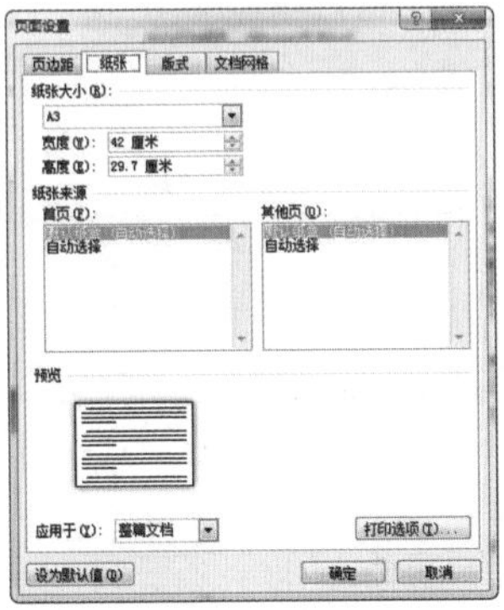

（3）设置打印背景色和图像

①在“Word 选项”对话框中选择“显示”选项卡；

②选择“打印选项”栏中的“打印背景色和图像”选项；

③单击“确定”按钮完成设置，如下图所示。

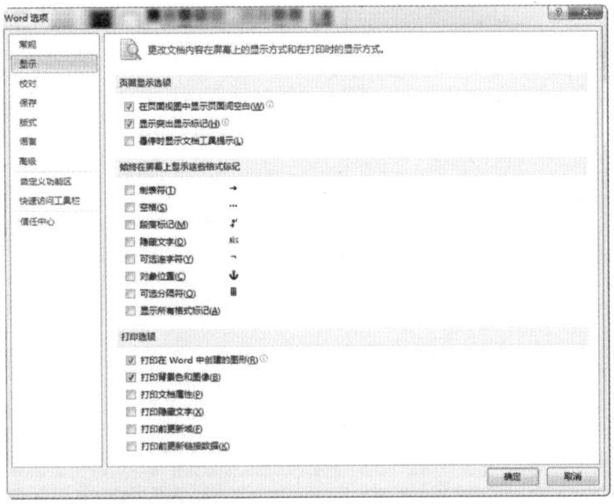

（4）预览效果

单击“页面设置”对话框中的“确定”按钮后即可预览更改后的打印效果，如下图所示。

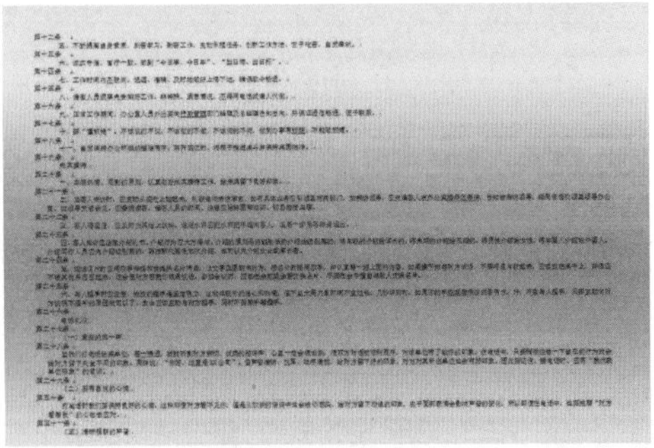

1.3 排版员工手册

在排版大篇幅文档时，常常需要快速对文档进行整体修饰以及添加一些方便用户查看文档的元素，如目录、页眉、页码等。本节将带领读者排版员工手册，通过排版员工手册，读者掌握 Word 排版相关知识点。

1.3.1 制作员工手册目录

在制作大篇幅文档时，通常需要为文档添加目录，使阅读者可以更方便、更快速地查看到文档的整体内容和需要查看到的信息。本小节将制作员工手册目录，具体操作如下。

1. 设置制表位位置及格式

制表位是 Word 文档中用于快速对齐内容的一种标记，通过设置制表位，在录入内容时配合使用【Tab】键，可以快速定位光标位置，从而实现快速对齐的功能。设置制表位的步骤如下。

（1）添加制表位

①将鼠标指针定位于“目录”文字下方的行中；

②在标尺上刻度值为 2 的位置右击，添加第一个制表位；

③右击标尺上刻度为 4 的位置，添加第二个制表位；

④右击标尺上刻度为 38 的位置，添加第三个制表位，如下图所示。

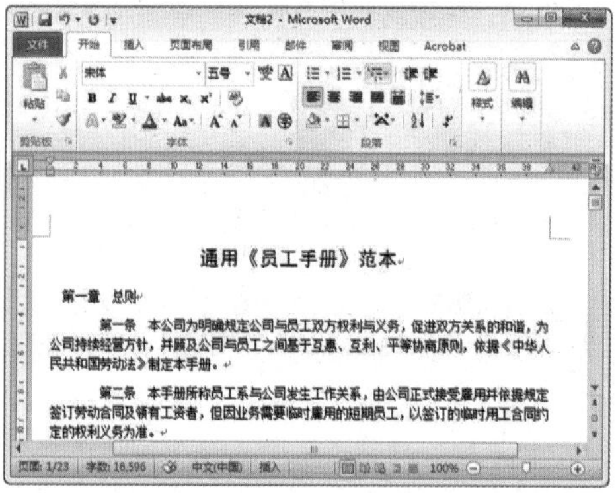

（2）设置制表位格式

①双击标尺上任意制表位，打开“制表位”对话框；

②在“制表位位置”列表框中选择“38 字符”选项；

③在“对齐方式”组中选择“右对齐”选项；

④在“前导符”组中选择 2；

⑤单击“确定”按钮完成设置，如下图所示。

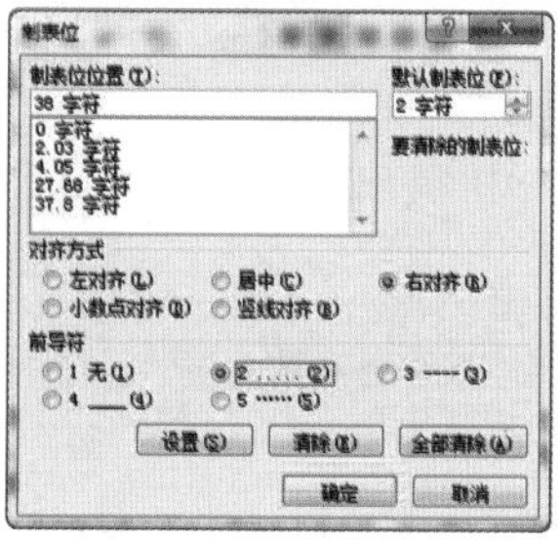

2. 录入各级目录内容

制表位设置完成后，准备录入目录内容，可以通过【Tab】键快速定位到相应的制表位所在位置，具体操作如下。

（1）录入一级目录标题文字

录入一级标题目录文字内容后按【Tab】键 2 次，使光标快速定位到页码位置，自动出现引导符，如下图所示。

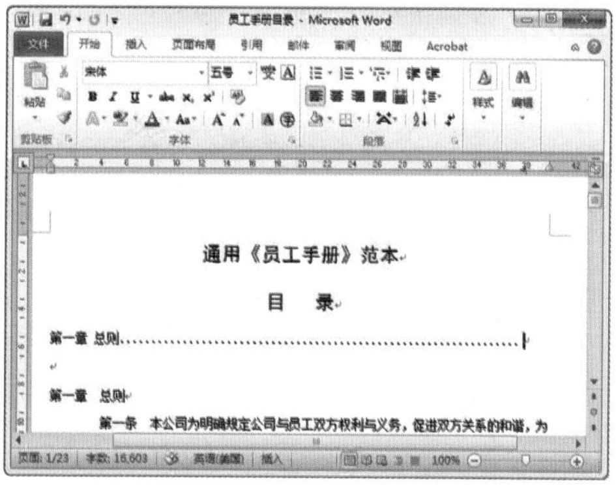

（2）录入二级目录标题文字

输入页码数字后按【Enter】键换至下一行，按【Tab】键将光标定位于第 1 个制表位位置，录入二级目录标题文字，按【Tab】键使光标快速定位于页码位置，输入页码数字，如下图所示。

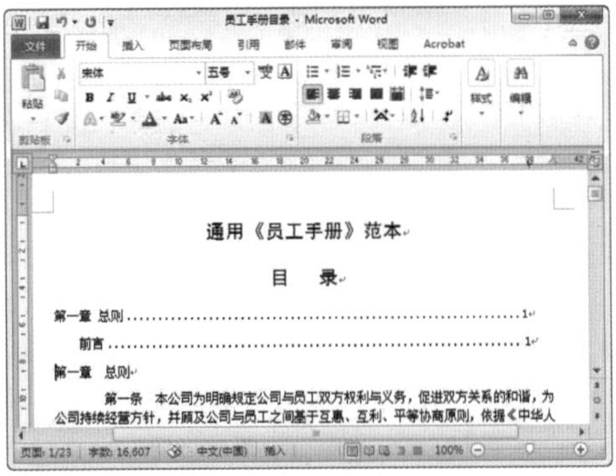

（3）录入其他目录内容

用与前两步相同的方式录入目录中剩余的二级目录标题和一级目录标题，完成后的效果如下图所示。

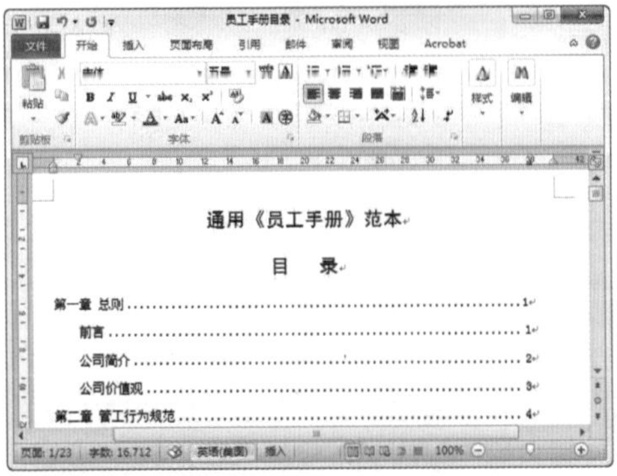

1.3.2 添加页面修饰成分

在编排大篇幅文档时，可快速为文档中各页面添加一些修饰元素，如添加页眉页脚、页面背景等，本例将对员工手册文档中的每一页进行页面修饰。

1. 设置页眉内容

在对页面进行修饰时，常常可以在页面顶部边缘处添加一些指示性或标志性的文字以引导阅读者，同时对页面起到美化的作用，该部分内容即为页眉。使用“插入”选项卡中的“页眉”按钮，可以在文档中插入各种类型的页眉，若需要对已有的页眉进行修改，则可在该按钮菜单中选择“编辑页眉”命令。本例将在员工手册文档中为每一页添加页眉，具体操作如下。

（1）插入页眉

①选择“插入”选项卡；

②单击“页眉”按钮；

③在菜单中选择要应用的页眉样式，如“细条纹”样式，如下图所示。

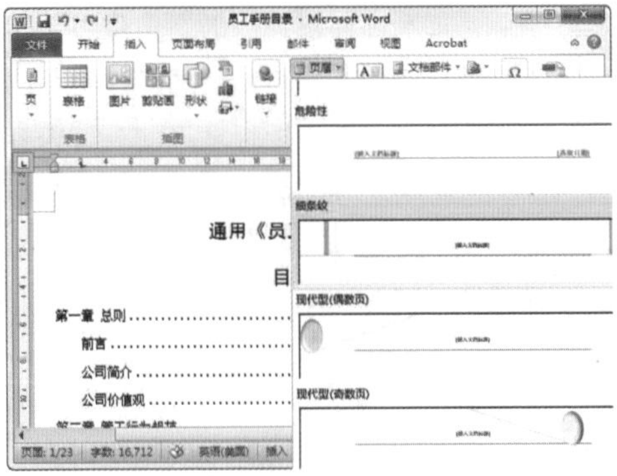

（2）输入页眉内容

①在页眉中输入文字内容；

②单击“设计”选项卡中的“关闭页眉和页脚”按钮退出页面编辑状态，如下图所示。

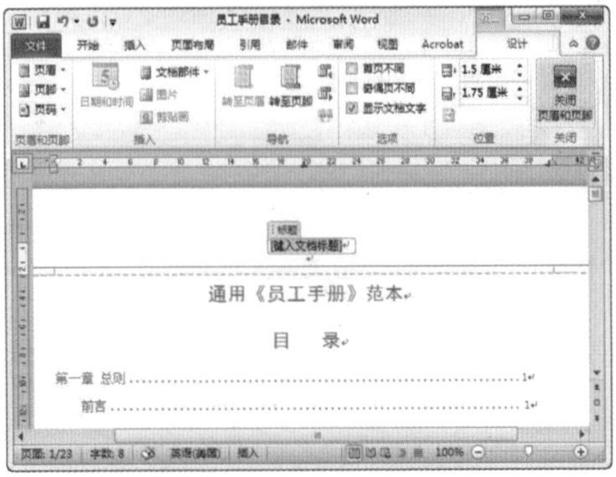

疑难解答

问：如何使首页、奇数页和偶数页的页眉内容不相同？

答：在页眉编辑状态下，选择“设计”选项卡中的“首页不同”选项，即可使文档首页的页眉与其他页的页眉不相同；若选择“奇偶页不同”选项，则可以使奇数页和偶数页的页眉不相同，设置完成后，分别在首页、奇数页和偶数页中添加不同的页眉内容即可。

2. 添加页脚及页码

页脚，即页面底部边缘的空白位置，通常在页脚处可添加一些页面修饰元素和页码数字。本例将在文档中为每页添加页脚内容及页码，并修改页码的样式，具体操作如下。

（1）执行插入页脚命令

①选择“插入”选项卡；

②单击“页脚”按钮；

③在菜单中选择要应用的页脚样式，如“细条纹”样式，如下图所示。

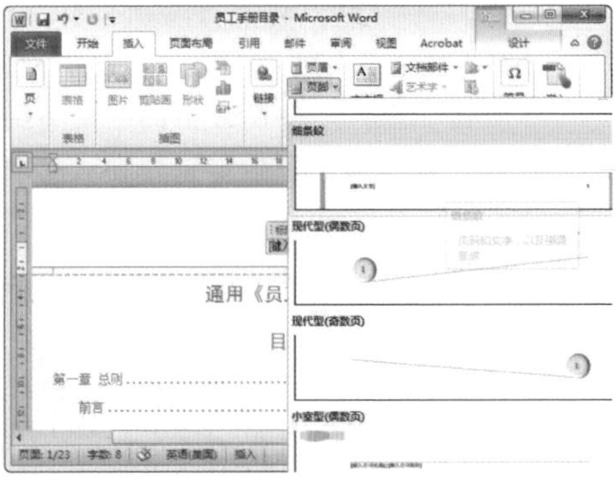

（2）输入页脚内容

①在页脚中输入文字内容；

②单击“设计”选项卡中的“页码”按钮；

③选择“设置页码格式”命令，如下图所示。

（3）设置页码格式

①在打开的“页码格式”对话框中的“编号格式”下拉列表框中选择要使用的页码格式；

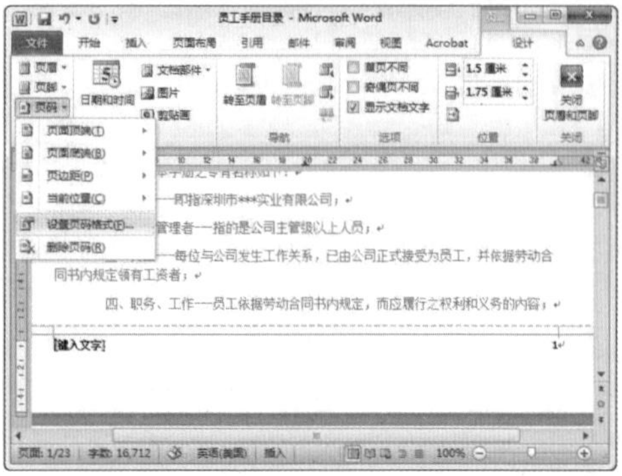

②单击“确定”按钮完成设置，并单击“设计”选项卡中的“关闭页眉和页脚”按钮，退出页眉页脚编辑状态，如下图所示。

知识加油站

关于页码位置

在需要双面打印并装订的文档中设置页码时应注意，除页码在页脚中居中对齐的方式外，页码在奇数页和偶数页中应使用不同的位置，即奇数页的页码在右侧，偶数页的页码在左侧，以方便读者查看翻阅。

3. 添加水印文字

在 Word 中可以快速地在文档的每一页上添加水印，水印可以使用图片，也可以使用文字。例如，本例将在文档每页中加上水印字样“内部文件”，具体操作如下。

（1）执行“自定义水印”命令

①选择“页面布局”选项卡；

②单击“水印”按钮；

③在菜单中选择“自定义水印”命令，

如下图所示。

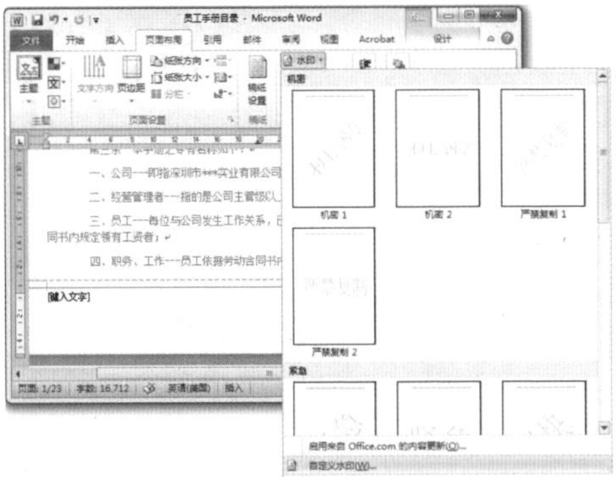

（2）设置水印内容及格式

①在打开的对话框中选择“文字水印”选项；

②在“文字”下拉列表框中输入水印字样“内部文件”，在“字体”下拉列表框中设置水印字体样式，在“颜色”下拉列表框中选择颜色为“深蓝，文字 2，淡色 40%”，如下图所示。

（3）完成后查看水印效果

单击“确定”按钮后在页面中查看水印效果，如上图所示。

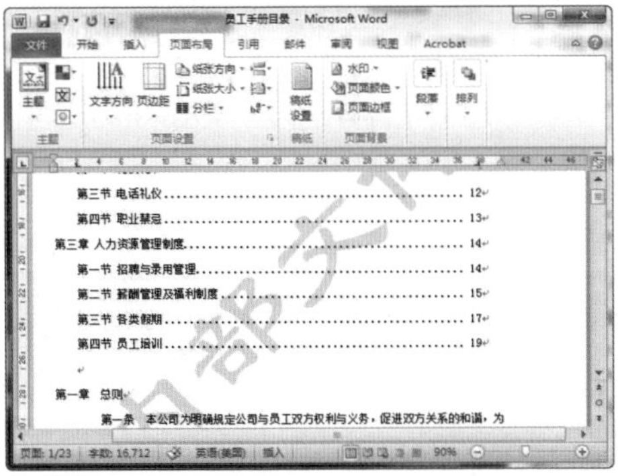

4. 设置分栏排版

为增强页面内容排版后的美观性，丰富页面内容的排版效果，通常可以为文档应用分栏版式，使文档中部分段落内容分为多栏排列。本例将对“前言”中的正文内容应用分栏版式，将该部分内容分为左、右两栏排列，具体操作如下。

（1）选择内容并执行分栏命令

①选择要分栏的内容，即“前言”部分的正文内容；

②选择“页面布局”选项卡；

③单击“分栏”按钮；

④选择“两栏”命令，如下图所示。

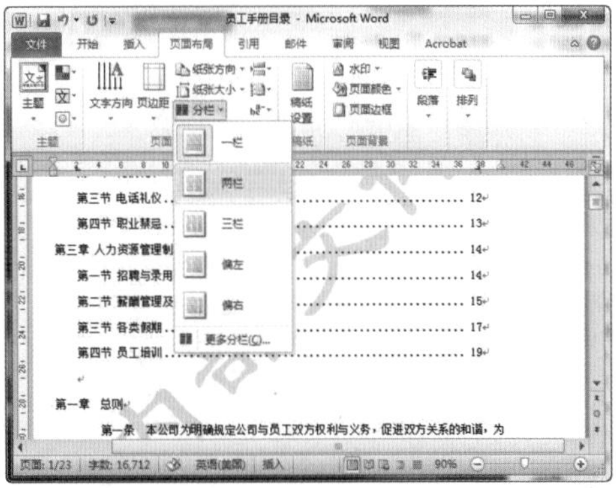

（2）查看分栏完成后的效果

分栏完成后的效果如下图所示。

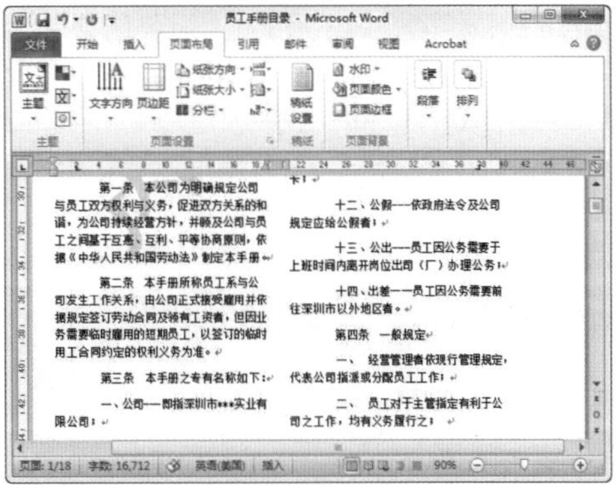

疑难解答

问：如何将文档内容分为多栏，并分别设置各栏的宽度？

答：通过“分栏”对话框可以设置分栏的栏数及各栏的宽度：单击“页面布局”选项卡中的“分栏”按钮，在菜单中选择“更多分栏”命令，此时将打开“分栏”对话框，通过设置该对话框中的参数，可完成栏数设置和栏宽设置。

5. 应用首字下沉版式

首字下沉是正文内容排版中常见的一种排版方式，该功能可快速将段落的首字创建为大号字。本例将为“前言”部分中的第1段创建首字下沉效果，具体操作如下。

（1）选择“首字下沉选项”命令

①选择“前言”中的第1段；

②选择“插入”选项卡；

③单击“首字下沉”按钮；

④选择“首字下沉选项”命令，如下图所示。

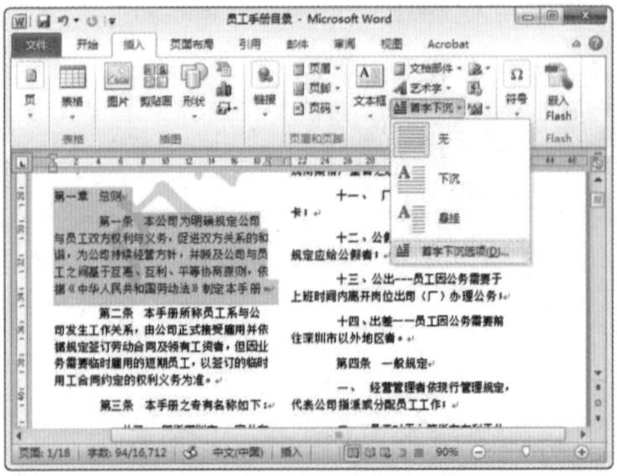

（2）设置首字下沉选项

①在“首字下沉”对话框中选择“下沉”选项；

②在“字体”下拉列表框中选择“黑体”；

③设置“下沉行数”为2；

④单击“确定”按钮即可，如下图所示。

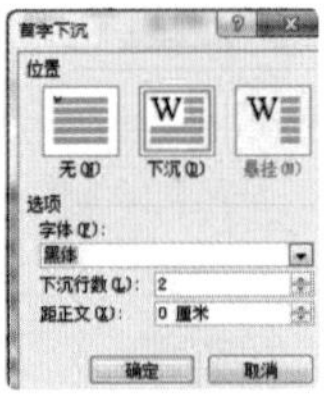

Chapter 02

Word的图文混排功能应用

本章导读

在Word文档中，除了可以简单地对文档进行编辑和排版外，最重要的是，用户还可以应用各种图形元素以及图像创建出更具艺术效果的文档页面，制作出图文并茂的精美文档。本章将带领读者一同学习Word中图形元素及图像的应用方法和技巧，让读者能制作出精美的文档。

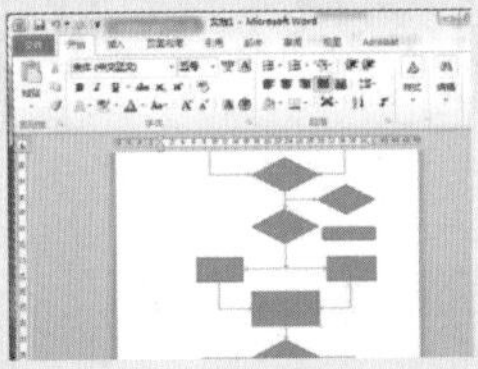

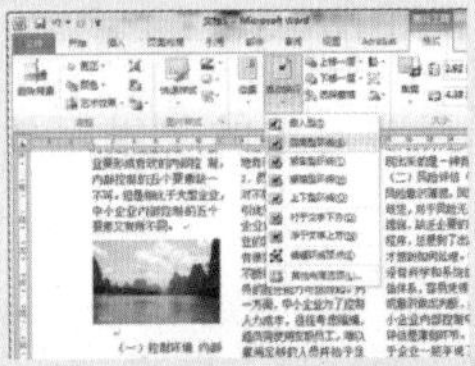

知识技能要求

通过本章内容的学习，读者主要学会Word 2010中图形的绘制、修饰与美化方法，掌握在Word中插入图像、编排图像以及修饰图像的技能。学完后读者需要掌握的相关知识技能如下：

- ⊙基本图形的绘制
- ⊙图形的样式设置
- ⊙艺术字、文本框的应用及设置
- ⊙SmartArt图形的使用
- ⊙图像的插入及版式设置
- ⊙图像的简单编辑及修饰

2.1 制作招聘流程图

图形是对文档进行美化和修饰的一种重要元素，巧妙地应用图形，可以简化文档，使文档内容更加简明、美观。本节将要制作招聘流程图，利用图示阐述招聘的流程，省去了大量文字描述，读者可一目了然。本例将为读者展示 Word 2010 中艺术字的使用方法、基本图形的绘制方法、图形的样式设置以及文本框的应用等。

2.1.1 制作招聘流程图标题

标题是文档中起引导作用的重要元素，通常标题应醒目、突出，同时用户可以为其加上一些特殊的修饰效果。本例将使用艺术字为文档设置标题，具体操作如下。

1. 插入艺术字

新建一个 Word 文档后，通过以下步骤插入艺术字。

（1）执行插入艺术字命令

①单击“插入”选项卡；

②单击“艺术字”按钮；

③选择要应用的艺术字效果，如下图所示。

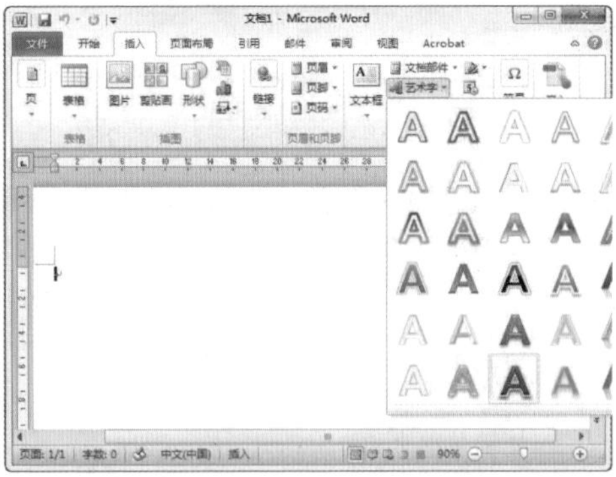

（2）输入标题文字

在文档工作区中出现的图文框内输入标题文字的内容，如下图所示。

2. 设置艺术字字体格式

通过设置艺术字的字体样式及大小可以改变艺术字的外观效果，具体操作如下。

①选择艺术字文字；

②在“开始”选项卡中设置字体为“微软雅黑”；

③设置字号为“小初”，如下图所示。

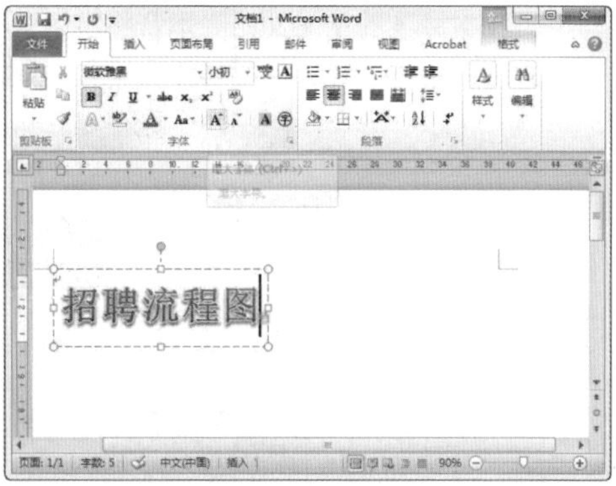

3. 添加艺术字修饰效果

为使艺术字的效果更加独特，可以在艺术字上添加各种修饰效果，例如改变艺术字的形态、阴影效果等，具体操作如下。

（1）移动艺术字位置

拖动艺术字将艺术字移动到页面水平中部位置，如下图所示。

（2）设置艺术字转换效果

①单击“绘图工具—格式”选项卡；

②单击“文字效果”按钮；

③选择“转换”级联菜单；

④单击“波形 1”选项，如下图所示。

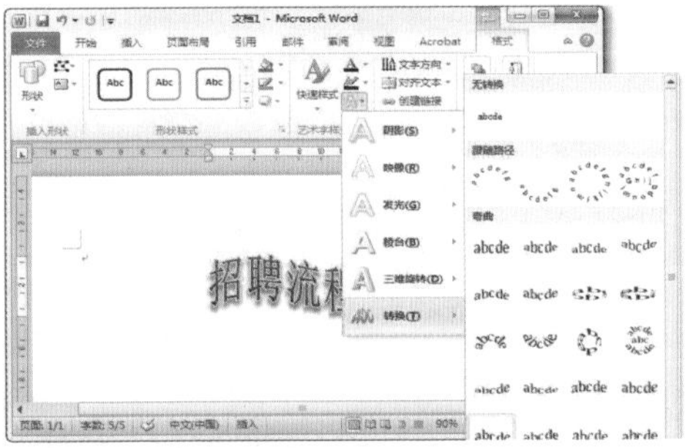

（3）设置阴影效果

①单击“绘图工具—格式”选项卡；

②单击“文字效果”按钮；

③选择“阴影”级联菜单；

④单击“右上对角透视”选项，如下图

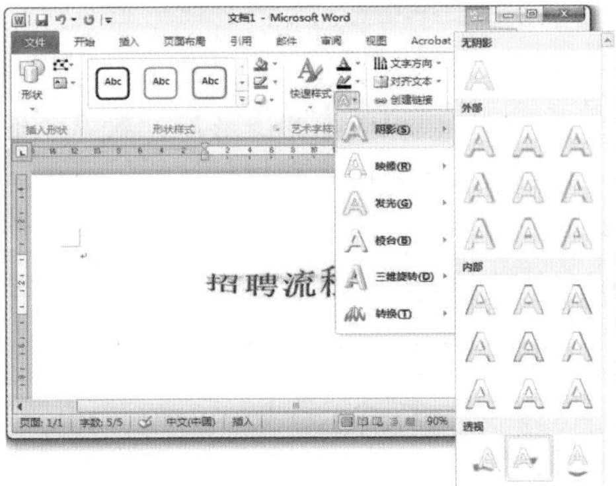

所示。

（4）查看设置完成后的效果

艺术字修饰设置完成后的效果如下图所示。

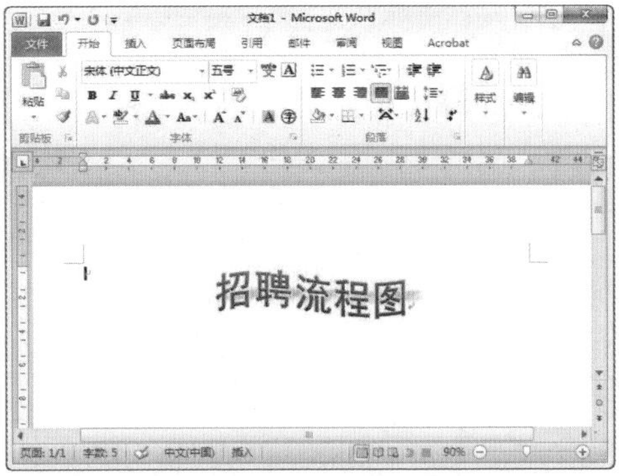

2.1.2 绘制流程图

在办公应用中，对工作过程进行描述和表现时，为了使读者能更清晰地查看和理解工作过程，用户可以应用流程图来表现工作过程。本例将应用流程图来表现招聘过程，绘制流程图的具体操作如下。

1. 绘制流程图中的形状

流程图以大量的图形来表现过程，这些图形的具体绘制操作如下。

（1）选择要绘制的形状

①单击“插入”选项卡；

②单击“形状”按钮；

③在菜单中选择“流程图：准备”，如下图所示。

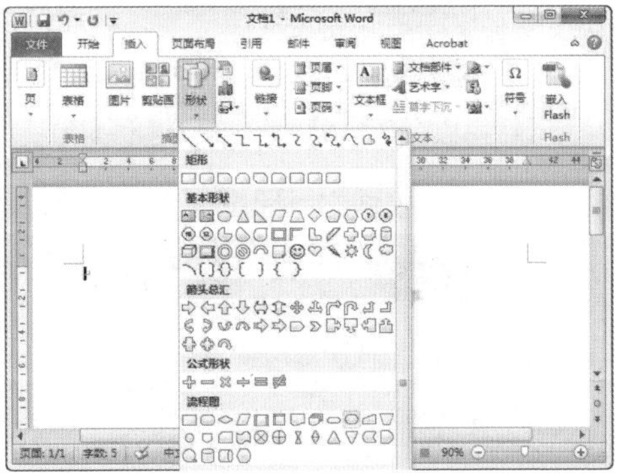

（2）绘制图形

在页面中如图所示的位置拖动鼠标，绘制出如下图所示的“流程图：准备”形状。

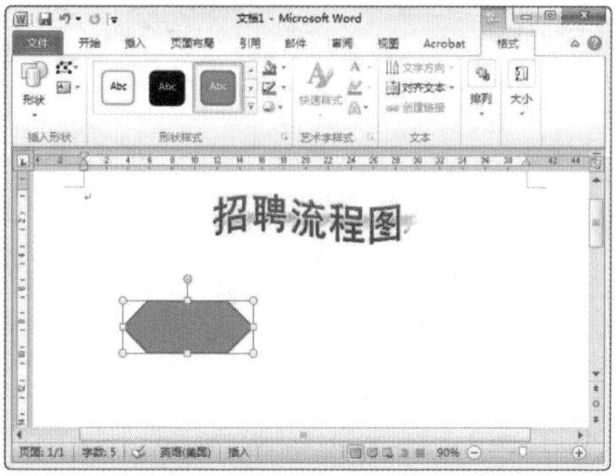

（3）复制图形

按住【Ctrl】键拖动图形，复制一个相同的形状到页面右侧，如下图所示。

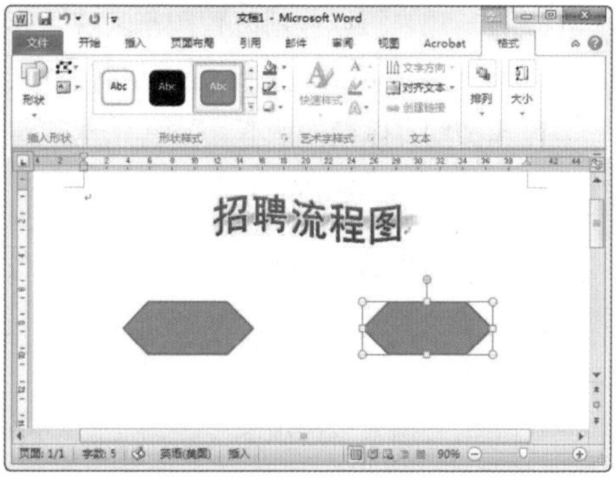

（4）再次绘制图形

在“插入”选项卡的“形状”按钮菜单中选择“流程图：决策”，在页面中绘制出如上图所示的形状。

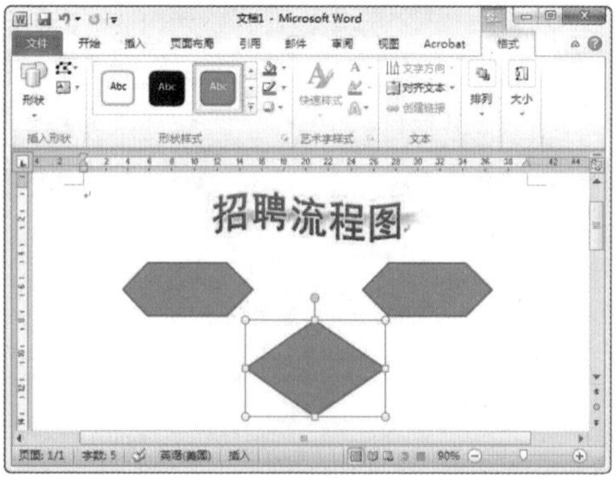

（5）绘制其他形状

用与前面类似的操作，绘制出整个流程图中各步骤的形状，具体效果如下图所示。

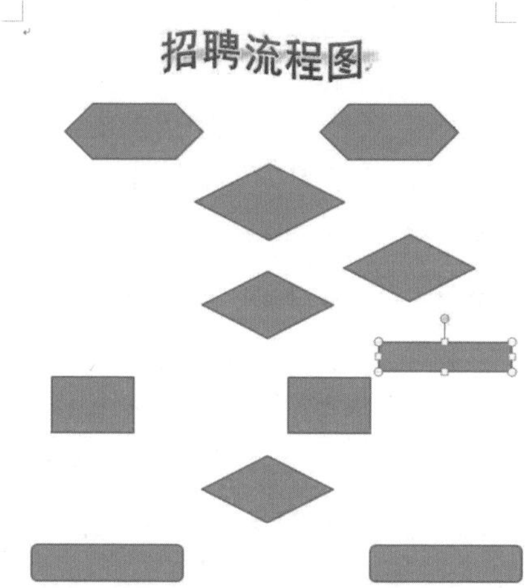

疑难解答

问：如何从中心点开始绘制图形和绘制等比例图形？

答：在 Word 中绘制形状时，按住【Ctrl】键拖动绘制，可以使鼠标指针位置作为图形的中心点，按住【Shift】键拖动进行绘制则可以绘制出固定长宽比例的形状，如按住【Shift】键拖动绘制矩形，则可绘制出正方形，按住【Shift】键绘制圆形则可绘制出正圆形。

2. 绘制箭头

绘制好流程图中的图形后，利用线条工具绘制出流程图中的箭头线条，具体操作如下。

（1）选择任意多边形工具

①单击“插入”选项卡中的“形状”按钮；

②选择“线条”组中的“任意多边形”形状，如下图所示。

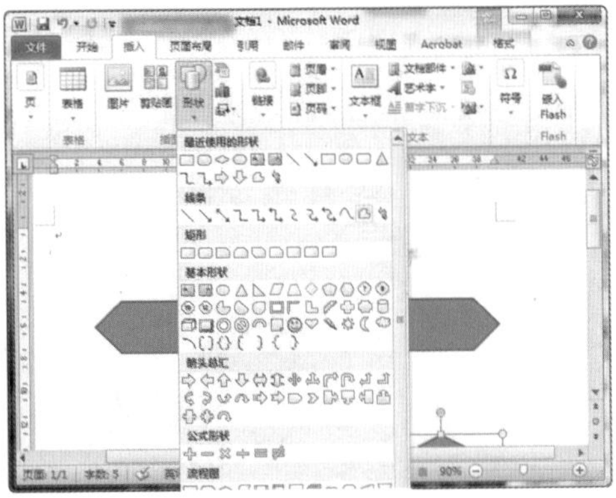

（2）绘制折线线条

在画面中如下图所示的位置通过单击鼠标左键确定折线端点的方式绘制一条折线，绘制完成后按【Esc】键结束绘制，效果如下图所示。

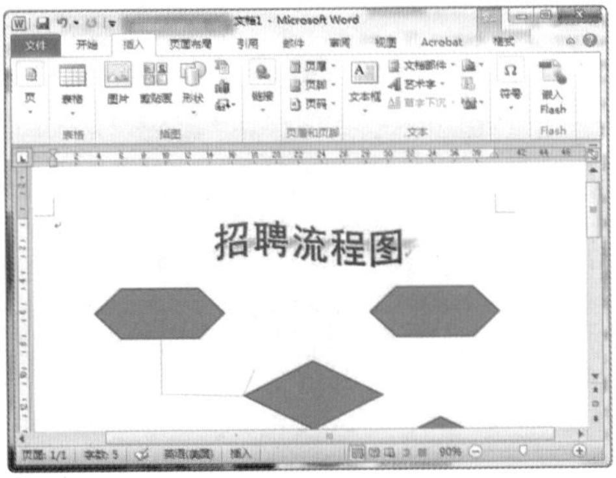

（3）为线条添加箭头

①选择上一步绘制出的线条形状后单击“格式”选项卡“形状样式”组中的“对话框启动器”按钮；

②在打开的对话框中单击“后端类型”按钮；

③选择箭头形状；

④单击“关闭”按钮，如上图所示。

（4）为线条添加右侧箭头

用与前面步骤相同的方法绘制出右侧箭头，效果如下图所示。

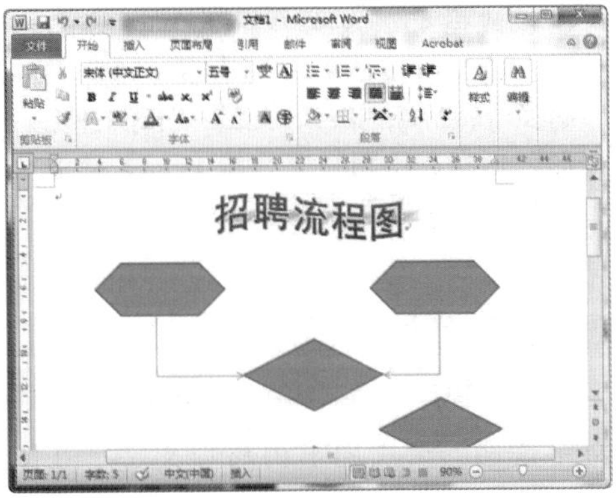

（5）选择箭头形状

①单击“插入”选项卡中的“形状”按钮；

②选择线条组中的“箭头”形状，如下图所示。

（6）绘制其他箭头

应用上一步操作所选的“箭头”形状以

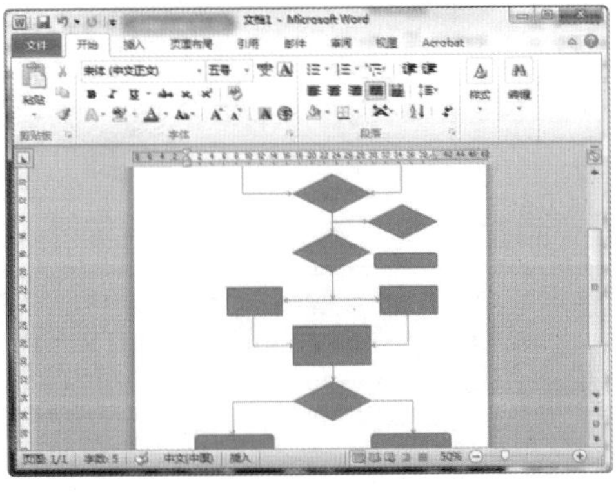

及之前步骤中绘制折线箭头的方法绘制出流程图中所有的箭头线条，如上图所示。

知识加油站

线条绘制技巧

在绘制线条时，如果需要绘制水平、垂直或呈45°及45°倍数角的线条，可在绘制时按住【Shift】键；绘制具有多个转折点的线条可使用“任意多边形”形状，绘制完成后按【Esc】键退出线条绘制即可。

3. 在形状内添加文字

在流程图的形状中需要添加相应的文字说明，要在图形内添加文字，在图形上右击，选择“添加文字”命令即可。本例在流程图的图形中添加文字的步骤如下。

（1）执行添加文字命令

①右击要添加文字的形状；

②在菜单中选择“添加文字”命令，如下图所示。

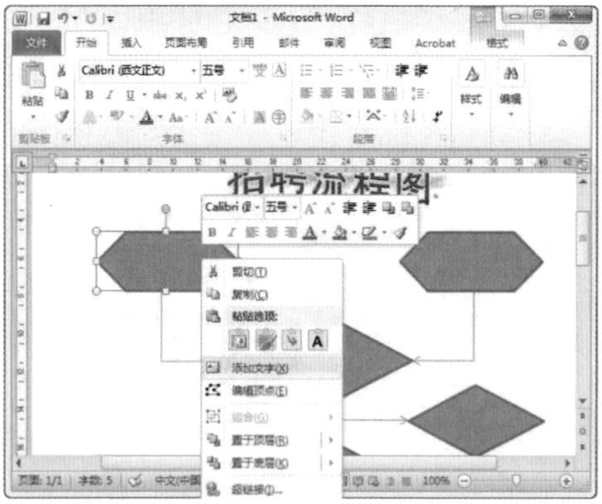

（2）输入文字内容

在光标所在处输入当前图形中的文字内容即可，如下图所示。

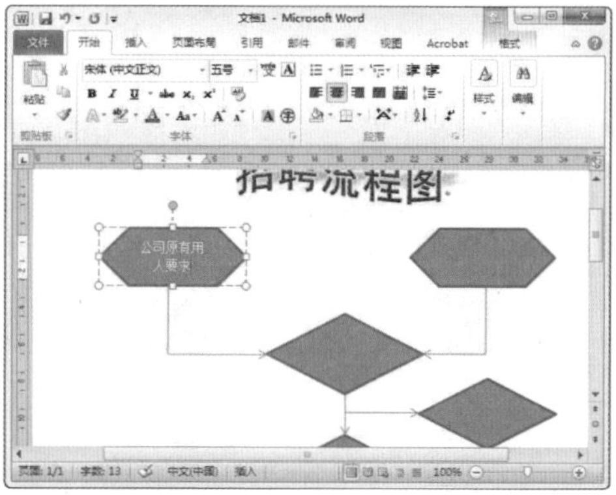

（3）添加其他文字内容

用与前两步相同的方式为流程图各图形添加文字内容，添加完成后的效果如下图所示。

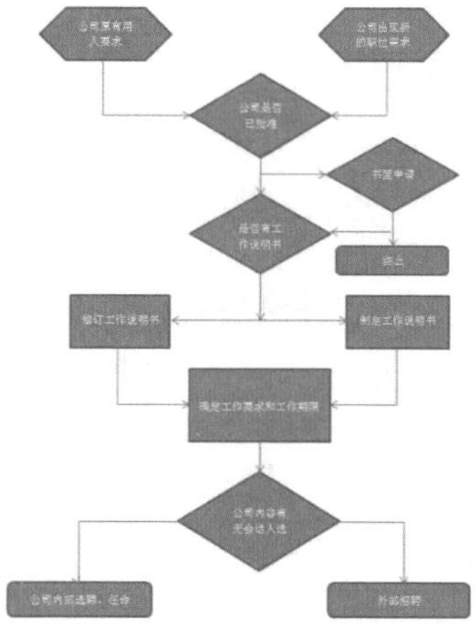

疑难解答

问：如何修改图形中的文字内容及格式？

答：在图形中添加了文字内容后，若要对文字内容和格式进行修改，直接单击图形中的文字内容，将光标定位于文字中或选择需要编辑和修饰的文字内容，应用与编辑普通文字内容相同的操作对文字内容进行编辑和格式设置。

4. 利用文本框添加文字

在整个图示中，某些位置需要单独添加一些文字信息，此时可以使用文本框进行添加。添加说明文字的步骤如下。

（1）执行“绘制文本框”命令

①单击“插入”选项卡中的“文本框”按钮；

②在菜单中选择“绘制文本框”命令，如下图所示。

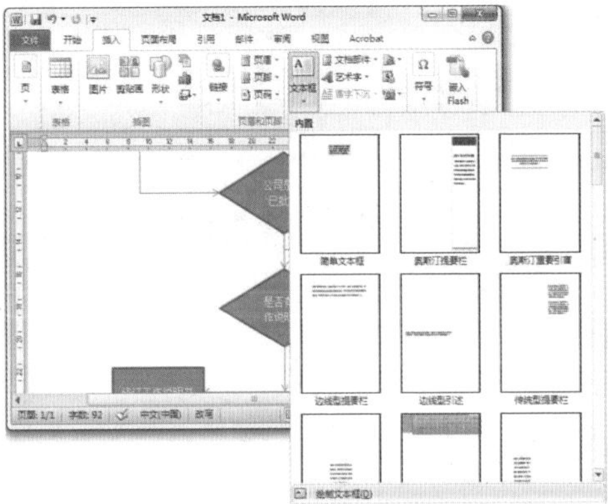

（2）绘制文本框

在如下图所示的位置拖动鼠标左键绘制一个矩形文本框区域。

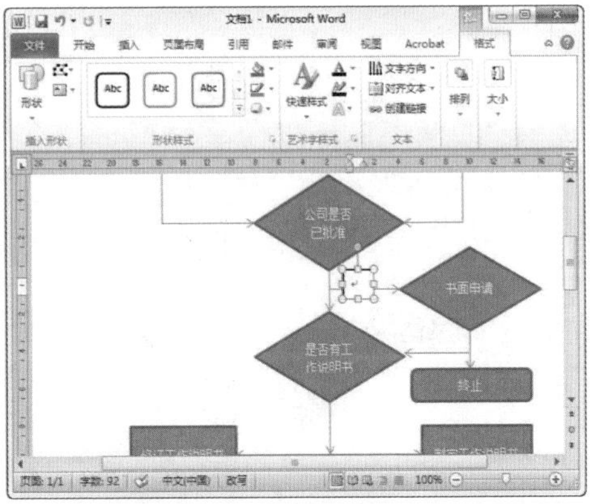

（3）在文本框中输入内容

在光标所在位置输入要添加的文字内容，如下图所示。

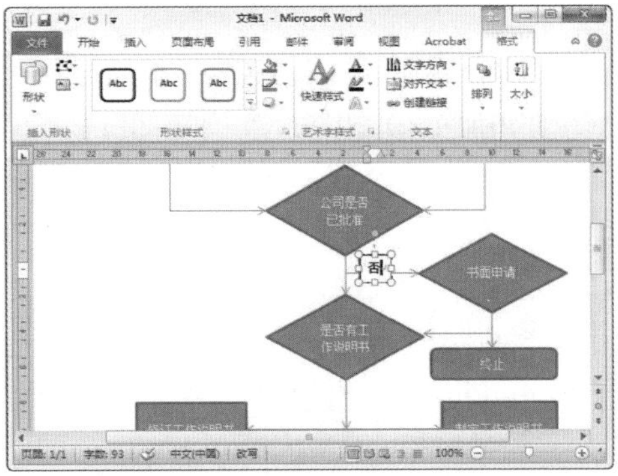

（4）复制文本框

按住【Ctrl】键拖动文本框，将文本框复制到如下图所示的位置，并修改其文字内容。

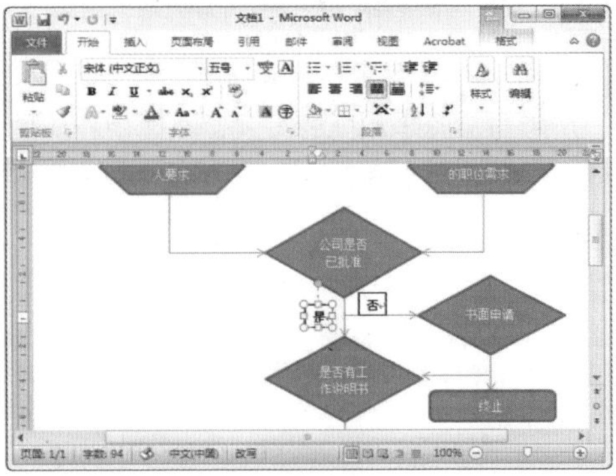

（5）执行“绘制竖排文本框”命令

①单击“插入”选项卡中的“文本框”按钮；

②在菜单中选择“绘制竖排文本框”命令，如下图所示。

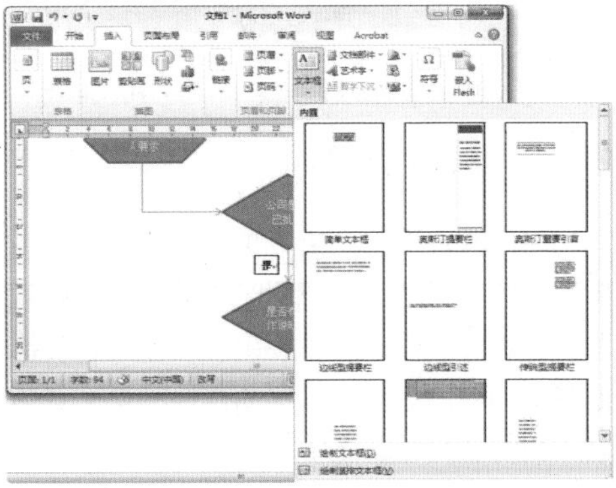

（6）绘制竖排文本框并添加文本

在如下图所示的位置绘制一个竖排文本框，并添加文本“未通过”，如下图所示。

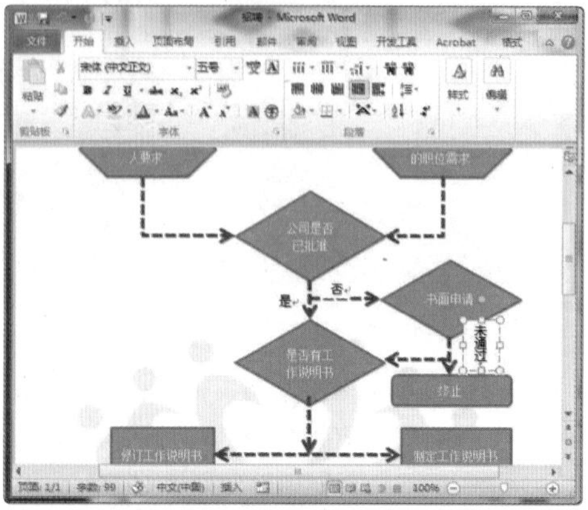

（7）添加其他文本框及内容

用与前几步相同的方式，在图中相应的位置添加相应的提示文字，完成后效果如下图所示。

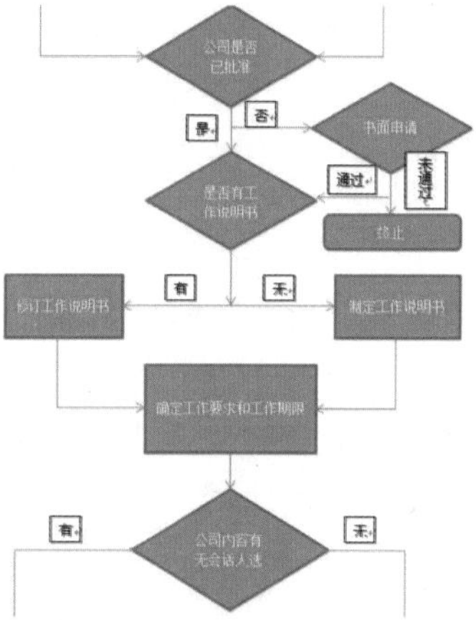

2.1.3 修饰流程图

绘制好图形后，用户常常需要在图形上添加各种修饰元素，使图形更具艺术效果，从而更加具有吸引力和感染力。本例将为流程图中的各图形加上不同的修饰元素，具体操作如下。

1 使用形状样式修饰图形

在修饰图形时，为提高工作效率，快速为图形加上各种样式，可以应用 Word 2010 自带的形状样式。本例将在流程图中的各图形上添加不同的样式，具体操作如下。

（1）为第 1 个图形应用形状样式

①单击选择流程图中的第 1 个形状；

②在“格式”选项卡的“形状样式”中单击要应用的图形样式，如下图所示。

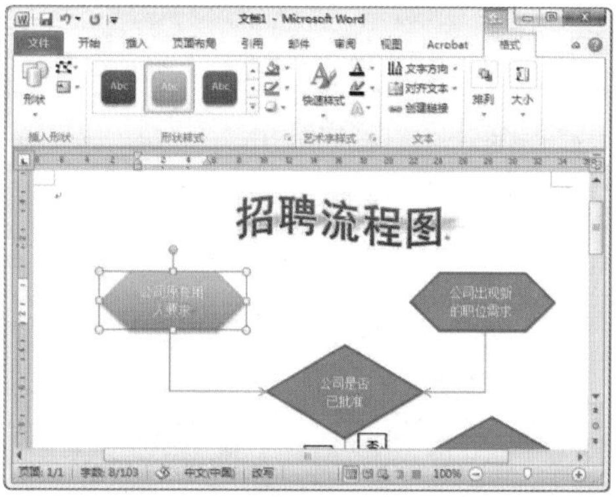

（2）为第 2 个图形应用形状样式

用与上一步相同的方法，在流程图中第 2 个图形上应用一个不同的图形样式，效果如下图所示。

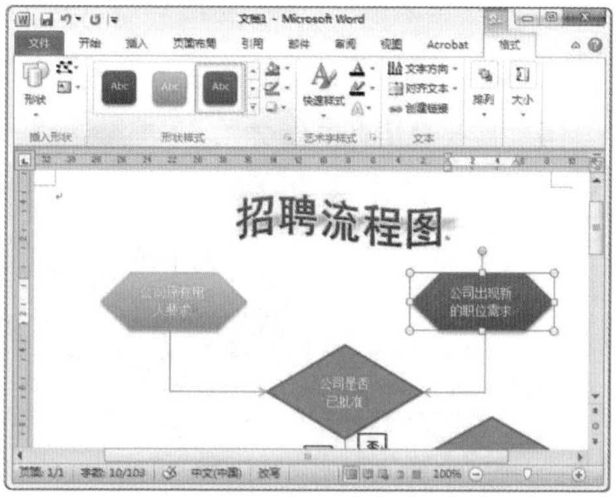

（3）快速为其他图形应用图形样式

用与前两步相同的方法，为流程图中各形状应用图形样式，完成后效果如下图所示。

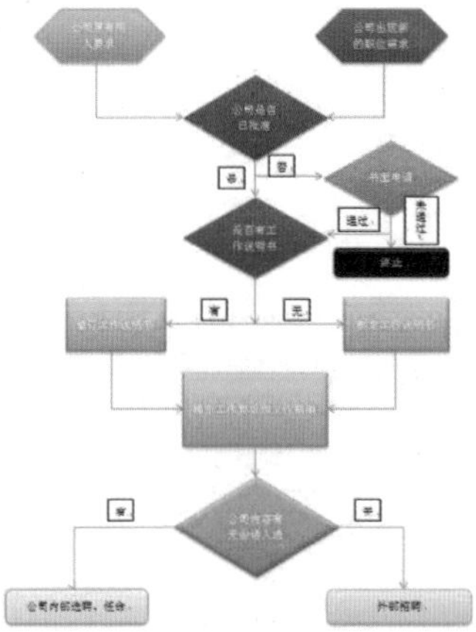

2. 设置形状轮廓

形状轮廓，即形状的边线或单个细条形状，其样式包括线条样式、粗细和颜色，无论是单独的线条图形还是一个完整的形状，均可以通过设置形状轮廓改变其线条的外观样式。本例将通过形状轮廓设置，对流程图中的所有箭头线条进行修饰，具体操作如下。

（1）选择要设置样式的线条

首先单击选择一个线条形状，然后按住【Shift】键逐个单击选择其他线条形状，将流程图中所示的箭头线条全部选中，如下图所示。

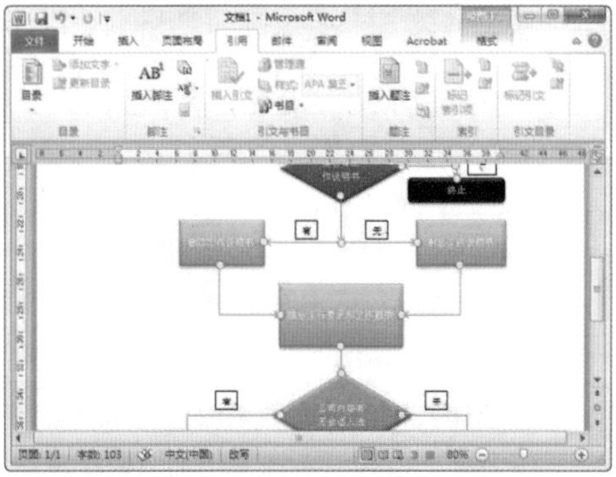

（2）设置线条颜色

①单击“格式”选项卡中的“形状轮廓”下拉按钮；

②选择一个用于线条颜色的色彩，如下图所示。

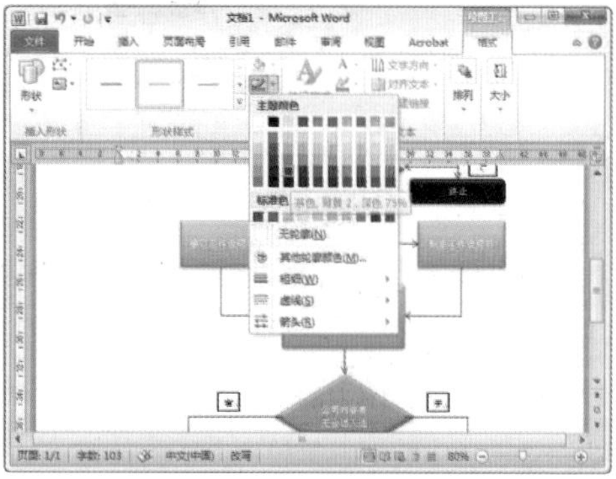

（3）设置线条粗细

①单击“格式”选项卡中的“形状轮廓”下拉按钮；

②选择“粗细”选项；

③在级联菜单中选择“3 磅”，如下图所示。

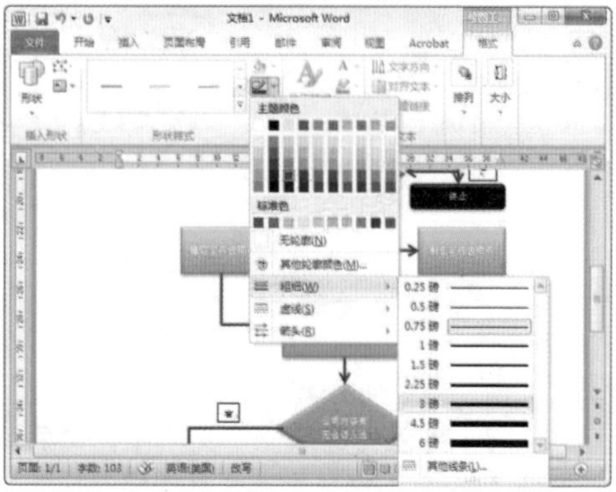

（4）设置虚线线型

①单击选择要设置为虚线样式的线条；

②单击“格式”选项卡中的“形状轮廓”下拉按钮；

③选择“虚线”选项；

④在级联菜单中选择“方点”线条样式，如下图所示。

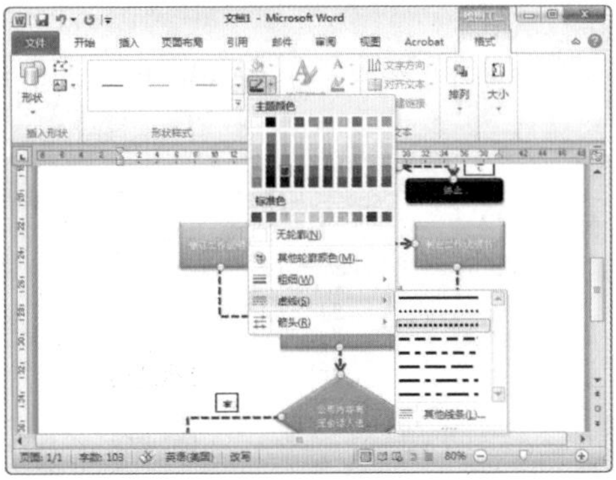

（5）清除文本框的轮廓线

①选择流程图中的所有文本框，单击“格式”选项卡中的“形状轮廓”下拉按钮；

②在菜单中选择“无轮廓”命令即可，如下图所示。

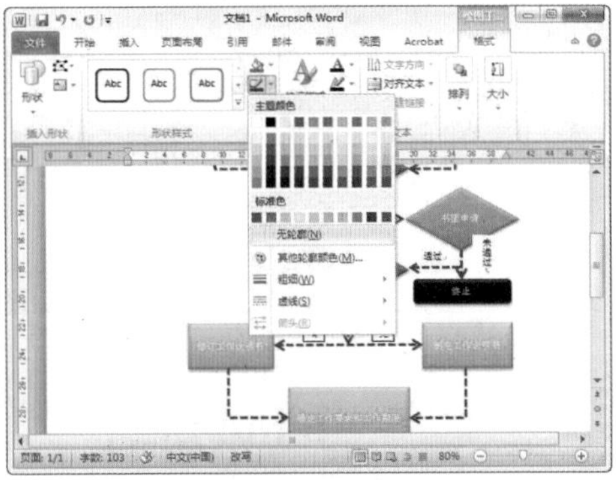

疑难解答

问：如何同时选择多个文本框？

答：可以先选择一个文本框，然后按住【Shift】键单击选择其他要选择的文本框，即可同时选择多个文本框。

3. 设置形状填充样式

针对Word中插入的形状元素，可以通过设置形状填充的方法来改变形状内容的填充颜色及填充效果。本例需要对流程图中的一些图形单独设置其填充颜色和效果，从而突出该图形，具体操作如下。

（1）执行“其他填充颜色”命令

①选择要更改填充效果的图形；

②单击“格式”选项卡中的“形状填充”下拉按钮；

③在菜单中选择“其他填充颜色”命令，如下图所示。

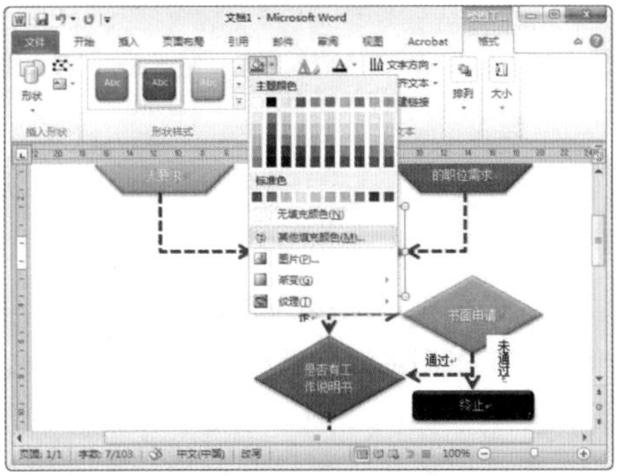

（2）设置填充颜色值

①在打开的对话框中单击“自定义”选项卡；

②在调色板中选择颜色或直接在下方输入参数设置颜色；

③单击“确定”按钮，将所选颜色应用于当前图形上，如下图所示。

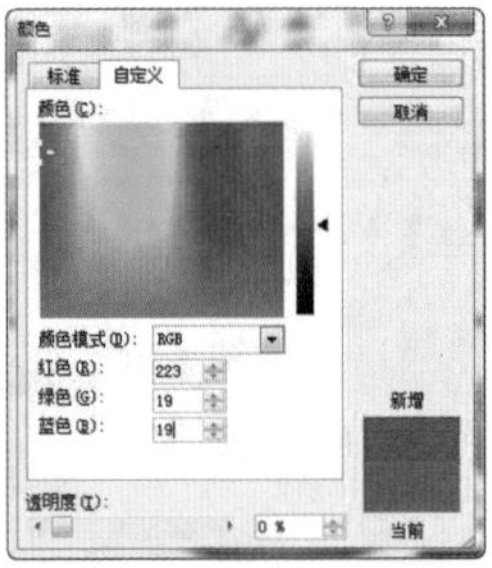

（3）设置渐变填充颜色

①选择要更改填充效果的图形；

②单击“格式”选项卡中的“形状填充”下拉按钮；

③在菜单中选择“渐变”选项；

④在级联菜单中选择“其他渐变”命令，如下图所示。

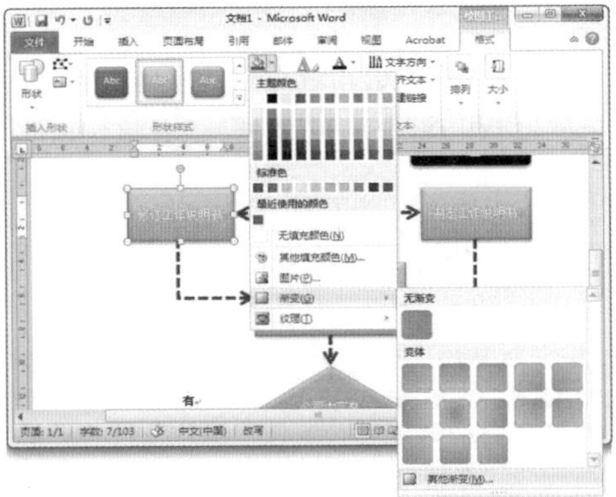

（4）设置填充颜色值

①在打开的对话框的“预设颜色”下拉列表框中选择“熊熊烈火”选项；

②单击“关闭”按钮即可，如下图所示。

（5）设置纹理填充效果

①选择要更改填充效果的图形；

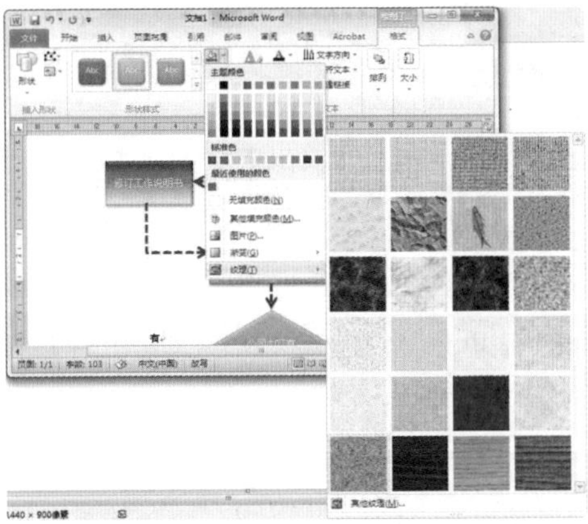

②单击“格式”选项卡中的“形状填充”下拉按钮；

③在菜单中选择“纹理”选项；

④在级联菜单中选择要应用的纹理效果，如上图所示。

（6）设置图片填充

①选择要更改填充效果的图形；

②单击“格式”选项卡中的“形状填充”下拉按钮；

③在菜单中选择“图片”命令，如下图所示。

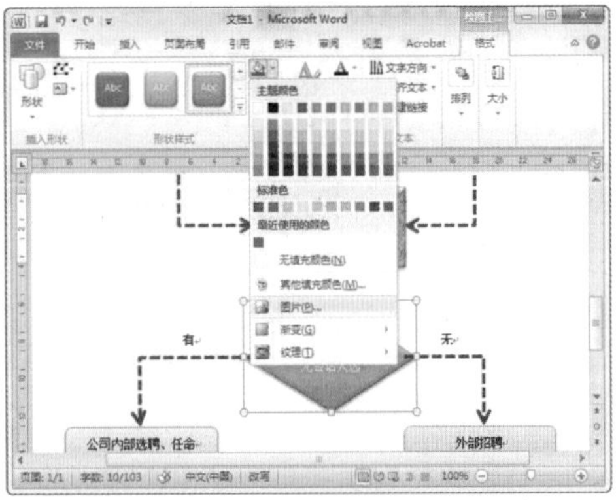

（7）选择背景图片

①在打开的“插入图片”对话框中选择要作为形状背景的图片；

②单击“插入”按钮即可将图像作为形状背景，如下图所示。

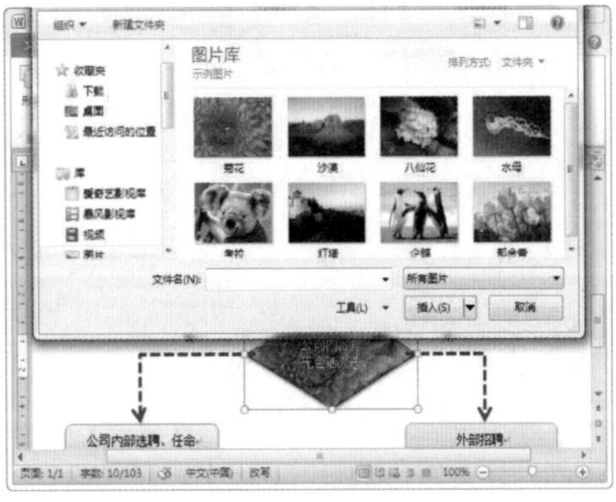

4. 设置文本框格式

在文本框或添加了文本的图形中，可以通过文本框格式设置来调整文本框的边距及内容的对齐方式。本例有个别图形中的文字不能完整显示，此时，可通过缩小内部边距的方法将文字显示完整，具体操作如下。

（1）准备打开“设置形状格式”对话框

①选择要更改文本框格式的图形；

②单击“格式”选项卡“形状样式”组中的“对话框启动器”按钮，如下图所示。

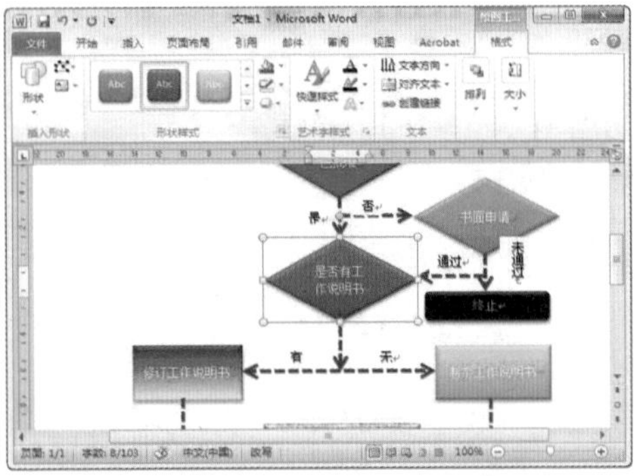

（2）设置文本框边距

①在打开的对话框中单击“文本框”选项；

②在“内部边距”组中设置文本框内容的边距值；

③单击“关闭”按钮即可，如下图所示。

2.1.4 应用图片

在 Word 文档中，用户常常需要应用外部图片作为文档中的内容。本例需要加入一个 LOGO 图片，还需要将 LOGO 图片作为页面的水印，具体操作如下。

1. 插入 LOGO 图片

LOGO 代表公司或企业的整体形象，本例就将 LOGO 图片插入文档，具体操作如下。

（1）执行插入图片命令

①单击“插入”选项卡；

②单击“图片”按钮，如下图所示。

（2）选择图片

①在打开的“插入图片”对话框中选择 LOGO 图片文件“logo”；

②单击“插入”按钮即可，如下图所示。

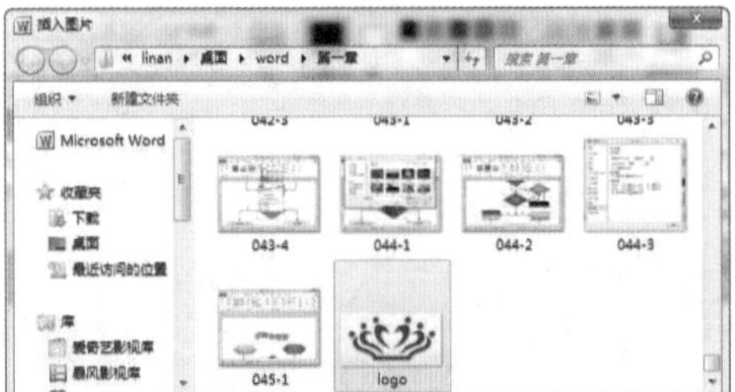

（3）更改图片环绕方式

①选择图片；

②单击“格式”选项卡“排列”组中的“自动换行”按钮；

③选择“浮于文字上方”命令，如下图所示。

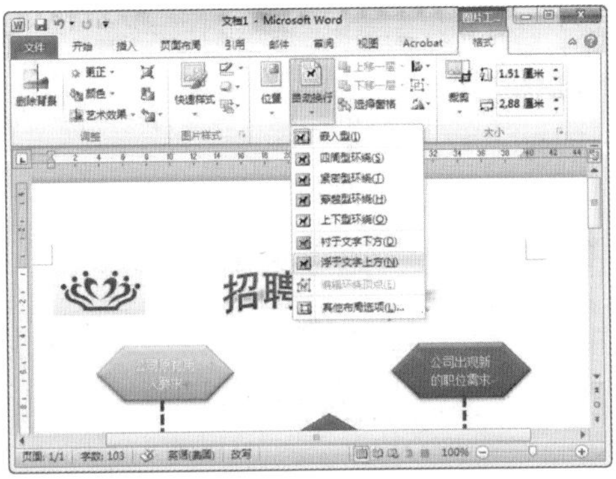

（4）移动图片位置

拖动图片至页面左上角，效果如下图所示。

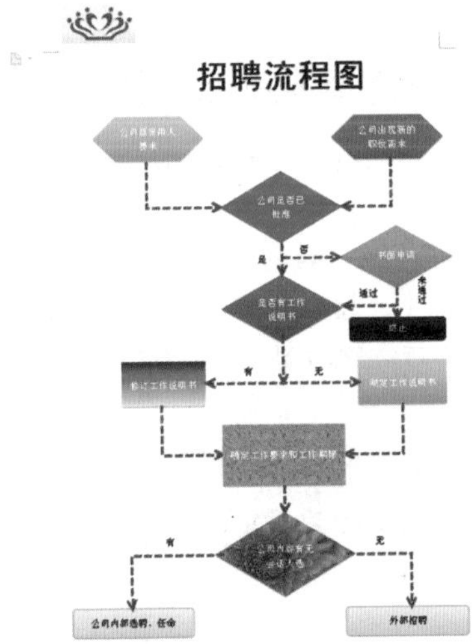

知识加油站

图片插入技巧

在插入外部图片文件时，可在 Windows 系统资源管理器中找到相应的图片文件，将其拖入 Word 窗口，或直接按【Ctrl+C】快捷键复制图片文件，在 Word 文档中按【Ctrl+V】快捷键粘贴图片，均可快速插入图片。

2. 设置图片大小和方向

在 Word 中插入图片后，用户常常需要改变图片的大小及方向。例如，需要调整文档中 LOGO 图片的大小和方向，具体调整过程如下。

（1）旋转图片

选择图片后，拖动图片上方出现的绿色控制点即旋转图片，如下图所示。

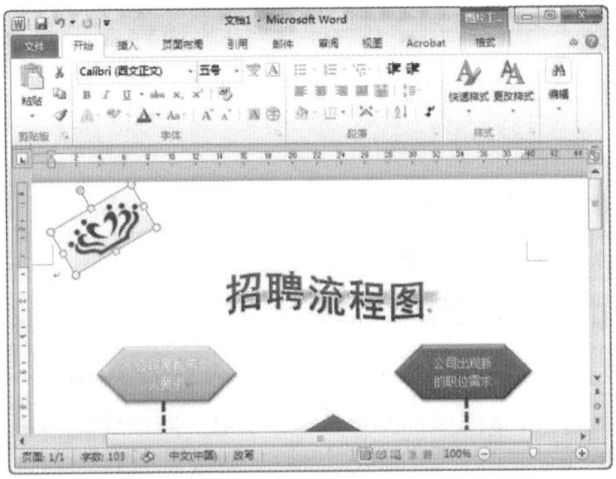

（2）调整图片大小

选择图片后，在“格式”选项卡的“大小”组中设置“宽度”和“高度”参数，如下图所示。

知识加油站

图片和图形调整技巧

在 Word 中调整图形和图片时，可以借助对象四周出现的控制点进行快速调整，例如，本例在调整图片方向时，可拖动对象上方出现的绿色控制点；拖动对象四个角上的控制点则可以快速等比例调整图像的大小，若要只改变图像

的高度或宽度，则可拖动左右侧的控制点或上下边的控制点。

3. 设置图片样式

为使 Word 中使用的图片更具特色，可在图片上添加一些修饰样式，如添加边框、阴影等。本例将为图片应用快速样式，并修改其投影效果，具体操作如下。

（1）应用快速样式

①选择要应用样式的图片；

②单击“格式”选项卡“图片样式”组中的“快速样式”按钮；

③选择第 1 个样式选项，如下图所示。

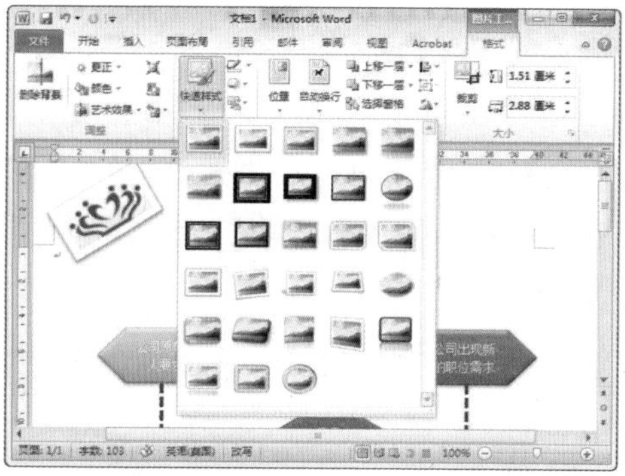

（2）设置投影选项

①单击“格式”选项卡中的“图片效果”按钮；

②选择“阴影”选项；

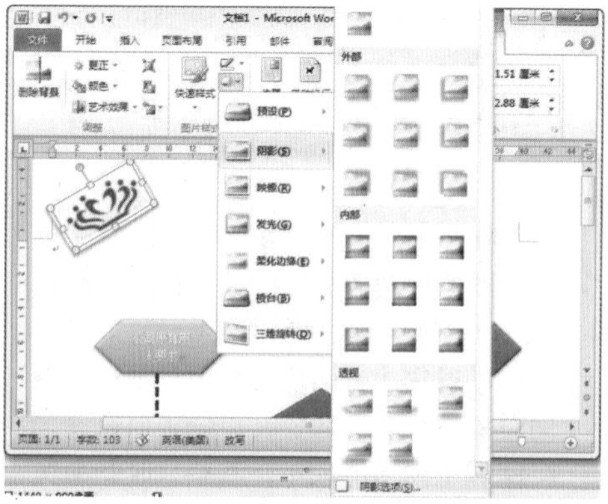

③选择级联菜单中的“阴影选项”命令，如上图所示。

（3）设置投影效果

在打开的对话框中设置阴影参数，如下图所示，单击“关闭”按钮。

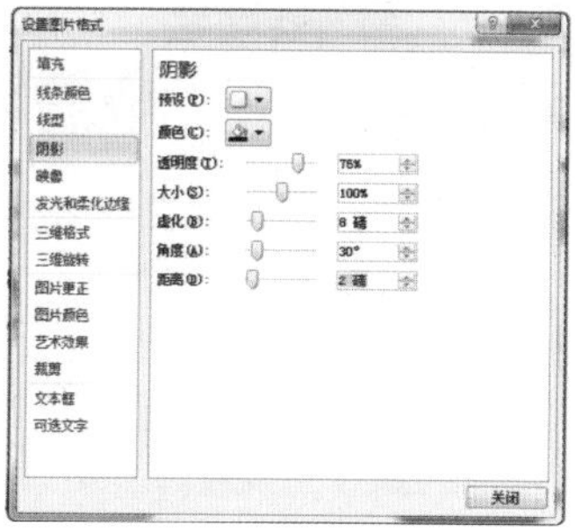

疑难解答

问：如何设置其他图片样式？

答：除直接应用快速样式设置图片样式外，也可直接在“设置图片格式”对话框中，设置阴影、映像、发光和柔化边缘等选项为图片添加各种样式。

4. 添加图片水印

本例还需要将 LOGO 图片设置为页面中的水印，具体操作如下。

（1）执行“自定义水印”命令

①单击“页面布局”选项卡中的“水印”按钮；

②单击“自定义水印”命令，如下图所示。

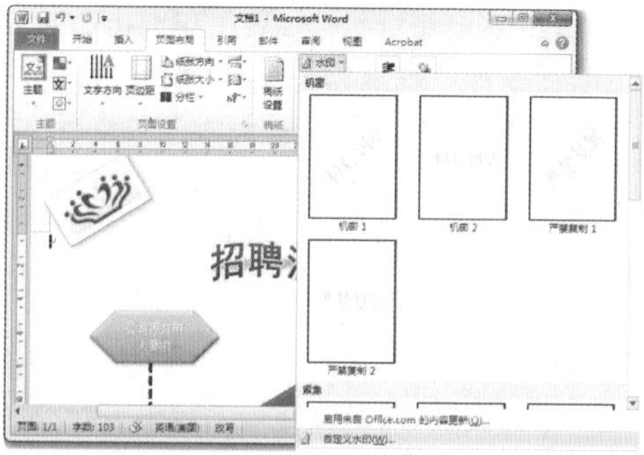

（2）设置图片水印

①在“水印”对话框中选择“图片水印”选项；

②单击“选择图片”按钮，如下图所示。

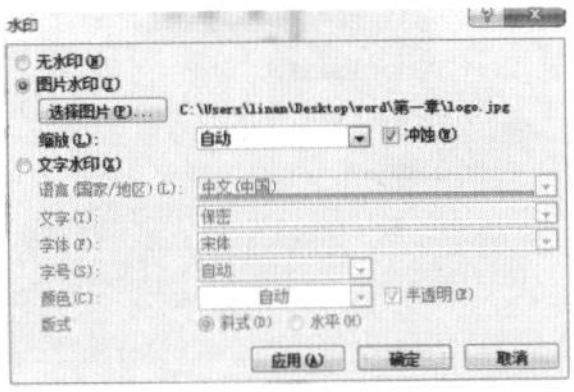

（3）选择图片

①在打开的对话框中选择要作为页面水印的图片；

②单击“插入”按钮，如下图所示。

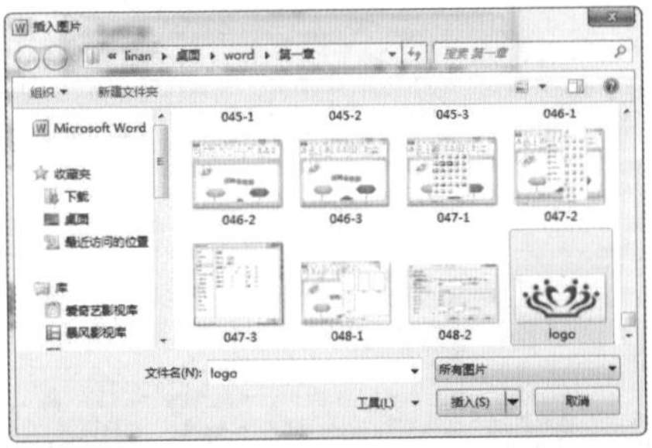

2.2 制作企业组织结构图

组织结构图用于表现企业、机构或系统中的层次关系，在日常办公中有着广泛的应用。Word 2010 为用户提供了用于体现组织结构、关系或流程的图表——SmartArt 图形。本节通过应用 SmartArt 图形制作企业组织结构图，为读者讲解 SmartArt 图形的应用方法。

2.2.1 应用 SmartArt 图形制作结构图

在制作企业组织结构图时，首先需要应用 SmartArt 图形制作出整体的组织结构框架，并添加上相应文字内容，具体操作如下。

1. 插入 SmartArt 图形

单击“插入”选项卡“插图”组中的 SmartArt 按钮可以快速插入 SmartArt 图形。本例应用表现层次结构的 SmartArt 图形来制作组织结构图，具体操作如下。

①新建 Word 文档，单击“插入”选项卡“插图”组中的 SmartArt 按钮；

②在打开的对话框中选择“层次结构”选项；

③选择要应用的图形样式；

④单击“确定”按钮即可插入 SmartArt 图形，如下图所示。

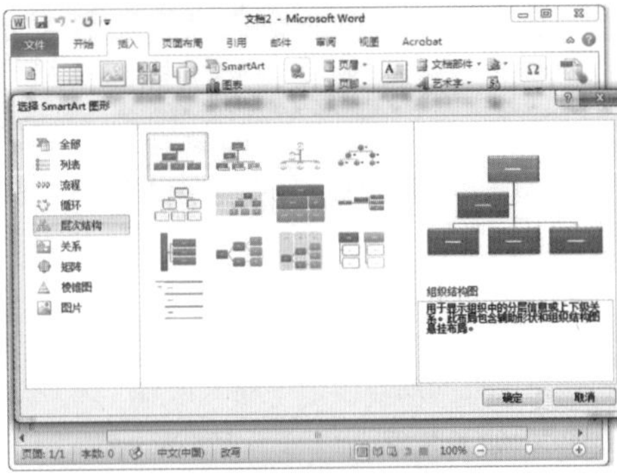

2. 编辑 SmartArt 对象及内容

插入 SmartArt 对象后还需要在其中添加相应的文本，并添加或修改其中的结构，具体操作如下。

（1）在现有图形内容中输入内容

在出现的 SmartArt 图形中，单击要输入

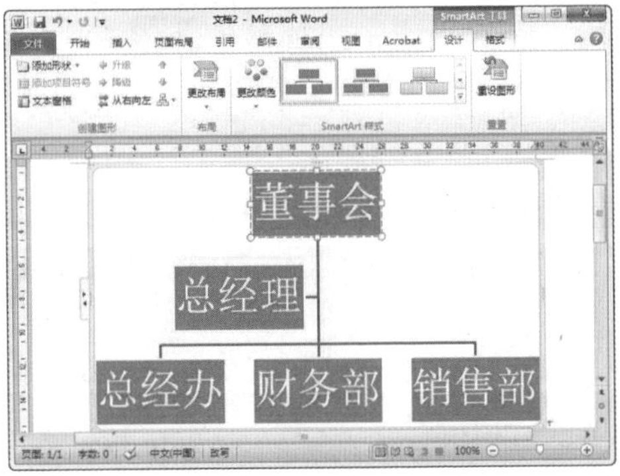

内容的图形，直接在图形中输入文本即可，如上图所示。

（2）添加助手

①选择“总经理”图形；

②单击“设计”选项卡中的“添加形状”按钮；

③在菜单中选择“添加助理”命令，如下图所示。

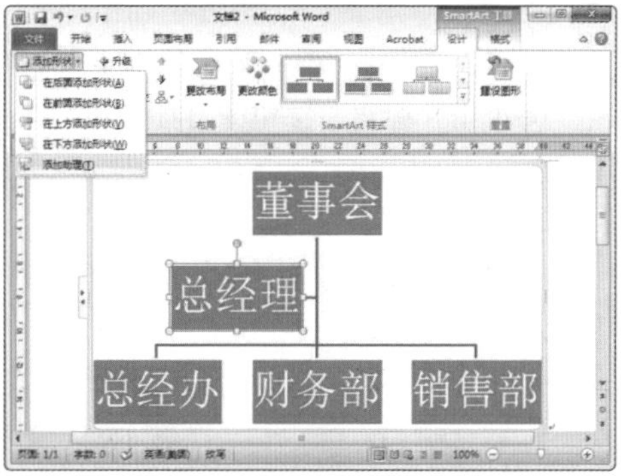

（3）在添加的助理图形中输入内容

在出现的助理图形中输入内容“总经理助理”，如下图所示。

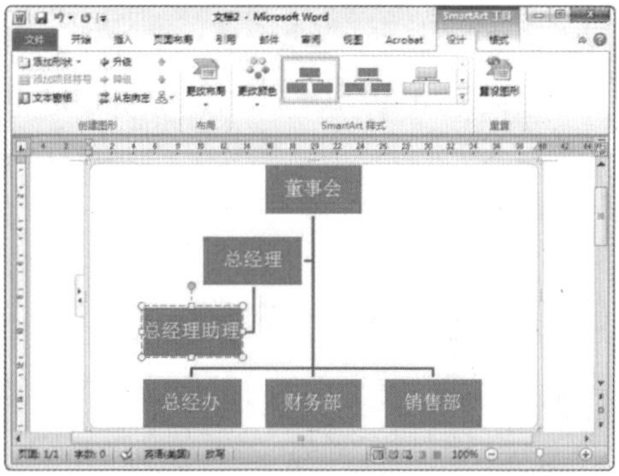

（4）添加同级形状

①选择“销售部”图形；

②单击“设计”选项卡中的“添加形状”按钮；

③在菜单中选择“在后面添加形状”命令，如下图所示。

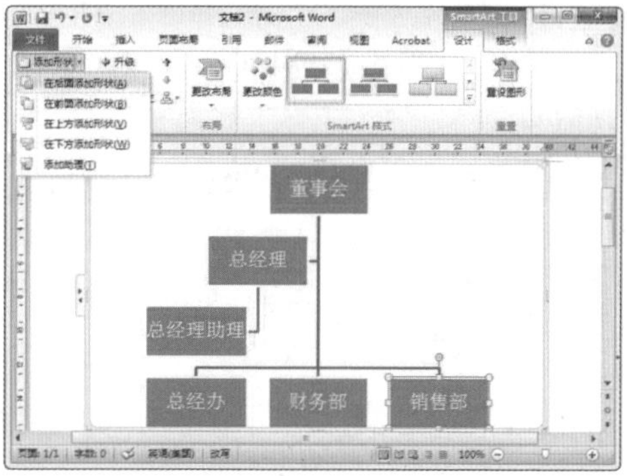

（5）添加两个同级图形并输入内容

在出现的图形中输入内容“技术部”，并用相同的方式添加一个同级图形，输入内容“售后服务部”，如下图所示。

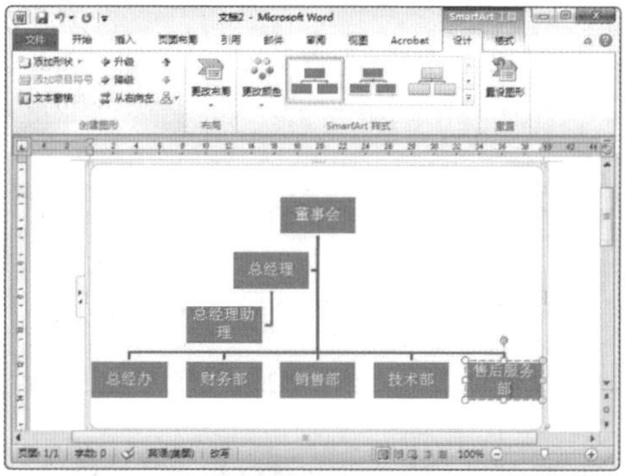

（6）添加子级形状

①选择“总经办”图形；

②单击“设计”选项卡中的“添加形状”按钮；

③在菜单中选择“在下方添加形状”命

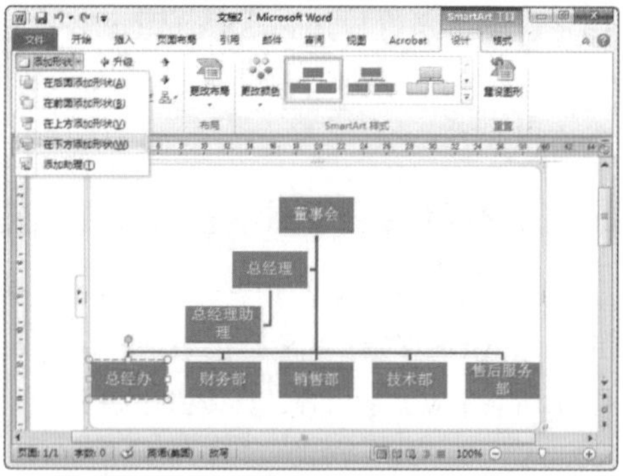

令，如上图所示。

(7) 添加其他子级元素

在出现的图形中输入内容“人资科”，并用相同的方式添加其他子级元素，效果如下图所示。

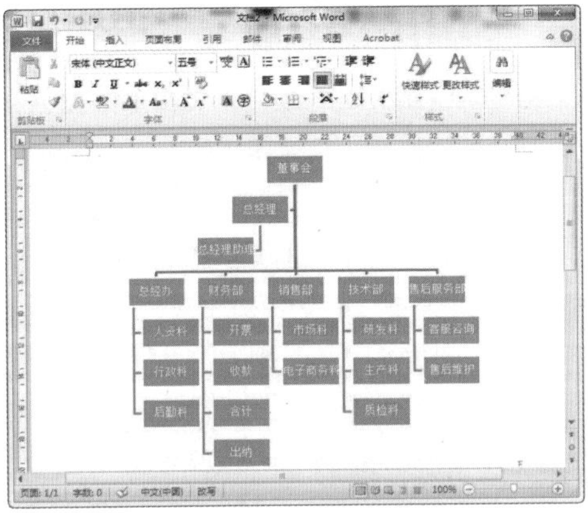

(8) 调整各图形以完成结构制作

向下拖动 SmartArt 图形区域的下边框，调整图形区域的高度，调整文字有换行的图形的宽度，使图形的文字显示为一行，最终效果如下图所示。

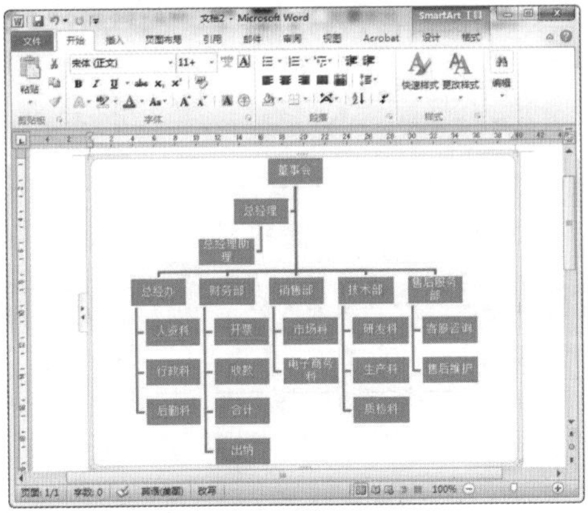

知识加油站

SmartArt 图形编辑技巧

在编辑 SmartArt 图形时，要删除多余的图形，可选择图形后按【Delete】键；若要调整所选图形的级别，则可以单击“设计”选项卡中的“升级”或“降级”按钮。单击“设计”选项卡中的“文本窗格”按钮则会以窗格的形式隐藏和显示整个 SmartArt 图形所对应的文本内容，该内容以多级列表的方式表现文本内容的层次结构，用户可直接在该窗格中修改图形的层次结构和文本内容。

3. 修改 SmartArt 图形形状

为使创建的SmartArt图形效果更加丰富，用户可以对其内部图形的形状进行修改，具体操作如下。

①选择要修改形状的 SmartArt 图形；

②单击“格式”选项卡；

③单击“更改形状”按钮；

④选择需要应用的图形形状即可，例如“缺角矩形”，如下图所示。

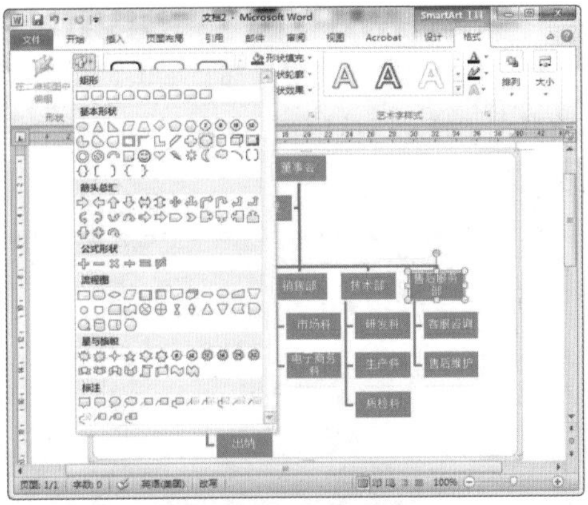

2.2.2 设置组织结构图样式

制作好 SmartArt 图形结构及内容后，为了使其更加美观，用户可为图形添加一些修饰，本节将介绍如何为组织结构图添加整体的和局部的修饰效果，具体操作如下。

1. 更改组织结构布局

为了使组织结构图中的元素排列更加整齐美观，用户可以手动对布局结构进行调整，调整布局结构的步骤如下。

（1）更改子级悬挂方式

①选择 SmartArt 图形“售后服务部”；

②单击“设计”选项卡中的“组织结构图布局”按钮；

③选择菜单中的“两者”命令，如下图所示。

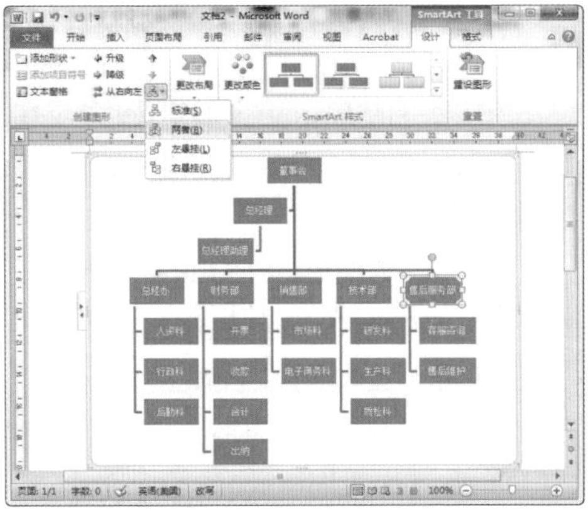

（2）设置图片水印

同时选择“售后服务部”及其下级图形，将其向上拖动一些位置，调整为如下图所示的效果。

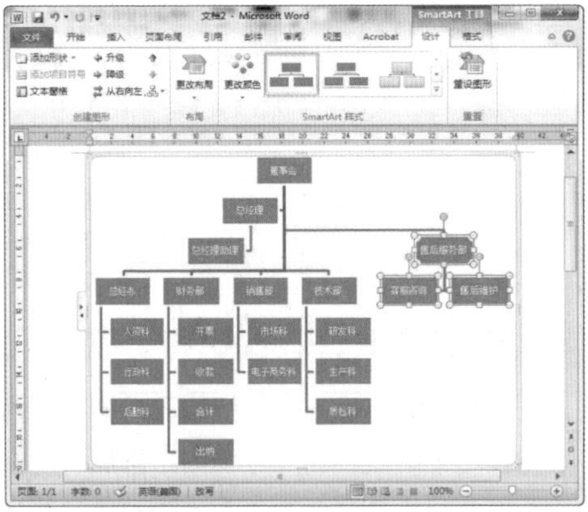

知识加油站

调整 SmartArt 图形的布局

若要整体改变 SmartArt 图形的布局，可以使用“设计”选项卡中的“组织构图布局”功能，该功能可以更改 SmartArt 图形的布局类型，例如，可将表现层次结构的 SmartArt 图形更改为表现关系的图形。

2. 套用 SmartArt 图形颜色和样式

为了更好地修饰 SmartArt 图形，使图形结构更加清晰美观，还可以为图形添加色彩效果及外观样式，具体操作如下。

（1）更改图形颜色

①单击“设计”选项卡中的“更改颜色”按钮；

②在菜单中选择一种颜色方案，如下图所示。

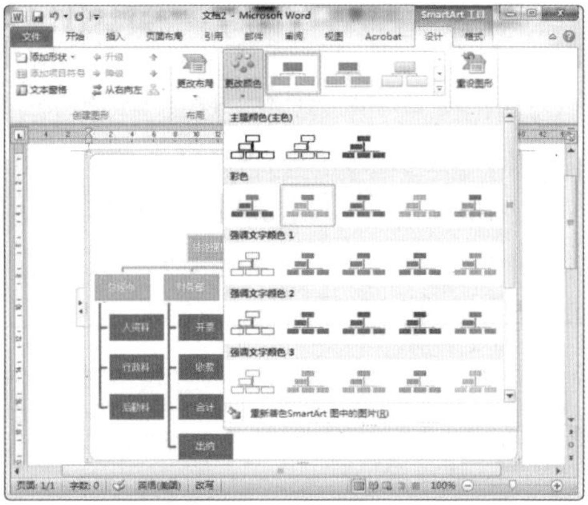

（2）应用快速样式

①单击“设计”选项卡中的“快速样式”

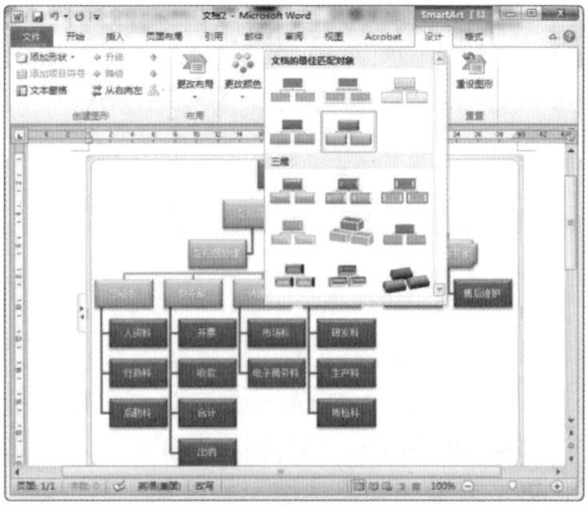

按钮；

②在菜单中选择一种样式效果，如上图所示。

疑难解答

问：如何单独修改 SmartArt 图形中一个形状的外观效果？

答：若要修改单个形状的外观效果，可以在选择该形状后，在“格式”选项卡中进行设置，其设置方式与普通形状的设置方式一致。

2.3 制作企业内部刊物

企业内部刊物是企业进行员工教育、宣传推广的重要手段。本例将展示如何制作和编排企业内部刊物，让读者掌握图像、图形等元素在文档排版中的应用。

2.3.1 设计刊物封面

在制作企业内部刊物时，用户可以为刊物设计一个漂亮的封面，刊物封面设计的具体操作如下。

1. 插入封面页

Word 2010 提供了插入封面的功能，可以快速为文档添加封面，插入封面时，用户可选择软件中提供的封面模板，具体操作如下。

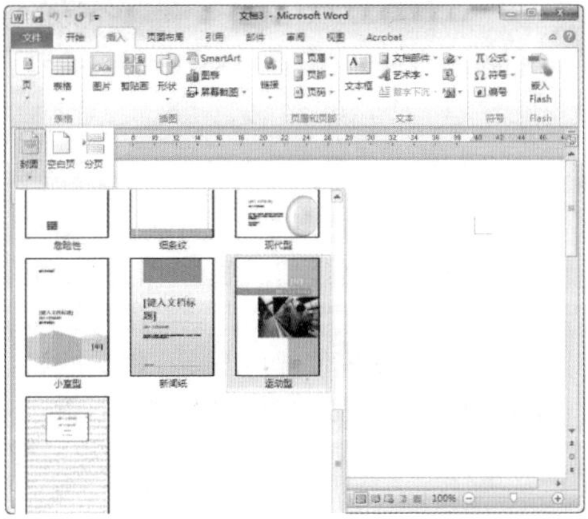

①单击“插入”选项卡“页”组中的“封面”按钮；

②在列表中选择要使用的封面效果，如“运动型”封面，如上图所示。

2. 编辑封面内容

插入封面模板页后需要在封面页指定位置添加指定的内容，具体操作如下。

（1）选择年份

①单击页面中“【 年 】”右侧的下拉按钮；

②在日期选择器中选择一个日期，如下图所示。

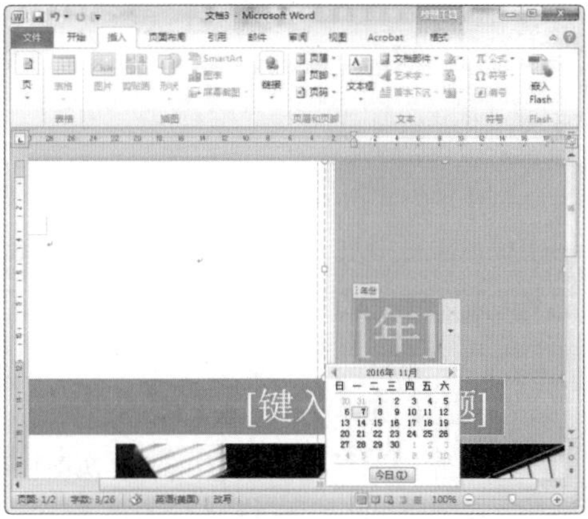

（2）输入封面标题

①单击封面中的标题内容文本框，在其中输入“内部刊物 <年终版>”；

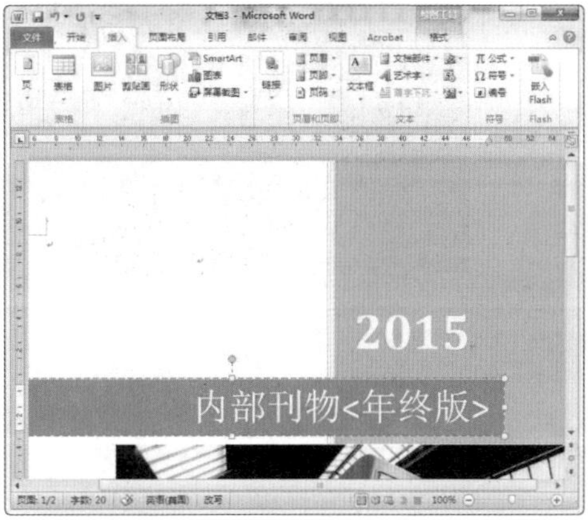

②设置文字字体为“黑体”,如上图所示。

（3）输入其他内容

在封面右下角的“作者”和“公司”文本框中输入相应内容，在“日期”控件中选择日期，效果如下图所示。

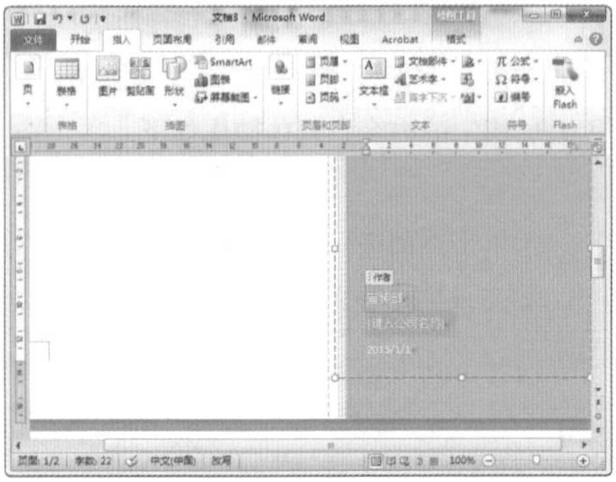

3. 更改封面图像

封面模板中自带一幅图像，而在实际应用中根据需要用户可将这幅图像更换为符合主题的新图像，更改图像的具体操作如下。

（1）执行“更换图片”命令

①选择封面中的图片；

②单击“格式”选项卡中的“更换图片”按钮，如下图所示。

（2）选择素材图像

①在打开的“插入图片”对话框中选择要插入的图片文件；

②单击“插入”按钮即可，如下图所示。

4. 用形状裁剪图像

通常插入到Word文档中的图片的轮廓形状均为矩形，若要使图片轮廓形状呈现为其他形状，则可以使用图形对图像进行裁剪，具体操作如下。

选择图片后，①单击“格式”选项卡中“裁剪”按钮下方的下拉按钮；

②选择“裁剪为形状”选项；

③单击“对角圆角矩形”形状，如下图所示。

疑难解答

问：如何调整和编辑图片裁剪位置？

答：选择图片后，单击“格式”选项卡中的“裁剪”按钮，此时图片上将出现黑色的裁剪位置控制器，拖动四周的控制器可调整图片裁剪的位置。

2.3.2 设计刊物刊头

内部刊物是一个企业的核心与灵魂，在企业的发展建设中发挥重要的作用。通过内部刊物，企业可为员工提供一个良好的交流和发展平台，同时展现企业形象及竞争力，而刊头是刊物整体形象的表现。本小节将介绍内部刊物的刊头设计。

1. 绘制刊头背景

首先绘制出刊头背景，具体操作如下。

（1）插入空白页

单击“插入”选项卡“页”组中的“空白页”按钮，插入一个空白页，如下图所示。

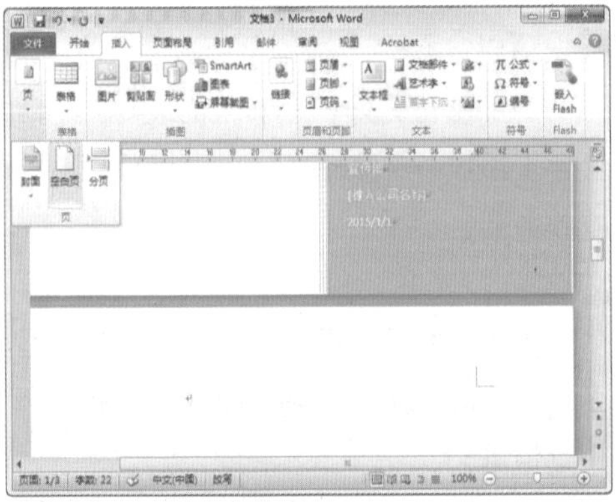

（2）绘制圆角矩形

在页面顶部绘制一个圆角矩形形状，如下图所示。

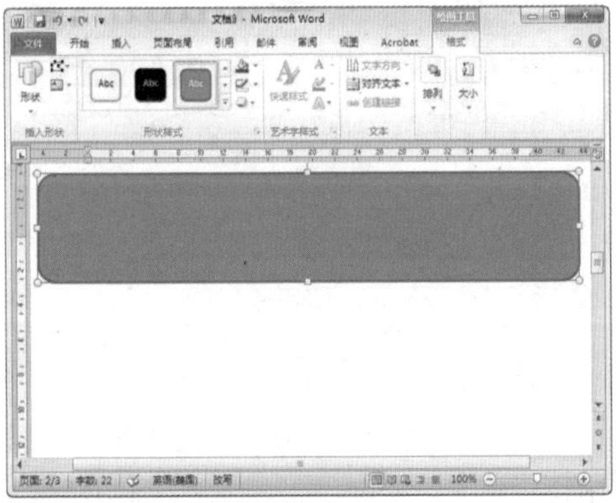

（3）更改形状样式

选择圆角矩形后在“格式”选项卡的“形状样式”列表中选择如下图所示的形状样式。

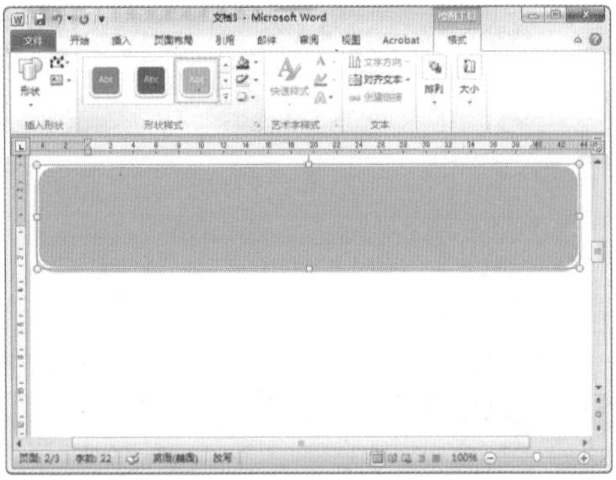

2. 添加艺术字

在刊头中可使用艺术字添加刊物的标题，具体操作如下。

（1）插入艺术字

①单击“插入”选项卡中的“艺术字”按钮；

②选择第 1 个艺术字样式，如下图所示。

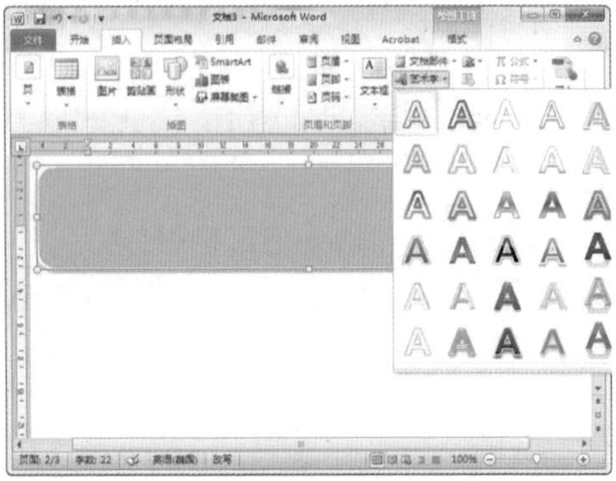

（2）添加艺术字内容

在艺术字区域中添加文字内容“内部刊”，并将艺术字拖动至刊头背景右侧，如下图所示。

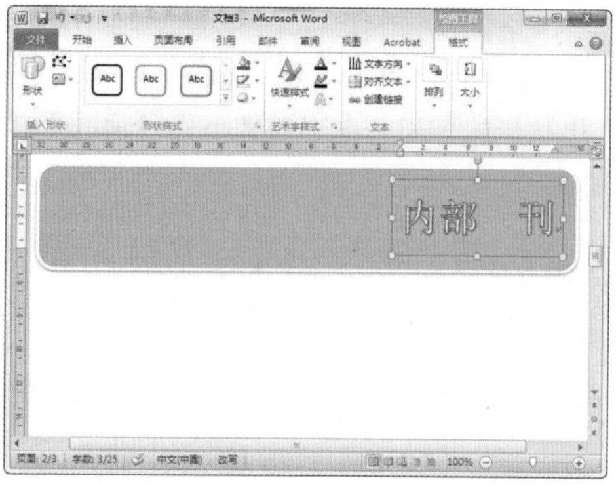

（3）设置艺术字格式

选择艺术字后，在“格式”选项卡中设置艺术字样式，设置填充颜色为“黑色”、轮廓：颜色为“无轮廓”，如下图所示。

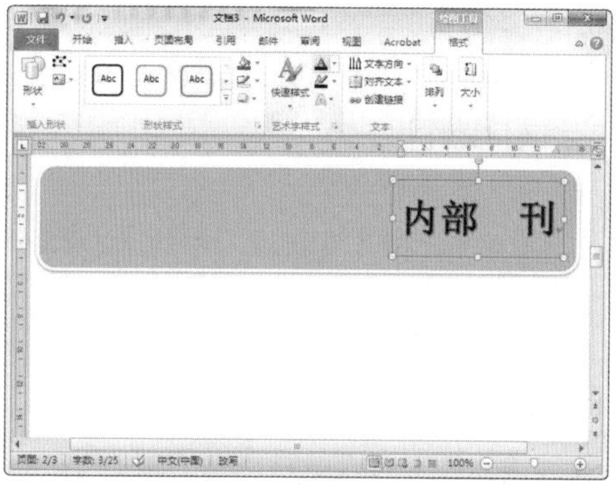

（4）再次插入艺术字

①单击“插入”选项卡中的“艺术字”按钮；

②选择如下图所示的艺术字样式。

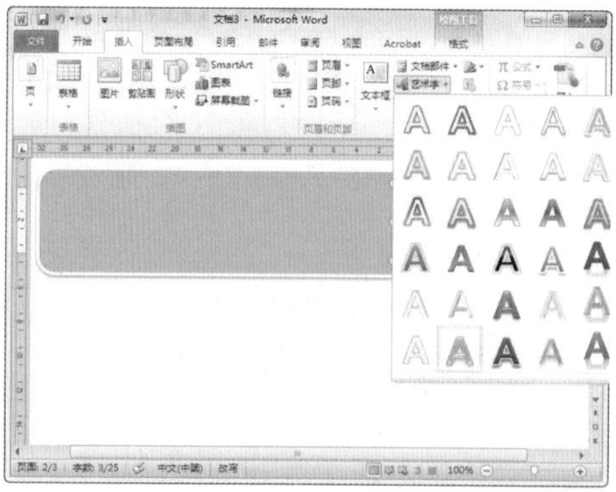

（5）添加艺术字内容并修改字号

①输入艺术字内容“期”，并将艺术字移动到如上图所示的位置；

②设置文字大小为“初号”，如下图所示。

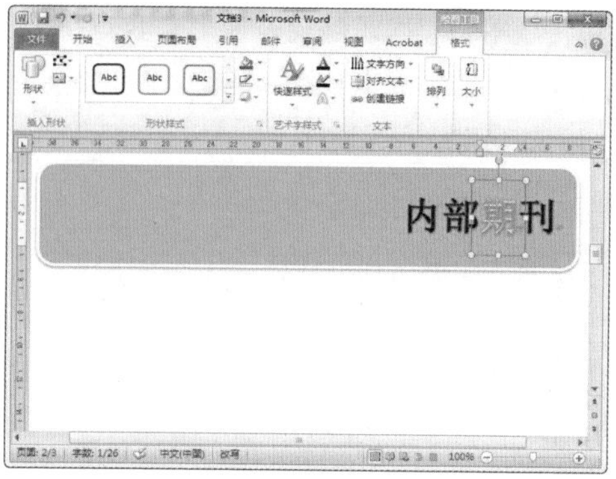

3. 绘制修饰图形

为了使刊头文字显得不那么单调，可在文字上添加一些修饰图形，添加修饰的具体操作如下。

（1）绘制矩形线框

①在艺术字“期”上绘制一个矩形图形；

②单击“格式”选项卡中的“形状填充”下拉按钮；

③选择“无填充颜色”选项，如下图所示。

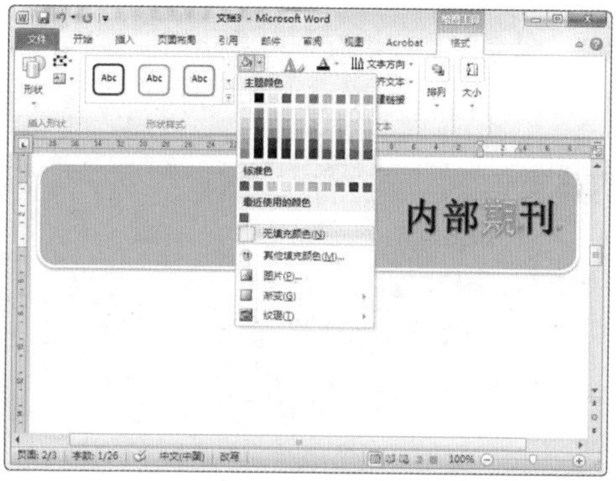

（2）设置线框颜色

①单击“格式”选项卡中的“形状轮廓”下拉按钮；

②选择颜色“茶色，背景2，深色75%”，如下图所示。

（3）设置框线粗细

①单击“格式”选项卡中的“形状轮廓”下拉按钮；

②选择“粗细”选项；

③选择线条;粗细为“1 磅”,如下图所示。

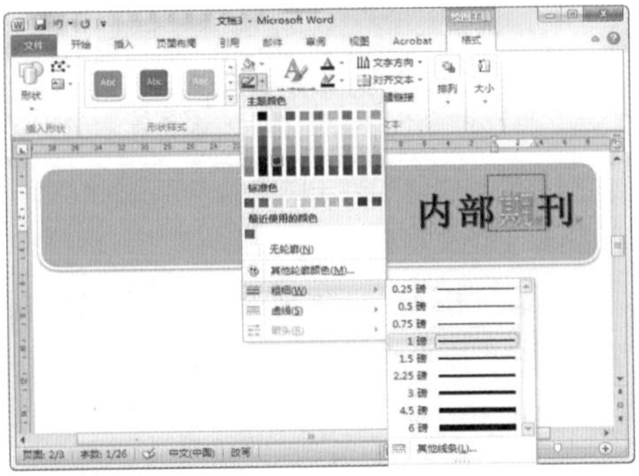

（4）设置框线为虚线

①单击“格式”选项卡中的“形状轮廓”下拉按钮；

②选择“虚线”选项；

③选择虚线样式为“短划线”，如上图所示。

（5）绘制直线并设置样式

应用“直线”形状在矩形框内绘制两条垂直相交的直线，并设置直线样式与框线的样式相同，如下图所示。

（6）组合图形

①按住【Ctrl】键单击选择矩形框和两条直线；

②单击“格式”选项卡“排列”组中的“组合”按钮；

③选择“组合”命令，如下图所示。

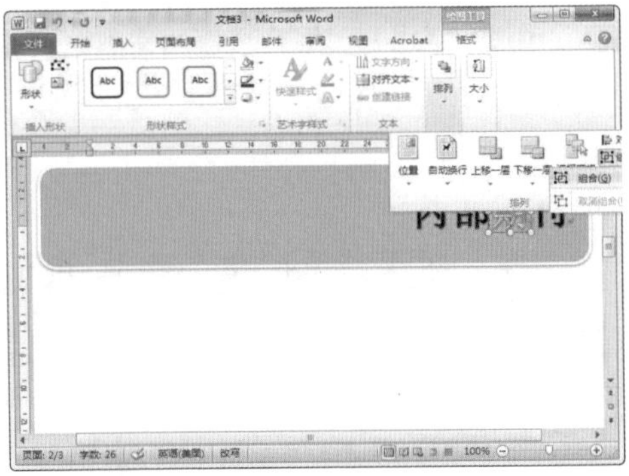

（7）设置线框粗细

①选择艺术字“期”；

②单击“格式”选项卡中的“上移一层”下拉按钮；

③在菜单中选择“置于顶层”命令，如下图所示。

> **知识加油站**
>
> **关于图形的组合与取消组合**
>
> 一个复杂的图形可以由多个简单的图形组合而成，为了对整体图形进行控制，可以将其进行组合，即本例用到的“组合”命令，将多个图形合为一个整体；若要对组合图形的内部形状进行修改，需要取消图形的组合，该命令位于“格式”选项卡“排列”组中的“组合”按钮菜单中。

4. 应用文本框添加文字

如果要在图形上层或页面中较为随意的位置添加文字内容，用户可应用文本框。本例将在“内部期刊”文字下添加年份和期数，具体操作如下。

（1）绘制文本框

①单击“插入”选项卡中的“文本框”按钮；

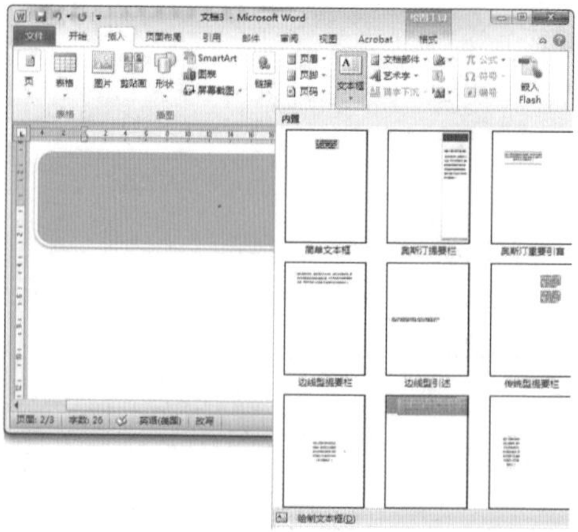

②在菜单中选择“绘制文本框”命令，如上图所示。

（2）输入文字并设置文字格式

①在文本框中输入文字内容；

②在“开始”选项卡中设置文字字体及字号；

③设置段落对齐方式为“右对齐”，如下图所示。

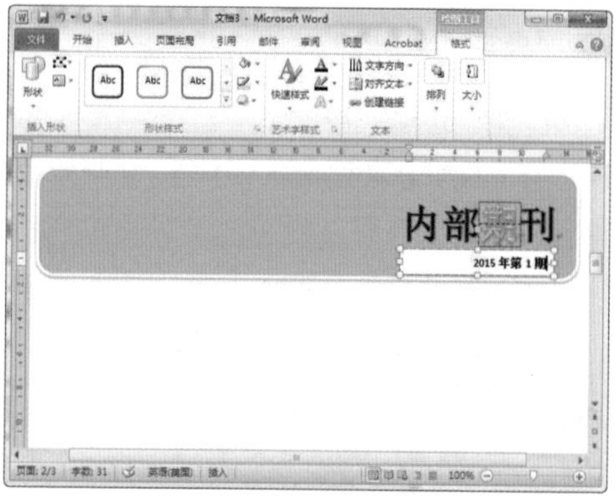

（3）去除文本框填充与轮廓颜色

①选择文本框；

②在“格式”选项卡中通过“形状填充”和“形状轮廓”按钮将图形设置为“无填充”和“无轮廓”，如下图所示。

5. 添加刊头插图

为使刊头内容更加丰富，可在刊头区域

中添加插图，具体操作如下。

(1) 插入素材图像

在页面中插入素材图像“earth. jpg”，如下图所示。

(2) 设置图片自动换行方式

①单击“格式”选项卡“排列”组中的“自动换行”按钮；

②在菜单中选择“浮于文字上方”命令，如下图所示。

(3) 将图片裁剪为椭圆

①单击“格式”选项卡中的“裁剪”下拉按钮；

②选择“裁剪为形状”选项；

③单击“椭圆”形状，将图片裁剪为椭圆形，如下图所示。

(4) 调整裁剪区域位置

①单击“格式”选项卡中的“裁剪”按钮；

②在图片上调整四周的裁剪区域至如下图所示的效果。

(5) 应用阴影样式

①将裁剪后的图像移动至左上角；

②单击“格式”选项卡中的“图片效果”

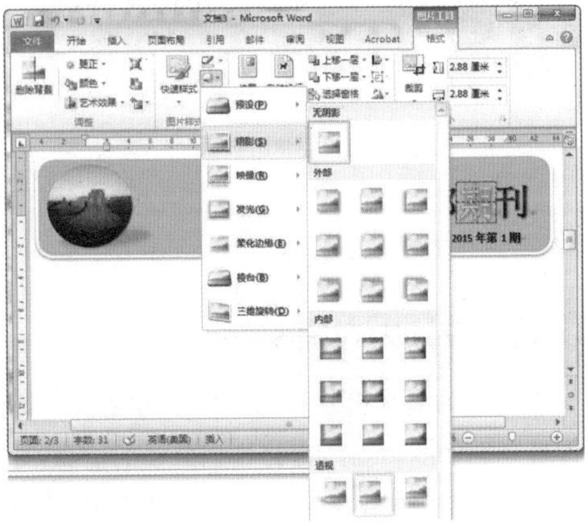

按钮；

③选择“阴影”选项；

④选择如上图所示的阴影效果。

（6）调整图像颜色

①单击“格式”选项卡中的“颜色”按钮；

②选择如下图所示的颜色效果。

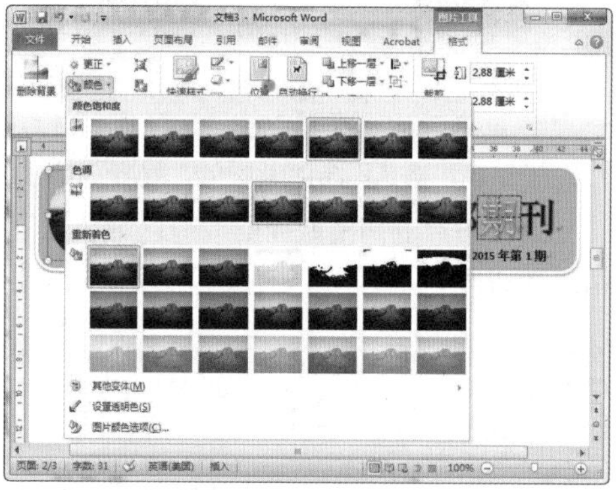

（7）插入并调整 LOGO 图像

插入 LOGO 图像素材“logo. png”，将图片设置为“浮于文字上方”，调整于刊头区域左侧，并调整其大小，最终效果如下图所示。

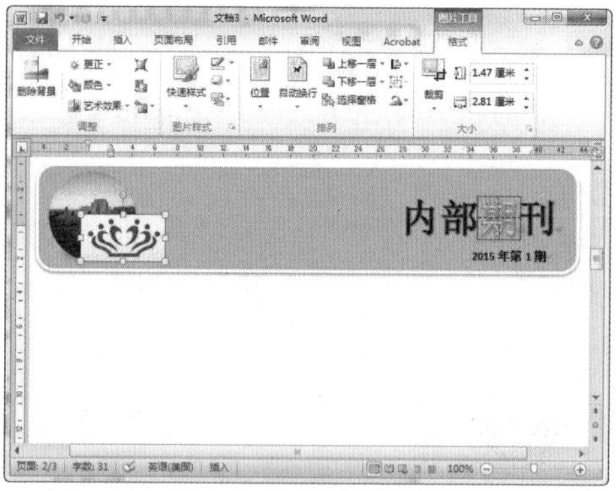

2.3.3 设计内容提要栏

刊物的内容提要栏可以使读者更快速地查看到刊物的主要内容并找到需要的信息。

Word 2010 提供了插入内容提要栏的功能，用户可以快速为文档添加内容提要栏。本小节将介绍如何制作内部刊物的内容提要栏，具体操作如下。

（1）插入内容提要栏

①单击“插入”选项卡中的“文本框”按钮；

②选择“奥斯汀提要栏”选项，如下图所示。

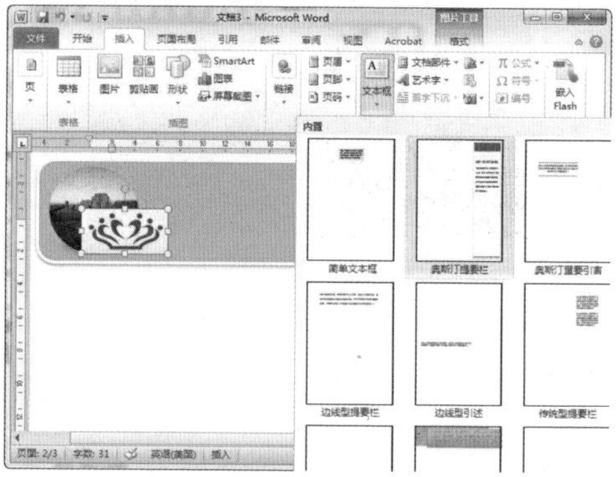

（2）修改提要栏中的矩形颜色

①单击选择内容提要栏中的矩形形状；

②单击“格式”选项卡中的“形状填充”下拉按钮；

③选择颜色“茶色”，如下图所示。

（3）修改底部矩形的颜色

用与上一步相同的方式选择提要栏底部的矩形颜色，使其颜色与顶部的矩形颜色相同，如下图所示。

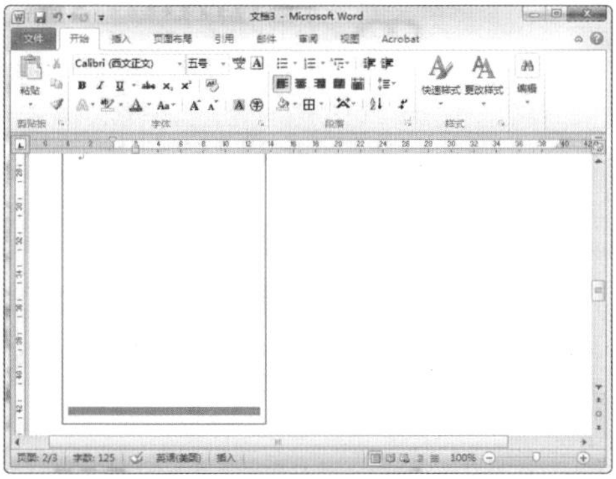

（4）设置内容提要栏的文字及格式

在内容提要栏中输入相应的文字内容，并设置文字的字体格式、段落格式及文字颜色，效果如下图所示。

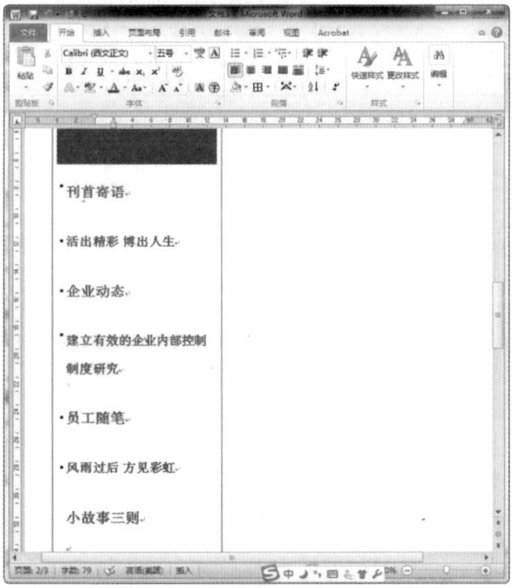

疑难解答

问：如果单击无法选择图形怎么办？

答：在选择图形时，若图形较小或其上压有文本内容，则直接单击可能无法选择图形。此时，可以单击“开始”选项卡中的“选择”按钮，在菜单中选择“选择对象”命令，然后再通过框选的方式选择图形即可。

2.3.4 排版刊物内容

在排版刊物内容时，除直接在文档中设置字体格式和段落格式外，用户常常还可借助文本框，通过文本框，用户可对页面内容的位置进行控制。

1. 排版刊首寄语

本例中第一页的右侧空白区需要添加一篇文章，并添加各类修饰元素，排版后将其作为第一页内容，具体操作如下。

（1）插入图片

在文档中插入素材图片“彩虹 .jpg”，并调整图片的大小和位置，如下图所示。

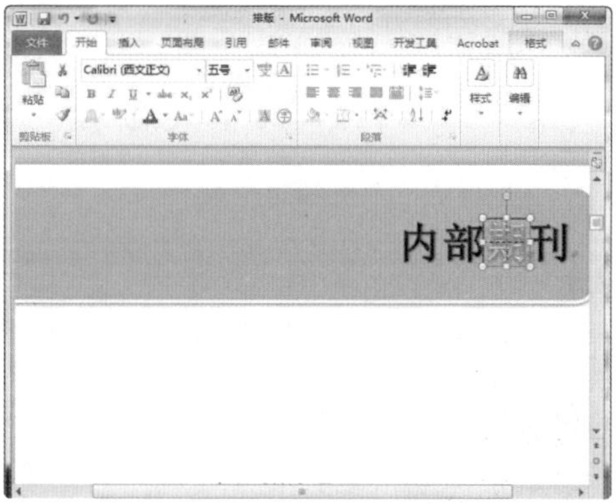

（2）应用图片样式

①单击“格式”选项卡中的“快速样式”按钮；

②选择“柔化边缘矩形”样式，如下图所示。

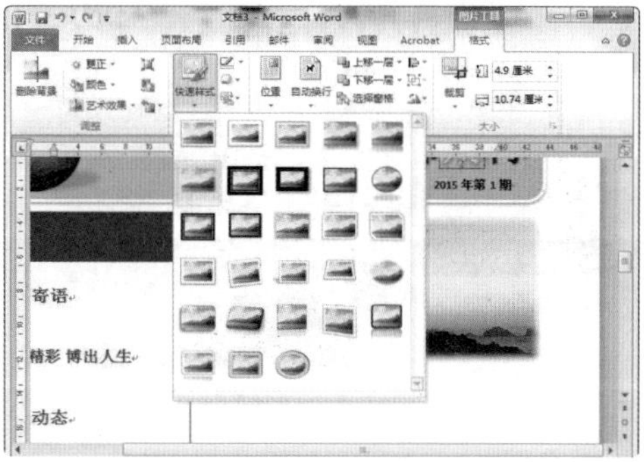

（3）绘制文本框

在图片下方区域绘制一个文本框，将素材文档中的第一篇文章复制该文本框中，如下图所示。

（4）插入艺术字标题

①单击“插入”选项卡中的“艺术字”按钮；

②选择如下图所示的艺术字样式。

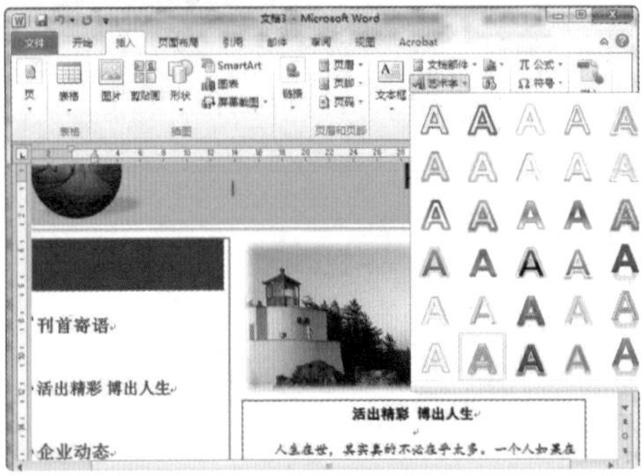

（5）插入内容并设置艺术字样式

①输入艺术字的文字内容；

②设置艺术字字体为“黑体”、字号为“小二”，不加粗，并调整艺术字到如上图所示的位置。

（6）设置艺术字区域填充及轮廓

在“格式”选项卡的“形状样式”组中设置艺术字区域的填充色为白色，设置轮廓效果为“茶色，背景 2，深色 10%”，如下图所示。

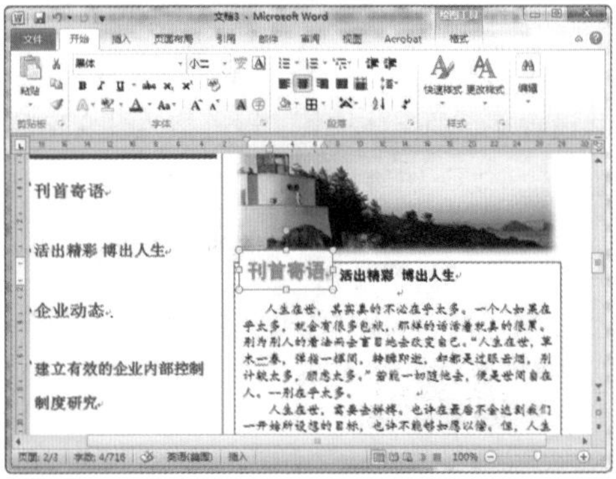

2. 排版“企业动态”栏目

“企业动态”是本例刊物中的一个栏目，接下来将演示该栏目排版的具体过程。

（1）添加文章内容

新建一空白页，将素材文档中的第二篇文章复制到该文档中，如下图所示。

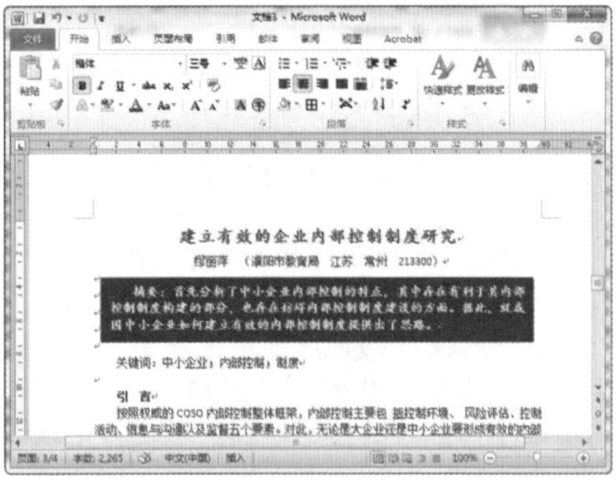

（2）添加栏目标题

插入两段艺术字“企业”和“动态”，

分别应用不同的艺术字样式，并调整其大小和位置，效果如下图所示。

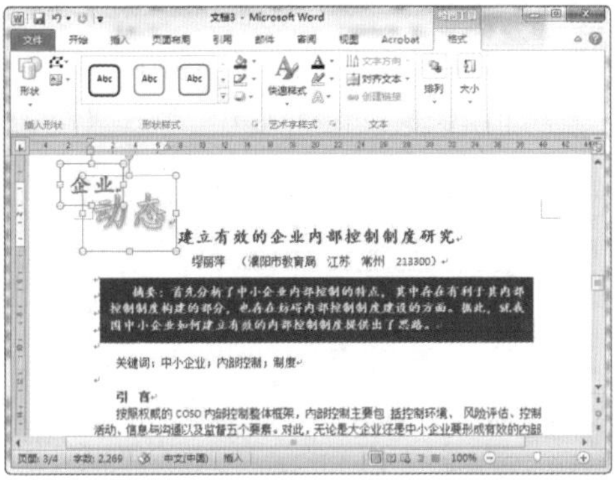

（3）绘制修饰线条

绘制直线图形，在顶部区域中绘制三条直线，效果如下图所示。

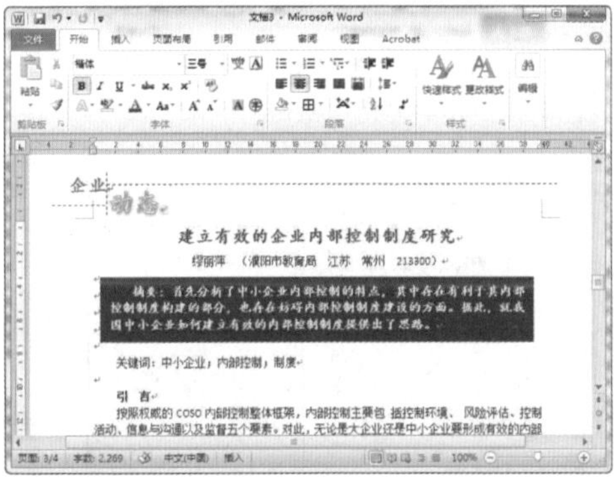

（4）设置文章内容为分栏排版

①选择文章正文“引言”部分到结束语的内容；

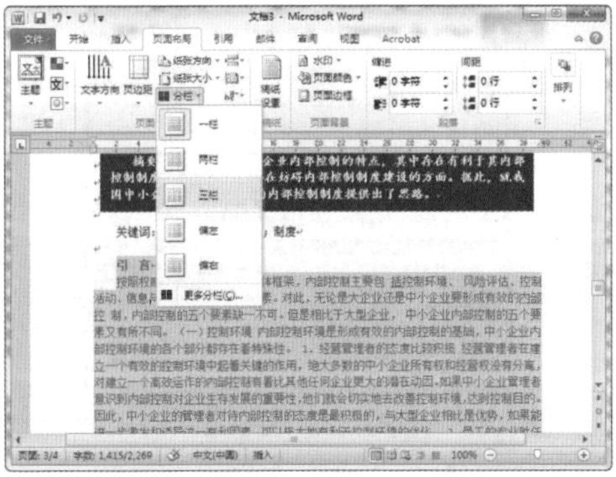

②单击“页面布局”选项卡中的“分栏”按钮；

③选择“三栏”命令，将所选内容分为三栏排版，具体操作如上图所示。

（5）插入素材图像

①插入素材图片“插图 1. jpg”；

②单击“格式”选项卡“排列”组中的“自动换行”按钮；

③在菜单中选择“四周型环绕”命令，如下图所示。

（6）调整图片

调整图片大小和位置，并应用“裁剪”命令将图片裁剪为如下图所示的效果。

（7）调整文章整体排版效果

对该文章中排版的细节进行适当的调整，完成后缩小显示比例，预览两页并排的页面效果，如下图所示。

3. 排版“员工随笔”栏目

“员工随笔”是本例刊物中的一个栏目，接下来将应用多个文本框，并应用文本框的链接排版该栏目中的文章，具体操作过程如下。

（1）绘制文本框

在上一篇文章末尾处绘制四个文本框，调整其位置和大小，如下图所示。

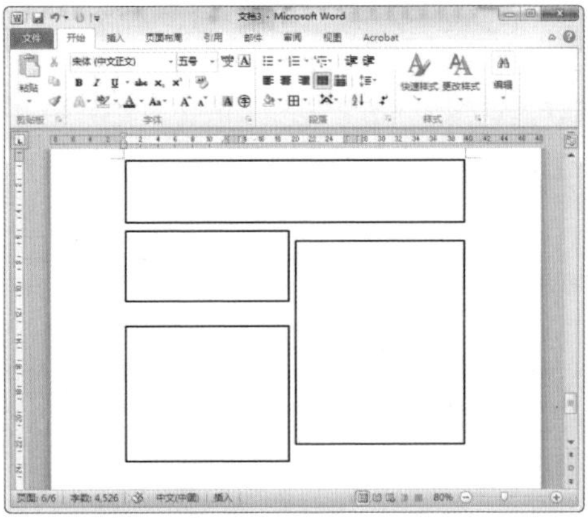

（2）输入内容并创建文本框链接

①将素材文档中的文章内容复制到第一个文本框中；

②单击“格式”选项卡中的“创建链接”按钮；

③单击第二个文本框，建立文本框链接，如下图所示。

（3）继续创建文本框链接

①选择第二个文本框；

②单击“格式”选项卡中的“创建链接”按钮；

③再单击第三个文本框，如下图所示。

（4）创建多个文本框并建立链接

用与上一步相同的方式将第三个文本框

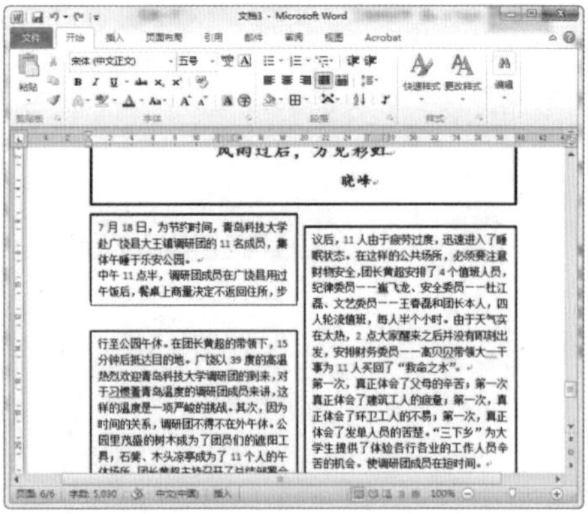

与第四个文本框建立链接，并在下一页中绘制三个文本框，用相同的方式依次建立链接，效果如上图所示。

（5）去除文本框轮廓线并添加修饰

选择所有文本框，设置文本框的轮廓颜色为“无轮廓”，绘制一条折线，设置折线的粗细为“3 磅”，颜色为“茶色、背景 2、深色 25%”，效果如下图所示。

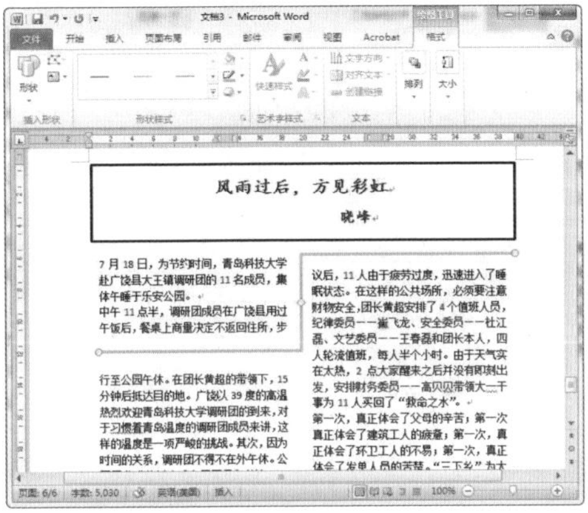

（6）插入素材图片

①插入素材图片“插图 2. jpg”，设置图片“自动换行”方式为“浮于文字上方”，并放置于如下图所示的位置；

②单击“格式”选项卡“排列”组中的“旋转”按钮；

③在菜单中选择“水平翻转”命令，如下图所示。

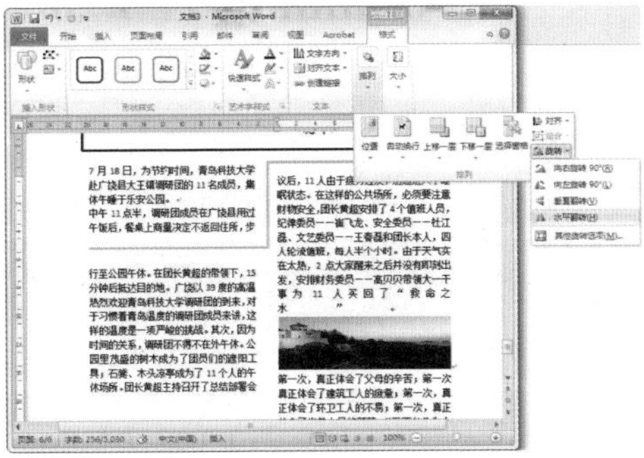

知识加油站

文本框应用技巧

在排版文章内容时，如果需要将某些内容放置页面中特定位置时可以使用文本框，若需要将一篇较长的文章依次连续放置多个文本框中，则可以应用文本框链接功能，在链接多个文本框时需要先输入内容，当已链接的文本框无法容纳现有的文字时，才可链接至下一个文本框。

4. 排版“小故事三则”栏目

“小故事三则”是本例刊物中的一个栏目，该栏目的文章内容排版过程如下。

（1）添加文章内容

在素材文档中将“小故事三则”的文章内容复制于本例文档的末尾，如下图所示。

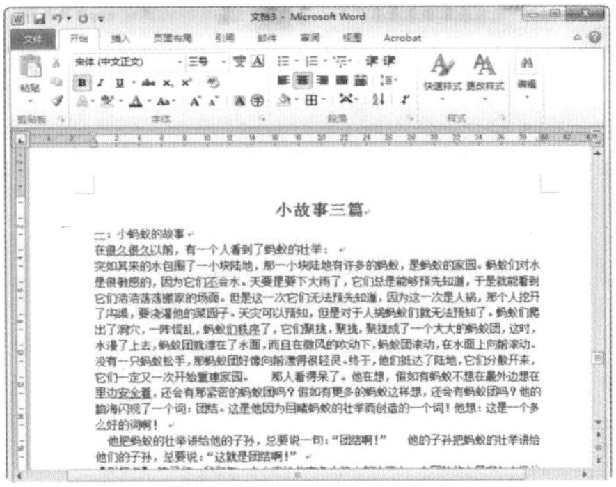

（2）设置分栏版式

将最后一页中的文章内容按三栏进行分

栏排版，如上图所示。

(3) 插入素材图像

在最后一页中插入素材图像“插图3.jpg”，设置图片“自动换行”方式为“紧密型环绕”，并调整大小与位置，如右图所示。

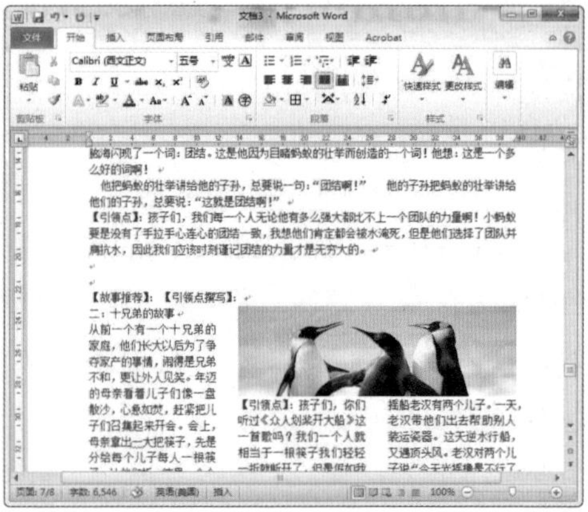

Chapter 03

Word表格的编辑与应用

本章导读

在对文档进行排版编辑时，为使文档内容按照一定规律进行排列或按特殊的版式进行排版，用户可以使用表格元素对文档中内容的位置进行限制，并且可以应用表格的各种属性对文档内容进行修饰，使其更加美观。

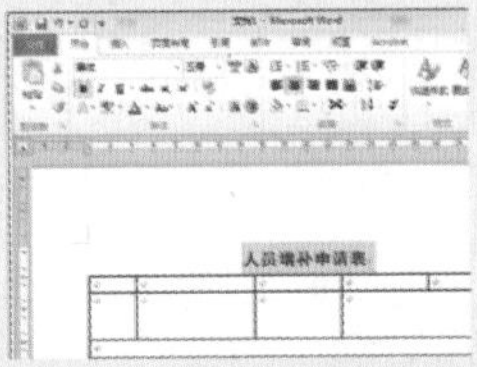

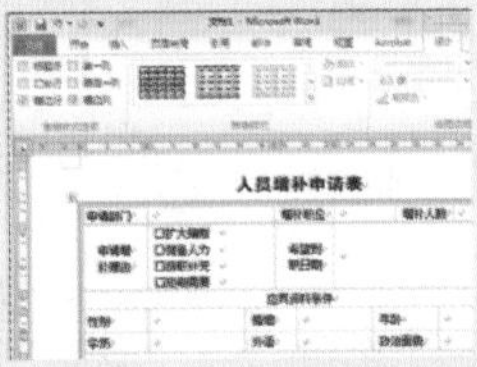

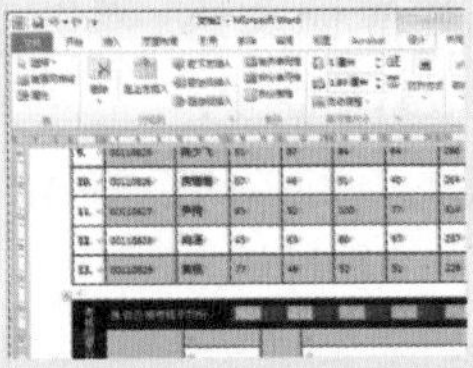

知识技能要求

通过本章内容的学习，读者主要学会在 Word 2010 中通过各类表格对文档内容辅助排版。学完后读者需要掌握的相关知识技能如下：

⊙绘制或插入表格
⊙表格的编辑、修改与调整
⊙单元格的合并及拆分
⊙设置表格格式
⊙设置表格属性
⊙应用表格中的计算功能

3.1 制作人员增补申请表

在办公应用中，许多文档需要用表格的形式体现，以使文档中各项内容的主题更加清晰明确。本节将以人员增补申请表为例，为读者介绍 Word 中不规则表格的绘制及相关操作。

3.1.1 创建人员增补申请表

各部门要增加人员，需要向上级部门提出人员增补申请，通常使用统一格式的表格将人员增补申请相关的内容列出，如申请部门、岗位、人数、申请理由、预期到岗日期以及人员相关的要求等。制作人员增补申请表的具体操作如下。

1. 手动绘制表格

要制作不规则的表格，可应用 Word 中的绘制表格功能绘制出表格结构，绘制表格的具体操作如下。

（1）执行“绘制表格”命令

①新建 Word 文档，单击“插入”选项卡中的“表格”按钮；

②选择“绘制表格”命令，即可开始绘制表格，如下图所示。

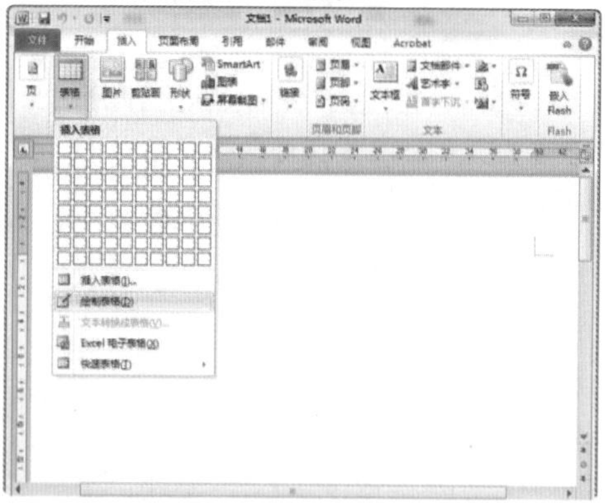

（2）拖动鼠标绘制表格外边框

在页面中拖动鼠标即可绘制出表格的外边框，绘制出的外边框效果如下图所示。

（3）绘制表格内部线条

在表格边框内拖动鼠标即可绘制出表格内部线条，对表格结构进行划分，如下图所示。

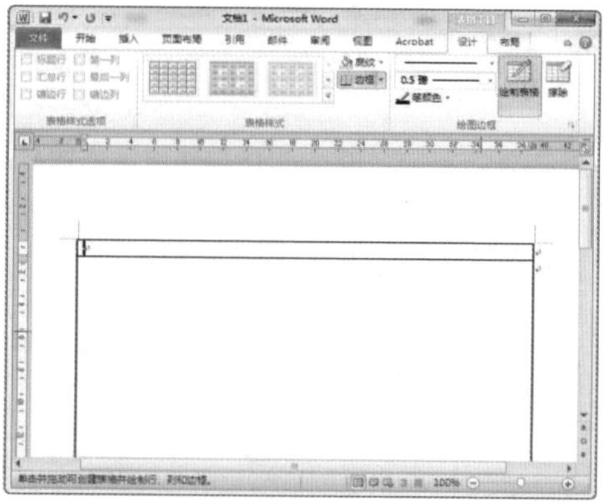

（4）绘制完表格结构

应用与上一步相同的方式，绘制完表格

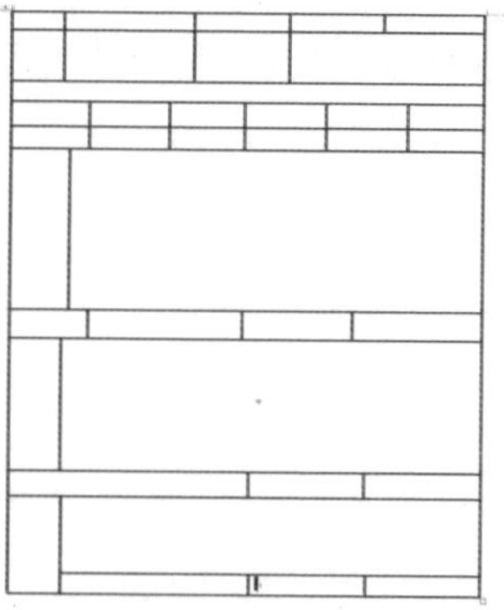

结构，绘制完成后按【Esc】键退出表格绘制状态，表格最终效果如上图所示。

2. 擦除错误的线条

在绘制表格的过程中，若绘制的线条有误，需要将相应的线条擦除，可以使用“橡皮擦”擦除表格边线，具体操作如下。

（1）单击“擦除”按钮

单击“表格工具—设计”选项卡“绘图边框”组中的“擦除”按钮，如下图所示。

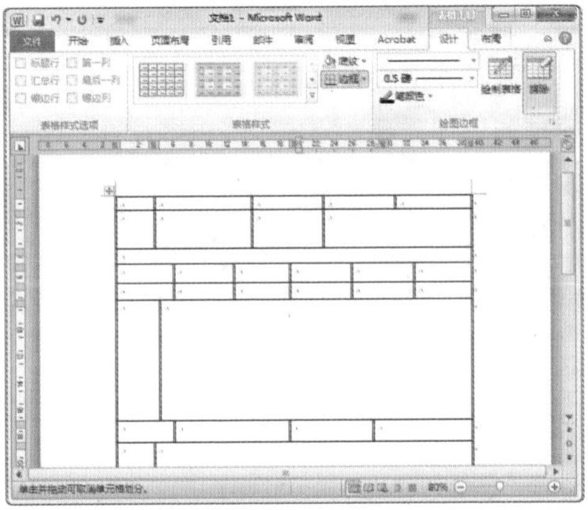

（2）选择要擦除的边线

在表格中拖动鼠标选择要擦除的表格线条，即可将选择的线条擦除，如下图所示。

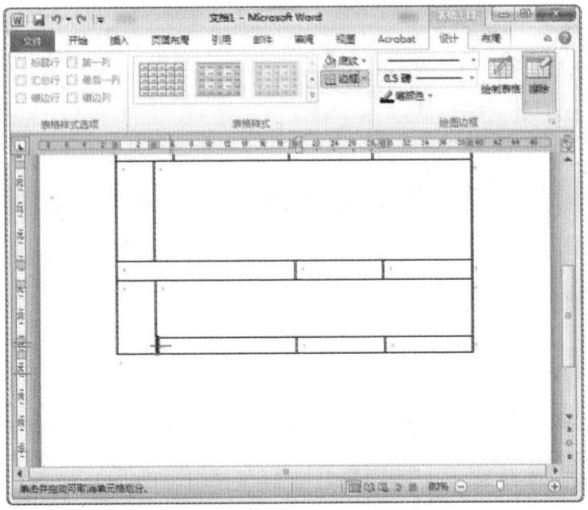

3. 输入表格内容

通过绘制表格功能绘制出表格结构后，即可在表格的各单元格内添加相应的文字内容，具体操作如下。

（1）输入表格标题文字

选择表格第一行中的第一个单元格，按【Enter】键即可在表格上方插入一个空行，在该行中输入表格的标题，并设置标题文字的字体及对齐方式，效果如下图所示。

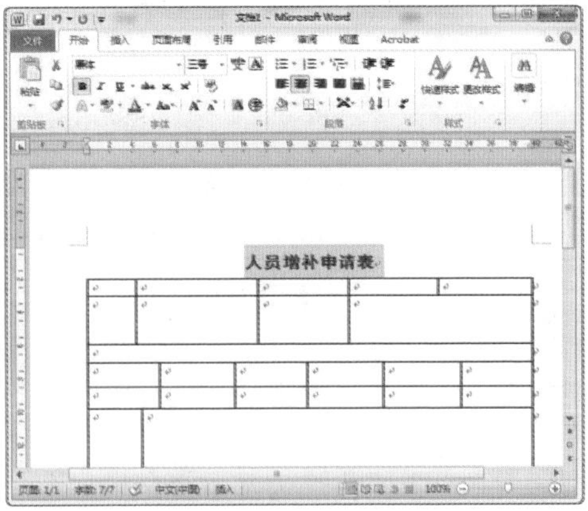

（2）输入其他单元格内容

在表格的其他单元格内输入相应的文字内容，各单元格的内容如下图所示。

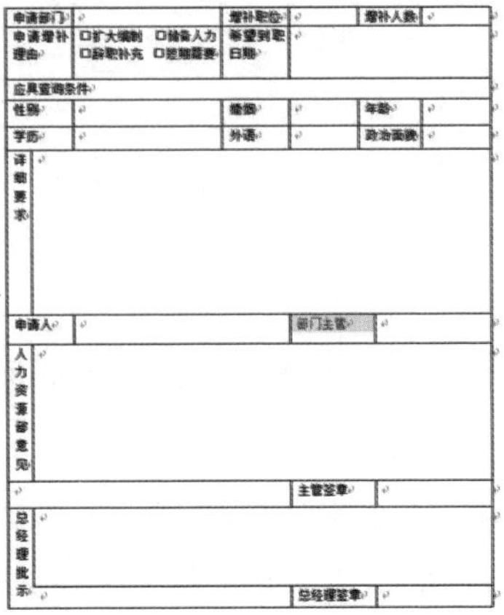

4. 设置单元格内容对齐方式

为使表格内各单元格内容的排列更加整齐美观，可将表格内所有单元格的内容设置为水平方向左对齐，垂直方向居中对齐，并

Chapter 03

设置部分单元格内容水平对齐方式为居中对齐，具体操作如下图所示。

（1）全选表格

将光标定位于表格中任意单元格后，单击表格左上角出现的全选按钮即可将表格全部选中，如下图所示。

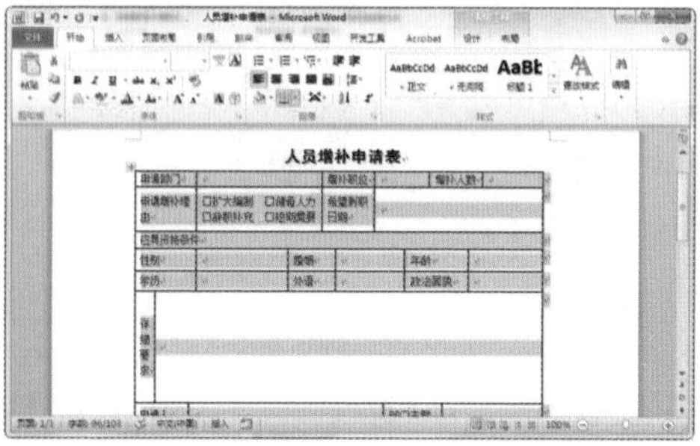

（2）单击“表格工具—布局”选项卡“对齐方式”组中的“中部两端对齐”按钮，将表格内所有单元格内容设置为垂直居中对齐、水平左对齐效果，如下图所示。

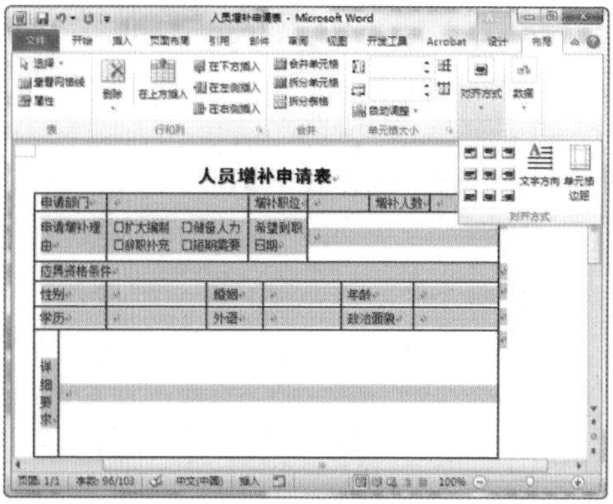

（3）设置部分单元格居中对齐

将鼠标指针指向第二行第一个单元格右下角，待指针变为实心箭头时单击即可选择该单元格，按住【Ctrl】键后用相同的方式选择“希望到职日期”和“应具资格条件”单元格，同时将这三个单元格选中，然后按【Ctrl+E】组合键将所选单元格内容设置为水平居中对齐，如下图所示。

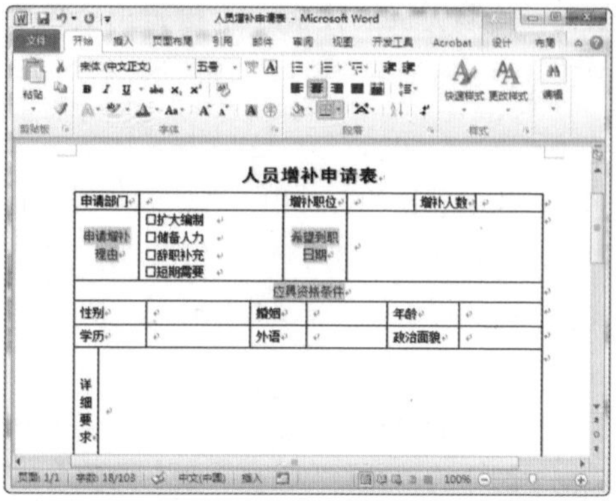

（4）调整文字

调整和更改表格中的文字效果，使其内容排列更加美观，完成表格内容设置，如下图所示。

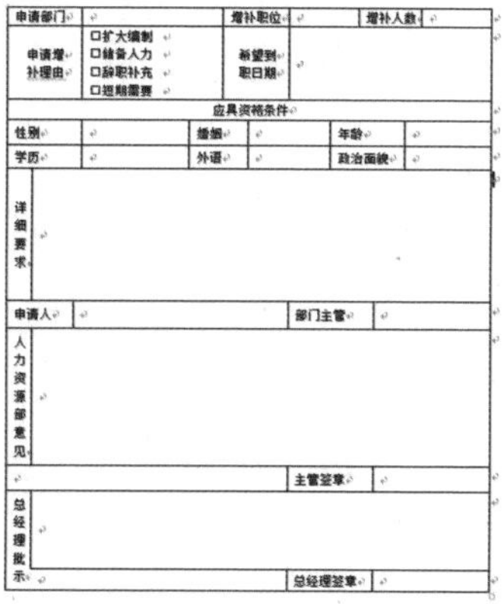

申请部门		增补职位		增补人数	
申请增补理由	□扩大编制 □储备人力 □辞职补充 □短期需要	希望到职日期			
应具资格条件					
性别		婚姻		年龄	
学历		外语		政治面貌	
详细要求					
申请人		部门主管			
人力资源部意见					
		主管签章			
总经理批示					
		总经理签章			

3.1.2 为表格添加修饰

创建好表格后，为使表格更加美观，用户可为表格添加各种修饰，如设置表格边框样式、设置单元格底纹样式等，具体操作如下。

1. 设置表格整体边框样式

为快速设置表格的边框样式，可为整个表格自定义边框样式，具体操作如下。

（1）执行绘制表格命令

①单击表格左上角的“全选”按钮，选择整个表格；

②单击“表格工具—设计”选项卡中的“边框”下拉按钮；

③在菜单中选择“边框和底纹”命令，如下图所示。

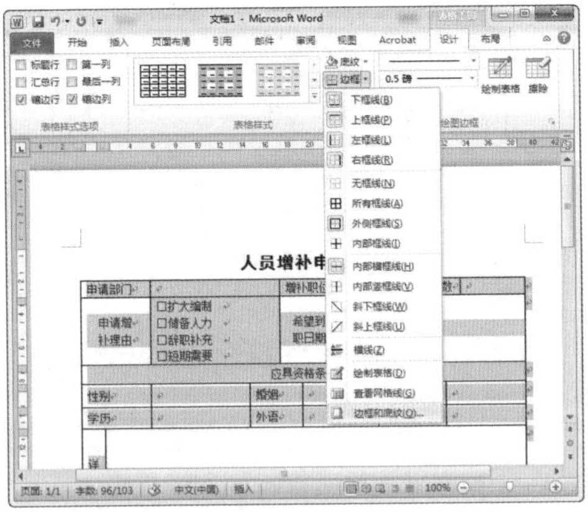

(2) 自定义外边框样式

①打开“边框和底纹”对话框，选择“自定义”选项；

②在“样式”列表框中选择要应用的线形，在“颜色”下拉列表框中选择颜色，在“宽度”下拉列表框中选择“4.5 磅”；

③单击“预览”框中表格的四条外边框，将边框样式应用于表格的外边框上，如下图所示。

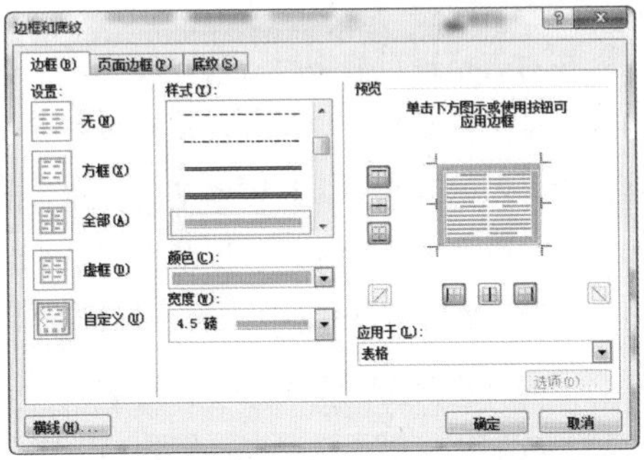

(3) 设置表格内部边框样式

①在“样式”列表框中选择要应用的线形，在“颜色”下拉列表框中选择颜色，在“宽度”下拉列表框中选择“0.5 磅”；

②单击“预览”框中表格的两条内边框，将边框样式应用于表格的内边框上，如下图所示。

(4) 完成边框设置并查看效果

单击“边框和底纹”对话框中的“确定”按钮，即可将自定义的表格边框样式应用于表格上，效果如下图所示。

2. 设置表格内部分线条样式

在对表格设置线条修饰时，有时需要设置表格内部部分线条的样式，以区分不同的表格信息，使表格结构更加清晰美观。本例将设置第一行的下边框样式，具体操作如下。

(1) 选择包含要设置边框的单元格

①选择要设置边框的单元格区域，即第一行；

②单击“表格工具—设计”选项卡中的

"边框"下拉按钮；

③在菜单中选择"边框和底纹"命令，如下图所示。

（2）自定义外边框样式

①在打开的"边框和底纹"对话框中选择"自定义"选项；

②在"样式"列表框中选择要应用的线形，在"颜色"下拉列表框中选择颜色，在"宽度"下拉列表框中选择"0.5 磅"；

③单击"预览"框中表格的下边框，将边框样式应用于表格的下边框上，如下图所示。

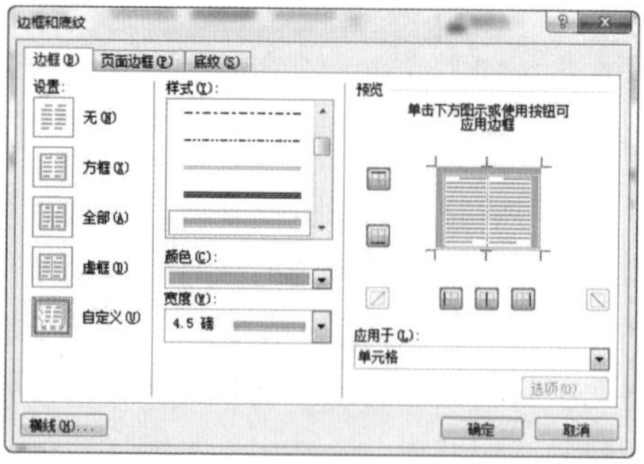

（3）完成边框设置并查看表格效果

单击"边框和底纹"对话框中的"确定"按钮，完成第一行的底部边框设置，最终效果如下图所示。

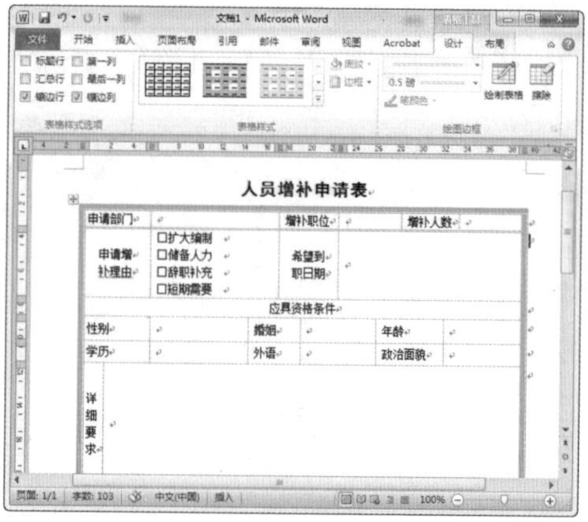

知识加油站

自定义表格边框时的注意事项

在自定义表格或单元格的边框样式时，应先在"边框和底纹"对话框中选择线条样式，然后设置线条的颜色和宽度，最后在"预览"区中单击要应用该线条样式的线条。若是对边框样式进行修改，同样需要设置好线条样式，在"预览"区中单击相应的线条以应用线条样式。

3. 设置单元格底纹颜色

在对表格进行修饰时，还可以为表格中的部分单元格添加底纹颜色或图案进行强调和修饰。本例将为"应具资格条件"内容所在的单元格设置底纹颜色，以将该行以下的内容与前面的内容进行分隔，具体操作如下。

①选择要设置底纹颜色的单元格；

②单击"表格工具—设计"选项卡中的"底纹"下拉按钮；

③选择要作为单元格底纹的颜色即可，如下图所示。

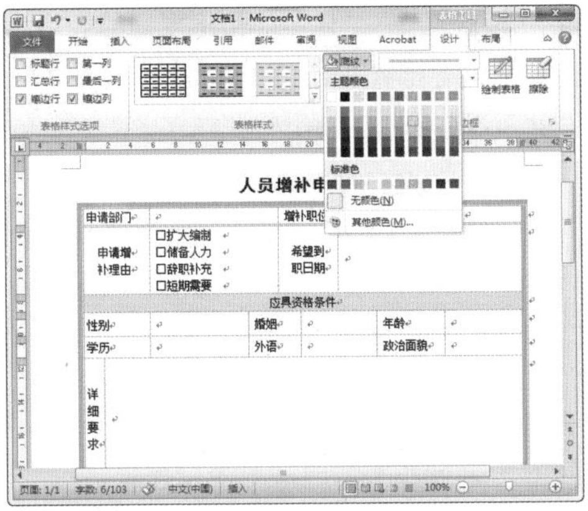

4. 设置单元格底纹样式

在对表格中的单元格进行修饰时，常常可以为一些单元格添加底纹纹理修饰，如网格纹理、斜线纹理等。本例对表格中部分单元格添加斜线纹理，具体操作如下。

（1）执行“边框和底纹”命令

①选择要设置底纹样式的单元格；

②单击“表格工具—设计”选项卡中的“边框”下拉按钮；

③选择“边框和底纹”命令，如下图所示。

（2）设置底纹样式

①单击“边框和底纹”对话框中的“底纹”选项卡；

②设置底纹填充颜色、图案样式及图案颜色；

③单击“确定”按钮，完成单元格底纹设置，如下图所示。

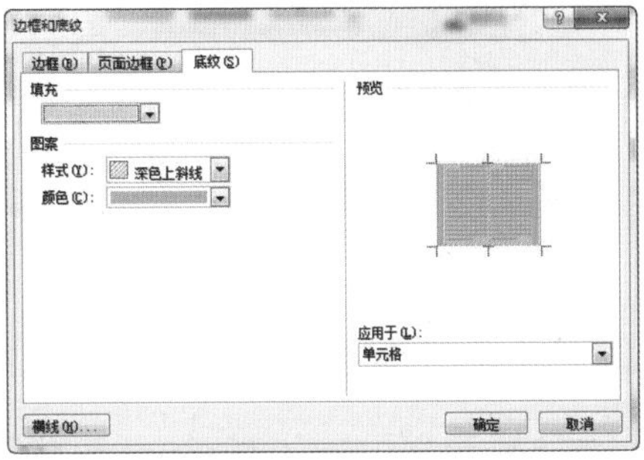

3.2 制作普通员工考核成绩表

在 Word 中用户常常需要应用表格对数据进行排列，通常这种表格中大部分单元格为划分整齐的行和列，可以应用 Word 中的“插入表格”功能快速插入整齐的表格，然后应用“合并单元格”和“拆分单元格”的功能对表格中部分不规则区域进行调整。

3.2.1 创建普通员工考核成绩表框架

员工考核成绩表将运用大量的、整齐的行和列表现员工的考核成绩数据，部分单元格则以特殊的形式表现一些附加项目。下面将创建普通员工考核成绩表的框架，具体操作如下。

1. 快速创建规则表格

要制作本例中的表格，首先快速创建出各行各列的单元格都整齐排列的表格，具体操作如下。

（1）执行“插入表格”命令

①新建文件，单击“插入”选项卡中的“表格”按钮；

②选择“插入表格”命令，如下图所示。

（2）设置行列数

①在打开的“插入表格”对话框中设置表格的“列数”为 7、“行数”为 16；

②单击“确定”按钮即可插入表格，如下图所示。

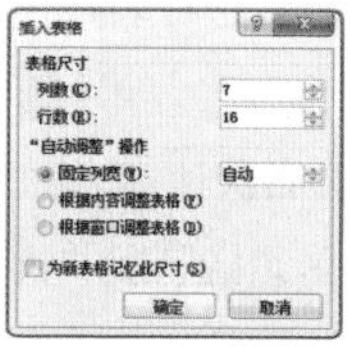

知识加油站

关于““自动调整’操作”选项组

在“插入表格”对话框中可以在“‘自动调整’操作”组中选择表格宽度的调整方式，若选择“固定列宽”，则创建出的表格宽度固定；若选择“根据内容调整表格”，则创建出的表格宽度随单元格内容多少变化；若选择“根据窗口调整表格”选项，则表格宽度与页面宽度一致，当页面纸张大小发生变化时，表格宽度会随之变化，通常在 Web 版式视图中编辑用于屏幕显示的表格内容时应用。

2. 合并与拆分单元格

在应用表格时，用户常常需要将多个单元格合并为一个单元格，或将一个单元格拆分为多个单元格，以制作出不规则的表格结构。本例需要将表格底部区域的单元格进行合并及拆分，具体操作如下。

（1）执行合并单元格命令

①选择单元格区域；

②单击“表格工具—布局”选项卡中的“合并单元格”按钮，如下图所示。

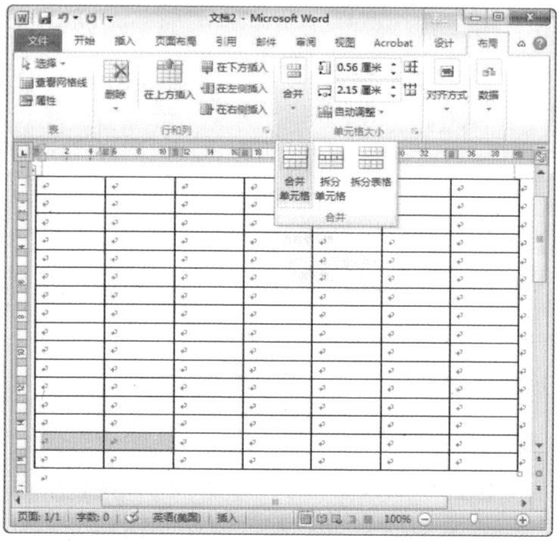

（2）合并其他单元区域

用与上一步相同的方式合并表格底部其他单元格区域，如下图所示。

（3）执行“拆分单元格”命令

①选择表格中最后一个单元格；

②单击“表格工具—布局”选项卡中的“拆分单元格”按钮，如下图所示。

（4）设置拆分单元格的行列数

①在打开的对话框中设置“列数”为 3、“行数”为 5；

②单击“确定”按钮即可拆分单元格，如下图所示。

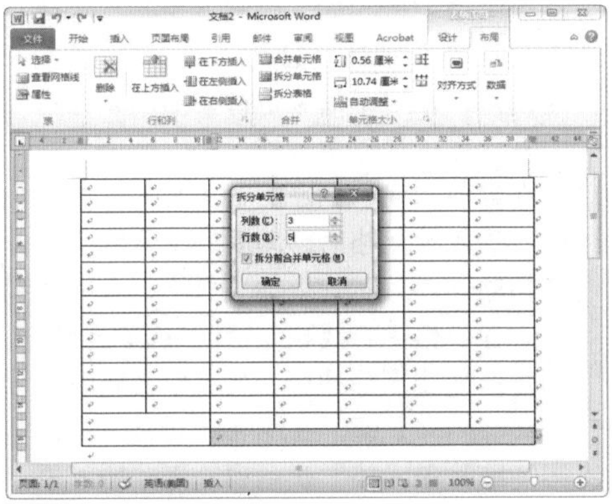

（5）再次合并单元格

再次使用“合并单元格”命令对如下图

所示的单元格区域进行合并，完成表格初步框架的创建。

（6）输入表格基本内容

在表格各单元格中添加如下图所示的文字内容。

3. 添加、删除行、列及单元格

在对表格进行编辑修改时，用户常常需要在表格中插入新的行、列和单元格，或者在表格中删除行、列和单元格。本例需要在现有表格中的“编号”列后增加一列“工号”，并在表格末尾增加一行，具体操作如下。

（1）在第一列右侧插入一列

①将鼠标移至表格第一列顶部；

②单击“表格工具—布局”选项卡中的“在右侧插入”按钮，即可在所选列的右侧

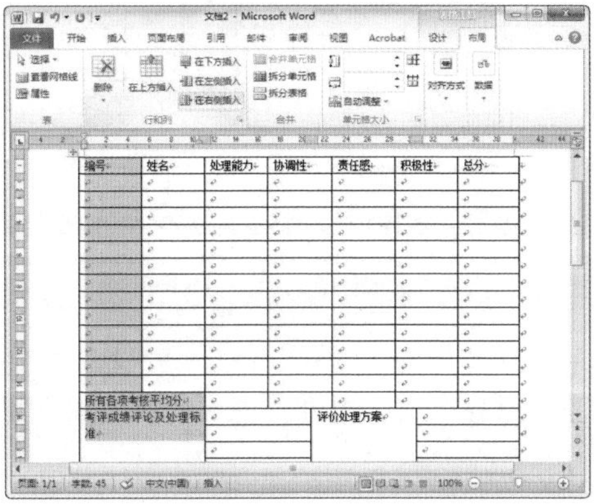

插入一列，如上图所示。

(2) 输入第二列标题

在第二列中的第一个单元格中输入文字内容“工号”，如下图所示。

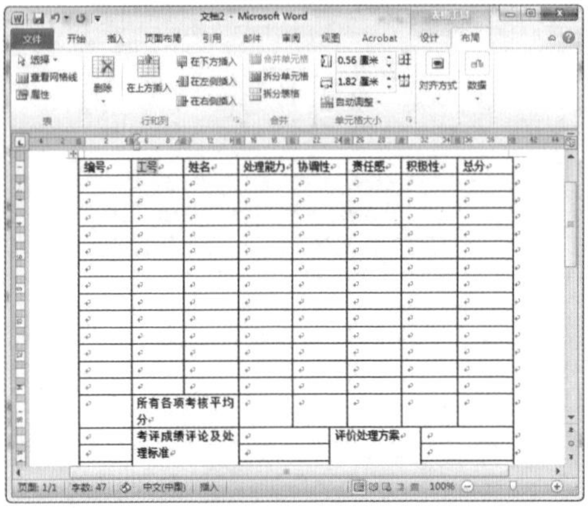

(3) 在表格末尾插入一行

①在表格最后一行左侧单击，选择该行；

②单击“表格工具—布局”选项卡中的“在下方插入”按钮，即可在所选行的下方插入一行，如下图所示。

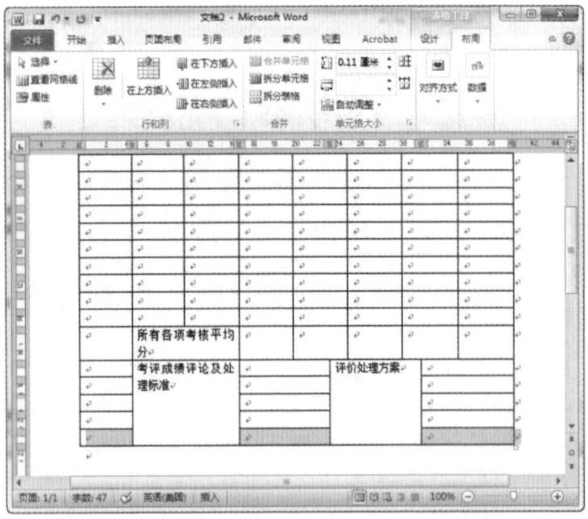

(4) 合并单元格并输入文字内容

合并插入列和行后产生的部分单元格，并输入文字内容，完成后效果如下图所示。

知识加油站

添加、删除表格行、列或单元格的技巧

在表格中要增加单元格，通常都采用插入行或列以及合并和拆分单侧或上方的单元格，单击“表格工具—布局”选项卡中“行和列”组右下角的“对话框启动器”按钮，打开“插入单元格”对话框，在对话框中选择“活动单元格右移”或“活动单元格下移”选项，即可在当前单元格的左侧或上方插入单元格，插入单元格后，其后的单元格会随之移动。

在表格中若要删除行、列或单元格，则可选择要删除的行、列或单元格后按【BackSpace】键，在删除单元格时将弹出“删除单元格”对话框，与“插入单元格”对话框中的选项类似，根据需要选择删除方式即可。

3.2.2 为表格添加修饰

为使表格更加美观，常常需要为表格添加各种修饰，调整表格的行高和列宽等。本例将应用 Word 中的表格样式快速为表格应用修饰效果，并通过表格属性快速调整表格中各行高度及各列宽度，具体操作如下。

1. 快速应用表格样式

应用表格样式可以快速为表格添加各种

预设的修饰效果，具体操作如下。

将光标定位于表格中，在“表格工具—设计”选项卡的“表格样式”列表中选择要应用的表格样式即可，本例应用了“浅色网格”样式，效果如下图所示。

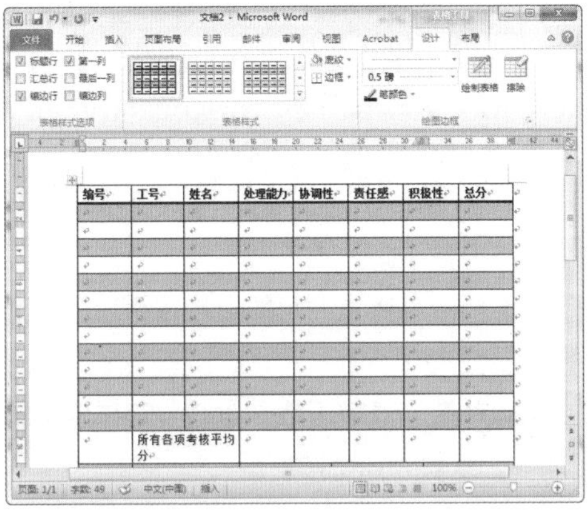

2. 修改表格样式

为使表格效果更显个性，可对应用的表格样式进行修改，在修改表格样式后，可快速将相同的表格样式应用其他表格中。本例中修改表格样式的具体操作如下。

（1）执行“修改表格样式”命令

单击“表格工具—设计”选项卡中的“表格样式”表格框中的“其他”按钮，选择“修改表格样式”命令，如下图所示。

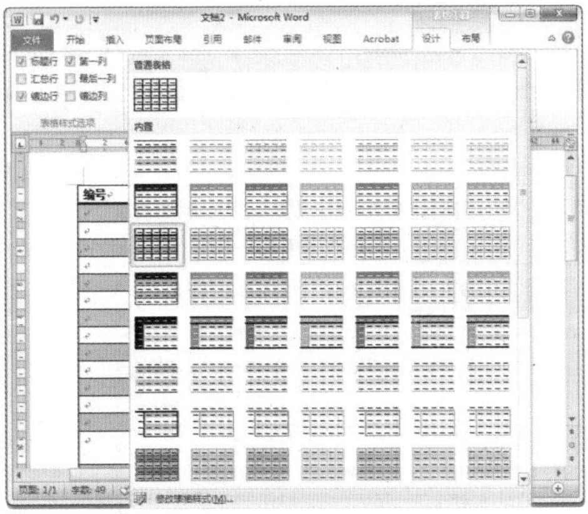

（2）设置首列底纹颜色

①在打开的“修改样式”对话框的“将格式应用于”下拉列表框中选择“首列”；

②设置填充颜色为“白色，背景 1，深色 5%”，如下图所示。

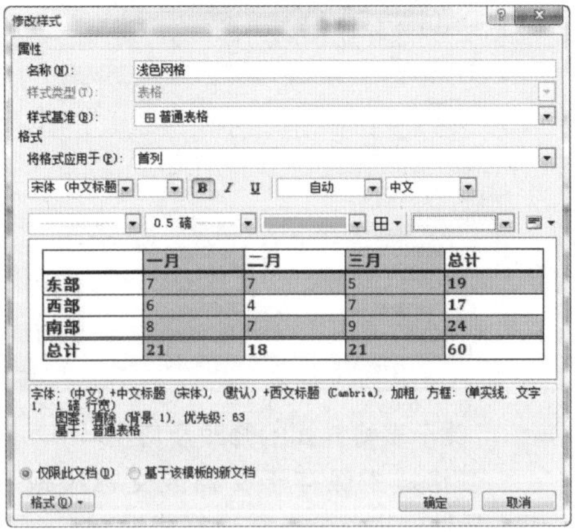

（3）修改表格标题行样式

①在“将样式应用于”下拉列表框中选择“标题行”；

②设置填充颜色为“黑色，文字 1，淡色 5%”，如下图所示。

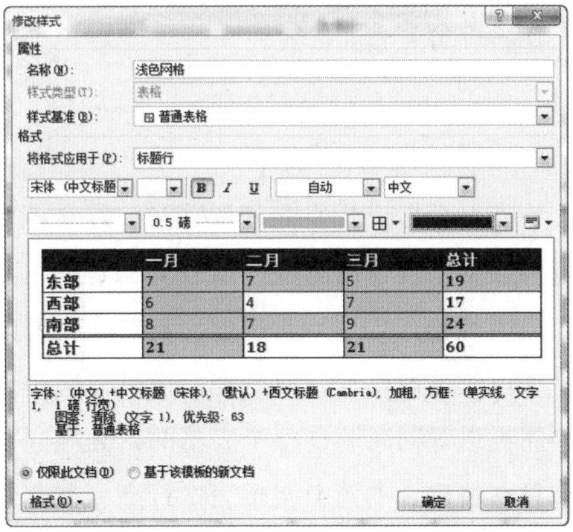

（4）完成样式修改

单击“修改样式”对话框中的“确定”按钮，完成表格样式的修改，修改表格样式后的效果如下图所示。

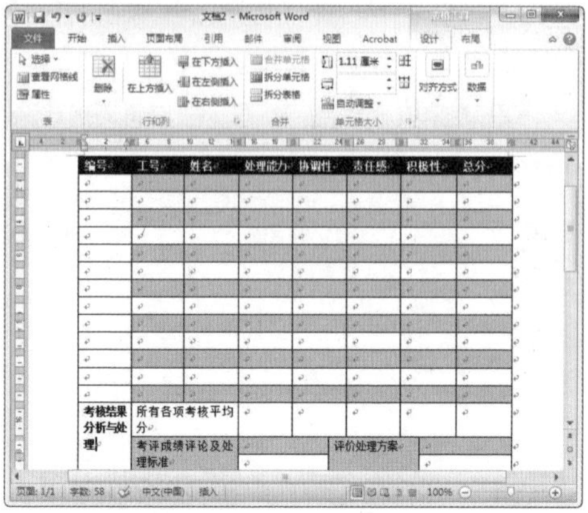

知识加油站

关于表格样式的修改及应用

表格样式保存于文档或文档模板中，是针对表格的一整套样式设置，一种表格样式可以应用多个不同的表格中，若对一个表格样式进行修改后，文档中应用相同样式的表格的样式亦会随之变化。表格样式是针对表格中特定类型的元素进行样式设置的，本例中设置了“首列”和“标题行”的样式，此外还可以设置“汇总行”“最后一列”“镶边行”等元素的样式。

3. 设置表格的行高和列宽

在对表格进行修饰和调整时，常常需要设置表格中各行的高度以及各列的宽度，使表格更加整齐美观。通过拖动表格中行列的边线可快速调整行高或列宽，也可以通过表格属性设置同时调整整个表格的行高和列宽到具体数值。本例中调整表格行高和列宽的具体操作如下。

（1）拖动调整首列的列宽

将鼠标指针指向首列右侧边线并拖动边线即可调整首列的列宽，如下图所示。

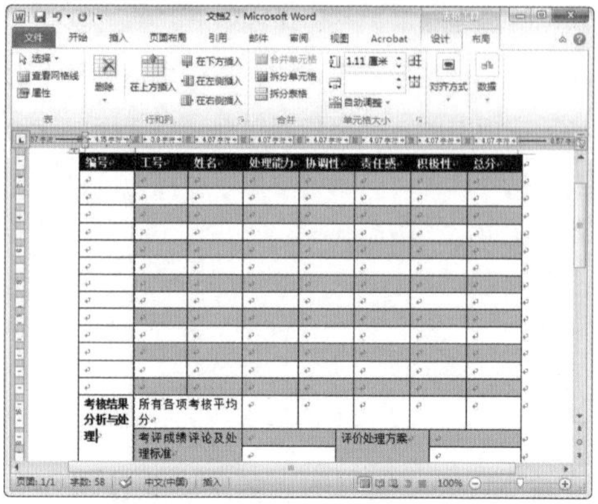

（2）单击“属性”按钮

①单击表格左上角的全选按钮选择整个表格；

②单击“表格工具—布局”选项卡中的“属性”按钮，如下图所示。

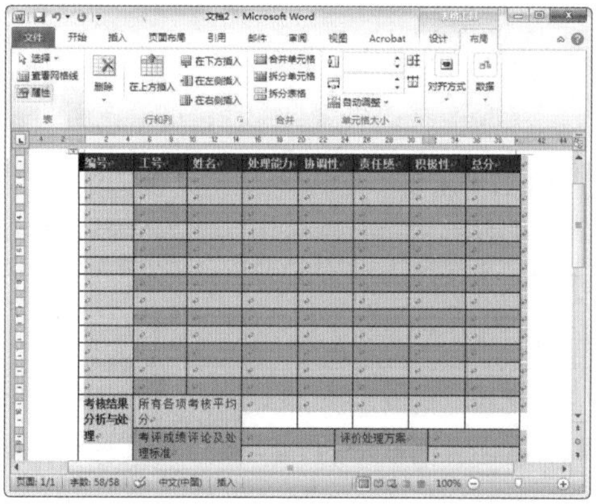

（3）设置行高

①单击“行”选项卡；

②选择“指定高度”选项并设置值为“1厘米”；

③单击“确定”按钮,完成表格属性设置,如上图所示。

(4)设置部分单元格属性

①选择表格中如下图所示的部分单元格区域；

②单击“表格工具—布局”选项卡中的“属性”按钮，如下图所示。

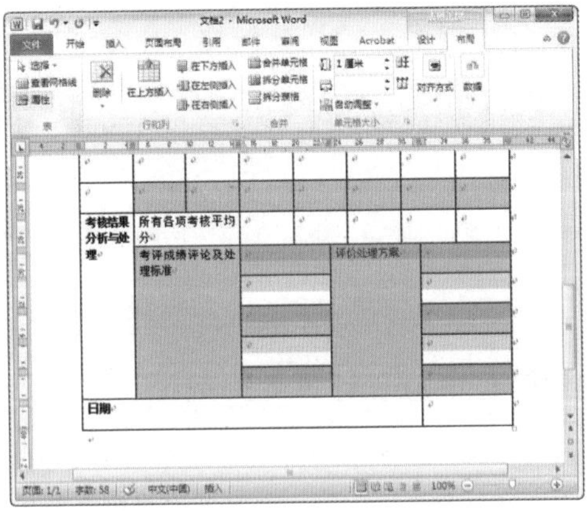

(5)设置行高

①选择“行”选项卡；

②选择“指定高度”选项并设置值为“0.6厘米”；

③单击“确定”按钮,完成表格属性设置,如下图所示。

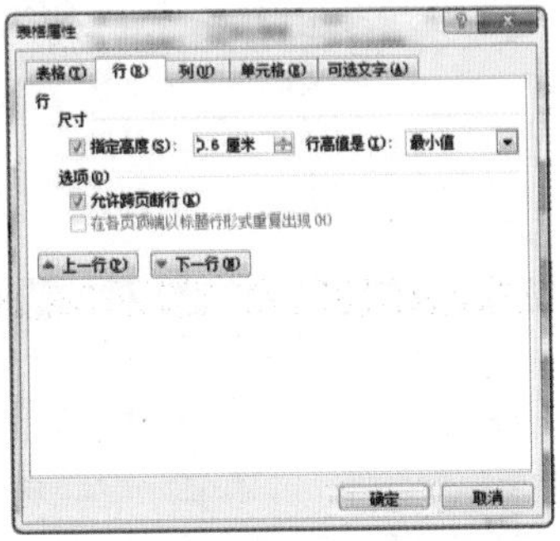

4. 调整单个单元格宽度

在对表格进行调整时，通常在拖动单元格一侧边线时会导致整列宽度一起变化，若要调整表格中某一个单元格的列宽，可只选择要调整的线条所在的单元格或单元格区域，然后拖动该边线进行调整。本例中要单独调整部分单元格的宽度，具体操作如下。

(1)调整区域内线条的位置

①选择要调整的线条所在的单元格区域；

②拖动线条改变线条的位置，调整后效果如下图所示。

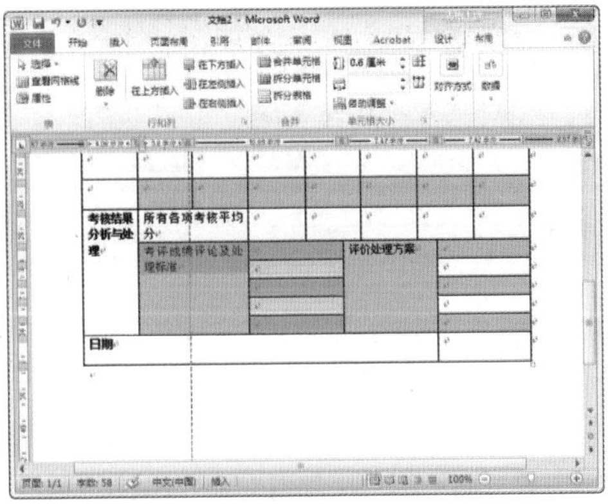

(2)调整其他区域内的线条位置

用与上一步相同的方式，调整右侧两根线条的位置，如下图所示。

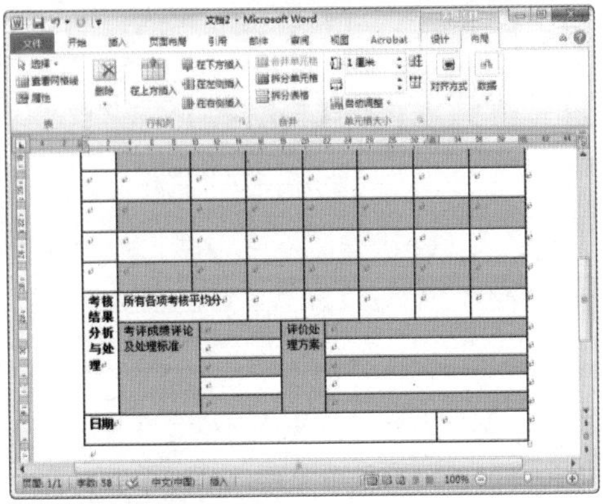

5. 调整单元格对齐方式

为了使表格内容排列更加整齐，需要调整单元格中内容的对齐方式，具体操作如下。

（1）设置所有单元格内容左对齐

①选择整个表格；

②单击“表格工具—布局”选项卡“对齐方式”组中的“中部两端对齐”按钮，如下图所示。

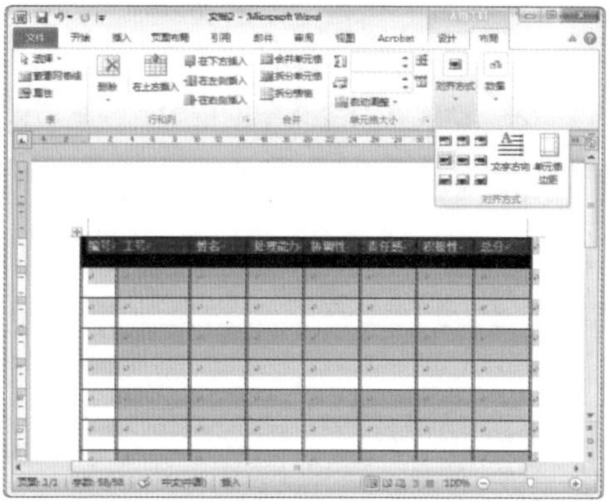

（2）设置部分单元格内容右对齐

①选择如下图所示的单元格；

②单击“表格工具—布局”选项卡“对齐方式”组中的“中部右对齐”按钮。

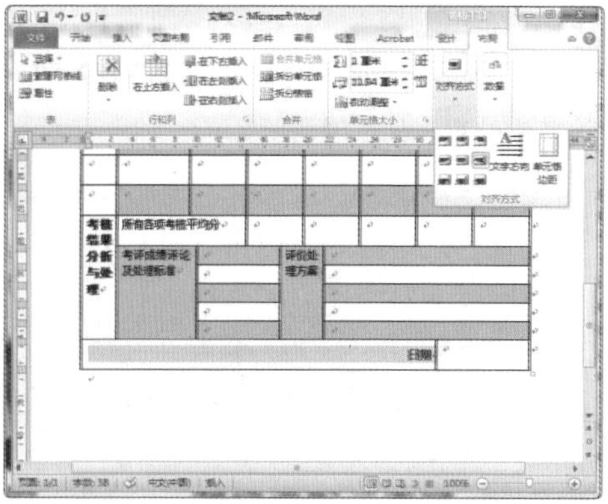

6. 调整单元格文字方向

在制作表格时，若单元格宽度较小、高度较高时，可将该单元格内的文字方向设置为竖排，以提高单元格内容的可读性。本例中调整单元格内容文字方向的具体操作如下。

①选择如下图所示的单元格；

②单击“表格工具—布局”选项卡中“对齐方式”组中的“文字方向”按钮以更改文字方向；

③单击“中部居中”按钮，使文字内容在上下方向和左右方向均居中，如下图所示。

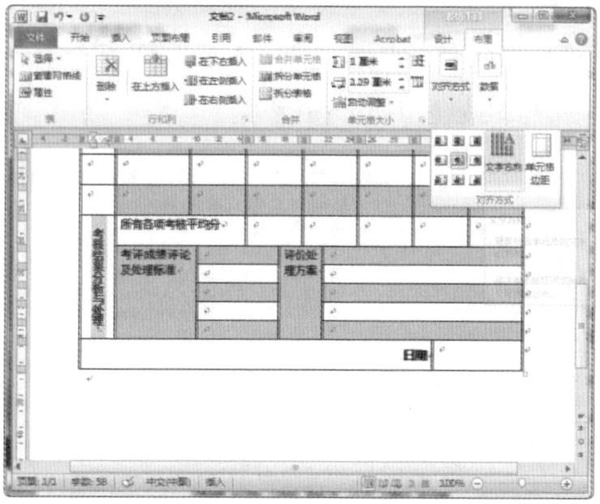

3.2.3 填写并计算表格数据

在实际办公应用中某些表格常常需要打印出来后再手写内容，而有些表格则需要填写上相应的数据后再打印。本例的员工考核成绩表需要将员工考核成绩填入表格后再进行打印，具体操作如下。

1. 填写表格数据

将各员工的考核成绩填入表格相应的单元格中。

在表格各单元格内输入各员工的相关信

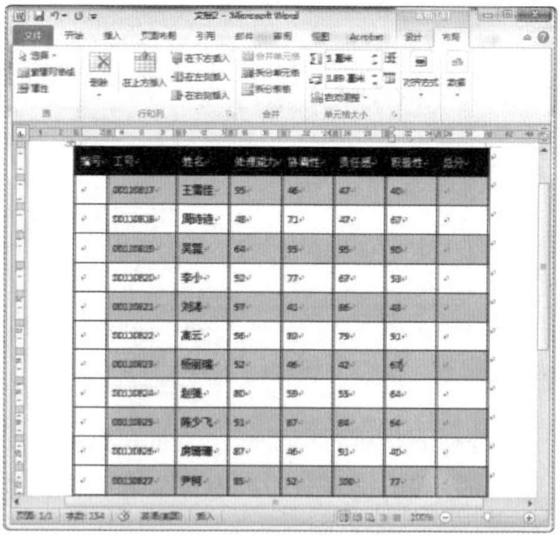

息及其各考核项目的成绩，如上图所示。

2. 自动计算得分

在表格中输入了各员工各项考核的成绩后，需要在表格的最后一列“总分”中计算出各员工的总成绩，并在数据行的底部“所有各项考核平均分”行中计算出各列数据的平均分，此时可应用 Word 中的公式，快速对表格中的数据进行计算，具体操作如下。

（1）单击“公式”按钮

①单击第一条数据末尾处的单元格，将光标定位该单元格中；

②单击“表格工具—布局”选项卡“数据”组中的“公式”按钮，如下图所示。

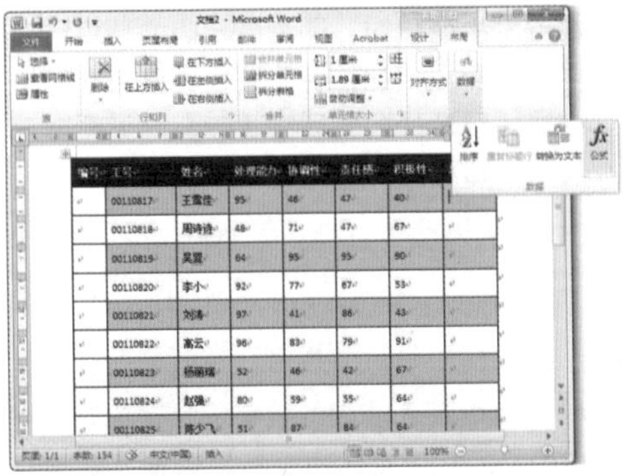

（2）输入公式

①在打开的“公式”对话框的“公式”文本框中输入公式“=SUM（LEFT）”，用于计算左侧数值单元格之和；

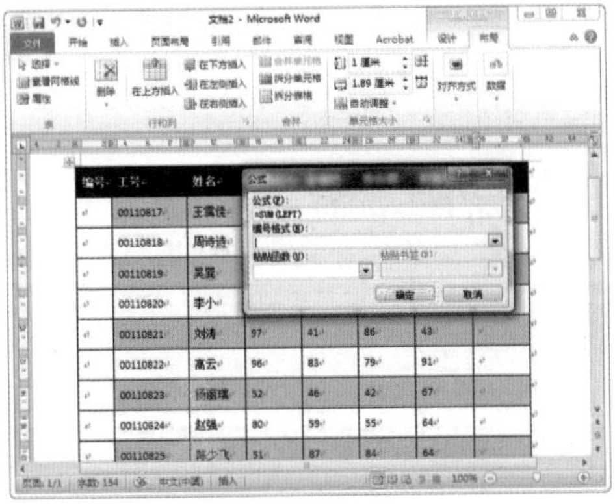

②单击“确定”按钮插入公式，即可在当前单元格中得到左侧单元格的求和结果，如上图所示。

（3）复制粘贴公式

选择“总分”列中第一个单元格中的公式结果，按【Ctrl+C】快捷键复制该公式，选择该列下方其他单元格，按【Ctrl+V】快捷键将复制的公式粘贴这些单元格中，按【F9】键更新域代码即可使各行的公式计算出对应的求和结果，如下图所示。

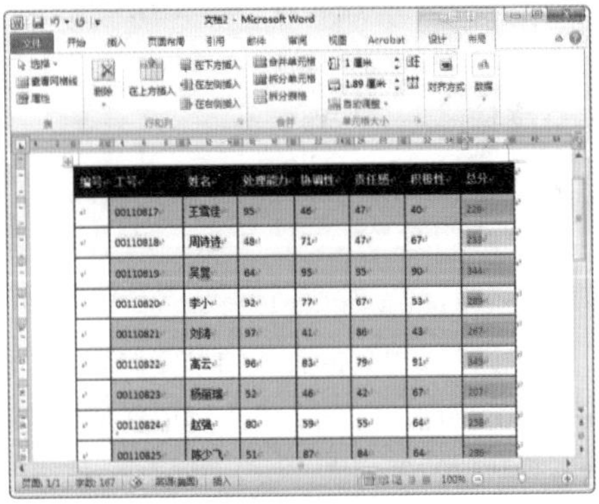

（4）继续插入公式

①单击“所有各项平均分”行中的第一个单元格，将光标定位该单元格中；

②单击“表格工具—布局”选项卡“数据”组中的“公式”按钮，如下图所示。

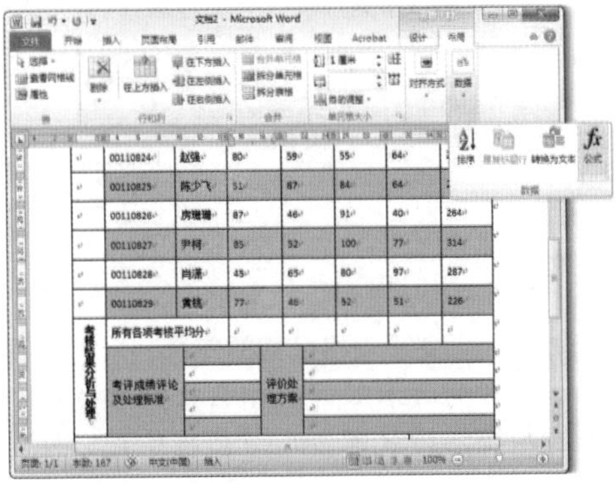

（5）输入公式

①在打开的“公式”对话框的“公式”

文本框中输入公式“=AVERAGE(ABOVE)”，用于计算上方单元格中数据的平均数；

②单击“确定”按钮插入公式，即可在当前单元格中得到上方单元格中的数据平均数，如下图所示。

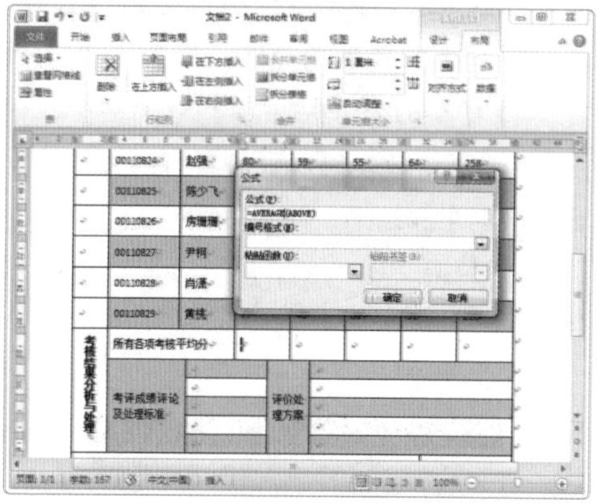

（6）复制粘贴公式

将上一步得到的公式结果复制该行中的其他单元格内，并按【F9】键更新域代码得到各列数据的平均值，如下图所示。

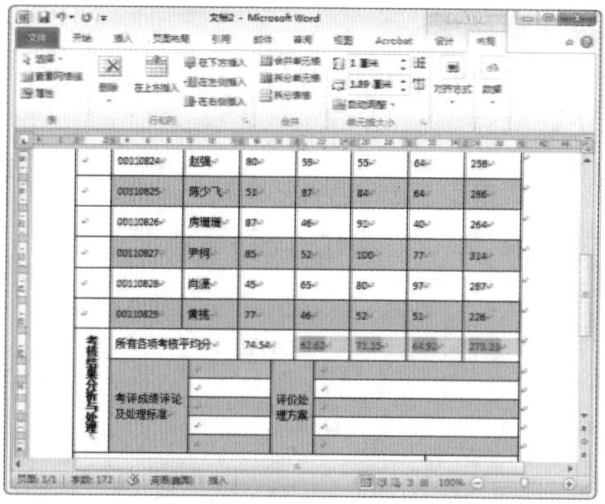

|知识加油站|

关于表格公式的使用

本例演示如何应用公式对表格中的数据进行计算，Word 表格中可以使用的公式与 Excel 中应用的公式相似，Excel 中公式的详细应用可参考本书第 7 章。在 Word 的“公式”对话框中，可以使用常见的运算符，如“+”“.”“*”“ / ”等，也可使用常用的统计函数，如求和函数 SUM、求平均值函数 AVERAGE、计数函数 COUNT 等。在应用函数时，可直接使用参数 LEFT、RIGHT、ABOVE、BELOW 表示对当前单元格左、右、上、下方向的数据进行计算，使用这些参数时需要保证要进行计算的数据与公式所在单元格相邻且为连续排列的数据。此外，在公式中亦可引用具体的单元格地址，其地址表示形式与 Excel 中相同，即以字母 A、B、C 等表示列号，以数字 1、2、3 等表示行号，如第 3 列第 2 个单元格可表示为 C2。

在 Word 中应用的公式是以域代码的形式插入到文档中的，当用于计算的数据发生变化时，通常域代码的计算结果不会随之变化，要使域代码重新计算结果，可选择公式后按【F9】键更新域代码，即可得到最新的计算结果。

3. 快速插入自动编号

在表格中录入数据时，有时需要在连续的单元格中录入连续的数字编号，此时，可借助 Word 中的编号功能快速在单元格内插入编号。本例中需要为各行数据录入编号，具体操作如下。

①选择要插入编号的单元格区域；

②单击“开始”选项卡中的“编号”下

拉按钮；

③在菜单中选择要使用的编号样式，即可在所选单元格内插入自动编号，如上图所示。

知识加油站

自动编号在表格中的应用

应用编号功能可以在表格中快速填写各种类型的编号数据，除直接使用“编号库”中的编号样式外，在“编号”菜单中还可以选择“定义新编号格式”命令，在对话框中新建编号样式，从而快速以自定义编号方式填充表格数据。

4. 快速插入当前日期

用户通过 Word 对文档进行编辑时常常需要插入当前的日期，利用 Word 中的插入当前日期功能可以快速插入日期。本例展示表格中插入当前日期的具体操作如下。

（1）插入日期和时间

①单击表格右下角要插入当前日期的单元格，将光标定位该单元格中；

②单击“插入”选项卡中的“日期和时间”按钮，如下图所示。

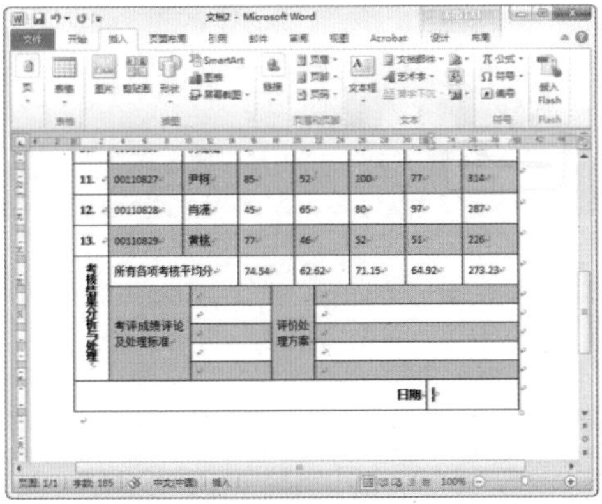

（2）选择日期格式

①在打开的“日期和时间”对话框中选择要插入的日期格式；

②取消选择“自动更新”选项；

③单击“确定”按钮插入当前日期，如下图所示。

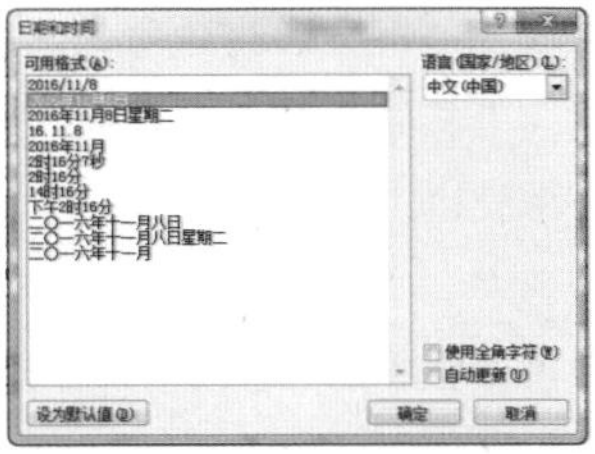

知识加油站

关于日期的自动更新

在插入日期时可在“插入日期”对话框中选择“自动更新”选项，使插入的日期在每次打开文档时随当前日期和时间的变化而变化，若插入的日期不需要变化应取消选择该选项。

5. 设置标题行重复

在使用表格打印数据时，若数据量较多，同一个表格数据占多页，此时可以应用重复标题行功能，使表格在每一页的顶部都能显示出标题行内容，具体操作如下。

①在表格中选择要在每一页显示的标题行区域；

②单击“表格工具—布局”选项卡中的“重复标题行”按钮，即可使占多页的表格

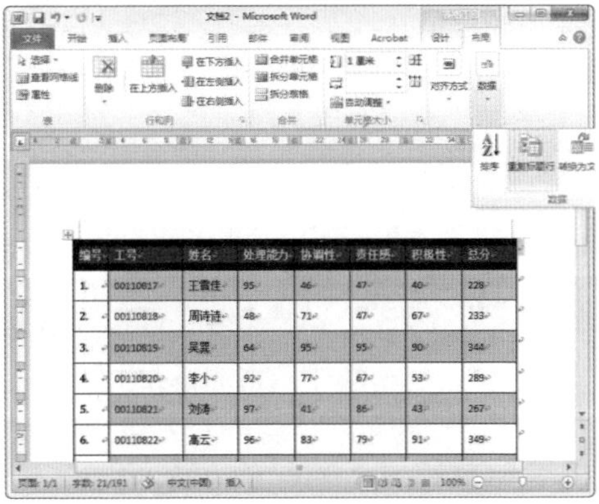

在每一页都显示出标题行，如上图所示。

6. 拆分表格

若要将一个表格拆分为多个独立的表格，可以应用“拆分表格”命令。本例要将表格中的“考核结果分析与处理”部分单独设置为一个表格，具体操作如下。

（1）拆分表格

①单击表格中的“考核结果分析与处理”单元格，将光标定位该单元格中；

②单击“表格工具—布局”选项卡中的“拆分表格”按钮，如下图所示。

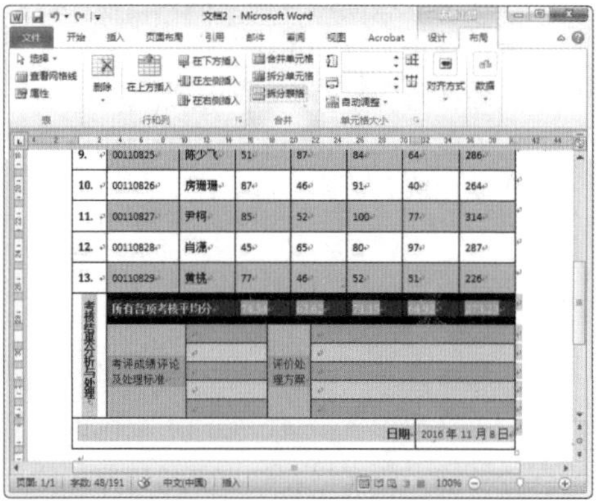

（2）将公式结果转换为文本

当表格被拆分后，表格中应用的公式则不能对上一个表格的数据进行自动计算，此时需要将公式结果转换为文本，具体操作如下。

①复制公式计算结果并将其粘贴到相同位置；

②按【Ctrl】键，在“粘贴选项”中选择“只保留文本”即可将公式结果转换成文本，如下图所示。

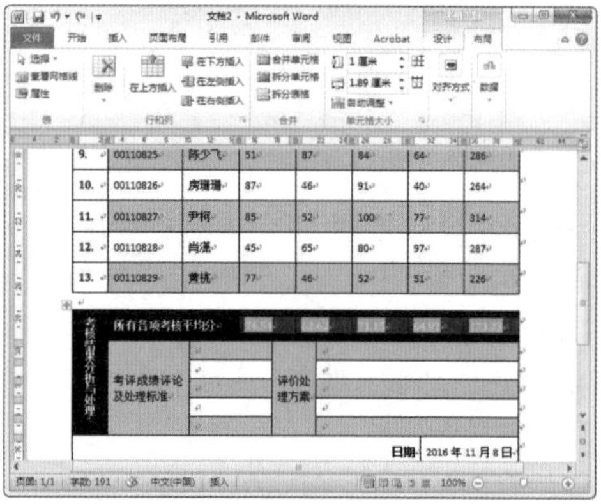

Chapter 04

Word样式与模板功能应用

本章导读

在日常办公应用中，许多文档的格式是统一的，此时，用户可以将一些常用的文档格式制作为文档模板，在编写新文档时可以非常方便地应用相应的格式。本章将为读者介绍模板文件的制作及其应用。

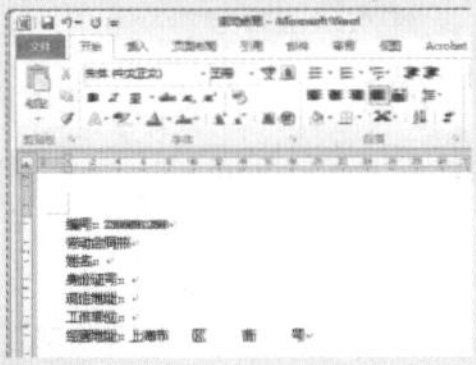

知识技能要求

通过本章内容的学习，读者主要学会 Word 2010 模板的创建及应用，掌握文档保护、自定义样式、文档级别设置等功能的应用。学完后读者需要掌握的相关知识技能如下：

- ⊙模板文件的创建方法
- ⊙文件属性的设置方法
- ⊙文档保护功能的应用方法
- ⊙样式的定义与应用
- ⊙文档段落级别的设置方法
- ⊙创建自动目录的方法

4.1 制作企业文件模板

企业内部文件通常具有相同的格式及相应的一些标准，例如具有相同的页眉页脚内容、相同的背景、相同的修饰、相同的字体及样式等，如果将这些相同的元素制作在一个模板文件中，以后可以直接应用该模板创建文件，而不用再花费时间去设置这些内容和格式。本节将带领读者创建一个企业文件模板。

4.1.1 创建模板文件

要制作企业文件模板，首先应新建一个模板文件，同时可为文件添加相关的属性以进行说明和备注，具体操作如下。

1. 新建 Word 模板文件

新建一个 Word 文档后，将文件另存为模板文件，具体操作如下。

①新建空白 Word 文档，单击“文件”选项卡中的“保存并发送”选项；

②单击“更改文件类型”选项；

③在右侧“文档文件类型”列表中双击“模板”选项，将文件保存于磁盘即可，如下图所示。

2. 设置模板文件属性

为文档添加属性，可以为文件添加一些附加信息，对文件进行说明或备注，以方便日后查找和使用。为模板文件添加属性的具体操作如下。

（1）显示文件属性

①单击“文件”选项卡；

②单击“信息”选项；

③在右侧“属性”栏底部单击“显示所有属性”链接，如下图所示。

（2）设置文件属性

在窗口右侧的“属性”栏的各属性后输入相关的文档属性内容即可，如下图所示。

3. 在“功能区”中显示“开发工具”选项卡

在制作文档模板时，常常会使用一些文

档控件，这些控件需要在“开发工具”选项卡中进行选择，用户可调出 Word 2010 中的“开发工具”选项卡，具体操作如下。

（1）单击“选项”命令

①单击“文件”选项卡；

②单击“选项”命令，如下图所示。

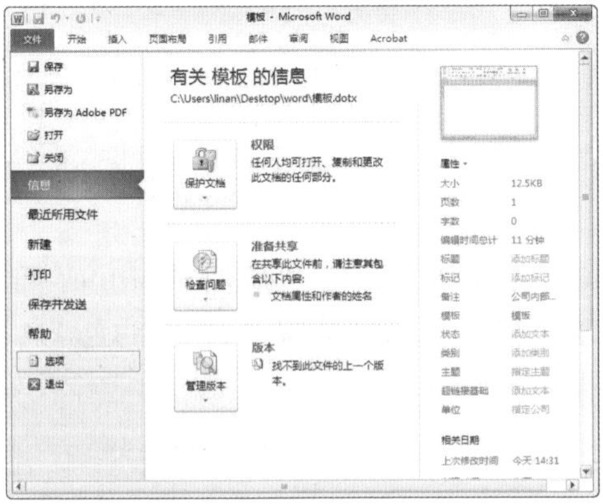

（2）自定义功能区

①在打开的“Word 选项”对话框中选择“自定义功能区”选项；

②在右侧的“自定义功能区”列表框中选中“开发工具”选项，如下图所示；

③单击“确定”按钮即可在 Word 功能区中显示“开发工具”选项卡。

4.1.2 添加模板内容

创建好模板文件后，需要将模板的内容添加和设置到该文件中，以便今后应用该模板直接创建文件，通常模板中的内容应是固定的一些修饰成分，如固定的标题、背景、页面版式等。本例将添加以下几项模板内容。

1. 制作模板页眉内容

如果让用模板创建出的文件都具有相同的“头部”，此时可以在模板中添加页眉内容，具体操作如下。

①单击“插入”选项卡；

②单击“页眉”按钮；

③在菜单中选择“编辑页眉”命令，如下图所示。

（2）去除页眉中的横线

①双击选择页眉区域中的空白段落；

②单击“开始”选项卡中的“框线”下拉按钮；

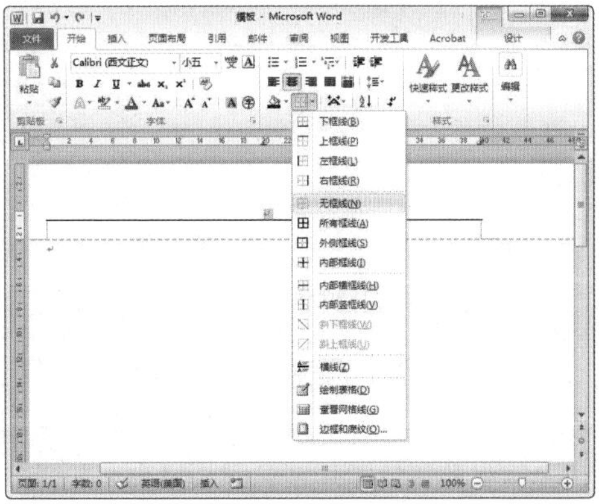

③在菜单中选择“无框线”命令，如上图所示。

（3）绘制页眉背景形状

在页面区域中，利用“插入”选项卡“插图”工具组中的“曲线”形状绘制如下图所示的形状，并应用形状样式。

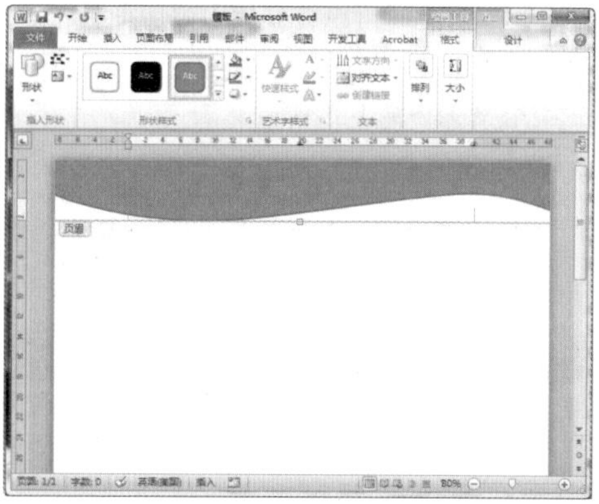

（4）插入LOGO图标

①双击页面空白处退出页眉编辑状态，在文档中插入素材图片“Logoico. jpg”；

②调整图片大小，并设置图片“自动换行”方式为“浮于文字上方”，如下图所示。

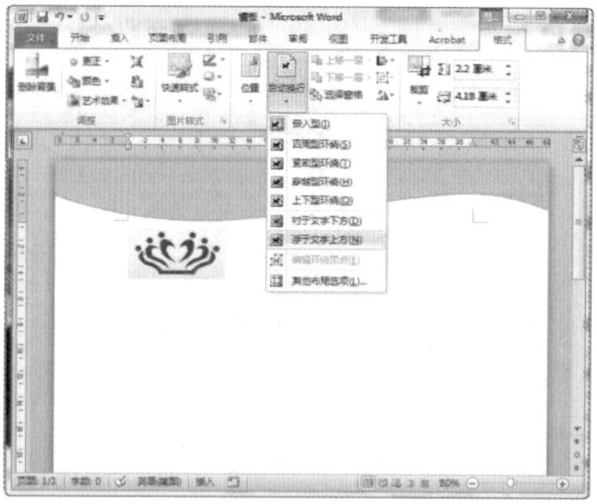

（5）将图标放置于页眉中

按【Ctrl+X】快捷键剪切插入的图片，双击页眉区进入页面编辑状态，按【Ctrl+V】快捷键将剪切的图片粘贴到页眉中，并调整图片的大小及位置，如下图所示。

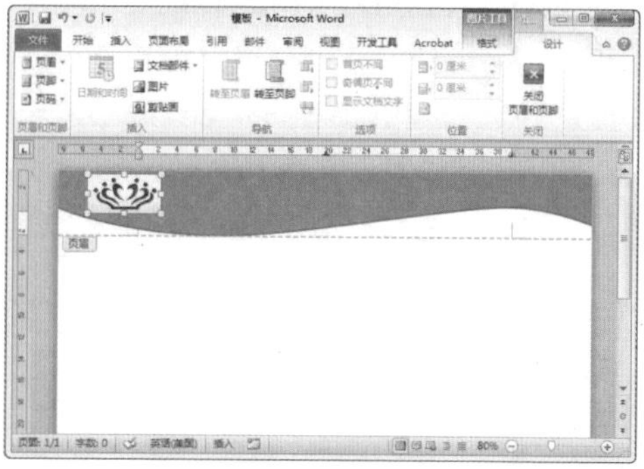

（6）清除图片背景

应用“图片工具—格式”选项卡中的“删除背景”功能，清除LOGO图片中的白色背景，如下图所示。

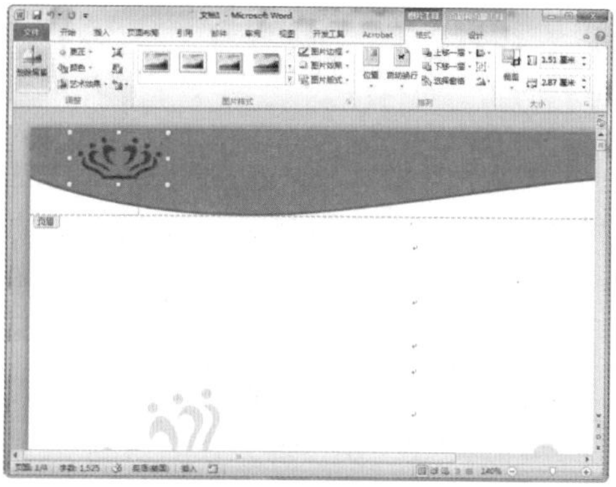

（7）添加页眉文字

利用艺术字和文本框，在页眉内容中添加相应的文字内容，并设置其样式效果如下

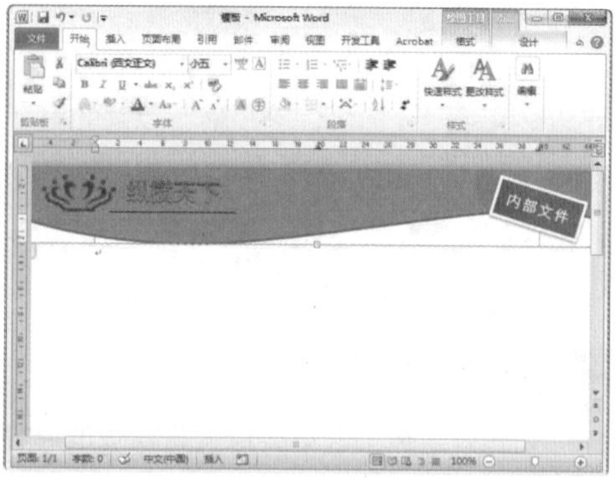

图所示，制作完成后退出页眉编辑状态。

知识加油站

在页眉中使用图片的技巧

在文档页眉页脚编辑状态下，如果使用“插入图片”命令将图片插入页眉中，此时图片不可设置其排列方式，编辑和调整非常不便。为了在页眉中可以更方便地调整图片，可以使用本例用到的方式：将图片放置文档内容中，修改图片的排列方式后再将其剪切粘贴页眉中。此外，也可在页眉中绘制图形，将图形填充设置为图像，并根据需要应用图像。

2. 制作模板页脚内容

公司文档都会有相同的页脚修饰以及页码内容，故需要在模板文件中制作页脚内容，具体操作如下。

（1）进入页脚编辑状态

①单击“插入”选项卡；

②单击“页脚”按钮；

③在菜单中选择“编辑页脚”命令，如下图所示。

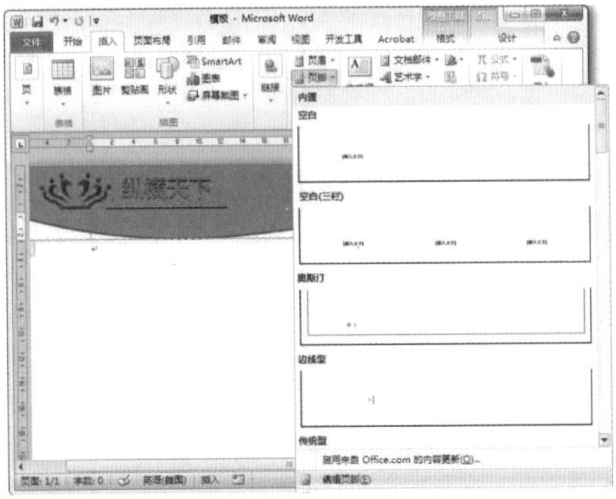

（2）绘制页脚背景矩形

在页脚区中绘制一个矩形形状作为页脚背景，并设置该矩形的位置、大小和形状样式，如下图所示。

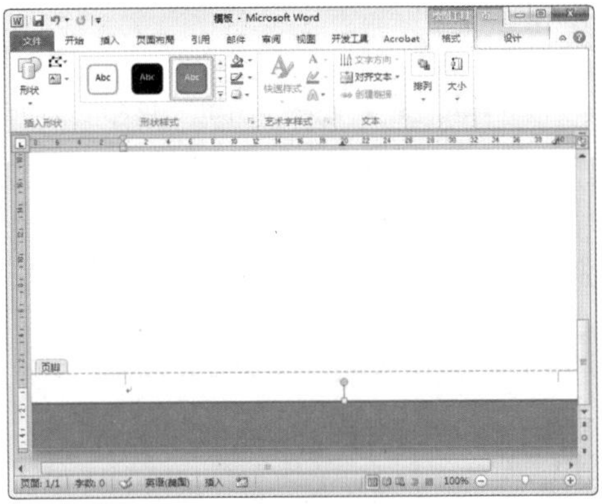

（3）绘制页码区背景

再绘制一个“椭圆”形状，并调整其大小、位置及形状样式到如下图所示效果。

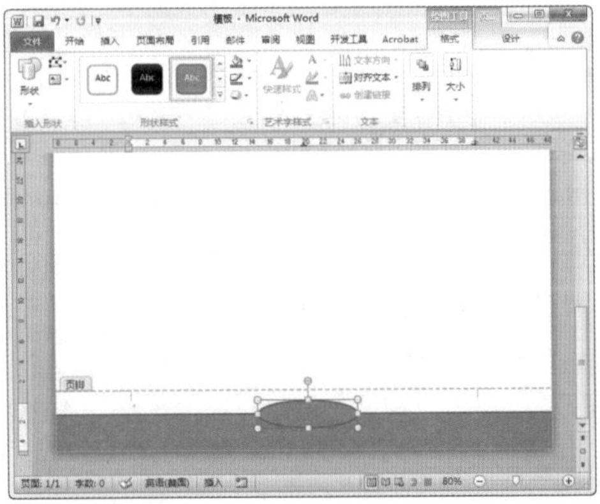

（4）在页码区图形中添加文字

①右击椭圆形图形；

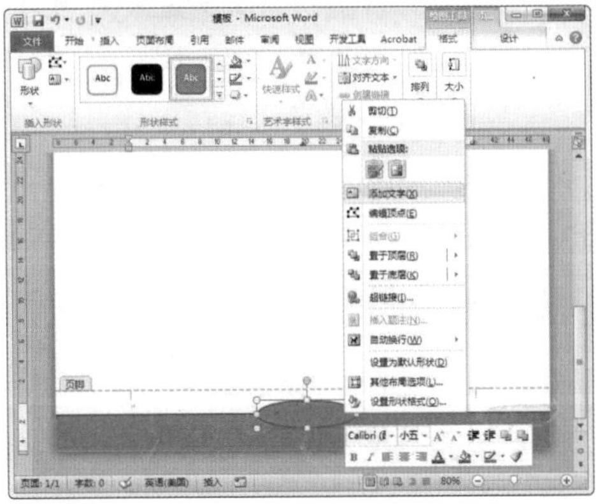

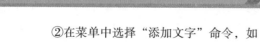

②在菜单中选择“添加文字”命令，如上图所示。

（5）插入页码

①单击“插入”选项卡中的“页码”按钮；

②选择“当前位置”菜单项；

③在子菜单中选择“X/Y”选项中的样式，如下图所示，完成后退出页脚编辑状态。

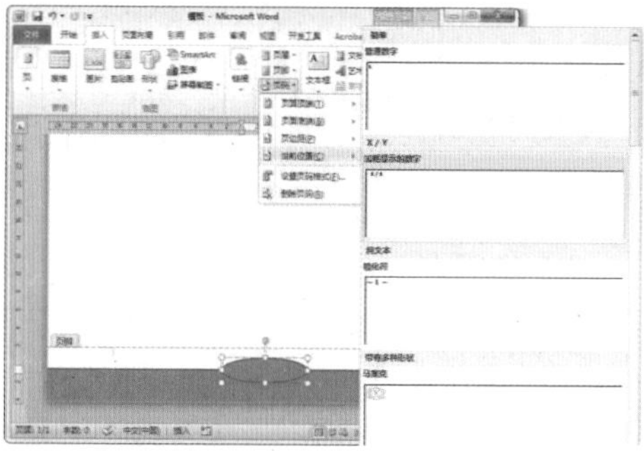

3. 制作模板背景修饰

若要使利用模板创建的文档的每一页都具有相同的背景效果或图片，可以为模板文件设置页面背景。本例将介绍如何为文档添加多幅水印图像，具体操作如下。

（1）执行“自定义水印”命令

①单击“页面布局”选项卡中的“水印”按钮；

②在菜单中选择“自定义水印”命令，如下图所示。

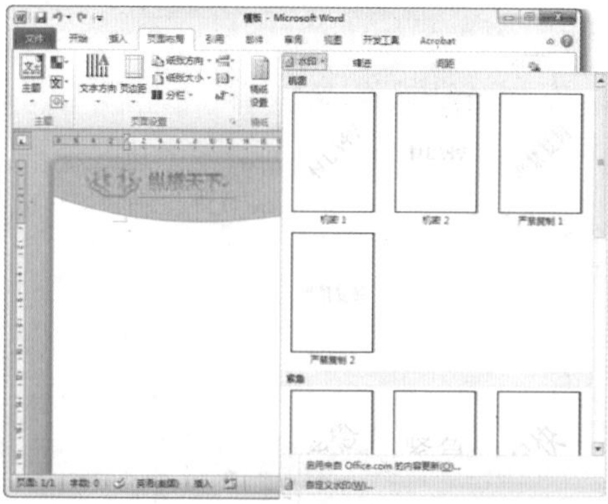

（2）选择水印图片

①在“水印”对话框中单击“图片水印”选项；

②单击“选择图片”按钮；

③在打开的对话框中选择要作为水印的图片；

④单击“插入”按钮，如下图所示。

（3）编辑调整水印图片

进入页眉或页脚编辑状态，复制多个水印图片，并调整图片效果，完成后效果如下图所示。

4. 利用格式文本内容控件制作模板内容

在模板文件中，用户通常需要制作出一些固定的格式，可利用“开发工具”选项卡中的格式文本内容控件进行设置，在应用模板创建新文件时只需要修改少量文字内容即可，具体操作如下。

（1）插入格式文本内容控件

①单击“开发工具”选项卡；

②单击“格式文本内容控件”按钮，如下图所示。

（2）切换至设计模式

单击“开发工具”选项卡中的“设计模式”按钮，进入设计模式，如下图所示。

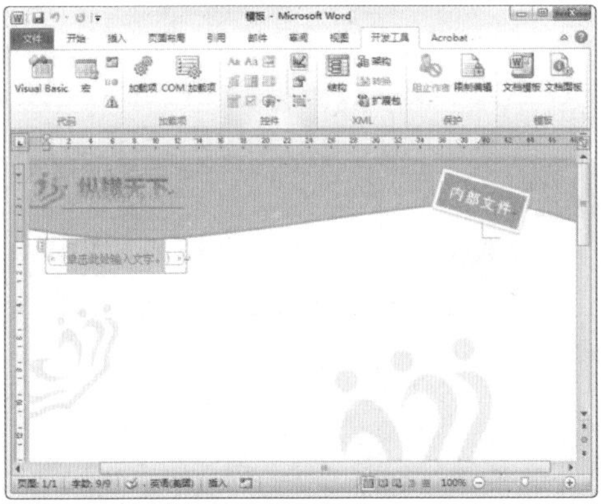

（3）设置控件格式

①修改控件中的文本内容为“[单击此处输入标题]”；

②单击鼠标左键选择插入的控件所在的整个段落；

③单击“开始”选项卡中的“居中”按钮，设置段落为居中对齐；

④设置字体为“黑体”，字号为“二号”，颜色为“蓝色”，如下图所示。

（4）执行“边框和底纹”命令

①单击“开始”选项卡中的“边框”下拉按钮；

②在菜单中选择“边框和底纹”命令，如下图所示。

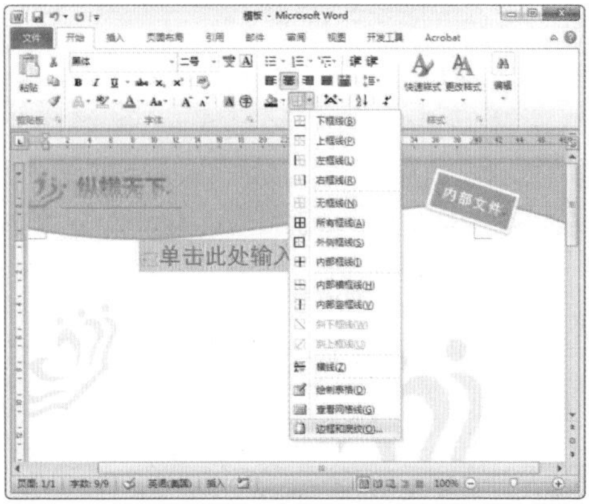

（5）设置段落下边框

①在“边框和底纹”对话框中设置“应用于”选项为“段落”；

②设置边框类型为“自定义”，“样式”为“直线”，“颜色”为“蓝色”，“宽度”为“2.25 磅”；

③单击“预览”栏中的“下框线”按钮，将样式应用于段落的下边框，如下图所示；

④单击“确定”按钮。

（6）插入内容控件

在第三行处插入第二个格式文本内容控件，修改其中的文本内容为“单击此处输入正文内容”，如下图所示。

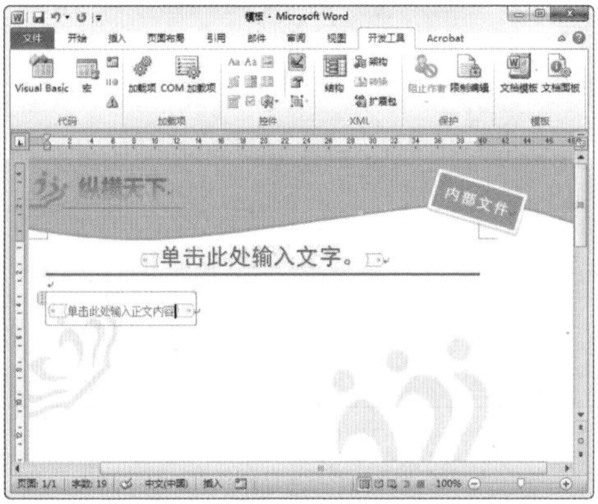

（7）设置内容控件属性

①单击“开发工具”选项卡中的“属性”按钮；

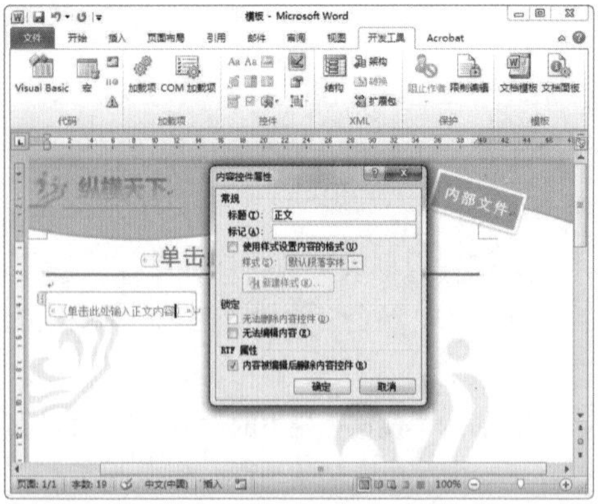

②在打开的“内容控件属性”对话框中设置“标题”为“正文”；

③选择“内容被编辑后删除内容控件”选项，如上图所示；

④单击“确定”按钮。

（8）插入日期和时间

①在下方段落中输入“最后编辑时间”，如下图所示；

②单击“插入”选项卡“文本”组中的“日期和时间”按钮。

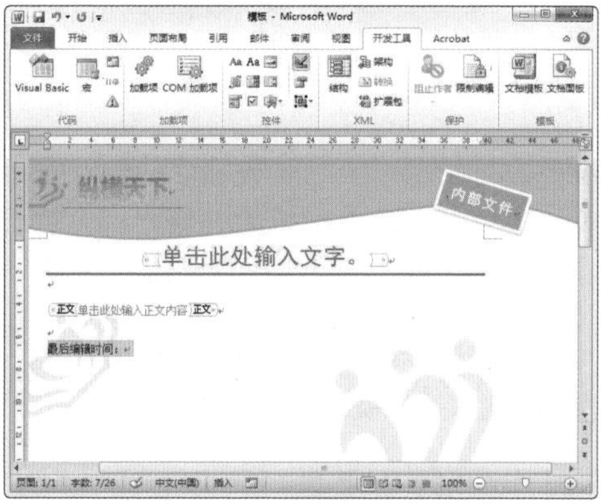

（9）设置日期格式

①在打开的“日期和时间”对话框中选择日期的格式；

②选择“自动更新”选项，如下图所示；

③单击“确定”按钮将日期插入到文档中；

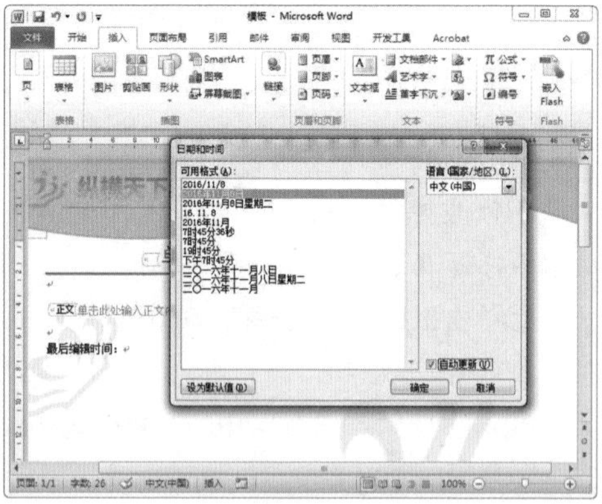

④选择日期所在的段落；

⑤设置字体大小为“小五”、颜色为灰色。

5. 添加日期选取器内容控件

如果文档需要用户输入文件发布日期，则用户可以使用日期选取器控件，更方便地选择日期，具体操作如下。

（1）插入日期选取器内容控件

①在如图所示的位置输入文本“文件发布日期：”，如下图所示；

②单击“开发工具”选项卡中的“日期选取器内容控件”按钮。

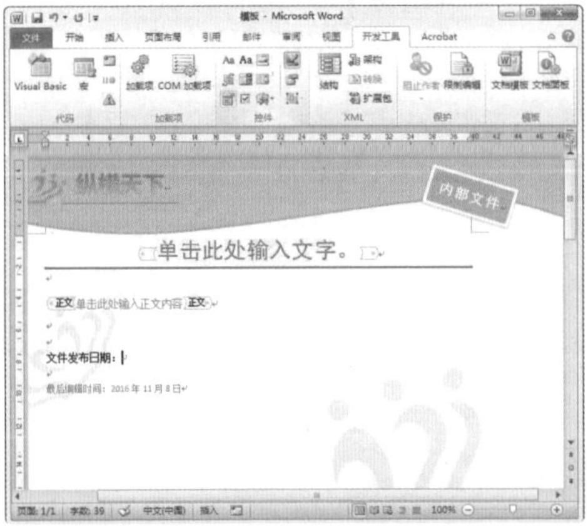

（2）设置控件属性

①单击“开发工具”选项卡中的“属性”按钮；

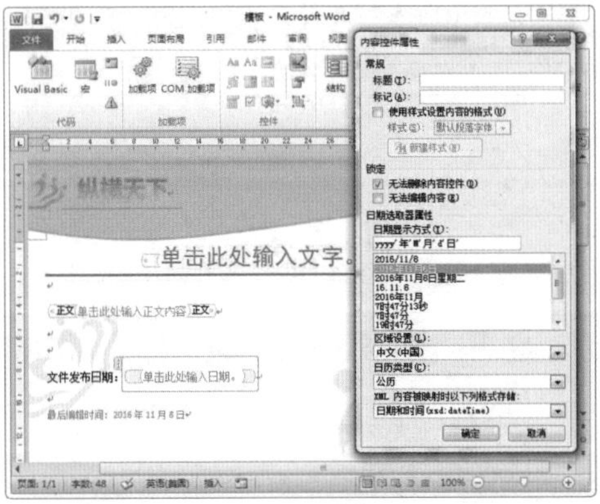

②在对话框中选择“无法删除内容控件”选项；

③选择日期格式；

④单击“确定”按钮完成设置，如上图所示。

（3）设置文本格式

①选择日期控件所在的段落；

②单击“开始”选项卡中的“文本右对齐”按钮，设置段落对齐方式为右对齐；

③设置文本大小为“小四”并加粗，如下图所示。

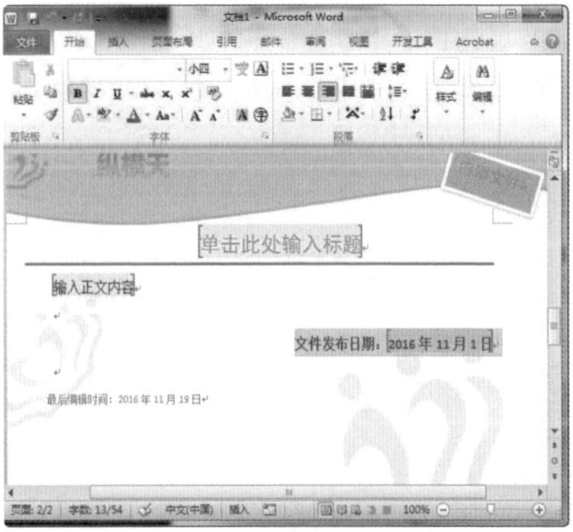

知识加油站

控件应用技巧

在模板中应用控件可以使用户在模板后期应用时更加方便，除本例中应用到的“格式文本内容控件”和“日期选取器内容控件”外，Word 2010还为用户提供了各种类型的控件，如“纯文本内容控件”“图片内容控件”“组合框内容控件”“下拉列表内容控件”和“复选框内容控件”等，均可通过在“开发工具”选项卡中单击相应按钮的方式在文档中插入控件，退出设计模式即可查看和测试控件的功能。

4.1.3 定义文本样式

为方便在应用模板创建文件时快速设置内容格式，可在模板中预先设置一些可用的样式效果，在编辑文件时直接选用相应样式即可。本例将在模板中定义新样式以及修改默认的样式，具体操作如下。

1. 将标题内容的格式新建为样式

为方便创建文本时快速设置标题的格式，可以将模板中的标题格式创建为一个样式，具体操作如下。

（1）显示其他样式列表

①选择顶部标题段落，如下图所示；

②单击“开始”选项卡中“样式”列表框右下角的“其他”按钮。

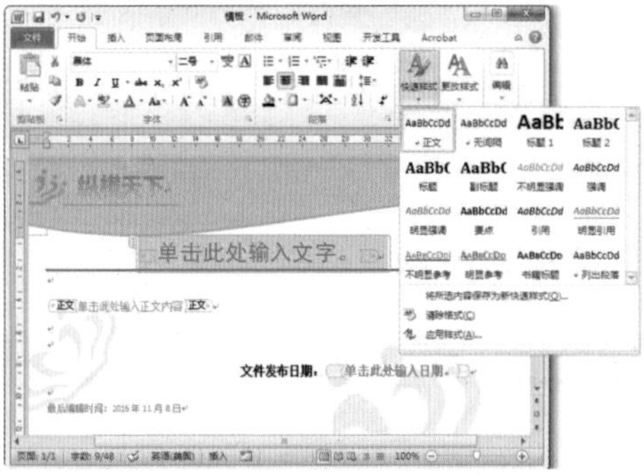

（2）将所选内容保存为快速样式

①单击“将所选内容保存为新快速样式”

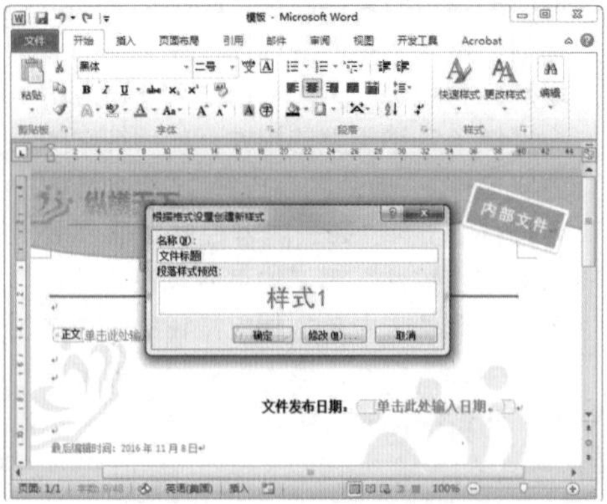

命令；

②在打开的对话框中设置样式的名称为“文件标题”，如上图所示；

③单击“确定”按钮完成新建样式。

2. 修改正文文本样式

如果文件中所有的正文内容需要设置一种特定的格式，此时可直接对正文样式进行修改，具体操作如下。

（1）执行“修改”命令

①右击“开始”选项卡“样式”列表框中的“正文”样式；

②选择菜单中的“修改”命令，如下图所示。

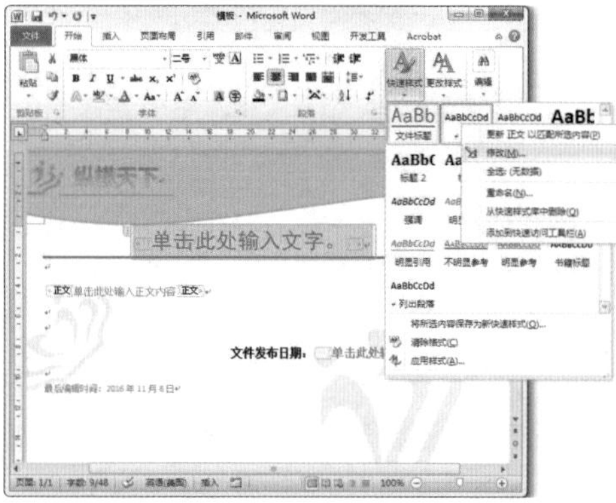

（2）设置基本样式格式

①在“修改样式”对话框中设置文字的字体、大小、颜色等；

②单击窗口底部的“基于该模板的新文

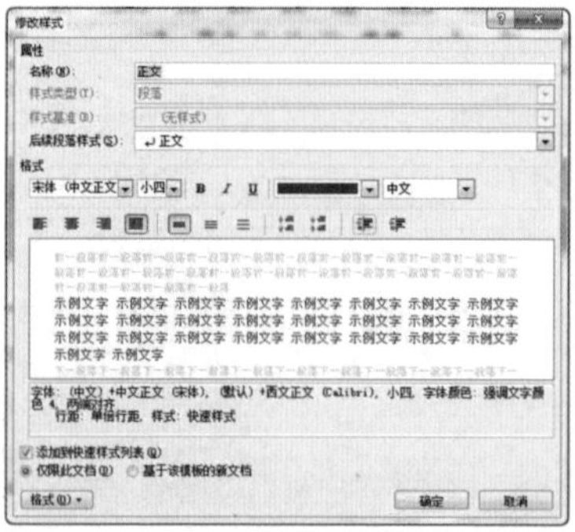

档”选项，如上图所示。

（3）设置样式中的段落格式

①单击“格式”按钮；

②在菜单中选择“段落”命令；

③在“段落”对话框中设置“首行缩进”为“2字符”，如下图所示；

④单击“确定”按钮完成段落格式设置；

⑤单击“修改样式”对话框中的“确定”按钮完成样式设置。

3. 修改标题的样式

通过修改模板标题样式，可使利用该模板创建出的文档标题快速应用特定的样式。本例中修改标题样式的过程如下。

（1）修改“标题1”样式

①右击“开始”选项卡“样式”列表框中的“标题1”样式；

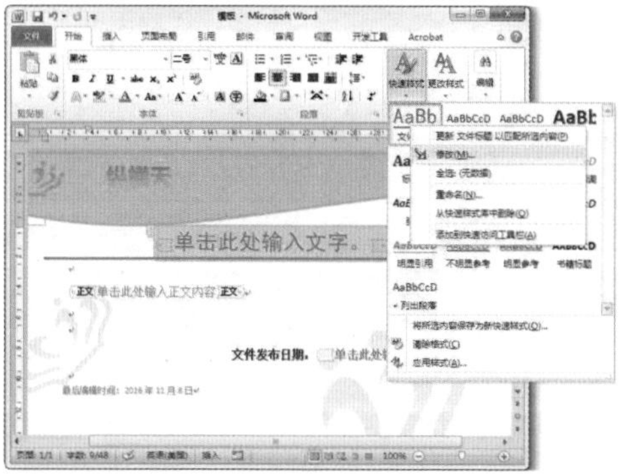

②选择菜单中的“修改”命令，如上图所示。

（2）设置样式

①在“修改样式”对话框中设置文字字体为“黑体”、大小为“小三”、字体“加粗”、颜色为深蓝；

②选择“自动更新”选项和“基于该模板的新文档”选项，如下图所示；

③单击“确定”按钮完成样式修改。

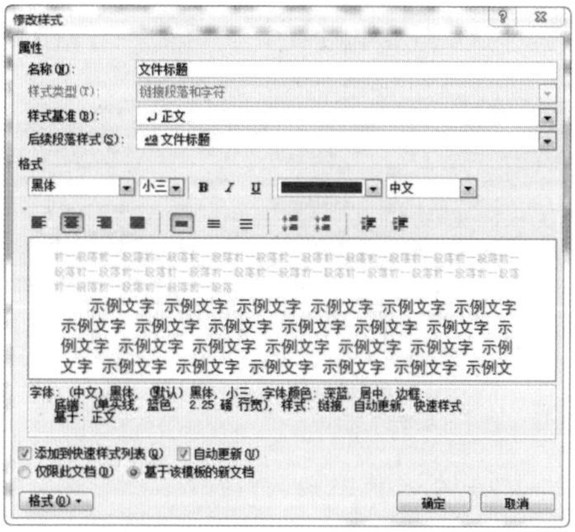

（3）设置段落格式

①单击“格式”按钮；

②在菜单中选择“段落”命令；

③在“段落”对话框中设置段前距、段后距和行距，如下图所示；

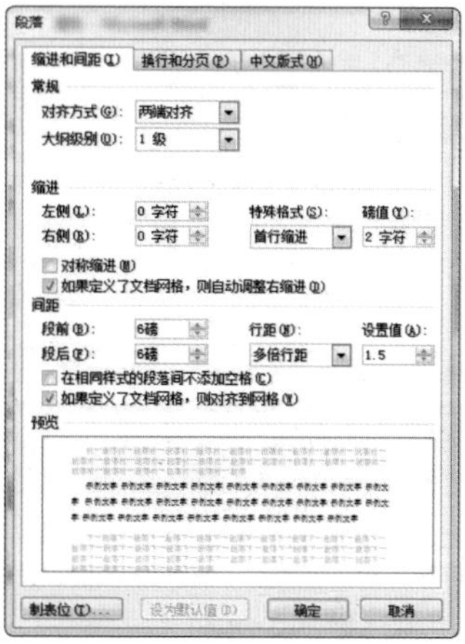

④单击“确定”按钮完成段落格式设置；

⑤单击“修改样式”对话框中的“确定”按钮完成样式设置。

（4）修改“标题 2”样式

①右击“开始”选项卡“样式”列表框中的“标题 2”样式；

②选择菜单中的“修改”命令，如下图所示。

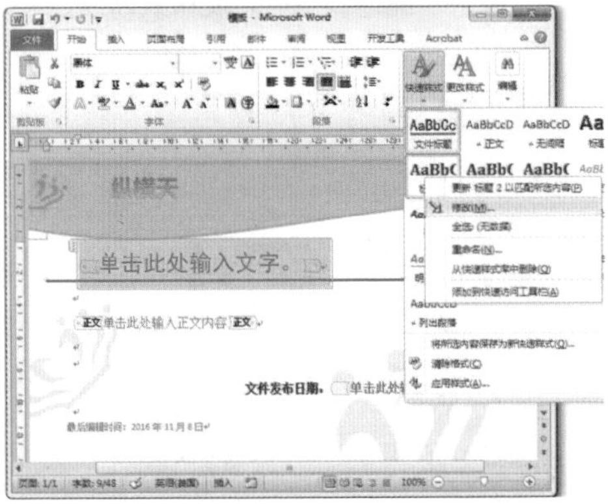

（5）设置样式

①在“修改样式”对话框中设置文字字体为“宋体（中文标题）”、大小为“四号”、字体“加粗”、颜色为深蓝；

②选择“自动更新”选项和“基于该模板的新文档”选项，如下图所示；

③单击“确定”按钮。

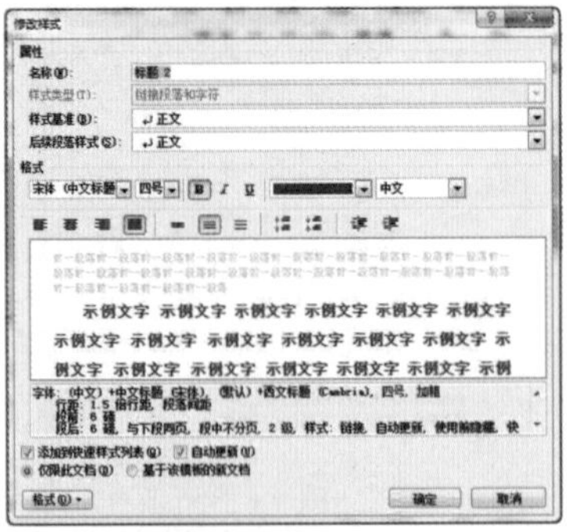

（6）设置段落格式

①单击“格式”按钮；

②在菜单中选择“段落”命令；

③在“段落”对话框中设置段前距、段后距和行距，如下图所示；

④单击“确定”按钮完成段落格式设置；

⑤单击“修改样式”对话框中的“确定”按钮完成样式设置。

4. 修改“明显强调”内容的样式

在应用模板创建文件时，文件中可能还会应用“明显强调”样式，以对相关内容进行突出显示，此时可在模板中设置出“明显强调”的样式，方便用户通过模板创建文档时使用，具体操作如下。

（1）修改“明显强调”样式

①右击“开始”选项卡“样式”列表框中的“明显强调”样式；

②选择菜单中的“修改”命令，如下图所示。

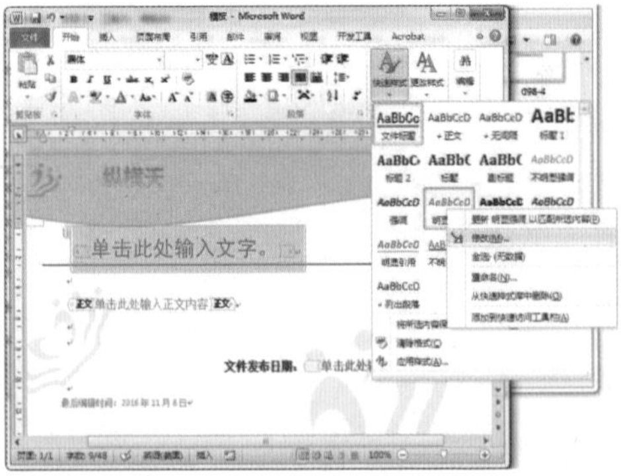

(2) 设置样式

①在“修改样式”对话框中设置文字大小为“小四”、字体“加粗”“倾斜”、颜色为橙色；

②选择“基于该模板的新文档”选项，如下图所示；

③单击“确定”按钮完成样式修改。

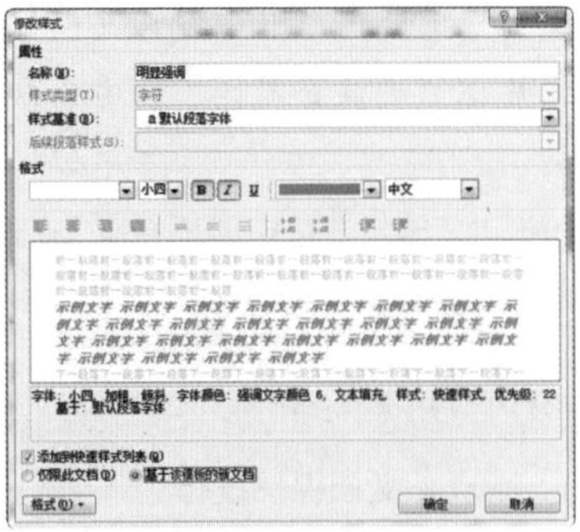

4.1.4 保护模板文件

为使应用模板创建新文件内容时只对特定内容进行修改，不影响到整体的模板结构及其修饰效果，用户此时可对模板文件进行保护，具体操作如下。

1. 执行“限制编辑”命令

要对文档部分内容进行保护时，先执行“限制编辑”命令，具体操作如下。

①单击“文件”选项卡；

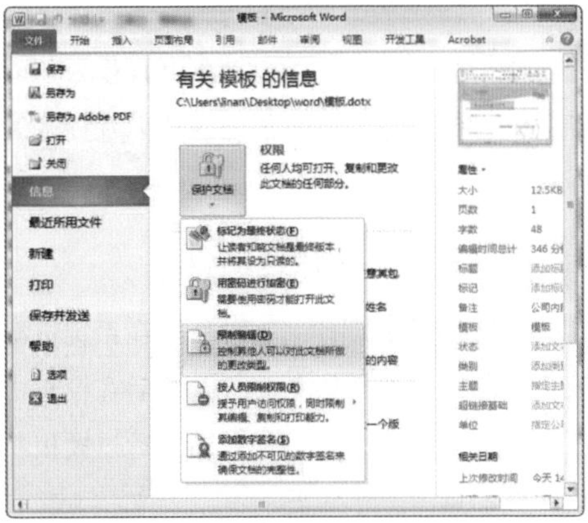

②在“信息”项中单击“保护文档”按钮；

③在菜单中选择“限制编辑”命令即可，如上图所示。

2. 设置可编辑区域

执行“限制编辑”命令后，需要在文档中设置出文档保护的方式及用户可编辑区域，具体操作如下。

(1) 设置编辑限制选项

在“限制格式和编辑”窗格中选择“仅允许在文档中进行此类型的编辑”，如下图所示。

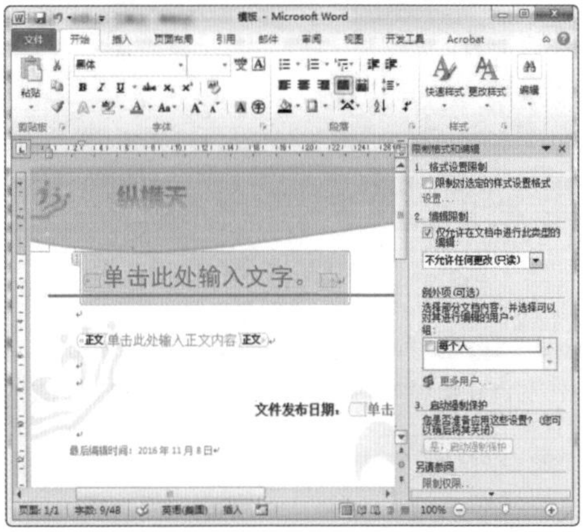

(2) 设置可编辑区域

①单击选择文档中标题处的格式文本内容控件；

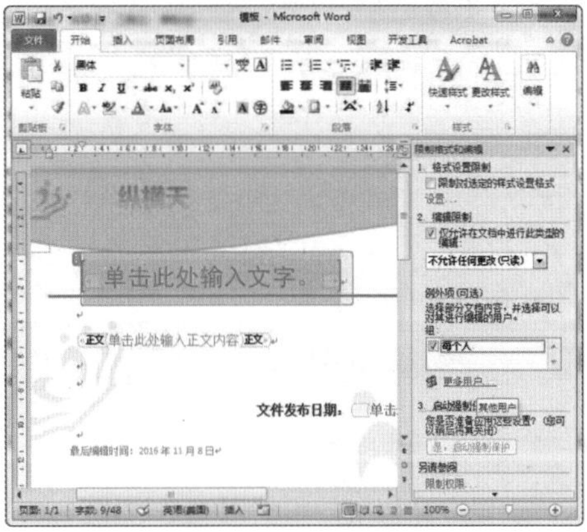

②单击选中窗格中“例外项”列表框中的“每个人”选项，如上图所示。

（3）设置可编辑区域

①单击选择文档中的“正文”格式文本内容控件；

②单击选中窗格中“例外项”列表框中的“每个人”选项，如下图所示。

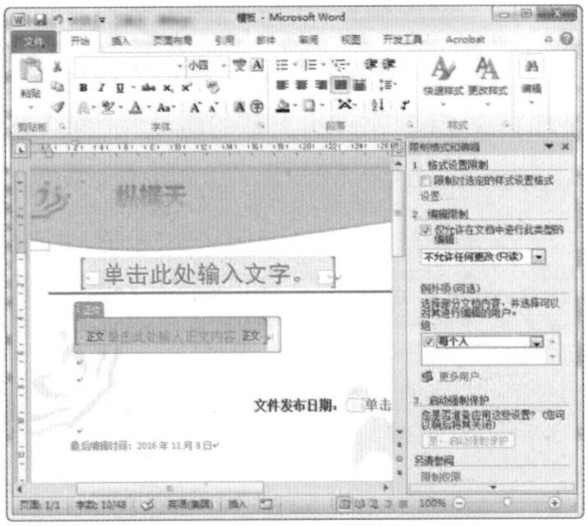

（4）设置可编辑区域

①单击选择文档中发布日期处的日期选取器内容控件；

②单击选中窗格中“例外项”列表框中的“每个人”选项，如下图所示。

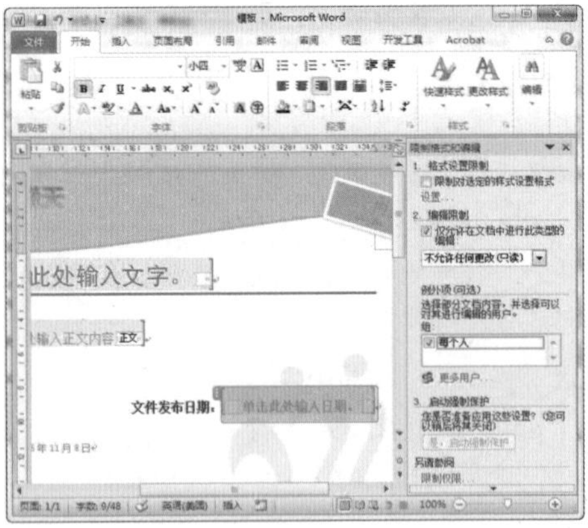

3. 执行保护并设置密码

设置好文档中的编辑限制选项以及允许编辑的区域后，用户则需要启动保护功能，具体操作如下。

（1）启动强制保护

单击“限制格式和编辑”窗格中的“是，启动强制保护”按钮。

（2）设置保护方式密码

①在打开的对话框中单击“密码”选项；

②在“新密码”框中设置文档保护的密码，并在“确认新密码”框中再次输入密码；

③单击“确定”按钮即可完成文档保护。设置完成后保存文件即可。

知识加油站

文档保护技巧

当文档需要多次修改和编辑，或将文档作为模板，而文档中有部分内容不需要被修改时，用户可对文档进行保护。保护文档时，可在“限制格式和编辑”窗格中设置禁止对指定样式的格式进行修改或对内容进行编辑，设置完成后需保存文件。

4.2 应用模板快速排版公司工资制度方案

本节将应用上一节创建的文件模板创建新文档，使读者掌握模板的应用以及样式的应用方法。

4.2.1 使用模板新建文件

要应用模板创建新文件，可在系统资源管理器中双击打开模板文件，然后在模板中添加相应的内容，最后保存即可通过模板新建文件，具体操作如下。

1. 打开模板新建文件

直接打开模板文件即可利用模板新建Word文档，具体操作如下。

①单击“文件”选项卡；

②选择“打开”选项；

③在“打开”对话框中选择模板文件，如下图所示；

④单击“打开”按钮即可创建文件。

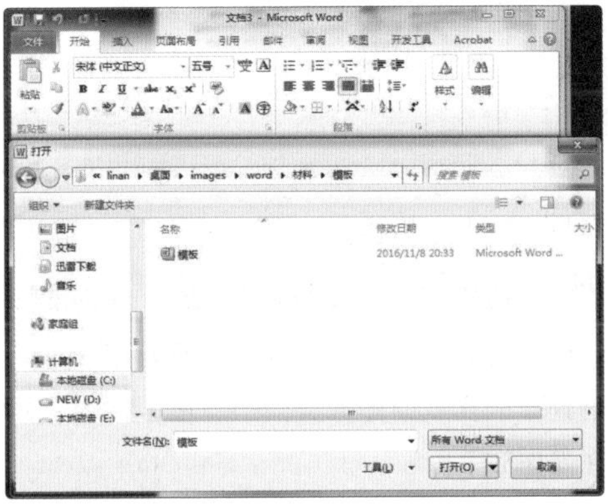

2. 在编辑区中添加内容

在模板的可编辑区域中添加文件内容，具体操作如下。

（1）添加标题内容

单击标题区域的格式文本内容控件，输入标题文字内容“公司工资制度方案”，如下图所示。

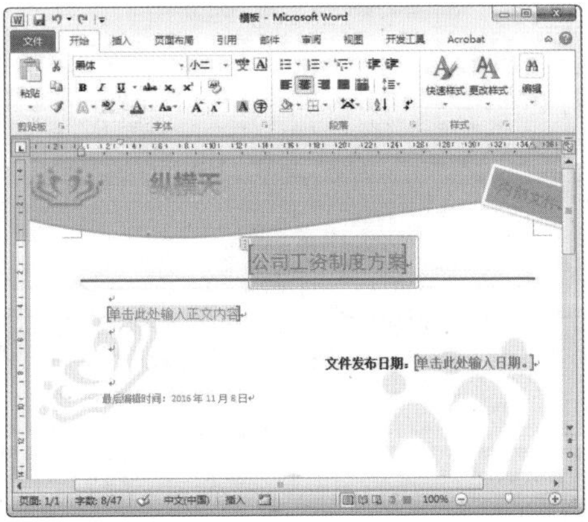

（2）添加正文内容

单击文档中的正文的格式文本内容控件，将素材文件“公司工资制度方案.docx”中的文字内容录入或复制于该控件中，如下图所示。

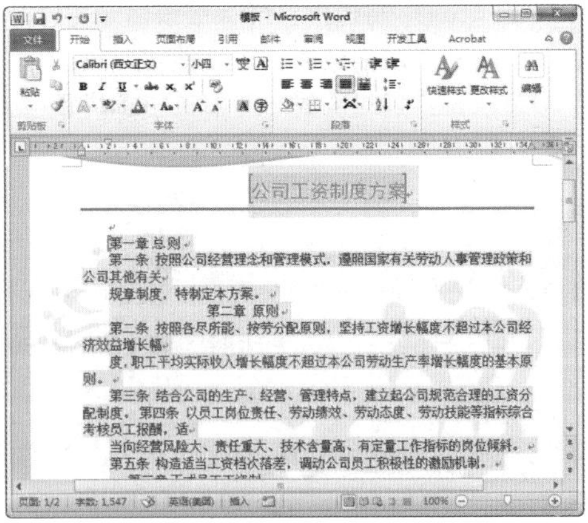

（3）选择文件发布日期

在文档末尾的“文件发布日期”右侧的日期选取器内容控件中选择文件发布的日期，如下图所示。

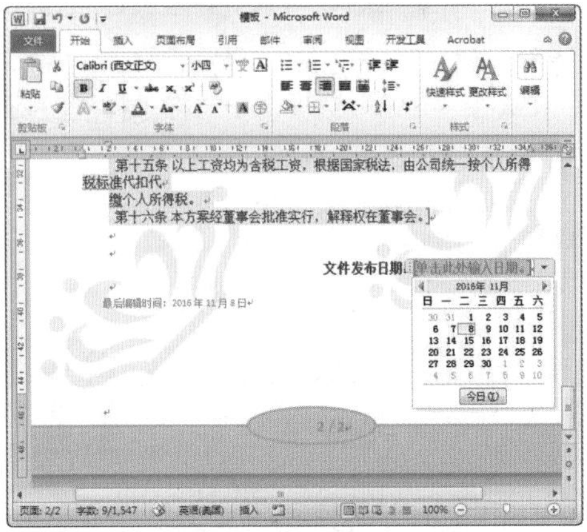

知识加油站

Word模板使用技巧

在Word 2010中新建文档时，可以选择使用模板新建文档，其方法为：单击“文件”选项卡，选择“新建”选项，选择“我的模板”选项，即可在打开的对话框中选择要应用的文件模板，需要注意的是该对话框中列举出的模板文件必须存于当前系统用户文件夹的指定目录中，具体路径为“系统盘:\Users\用户\AppData\Roaming\Microsoft\Templates”。将模板文件存放该目录中，则以后要应用该模板创建文件时，用户可直接在“我的模板”对话框中选择该文件模板。

4.2.2 在新文档中使用样式

在应用模板创建文件时，可以应用创建于模板中的样式对文档内容进行快速修改，同时亦可修改和应用新样式，具体操作如下。

1. 应用模板中的样式

在模板中创建了多种样式，在新建文档时可以直接使用，具体应用方法如下。

（1）应用标题样式

①选择正文内容区域中要应用标题样式的段落，如“第一章……”“第二章……”等；

②在“开始”选项卡中选择“样式”列表框中的“标题 1”样式，如下图所示。

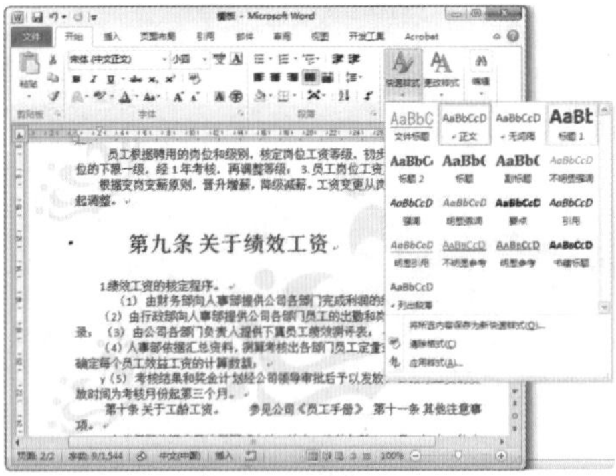

（2）应用正文样式

①选择正文内容区域中要应用标题样式的文字内容；

②在“开始”选项卡中选择“样式”列表框中的“明显强调”样式，如下图所示。

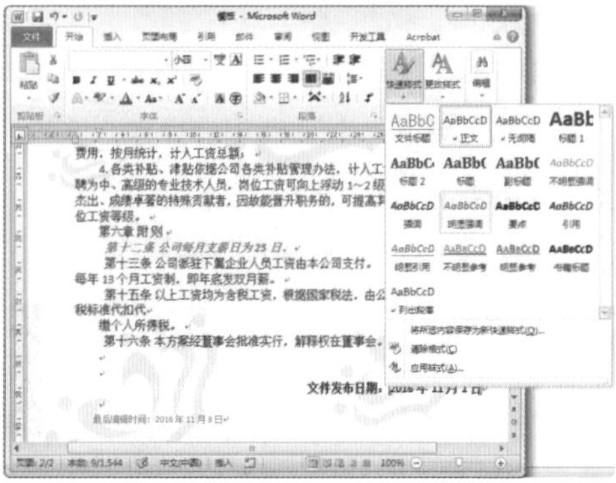

2. 创建和应用新样式

在应用模板创建新的文档时，在新文档中可能还会应用到新的样式，此时用户可以创建新的样式，并在文档中应用该样式，具体操作如下。

（1）设置字号

①选择正文内容区域中如下图所示的段落；

②在“开始”选项卡中设置字号大小为“五号”；

③单击“段落”组中的“对话框启动器”按钮，如下图所示。

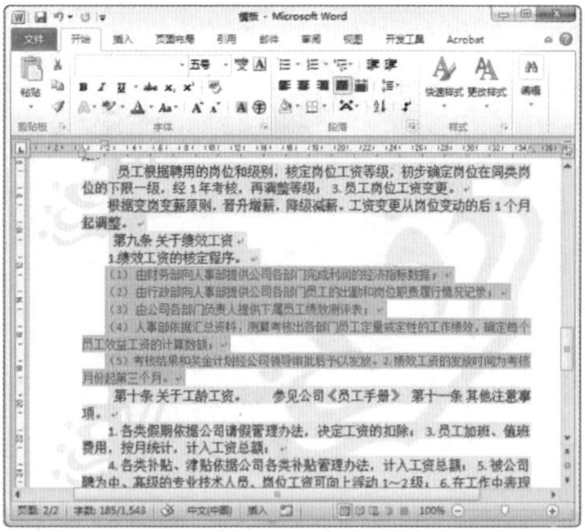

（2）设置缩进和行距

①在“段落”对话框中设置“左侧缩进”为“2 字符”；

②设置“行距”为“1.5 倍行距”，如下图所示；

③单击“确定”按钮。

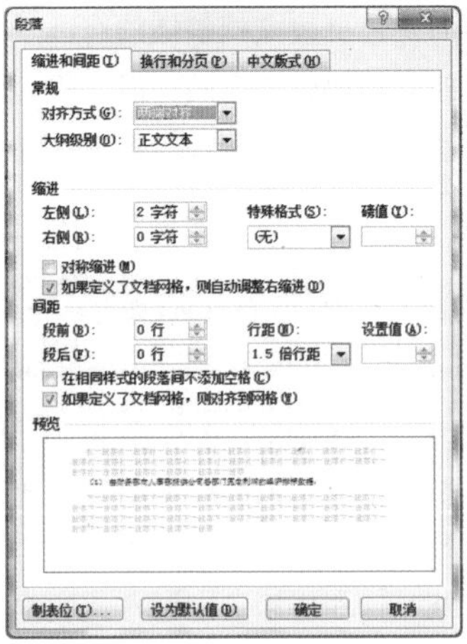

（3）将格式创建为样式

①单击“开始”选项卡“样式”列表中的“将所选内容保存为新快速样式”命令；

②在打开的对话框中设置样式名称为“内容段落列表”，如下图所示；

③单击“确定”按钮完成样式的新建。

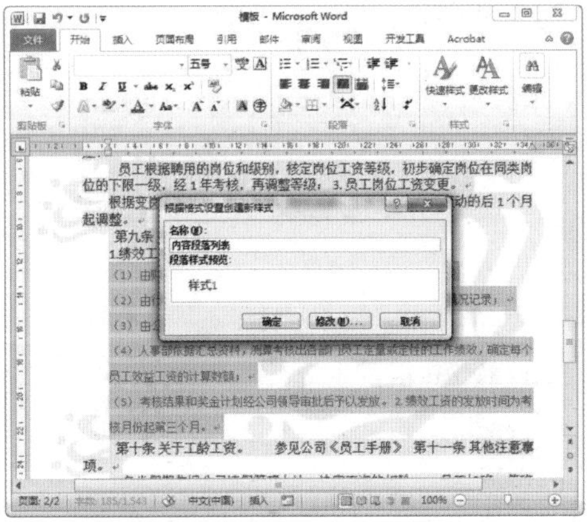

（4）应用创建的样式

①选择“正文”内容中要应用上一步创建的“内容段落列表”样式的段落；

②在“样式”列表框中单击“内容段落列表”样式，即可将样式应用于所选段落上，如下图所示。

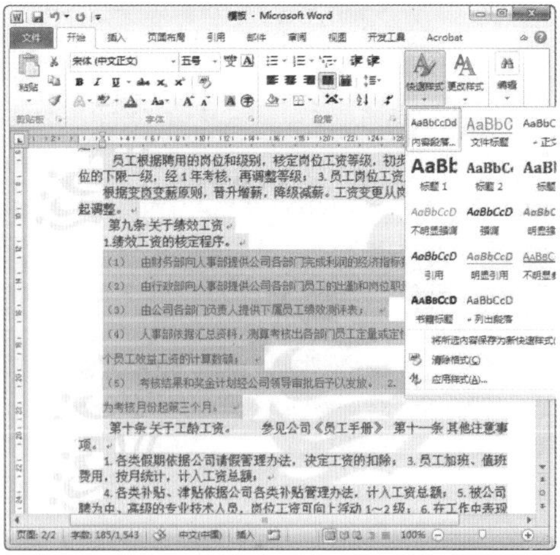

3. 修改模板中的样式

在用模板创建出的文档中应用模板中设置的样式后，若需要对当前文档所用的模板样式进行调整，可应用修改样式功能进行操作。本例需要对模板中设置的正文样式进行调整和设置，具体操作如下。

（1）修改正文样式

①右击“开始”选项卡“样式”列表框中的“正文”样式；

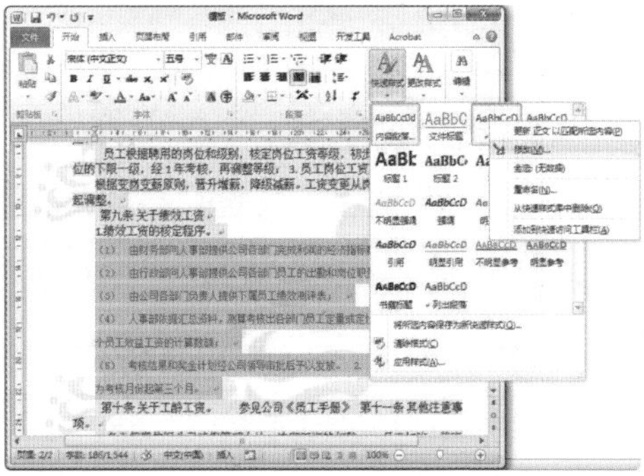

②选择菜单中的“修改”命令，如上图所示。

(2) 设置样式

①单击“修改样式”对话框中的“格式”按钮；

②选择“段落”命令，如下图所示。

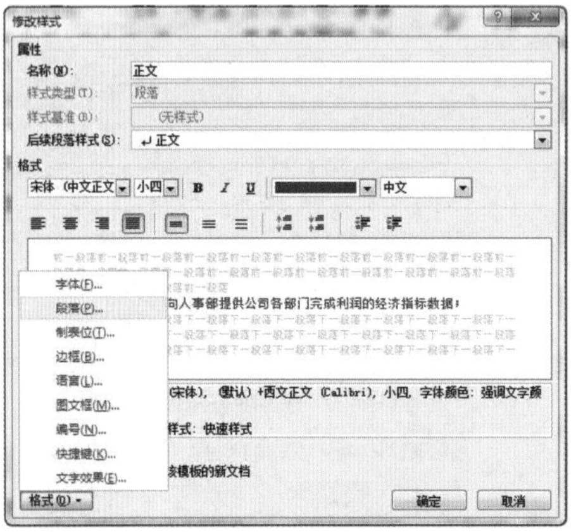

(3) 设置段落格式

①在“段落”对话框中设置“行距”为“1.5倍行距”，如下图所示；

②单击“确定”按钮完成段落格式设置。最后单击“修改样式”对话框中的“确定”按钮完成样式修改。

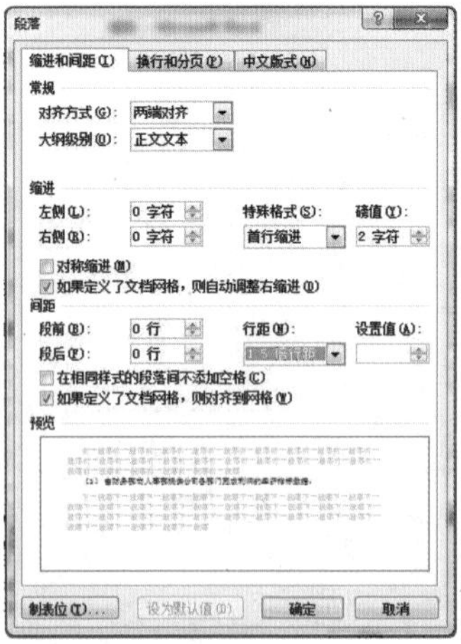

4.3 制作营销计划模板

在对文档内容或模板内容进行格式设置时，用户可以应用主题颜色和样式快速对文档内容进行修饰，在对文档整体效果进行更改时，无须逐一修改，可以直接选择文档主题，从而快速更改文档整体的修饰效果。本例在更改文档整体效果的同时，将应用自动目录功能，为文档中含有段落级别样式的内容生成目录。

4.3.1 在模板中设置主题样式

Word 2010 提供了主题功能，通过主题功能用户可快速更改整个文档中的总体设计，包括颜色、字体和图形效果。在文档中应用主题中的颜色、字体和图形效果后，在更改主题时这些应用了主题样式的内容会随主题的变化而变化。

1. 设置文档中的“标题”样式

在素材文档中，标题文字应用了样式“标题”，要对标题格式进行修改，为使文档中的标题样式可随主题的变化而变化，需要设置文档中的标题样式，具体操作如下。

(1) 修改“标题”样式

打开素材文档，①右击“开始”选项卡“样式”列表框中的“标题”样式；

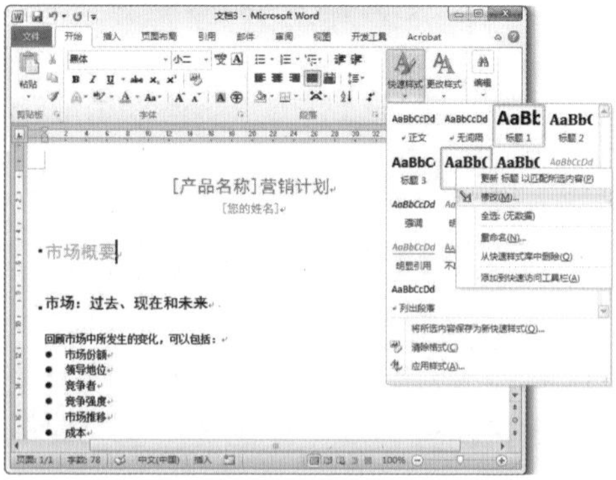

②选择菜单中的“修改”命令，如上图所示。

(2) 设置样式

①在“修改样式”对话框中选择字体为“宋体（中文标题）”，即应用主题中的标题字体；

②在文字颜色下拉列表框中选择“主题颜色”组中的“文字 2”颜色，如下图所示；

③完成后单击“确定”按钮。

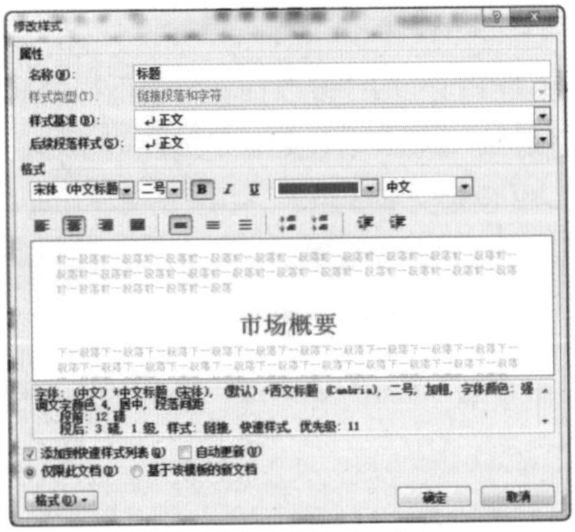

2. 设置文档中的“标题 1”样式

在素材文档中，文档内容的标题应用了“标题 1”样式，为使这些标题内容的样式可随主题变化，需要设置文档中的标题 1 样式，具体操作如下。

(1) 修改“标题 1”样式

①右击“开始”选项卡“样式”列表框中的“标题 1”样式；

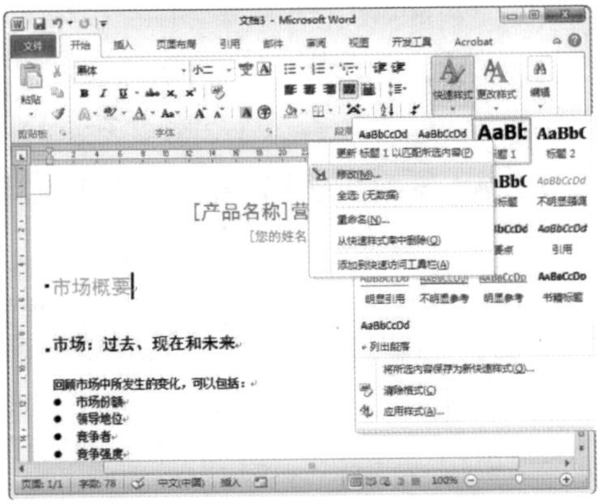

②选择菜单中的“修改”命令，如上图所示。

(2) 设置样式

①在“修改样式”对话框中设置字体为“宋体（中文标题）”；

②在文字颜色下拉列表框中选择“主题颜色”组中的“文字 3”颜色，如下图所示；

③完成后单击“确定”按钮。

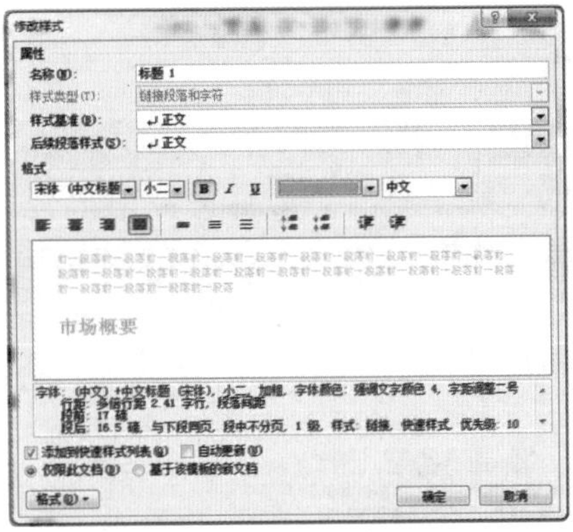

3. 设置文档中的“标题 2”样式

在素材文档中，文档内容的小标题应用了“标题 2”样式，为使这些标题内容的样式可随主题变化，需要设置文档中的标题 2 样式，具体操作如下。

(1) 修改“标题 2”样式

①右击“开始”选项卡“样式”列表框

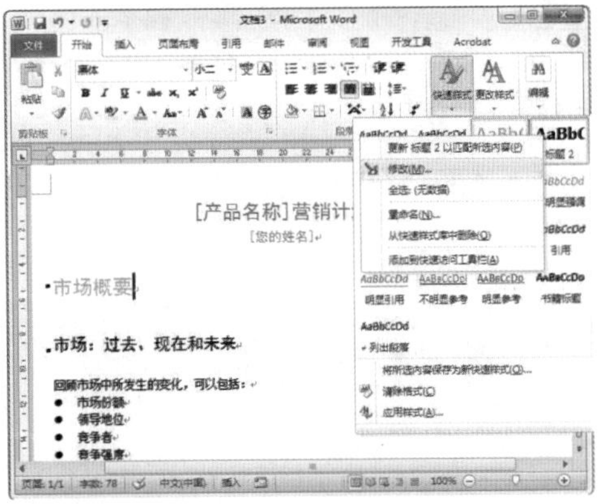

中的“标题 2”样式；

②选择菜单中的“修改”命令，如上图所示。

(2) 设置样式

①在“修改样式”对话框中设置字体为“宋体（中文标题）”；

②在文字颜色下拉列表框中选择“主题颜色”组中的“文字 1”颜色，如下图所示；

③完成后单击“确定”按钮。

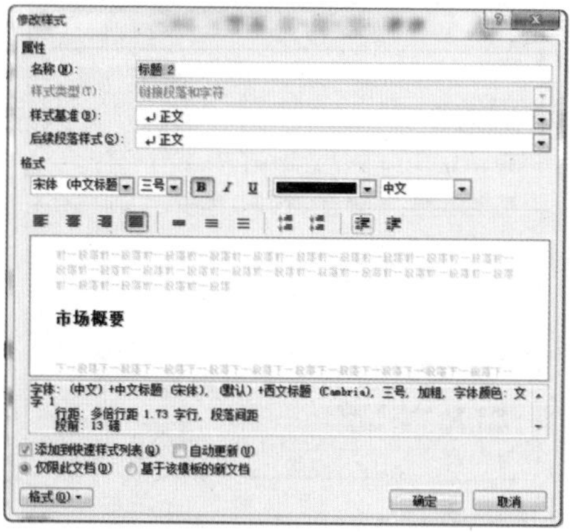

4. 设置文档中的“标题 3”样式

在素材文档中，文档内容的小标题应用了“标题 3”样式，为使这些标题内容的样式可随主题变化，需要设置文档中的标题 3 样式，具体操作如下。

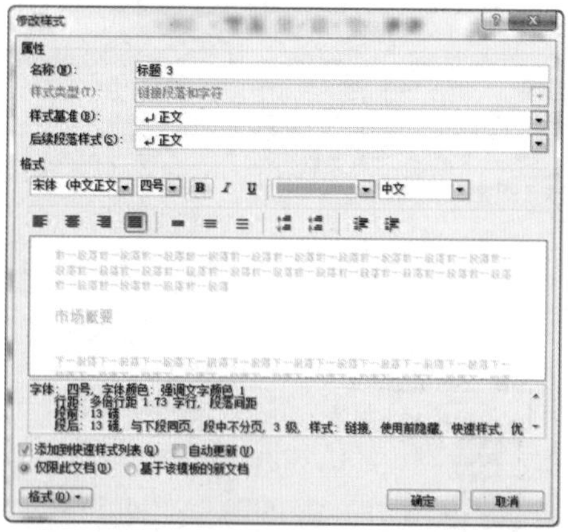

(1) 修改“标题 3”样式

①设置样式字体为“宋体（中文正文）”；

②设置文字颜色为“主题颜色”中的“强调文字颜色 1”，如上图所示；

③单击“确定”按钮。

5. 设置文档中的“正文”样式

在素材文档中，文档正文应用了“正文”样式，为使正文样式可随主题变化，需要设置文档中的正文样式，具体操作如下。

(1) 修改样式列表中的“正文”样式

①在打开的“修改样式”对话框中设置其字体为“宋体（中文正文）”；

②设置文字颜色为“主题颜色”中的“黑色，文字 1”，如下图所示；

③单击“确定”按钮完成样式设置。

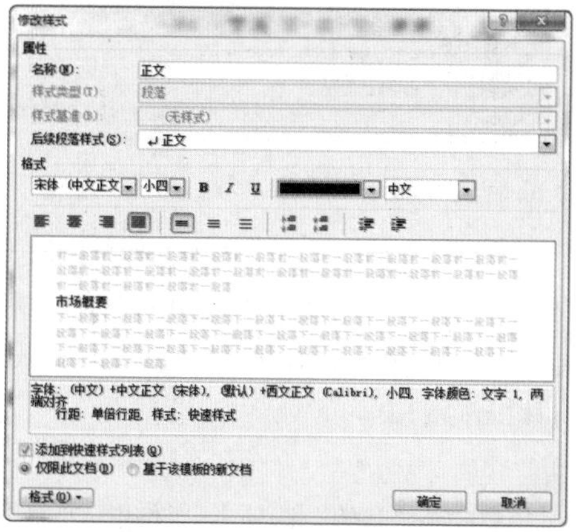

6. 设置其他自定义样式

在该素材文档中还应用了其他自定义样式，要使应用了这些样式的内容格式随主题变化，则需要在这些样式中设置主题字体及颜色，具体操作如下。

(1) 显示文档中的样式列表

单击“开始”选项卡“样式”组中的“对话框启动器”按钮，打开“样式”窗格，如下图所示。

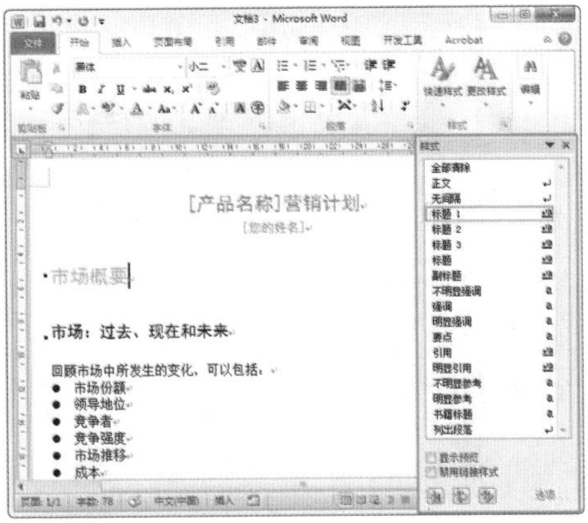

（2）修改“项目符号列表前的段落”样式

①单击“样式”窗格列表中的“项目符号列表前的段落”样式右侧的下拉按钮；

②选择菜单中的“修改”命令，如下图所示。

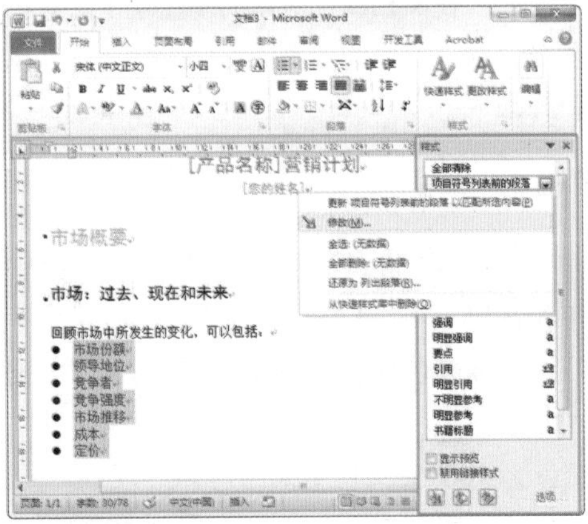

（3）设置样式

①在“修改样式”对话框中设置字体为“宋体（中文正文）”；

②在文字颜色下拉列表框中选择“主题颜色”组中的“文字1”颜色；

③单击“添加到快速样式列表”选项，将样式添加到“快速样式”列表框中，如下图所示；

④单击“确定”按钮完成样式修改。

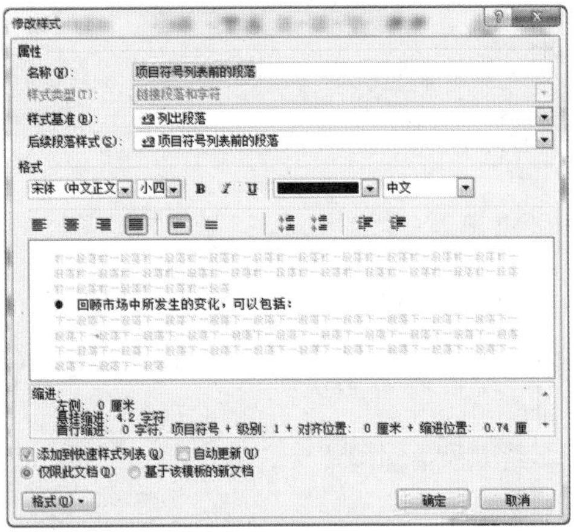

（4）修改“列表项目符号”样式

①单击“样式”窗格列表中的“列表项目符号”样式右侧的下拉按钮；

②选择菜单中的“修改”命令，如下图所示。

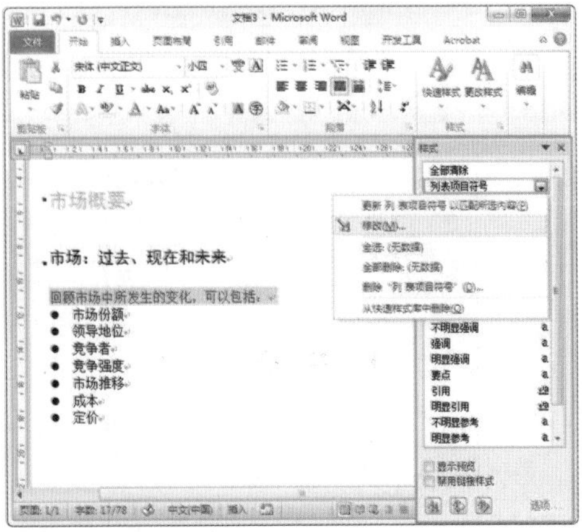

（5）设置样式

①在“修改样式”对话框中设置字体为“宋体”；

②在文字颜色下拉列表框中选择“主题颜色”组中的“文字1”颜色；

③选择“添加到快速样式列表”选项，将样式添加到“快速样式”列表框中，如下图所示。

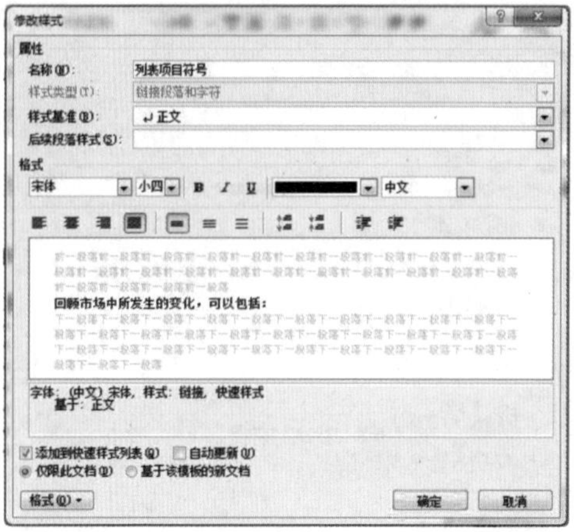

（6）设置项目符号样式

①在“格式”按钮菜单中选择“编号”命令；

②在打开的对话框中选择“项目符号”选项卡；

③选择“文档项目符号”中的符号；

④单击“定义新项目符号”按钮，如下图所示。

（7）定义项目符号

①在“定义新项目符号”对话框中单击“字体”按钮；

②在打开的“字体”对话框中设置字体颜色为“主题颜色”中的“强调文字颜色 5”，如下图所示；

③单击“确定”按钮完成项目符号设置。

（8）查看修改后的效果

单击“修改样式”对话框中的“确定”按钮完成样式修改。

7. 设置图形应用主题颜色

若要使文档图形应用的颜色随主题颜色变化，用户可以为图形应用主题颜色，具体操作如下。

（1）设置图形颜色

①选择文档中的图形对象；

②单击“格式”选项卡中的“填充颜色”下拉按钮；

③在颜色列表中选择“主题颜色”区域中的颜色。

（2）修改其他图形填充颜色样式

将各图形的填充颜色修改为“主题颜色”中列举的颜色，对图形框的大小和格式进行适当的调整。

4.3.2 修改文档主题

当文档中的内容样式应用了主题字体和主题颜色后，通过修改主题用户可以快速修改整个文档的样式，具体操作如下。

1. 设置文档主题

更改整个文档中的主题的操作如下。

①单击“页面布局”选项卡中的“主题”按钮；

②在菜单中选择一种主题样式，如“龙腾四海”，如下图所示。

2. 新建主题颜色

若文档中需要应用新的主题颜色，则需要新建或修改主题颜色，具体操作如下。

（1）执行“新建主题颜色”命令

①单击“页面布局”选项卡中的“主题颜色”按钮；

②单击菜单中的“新建主题颜色”命令，如下图所示。

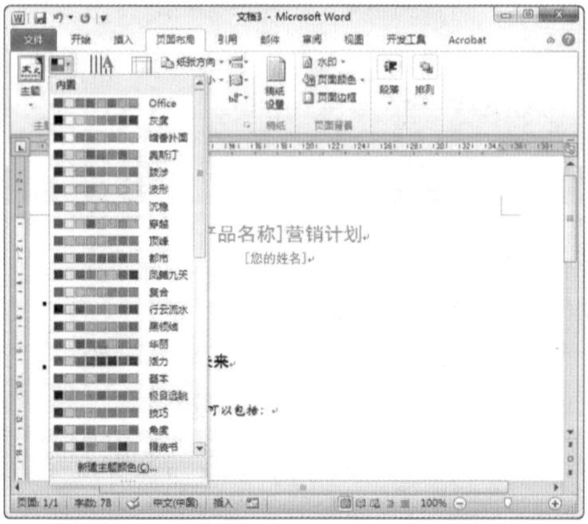

（2）设置主题颜色

①在打开的对话框中单击“文字/背景—深色 1”后的颜色选取按钮；

②在菜单项中选择“其他颜色”命令，如下图所示。

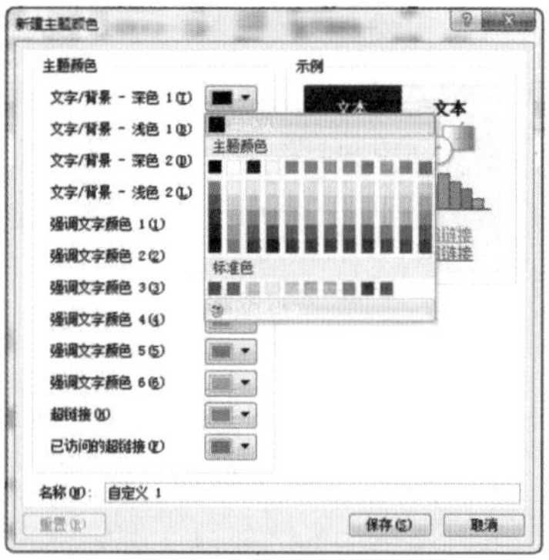

（3）设置颜色

①在打开的“颜色”对话框中选择“自定义”选项卡；

②设置颜色相关参数，如下图所示；

③单击“确定”按钮。

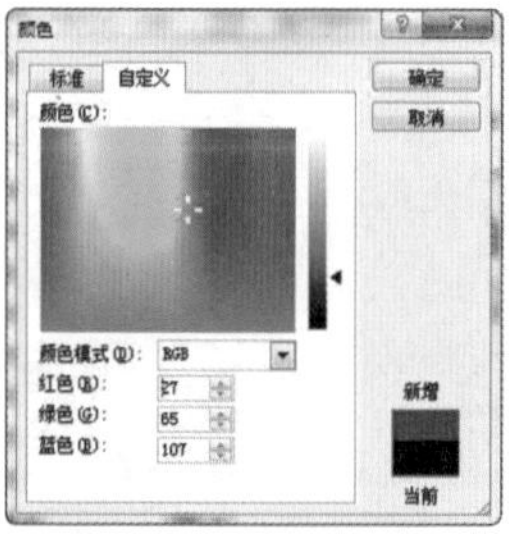

（4）设置其他主题颜色

①设置其他主题颜色；

②在“名称”文本框中输入自定义主题颜色的名称，如上图所示；

③单击“保存”按钮。

3. 修改主题字体

在模板文件中，选用一种主题后，文档将应用该主题自带的标题字体和正文字体，若需要更改主题应用的字体，具体操作如下。

（1）执行“新建主题字体”命令

①单击“页面布局”选项卡中的“主题字体”按钮；

②单击菜单中的“新建主题字体”命令，如下图所示。

（2）设置主题字体

①在打开的对话框中设置中英文标题及正文的字体样式；

②在“名称”文本框中输入新主题字体的名称，如上图所示；

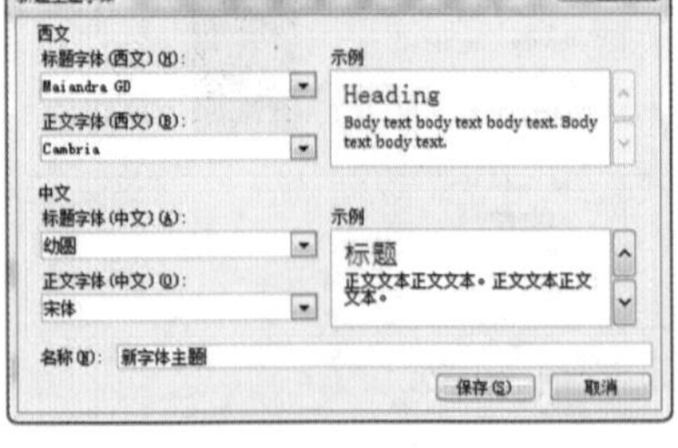

③单击“保存”按钮完成主题字体的修改。

> **知识加油站**
>
> **主题效果应用方法**
>
> 在“页面布局”选项卡的“主题”组中可通过“效果”按钮菜单修改文档图形所应用的效果，要使图形上的效果可随所选主题变化，应先在图形上应用形状样式。

4. 保存当前主题

为了便于日后快速应用当前创建的主题样式，用户可对主题文件进行保存，具体操作如下。

（1）执行“保存当前主题”命令

①单击“页面布局”选项卡中的“主题”按钮；

②单击菜单中的“保存当前主题”命令，如下图所示。

（2）保存主题

①在打开的对话框中设置文件保存位置及文件名称，如下图所示；

②单击“保存”按钮即可。

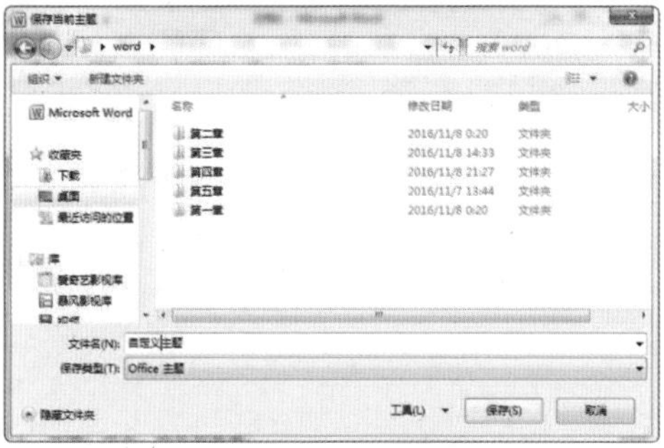

疑难解答

问：如何应用主题文件中的主题？

答：将自定义的主题保存为主题文件后，若需要在Word文档中应用该主题，可以单击“页面布局”选项卡中的主题按钮，在菜单中选择“浏览主题”命令，在打开的对话框中选择需要使用的主题文件即可。

4.3.3 快速创建目录

在标题段落应用了级别样式的文档中，用户可以应用自动目录功能快速为文档创建目录，具体操作如下。

1. 创建目录

应用“引用”选项卡中的目录功能可以

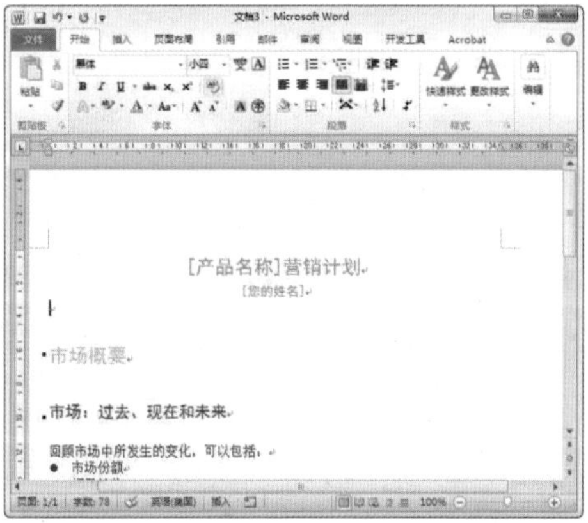

快速插入自动目录，具体操作如下。

（1）插入空行并清除格式

①在标题下方插入一空行；

②单击“开始”选项卡中的“清除格式”按钮清除该行的格式，如上图所示。

（2）插入自动目录

①单击“引用”选项卡中的“目录”按钮；

②在菜单中选择“自动目录1”选项，如下图所示。

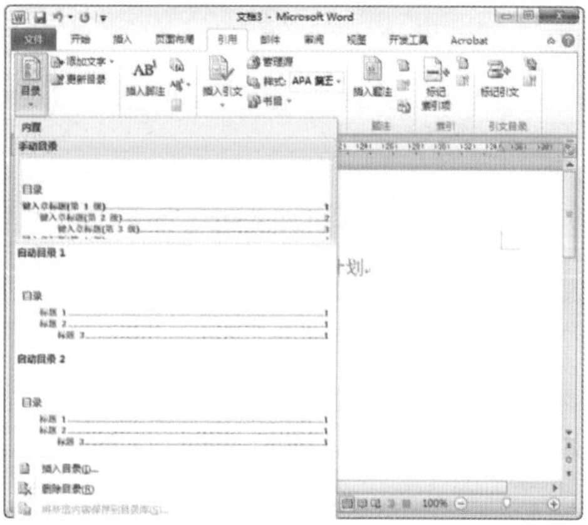

2. 更新目录

当对文档内容中的标题和内容进行了修改后，自动目录的内容不会自动更新，需要手动执行更新目录命令，具体操作如下。

①单击自动目录区域左上角的“更新目录”按钮；

②在打开的“更新目录”对话框中选择要更新的目录元素，如选择“更新整个目录”

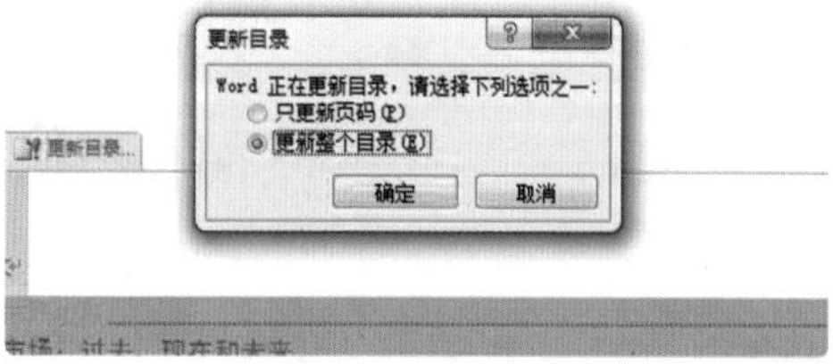

选项，如上图所示；

③单击“确定”按钮完成目录的更新。

Chapter 05

Word文档处理的高级应用技巧

本章导读

通过 Word 2010，用户除了可以快速地对文章、表格等内容进行排版和处理外，还可以应用一些特殊功能进行更高级的编排操作，以提高工作效率。本章将介绍审阅、邮件合并、中文简繁转换等功能的应用。

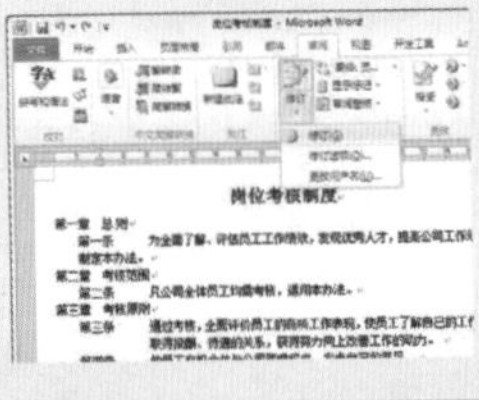

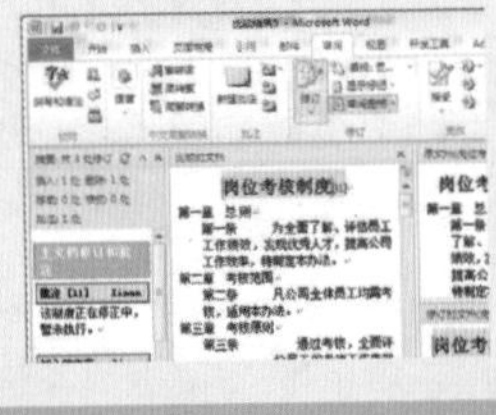

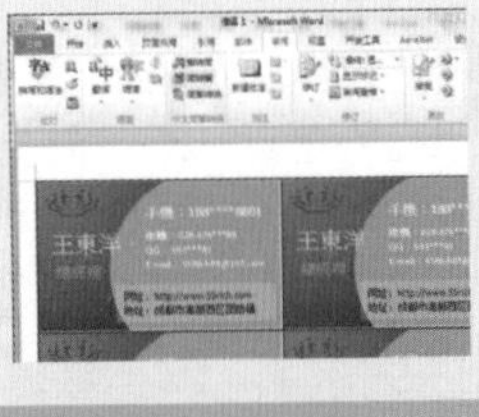

知识技能要求

通过本章内容的学习，读者主要学会 Word 2010 文章审阅、邮件合并、简繁转换等功能的应用。学完后，读者需要掌握的相关知识技能如下：

- ⊙拼写和语法检查设置
- ⊙文章的修订方法
- ⊙批注的添加和修改
- ⊙审阅功能的应用
- ⊙邮件合并功能的使用
- ⊙中文简繁转换的方法

5.1 修改并审阅考核制度

在完成文档的编辑后，用户常常还需要对内容进行修订或审核，一个完整的文件需要通过多次的修订和审核才能得到一个较为满意的效果。本节将应用 Word 中的修订和审阅功能，对文件内容进行修订。

5.1.1 修订考核制度

通常企业内部制度的制订需要多人多次修订才能完成。本小节将介绍文档内容的修订过程和方法，具体操作如下。

1. 拼写和语法检查

用户在编写文档时，偶尔可能会因为一时疏忽或误操作，导致文章中出现一些错别字或词语误用甚至语法错误，利用 Word 中的拼写和语法检查功能，用户可以快速找出和解决这些错误，具体操作如下。

（1）执行拼写检查操作

打开素材文件“考核制度 .docx”。

①单击“审阅”选项卡；

②单击“拼写和语法”按钮，如下图所示。

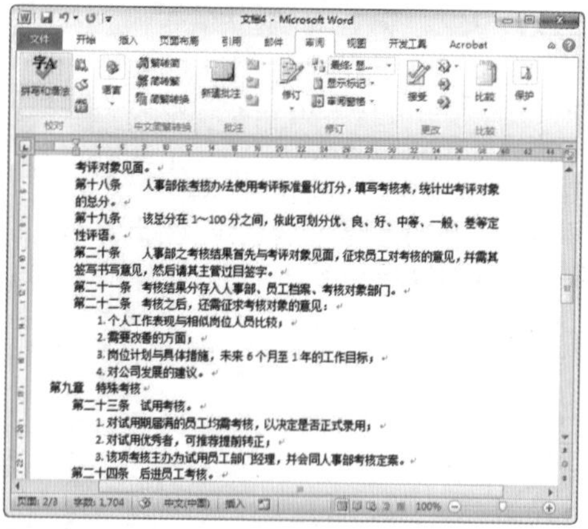

（2）忽略错误

此时在打开的对话框中显示出第一条错误信息，即文章中“第一条”中的“制定此考核制度”存在输入错误或特殊用法，此时不需要对该错误进行更改，故单击“忽略一次”按钮即可，如下图所示。

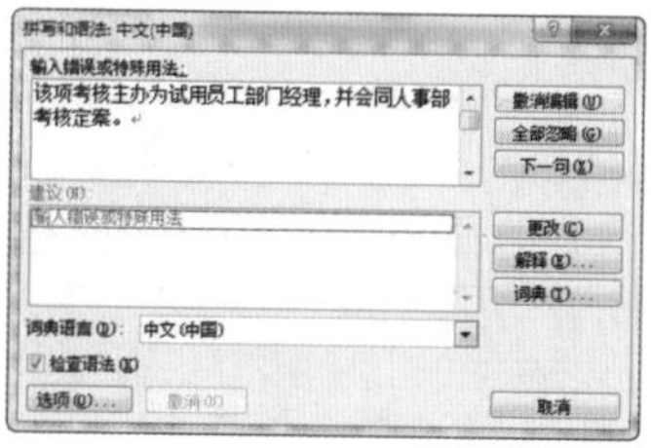

（3）查看和分析错误内容

此时对话框中显示出文章中第二处错误内容，即“自我术职报告”中的“术”字使用错误。

（4）修改错误

①在对话框中选择要修改的文字内容并输入正确的文字；

②单击“下一句”按钮即可修改当前的错误，如下图所示。

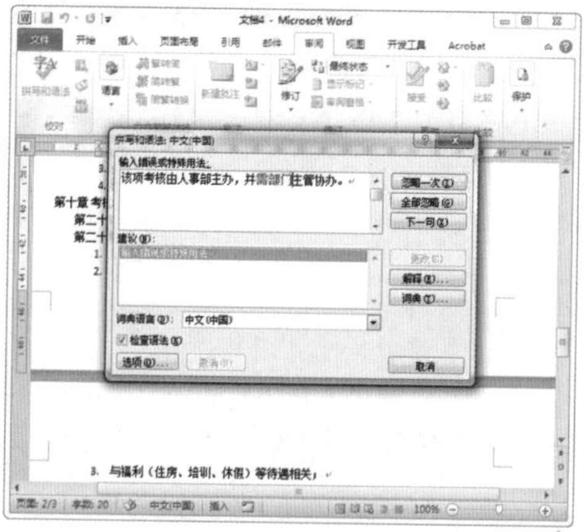

（5）修改错误

此时查找出第三处错误内容，即“评判”的“判”字误写为了“叛”，应用与上一步相同的方法进行修改。

①将错误的字“叛”修改为“判”；

②单击“下一句”按钮即可，如下图所示。

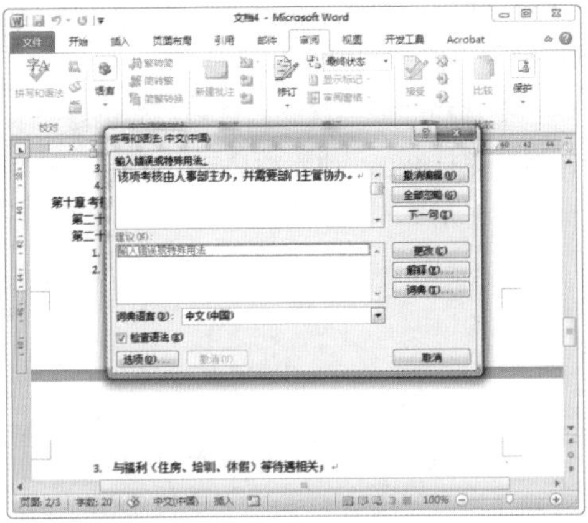

|知识加油站|

关于校对选项的设置

在Word选项中可对校对相关选项进行设置，具体操作为：单击“文件”选项卡，单击“选项”命令，选择“校对”选项卡。在该选项卡中可对拼写和语法检查进行设置，如设置是否在输入时检查拼写、是否使用上下文拼写检查以及设置写作风格等。若在对文档进行拼写检查时忽略了一些错误后需要重新检查出这些错误，则可以在该选项卡中单击“重新检查文档”按钮，然后再执行拼写和语法检查操作即可。

2. 在修改状态下修改文档

在出台一个新文件或制度前，用户需要对文件内容进行多次修改和审核，每一次对文件内容进行修订时，为保留修改前的文档信息，可以使用Word中的修订功能，将每一处修改记录下来，具体操作如下。

（1）开启修订状态

①单击“审阅”选项卡；

②单击“修订”组中的“修订”按钮，如下图所示。

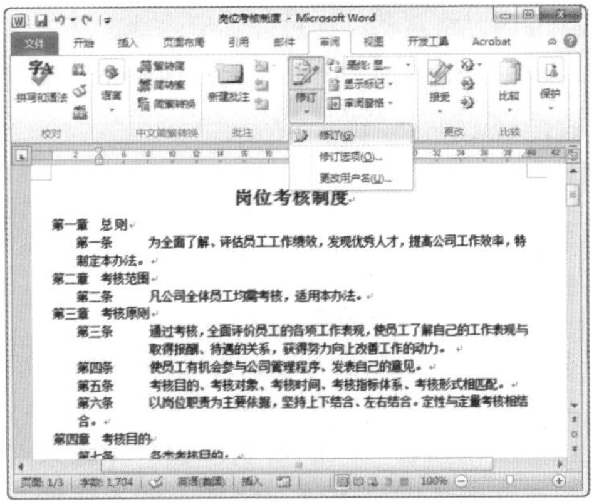

（2）添加文字内容

在修订状态下编辑文档，当在文章中插入新的内容，则该内容将自动变成红色并应用下划线格式，如下图所示。

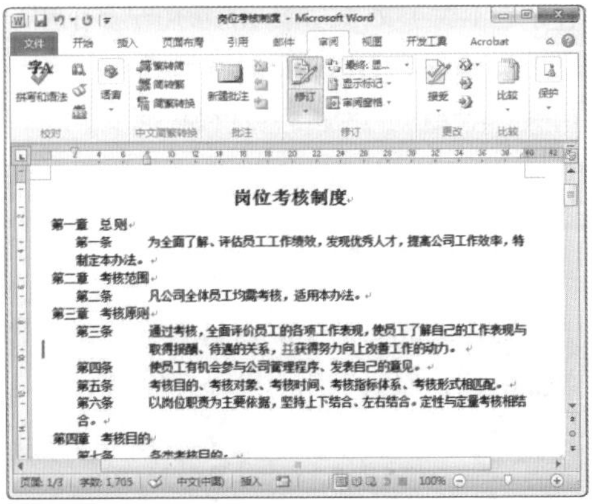

（3）修改其他内容

对文章中的内容进行修改，凡文章中删

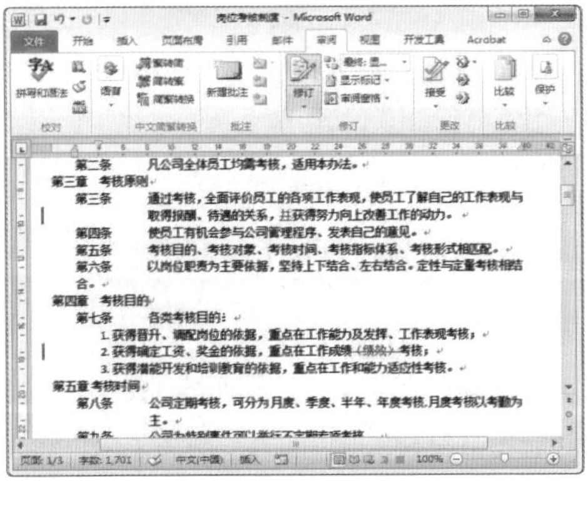

Chapter 05

除的内容将自动以红色并加删除线的格式进行显示，插入的新内容则自动以红色加下划线的格式显示，如上图所示。

知识加油站

关于修订功能

在对文章内容进行修改时，若要保留修改前的信息，可以使用修订功能，在修订状态下，Word 将自动记录对文档内容所做的所有修改，除记录文字内容的修改外，格式、图片等修改均会被记录。

3. 添加批注

批注是在文档内容以外添加的一种注释，它不属于文章内容，通常用于多个用户对文档内容进行修订和审阅时附加说明文字信息，在文档中添加批注的操作如下。

①选择要添加批注进行说明的文字内容；

②单击“审阅”选项卡中的“新建批注”按钮；

③在出现的批注框内输入批注内容即可，如下图所示。

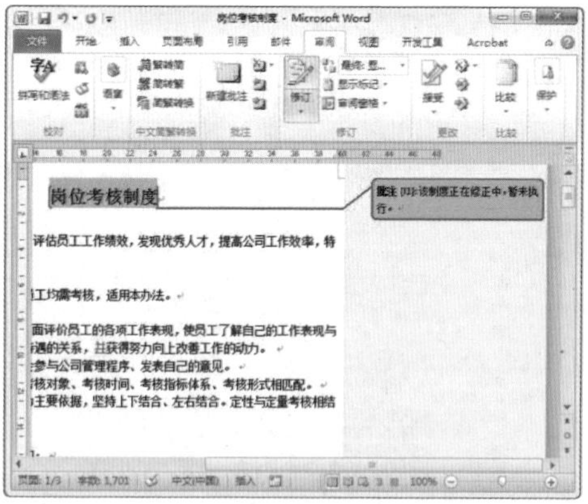

4. 设置修订显示状态

当修订完成后，若要把文档修订后的最终状态呈现给其他审阅者，则需要用户修改修订显示状态，具体操作如下。

①单击“审阅”选项卡“修订”组中的“显示以供审阅”下拉按钮；

②选择“最终状态”选项，即可隐藏修订时的修订标记，使文档显示为最终的效果，如下图所示。

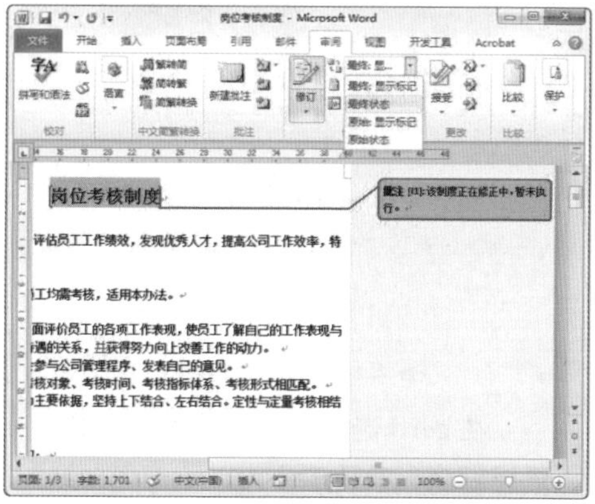

知识加油站

除通过本例中的方式隐藏修订时的标记外，通过单击“修订”组中的“显示标记”下拉按钮，在菜单中可选择或取消选择要显示的标记类型，包括“批注”“墨迹”“插入和删除”“设置格式”等；若要修改各种修订操作时不同的显示标记，则可单击“修订”下拉按钮，选择“修订选项”命令，在打开的对话框中对不同的修订标记样式进行设置即可。

5.1.2 审阅考核制度

当其他用户对文档内容进行修订后，可能需要再次对该文档中的修订进行审阅，以确定是否同意该用户对文档进行的各种修改。

1. 显示“修订”窗格及修订标记

为清晰地查看修订者对文档哪些地方进

行了修改和说明，并对这些修订或批注进行审阅，需要显示出“修订”窗格及修订标记，通过“修订”窗格可查看该文档中所有的修订记录。显示“修订”窗格和修订标记的操作如下。

（1）显示“修订”窗格

①单击“审阅”选项卡中的“审阅窗格”下拉按钮；

②在菜单中选择窗格样式，如“水平审阅窗格”，如下图所示。

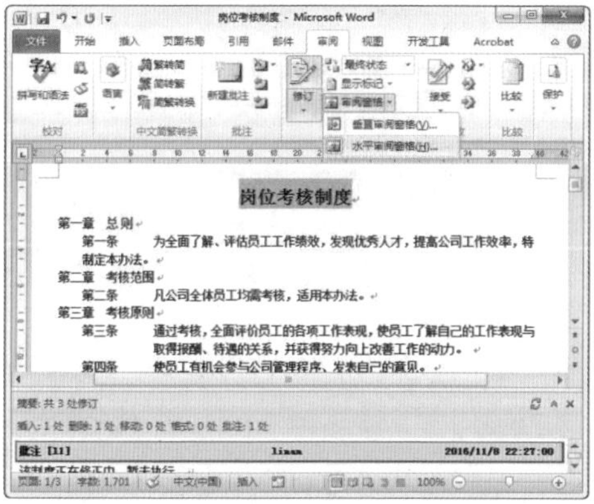

（2）显示修订标记

①单击“审阅”选项卡“修订”组中的“显示以供审阅”下拉按钮；

②选择“最终显示标记”选项，即可显示出修订标记，如下图所示。

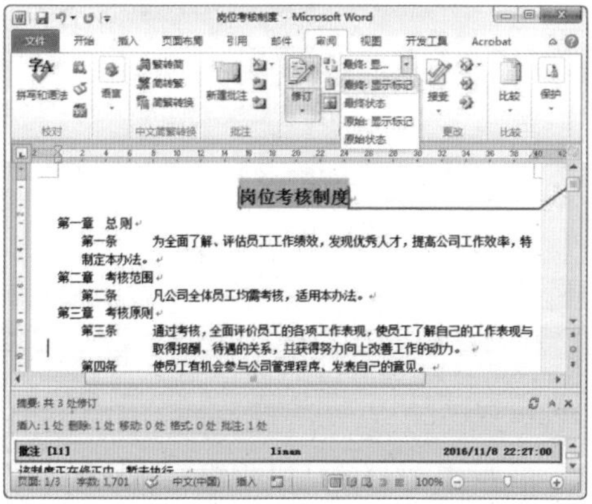

2. 浏览修订记录及批注

若要快速查看用户对文档中哪些内容添加了批注或进行了修订，可应用“审阅”选项卡“更改”组中的“上一条修订”和“下一条修订”按钮快速进行切换。例如，要显示下一条修订内容，单击“审阅”选项卡中的“下一处修订”按钮即可，如下图所示。

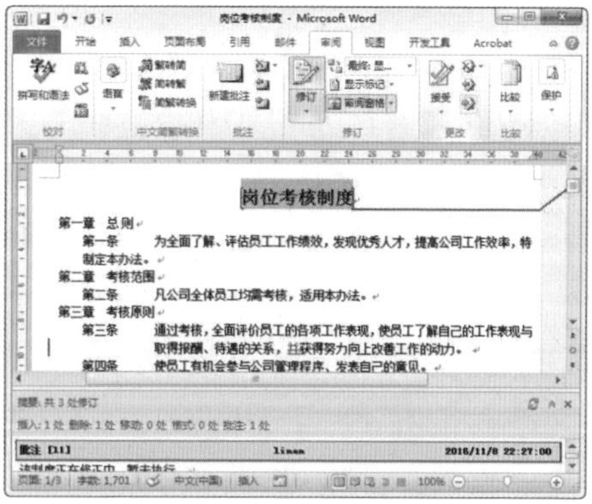

3. 拒绝修订

当审阅文档中其他用户进行的修订时，若用户不同意对文档中进行的某些修订操作，可以拒绝该处修订。拒绝修订的操作如下。

在浏览修订操作时选择要拒绝的修订项，单击“审阅”选项卡中的“拒绝并移到下一条”按钮即可拒绝该处的修订，恢复到修订前的效果，并删除该条修订记录，如下图所示。

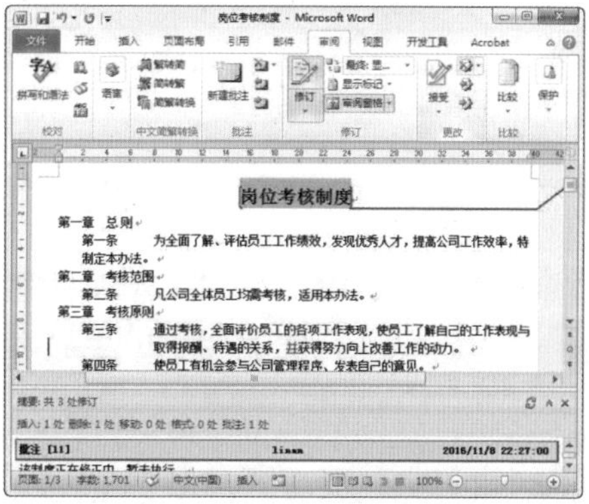

疑难解答

问：如何快速拒绝文档中所有修订？

答：如果需要拒绝文档中所有的修订，可以单击“审阅”选项卡中“拒绝修订”按钮旁的箭头按钮，在菜单中选择“拒绝对文档的所有修订”命令即可。

4. 接受修订

如果需要保留修订时对文档的更改，则可以使用接受修订功能，具体操作如下。

（1）接受一处修订

在浏览修订操作时选择要接受的修订项，单击“审阅”选项卡中的“接受并移到下一条”按钮即可，如下图所示。

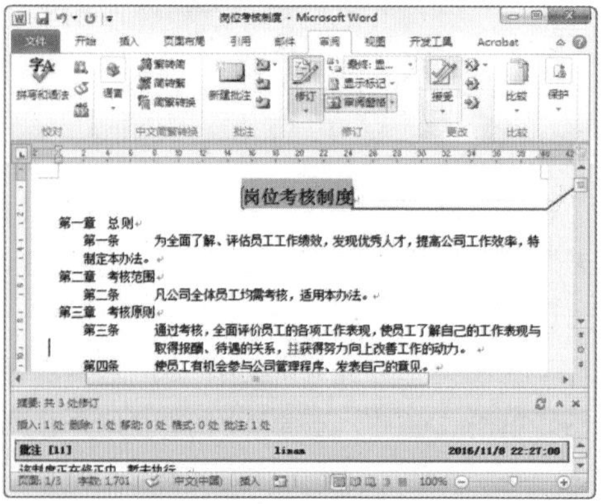

（2）接收其他修订

用相同的方式依次接收文档中其他修订，完成后效果如上图所示。

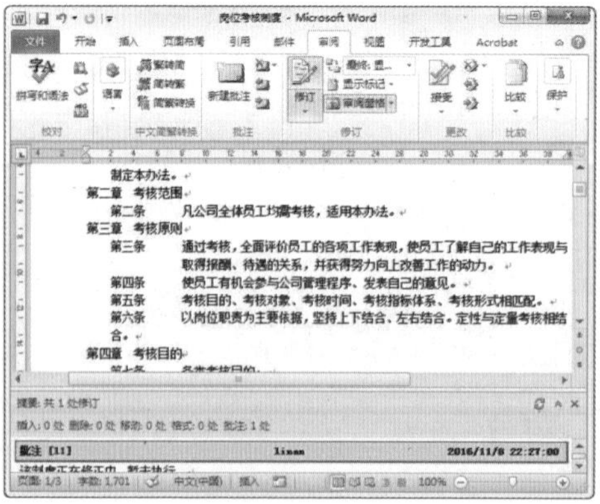

5. 删除批注

用户在对文档修订的过程中可能因各种原因会添加一些批注内容，通常在审阅之后需要将批注内容删除。删除批注的操作如下。

（1）选择批注

单击“审阅”选项卡中“上一条批注”或“下一条批注”按钮选择要删除的批注，如下图所示。

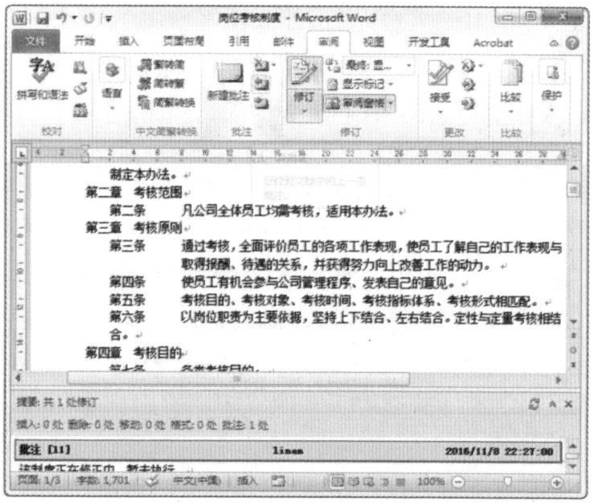

（2）删除批注

单击“审阅”选项卡中的“删除批注”按钮，即可将批注删除，如下图所示。

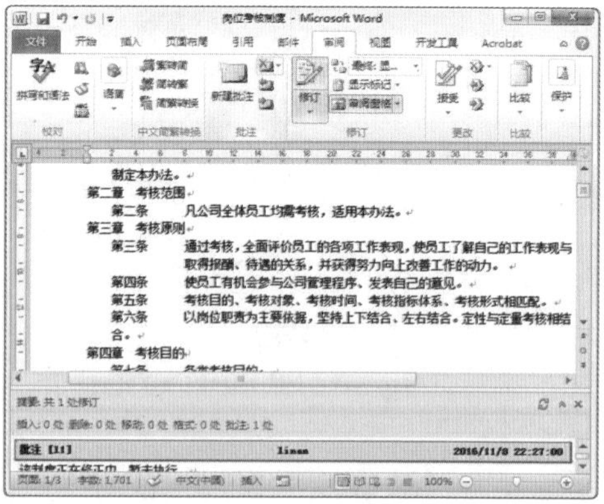

6. 比较文档

当文档进行修订和审阅后，用户若要将修订后的文档与原始文档进行对比，此时可使用“比较”命令，具体操作如下。

（1）执行“比较”命令

①单击“审阅”选项卡中的“比较”按钮；

②在菜单中选择“比较”命令，如下图所示。

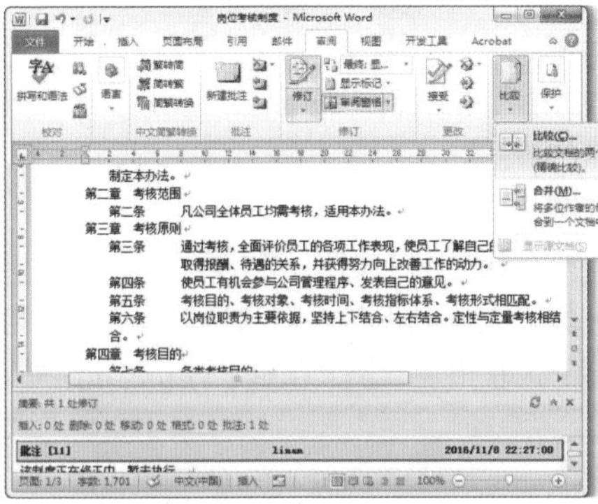

（2）选择要进行比较的文档

①在打开的对话框中的“原文档”下拉列表框中选择要进行比较的原始文档；

②在“修订的文档”下拉列表框中选择要进行比较的修订后的文档，如下图所示。

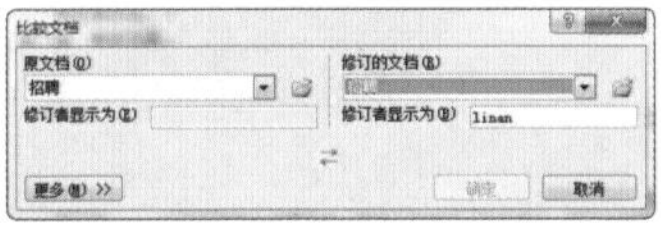

（3）比较文档

单击“确定”按钮后将打开用于比较文档的新窗口，在该窗口中将显示出三个文档窗格，在主文档窗格中显示出文档修订状态的内容，在右上角的窗格中显示原文档的内容，在右下角的窗格中显示修订后的最终文档内容，在对文档内容进行操作时，三个窗口中的内容将同时变化，如上图所示。

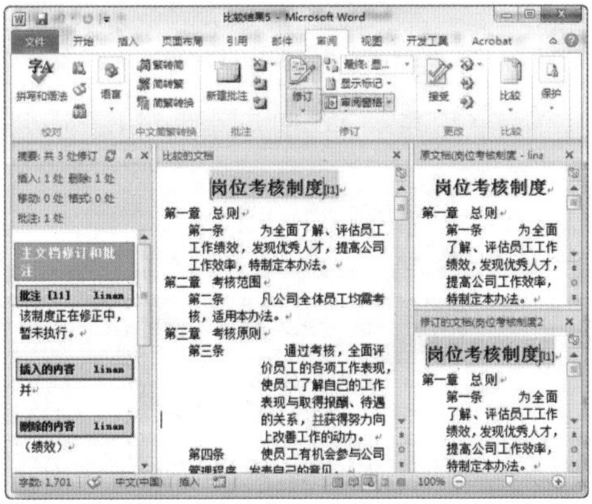

知识加油站

关于比较文档功能的应用

本例应用“比较”命令对两个文档进行比较，该功能只显示两个文档的不同部分。被比较的文档本身不变，比较结果显示在自动新建的第三篇文档中。如果要对多个审阅者所做的更改进行比较，则不选择此选项，而是选择“合并”选项，可将多位作者的修订组合到一个文档中。

5.2 批量设计名片

企业常常需要为员工打印统一格式的名片，使用 Word 可以快速设计名片，同时可批量为每个员工生成自己的名片，从而大大提高工作效率。

5. 2. 1 设计名片模板

要批量生成名片，用户需要创建名片的模板文件，在模板文件中设计出名片的效果，具体操作如下。

1. 设计名片背景

为使名片更加美观、专业，用户可先应用 Word 中的图形绘制功能绘制出名片的背景，具体操作如下。

（1）新建 Word 文档并绘制矩形

①新建 Word 文档，在页面中绘制一个矩形；

②在“格式”选项卡的“大小”组中设

置矩形的“宽度”为“9 厘米”、“高度”为“5.5 厘米”，如下图所示。

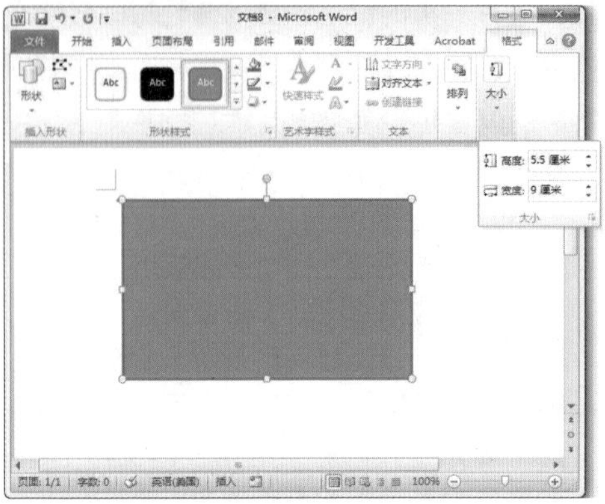

（2）设置形状样式

①在“格式”选项卡中设置“形状轮廓”为“无轮廓”；

②单击“形状样式”组中的“对话框启动器”按钮，如下图所示。

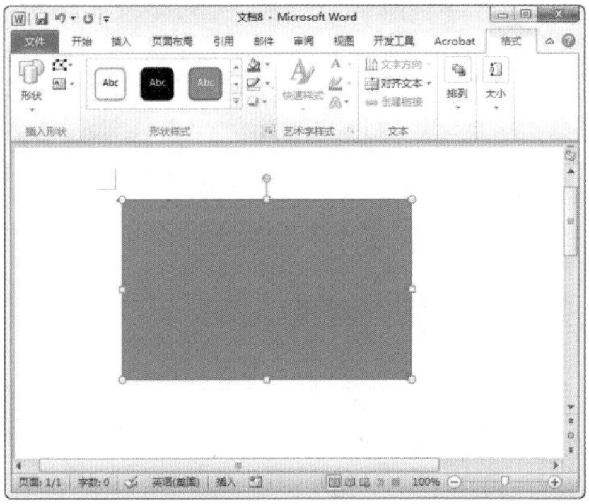

（3）设置渐变填充

①在打开的对话框中选择“渐变填充”选项；

②设置渐变的“类型”为“射线”、“方向”为“从左上角到右下角”，设置“渐变光圈”左侧色标的颜色为“深蓝色”、“亮度”为 20%，设置右侧色标的颜色为“深蓝色”、“亮度”为 -50%，并调整“位置”为 70%，如下图所示。

（4）绘制椭圆形

①在如下图所示的位置绘制一个椭圆形；

②设置椭圆形的“形状轮廓”为“无轮廓”、“形状填充”为“深蓝，淡色：40%”。

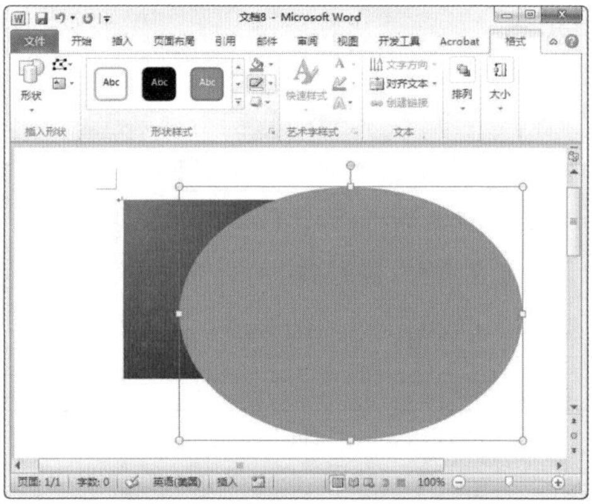

（5）制作矩形线框

①复制底部的矩形并粘贴该矩形的上方与其重叠；

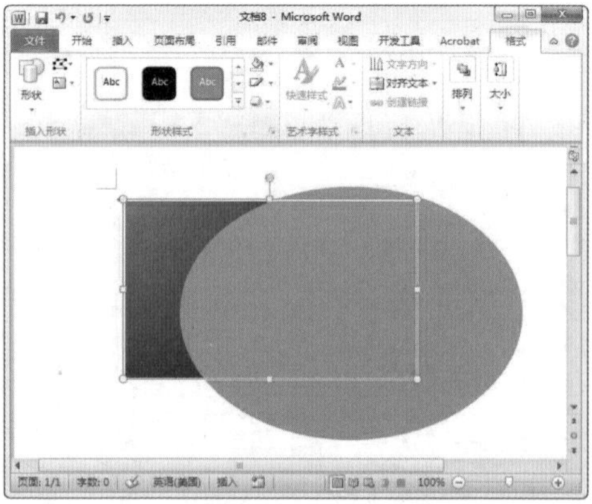

②设置其“形状填充”为“无填充”，设置“形状轮廓”为“白色”，如上图所示。

(6) 绘制椭圆形

①在如下图所示的位置绘制一个椭圆形；

②设置椭圆形的“形状轮廓”为“无轮廓”、“形状填充”为“水绿色，淡色 40%”。

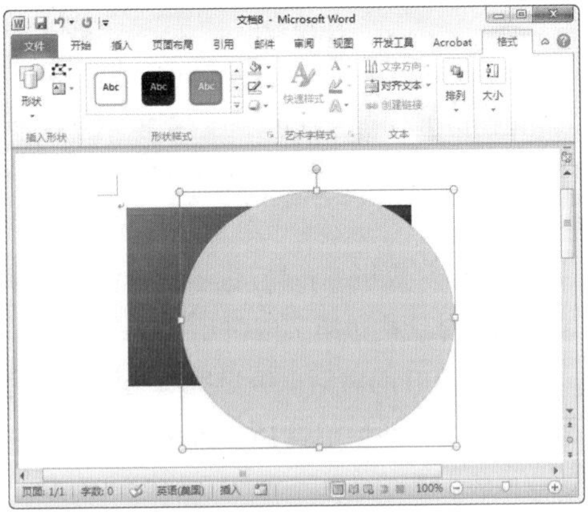

(7) 插入 Logo 图标

插入素材图像“logo. png”，设置图片“自动换行”方式为“浮于文字上方”，并调整图片大小和位置，如下图所示。

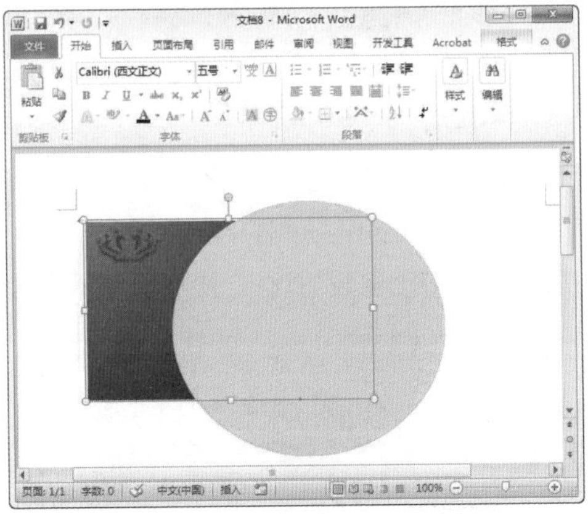

(8) 添加文字

①在页面中如下图所示的位置绘制一个文本框，并输入相应的文字内容；

②设置字体为“宋体”、字号为“小五”。

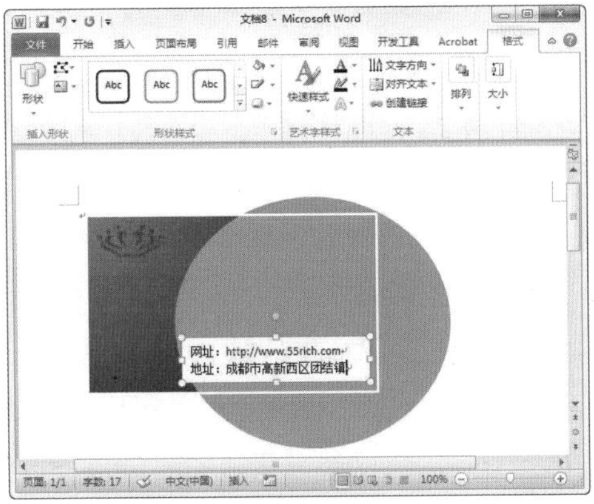

(9) 设置文本框形状样式

设置文本框“形状轮廓”为“无轮廓”，设置“形状填充”为“白色，透明度 80%”，如下图所示。

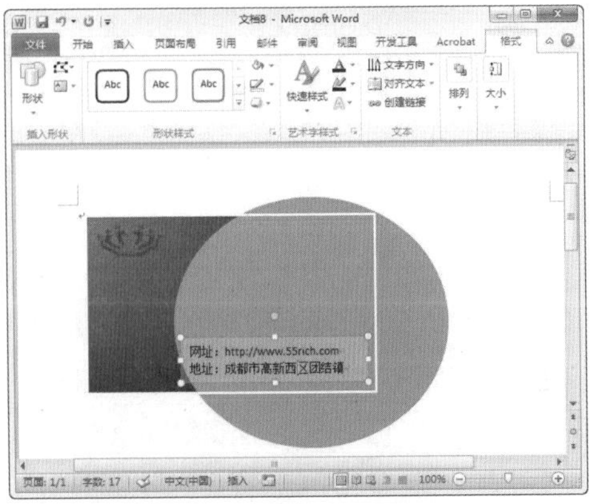

疑难解答

问：如何设置填充颜色为半透明效果？

答：在设置图形的填充颜色时，无论是单色填充还是渐变填充均可设置颜色的透明度，若使用单色填充，则在“形状填充”按钮菜单中选择“其他填充颜色”命令，选择颜色后在对话框底部可设置透明度；若要设置渐变填充中某一颜色的透明度，则在渐变光圈中选择相应的色标后，在下方的“透明度”文本框设置中进行调整设置。

2. 设计文字内容

名片的背景制作完成后，需要将名片区域以外的图形去掉，然后将文档制作为名片模板，添加上名片内容文本框，具体操作如下。

（1）新建 Word 文档并设置页边距

①新建 Word 文档，单击“页面布局”选项卡中的“页边距”按钮；

②选择“窄”选项，如下图所示。

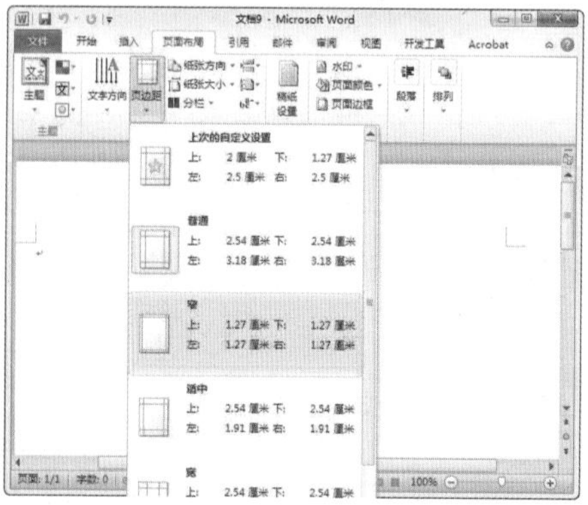

（2）插入表格

①单击“插入”选项卡中的“表格”按钮；

②插入一个2列4行的表格，如下图所示。

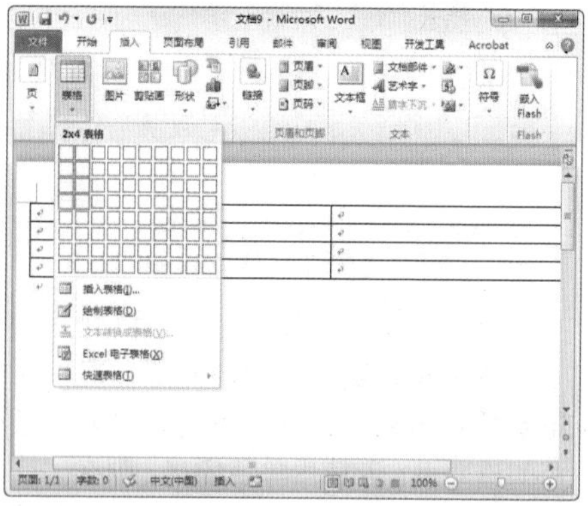

（3）设置单元格高度

①单击表格左上角的“全选”按钮选择整个表格；

②在“表格—布局”选项卡的“单元格大小”组中设置单元格“高度”为“5.5 厘米”、“宽度”为“9 厘米”，如下图所示。

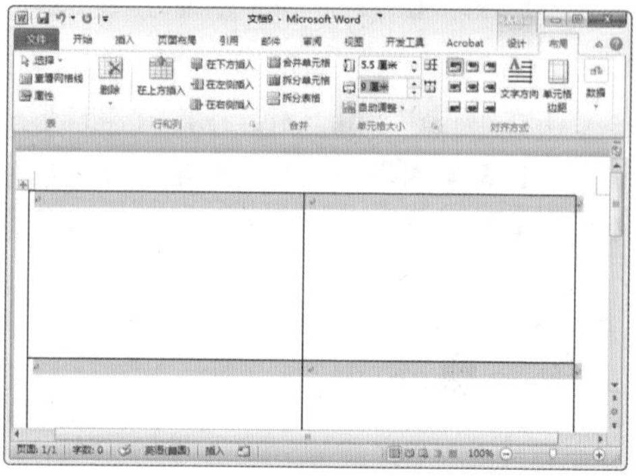

（4）设置单元格边距

①单击“表格—布局”选项卡“对齐方式”组中的“单元格边距”按钮；

②在打开的对话框中设置单元格四周的边距均为0，并取消选择“自动重调尺寸以适应内容”选项，如下图所示；

③单击“确定”按钮。

（5）调整“名片背景”文档视图

打开前面制作的“名片背景”文档窗口，并调整视图比例为100%，使页面中的名片

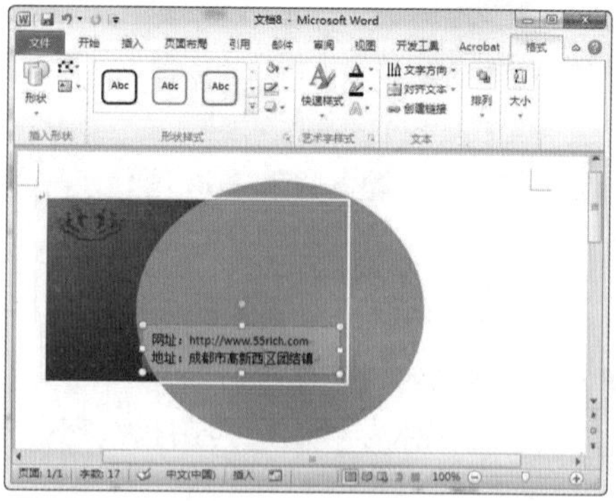

背景内容完整显示出来，如上图所示。

(6) 应用插入屏幕截图功能

保持“名片背景”文档窗口显示于桌面，切换至模板文档窗口；

①单击“插入”选项卡中的“屏幕截图”按钮；

②选择“屏幕剪辑”命令，如下图所示，在截图状态下，在“名片背景”文档中框选出名片背景区域。

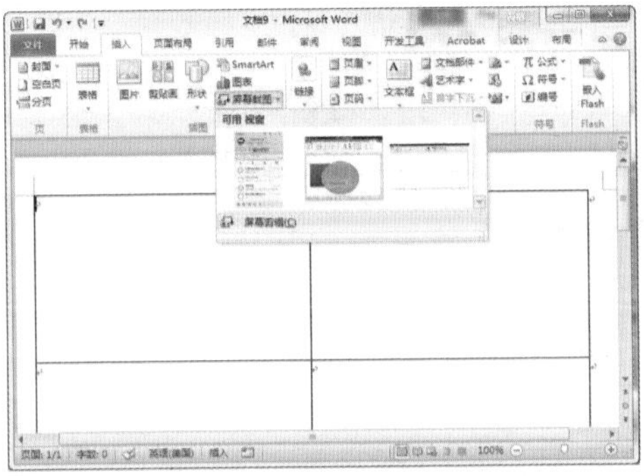

(7) 插入艺术字

①插入艺术字，设置艺术字文字为“某某某”，并调整艺术字位置；

②单击“格式”选项卡中的“快速样式”按钮；

③在菜单中选择如下图所示的艺术字样式。

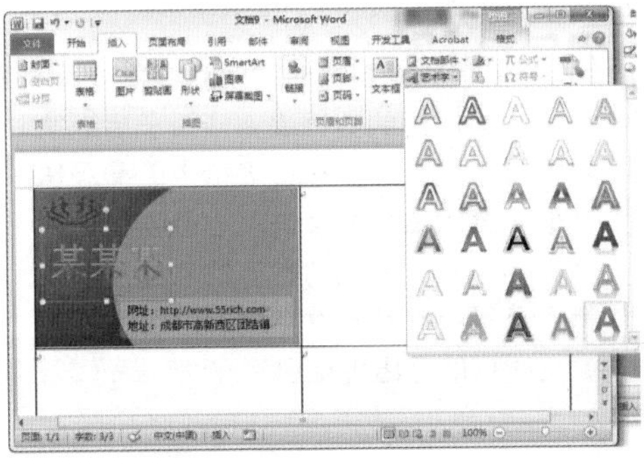

(8) 设置艺术字体及样式

在“开始”选项卡中设置艺术字字体为“黑体”、字号为“小一”并加粗，设置文字颜色为“水绿，淡色 80%”，如下图所示。

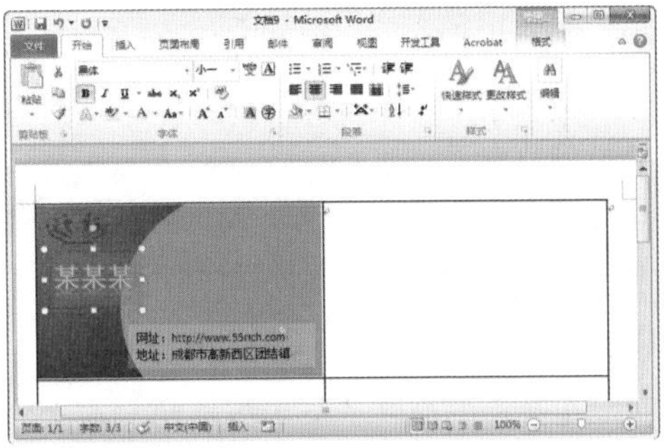

(9) 设置艺术字文本框参数

①单击“格式”选项卡“艺术字样式”组中的“对话框启动器”按钮，打开“设置文本效果格式”对话框；

②在对话框中取消选择“根据文字调整形状大小”选项，如下图所示。

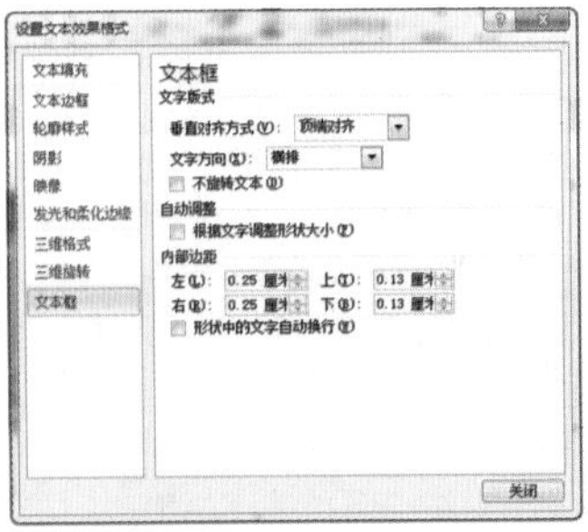

(10) 添加其他文字内容

应用艺术字和文本框，在背景图像上添加相应的文字内容，并设置其格式及效果，如下图所示。

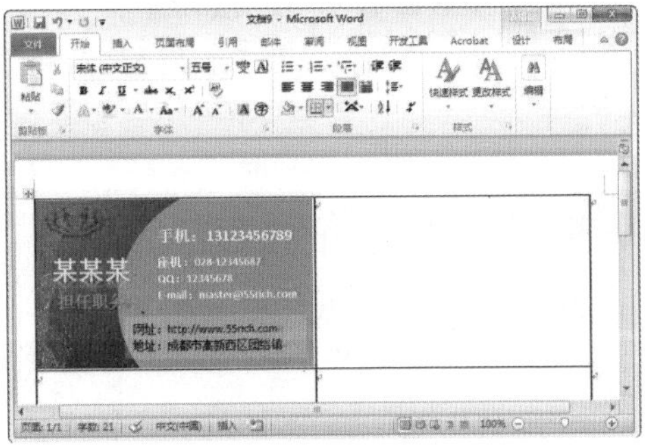

5.2.2 制作并导入数据表

为快速将员工的联系方式添加到名片中，批量生成名片，用户需要先准备好员工联系方式的数据表，该数据表格可以是多种类型的数据表，如 Excel 表格、Access 数据库以及 Word 中的表格等，本例将数据表存储为 Word 表格格式，具体操作如下。

1. 将文本转化为表格

在素材中提供了员工信息的文本文件“员工信息 .txt”，该文件中存储了各员工的职位及联系方式等信息，现需要将其转换为 Word 中的表格，具体操作如下。

（1）将文本内容粘贴 Word 文档中

新建 Word 文档，复制素材文件“员工信息 . txt”中的文本内容到 Word 文档中，如下图所示。

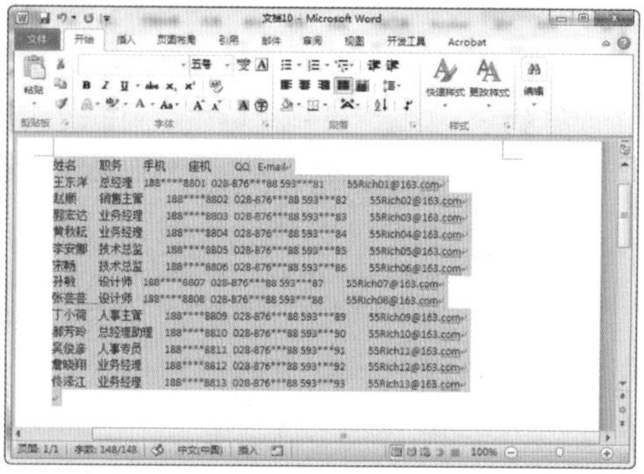

（2）执行“文本转化成表格”命令

①选择所有文本内容后，单击“插入”

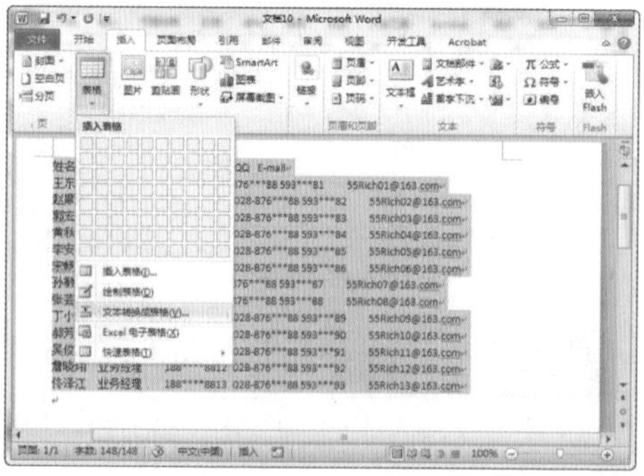

选项卡中的“表格”按钮；

②在菜单中选择“文本转换成表格”命令即可，如上图所示。

（3）设置转换选项

①在打开的对话框中选择“文字分隔位置”中的“制表符”选项，如下图所示；

②单击“确定”按钮即可将文本转换为表格。

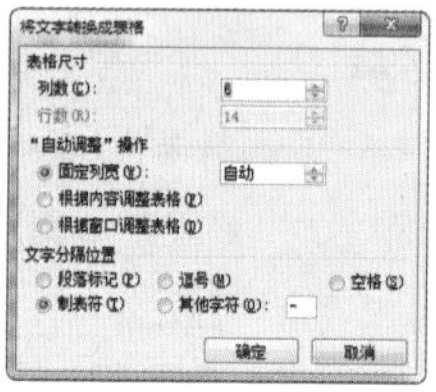

（4）保存表格文件

保存文件，将文件命名为“名片数据 .docx”，完成后的表格如下图所示。

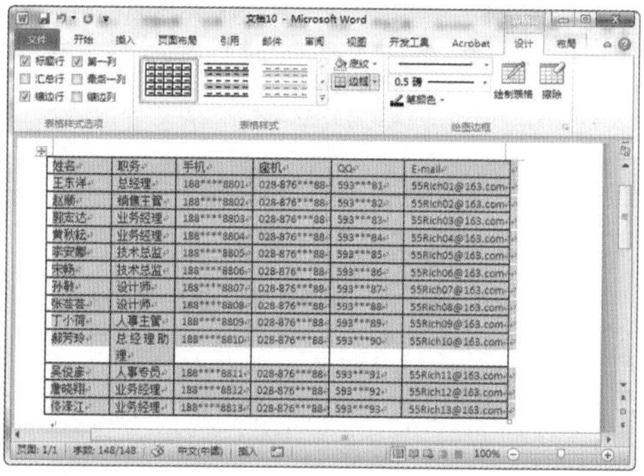

知识加油站

创建数据表格时的注意事项

由于创建的数据表将应用于后期的数据导入及合并，故该表格中无需添加其他多余的信息及修饰，且必须保证整个文档为一个单纯的整齐的表格，即表格以外不能有其他文字内容，否则导入数据时可能会出现错误。

2. 应用邮件合并功能导入表格数据

在批量制作名片时需要应用表格中所

有的数据，用户可先利用邮件合并功能将表格数据导入到名片模板文件中，导入数据的操作如下。

（1）选择收件人

①打开“名片模板 . docx”文档，单击“邮件”选项卡中的“选择收件人”按钮；

②单击“使用现有列表”命令，如下图所示。

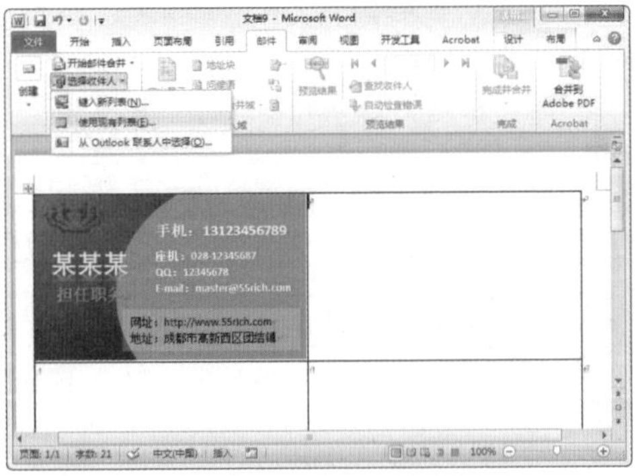

（2）选择数据源

①在打开的对话框中选择数据表文件“名片数据 . docx”，如下图所示；

②单击“打开”按钮即可将数据表中的数据导入到当前文档中。

疑难解答

问：如何应用新数据列表？

答：在导入数据表时，若不应用现有的表格数据而是手动添加数据，则用户可以选择“选择收件人”按钮菜单中的“键入新列表”命令，在打开的对话框中自行添加数据内容；若在 Outlook 软件中已有相关的联系人及其信息，可以直接导入 Outlook 联系人，即单击该按钮菜单中的“从 Outlook 联系人中选择”命令即可。

5.2.3 插入合并域并批量生成名片

当把数据表格导入到名片模板文档中后，用户需要将表格中各项数据插入名片中相应的位置，之后再应用相关的功能批量生成名片，具体操作如下。

1. 添加邮件合并域

要将数据表中的数据分别放置指定的位置，此时需要应用“插入合并域”命令，具体操作如下。

（1）插入“姓名”域

①选择名片中“某某某”文本内容；

②单击“插入合并域”下拉按钮；

③在菜单中选择“姓名”选项，如下图所示。

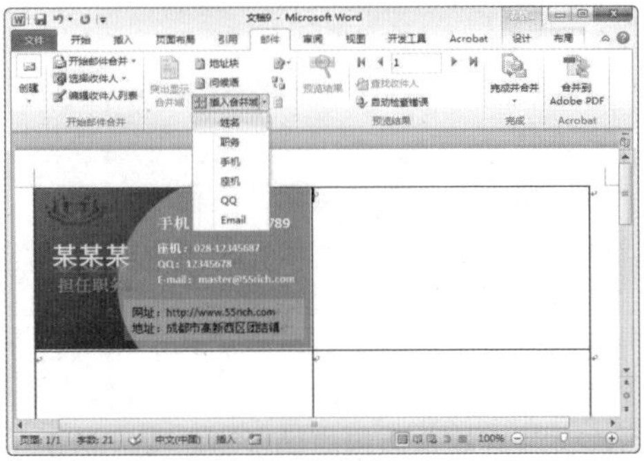

（2）添加“职务”域

①选择文字内容“担任职务”；

②单击“插入合并域”下拉按钮；

③在菜单中选择“职务”选项，如下图所示。

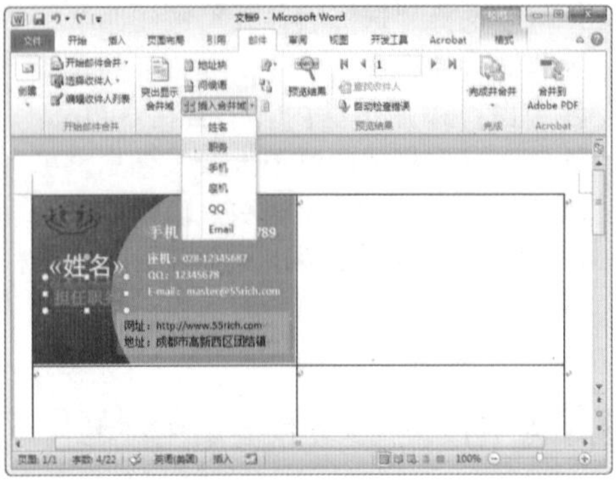

(3) 插入其他合并域

用与前两步相同的操作，在其他需要使用合并域的位置插入相应的合并域，最终效果如下图所示。

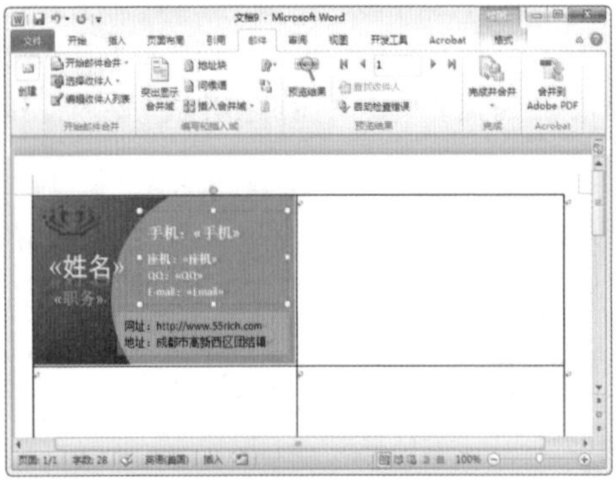

疑难解答

问：如何查看插入合并域后的结果？

答：插入合并域后，文档中不会显示数据表中的具体内容，若要查看各合并域对应的数据内容，可使用“邮件”选项卡“预览结果”组中的功能预览合并后的结果：单击“预览结果”按钮可将合并域显示为相应的数据结果，单击“上一记录”“下一记录”等按钮可查看不同记录显示的结果。

2. 应用邮件合并功能批量生产名片

添加好合并域后将第一个单元格中的内容复制到所有单元格中，然后执行“完成并合并”命令，即可为数据表中的所有联系人生成内容不同的名片，具体操作如下。

(1) 选择单元格内容

①选择表格中第一个单元格中的名片背景图片；

②单击“表格—布局”选项卡中的“选择”按钮；

③在菜单中选择“选择单元格”命令，如下图所示。

(2) 复制单元格内容

按【Ctrl+C】组合键复制所选单元格中的内容，并将其粘贴到表格所有单元格中，如下图所示。

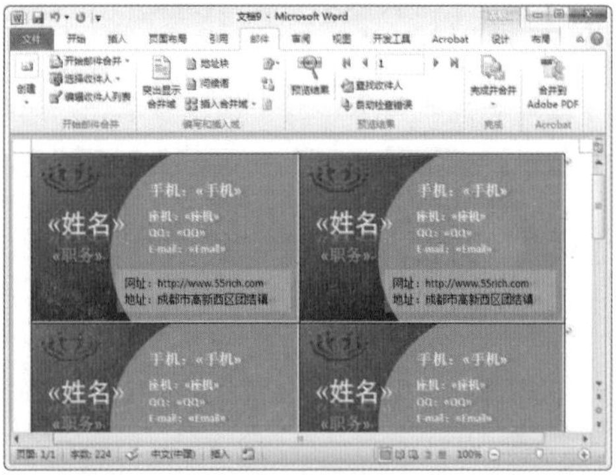

(3) 单击“完成并合并”按钮

①单击“邮件”选项卡中的“完成并合并”按钮；

②选择“编辑单个文档”命令；

③在打开的对话框中设置合并记录的范围，如合并所有记录则选择“全部”选项，如下图所示；

④单击“确定”按钮。

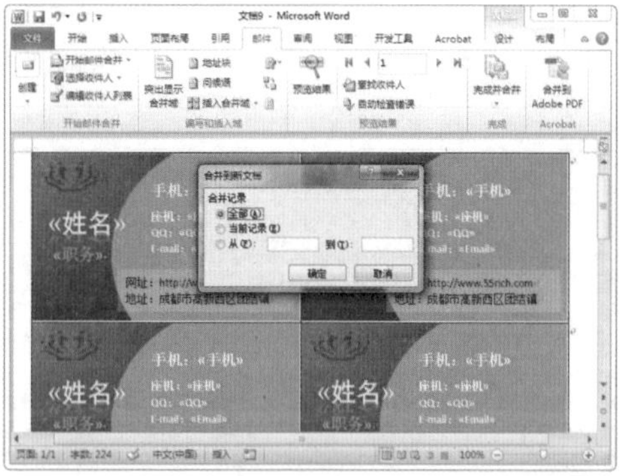

(4) 查看及保存合并后的文档

合并后 Word 将自动创建一个新文档，在该文档中已将数据表中的数据分别放置到了对应的合并域的位置，并为数据表中的每条记录生成一页，查看文档内容并保存文档，最终效果如下图所示。

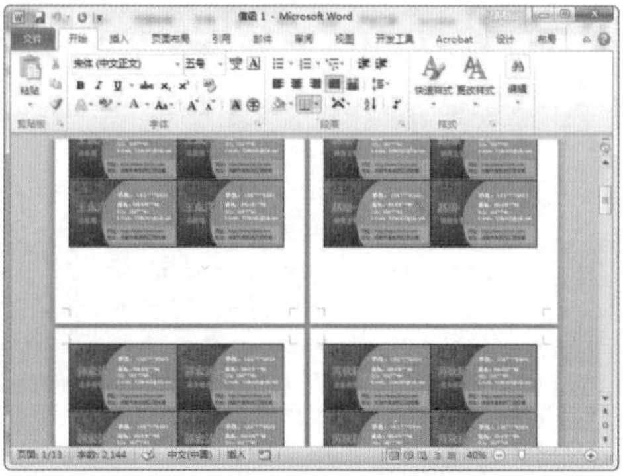

3. 快速制作繁体版名片

如果名片中的信息要应用繁体字，此时可应用“简转繁”命令快速将中文简体字转换为繁体字，具体操作如下。

单击“审阅”选项卡“中文简繁转换”组中的“简转繁”按钮，即可将简体中文转换为繁体中文，如下图所示。

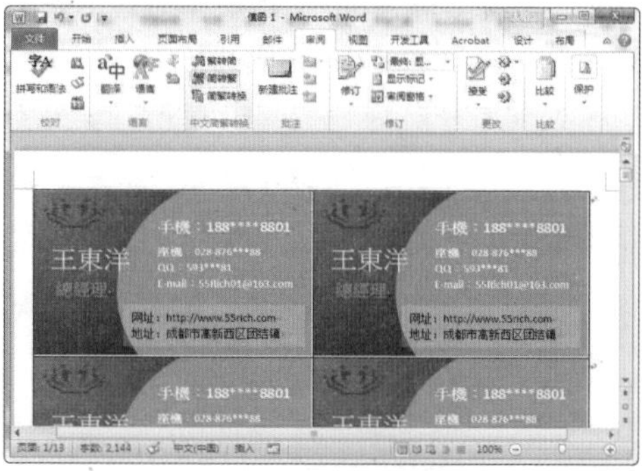

疑难解答

问：如何将繁体中文转化为简体中文？

答：若要将繁体中文转化为简体中文，则单击“审阅”选项卡中的“繁转简”按钮即可。

5.3 制作问卷调查表

企业在开发新产品或推出新服务时，为使产品或服务能更好地适应市场的需求，通常需要事先对市场需求进行调查。本例将展示如何制作一份市场问卷调查表，并利用 Word 中的 VisualBasic 脚本添加一些交互功能，使调查更加人性化，让被调查者可以更快速、更方便地填写问卷信息。

5.3.1 在调查表中应用 ActiveX 控件

ActiveX 控件是软件中应用的组件和对象，如按钮、文本框、组合框、复选框等。在 Word 中可以嵌入 ActiveX 控件，从而使文档内容更加丰富，同时可针对 ActiveX 控件进行程序开发，使得 Word 文档也能具有复杂的功能。

1. 将文件另存为启用宏的 Word 文档

在问卷调查表中需要应用 ActiveX 控件，

并且需要应用宏命令实现部分控件的特殊功能，故需要将 Word 文档保存为启用宏的 Word 文档格式，具体操作如下。

（1）打开素材文档

打开素材文件“问卷调查表 . docx”，如下图所示。

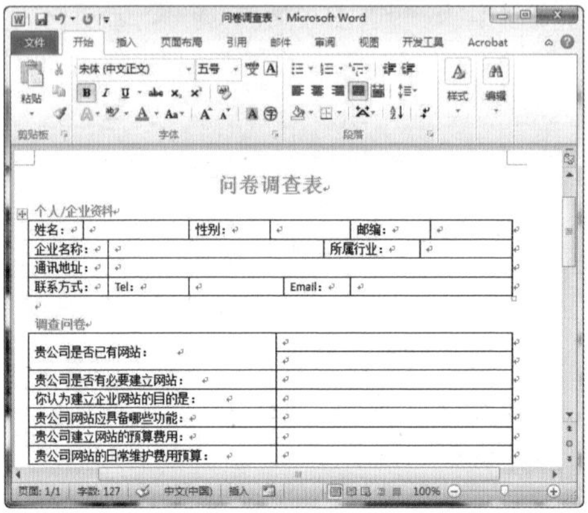

（2）将文件另存为启用宏的文档

执行“文件”→“另存为”命令。

①在打开的“另存为”对话框中设置文件名，并在“保存类型”下拉列表框中选择“启用宏的 Word 文档”选项，如下图所示；

②单击“保存”按钮保存文件。

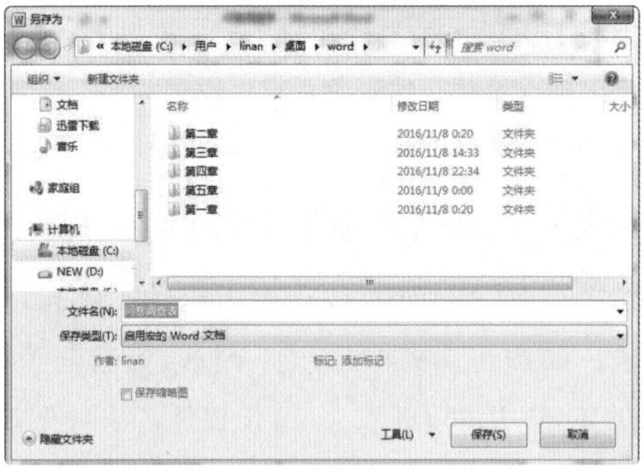

2. 插入文本框控件

在调查表中需要用户直接输入文字内容的位置可以应用文本框控件，并根据需要对文本框控件的属性进行设置，具体操作如下。

（1）插入文本框控件

①将光标定位于“姓名”右侧的单元格中；

②单击“开发工具”选项卡“控件”组中的“旧式工具”按钮；

③单击“文本框”控件，如下图所示。

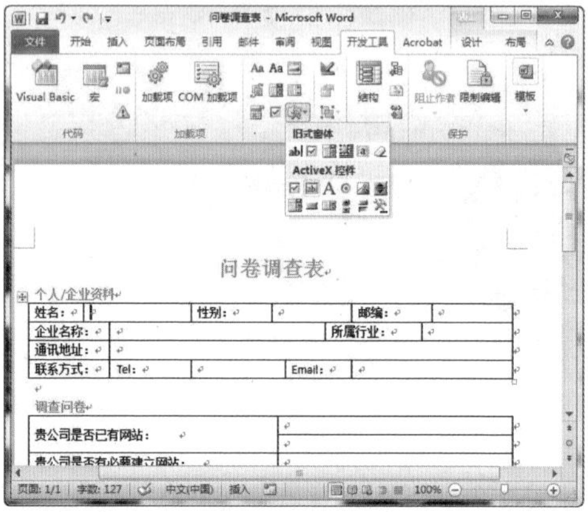

（2）调整文本框大小

选择表格中的文本框控件后，拖动文本框四周的控制点调整文本框的大小，如下图所示。

（3）插入其他文本框

在问卷表中凡是需要用户直接输入信息的地方插入文本框，并调整文本框的大小，完成后效果如下图所示。

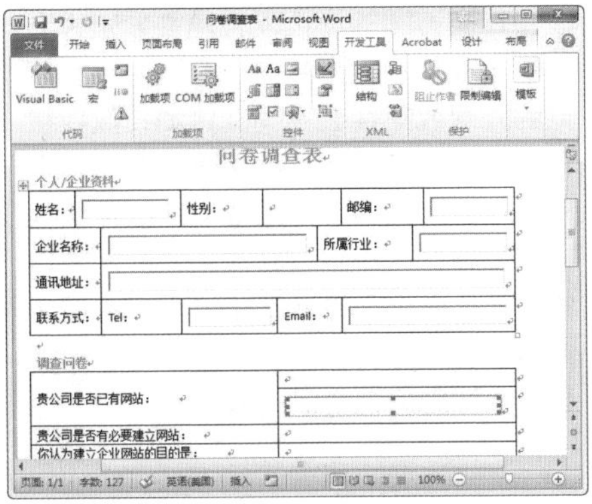

3. 插入选项按钮控件

当要求用户对信息进行选择而不用直接输入，并且只能选择信息时，则可以应用选项按钮控件，具体操作如下。

（1）插入一个选项按钮控件

①将光标定位于“性别”右侧的单击格中；

②单击“开发工具”选项卡“控件”组中的“旧式工具”按钮；

③选择“选项按钮”控件，如下图所示。

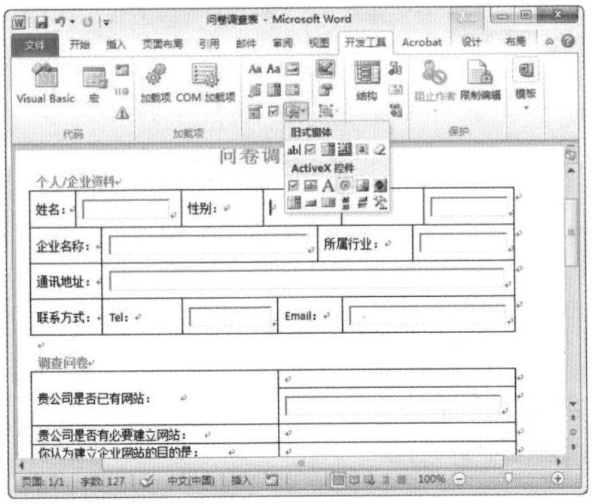

（2）设置选项按钮标签文字

①单击“开发工具”选项卡“控件”组中的“属性”按钮，打开“属性”窗格；

②在“属性”窗格中 Caption 属性右侧输入属性值“男”，如下图所示。

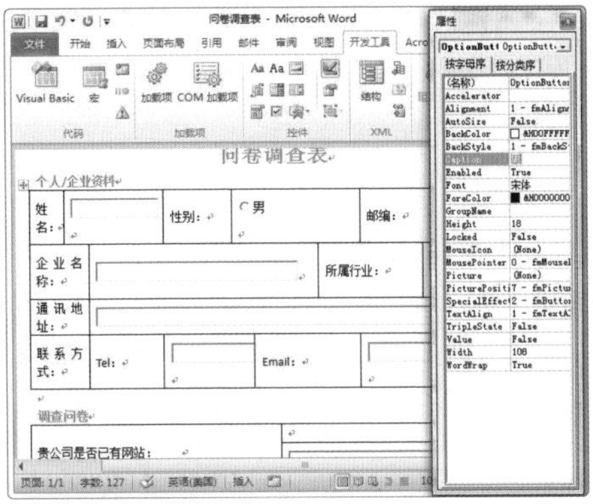

（3）设置 GroupName 属性并调整大小

①设置 GroupName 属性值为 sex；

②调整控件的大小，如下图所示。

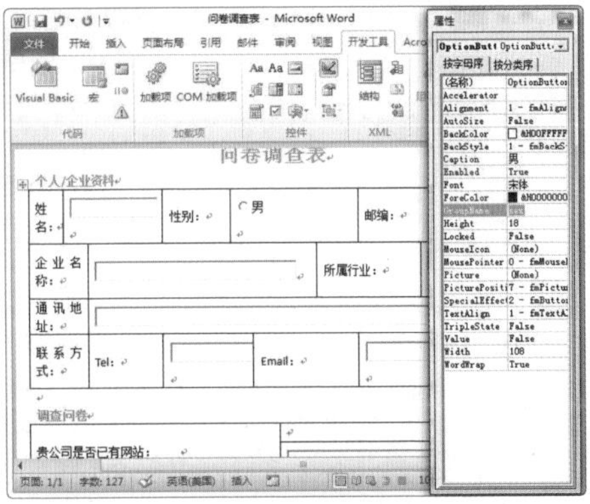

（4）插入第二个选项按钮

①用与前面步骤相同的方法插入第二个选项按钮，调整其大小；

②设置其 Caption 属性值为“女”，Group-

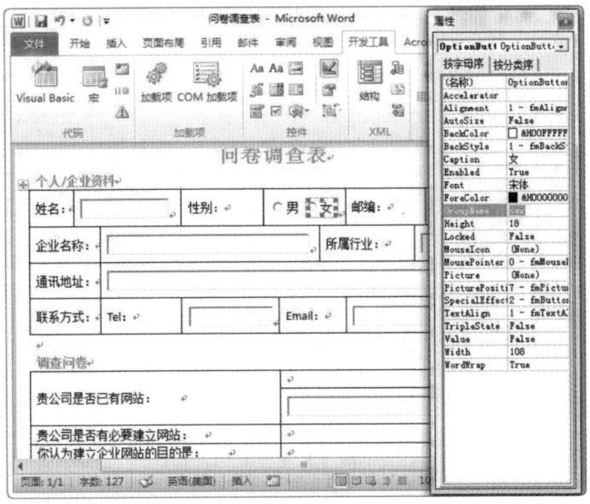

Chapter 05

Name 属性值与前一个选项按钮的 GroupName 值相同，即为 sex，如上图所示。

（5）插入第二组选项按钮

①用相同的操作在如下图所示的单元格中插入两个“选项按钮”控件并调整其大小，应用 Caption 属性设置按钮标签文字；

②设置这两个选项按钮控件的 GroupName 属性值均为 group1，如下图所示。

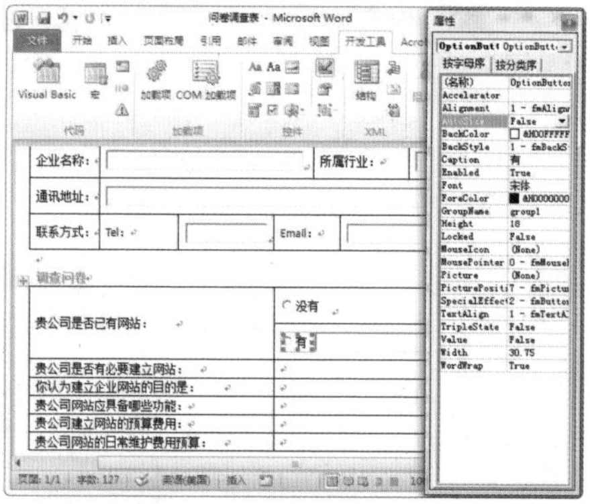

（6）插入第三组选项按钮

①插入第三组的三个选项按钮，并分别设量其标签文字内容；

②设置各选项按钮的 GroupName 属性值为 group2，如下图所示。

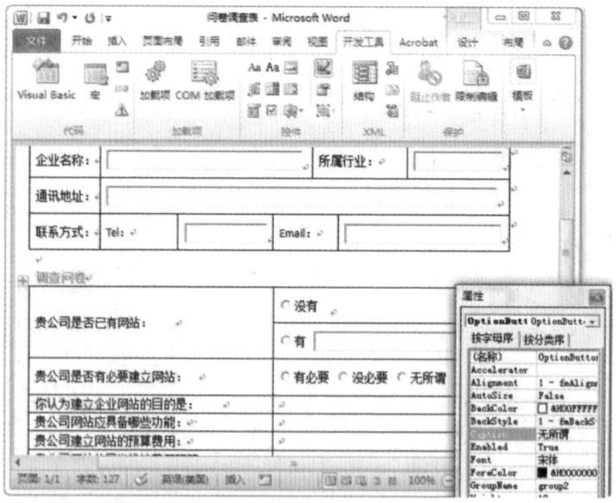

知识加油站

关于控制的属性

属性即对象的某些特性，不同的控件具有不同的属性，各属性分别代表它的一种特性，当属性值不同时，则控件的外观或功能会不同。例如，选项按钮控件的 Caption 属性用于设置控件上显示的标签文字内容，GroupName 属性则用于设置多个选项按钮所在的不同组别，同一组别中只能选中其中一个选项按钮。其他属性的应用，读者可参考其他控件编程相关资料或书籍。

4. 插入复选框控件

当要求用户对信息进行选择，并且可以同时选择多项信息时，则可以应用复选框控件，具体操作如下。

（1）插入一个复选框控件

①将光标定位于要插入复选框控件的位置；

②单击“开发工具”选项卡“控件”组中的“旧式工具”按钮；

③选择“复选框”控件，如下图所示。

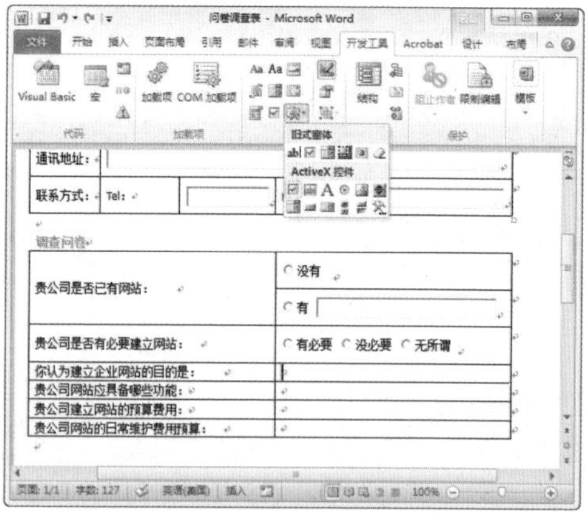

（2）设置标签文字和组名

在“属性”窗格中设置 Caption 属性值为“提高知名度”，设置 GroupName 属性值为 group3，如下图所示。

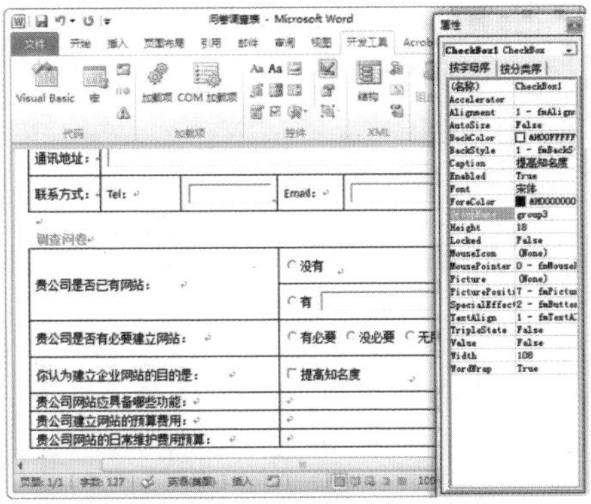

(3) 插入其他复选框控件

再用相同的方式插入其他复选框，修改其标签内容，并设置控件的 GroupName 属性均相同（即为 group3），如下图所示。

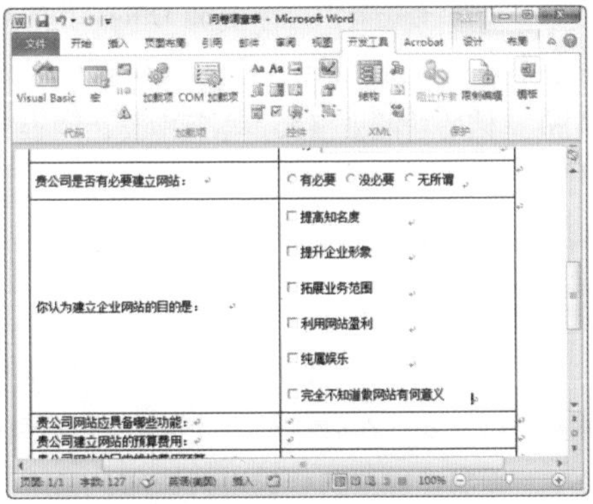

(4) 插入另一组复选框控件

在下一行中插入多个复选框控件，分别设置各控件的标签内容和各控件的 GroupName

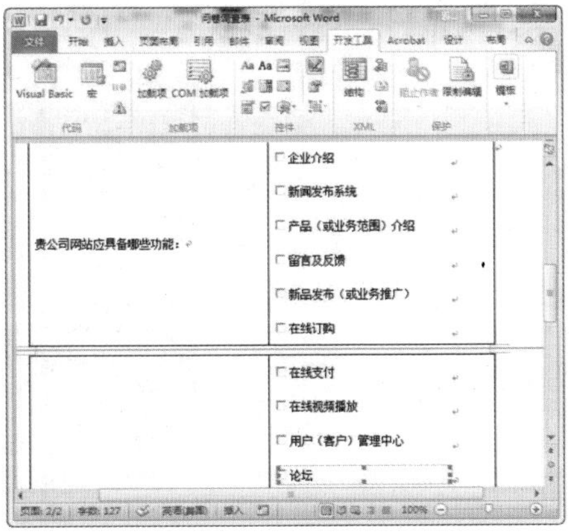

属性（设置为 group4），如上图所示。

5 插入组合框控件

当用户对信息进行选择时，除应用选项按钮控件设置单选功能外，还可以使用组合框控件实现单选功能，具体操作如下。

(1) 插入一个组合框控件

①将光标定位于要插入组合框控件的位置；

②单击“开发工具”选项卡“控件”组中的“旧式工具”按钮；

③选择“组合框”控件，如下图所示。

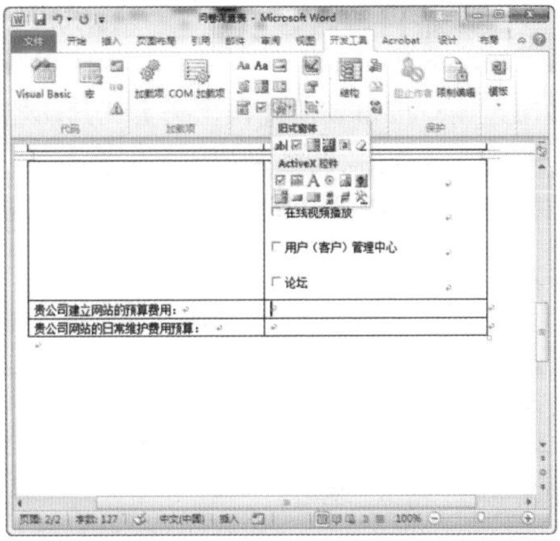

(2) 插入第二个组合框

设置组合框大小，并在下一行中插入第二个组合框，效果如下图所示。

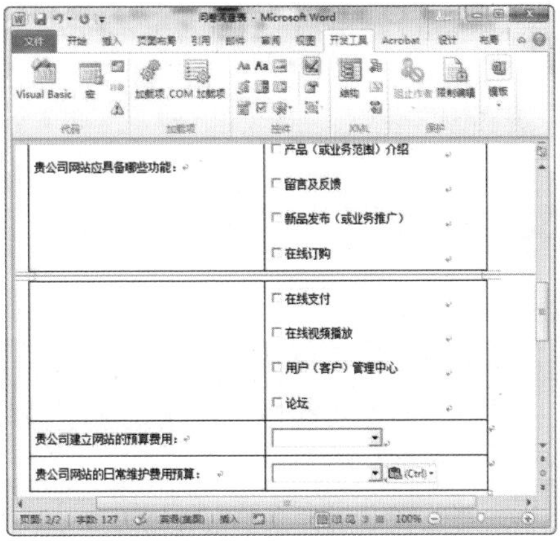

知识加油站

组合框的特点

通常组合框用于在多个选项框中选择一个选项，但它与选项按钮不同的是：它是由一个文本框和一个列表框组成，列表框在单击下拉按钮时出现，故占用面积小，提供的选项可以有很多，用户除了可以从下拉列表中选择选项外，还可以直接在文本框中输入选项内容，但其列表内容需要通过程序进行添加。

6. 插入命令按钮控件

若要让用户可以快速执行一些指定的操作，可以在 Word 文档中插入命令按钮控件，并通过编写按钮事件过程代码实现其功能。在文档中插入命令按钮控件的操作如下。

①将光标定位于要插入命令按钮控件的位置；

②单击“开发工具”选项卡“控件”组中的“旧式工具”按钮；

③选择“命令按钮”控件，如下图所示。

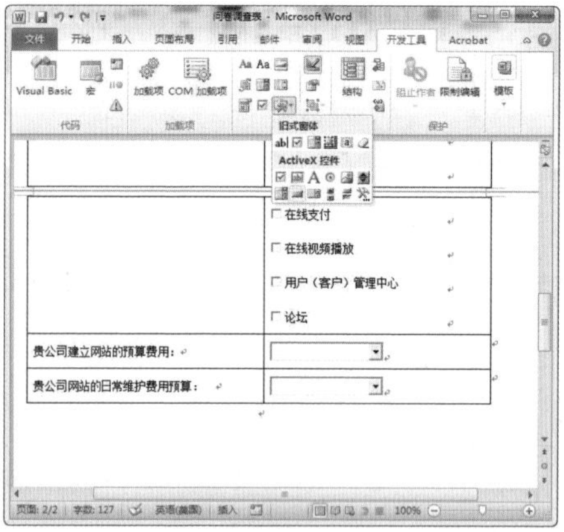

（2）设置按钮属性

①拖动鼠标调整按钮大小；

②在“属性”窗格中设置 Caption 属性值为“提交调查表”；

③选择 Font 属性，单击右侧的“…”按钮，在打开的对话框中设置字体为“黑体”“三号”，如下图所示。

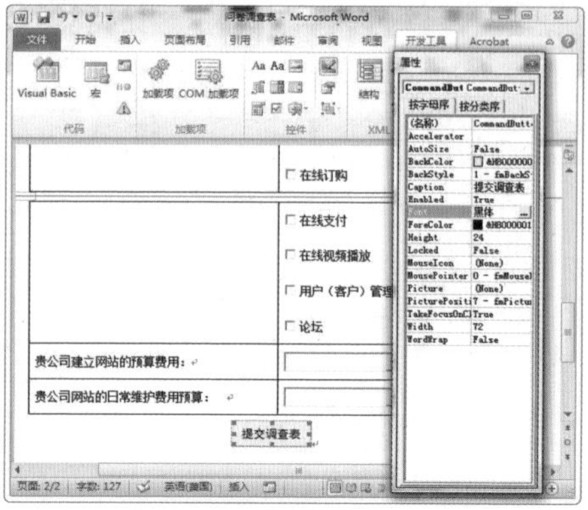

5.3.2 添加宏代码

宏实际上是指在 Microsoft Office 系列软件中集成的 VBA 代码，应用宏代码可以使 Word 文档的功能更强大。本例中要让调查表中的控件具有一些特殊的功能，则需要为控件添加宏代码。

1. 添加组合框列表项目

在 Word 中插入的组合框控件中并没有列表项目，要让组合框的下拉列表框中存在选项，则需要应用宏代码进行添加，具体操作如下。

（1）为控件命名并打开代码窗口

①选择要添加列表项目的组合框；

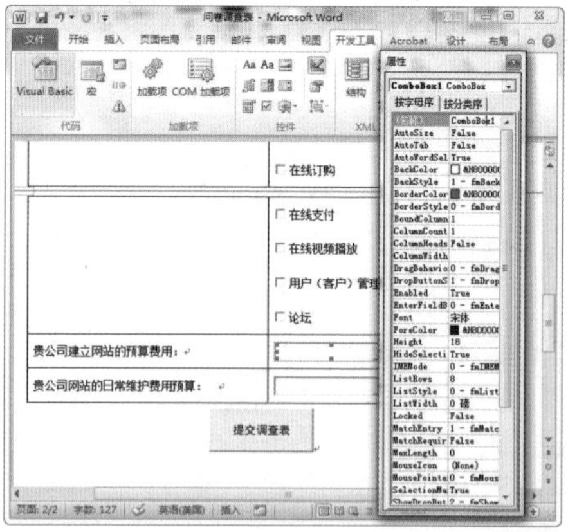

②在“属性”窗格中的“(名称)”属性中设置组合框的名称为ComboBox1;

③单击“开发工具”选项卡中的Visual Basic按钮，打开代码窗口，如上图所示。

(2) 为控件添加代码

在打开的代码编辑窗口中删除原有的所有代码，输入如下图所示的代码，用于在文档被打开时向第一个组合框内添加选项。

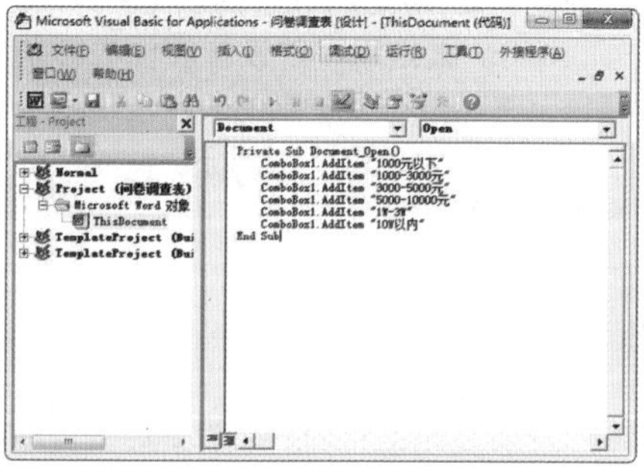

(3) 添加第二个组合框中的选项

在文档中选择第二个组合框后设置其名称为ComboBox2，在代码窗口中输入如下图所示的代码，用于向第二个组合框内添加选项。

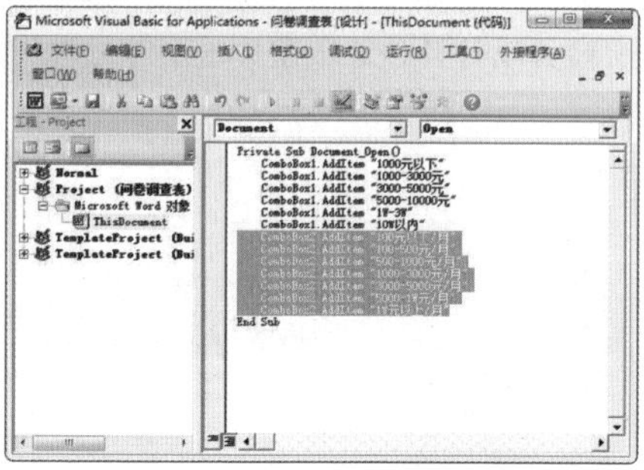

知识加油站

代码释义

本例用到的代码功能为：在文档打开时向名称为“ComboBox1”和“ComboBox2”的组合框添加多条选项，其中各关键代码的作用如下。

“PrivateSub”用于定义程序过程；“Document-Opent ()”为文档打开事件，即该程序段被打开执行；“AddItem”为组合框对象的操作方法，用于向组合框内添加一条选项。详细的宏代码编写方式请参考相关书籍或资料。

2. 利用选项按钮控制文档框状态

在问卷调查的“贵公司是否已有网站”的问题选项里，当选择“有，网址”选项时需要用户在其后的文本框中输入网址，选择“没有”时则不需要输入，为使该选项更加人性化，可利用程序实现：当用户选择“没有”选项时提示输入网址的文本框失效，选择“有，网址”时则可以在该文本框中输入内容，具体操作如下。

(1) 设置文本框名称

①选择“有,网址”选项按钮后的文本框;

②在“属性”窗格中设置“(名称)”属性值为website，如下图所示。

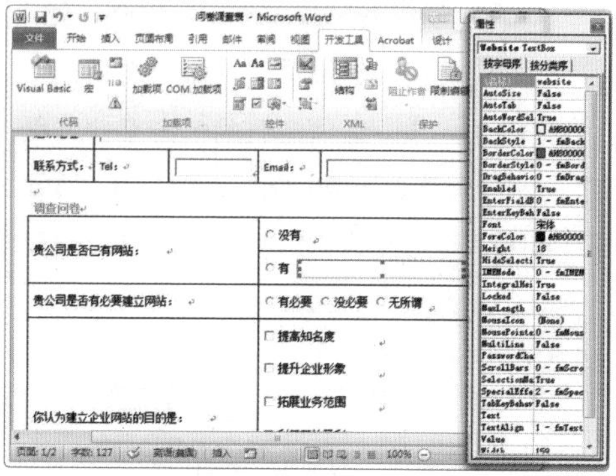

(2) 设置选项按钮名称并添加事件

分别设置“没有”和“有，网址”选项按钮的“(名称)”属性为nosite和havesite，双击“没有”选项按钮，打开代码窗口，代码中自动生成了该选项按钮的单击事件过程代码，如下图所示。

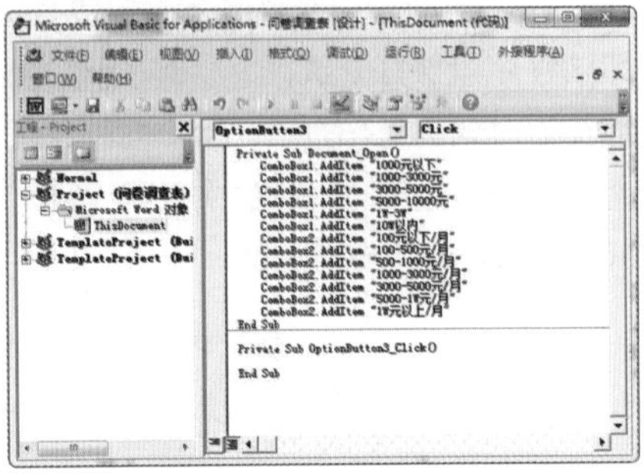

（3）编写选项按钮单击事件过程

在 nosite 选项按钮的单击事件过程中输入如下图所示的代码，从而使鼠标单击时 website 文本框无效 (False)，同时使该对象的背景颜色为灰色 (&HCOCOCO)，如下图所示。

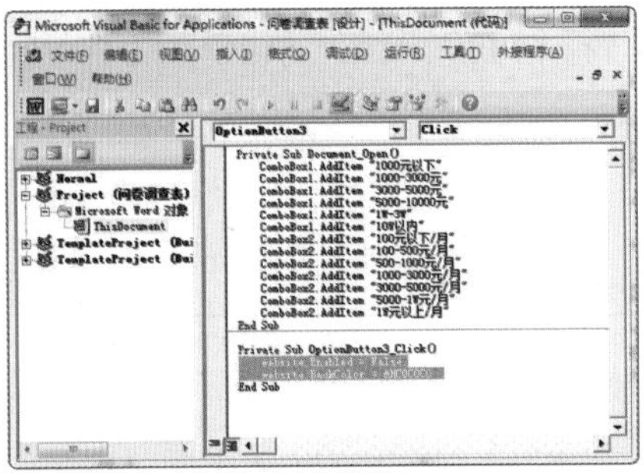

（4）编写另一个选项按钮的单击事件过程

添加 havesite 选项按钮的单击事件过程，使 website 文本框有效 (True)，背景颜色属性变为白色 (& HFFFFFF)，如下图所示。

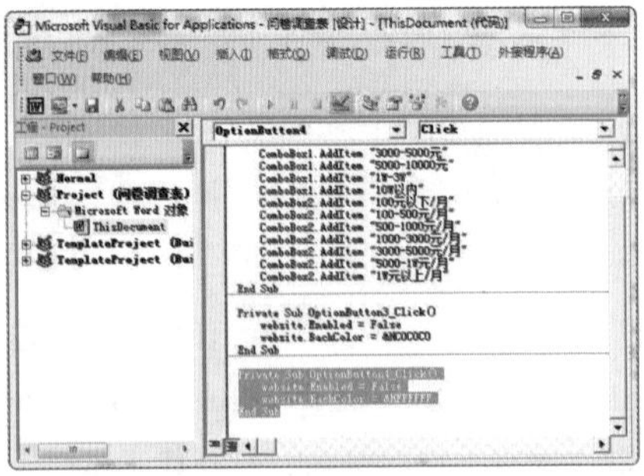

知识加油站

在代码中设置控件属性

在代码中要更改文档中某一控件属性，其格式为“对象 . 属性 = 值”，控件的大部分属性均可通过程序进程控制，从而可以利用程序使控件在不同的情况下有不同的效果。本例应用了控制控件的 Enabled 属性，该属性用于设置控件是否有效果，若其值为 True，则该控制有效，若为 False，则该控制失效；BackColor 属性则用于设置控件的背景颜色，其值以十六进制的颜色值进行表示，在代码中应用“&H”标识值的类型为十六进制。

3. 为按钮添加保存文件和发送邮件功能

用户填写完调查表后，为了更方便地将文档进行保存并以邮件方式将文档发送至指定邮箱，可在“提交调查表”按钮上添加程序，使用户单击该按钮后自动保存文件并发送邮件，具体操作如下。

（1）添加按钮事件单击过程

双击文档中的按钮“提交调查表”，代码窗口自动打开，该按钮单击事件过程代码生成，如下图所示。

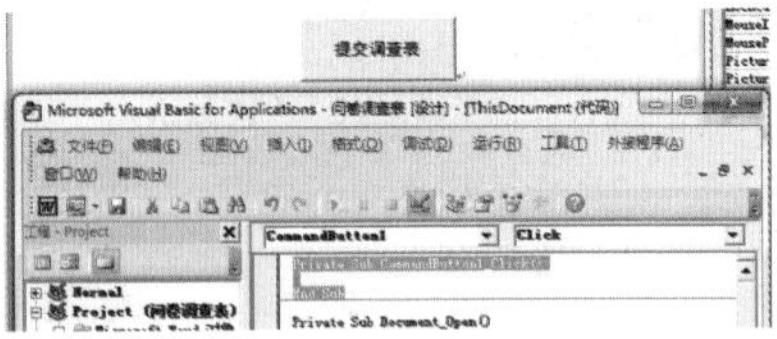

（2）利用代码保存文件

在按钮单击事件过程中输入如下图所示的程序代码；即调用当前文档对象 ThisDocument 中的另存文件方法 SaveAs2，将文件另存至 Word 当前的默认保存路径，并命名该文件主文件名为“问卷调查信息反馈”。

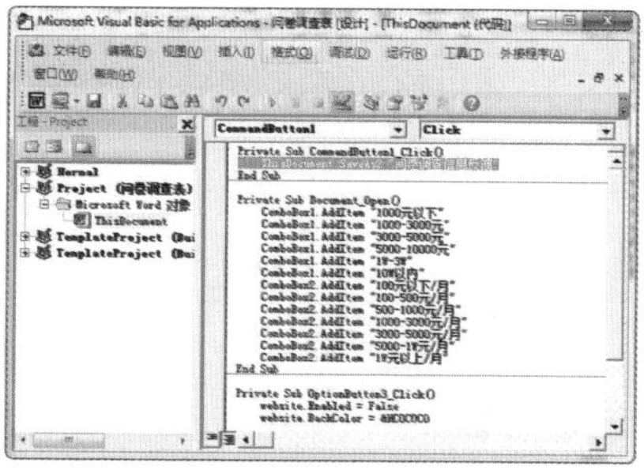

(3) 添加发送邮件代码

在保存文件的代码后添加邮件发送代码，即调用ThisDocument对象的SendForReview方法，设置邮件地址为“http://rich_ li@163. com”，设置邮件主题为“问卷调查信息反馈”，具体代码如下图所示。

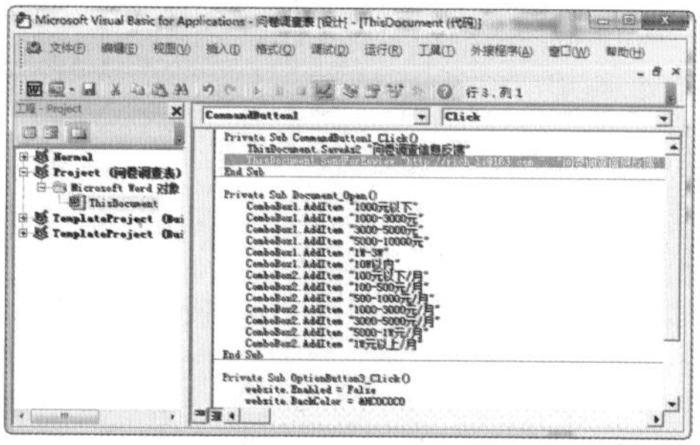

知识加油站

VisualBasic中语句的书写格式

VisualBasic中的语句是一个完整的命令。它可以包含关键字、运算符、变量、常数，以及表达式等元素，各元素之间用空格进行分隔，每一条语句完成后按【Enter】键换行，若要将一条语句连续地写在多行上，则可使用续行符，即使用“-”符号连接多行，本例中的邮件发送代码就应用了续行符将其写为两行。

5.3.3 完成制作并测试调查表程序

为保证调查表不被用户误修改，可将调查表进行保护，使用户只能修改调查表中的控件值，同时亦需要对整个调查表程序功能进行测试。

1. 保护调查表文档

使用保护文档中的“仅允许填写窗体”功能，可使用户只能在控件上进行填写操作，不能对文档内容进行其他任务操作（包括选择），具体操作如下。

(1) 退出设计模式

要使文档中的控件实现具体的功能，需要退出设计模式，具体操作为取消选择“开发工具”选项卡中的“设计模式”按钮即可，如下图所示。

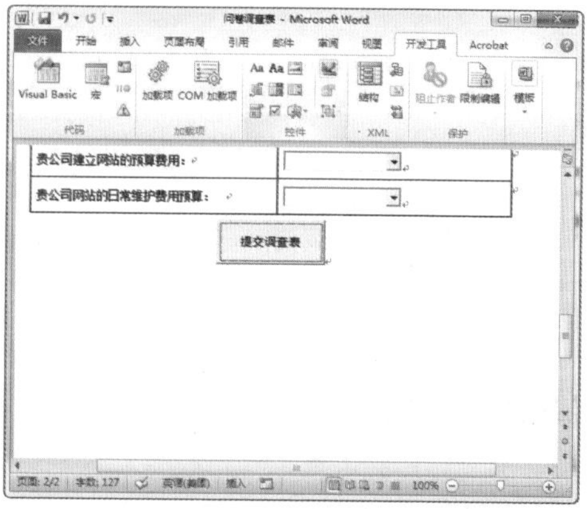

(2) 单击“限制编辑”按钮

单击“开发工具”选项卡中的“限制编辑”按钮，如下图所示。

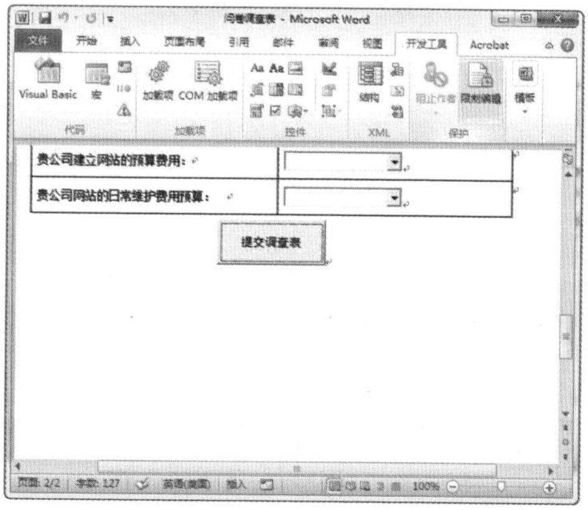

（3）设置仅允许填写窗口

①在右侧的窗口中选择“仅允许在文档中进行此类型的编辑”选项；

②在下方的下拉列表框中选择“填写窗体”选项；

③单击“是，启动强制保护”按钮，如下图所示，接着在打开的对话框中设置保护密码，最后保存文件即可。

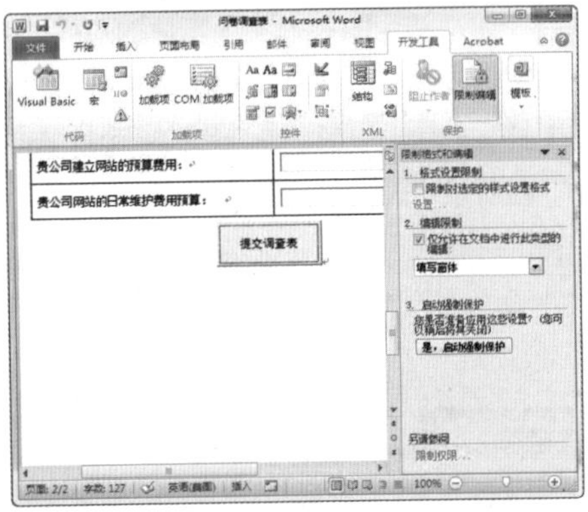

2. 填写调查表

调查表制作完成后，可填写调查表进行测试，具体操作如下。

（1）填写调查表并提交

在调查表文件中填写相关的信息，单击文档末尾的“提交调查表”按钮，如下图所示。

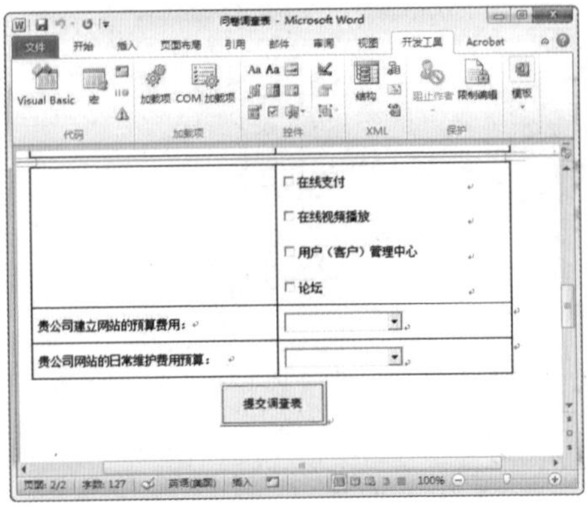

（2）发送邮件

此时Word将自动调用Outlook软件，并自动填写收件人地址、主题和附件内容，单击“发送”按钮即可直接发送邮件，如下图所示。

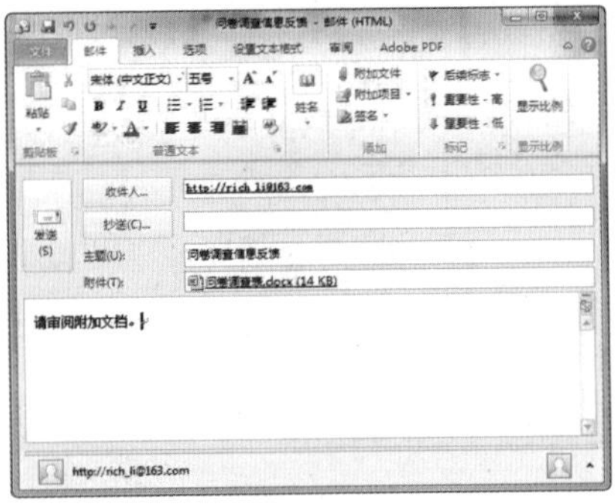

Chapter 06

使用Excel制作普通工作表

本章导读

Excel 软件是一款优秀的数据处理软件，它也是 Office 办公软件中的一款核心组件。在实际操作中，人们经常使用 Excel 软件对一些庞大而复杂的数据信息进行分析和处理。

知识技能要求

本章将向用户介绍 Excel 2010 软件的基本操作，其中包括数据内容的输入与编辑、表格美化及表格的打印操作。学完后，读者需要掌握的相关知识技能如下：

- ⊙ Excel 工作簿、工作表的创建
- ⊙ 表格内容的编辑与特殊内容的输入
- ⊙ 工作表、表格的编辑操作
- ⊙ 单元格格式设置

6.1 制作员工能力考核表

为了提高员工的工作能力，公司时常要对员工进行能力考核。作为一名行政人员，制作各种考核表是一项基本的工作能力。下面以制作员工能力考核表为例，介绍Excel工作表的创建与表格设置等操作。

6.1.1 创建表格内容

双击Excel快捷方式图标，新建一张工作簿。在Excel中，一张工作簿可包含255张工作表，而用户可在工作表中创建表格内容。下面介绍具体操作方法。

1. 新建Excel文件

用户可通过以下方法新建工作表。

（1）启动“新建”功能

启动Excel软件后，切换至“文件”选项卡，选择“新建”选项，在右侧“可用模板”列表中选择“空白工作簿”选项，如下图所示。

（2）新建工作簿

单击“创建”按钮，完成工作簿的创建，如下图所示。

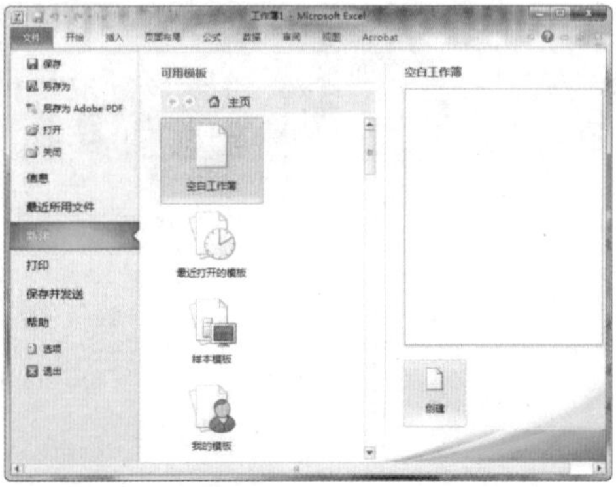

2. 工作表的基本操作

一张工作簿含有多张工作表，为了区分工作表，用户可对工作表命名，方法如下。

（1）选中工作表标签

在当前工作簿中，双击表格左下角的工作表标签，使其呈可编辑状态，如下图所示。

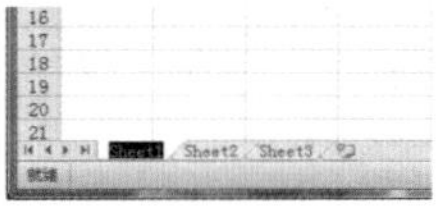

（2）输入标签名称

输入该工作表名称，单击表格任意空白处，即可完成工作表名称的更改操作，如下图所示。

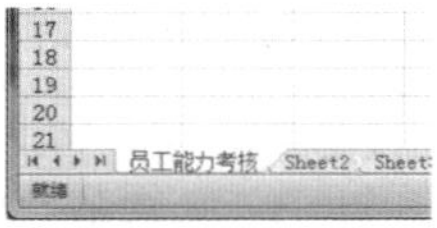

（3）插入新工作表

若当前工作表不够用，可单击工作表标签右侧的“插入工作表”按钮，即可插入一张新的工作表，如下图所示。

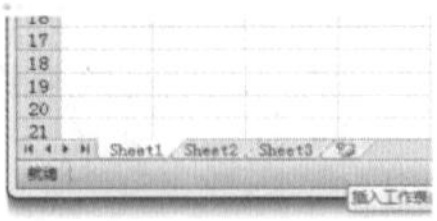

（4）删除工作表

若想删除多余的工作表，可选中其标签，

单击鼠标右键，执行“删除”命令即可删除该工作表，如下图所示。

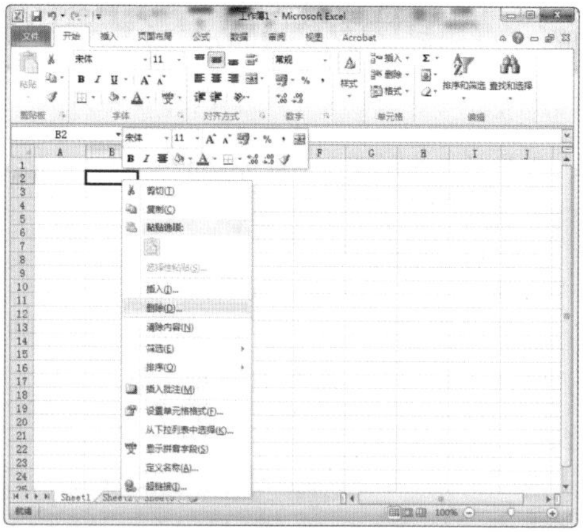

3. 输入工作表内容

工作表创建完成后，即可在该表格中输入内容。

（1）输入单元格文本

单击工作表中的A1单元格，此时该单元格被选中，输入文本内容，如下图所示。

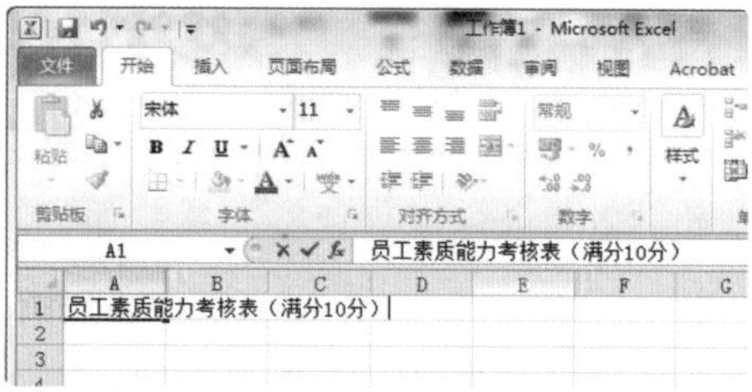

（2）输入表头内容

将文本插入点定位在A2单元格内，根据需要输入相关内容，如下图所示。

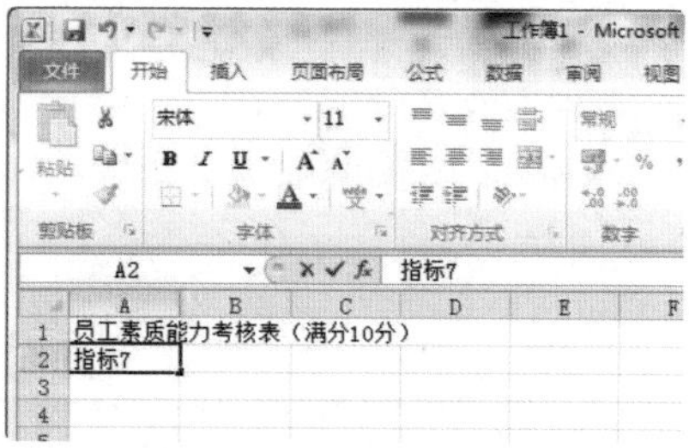

疑难解答

问：如何输入以0为首的数据内容？

答：在默认状态下，输入以0为首的数据时，0都会被隐藏。若想将其显示，只需将其输入方式更改为“文本”即可。用户在功能区中，单击“数字”组中的下拉按钮，选择“文本”选项：也可在“设置单元格格式”对话框中，切换至“数字”选项卡，并在“分类”列表中选择“文本”选项来更改输入方式。

（3）输入一列表格数据

A2单元格的内容输入完成后，按【Enter】键，此时系统将自动选中下方A3单元格，可继续输入表格数据，如下图所示。

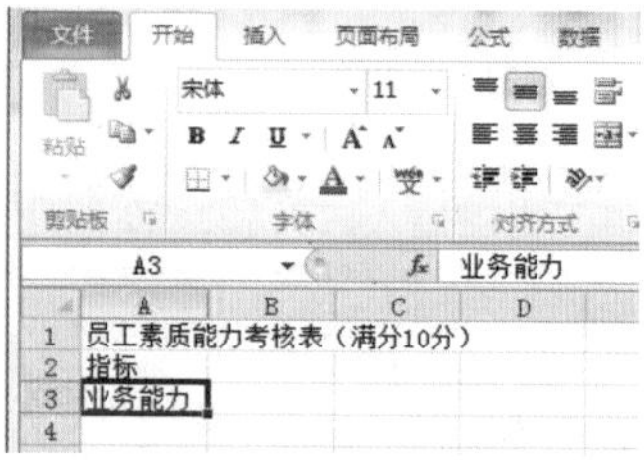

（4）输入一行表格数据

当A2单元格的内容输入完成后，按键盘上的方向键▶，即可选中B2单元格，可继续输入单元格内容，如下图所示。

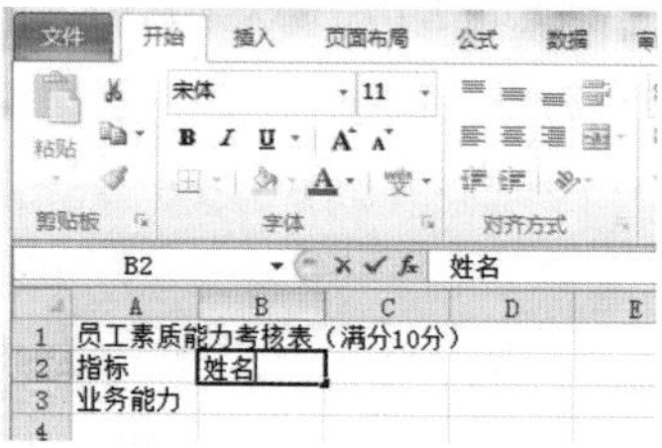

（5）选择符号

将文本插入点定位至所需单元格，切换至“插入”选项卡，在“符号”组中单击“符号”按钮，打开“符号”对话框，如下图所示。

疑难解答

问：如何命名单元格名称？

答：在工作表中，每个单元格都有自己的名称，例如 A1、B1 等。该名称是由表格中行和列的序号组成。行号以数字显示，而列号以英文字母显示。如果选中 D 行第 2 单元格，此时在功能区下方的名称框中则会显示 D2 字样。

（6）插入符号

选择好所需符号，单击“插入”按钮，即可在单元格中插入该符号，如下图所示。

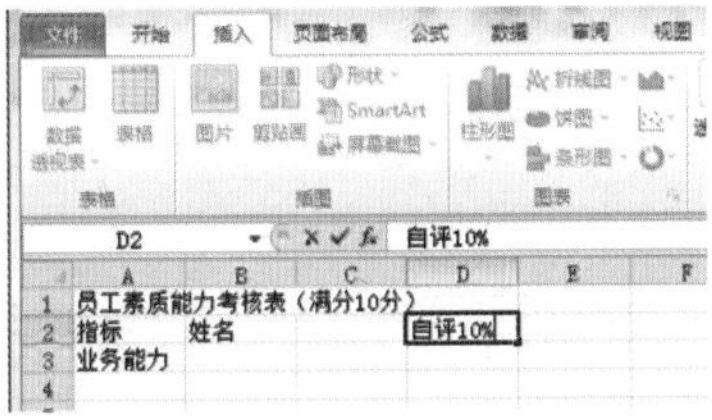

（7）输入剩余表格内容

选中所需单元格，输入表格中剩余内容，结果如下图所示。

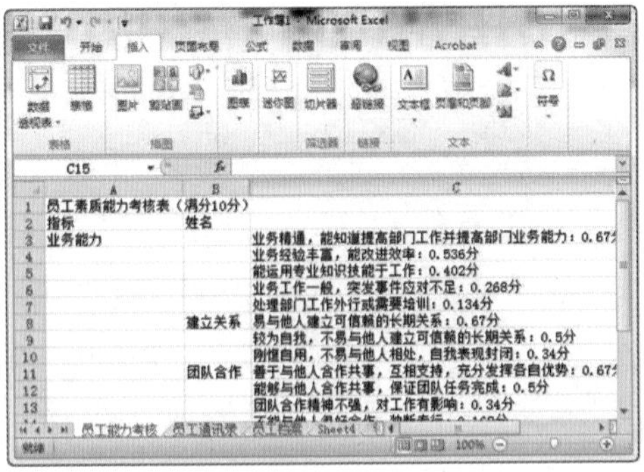

6.1.2 设置表格内容格式

通常输入完表格内容后，用户需对表格的行高、列宽及文本的对齐方式等进行设置。

1 调整表格行高列宽

为了表格的美观，有时需根据内容要求，对表格的行、宽值进行调整，操作如下。

（1）选择列宽分割线

选中任意单元格，将光标移动至该列的分割线，此时光标将以双向箭头显示，如下图所示。

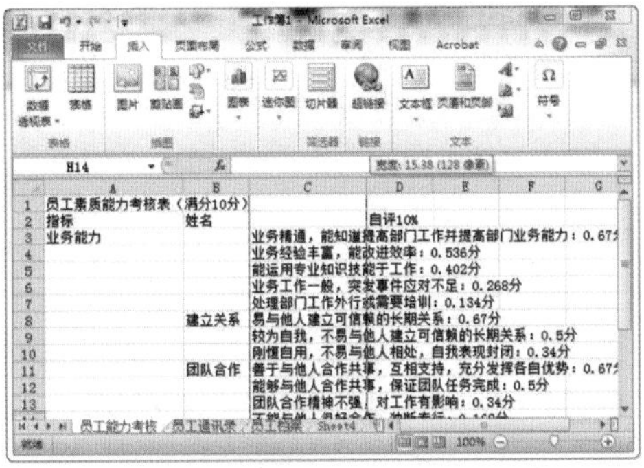

（2）调整列宽

按住鼠标左键不放，拖动光标至满意位置，释放鼠标即可调整列宽，如下图所示。

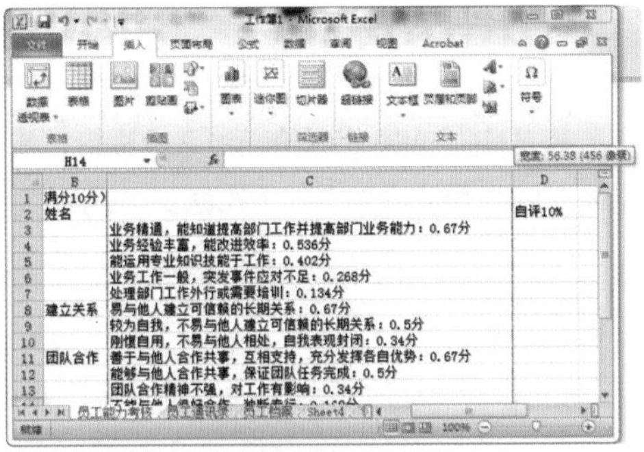

（3）精确调整列宽

选中所需列，单击鼠标右键，执行“列宽”命令，如下图所示。

（4）输入列宽值

在“列宽”对话框中，输入所需列宽值，如下图所示，单击“确定”按钮，此时被选中的列宽已发生了变化。

（5）选择行分割线

将光标移至所需行分割线上，此时光标呈上下箭头，如下图所示。

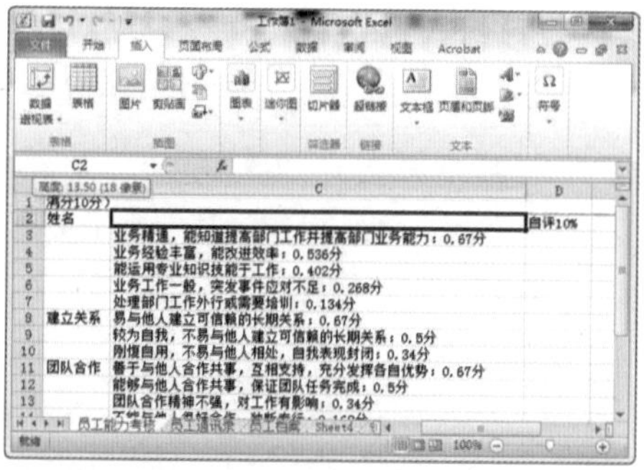

（6）调整行高

按住鼠标左键不放，拖动光标上下移动

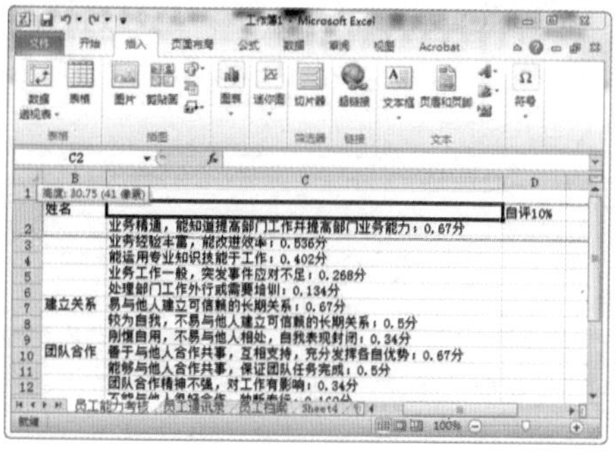

至满意位置，释放鼠标即可调整行高，如上图所示。

2. 合并单元格

用户可根据需要对单元格进行合并或拆分操作，方法如下。

（1）选中多个单元格

单击 A1 单元格，按住鼠标左键不放，将光标拖曳至 F1 单元格，释放鼠标即可多选单元格，如下图所示。

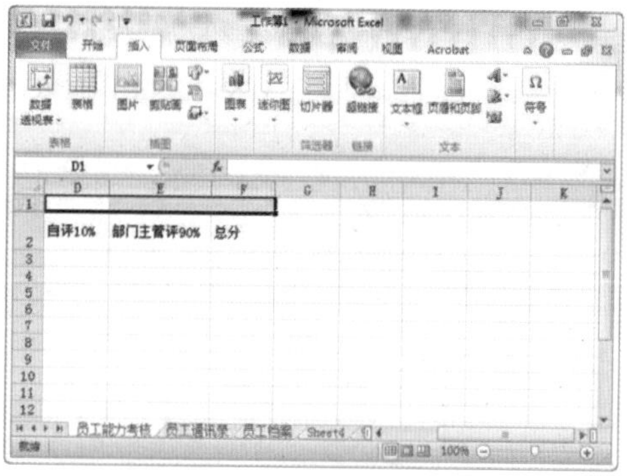

（2）启动“合并”功能

切换至“开始”选项卡，在“对齐方式”组中，单击“合并后居中”按钮，如下图所示。

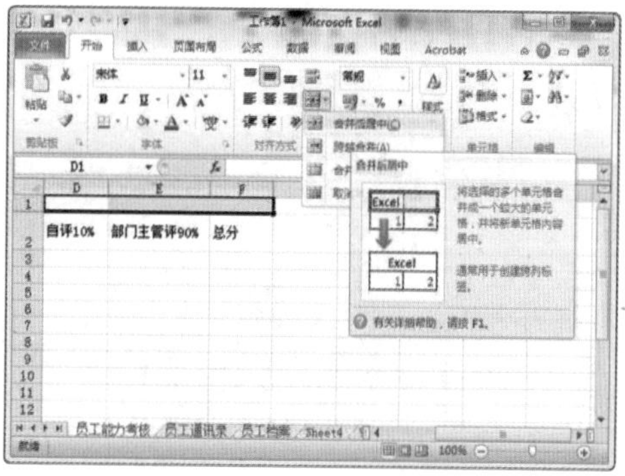

（3）完成合并操作

选择完成后，被选中的多个单元格已合并成一个单元格了，其中的文本也已居中显示，如下图所示。

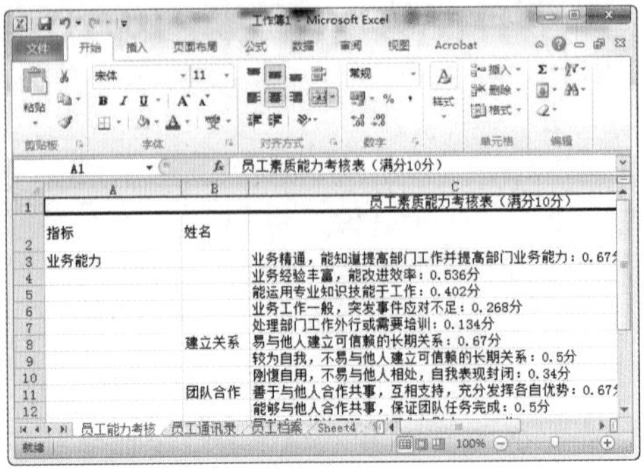

（4）合并 A3–A7 单元格

选中 A3 到 A7 单元格，单击“合并后居中”按钮，合并该单元格，结果如下图所示。

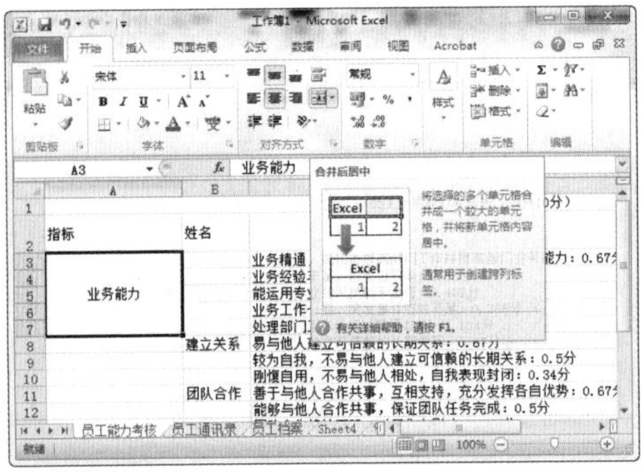

（5）合并其他单元格

选中其他要合并的单元格，单击“合并后居中”按钮进行合并操作，如下图所示。

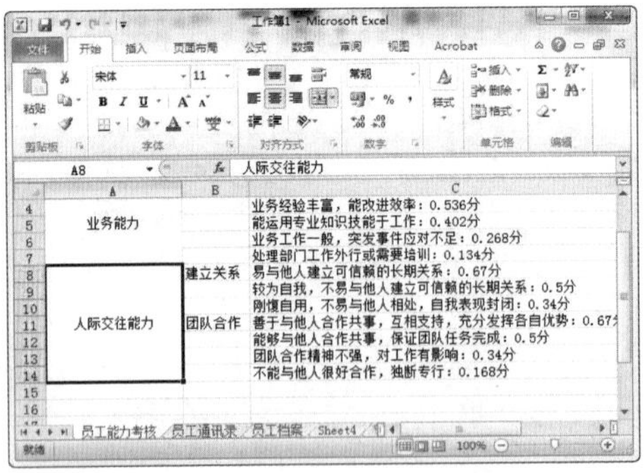

（6）拆分合并的单元格

选中要拆分的单元格，单击“合并后居中”下拉按钮，选择“取消单元格合并”选项即可拆分该单元格，如下图所示。

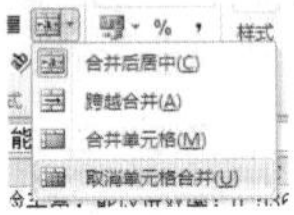

3. 设置文本对齐方式

在 Excel 表格中，默认输入的文本内容为左对齐；而输入的数字内容则默认为右对齐。用户可根据需要调整对齐方式。

（1）启动“设置单元格格式”对话框

选中 A2 单元格，在“开始”选项卡中，单击“对齐方式”对话框启动器按钮，打开“设置单元格格式”对话框，如下图所示。

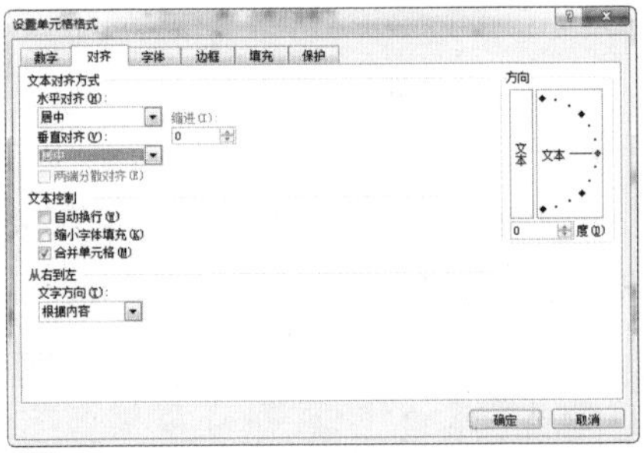

（2）设置对齐方式

在“对齐”选项卡中，将“水平对齐”设为“居中”，将“垂直对齐”设为“居中”，如下图所示。

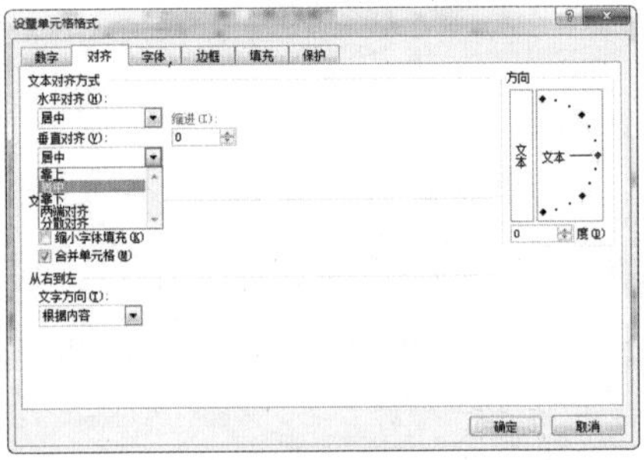

（3）完成操作

设置完成后，单击“确定”按钮，此时 A2 单元格中的文本已居中显示，如下图所示。

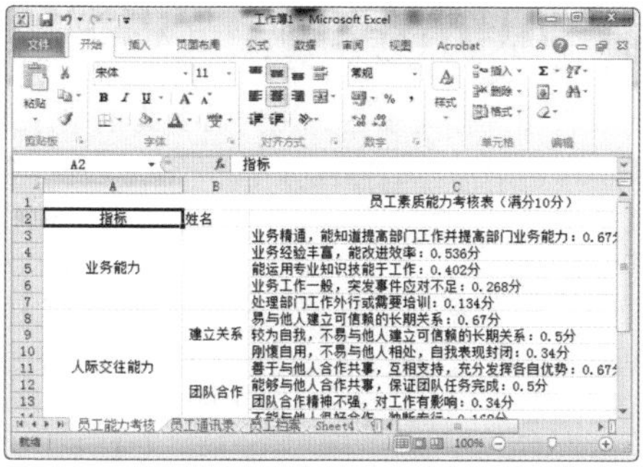

(4)设置其他单元格对齐方式

选中 B2 单元格，在“开始”选项卡的“对齐方式”组中，分别单击“垂直居中”和“居中”按钮，如下图所示。

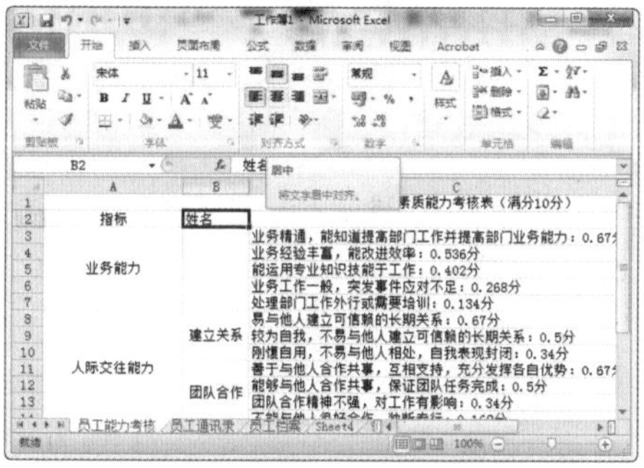

(5)完成设置

选择完成后，B2 单元格中的文本同样可居中显示。

(6)竖直排列方式

选中 A3 单元格，在“对齐方式”组中，单击“方向”下拉按钮，选择“竖排文字”选项，如下图所示。

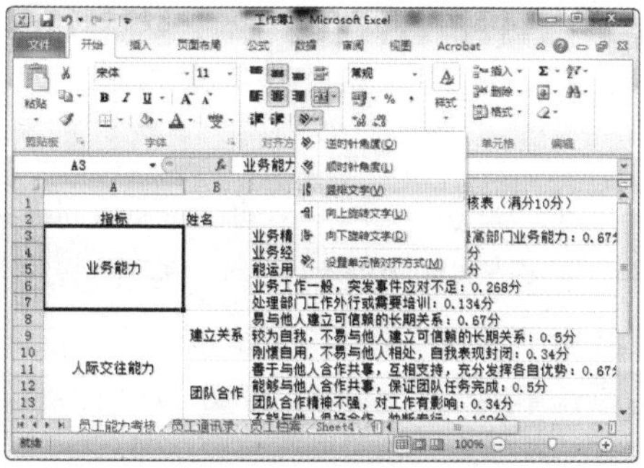

知识加油站

设置另类文本排列方式

在“设置单元格格式”对话框中，用户除了可设置一些常规的对齐方式外，还可设置一些另类的文本对齐方式。在“方向”下拉列表中，根据需要单击文字对齐角度值，单击“确定”按钮即可完成设置。

(7)完成设置

选择完成后，A3 单元格中的文本则以竖直方式进行了排列，结果如下图所示。

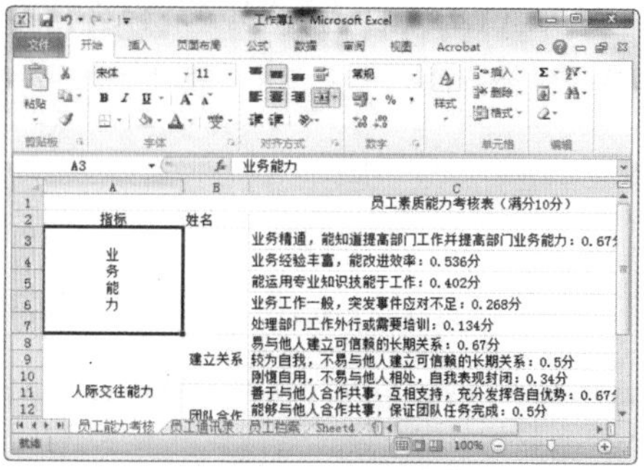

(8)设置其他文本对齐方式

选中其他所需设置的单元格，选择“竖排文字”选项，对其进行排列设置，如下图所示。

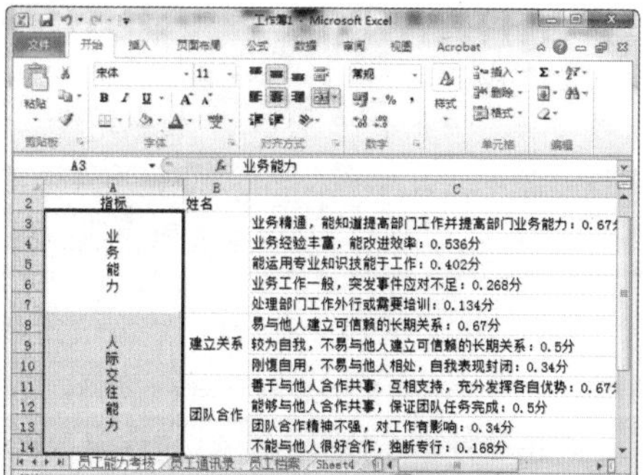

4. 设置文本格式

在 Excel 表格中，用户也可对表格中的文本格式进行设置，操作如下。

（1）设置字体

选中A1单元格，在“开始”选项卡的“字体”组中，单击“字体”下拉按钮，选择所需字体选项，如下图所示。

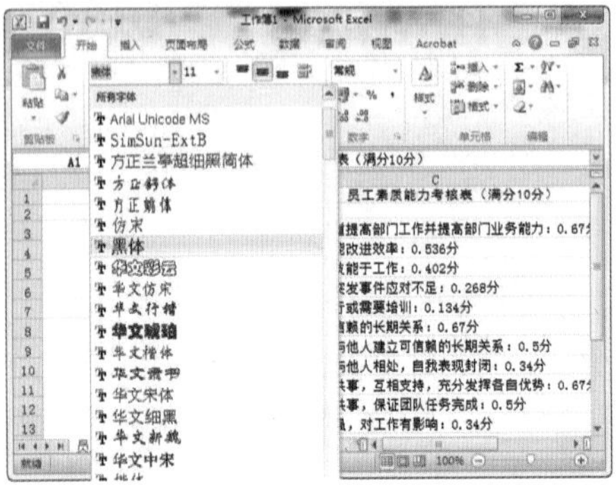

（2）设置字号

在“字体”组中，单击“字号”下拉按钮，选择所需字号。

（3）设置表格其他字体格式

以同样的操作方法设置表格其他字体格式，结果如下图所示。

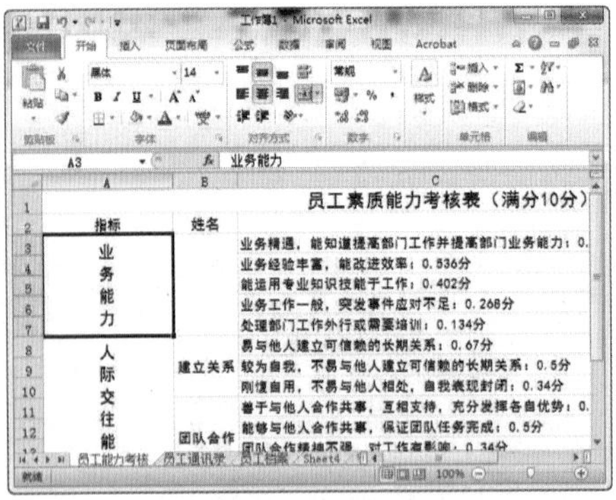

|知识加油站|

快速复制字体格式

若要批量复制字体格式，可使用“格式刷”功能进行操作。选中源字体格式，单击“格式刷”命令，选择目标字体即可完成。

6.1.3 为表格添加边框

表格制作完毕后，用户需要为表格添加边框线。下面介绍操作方法。

（1）打开“设置单元格格式”对话框

使用鼠标拖曳的方法，全选表格内容。单击鼠标右键，执行“设置单元格格式”命令，如下图所示。

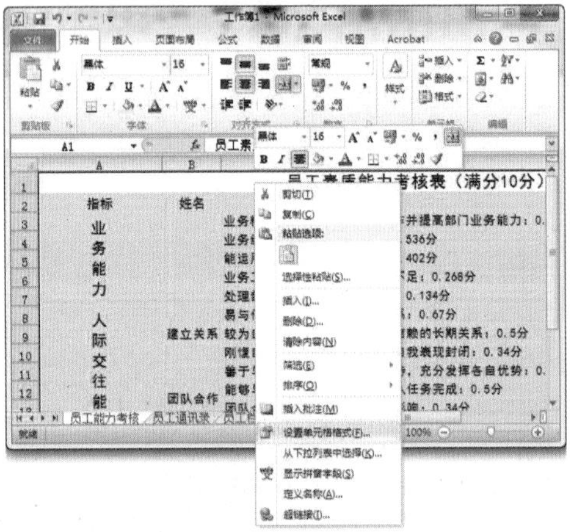

（2）选择外边框样式

在“边框”选项卡中选择线条样式，在“预置”选项组中单击“外边框”按钮，此时在“边框”预览视图中，可预览外边框，如下图所示。

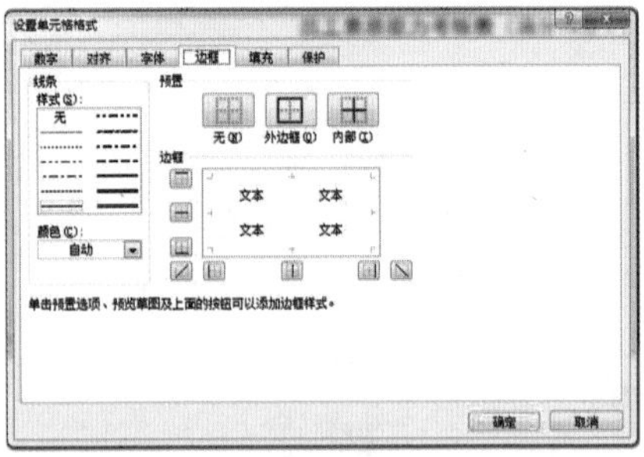

（3）选择内框线样式

在“线条”选项组中的“样式”列表框中，选择满意的内框线样式，然后在“预置”选项组中，单击“内部”按钮，然后在“边框”选项组中预览表格内部边框线，如下图所示。

(4) 查看效果

设置完成后，单击“确定”按钮，完成表格边框线的添加操作，效果如下图所示。

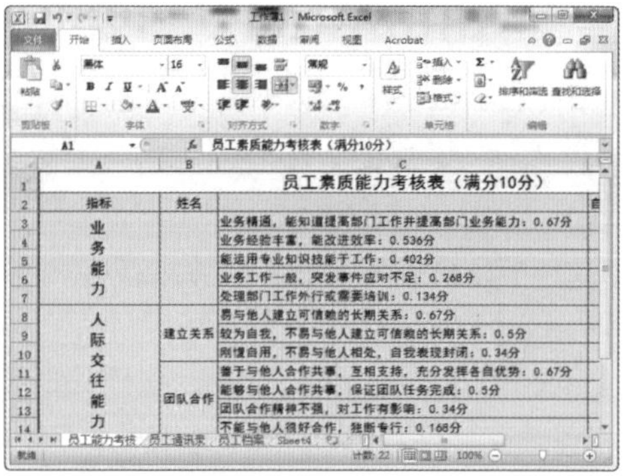

(5) 保存文档

切换至“文件”选项卡，选择“另存为”选项，在“另存为”对话框中，设置好保存路径及文档名称，单击“保存”按钮即可将当前文档保存。

6.2 制作员工通讯录

为了能够及时联络到公司员工，公司行政人员应制作一份员工通讯录。使用Excel相关功能，可轻松制作该表格。下面以制作员工通讯录为例，向用户介绍Excel数据填充及数据查找、替换等功能的操作。

6.2.1 输入通讯录内容

双击打开“Chapter 06 实例文件 .xlsx”文档，并新建一个工作表，指定所需单元格即可输入内容。

(1) 新建工作表

在打开的工作簿中，单击Sheet2工作表标签，新建工作表，如下图所示。

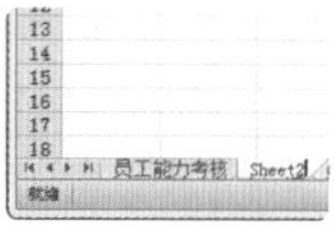

(2) 重命名工作表

双击Sheet2工作标签，或单击鼠标右键，执行“重命名”命令，输入该工作表名称，完成重命名操作，如下图所示。

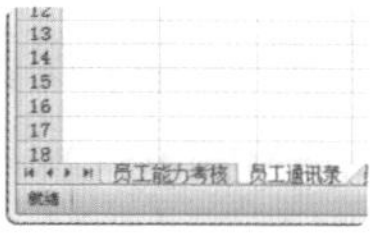

(3) 输入表头内容

选中所需单元格，按键盘上的方向键，输入表头内容，如下图所示。

(4) 调整列宽

选中B列，将光标移至该列分割线上，使用鼠标拖曳的方法调整该列宽，如下图所示。

(5) 调整其他列宽

按照同样的操作，将E列的列宽进行调整，如下图所示。

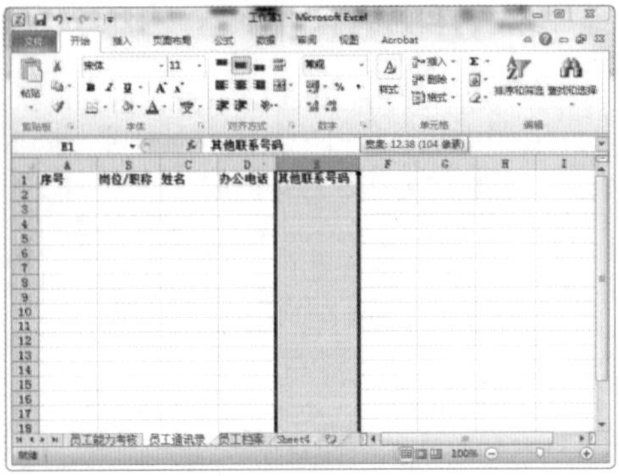

（6）输入单元格内容

选中 A2 和 A3 单元格，输入序号，结果如下图所示。

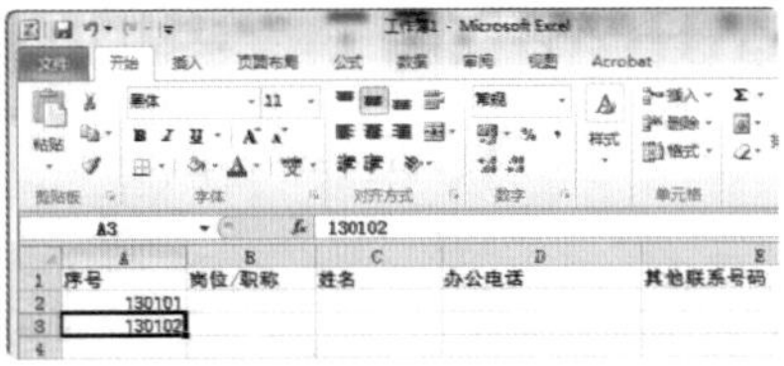

（7）选择自动填充控制点

使用鼠标拖曳的方法，选中 A2 和 A3 单元格，将光标移至单元格右下角自动填充控制点上，此时，光标转换成实心十字插入点，如下图所示。

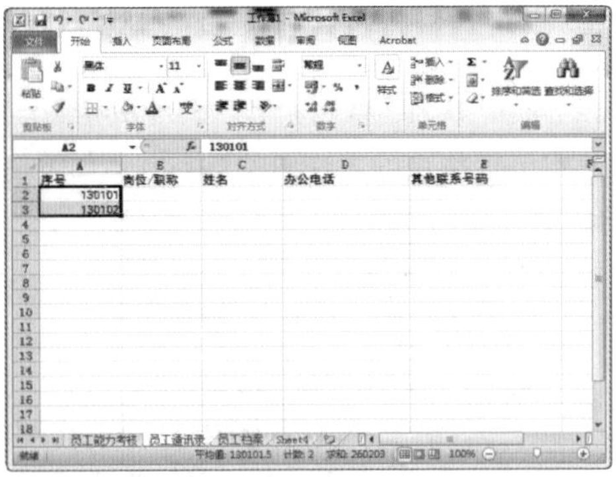

（8）鼠标拖曳填充控制点

按住鼠标左键不放，拖动该控制点至表格第 6 行，此时在光标处则可预览填充的数据信息，如下图所示。

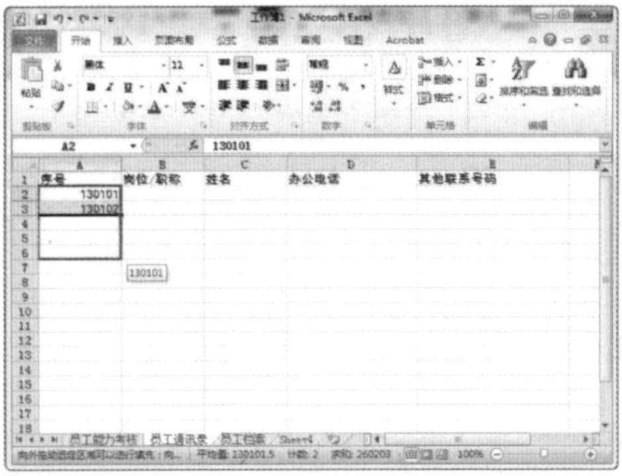

（9）完成数据填充操作

释放鼠标，此时系统将自动填充相应的数据内容，如下图所示。

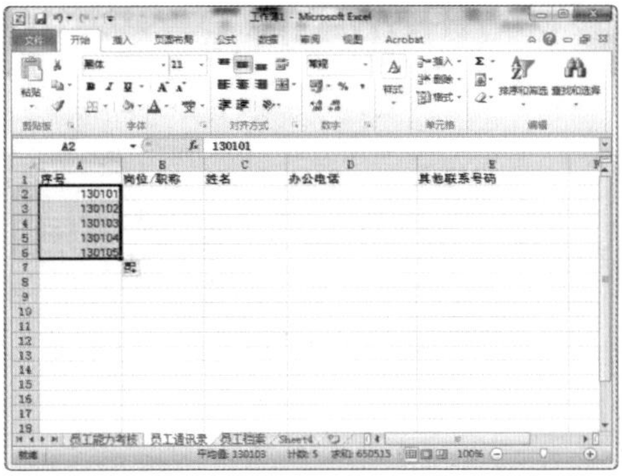

（10）填写 B2 单元格内容

选择 B2 单元格，在此输入相关内容，如下图所示。

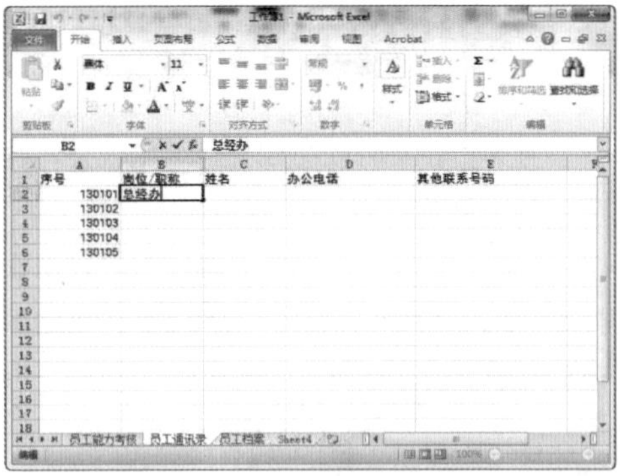

（11）复制单元格内容

单击该单元格右下角的填充控制点，按

住鼠标左键不放，拖动该角点至第6行单元格，如下图所示。

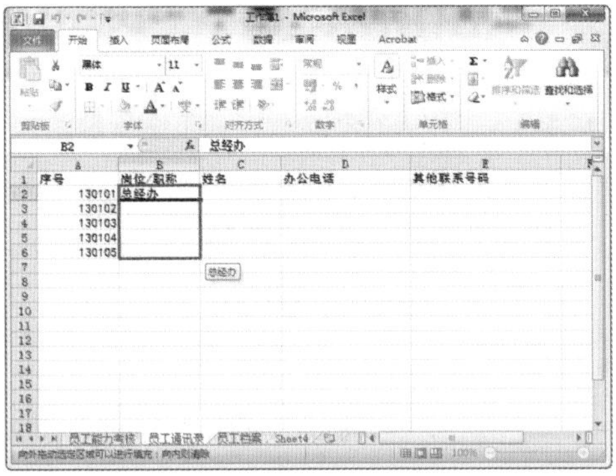

（12）查看结果

释放鼠标，此时被选中的单元格已被复制填充，结果如下图所示。

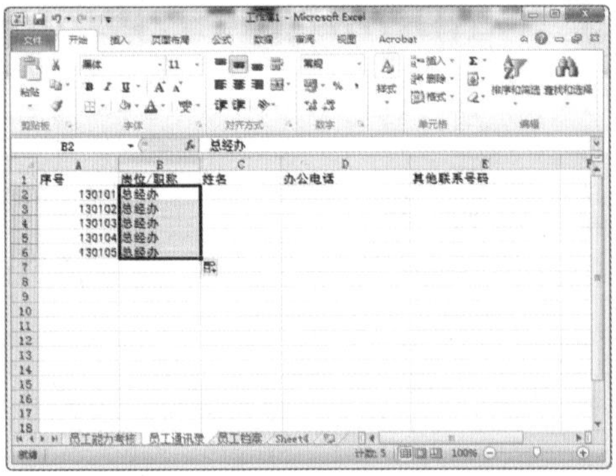

（13）输入C列内容

将文本插入点定位于C列所需单元格，并输入相关内容，结果如下图所示。

（14）设置数字格式

选中D2单元格，在“开始”选项卡的“数字”组中，单击下拉按钮，选择“文本”选项，如下图所示。

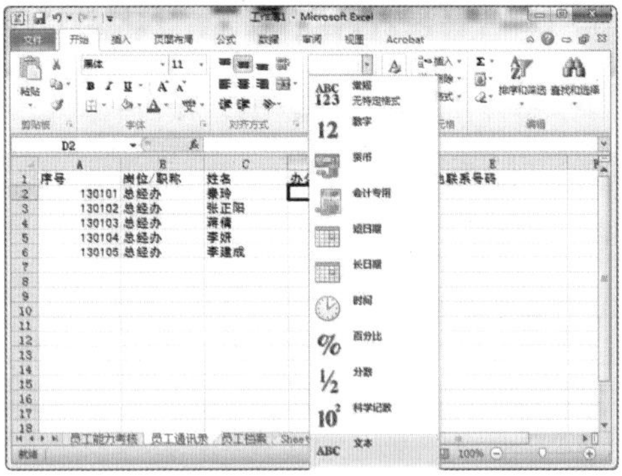

（15）输入D列内容

在D2单元格中输入号码，如下图所示。

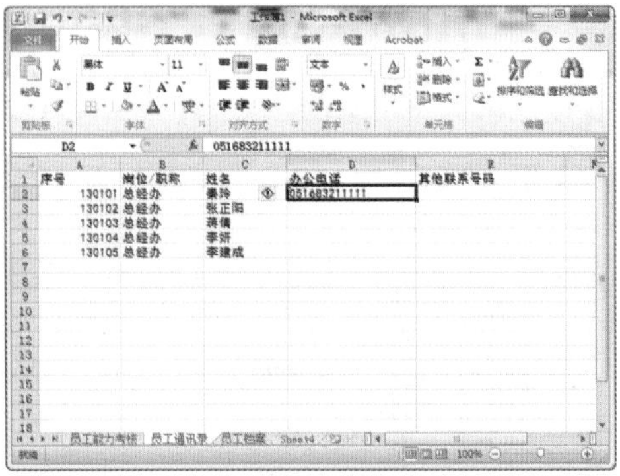

（16）输入E列内容

选中E列单元格，输入相关数据内容，

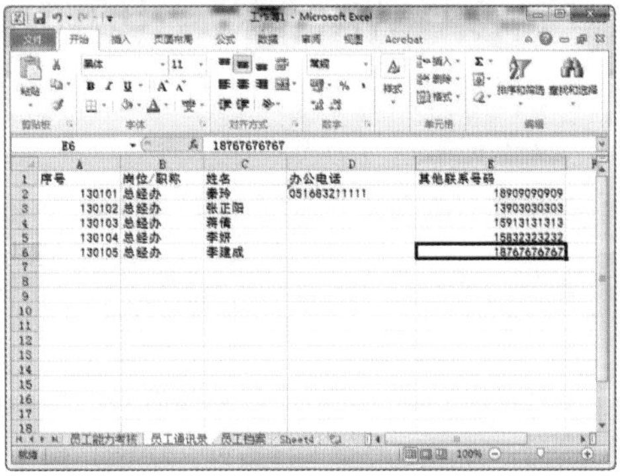

如上图所示。

（17）快速填充单元格

选中 A5：A6 单元格区域，填充所需单元格，完成该列单元格快速填充操作，如下图所示。

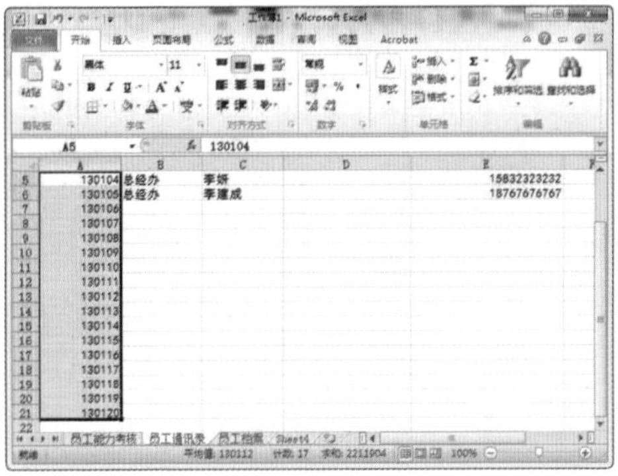

（18）输入表格其他内容

按照以上操作方法，完成该表格其他内容的输入操作，如下图所示。

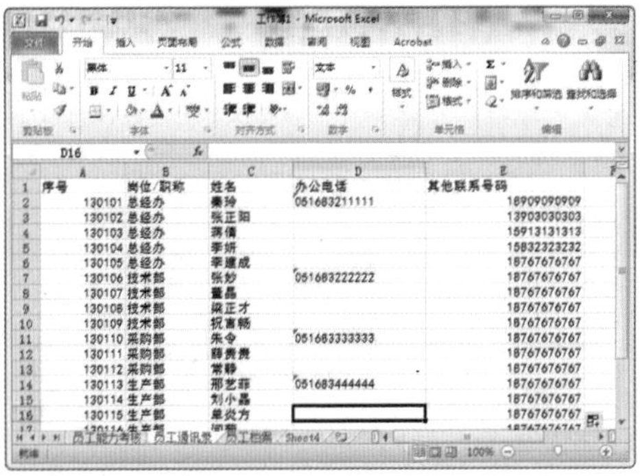

6.2.2 编辑通讯录表格

表格内容输入完成后，有时会对表格进行必要的编辑与调整，例如插入行和列、插入批注、表格的拆分等。下面介绍具体操作。

1. 插入单元行、列

表格内容输入完成后，如果要对内容进行添加，可使用“插入行或列”功能，操作如下。

（1）启动“插入行”命令

选中表格首行内容，单击“开始”选项卡“单元格”组中的“插入”下拉按钮，选择“插入工作表行”选项，如下图所示。

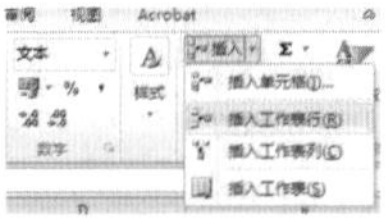

（2）查看效果

选择完成后，被选中的单元行上方已添加了空白单元行，如下图所示。

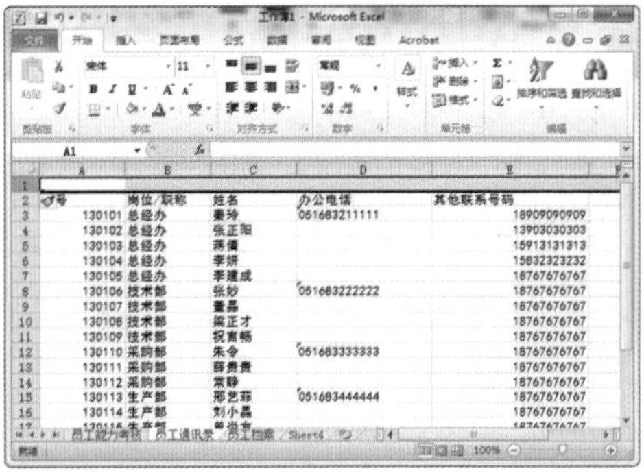

（3）输入标题行内容

选中 A1 单元格，输入表格标题内容，如下图所示。

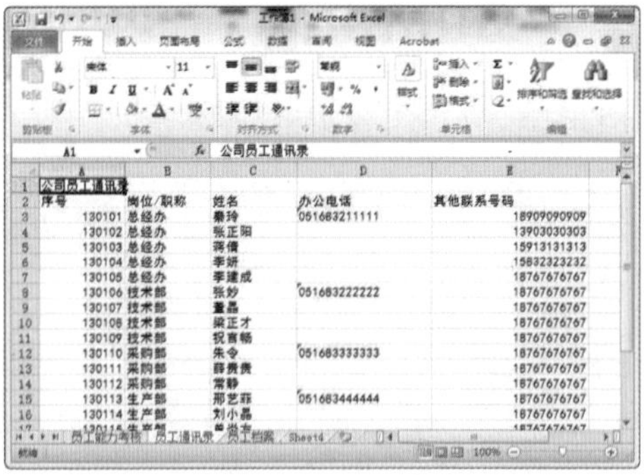

（4）插入单元列

在表格中，选择所需单元列，在“单元格”组中单击“插入”下拉按钮，选择“插入工作表列”选项，如下图所示。

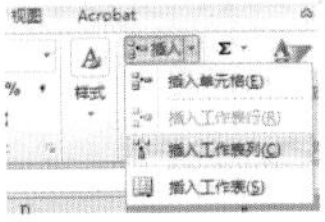

（5）查看效果

此时在被选单元列的左侧即可插入一列空白列，如下图所示。

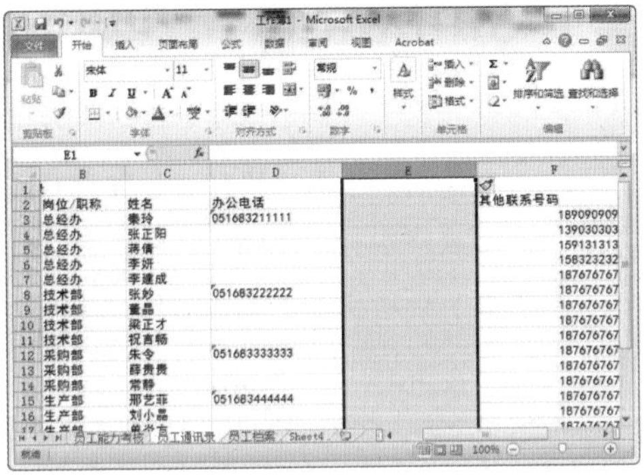

知识加油站

快速选择行和列

若想快速选中表格中的某一列或某一行，只需单击所需的列序号或行序号即可。

（6）快速复制单元列格式

插入单元列后，单击“格式刷”下拉按钮，在下拉列表中选择相应的复制选项即可将格式应用到被选单元列中，如下图所示。

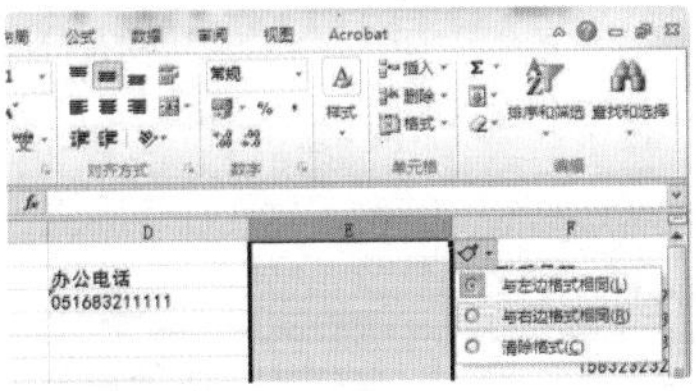

（7）删除多余行或列

选中所需行或列，单击鼠标右键，执行“删除”命令即可删除行或列，如下图所示。

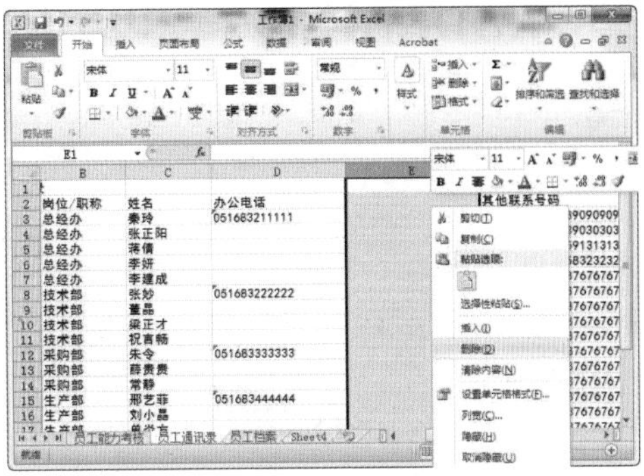

（8）清除单元格内容

选中B4：B7单元格区域，在“开始”选项卡中，单击“编辑”组中的“清除”下拉按钮，选择“清除内容”选项，如下图所示。

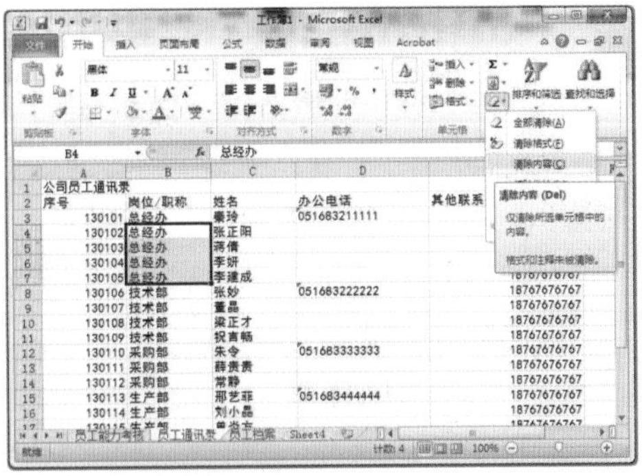

（9）查看效果

选择完成后，被选中的单元格内容已及时清除，如下图所示。

（10）清除其他单元格内容

按照同样的操作方法，将其他多余单元

格内容进行清除，如下图所示。

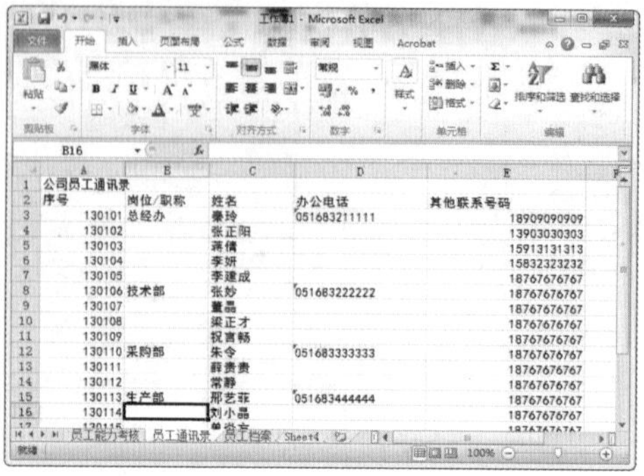

2. 插入单元格批注

若想在表格中插入批注内容，可使用“批注”功能，操作如下。

（1）启动“新建批注”功能

选中所需批注的单元格，这里选择D3单元格，切换至“审阅”选项卡，在“批注”组中单击“新建批注”按钮，如下图所示。

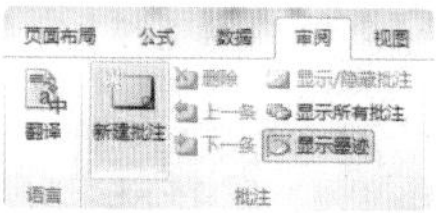

（2）输入批注内容

此时在该单元格右侧即可显示批注文本框，在该文本框中输入批注内容，如下图所示。

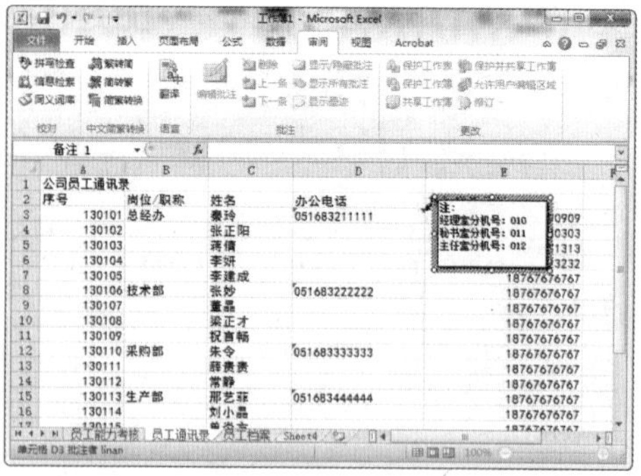

（3）调整批注框大小

将光标移至批注框任意控制点上，按住鼠标左键不放，拖动光标至满意位置，释放鼠标即可调整其大小，如下图所示。

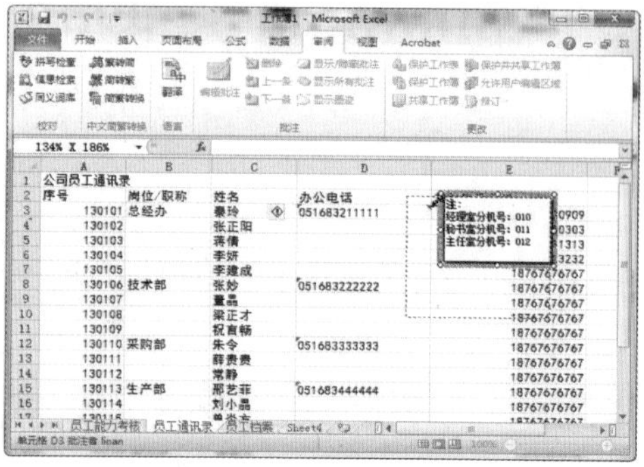

（4）完成添加

输入批注后，单击表格任意处即可完成添加。此时表格中有批注的单元格，会有红色三角形显示在该单元格右上角处，如下图所示。

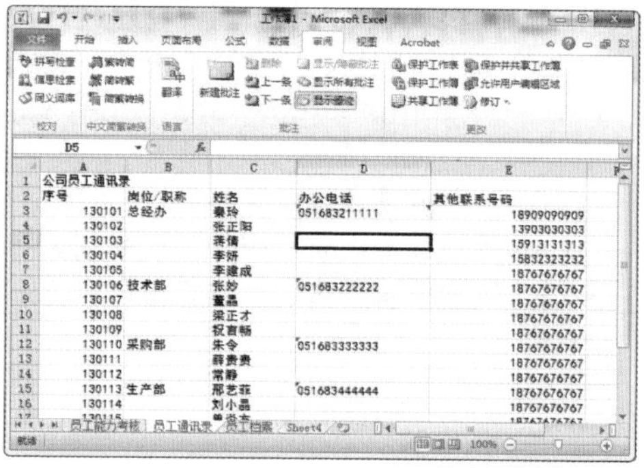

（5）显示批注

将插入点移至有批注的单元格内，此时在单元格右侧会显示相关批注内容，如下图所示。

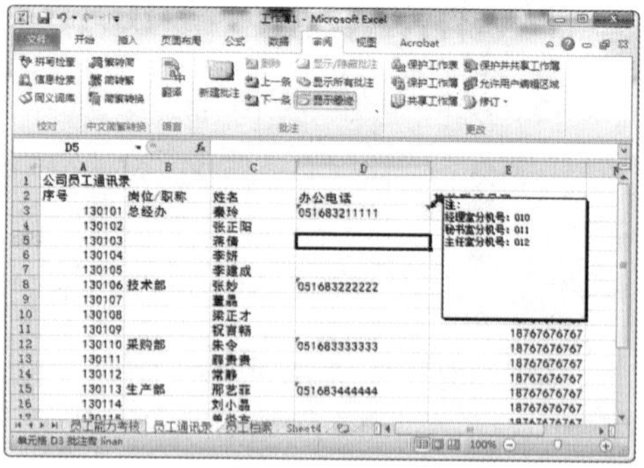

(6) 插入其他批注内容

按照同样的方法，添加其他单元格批注，结果如下图所示。

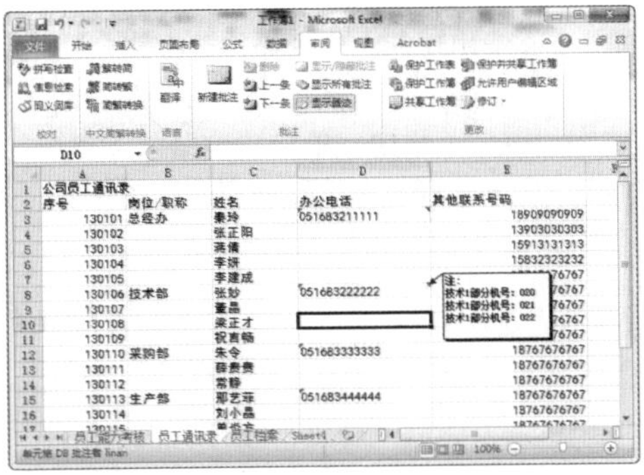

(7) 删除批注内容

选中有批注的单元格，在“审阅”选项卡的“批注”组中，单击“删除”按钮即可删除批注，如下图所示。

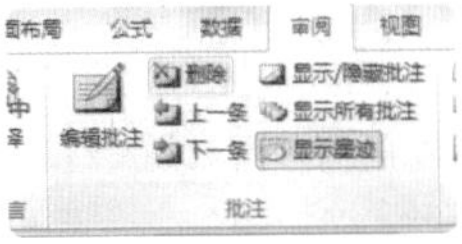

知识加油站

显示表格所有批注内容

默认情况下，有批注的单元格是以墨迹显示，若想显示批注所有内容，只需在“批注”选项组中单击“显示所有批注”按钮，即可显示表格所有批注内容。

3. 设置单元格格式

表格内容输入完毕后，用户可适当地对其格式进行设置。

(1) 合并单元格

选中 A1：E1 单元格区域，单击“合并后居中”按钮，将标题行合并，结果如下图所示。

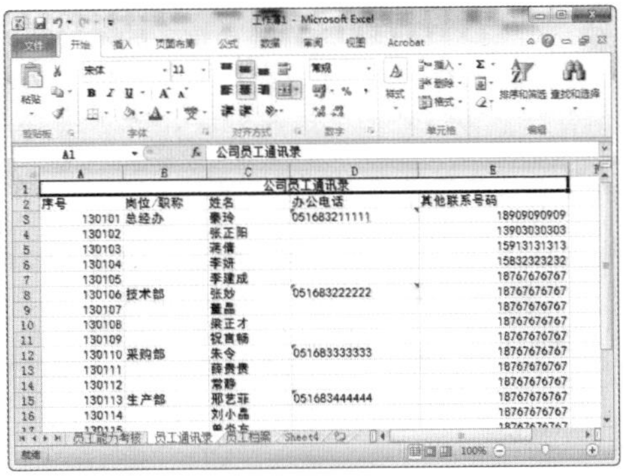

(2) 合并其他单元格

选中 B3：B7 单元格区域，单击“合并后居中”按钮，将其合并。按照同样的操作方法，将其他单元格合并，如下图所示。

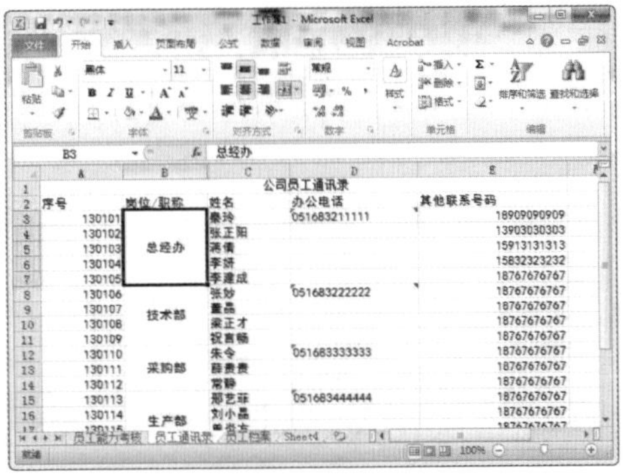

(3) 设置文本格式

选中表格所需单元格，在“字体”组中设置好文本的字体和字号，在“对齐方式”组中设置文本对齐方式，结果如下图所示。

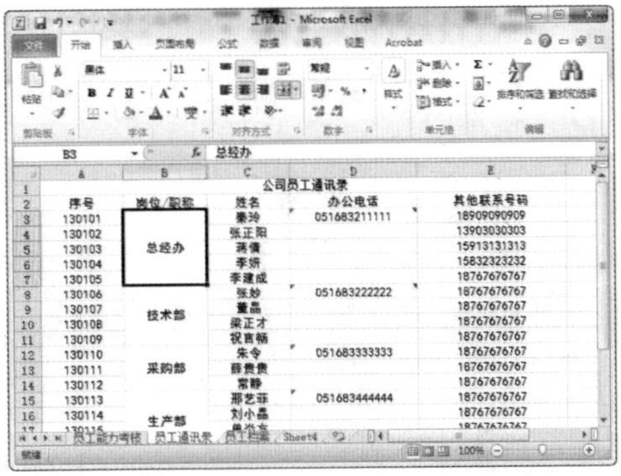

（4）打开“边框”对话框

全选表格内容，单击鼠标右键，执行“设置单元格格式”命令，打开相应的对话框，单击“边框”选项卡，如下图所示。

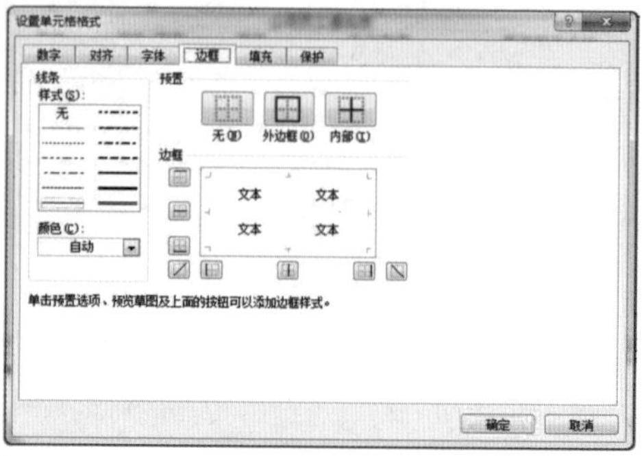

（5）设置表格外框线

在“样式”列表框中，选择满意的外框线样式，在“预置”选项组中，单击“外边框”按钮，如下图所示。

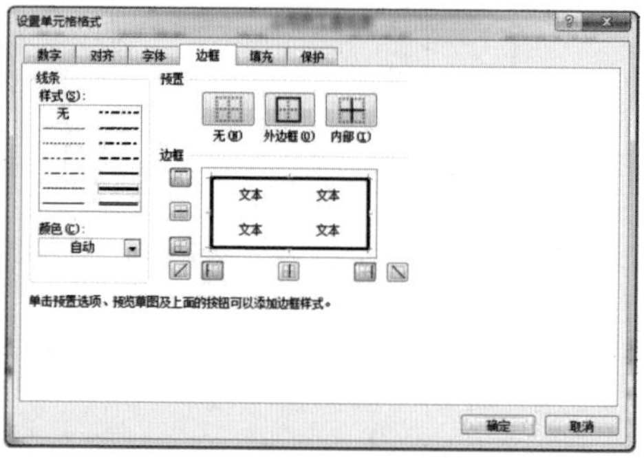

（6）设置内框线

在“样式”列表框中，选择内框线样式，

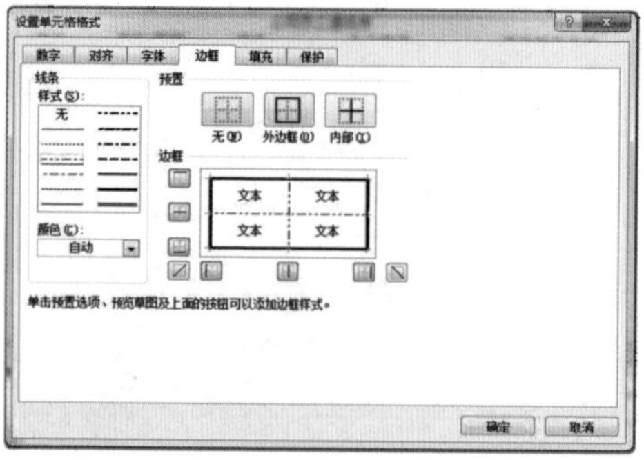

并单击“预置”选项组中的“内部”按钮，如上图所示。

知识加油站

使用功能区命令添加边框线

全选表格，切换至“开始”选项卡，在“字体”组中，单击“边框”下拉按钮，在下拉列表中选择满意的边框选项，同样也可以添加表格边框线。

（7）添加表格边框

单击“确定”按钮，此时该表格已添加边框线，如下图所示。

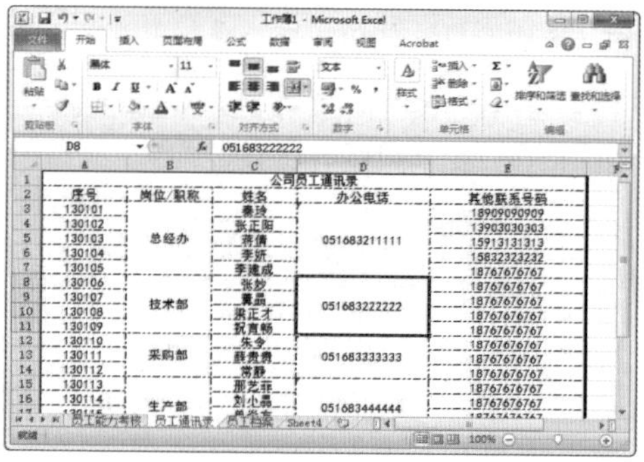

4. 添加单元格底纹

在Excel表格中，用户还可根据需要为单元格添加相应的底纹颜色，使表格外观更加美观。

（1）切换至“填充”选项卡

选中A2：E2单元格，单击鼠标右键，

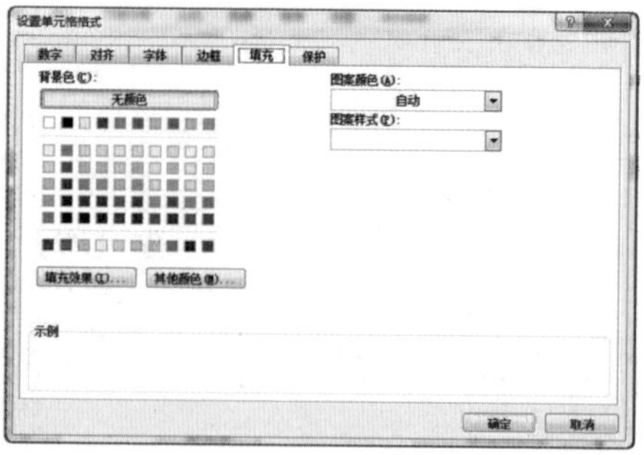

执行“设置单元格格式”命令，打开相应对话框，切换至“填充”选项卡，如上图所示。

(2) 选择填充颜色

在“背景色”选项组中，选择满意的颜色，如下图所示。

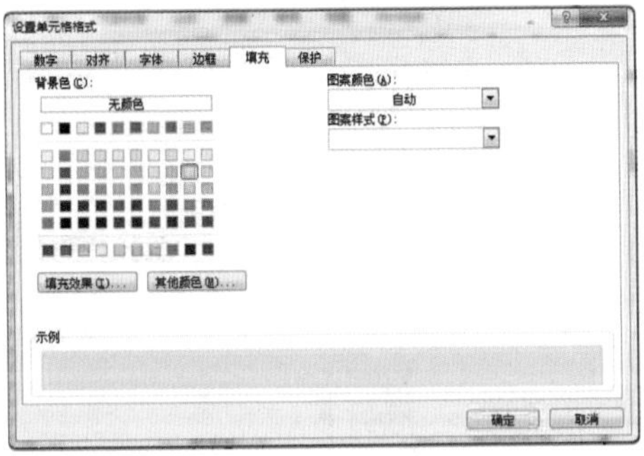

(3) 完成设置

选择完成后，单击“确定”按钮，完成单元格底纹的填充，如下图所示。

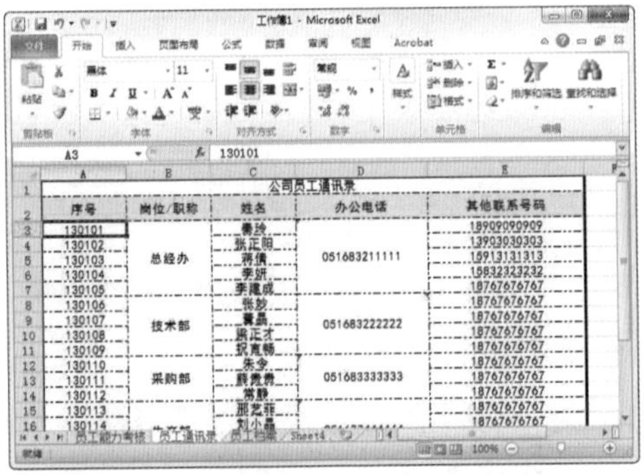

(4) 选择单元列

选择A单元列，打开“设置单元格格式”对话框，在“填充”选项卡中，单击“填充效果”按钮，如上图所示。

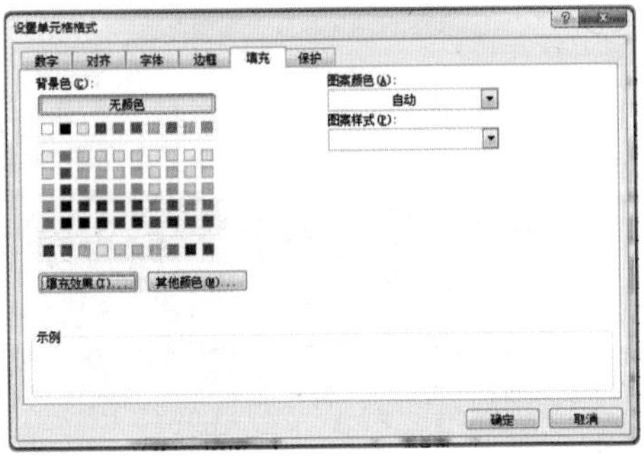

(5) 设置渐变色颜色

在“填充效果”对话框中，设置好“颜色1”和“颜色2”，在“底纹样式”选项组中，设置好渐变样式，如下图所示。

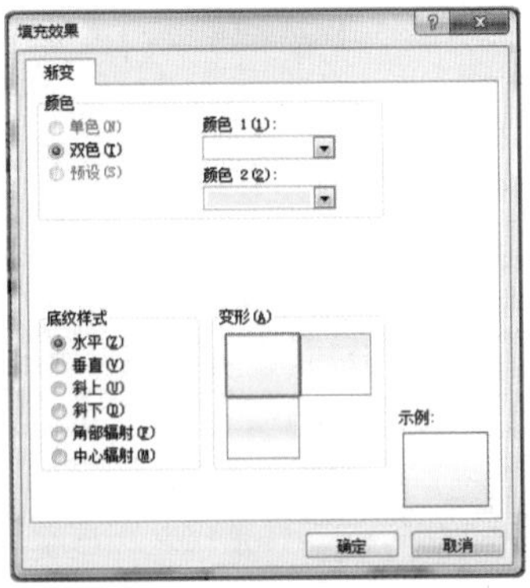

(6) 完成渐变色填充

单击“确定”按钮，返回上一层对话框，再次单击“确定”按钮，完成渐变色底纹填充，如下图所示。

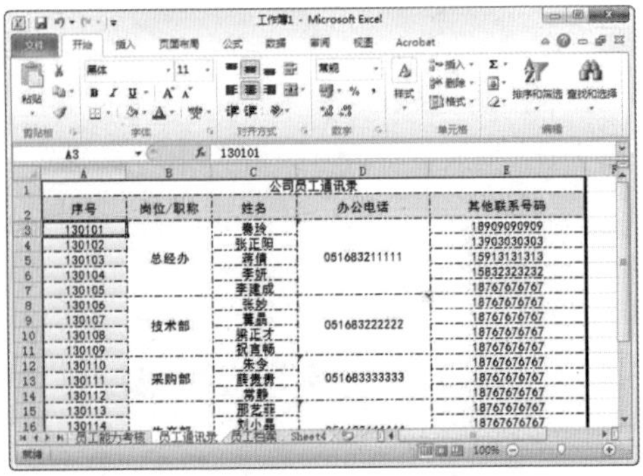

知识加油站

快速填充单元格底纹

选中所需单元格，在“开始”选项卡的“字体”组中，单击“填充颜色”下拉按钮，选择满意的颜色，即可快速填充单元格。

6.2.3 查找和替换通讯录内容

要想在复杂的表格中，快速查找或替换某一单元格内容，可使用 Excel 中的“查找”和“替换”功能。下面介绍具体操作。

1. 查找单元格内容

在表格中，使用“查找”功能的具体操作如下。

（1）启动“查找”功能

选中表格中的任意单元格，在“开始”选项卡的“编辑”组中，单击“查找和选择”下拉按钮，在下拉列表中选择“查找”选项，如下图所示。

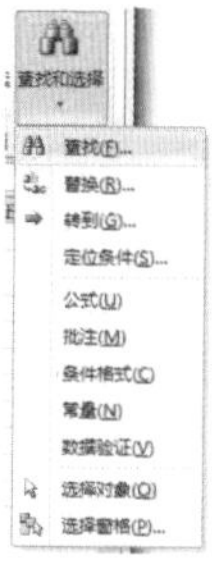

（2）输入查找内容

切换至“查找和替换”对话框的“查找”选项卡，输入查找内容，如下图所示。

（3）显示查找结果

输入完成后，单击“查找全部”按钮，

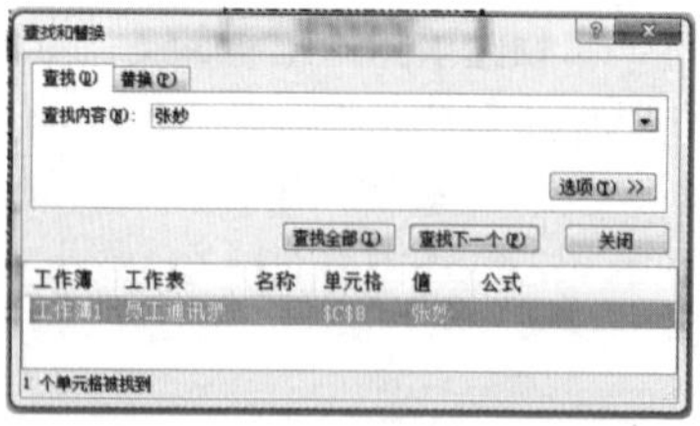

此时系统将自动搜索表格内容，在打开的查找列表中显示结果，如上图所示。

（4）完成查找

在查找列表中，单击所需内容，此时系统将自动在表格中定位相应单元格。

2. 替换单元格内容

在 Excel 表格中，替换单元格内容的方法如下。

（1）启动“替换”对话框

单击“查找和选择”下拉按钮，选择“替换”选项，如下图所示。

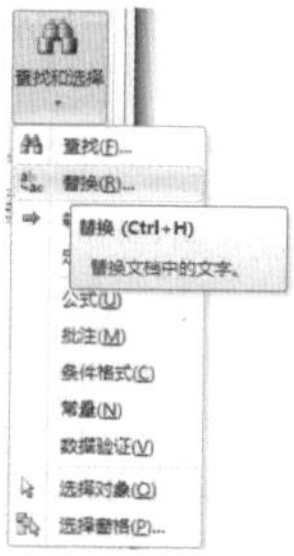

（2）设置替换内容

在“查找和替换”对话框的“替换”选项卡中，单击“查找内容”文本框，输入要替换的内容，然后在“替换为”文本框中，输入新内容，如下图所示。

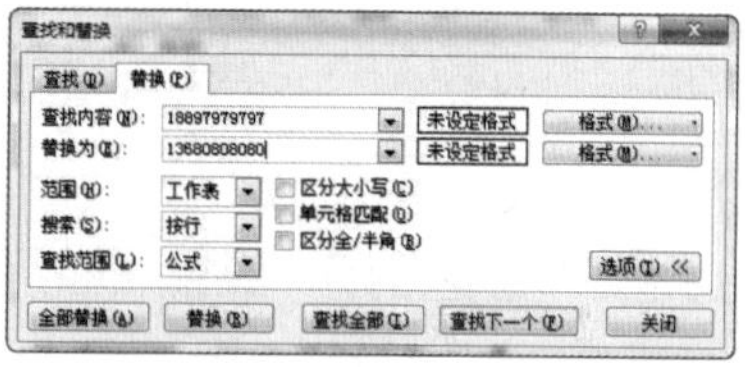

（3）完成替换

设置完成后，单击“全部替换”按钮，

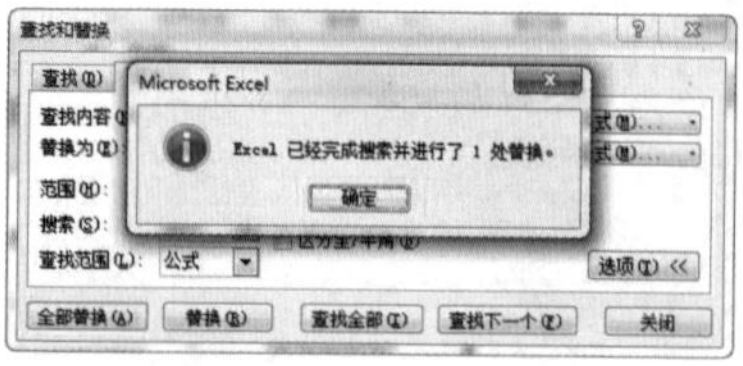

系统将自动替换所需单元格中的内容，并打开替换结果，单击“确定”按钮完成操作，如上图所示。

6.2.4 打印员工通讯录

通讯录表格制作完成后，用户通常都需将其打印。下面介绍如何打印 Excel 工作表。

（1）启动“纸张大小”功能

切换至“页面布局”选项卡，在“页面设置”组中，单击“纸张大小”下拉按钮，选择满意的纸张大小值，这里默认选择 A4，如下图所示。

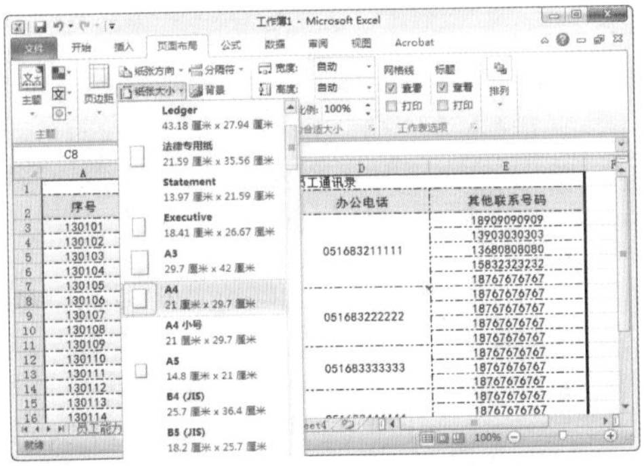

（2）设置页边距

单击“页面设置”对话框启动器按钮，在打开的对话框中，在“页边距”选项卡中将“上”“下”“左”“右”页边距值设为 2，并分别选择“水平”和“垂直”选项，如下图所示。

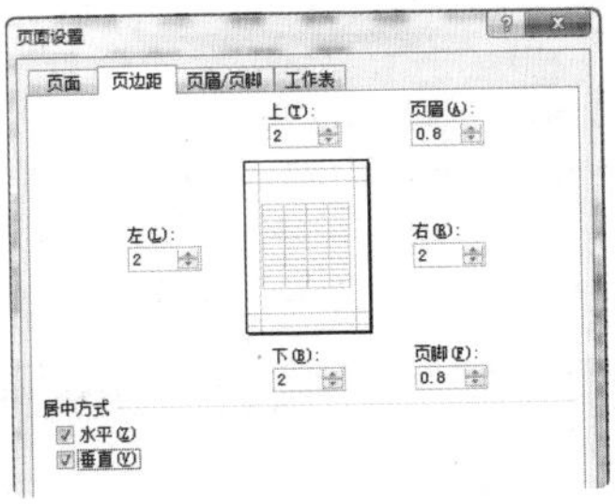

（3）设置打印选项

单击“文件”选项卡，选择“打印”选项，打开打印界面，根据需要设置好打印份数，并选择好打印机型号，如下图所示。

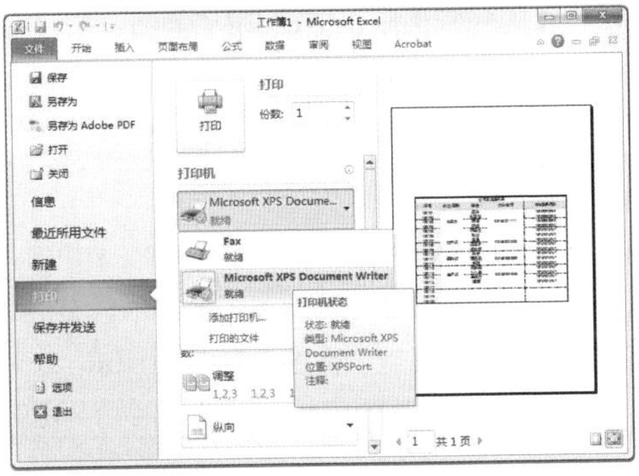

（4）打印文件

设置好后，用户可在预览视图中预览该表格内容，并确认是否要修改。如无需修改，单击“打印”按钮，稍等片刻即可进行打印操作，如下图所示。

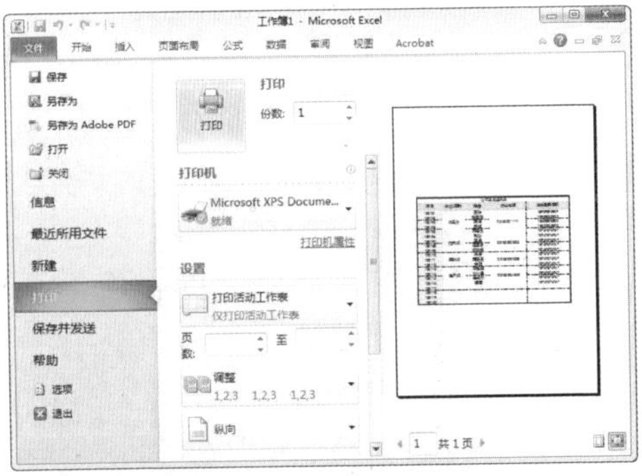

6.3 制作员工档案表

员工档案是记录一个人学习和工作经历、政治面貌以及品德作风等个人情况的文件材料，它起着凭证、依据及参考的作用。下面以制作员工档案表为例，介绍表格样式的套用及数据超链接的添加操作。

6.3.1 输入并设置员工基本信息

启动 Excel 文件，新建工作表，指定所需单元格，即可输入表格内容。

1. 在不同工作表中复制数据内容

在同一张工作表中，利用“复制”和“粘贴”命令可复制数据。若想要在不同的工作表中复制数据，可通过以下方法操作。

（1）选择复制选项

打开“Chapter 06 实例文件 . xlsx”工作簿，选择“员工通讯录”工作表，单击鼠标右键，执行“移动或复制”命令，如下图所示。

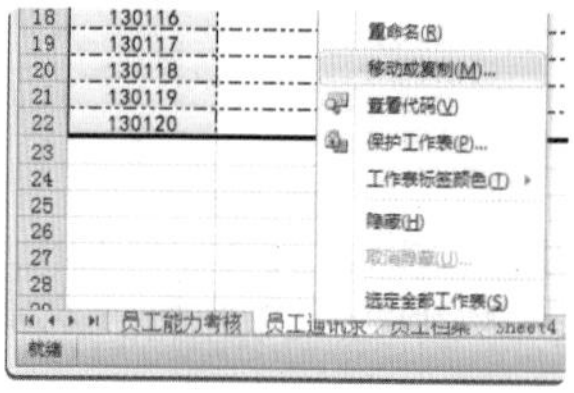

（2）设置相关选项

在“移动或复制工作表”对话框的“下列选定工作表之前”列表框中，选择“Sheet3”选项，并选择“建立副本”选项，如下图所示。

（3）完成复制

单击“确定”按钮，此时在“员工通讯录”工作表后即可显示其副本工作表，如下图所示。

（4）更改工作表名称

双击复制的工作表标签，重新命名为“员工档案”，如下图所示。

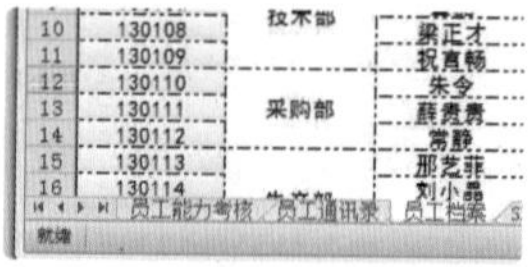

（5）清除表格格式

在“员工档案”工作表中，选中要复制的表格内容，在“开始”选项卡的“编辑”组中，单击“清除”下拉按钮，选择“清除格式”选项，如下图所示。

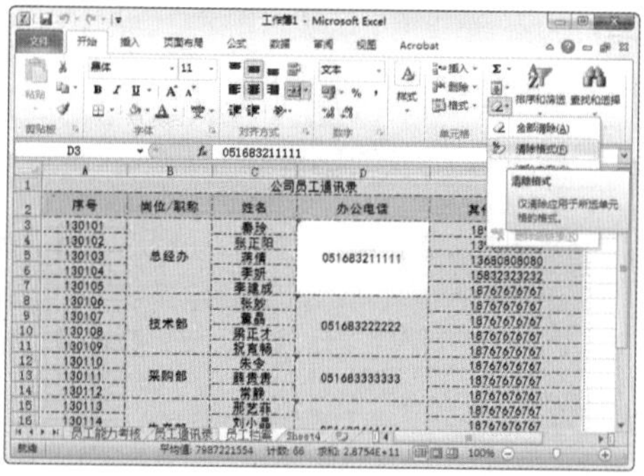

（6）查看结果

选择完成后，被选中的表格格式已全部被清除，如下图所示。

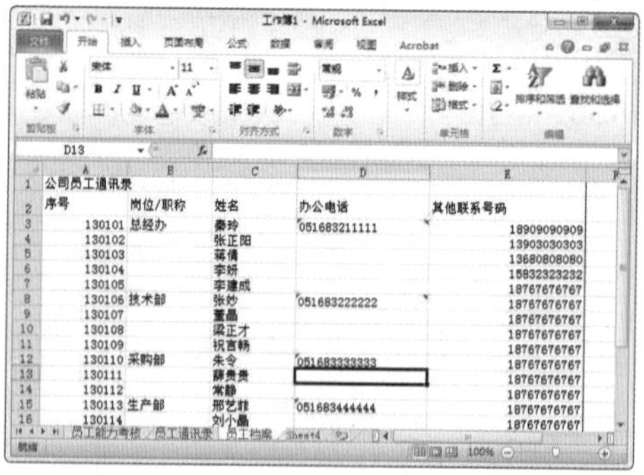

（7）删除标题行

选中表格首行内容，单击鼠标右键，执行“删除”命令，如下图所示。

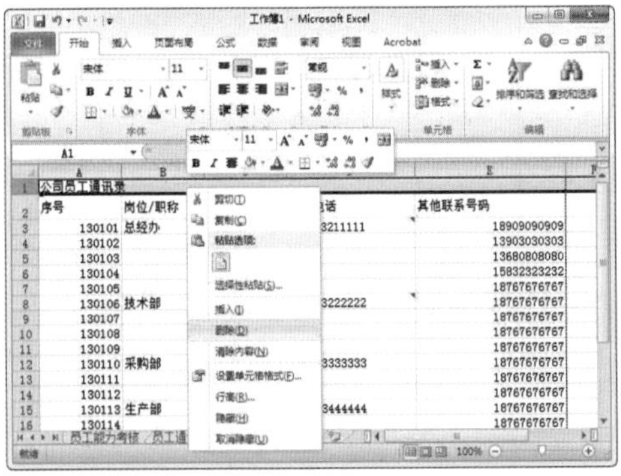

（8）设置删除类型

在“删除”对话框中，选择“整行”选项，然后单击“确定”按钮，删除标题行，如下图所示。

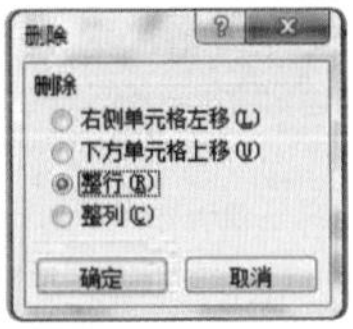

知识加油站

选择某个数据区域

有时需在工作表中选择大范围的数据区域，除了使用鼠标拖曳的方法外，还可单击被选区域中的任意单元格，然后使用组合键【Ctrl+Shift+8】进行选择。

（9）删除 B 列和 D 列

按照同样的方法，将表格 B 列和 D 列数据删除，结果如上图所示。

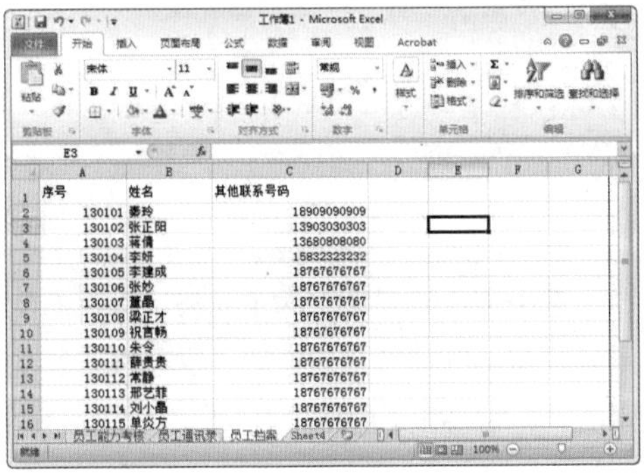

2. 输入表格基本内容

对复制后的表格进行调整后，即可输入表格信息内容。

（1）插入单元列

选中 C：I 单元列，在 B 列后快速插入 7 个空白列。

（2）输入表头内容

选中表头单元格，输入文本内容，如下图所示。

知识加油站

Excel 自动换行功能介绍

想要实现单元格自动换行功能，只需选中该单元格，在“开始”选项卡的“对齐方式”选项组中，单击“自动换行”命令，即可实现文本自动换行操作。当然用户也可使用【Alt+Enter】组合键强行换行。

（3）启动“数据有效性”命令

选中 C2：C51 单元格区域，切换至“数据”选项卡，单击“数据有效性”下拉按钮，在下拉列表中选择“数据有效性”选项，如下图所示。

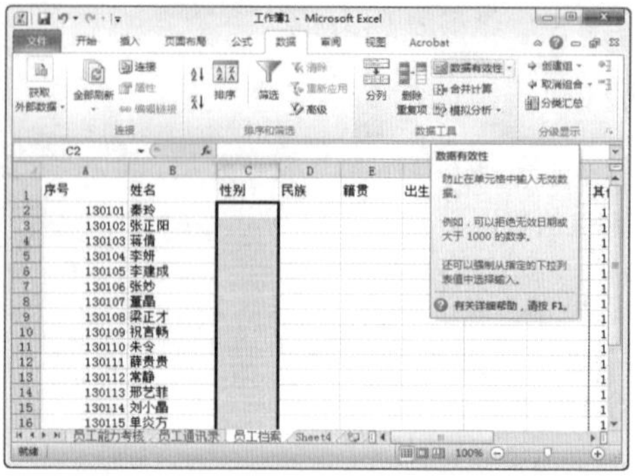

(4) 设置数据有效性

在“数据有效性”对话框的“设置”选项卡中，在“允许”下拉列表中选择“序列”选项，并在“来源”文本框中输入相关数据，其中各数据间用英文模式的逗号进行分隔，如下图所示。

(5) 输入提示信息

在“输入信息”选项卡的“标题”和“输入信息”文本框中输入内容，如下图所示。

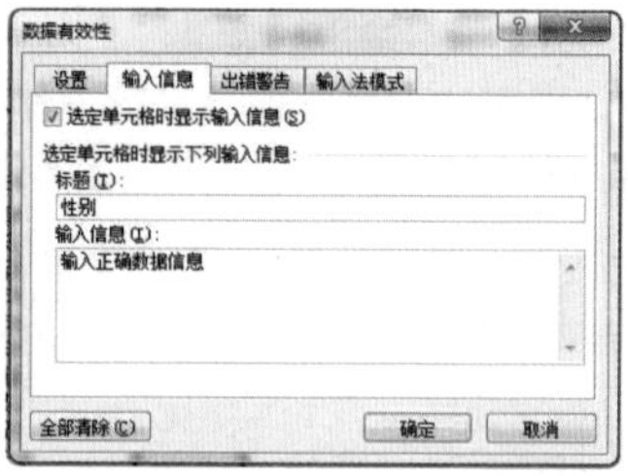

(6) 输入出错信息

切换至“出错警告”选项卡，单击“样式”下拉按钮，选择“警告”选项，并在相应文本框中输入出错时的提示内容，如下图所示。

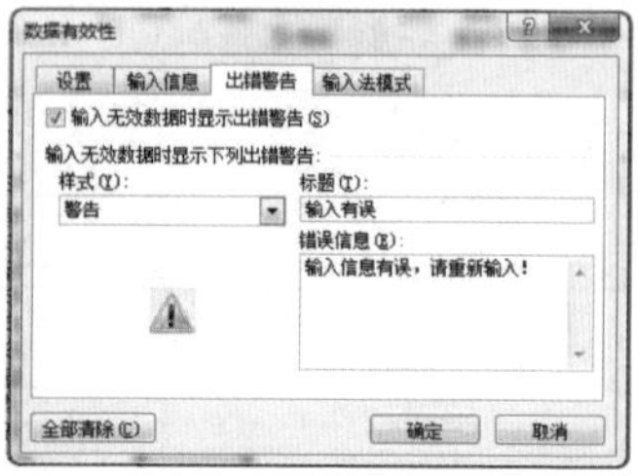

(7) 查看设置效果

单击C2单元格，此时会出现输入提示，如下图所示。

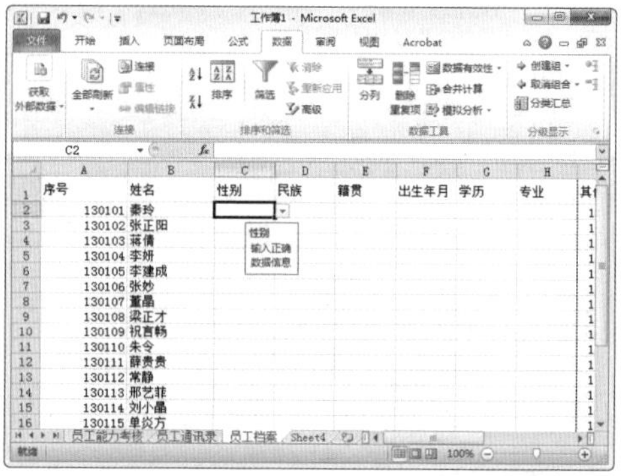

(8) 输入数据内容

单击该单元格右侧下拉按钮，选择合适的选项即可输入，如下图所示。

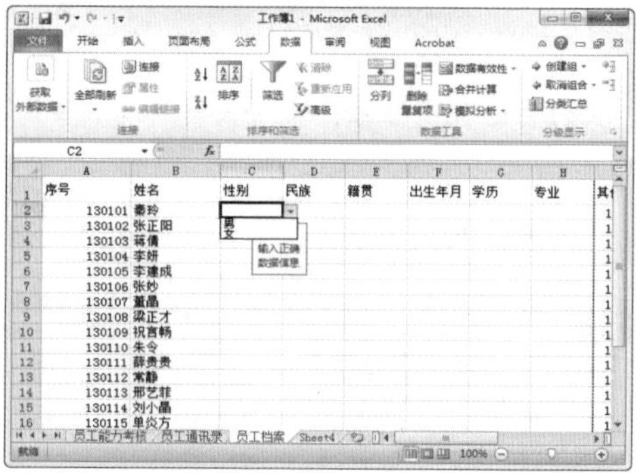

(9) 输入该列其他内容

选中该单元列剩余的单元格，单击右侧下拉按钮，选择满意选项即可快速输入其他列内容，结果如下图所示。

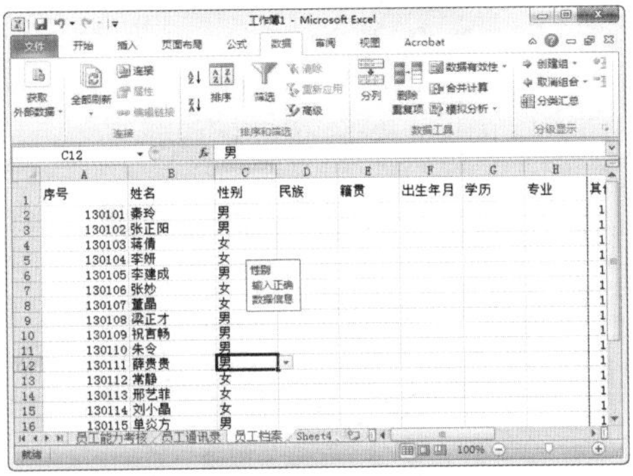

（10）输入错误信息提示

在输入过程中，如果没有按照设置的信息输入，系统则会打开警告对话框，提示用户输入错误，如下图所示。

（11）输入D单元列

选中D2单元格，输入相关数据内容，然后使用"自动填充"功能，向下填充单元格，如下图所示。

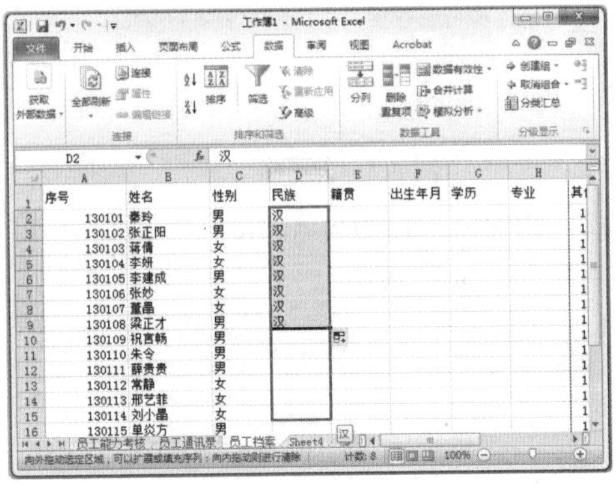

知识加油站

使用记忆功能输入数据

在表格中输入大量数据时，可通过记忆性键入功能输入相似或相同的数据。如在单元格中输入相同的数据时，系统会启动记忆功能，自动输入该单元格数据。

（12）多选不连续单元格

在E单元列中，按住【Ctrl】键，同时选择该列中其他所需单元格，释放【Ctrl】键则可选择多个不连续单元格，如下图所示。

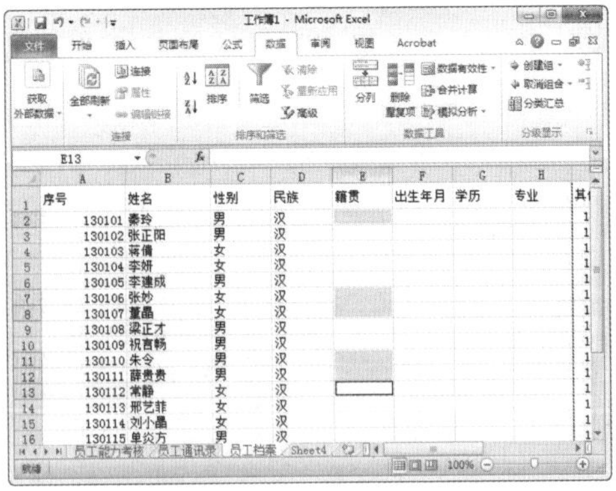

（13）同时输入多个相同数据

选择完成后，在公式编辑栏中输入所需单元格内容，按组合键【Ctrl+Enter】，同时填充被选单元格，如下图所示。

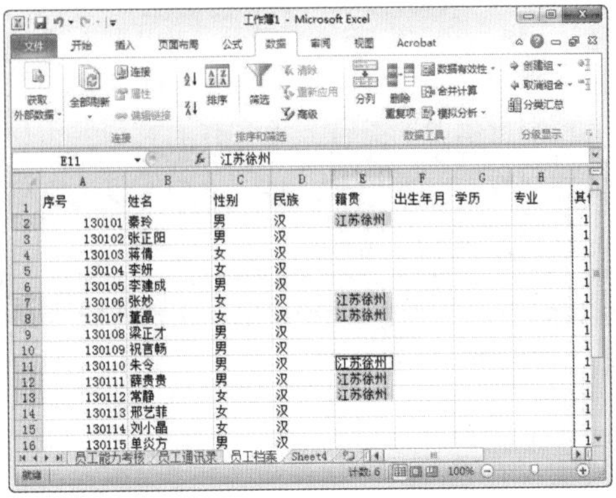

（14）输入E列其他单元格内容

按照同样的操作方法，完成E列其他内容的输入，结果如下图所示。

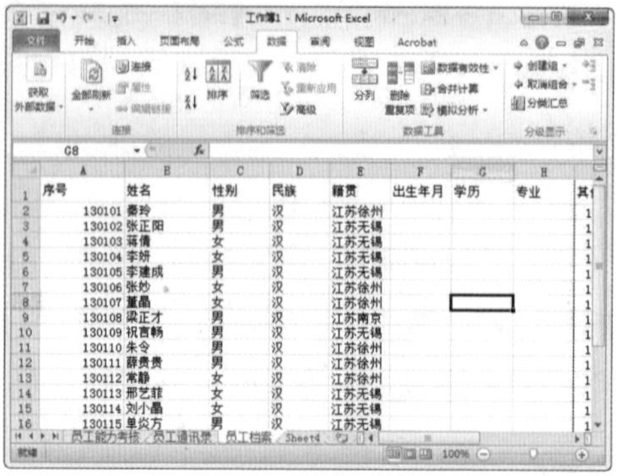

(15) 输入日期数据

选中F2单元格，输入生日日期内容，如下图所示。

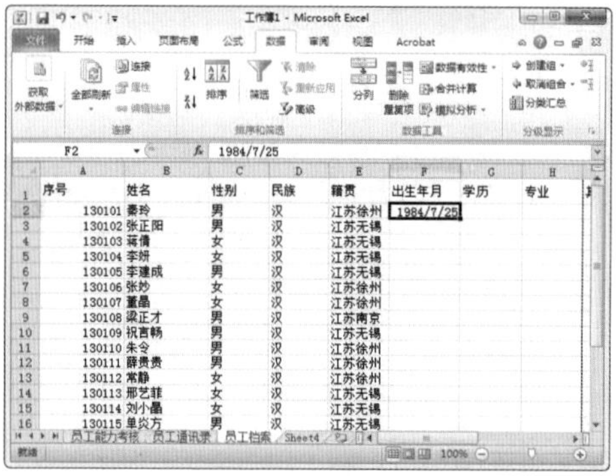

(16) 设置日期格式

选中F2单元格，单击鼠标右键，执行“设置单元格格式”命令，在打开的对话框中切换至“数字”选项卡，将“类型”设为满意的格式，如下图所示。

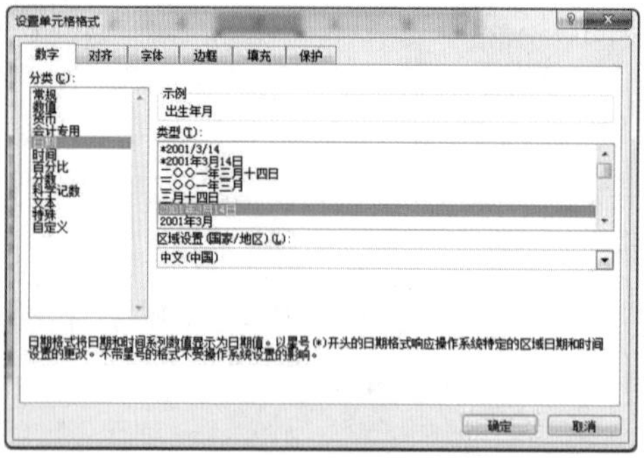

(17) 查看设置结果

设置完成后，单击“确定”按钮，完成日期格式的更改操作，如下图所示。

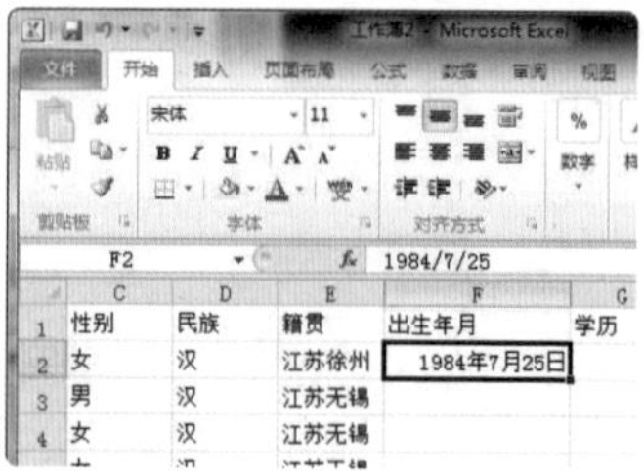

(18) 输入剩余日期内容

选中F列其他单元格，并输入日期内容，如下图所示。

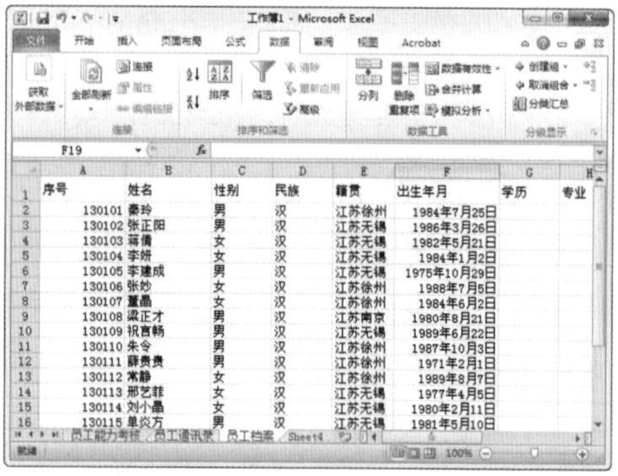

(19) 利用数据有效性功能输入G列内容

选中G列所有单元格，单击“数据有效性”按钮，设置相关选项，完成单元格内容的输入，如下图所示。

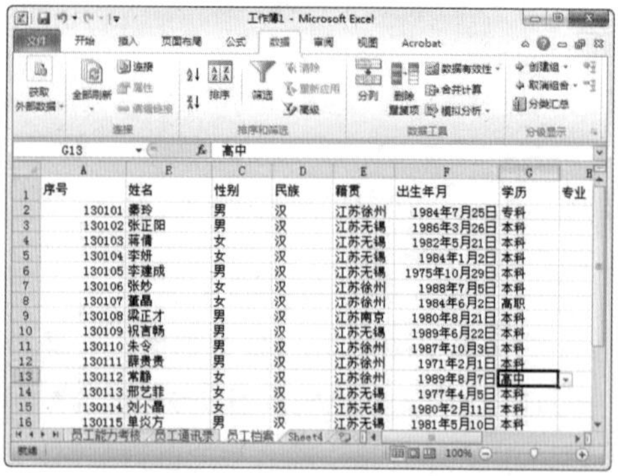

（20）输入表格其他内容

选中表格剩余单元格，输入相关数据信息，结果如下图所示。

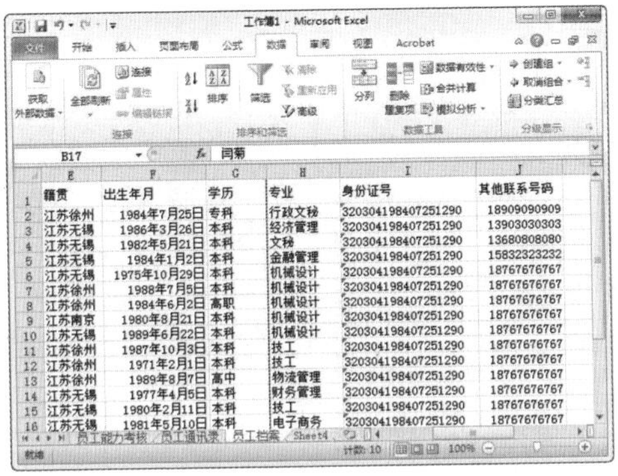

3. 编辑单元格格式

表格内容输入完毕后，可对表格格式进行一些必要的编辑设置。

（1）设置表格表头内容格式

选中表格首行单元格，在“字体”组中根据需要设置文本的字体、字号和字形等，如下图所示。

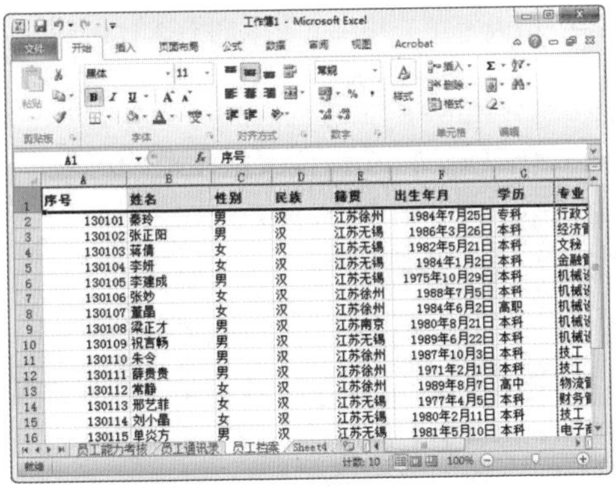

（2）设置表格正文内容格式

选中表格正文内容，设置好文本的字体和字号，如下图所示。

（3）设置文本对齐方式

全选表格，单击鼠标右键，执行“设置单元格格式”命令，在打开的对话框的“对

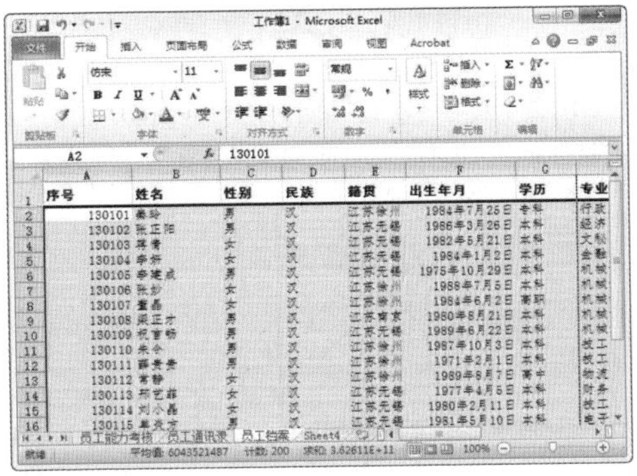

齐”选项卡中，将“水平对齐”和“垂直对齐”设置为“居中”，如下图所示。

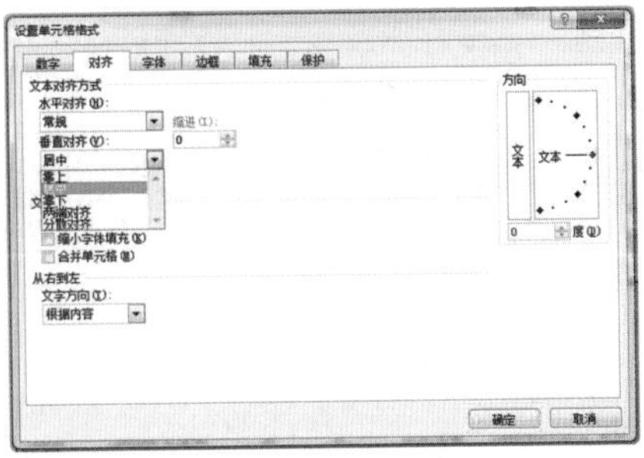

（4）设置表格行高和列宽

全选表格，单击鼠标右键，分别执行“行高”和“列宽”命令，在打开的相应的对话框中，对表格的行高和列宽值进行设置，如下图所示。

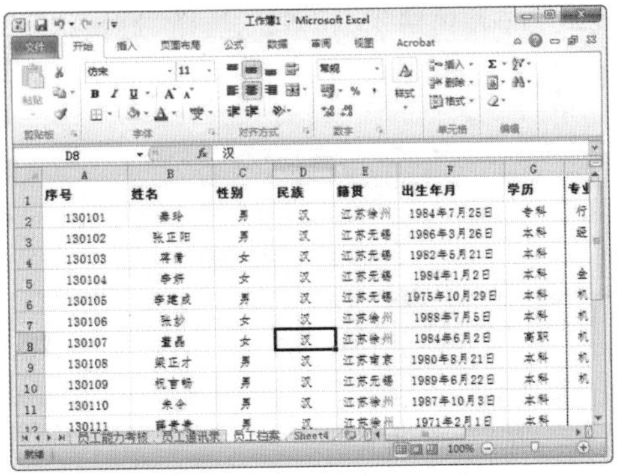

（5）设置表格外边框线

全选表格，打开“设置单元格格式”对

话框，在“边框”选项卡中设置表格外边框线，如下图所示。

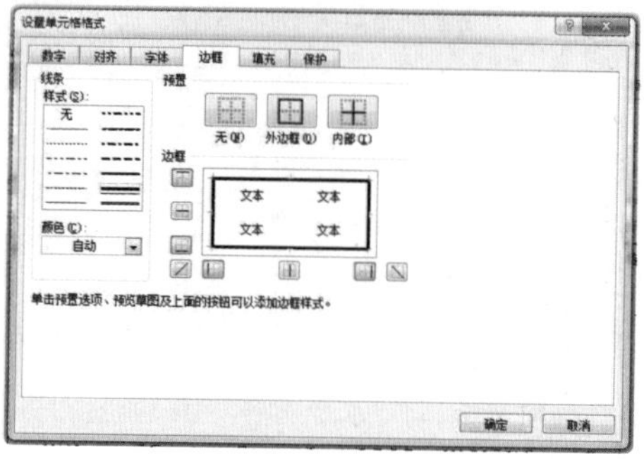

（6）设置表格内框线

在“设置单元格格式”对话框中，设置表格内框线，如下图所示。

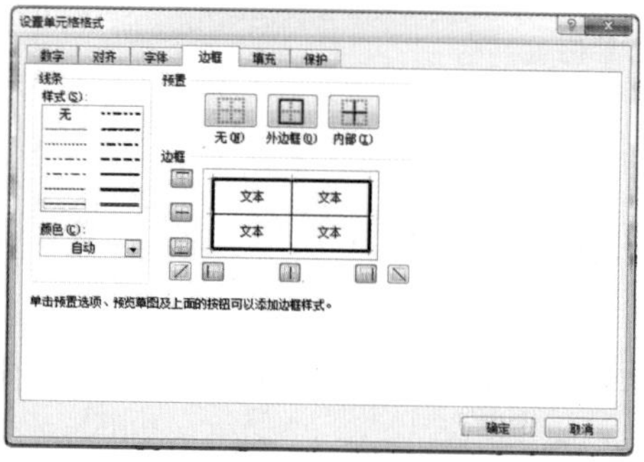

（7）启动“冻结首行”命令

切换至“视图”选项卡，在“窗口”组中，单击“冻结窗格”下拉按钮，选择“冻结首行”选项，如下图所示。

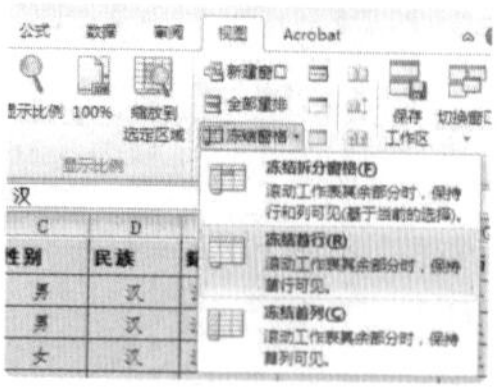

（8）冻结表格表头内容

选择完成后，该表格的表头内容已被冻结。滚动鼠标中键浏览表格内容时，该表格表头内容始终定位于表格首行位置，如下图所示。

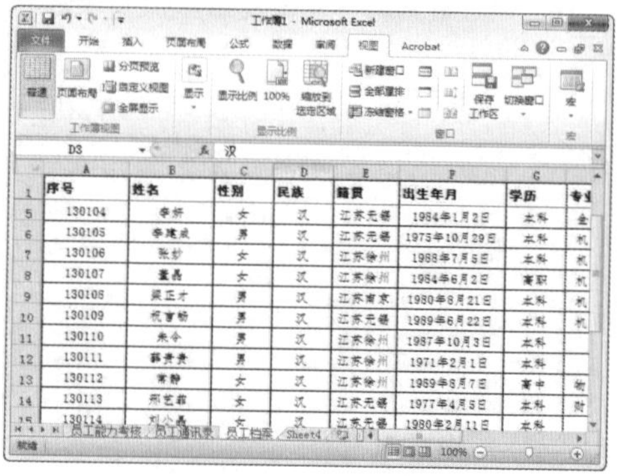

知识加油站

取消冻结窗格操作

若想取消表格窗格的冻结，可以单击“冻结窗格”下拉按钮，选择“取消冻结窗格”选项即可。

6.3.2 设置表格样式

在 Excel 工作表中，系统内置了多种单元格样式，用户可选择自定义表格样式，也可套用内置单元格样式。下面介绍具体操作。

1. 套用单元格样式

利用 Excel 中的“单元格样式”功能，可将选中的样式套用至表格中，操作方法如下。

（1）选择单元格样式

选中首行单元格，切换至“开始”选项卡，在“样式”组中，单击“单元格样式”下拉按钮，选择满意的样式选项，如下图所示。

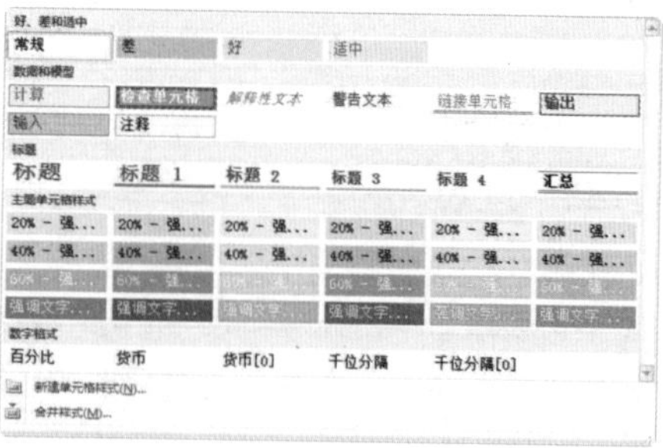

（2）套用单元格样式

样式选择完成后，被选中的首行单元格样式已发生变化，如下图所示。

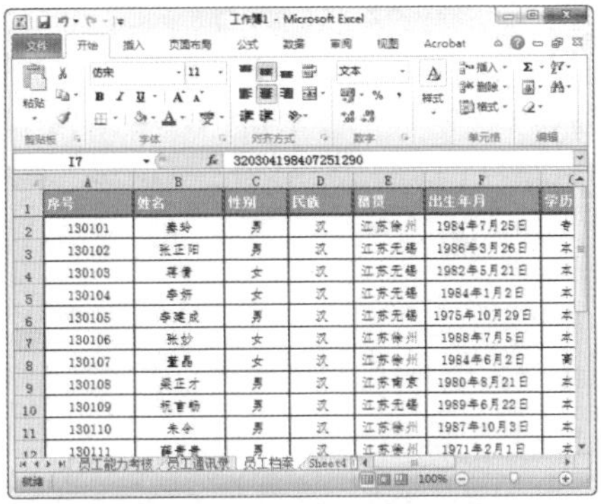

疑难解答

问：如何删除自定义表格样式？

在“样式”组中，单击“套用表格格式”下拉按钮，在下拉列表中选择自定义样式，单击鼠标右键，执行“删除”命令即可删除自定义表格样式。

2. 套用内置表格格式

单击“套用表格格式”按钮，将满意的表格格式应用至当前表格中，操作如下。

（1）选择表格格式

全选表格，在“开始”选项卡的“样式”组中，单击“套用表格格式”下拉按钮，在下拉列表中选择满意的格式选项，如下图所示。

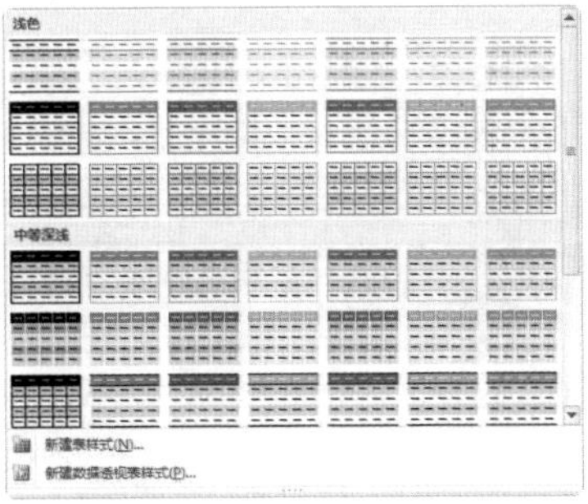

（2）确认表格区域

在“套用表格式”对话框中，单击“表数据的来源”文本框右侧的选取按钮，选择表格套用区域，这里选择默认，如下图所示。

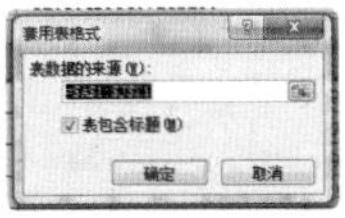

（3）套用格式

单击“确定”按钮，此时被选中的表格区域已发生了变化，如下图所示。

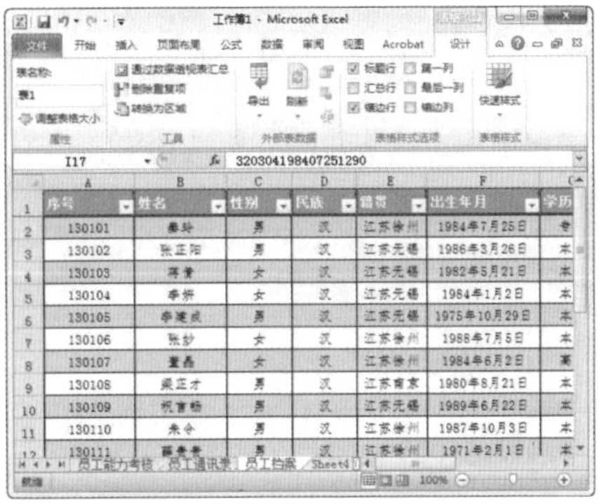

3. 自定义表格样式

在内置的表格样式中，如果没有满意的样式选项，用户可新建样式，并运用到表格中，具体操作如下。

（1）启动新建样式命令

在“开始”选项卡的“样式”组中，单击“套用表格格式”下拉按钮，选择“新建表样式”选项，如下图所示。

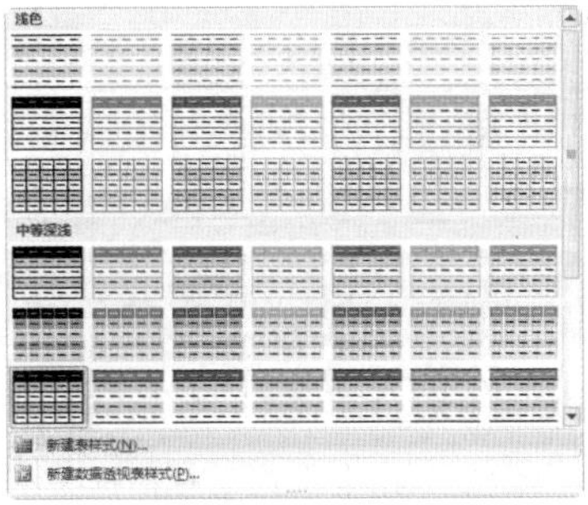

（2）重命名样式

在“新建表快速样式”对话框的“名称”文本框中，重命名样式名称，并在“表元素”列表中选择“标题行”选项，如下图所示。

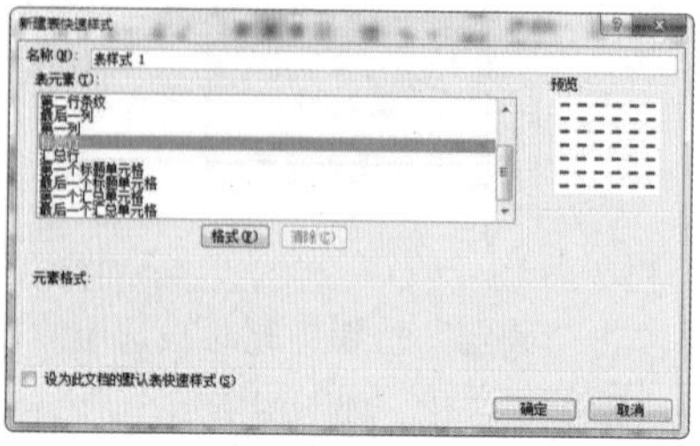

（3）设置标题行格式

单击“格式”按钮，在“设置单元格格式”对话框中，切换至“填充”选项卡，填充标题行，如下图所示。

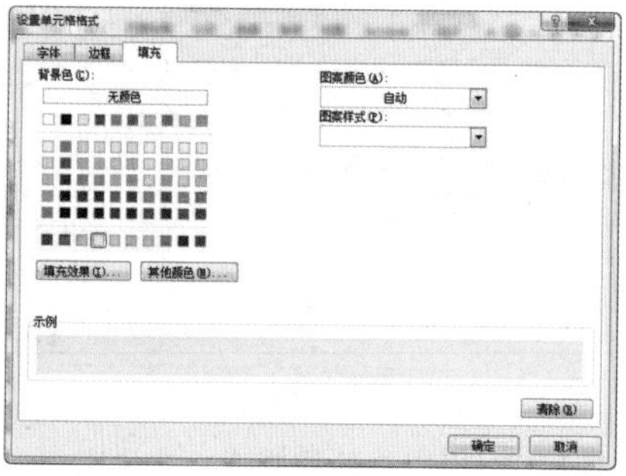

（4）选择表元素

单击“确定”按钮，返回上一层对话框，在“表元素”列表中，选择“第一行条纹”选项，然后单击“格式”按钮，如下图所示。

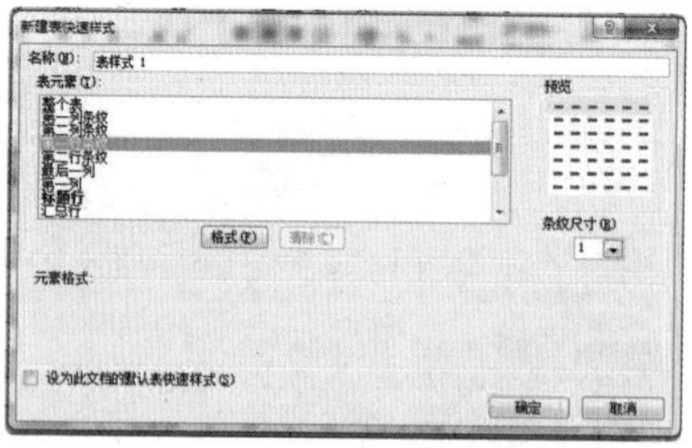

（5）设置字体格式

在“设置单元格格式”对话框中，切换至“字体”选项卡，在“字形”列表中，单击“倾斜”选项，如下图所示。

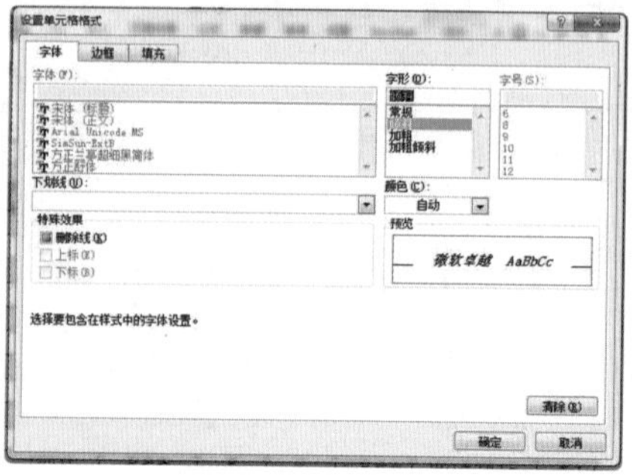

（6）设置填充色

切换至“填充”选项卡，选择填充颜色，单击“确定”按钮，返回上一层对话框，如下图所示。

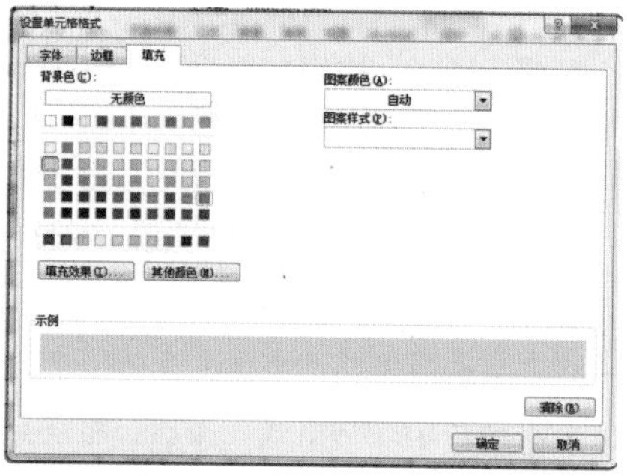

（7）套用新建样式

设置完成后，单击“确定”按钮，关闭对话框。再单击“套用表格格式”下拉按钮，选择“自定义”选项，如下图所示。

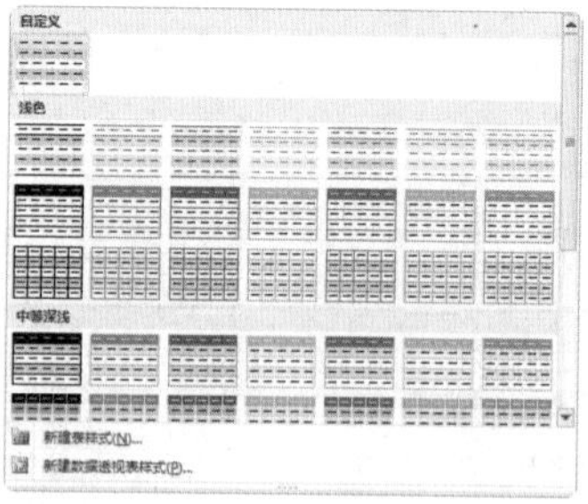

（8）查看效果

选择完成后，在“套用表格式”对话框

中选择表格区域，然后单击“确定”按钮，即可将该样式套用至当前表格中，如下图所示。

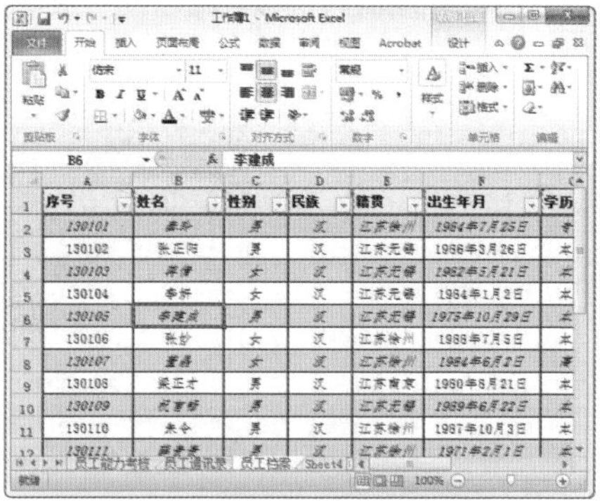

疑难解答

问：如何修改新建表样式？

答：若想修改新建的表样式，可在“套用表格格式”下拉列表中选择“新建样式”选项，单击鼠标右键，执行“修改”命令，在打开的“修改表快速样式”对话框中进行格式修改即可。

6.3.3 建立超链接

编辑 Excel 表格时，如需详解某些单元格中的内容，可进行表格超链接操作。下面介绍具体操作方法。

（1）制作链接内容

利用 Excel 的相关功能，制作出表格链接的内容，结果如下图所示。

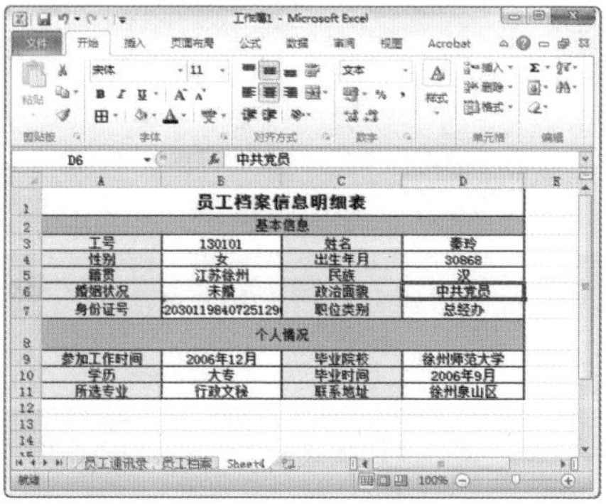

（2）指定表格链接的内容

在“员工档案”工作表中，指定要链接的表格内容，这里选择 A2 单元格，如下图所示。

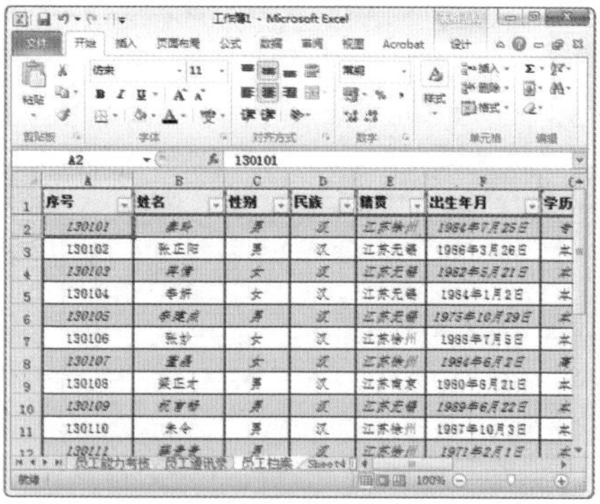

（3）启动“超链接”功能

切换至“插入”选项卡，在“链接”组中单击“超链接”按钮，如下图所示。

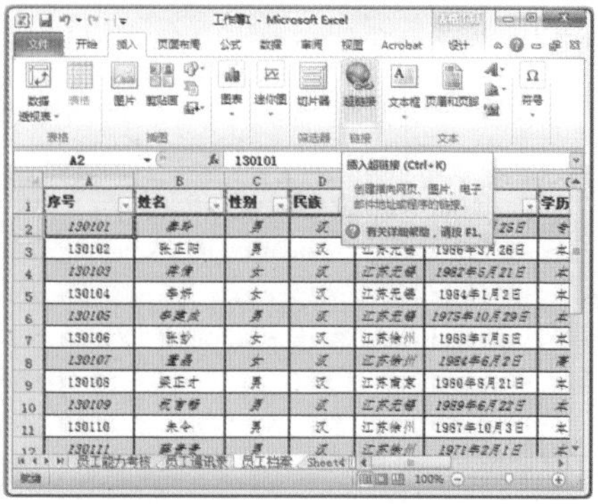

（4）设置超链接选项

在“插入超链接”对话框中，单击“现有文件或网页”按钮，在“当前文件夹”列表中，选择所需链接选项，这里选择“员工档案明细表”选项，如下图所示。

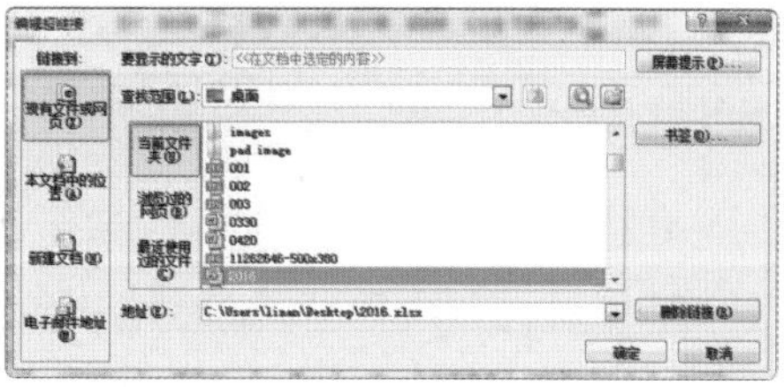

（5）完成链接操作

单击“确定”按钮，完成链接操作。将光标移至A2单元格，光标会变成手指形状，如下图所示。

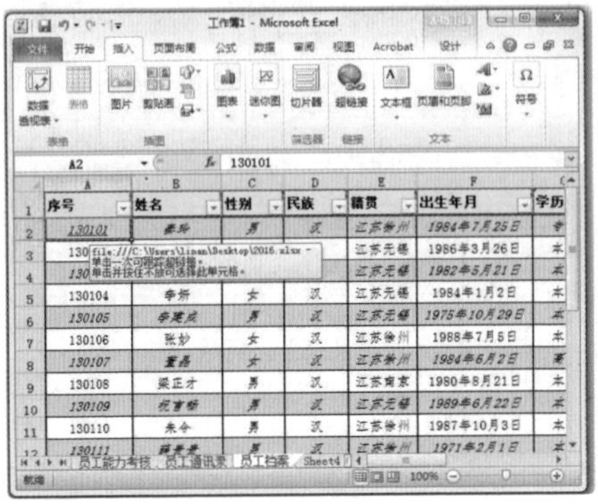

（6）链接操作

单击A2单元格，系统会跳转至设置的链接文档。

（7）取消链接

在表格中，选择链接单元格，单击鼠标右键，执行“取消超链接”命令即可取消链接操作，如下图所示。

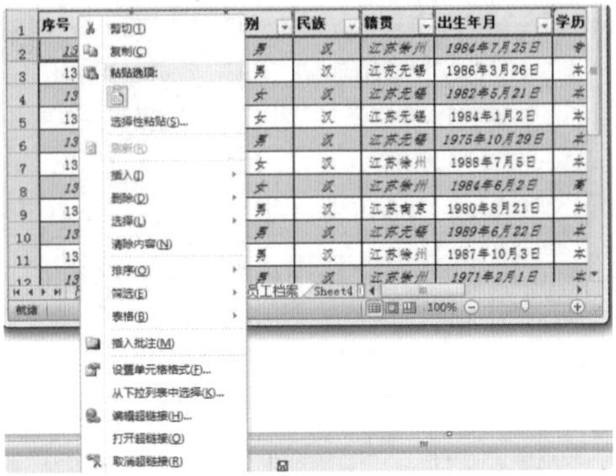

Chapter 07

使用Excel函数进行数据运算

本章导读

在日常工作中，用户经常需要对一些复杂的数据进行处理。此时，就需要使用Excel软件中的公式函数功能。在Excel中有多种公式和函数，例如简单的“求和”“求平均值”“求最大、最小数”以及“计数”函数，还有复杂的“财务”“文本”“逻辑”以及“三角函数”等。

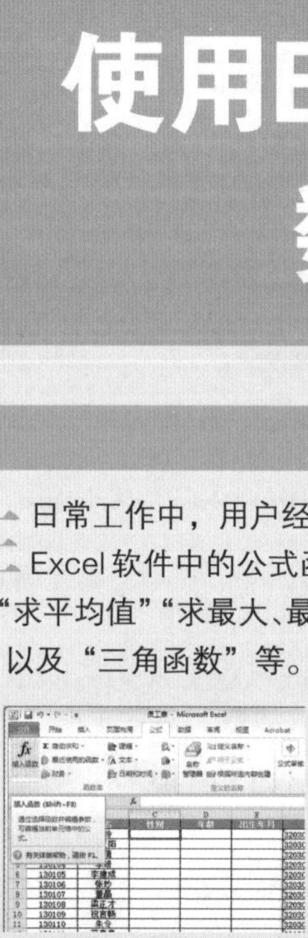

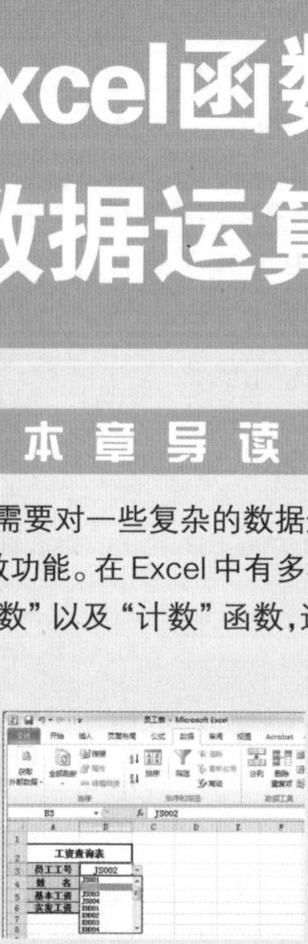

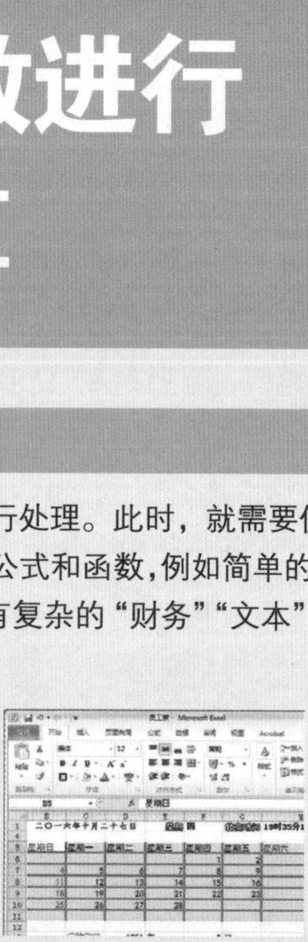

知识技能要求

本章将介绍Excel基本函数的操作。学完后读者需要掌握的相关知识技能如下：

⊙Excel中公式的使用方法
⊙Excel中常用函数的应用

7.1 制作员工培训成绩统计表

利用 Excel 工作表，除了可进行数据录入与储存外，还可对录入的数据进行运算。下面以制作员工培训成绩表为例，介绍如何运用“公式”与“函数”功能来计算和统计数据。

7.1.1 使用公式输入数据

用户在输入数据时，可适当利用公式来输入。下面介绍操作方法。

1. 根据身份证号输入员工性别

身份证号码的倒数第二位数字代表着人们的性别，当数字为奇数时，性别为男；当数字为偶数时，性别为女。下面将利用函数计算出员工性别。

（1）指定结果单元格

打开“员工成绩表 . xlsx”素材文件，选中 C2 单元格，如下图所示。

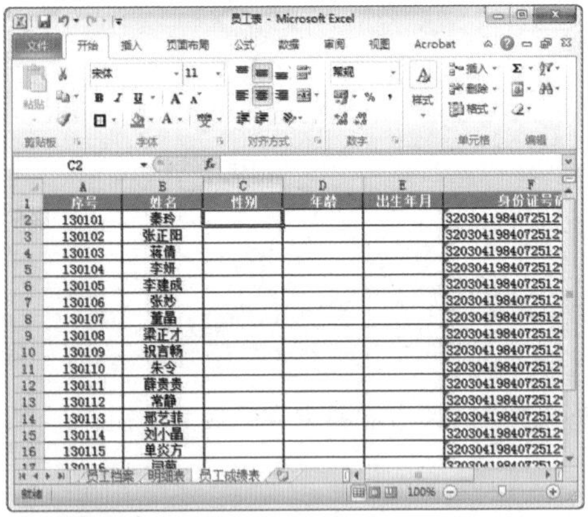

（2）插入函数

切换至“公式”选项卡，在“函数库”选项组中单击“插入函数”按钮，如下图所示，打开“插入函数”对话框。

（3）选择函数

在“选择函数”列表框中，输入函数选项“IF”，如下图所示。

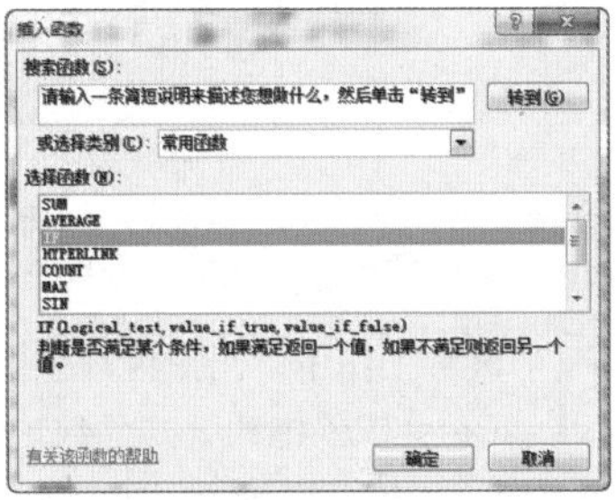

（4）输入函数参数

在“函数参数”对话框中，将 Logical_test 设为“isodd（mid（F2，17，1））”，将 Value_if_true 设为“男”，将 Value_if_false 设为“女”，如下图所示。

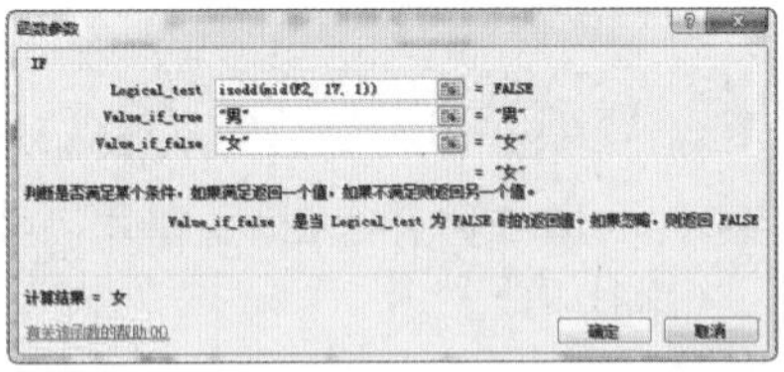

知识加油站

ISODD 函数概述

ISODD 函数主要用来测试参数的奇偶性。ISODD 语法表达式为 ISODD（number）。其中，number 表示需要进行检验的数值，该数值可以是具体的数字，也可以是指定单元格。当数值为奇数，函数返回结果 TRUE，否则返回 FALSE，当单元格为空白，则当做 0 检验，函数返回 TRUE；当参数是非数值类型，函数将返回错误值 #VALUE!。当 ISODD 函数和 IF 函数结合使用时，还可以提供一种检验公式中错误的方法。

（5）完成计算操作

输入完成后，单击“确定”按钮，此时在结果单元格 C2 中，可显示计算结果，如下图所示。

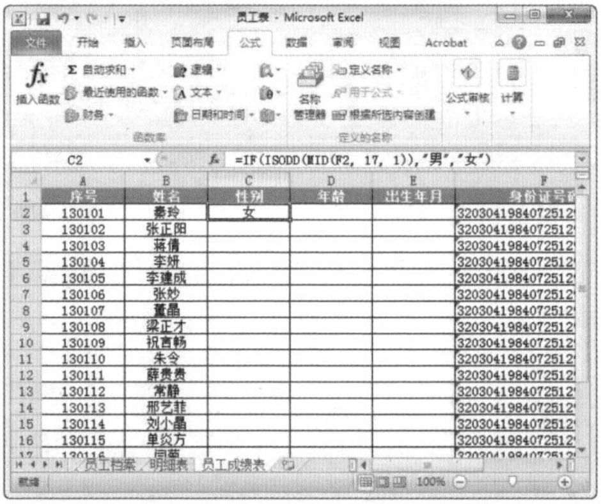

知识加油站

引用单元格公式的操作

所谓引用，是指引用相应的单元格或单元格区域中的数据，而不是具体的数值。需注意的是，使用引用单元格地址后，当单元格中数据发生变化时，无须更改公式，因为公式会自动根据用户改变后的数据重新进行计算。

（6）填充公式

选择 C2：C22 单元格区域，在“开始”选项卡的“编辑”组中，单击“填充”下拉按钮，选择“向下”选项，如下图所示。

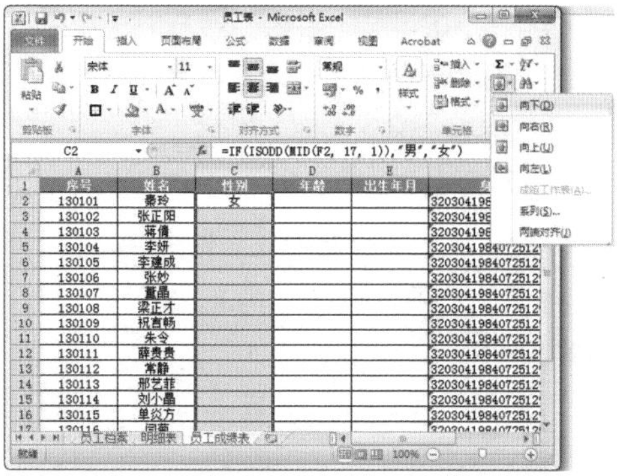

（7）完成其他单元格公式填充

此时 C2 单元格中的公式已经被引用至被选单元格中了，如下图所示。

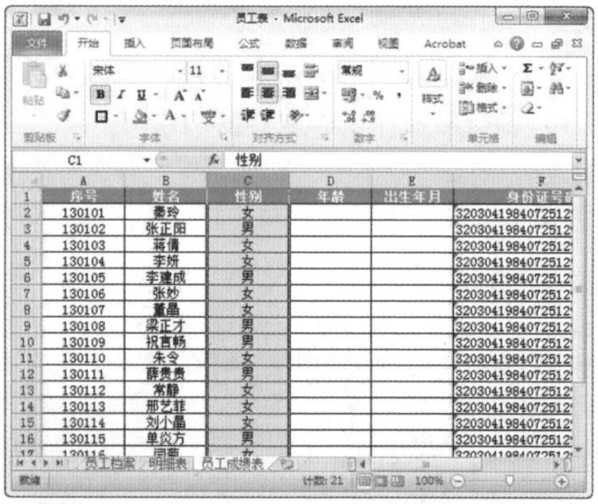

2. 根据身份证号输入员工出生年月

身份证号的第 7 ～ 14 位显示的是公民出生年月日，想要将这些数据快速转换成所需日期，可通过 MID 函数进行操作，方法如下。

（1）插入“日期与时间”函数

选中 E2 单元格，在“插入函数”对话框中，将“或选择类别”设为“日期与时

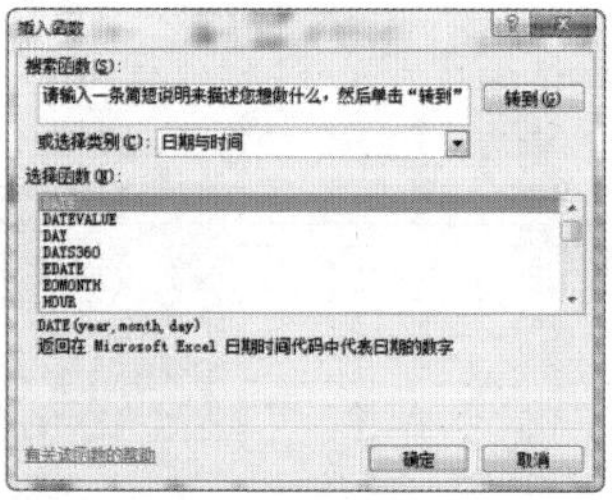

间”选项，在“选择函数”列表中选择函数DATE，如上图所示。

（2）设置函数参数

在“函数参数”对话框中，将Year设为“mid（f3,7,4）”,将Month设为“mid（f3，11，2）”，将Day设为“mid（f3，13，2）”，如下图所示。

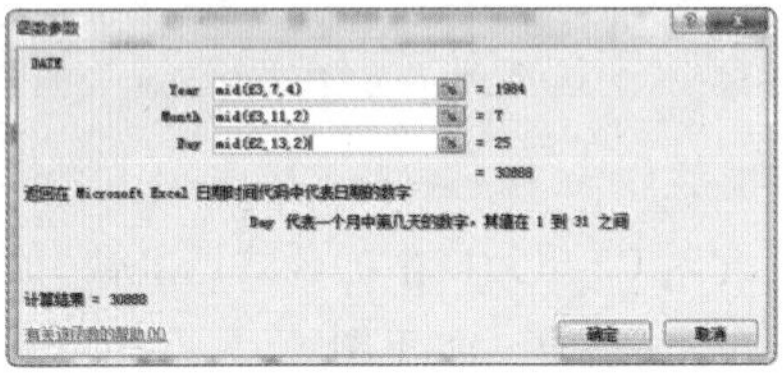

（3）查看计算结果

单击“确定”按钮，此时在结果单元格E3中即可显示计算结果，如下图所示。

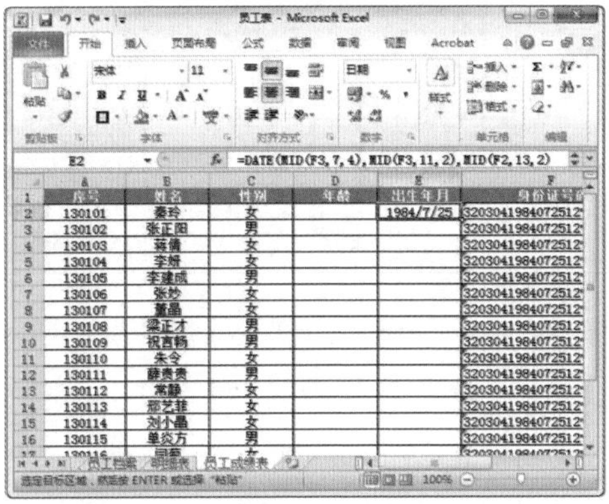

（4）复制公式

选择E2:E22单元格区域，单击“向下”

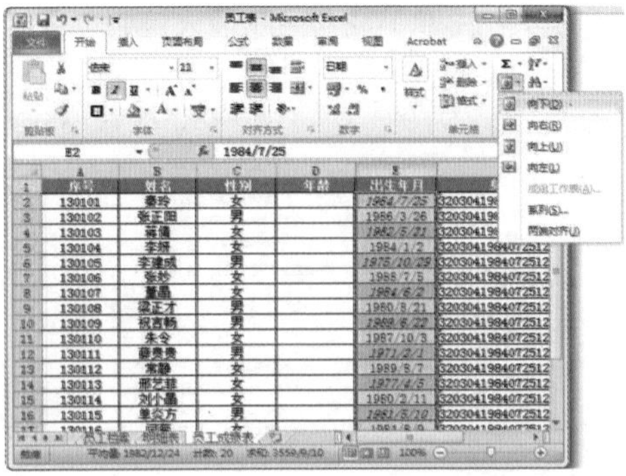

填充按钮，完成公式的复制操作，如上图所示。

（5）查看单元格公式

单击计算结果单元格，此时在表格上方的公式编辑框中，会显示该单元格所引用的公式，如下图所示。

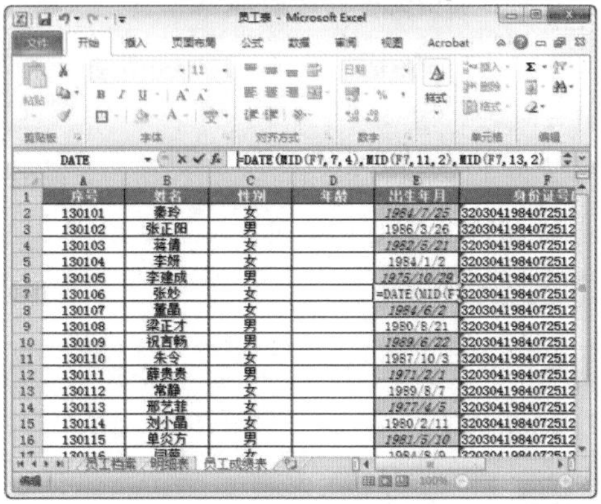

（6）修改公式

双击所需单元格，在公式编辑框中修改引用的公式，按【Enter】键确认修改。

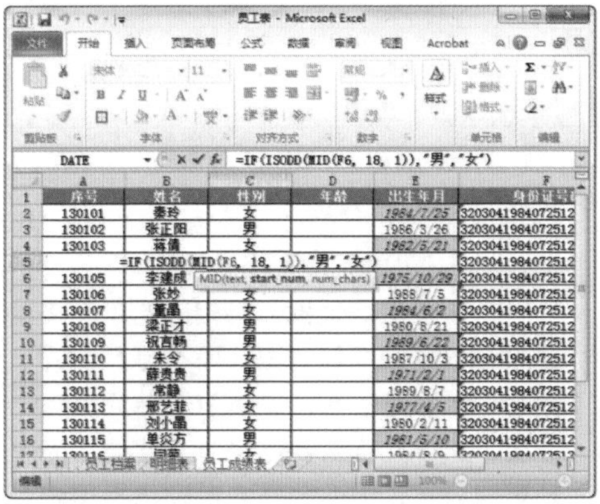

3. 运用公式输入员工年龄

输入员工出生年月后，可使用IF函数快速输入员工年龄，具体操作如下。

（1）插入日期与时间函数

选中D2结果单元格，在“插入函数”对话框中，将“或选择类别”设为“日期与时间”选项，将“选择函数”设为函数YEAR，如下图所示。

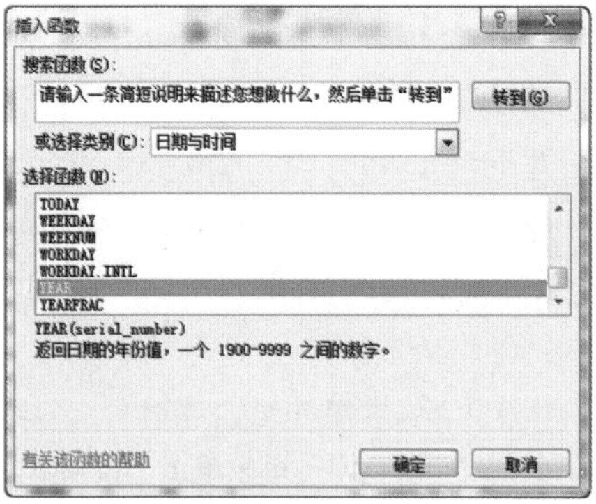

（2）设置函数参数

将 Serial_number 设 为“TODAY ( )”，如下图所示。

（3）显示当前年份

单击“确定”按钮，此时D2单元格中显示当前年份，如下图所示。

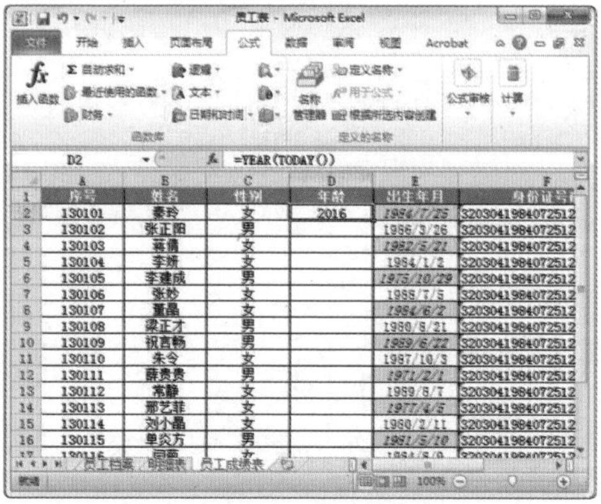

（4）在公式栏中输入减号

在公式编辑栏中当前公式后输入减号“-”，如下图所示。

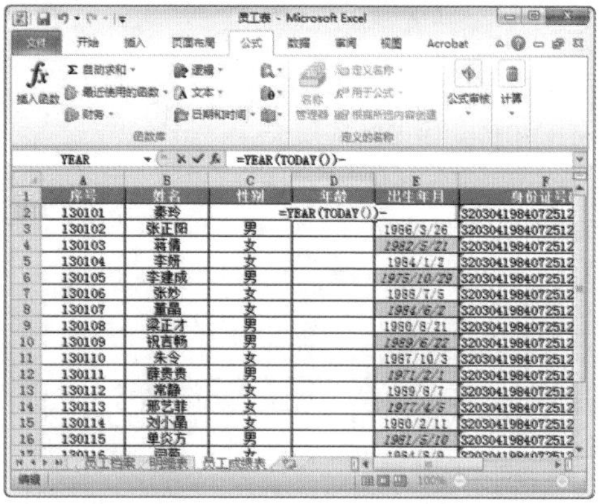

（5）再插入日期与时间函数

再次单击“插入函数”按钮，在打开的“插入函数”对话框中同样插入“日期与时间”函数，并选择函数YEAR。

（6）输入函数参数

在“函数参数”对话框中，将Serial_number设为“e3”，如下图所示。

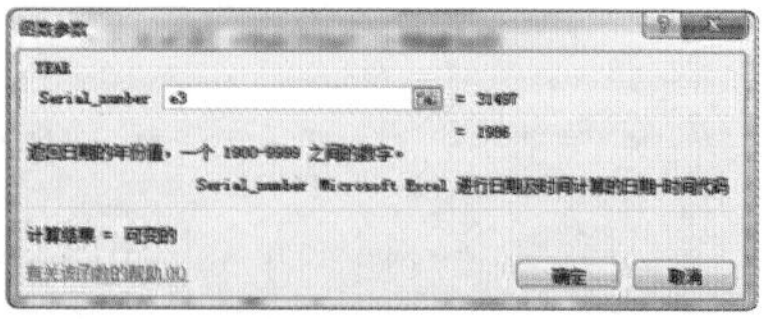

（7）设置数值格式

单击“确定”按钮，然后在“开始”选项卡的“数字”组中，单击“数字格式”下拉按钮，选择“文本”选项，如下图所示。

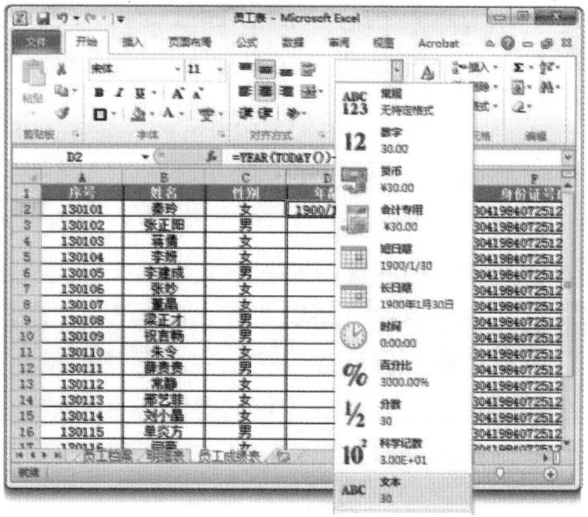

Chapter 07

(8) 完成计算操作

设置完成后，在D2单元格中即可显示员工年龄，如下图所示。

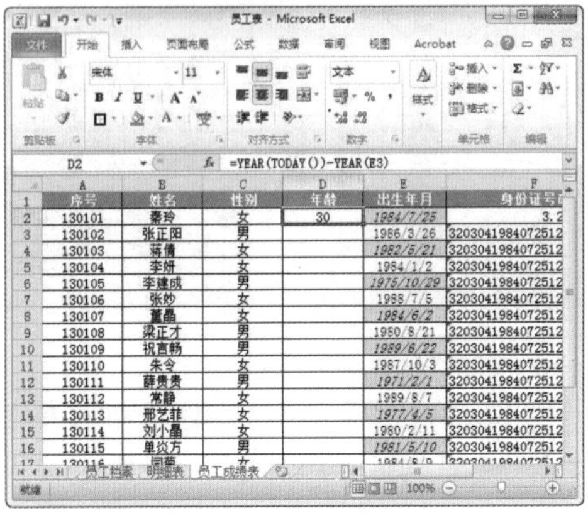

(9) 复制引用公式

选中D2:D22单元格区域，单击“向下”填充按钮，将公式引用至剩余单元格中，如下图所示。

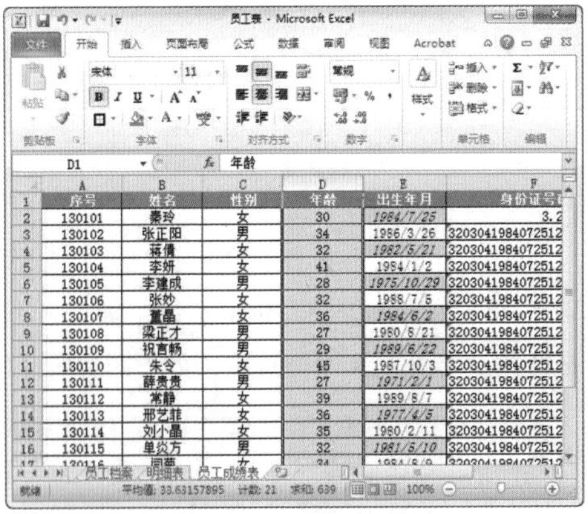

疑难解答

问：如何直接输入公式？

答：用户可使用“插入函数”功能进行计算，也可直接在结果单元格中输入相关公式。需要注意的是，输入公式前，务必先输入“=”。

7.1.2 使用基本公式进行计算

在一些统计表格中，用户经常会遇到对表格数据进行简单运算的问题，例如求和运算、平均值运算等。

1. 计算平均值

在Excel 2010中求平均值的运算有两种方法，下面分别进行介绍。

(1) 选择平均值函数

选中L2结果单元格，切换至“公式”选项卡，在“函数库”组中单击“自动求和”下拉按钮，选择“平均值”选项，如下图所示。

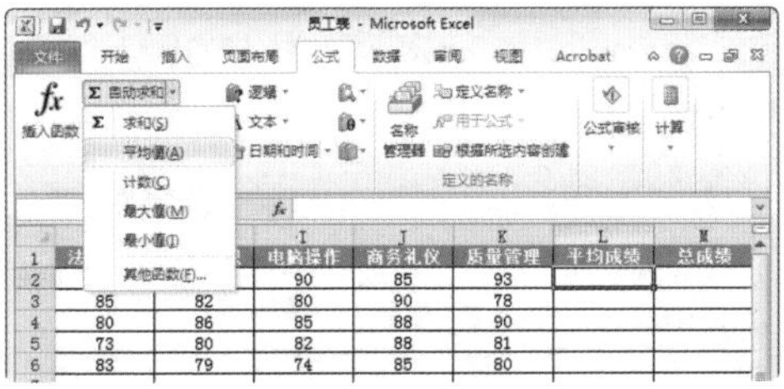

(2) 选择引用单元格

此时在L2单元格中已自动显示平均值公式，然后选择好单元格区域，这里为默认选择，如下图所示。

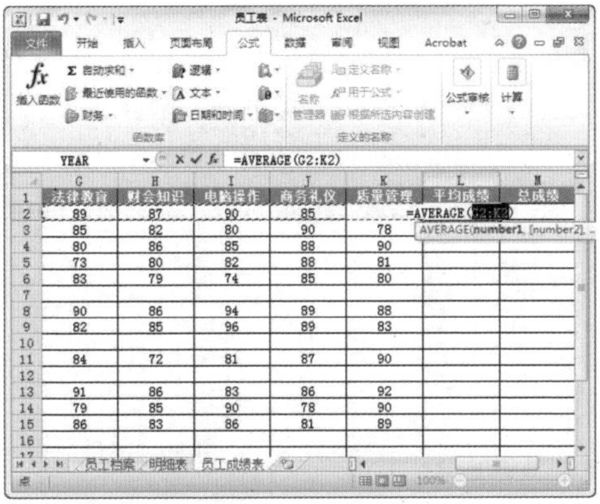

(3) 查看计算结果

按【Enter】键，此时在L2单元格中已显示结果，如下图所示。

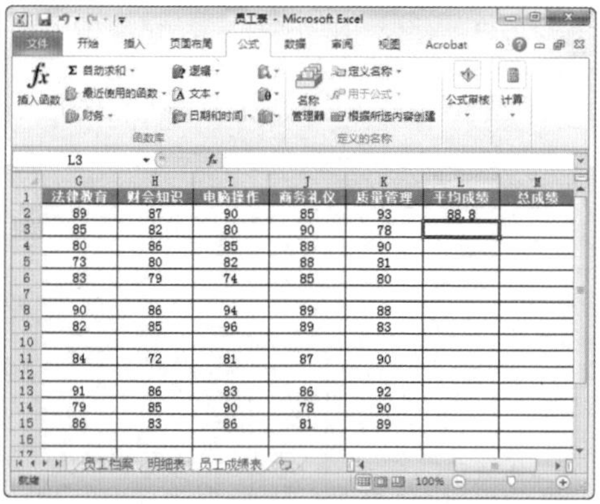

（4）插入平均值函数

选中 L3 结果单元格，单击“插入函数”按钮，在“插入函数”对话框中，将“或选择类别”设为“常用函数”，在“选择函数”列表中，选择函数 AVERAGE，如下图所示。

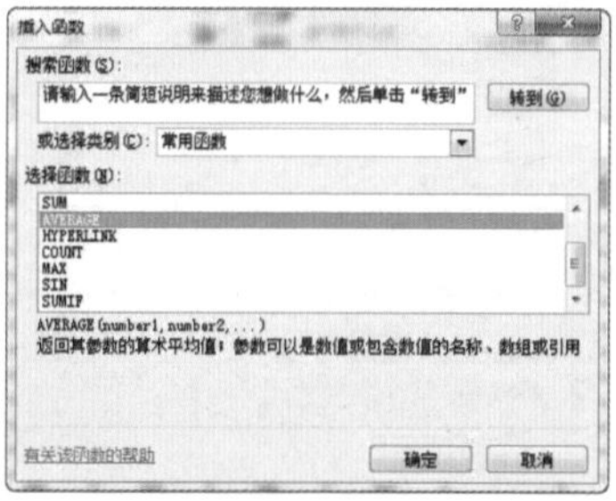

（5）单击选取按钮

在“函数参数”对话框中，单击 Number1 文本框右侧的选取按钮，如下图所示。

（6）选择参数

在表格中选择参数区域，这里选择 G3 : K3 单元格区域，如下图所示。

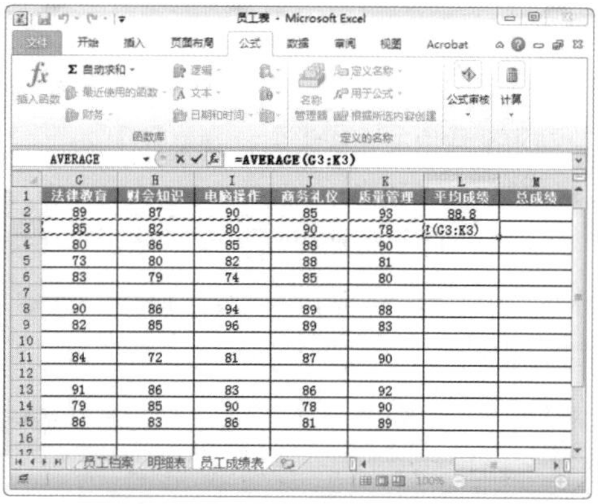

（7）完成计算操作

再次单击文本框右侧的选取按钮，返回“函数参数”对话框，此时在 Number1 文本框中已显示了参数区域，单击“确定”按钮即可完成计算，如下图所示。

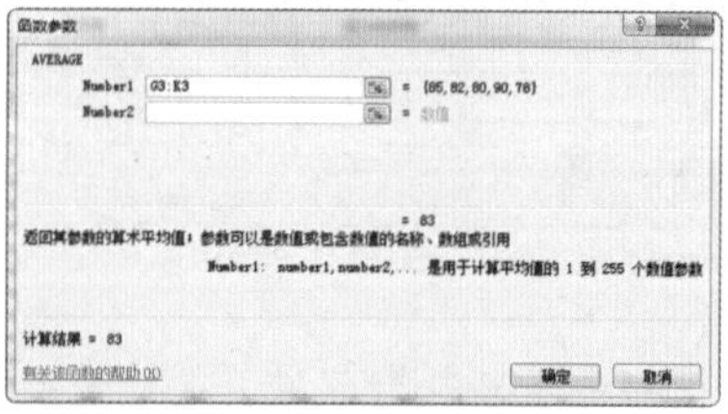

（8）复制公式

选中 L3 : L22 单元格区域，单击“向下”填充按钮，复制求平均值公式至其他单元格内，如下图所示。

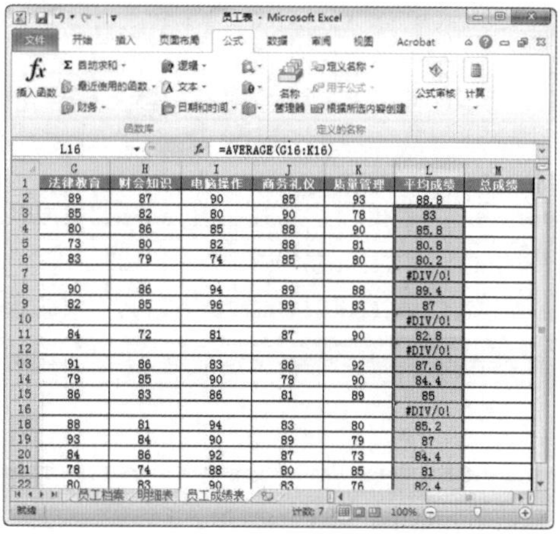

2. 计算求和值

在 Excel 2010 中，对数据进行求和的方法与求平均值的方法类似，操作如下。

（1）选择自动求和功能

选择 M3 结果单元格，在“公式”选项卡的“函数库”组中，单击“自动求和”按钮，如下图所示。

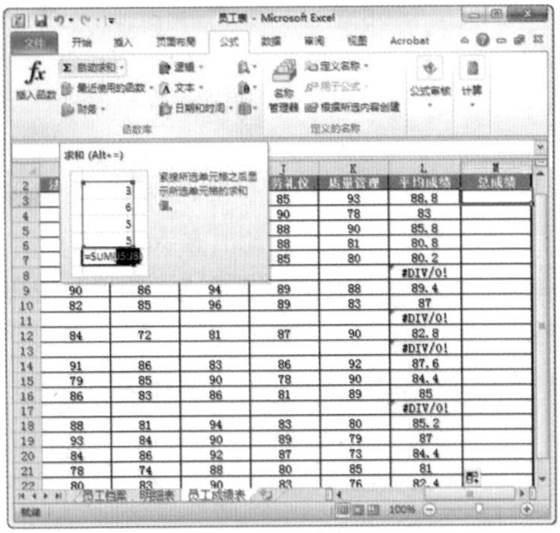

（2）选择引用单元格

此时需重新选择区域，在此选择 G3：K3 单元格区域，如下图所示。

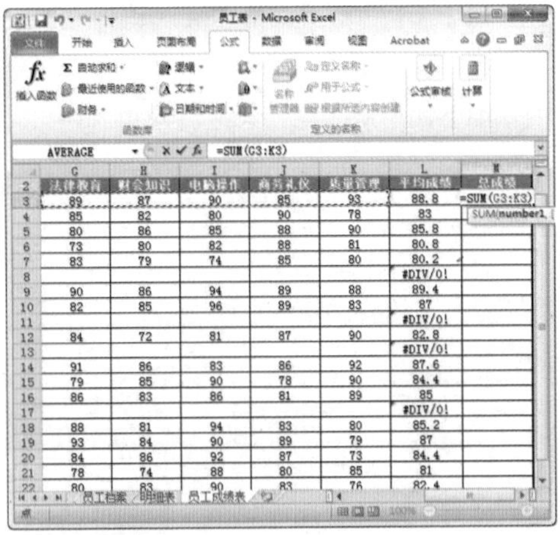

（3）复制公式

按【Enter】键，然后将求和公式复制到其他单元格中，如下图所示。

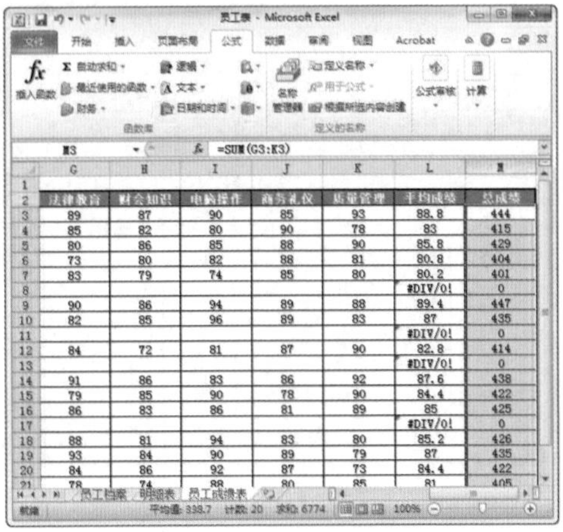

（4）打开“Excel 选项”对话框

单击“文件”标签，选择“选项”命令，打开“Excel 选项”对话框，如下图所示。

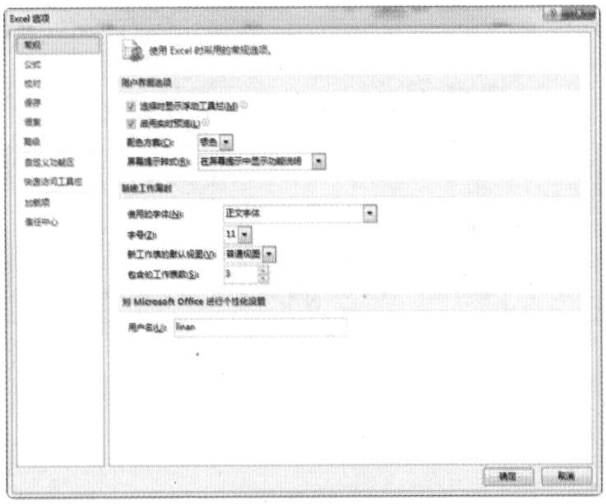

（5）选择相关选项

在左侧列表中选择“高级”选项，在“此

工作表的显示选项”中，取消选择“在具有零值的单元格中显示零”选项，如上图所示。

（6）隐藏零数值

选择完成后，单击“确定”按钮，此时该工作表中所有值为零的单元格，其零将被隐藏，如下图所示。

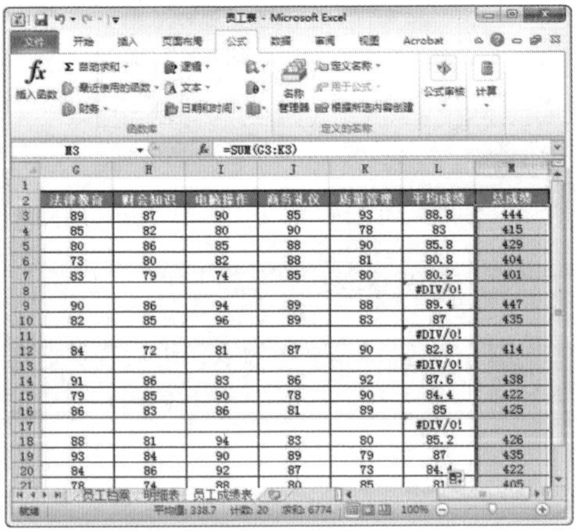

3. 计算最大值、最小值

想要快速对表格数据中的最大值、最小值进行统计，用户可使用 Excel 中的 MAX、MIN 函数进行操作，方法如下。

（1）启动最大值函数

选中 J24 单元格，在“公式”选项卡的“函数库”组中，单击“自动求和”下拉按钮，选择“最大值”选项，如下图所示。

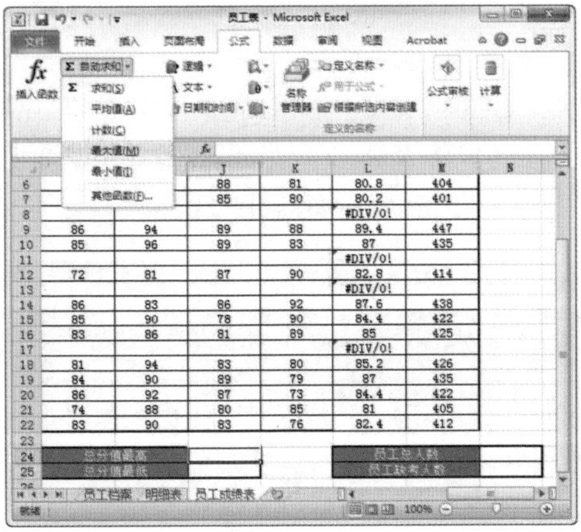

（2）选择引用单元格

在该工作表中，选择 M3 : M22 单元格区域，如下图所示。

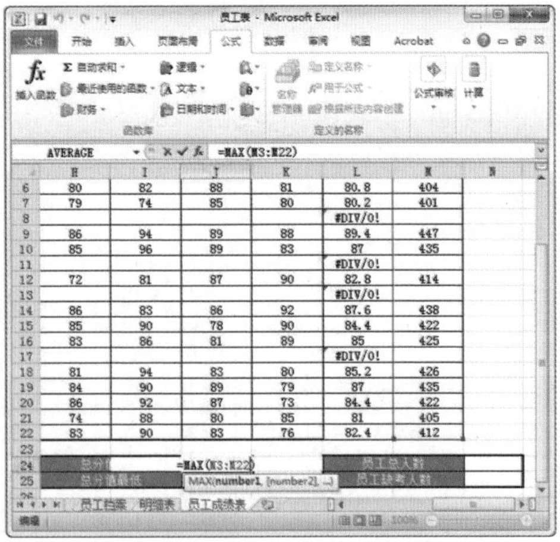

知识加油站

#DIV/0！错误提示

当在结果单元格中出现字符 #DIV/0！时，表示除数为 0，结果无意义。此时需查看该公式引用单元格的数据是否有误。

（3）完成计算

按【Enter】键，此时在 J24 单元格中即可显示计算结果，如下图所示。

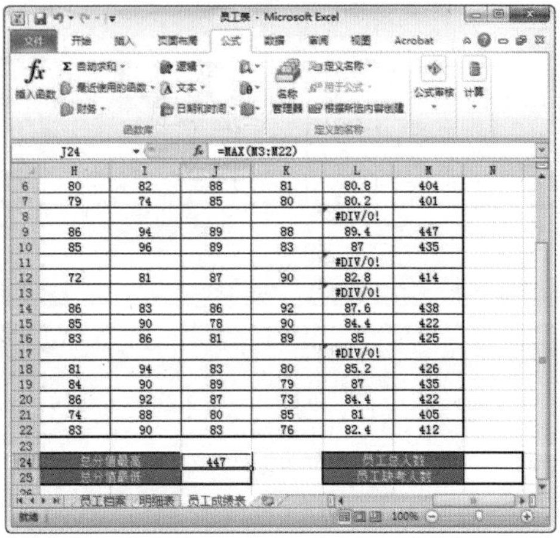

（4）启动最小值函数

选中 J25 结果单元格，单击“自动求和”下拉按钮，选择“最小值”选项，如下图所示。

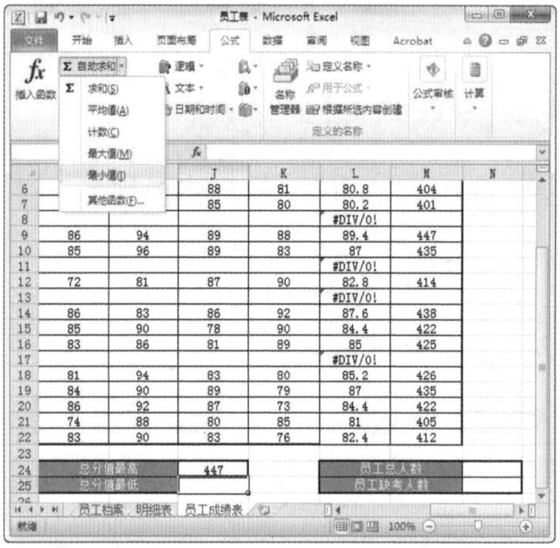

（5）选择引用单元格

在工作表中按住【Ctrl】键选择 M3：M7，M9：M10，M12，M14：M16，M18：M22 单元格区域，如下图所示。

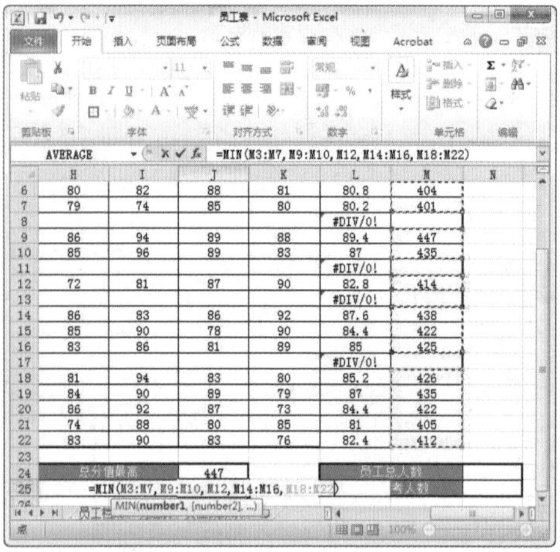

（6）完成计算

选择完成后，按【Enter】键，完成计算操作，结果如下图所示。

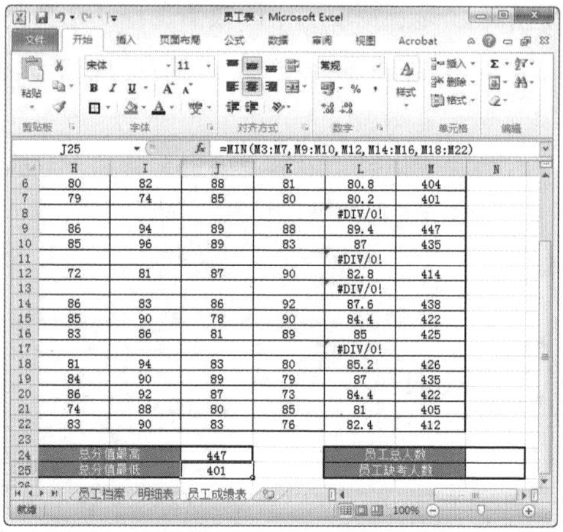

7.1.3 计算名次

如果想要将表格中的数据进行排名，可使用 RANK 函数进行操作，具体方法如下。

（1）启动 RANK 函数

选中 N3 结果单元格，单击“插入函数”按钮，在打开的对话框中选择函数 RANK，如下图所示。

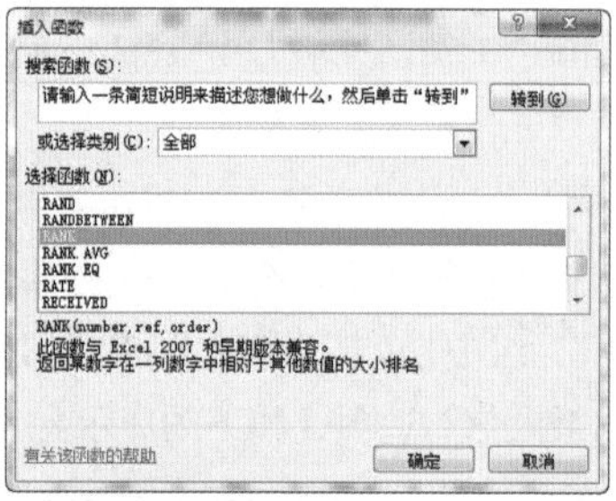

（2）设置函数参数

单击“确定”按钮，在“函数参数”对话框中，将 Number 设为“M3”，将 Ref 设为“M3：M22”，如下图所示。

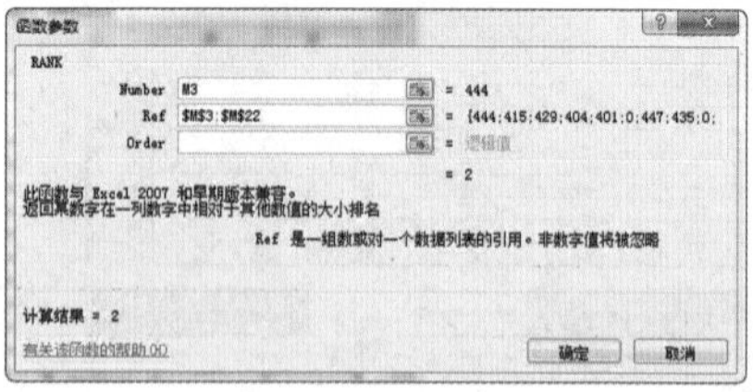

（3）完成计算

输入完毕后，按【Enter】键完成计算，然后选中 N3：N22 单元格区域，并单击“向下”填充按钮，将公式复制到其他单元格中，如下图所示。

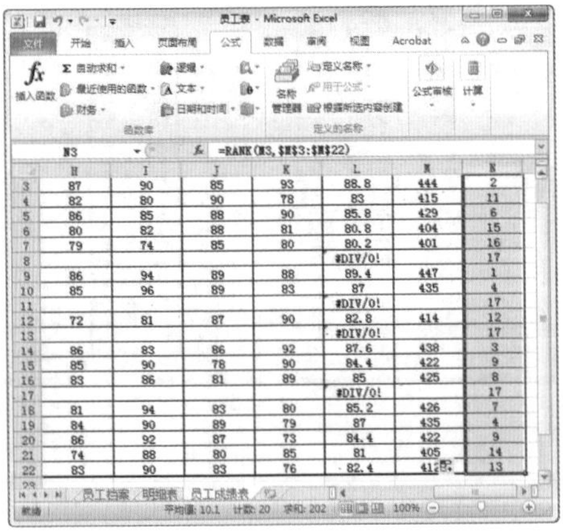

7.1.4 统计员工参考人数

有时统计表格中的数据时，用户需使用统计函数。下面将介绍具体操作。

（1）插入 COUNTA 函数

选中 N24 结果单元格，在“公式”选项卡的“函数库”组中，单击“其他函数”按钮，选择“统计＞COUNTA”选项，如下图所示。

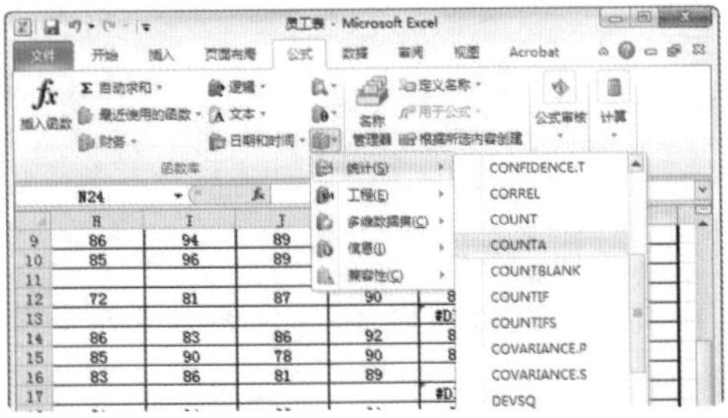

（2）设置函数参数

在“函数参数”对话框中，将 Value1 设为“M3：M22”，如下图所示，单击“确定”按钮，在 N24 单元格中即可显示计算结果。

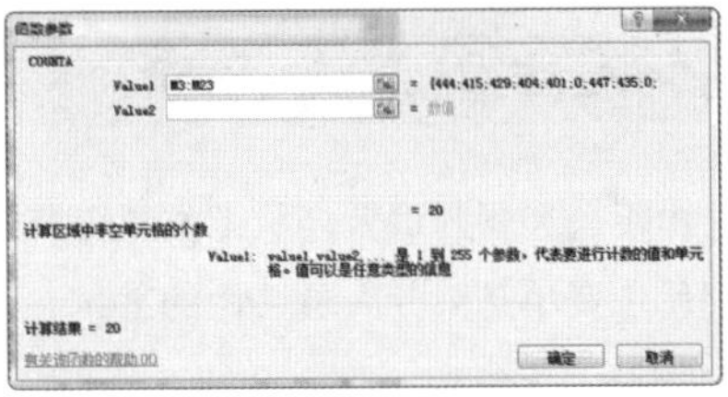

（3）插入 COUNTBLANK 函数

选中 N25 结果单元格，在“其他函数”列表中，选择“统计＞COUNTBLANK”选项，如下图所示。

（4）设置函数参数

在打开的对话框中，将 Range 设置为“K3：K22”，如下图所示。

（5）完成计算

选择完成后即可完成计算，结果如下图所示。

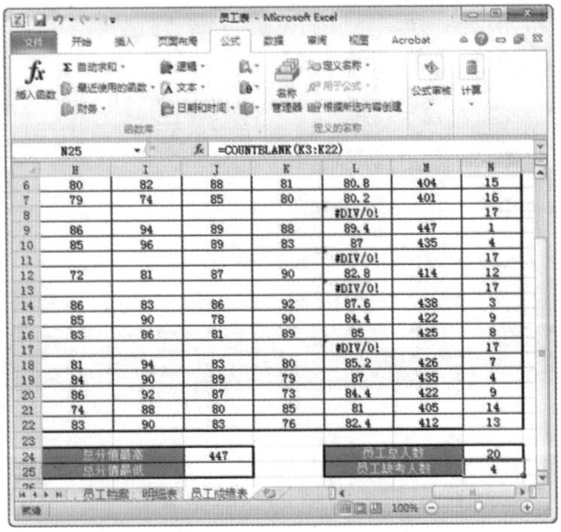

7.2 制作员工工资单

由于公司每月都要向员工发放工资，所以制作工资单是财务人员必做的工作。下面以制作员工工资单为例，介绍 Excel 基本函数及查询系统的操作。本实例涉及的函数有 DATEDIF 函数、VLOOKUP 函数、IF 函数以及 OFFSET 函数等。

7.2.1 设置工资表格式

将工资表内容录入后，需要对其表格格式进行调整，具体操作如下。

1. 设置数字格式

在 Excel 中，数字格式为“常规”，用户可根据需要对格式进行设置。

（1）选择数字格式

打开“员工工资表.xlsx”素材文件，选中 F3：F22 单元格区域，在“开始”选项卡的“数字”组中，单击“数字格式”下拉按钮，选择“货币”选项，如下图所示。

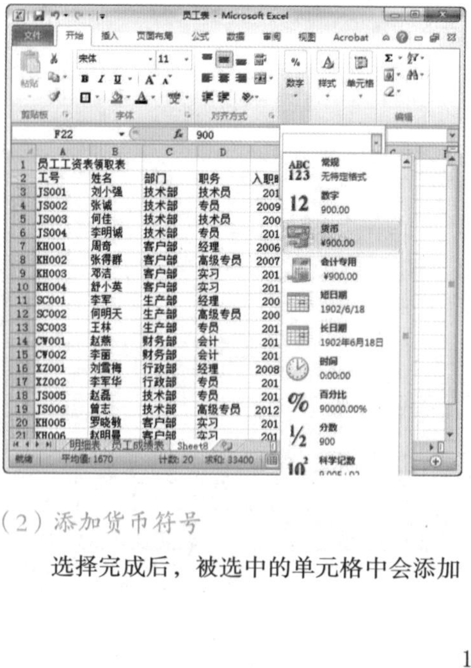

（2）添加货币符号

选择完成后，被选中的单元格中会添加货币符号“¥”，如下图所示。

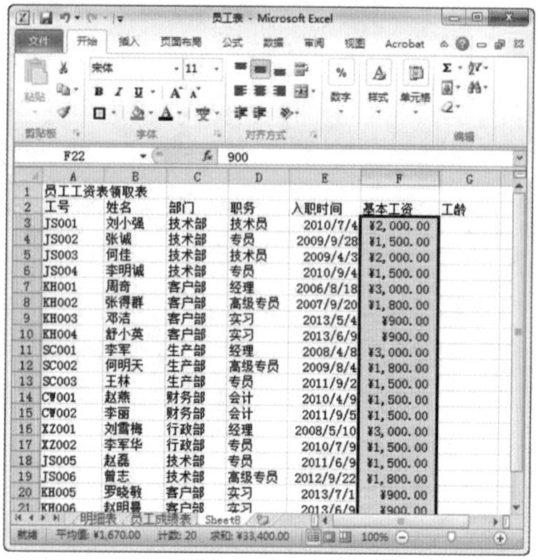

（3）设置小数位数

同样选中 F3：F22 单元格区域，单击鼠标右键，执行“设置单元格格式”命令，在打开的对话框中，将“小数位数”设置为 0，如下图所示。

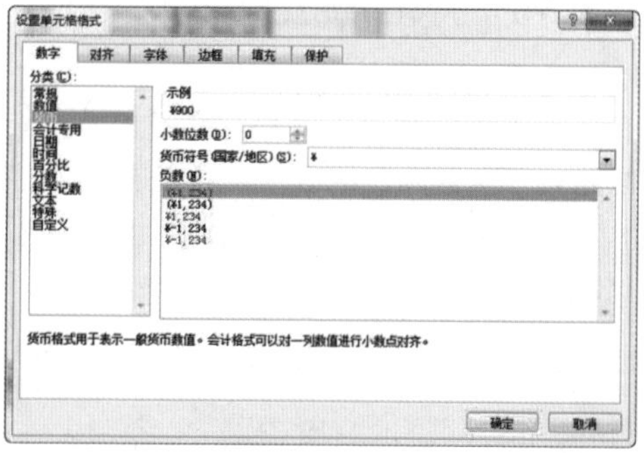

（4）完成数字格式设置

单击“确定”按钮，此时被选中的单元格内容格式已发生了变化，如下图所示。

（5）启动格式刷功能

选中 F3：F22 单元格区域，在“开始”选项卡的“剪贴板”组中，单击“格式刷”按钮。

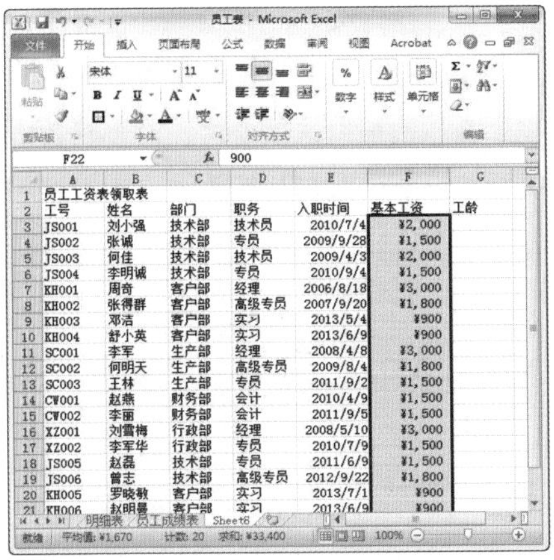

知识加油站

如何清除货币格式

选中所需单元格，在“开始”选项卡的“数字”选项组中，单击“数字格式”下拉按钮，选择“常规”选项，即可清除货币格式。

（6）复制数字格式

当插入点显示为刷子图形时，选中 I3 : I22 单元格区域，完成该数字格式的复制操作，如下图所示。

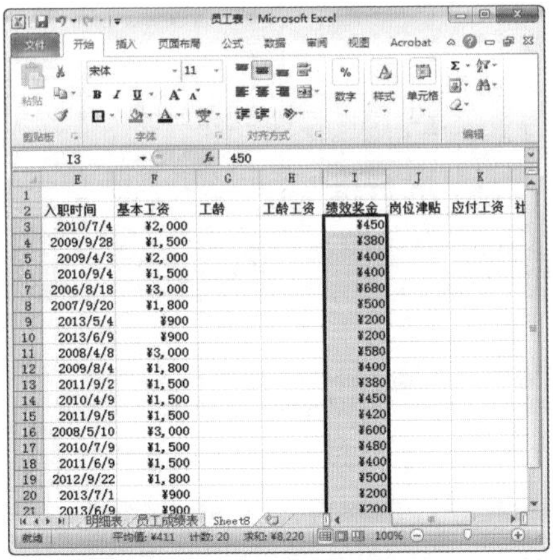

（7）复制其他数字格式

按照同样的操作，将其数字格式复制到 L3 : L22 单元格区域，如下图所示。

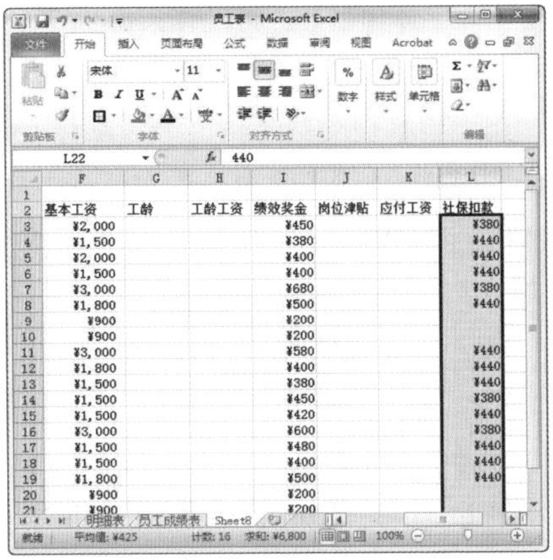

2. 设置单元格格式

设置单元格格式，可使表格外观更加美观，下面介绍具体操作。

（1）合并标题行

选中 A1 : O1 单元格区域，单击“合并后居中”按钮，将标题行合并。

知识加油站

运用嵌套函数

通常在实际操作中，一个公式不会只使用一个函数，而是包含几个不同的函数，这种函数叫作嵌套函数，即一个函数作为另一个函数的参数出现。

（2）设置标题行内容格式

选中标题内容，在“字体”组中，对内

容文本的字体和字号进行设置，如上图所示。

（3）设置表头行高

选中表格表头单元格，单击鼠标右键，执行“行高”命令，在打开的对话框中输入行高值，如下图所示。

（4）设置表头内容格式

单击“确定”按钮，完成表头行高的设置。选中表头内容，将内容的字体、字号以及对齐方式进行设置，如下图所示。

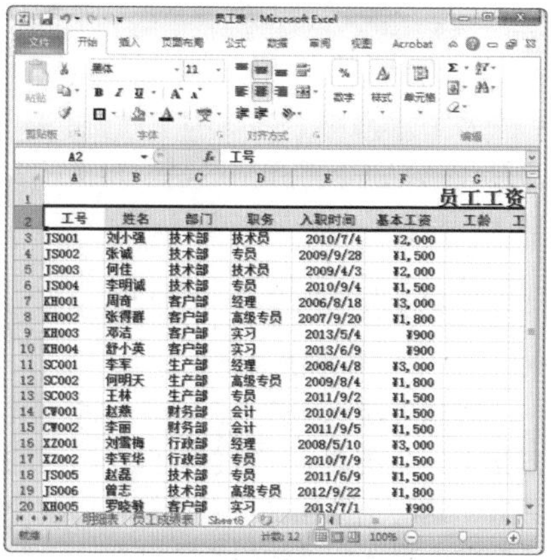

（5）设置表格正文格式

选中表格的正文内容，将其字体、字号、对齐方式及行高进行设置，如下图所示。

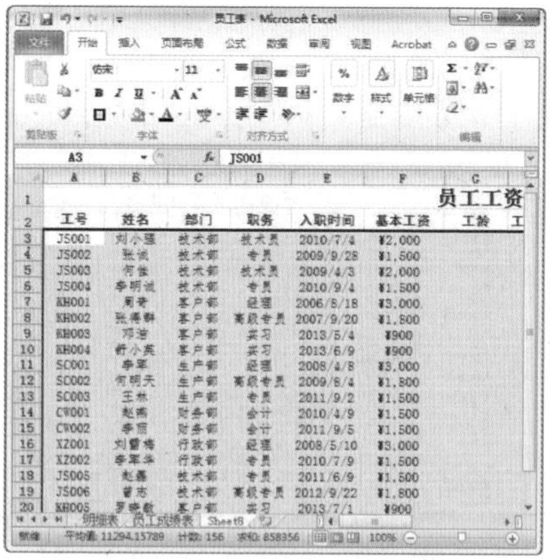

（6）设置表格边框

全选表格，打开“设置单元格格式”对话框，在“边框”选项卡中，设置好表格的外框线和内框线，如下图所示。

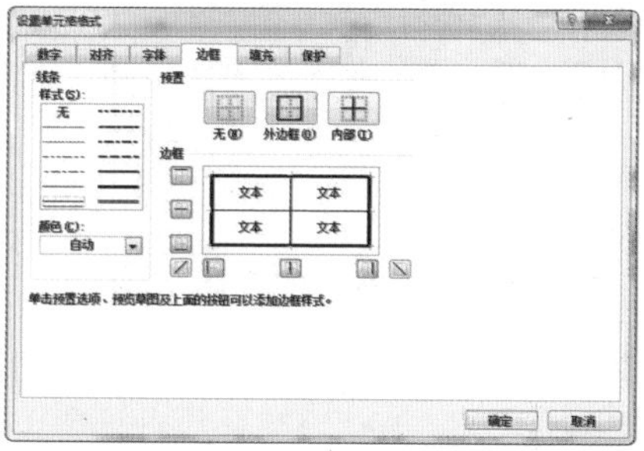

（7）填充表头底纹

选择表头内容，在“设置单元格格式”对话框的“填充”选项卡中，对其底纹颜色进行选择，单击“确定”按钮，完成填充操作，效果如下图所示。

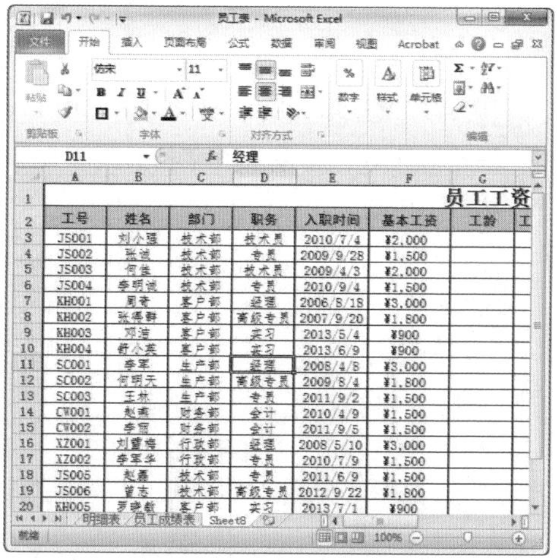

7.2.2 计算员工工资相关数据

表格内容及单元格格式设置完毕后，下面将利用Excel函数来计算表格数据。

1. 计算员工工龄

使用DATEDIF函数可对员工工龄数据进行操作，具体操作如下。

（1）输入 DATEDIF 公式

选择 G3 结果单元格，在公式编辑框中输入“=DATEDIF（E3，TODAY（），“Y”）”，如下图所示。

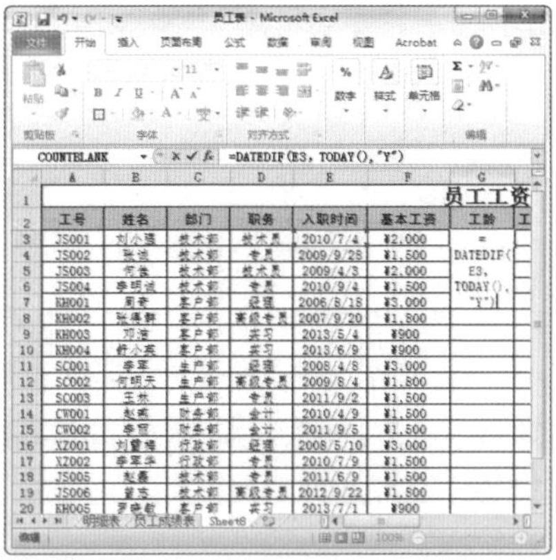

（2）完成计算

按【Enter】键，完成该单元格工龄值的计算操作，如下图所示。

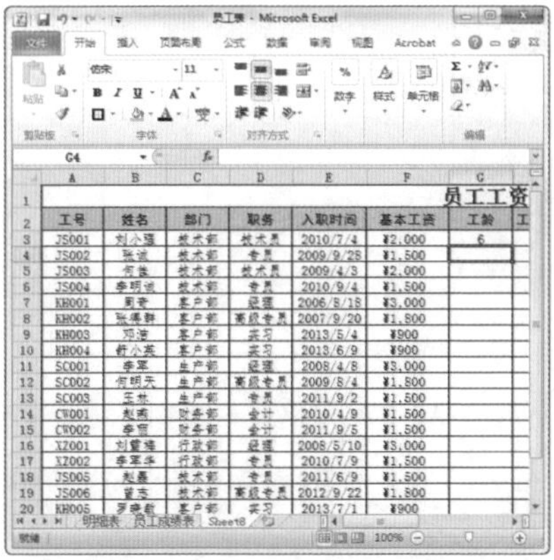

知识加油站

认识数组公式

数组公式可看成是多重数值的公式，与单值公式的不同之处在于它可以产生一个以上的结果。一个数组公式可占用一个或多个单元格。数组公式可同时进行多个计算并返回一个或多个结果，每个结果显示在一个单元格中。

（3）复制单元格公式

选择 G3:G22 单元格区域，单击“向下”填充按钮，将该公式复制到其他单元格中，如下图所示。

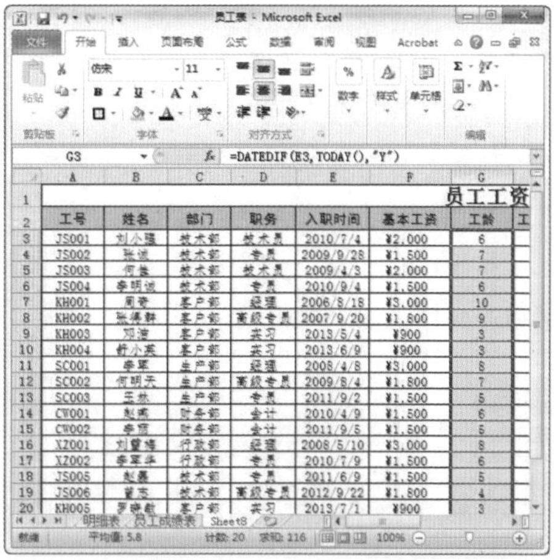

2. 计算员工工龄工资

工龄工资是企事业单位按照员工的工作年龄、工作经验及劳动贡献的累积给予一定的经济补偿。下面以工龄在 4 年以内者每年增加 50 元，工龄在 4 年以上者每年增加 100 元为标准进行计算，操作如下。

（1）输入函数公式

选中 H3 单元格，输入公式“=IF（G3<4，G3*50，G3*100）”，如下图所示。

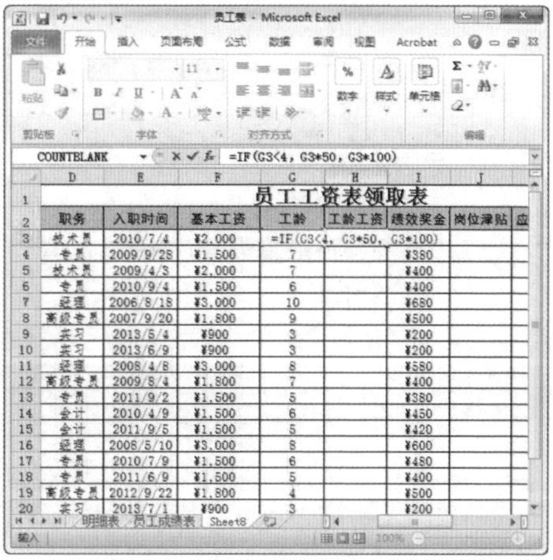

知识加油站

输入函数公式需注意

不是每个函数都需要输入参数，例如 TODAY 和 NOW 这两个日期函数就无须输入参数，但在原来参数位置，必须输入“()”。当然也有例外，例如 TRUE 和 FALSE 则无须输入任何参数和括号。

（2）完成计算

按【Enter】键，完成该单元格工龄工资的计算操作，如下图所示。

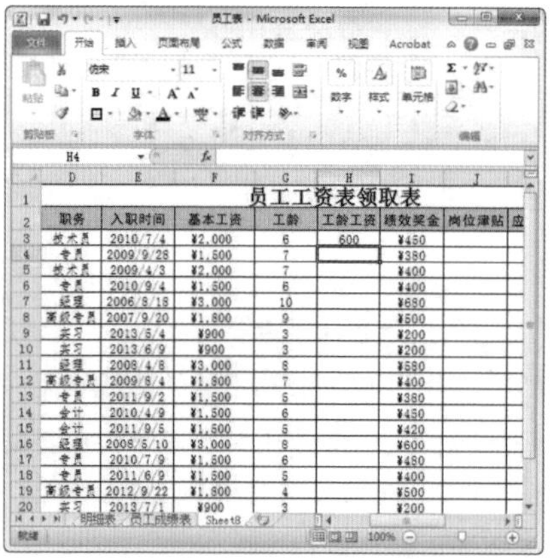

（3）复制公式

选中 H3:H22 单元格区域，单击“向下”填充按钮，将该公式复制到其他单元格中，如下图所示。

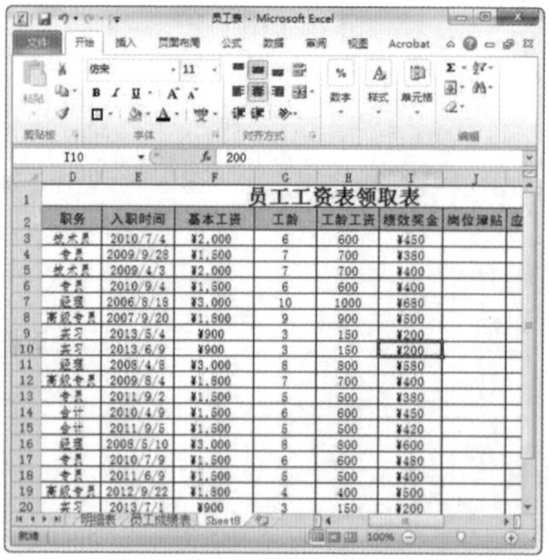

3. 计算岗位津贴

岗位津贴是指为了补偿职工在某些特殊劳动条件岗位劳动的额外消耗而设立的津贴。下面将介绍企业岗位津贴的计算。

（1）新建“津贴标准”工作表

双击工作表标签，将其重命名，如下图所示。

（2）创建津贴标准表

在新的工作表中，将“员工工资表”中的“职务”一列内容复制粘贴至当前工作表的“职位”列中，如下图所示。

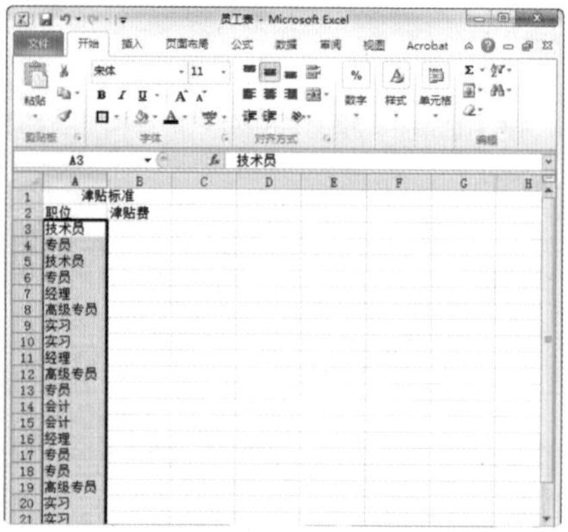

（3）启动删除重复项功能

选中 A3 : A22 单元格区域，在“数据”

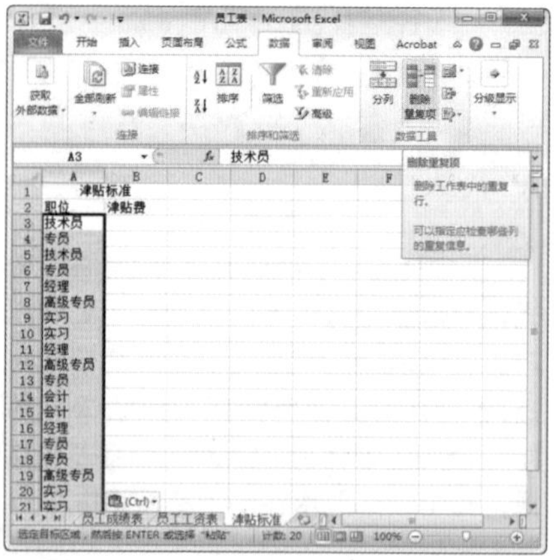

选项卡的“数据工具”组中，单击“删除重复项”按钮，如上图所示。

（4）删除重复项

在“删除重复项警告”对话框中，选择“以当前选定区域排序”选项，再单击“删除重复项”按钮，如下图所示。

疑难解答

问：如何使用定位法批量删除空行？

答：在“开始”选项卡的“编辑”组中，单击“查找和选择”按钮，选择“定位条件”选项，在打开的对话框中选择“空值”选项，然后单击鼠标右键，执行“删除”命令即可批量删除。

（5）设置相关参数

在如下图所示的“删除重复项”对话框中，单击“确定”按钮。

（6）完成删除操作

在系统提示框中，单击“确定”按钮，完成删除操作，如下图所示。

（7）查看效果

此时被选中的单元格区域已发生了相应的变化，如下图所示。

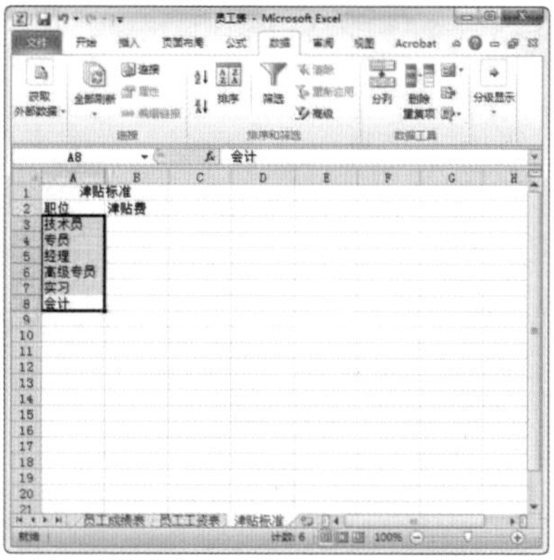

（8）输入表格内容

在“津贴费”一列中，输入该列相关内容，结果如下图所示。

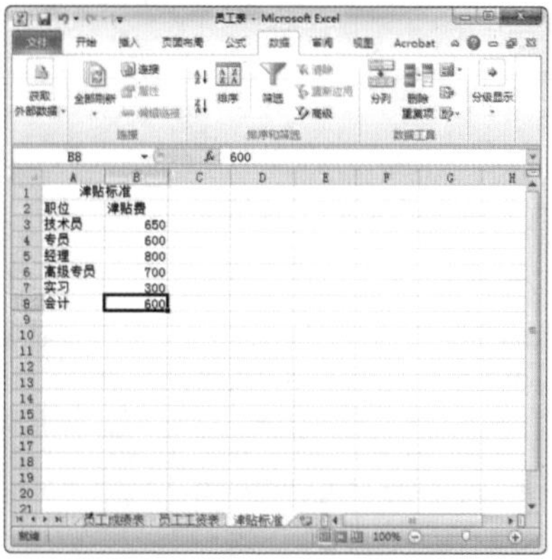

（9）修饰工作表

全选表格，在“设置单元格格式”对话框中，对该表格的边框及底纹进行设置，结

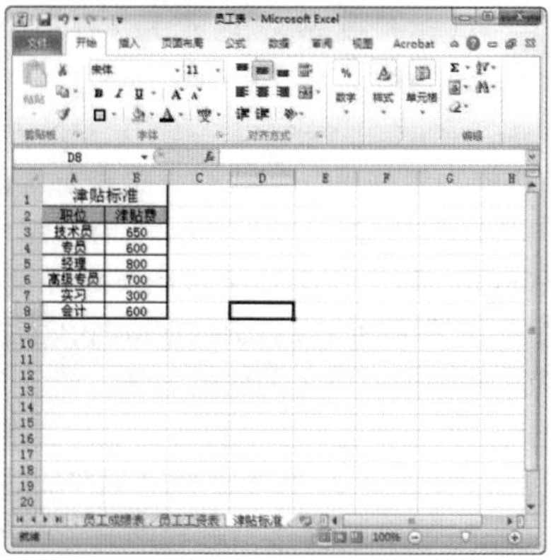

Chapter 07

果如上图所示。

（10）选择函数类型

切换到“员工工资表”工作表，选中 J3 结果单元格，单击“插入函数”命令，打开相应对话框，将“或选择类别”设为“查找与引用”，将“选择函数”设置为 VLOOKUP，如下图所示。

（11）设置函数参数

在“函数参数”对话框中，将 Lookup_value 设为“D3”，将 Table_array 设为“津贴标准 !\$A\$2：\$B\$8”，将 Col_index_num 设为“2”，将 Rang_lookup 设为 FALSE，如下图所示。

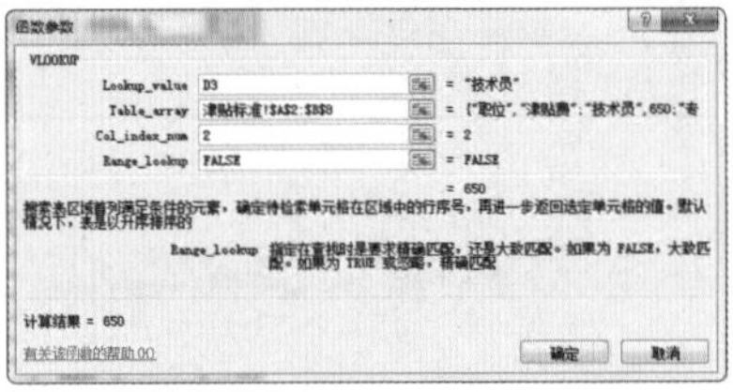

知识加油站

VLOOKUP 函数语法概述

VLOOKUP 函数表达式为：VLOOKUP（lookup_value，table_array，col_index_num，range _lookup）。其中，lookup_value 为查找值，为需要在数组第 1 列中查找的数值。table_array 为数组所在的区域。col_index_num 为列序号，即希望区域中查找数值的序列号，当值为 1 时，返回第 1 列中的数值，当值为 2 时，返回第 2 列中的数值，以此类推。range_lookup 为逻辑值 TRUE 或 FALSE，如果为 TRUE 或省略，则返回近似匹配值；如果为 FALSE，将返回精确匹配值；如果找不到，则返回错误值 #N/A；如果查找值为文本时，逻辑值一般应为 FALSE。

（12）复制函数公式

单击“确定”按钮，完成计算操作。选中 J3：J22 单元格区域，单击“向下”填充按钮完成公式复制操作，如下图所示。

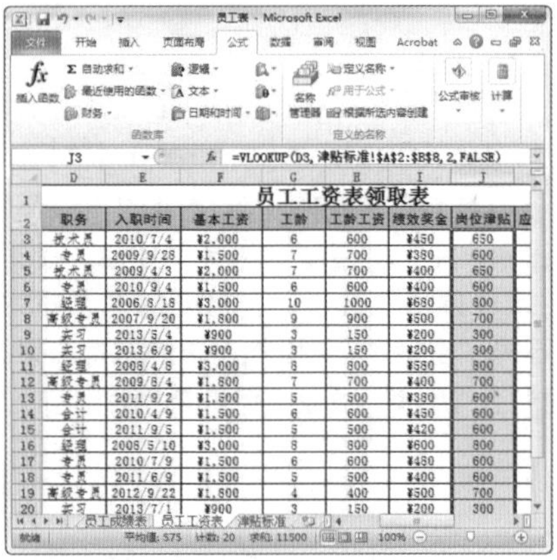

4. 计算应付工资

下面将对表格的“应付工资”数据进行计算，操作如下。

（1）输入公式

单击 K3 结果单元格，输入“=F3+H3+I3+J3”，如下图所示。

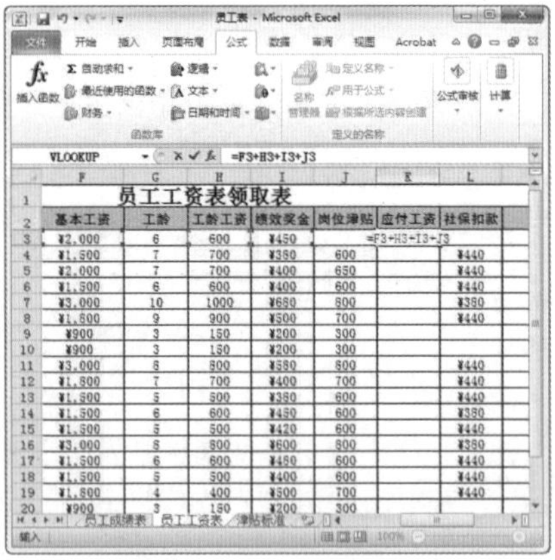

知识加油站

绝对引用操作

复制单元格时，一般都使用相对引用方法，如不希望单元格地址变动，则需使用绝对引用，无论公式复制到哪，其单元格地址永远不变。

（2）完成计算

按【Enter】键，完成计算，选中K3：K22单元格区域，单击“向下”填充按钮，复制公式值到其他单元格中，如下图所示。

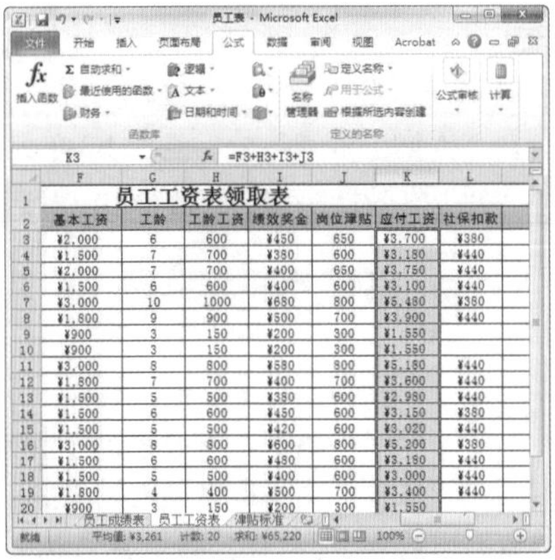

5 计算员工实发工资

当表格中所有结构数据组计算完成后，下面需对员工实际工资进行计算，操作如下。

（1）输入公式

选中N3结果单元格，输入“=K3-L3-M3”，

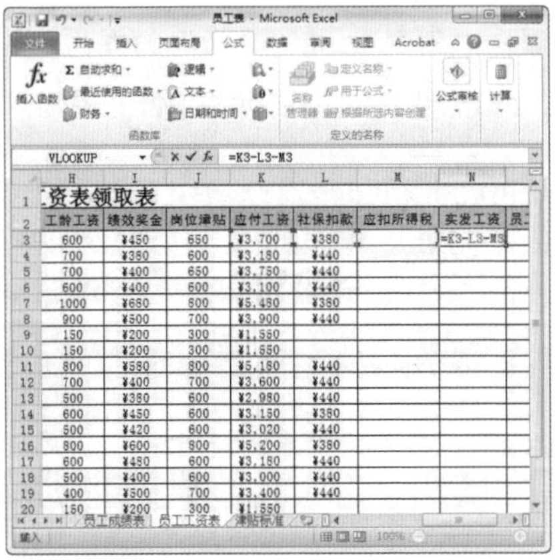

如上图所示。

疑难解答

问：启动插入函数功能还有其他方法吗？

答：用户除了在功能区中单击“插入函数”命令，打开“插入函数”对话框来操作外，还可以在公式编辑栏中，单击“插入函数”图标按钮，同样可打开“插入函数”对话框进行操作。

（2）完成计算

按【Enter】键，完成计算操作。单击“向下”填充按钮，将该公式复制到其他单元格中，如下图所示。

（3）添加货币符号

选中“应付工资”单元格区域，在“设

置单元格格式”对话框的“数字”选项卡中，选择“货币”选项，将“小数位数”设为0，单击“确定”按钮，为该列数据添加货币符号，如上图所示。

（4）为其他单元格区域添加货币符号

按照同样的操作方法，为“工龄工资”“岗位津贴”单元格区域添加货币符号。

7.2.3 制作工资查询表

想要在一些复杂的数据中迅速查找到自己所需的数据，用户需使用查询和引用函数进行操作。

1. 新建工资查询表

为了能够快速查找到表格中的数据，需重新创建一个查询表格。

（1）新建工资查询表

在状态栏中单击“插入工作表”按钮新建工作表，并将其重命名为“查询工作表”。

（2）创建表格内容

在新建的工作表中，输入查询表内容，如下图所示。

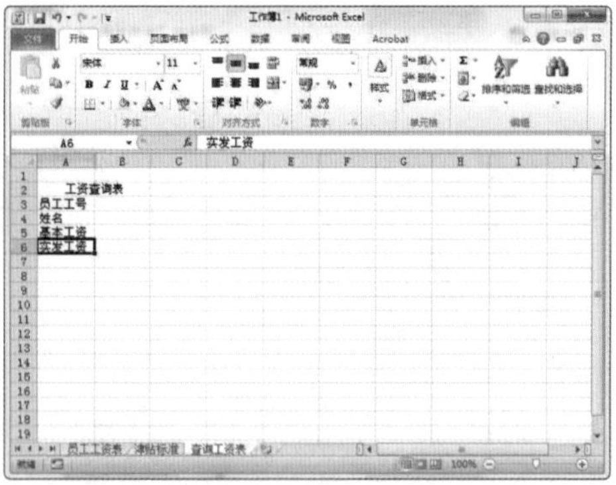

（3）修饰工作表

为工作表添加表格边框，并对表格内容格式进行设置，如下图所示。

2. 插入查找函数

表格创建完成后，接下来即可在表格中

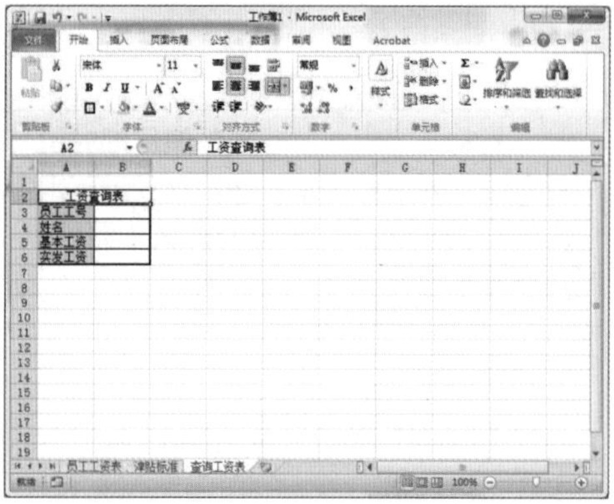

插入函数，并对数据进行查询。下面介绍具体操作。

（1）打开“数据有效性”对话框

在“查询工资表”中，选中B3单元格，单击“数据有效性”按钮，打开相应对话框。

疑难解答

问：如何快速导入数据信息？

答：在对表格数据有效性进行设置时，在“来源”文本框中手工输入复杂的数据比较麻烦，其实只需单击“来源”右侧的选取按钮，在表格中框选数据范围，然后再次单击选取按钮，即可快速导入数据内容。

（2）设置数据有效性

在“数据有效性”对话框中，将“允许”设置为“序列”，将“来源”设置为“员工工资表”中的“工号”一列，如下图所示。

（3）输入信息内容

切换至“输入信息”选项卡，在“标题”文本框中输入相关信息，如下图所示。

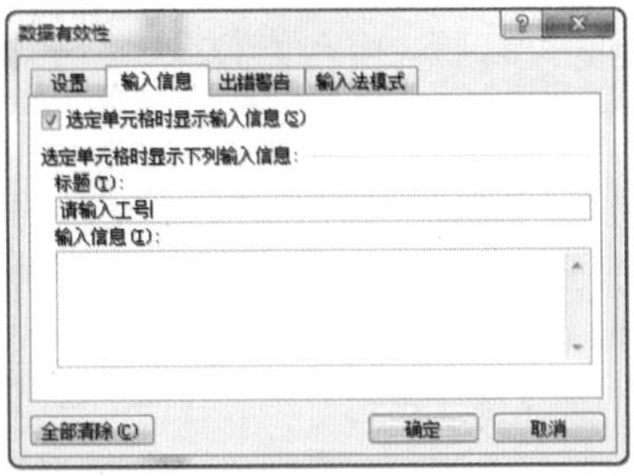

（4）输入出错信息

在“出错警告”选项卡中，输入出错信息内容，如下图所示。

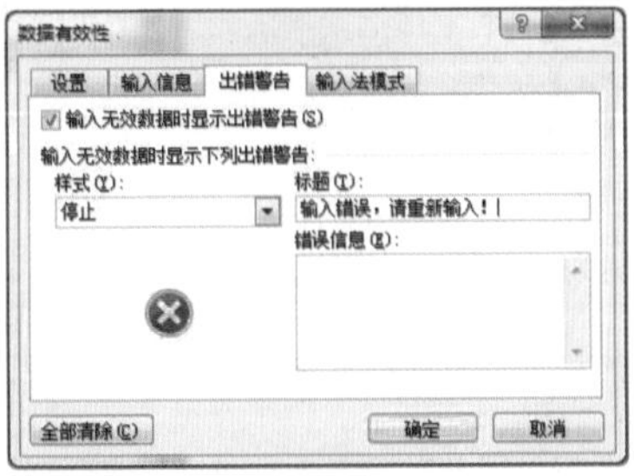

（5）完成操作

单击“确定”按钮关闭对话框，完成数据有效性的设置操作，如下图所示。

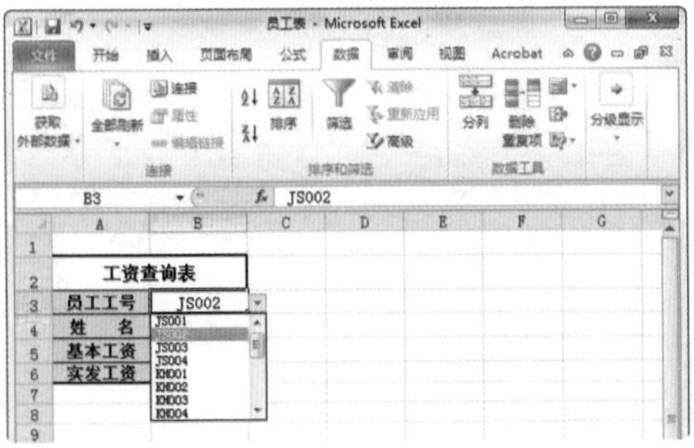

（6）插入函数

选中B4单元格，单击“插入函数”按钮，在“插入函数”对话框中选择函数VLOOKUP，如下图所示。

（7）设置函数参数

在“函数参数”对话框中，将Lookup_value设为“B3”；在Table_array文本框中，选择“员工工资表”表格区域；将Col_index_num设为2；将Range_lookup设为“FALSE”，如下图所示。

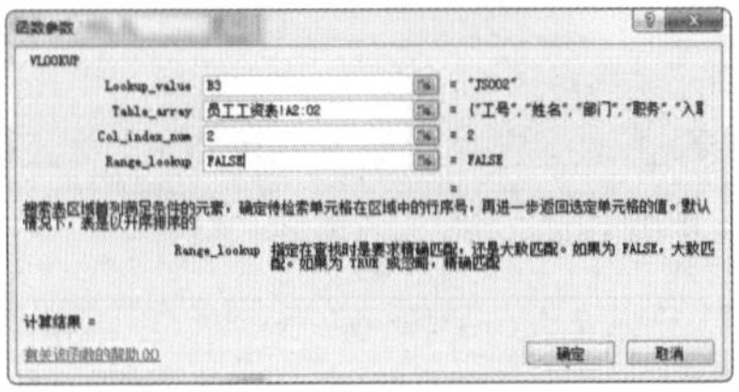

（8）查看结果

单击B3单元格，选择好所需“工号”，此时在B4单元格中，会显示相关姓名，如下图所示。

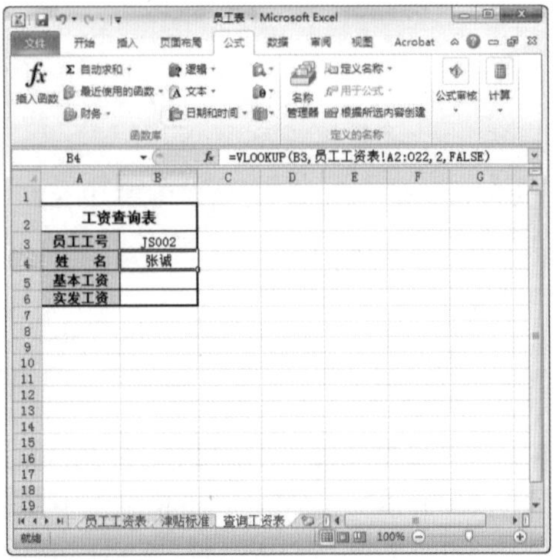

（9）插入函数

选中B5单元格，单击“插入函数”按钮，

选择 VLOOKUP 函数。

（10）设置函数参数

在“函数参数”对话框中，将 Lookup_value 设为“B3”；在 Table_array 文本框中，选择“员工工资表”表格区域；将 Col_index_num 设为 6；将 Range_lookup 设为“false”，如下图所示。

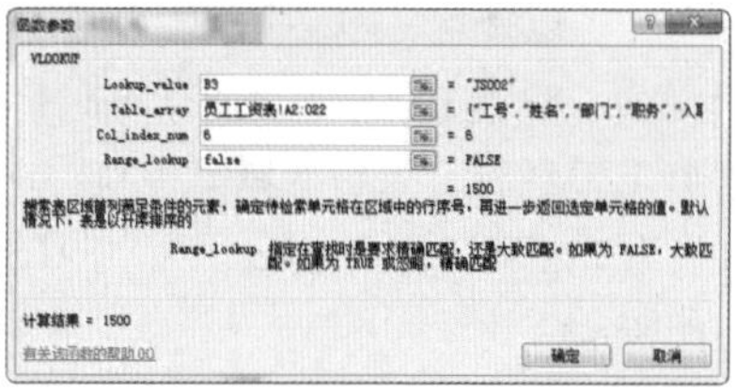

（11）完成设置

单击“确定”按钮，即可在 B5 单元格中显示相关数值，如下图所示。

（12）插入 VLOOKUP 函数

选中 B6 单元格，在“插入函数”对话框中插入 VLOOKUP 函数。

（13）设置函数参数值

在“函数参数”对话框中，将 Lookup_value 设为“B3”；在 Table_array 文本框中，选择“员工工资表”表格区域；将 Col_index_num 设为 14；将 Range_lookup 设为“false”，如下图所示。

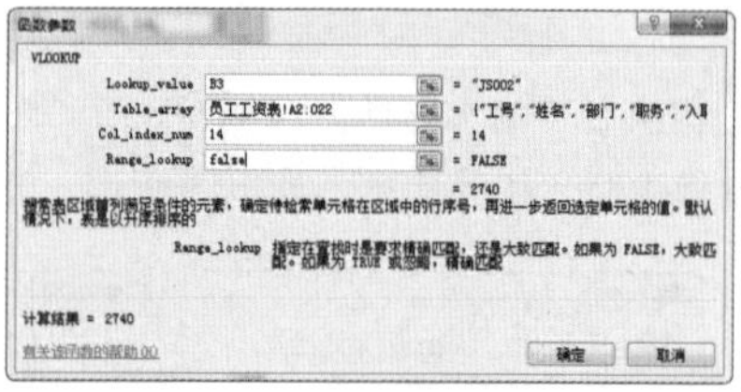

（14）完成设置

设置完成后，单击“确定”按钮，关闭对话框，此时在 B6 单元格中即可显示相关数据，如下图所示。

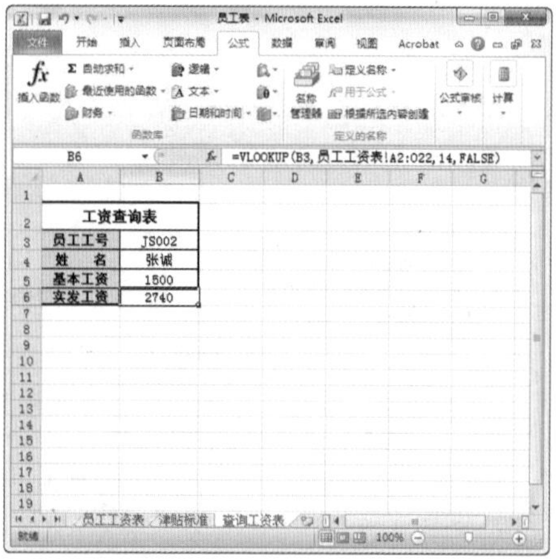

（15）验证设置结果

单击 B3 单元格，选择好需要查找的“工号”，此时在 B4：B6 单元格区域中，则可显示相关数据，如下图所示。

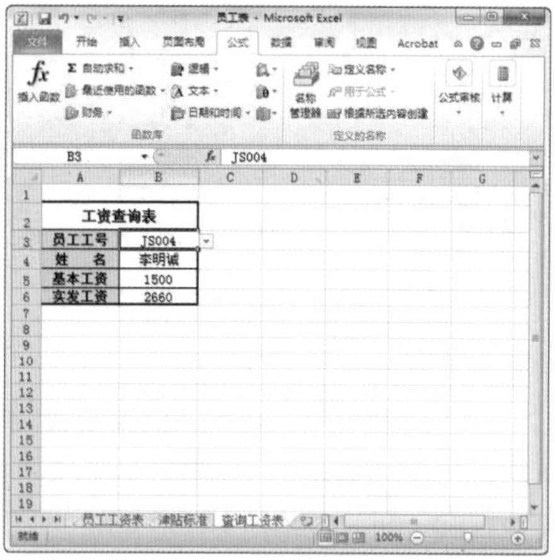

7.2.4 设置工资表页面

工资表数据制作完毕后，可对工资表页面进行设置，下面介绍具体操作。

（1）设置纸张方向

打开“员工工资表”，切换至“页面布局”选项卡，在“页面设置”组中单击“纸张方向”下拉按钮，选择“横向”选项，如下图所示。

（2）设置纸张大小

单击“纸张大小”下拉按钮，选择所需的纸张大小，这里选择“A4”选项，如下图所示。

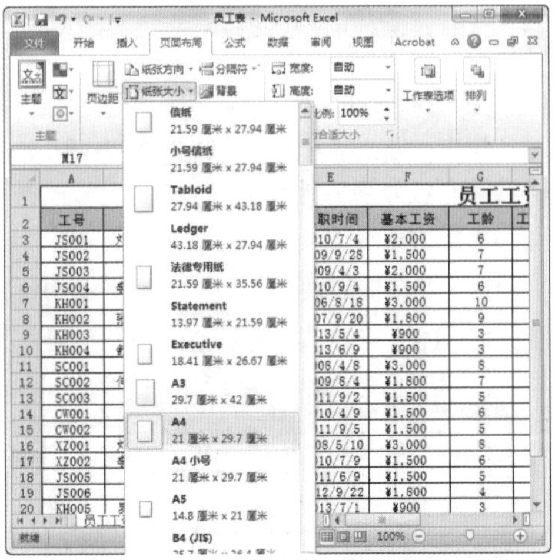

（3）设置页面边距

打开“页面设置”对话框，在“页边距”选项卡的“居中方式”选项组中，选择“水平”和“垂直”选项，并将“上”“下”“左”“右”页边距均设为2，如下图所示。

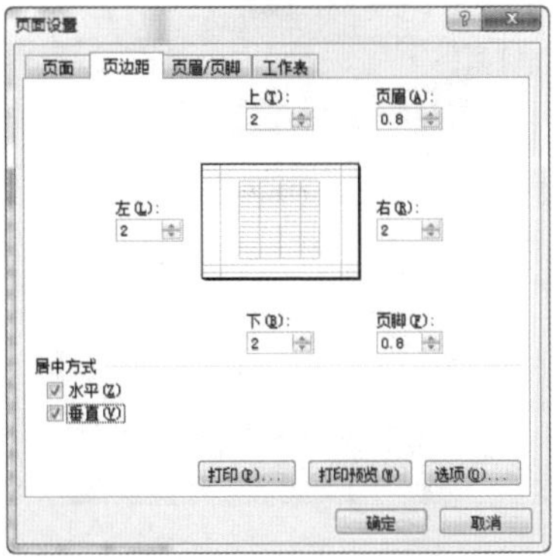

（4）自定义页眉

切换至“页眉/页脚”选项卡，单击“自定义页眉”按钮，如下图所示。

（5）设置页眉参数

在“页眉”对话框中，单击“右”文本框，输入页眉相关内容，如下图所示。

（6）设置页眉格式

选中页眉内容，单击“格式文本”按钮，打开“字体”对话框，并对其相关选项进行设置，如下图所示。

疑难解答

问：如何在页眉页脚中插入图片？

答：想要在页眉或页脚中添加图片，可在“页眉 / 页脚”选项卡中，选择好页眉或页脚位置，单击“插入图片”按钮，在“插入图片”对话框中选择满意的图片，单击“插入”按钮，返回对话框，单击“确定”按钮即可完成添加操作。

（7）设置页脚

单击“确定”按钮，完成页眉的设置。然后单击“页脚”按钮，选择满意的页脚内容，如下图所示。

（8）完成设置

单击“确定”按钮即可完成“页眉”和“页脚”的设置操作。

（9）设置打印缩放比例

若需要对打印比例进行设置时，可在“页面布局”选项卡的“调整为合适大小”组中，单击“缩放比例”文本框，输入所需比例值即可，如下图所示。

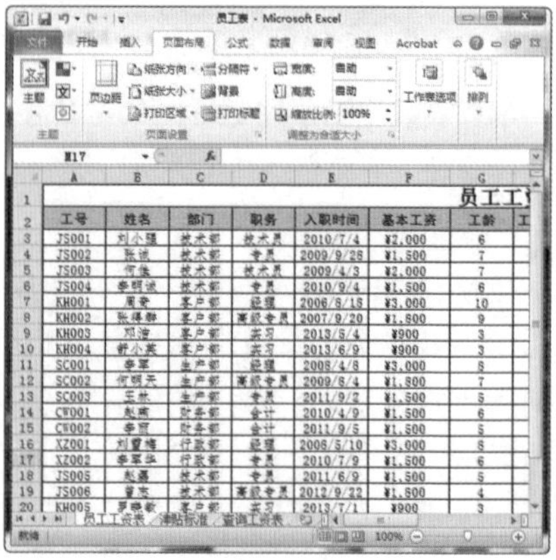

7.2.5 制作并打印工资条

每月发放的工资对员工来说属于个人隐私，所以一般工资表统计完毕后，都需要为每位员工制作单独的工资条。下面将介绍工资条的制作方法。

1. 创建工资条表格

工资条内容与工资表大致相同，用户只需复制工资表表头内容，并进行相关设置即可完成，操作如下。

（1）新建工作表

单击“插入工作表”按钮插入新工作表，将其重命名为“工资条”。

（2）复制粘贴工资表内容

在“员工工资表”中，选中 A2：O2 单元格区域，单击“复制”按钮，然后在“工资条”

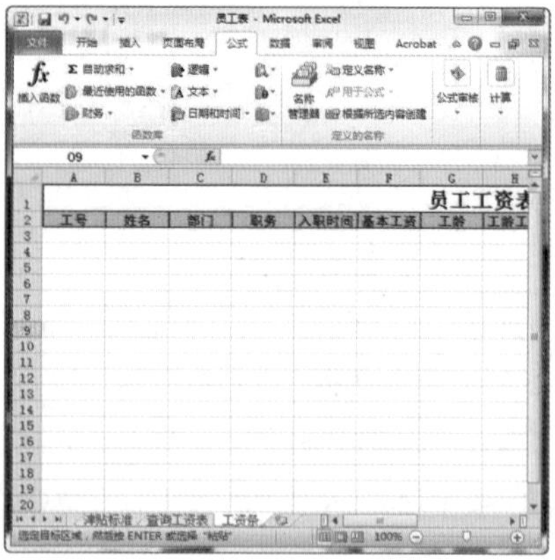

工作表中选中 A2 单元格，选择“保留源格式”粘贴选项，完成粘贴操作，如上图所示。

（3）添加表格边框

在“工资条”工作表中，选择 A2 : O3 单元格区域，在“设置单元格格式”对话框中，设置表格边框，结果如下图所示。

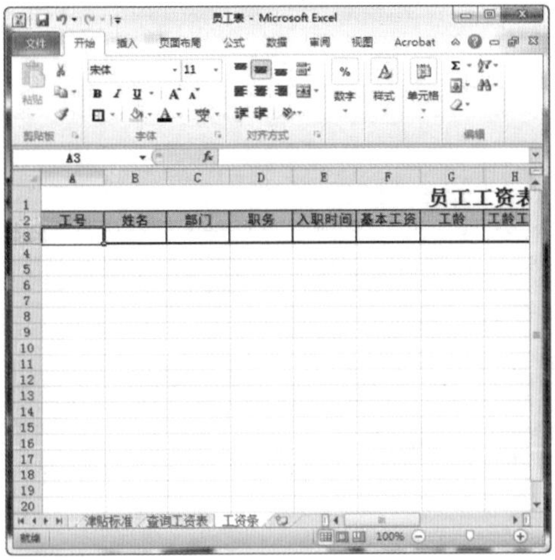

2. 制作工资条

表格创建好后，用户可使用 OFFSET 函数来生成工资条，操作如下。

（1）插入函数

在“工资条”工作表中，选中 A3 单元格，单击“插入函数”按钮，打开相应对话框，选择函数 OFFSET，单击“确定”按钮，如下图所示。

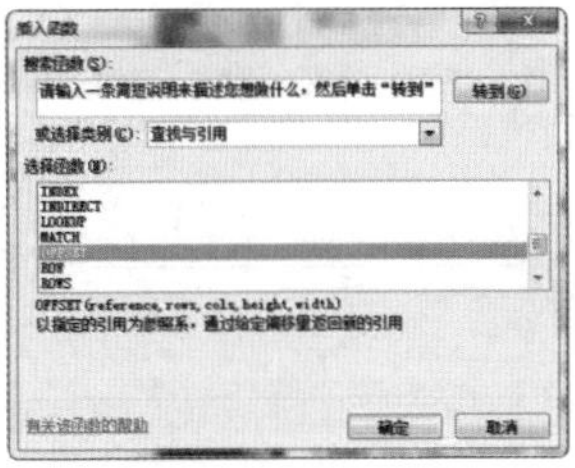

（2）设置函数参数

在“函数参数”对话框中，设置参数如下图所示。

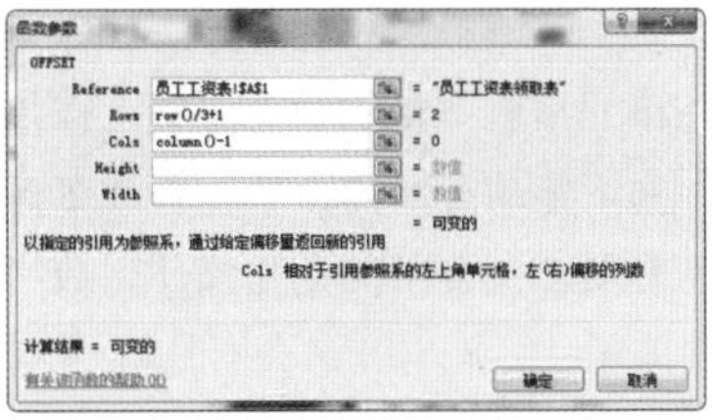

（3）复制公式

单击“确定”按钮，完成操作。此时向右拖动 A3 单元格填充手柄至所需位置，释放鼠标即可完成复制操作，如下图所示。

（4）选择单元格区域

在“工资条”工作表中，选择 A2 : O4 单元格区域，如下图所示。

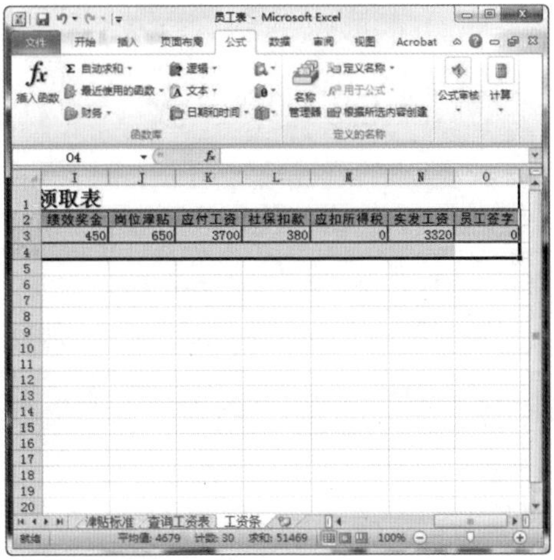

（5）复制公式完成操作

在单元格右下角的填充手柄上按住鼠标左键，向下拖动至所需位置，释放鼠标即可完成所有员工工资条的制作操作，最终结果如下图所示。

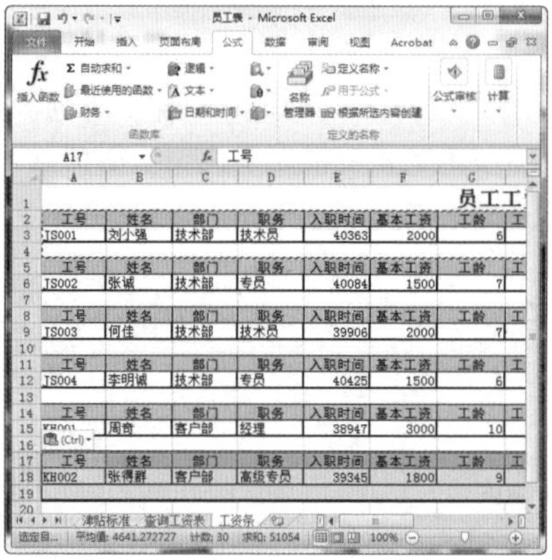

7.3 制作万年历

万年历的制作方法很多，但使用 Excel 软件来制作万年历，你也许是第一次听说。使用 Excel 制作万年历后，可随意查询任何日期所属的年和月，非常方便。下面向用户介绍如何利用 Excel 函数功能来制作万年历。

7.3.1 使用函数录入日期

制作万年历之前，先根据需要输入日历

的基本数据，结果如上图所示。

1. 设置当前日期

下面使用函数 TODAY 来计算当前日期。

（1）合并单元格

选中 B1：D1 单元格区域，单击“合并后居中”按钮，将单元格进行合并，如下图所示。

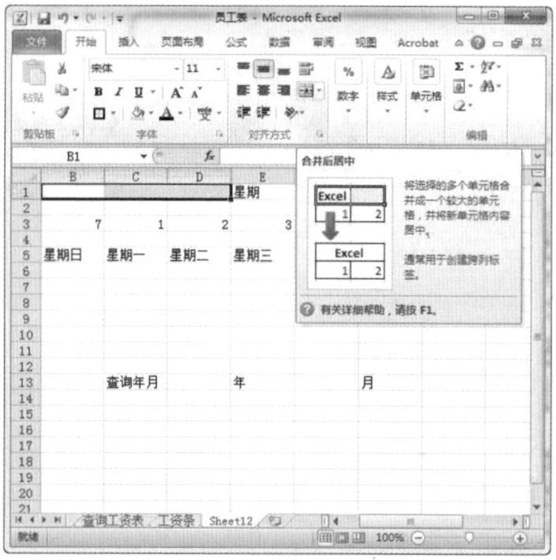

（2）输入公式

合并单元格后，在公式编辑栏中输入“=TODAY（ ）”公式，如下图所示。

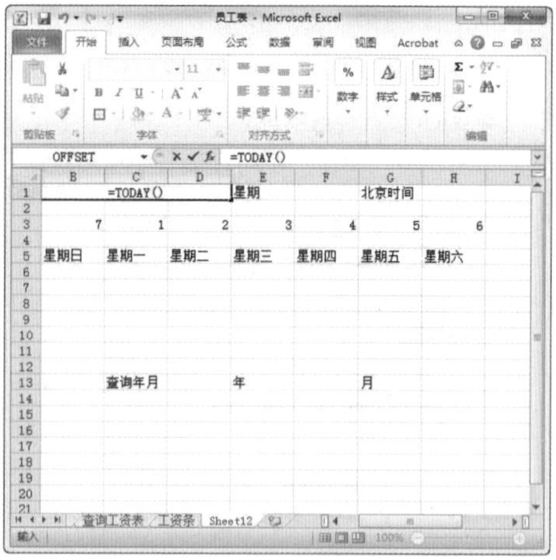

（3）选择数据格式

选中 B1 单元格并右击，执行“设置单

元格格式”命令。

（4）选择数据类型

在“设置单元格格式”对话框的“分类”列表中，选择“日期”选项，并在“类型”列表中，选择合适的类型，如下图所示。

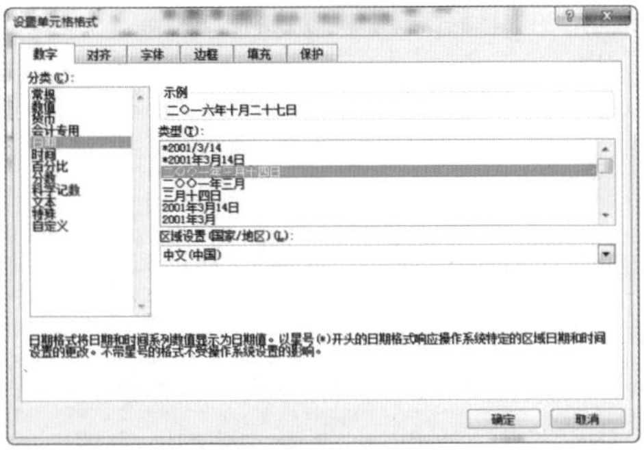

（5）查看结果

单击“确定”按钮，此时在B1单元格中显示设置的数值格式，如下图所示。

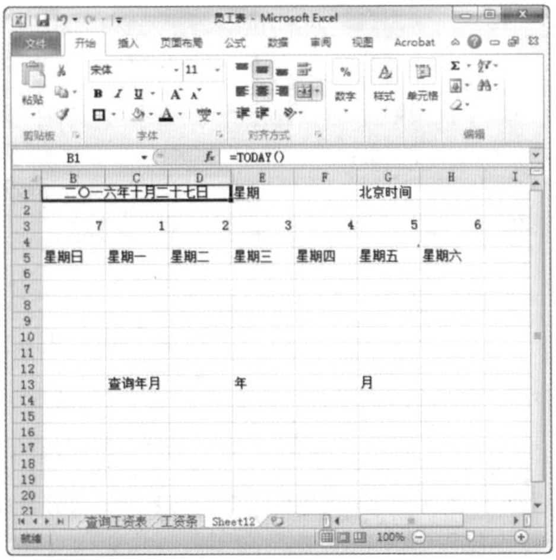

2. 设置显示星期数

如果想要在日历中显示当前星期数，可通过以下方法进行操作。

（1）输入公式

选中F1单元格，在公式编辑栏中输入“=IF（WEEKDAY（B1，2）=7，“日”，WEEKDAY（B1，2））”，如下图所示。

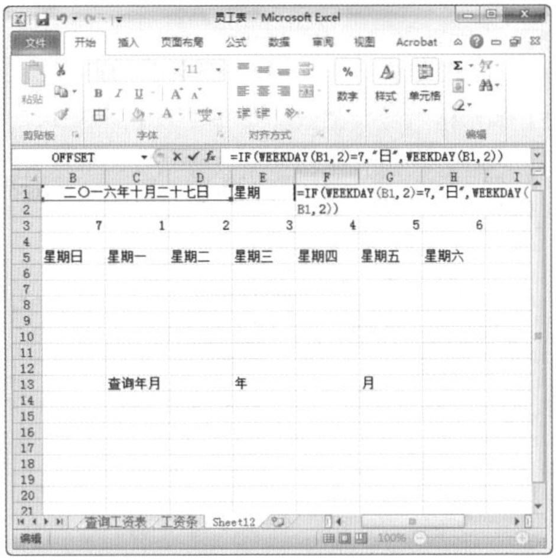

（2）设置星期格式

输入完成后按【Enter】键，此时F1单元格中显示相应数值。

疑难解答

问：计算复杂的函数需注意什么？

答：对一些比较复杂的函数来说，手工输入公式的方式较为合适。但需要注意的是，对于部分新手来说，由于不理解公式的结构，所以无法顺利输入公式，此时则必须借助“插入函数”对话框来输入。

（3）设置单元格格式

选中F1单元格，打开“设置单元格格式”对话框，设置“分类”为“特殊”，设置“类型”为“中文小写数字”，如下图所示。

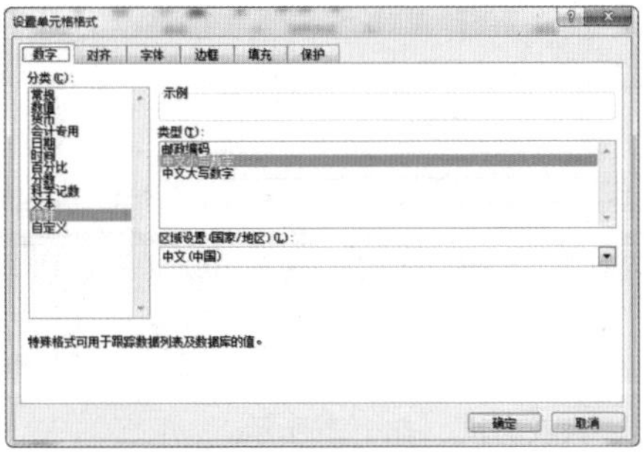

Chapter 07

（4）查看结果

设置完后单击“确定”按钮，即可更改F1单元格的数字格式，如下图所示。

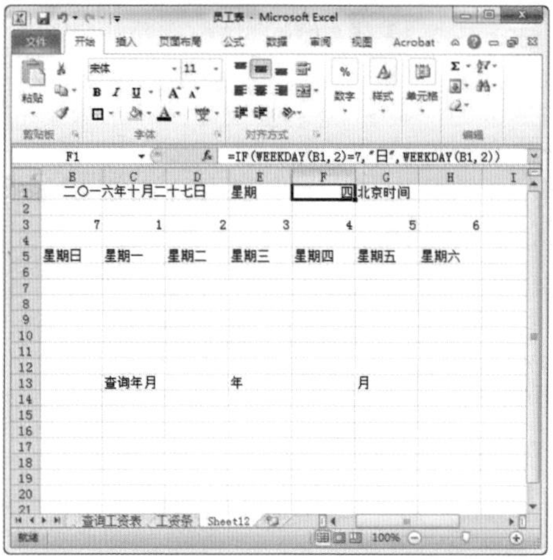

3. 设置当前时间

按照同样的方法，也可将当前时间进行显示，操作如下。

（1）输入公式

选中H1单元格，在公式编辑栏中输入“=now ( )”，如下图所示。

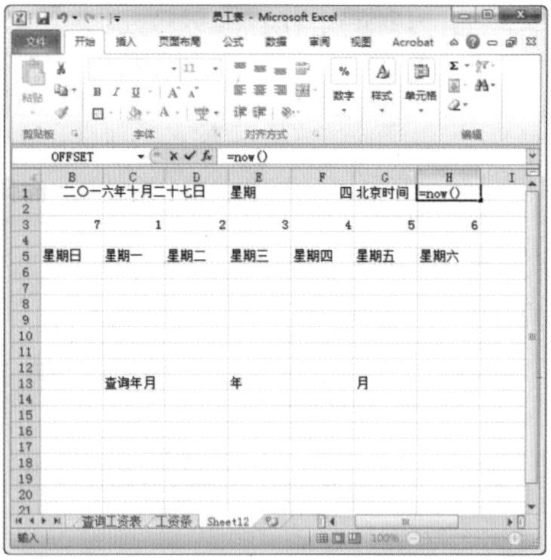

（2）设置格式

此时，在H1单元格中，可显示当前年、月、日及时间，如下图所示。

（3）设置时间格式

打开“设置单元格格式”对话框，设置“分类”为“时间”，设置“类型”为相应的数字格式，如下图所示。

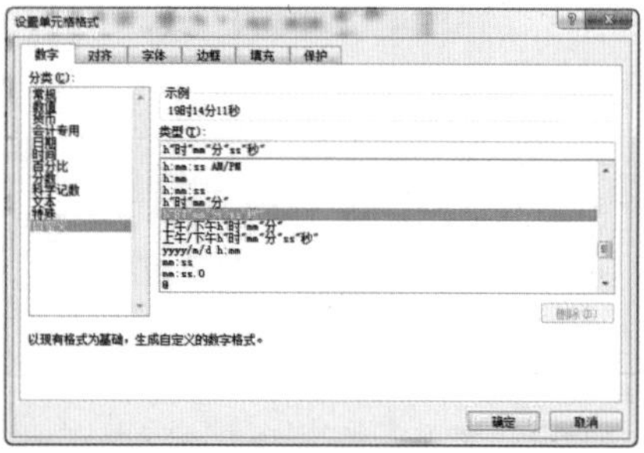

（4）完成操作

单击“确定”按钮，完成数字格式的设置操作，如下图所示。

知识加油站

输入日期格式需注意

在输入日期时，应当尽量避免输入两位数年份，这是因为使用的 Excel 版本不同，得到的结果也不同。

4. 制作日历年份和月份

在当前表格中，需要制作年份和月份的列表，方便用户后期进行查找，操作如下。

（1）输入年份

分别在I1和I2单元格中，输入年份数值，如 1950 和 1951，如下图所示。

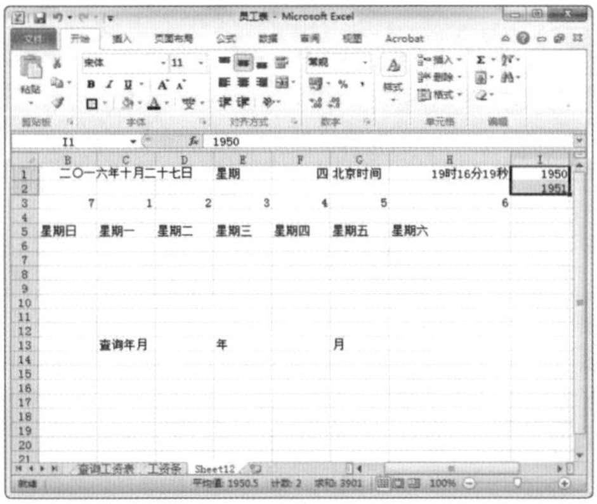

（2）复制年份数

选中 I1 : I2 单元格区域，按住鼠标左键，选中单元格右下角填充手柄，拖曳该手柄至所需位置，如到 2050 年，如上图所示。

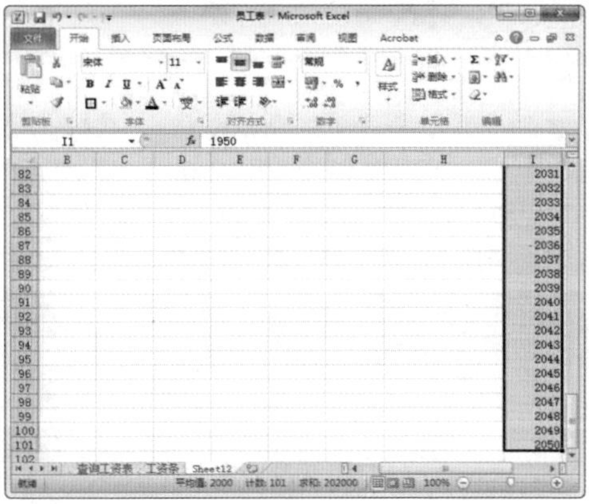

（3）完成月份输入

按照同样的操作，完成月份数值的输入操作，如下图所示。

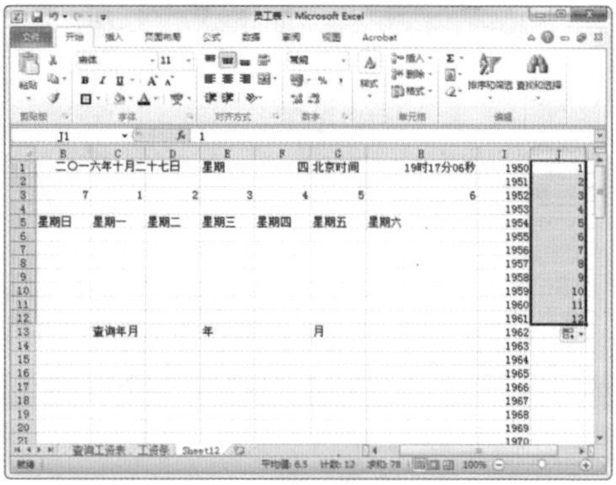

5. 制作查询列表

年份和月份数据输入完成后，可使用数据有效性功能来制作查询列表，操作如下。

（1）制作年份下拉列表

选中 D13 单元格，单击“数据有效性”按钮，打开相应对话框。

（2）选择有效性条件

单击“允许”下拉按钮，选择“序列”选项，如下图所示。

（3）选择数据来源

单击“来源”右侧的选取按钮，选择 I1 : I101 单元格区域，如下图所示。

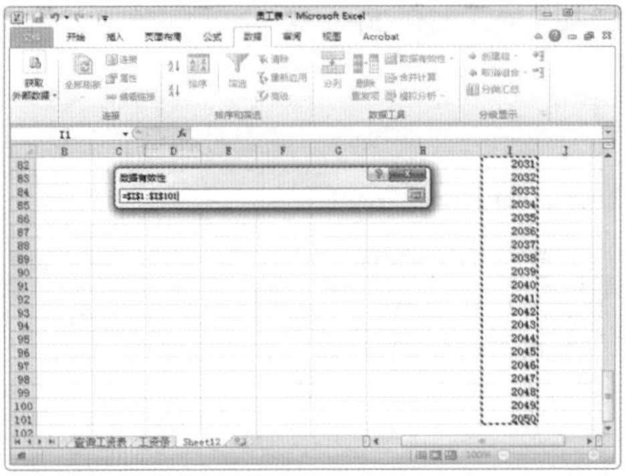

（4）完成设置

此时在“来源”下的文本框中显示了相应的数据，单击“确定”按钮，如下图所示。

疑难解答

问：如何清除数据有效性？

答：如果想清除数据有效性的设置，只需选中所需单元格，打开“数据有效性”对话框，单击“全部清除”按钮，然后单击“确定”按钮即可。

（5）制作月份下拉列表

选中 F13 单元格，按照同样的操作，将

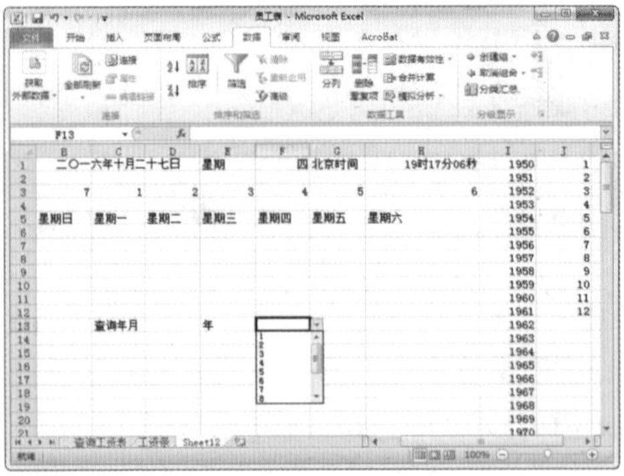

1~12 月份添加到月份下拉列表中，结果如上图所示。

7. 计算当月天数、星期值

下面将使用逻辑函数来计算被选月份的天数及星期值。

（1）输入公式

选中 A2 单元格，在公式编辑栏中输入“=IF（F13=2，IF（（DR（D13/400=INT（D13/400），AND（D13/4=INT（D13/4），D13/100 ＜ ＞ INT（D13/100）））， 29， 28），IF（OR（F13=4，F13=6，F13=9，F13=11），30，31））”，按【Enter】键，此时系统将自动计算出该月的天数，并显示出来，如下图所示。

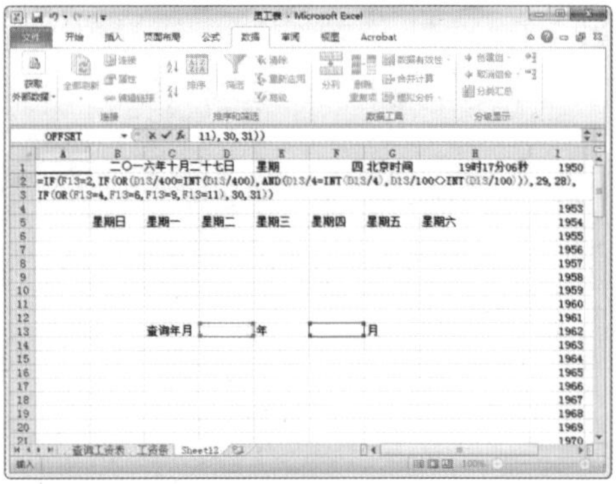

（2）输入公式

选择 B2 单元格，在公式编辑栏中输入“=IF（WEEKDAY（DATE（D1 3，$F13，1），2）=B3，1，0）”，如下图所示。

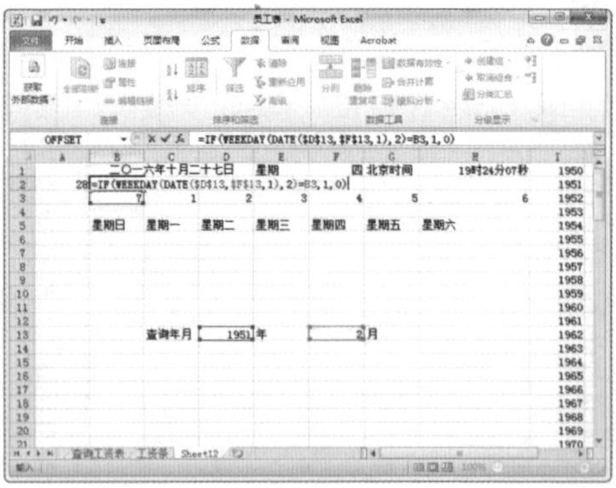

（3）向右复制公式

设置完成后，选中单元格填充手柄，按住鼠标左键，向右拖曳其至 H2 单元格，如下图所示。

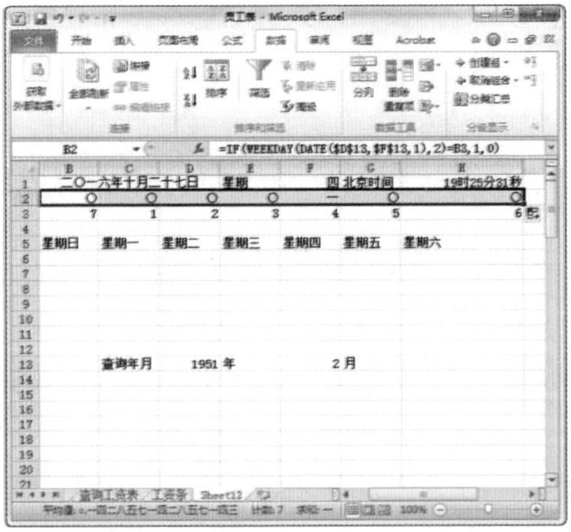

8. 开始制作万年历

所有准备工作完成后，即可使用函数制作万年历，具体操作如下。

（1）输入 B6 单元格公式

选中 B6 单元格，在公式编辑栏中输入“=IF（B2=1，1，0）”，如下图所示。

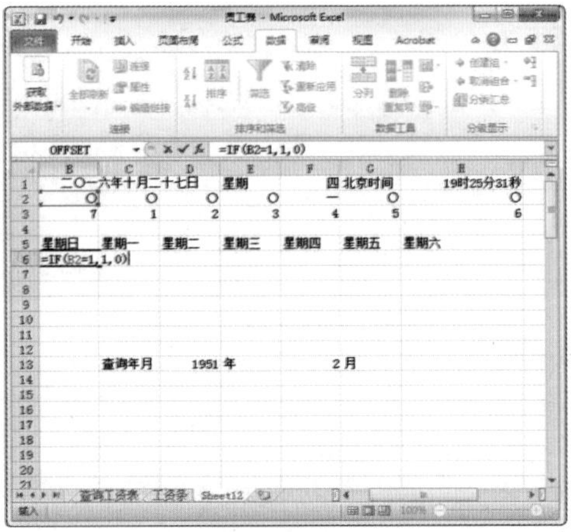

（2）输入 B7 单元格公式

选择 B7 单元格，在公式编辑栏中输入“=H6+1”，如下图所示。

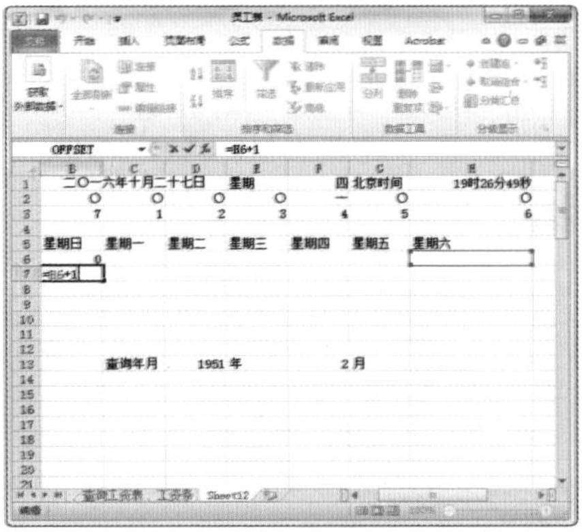

（3）复制公式

选中 B7 单元格，将公式复制到 B8、B9 单元格中，结果如下图所示。

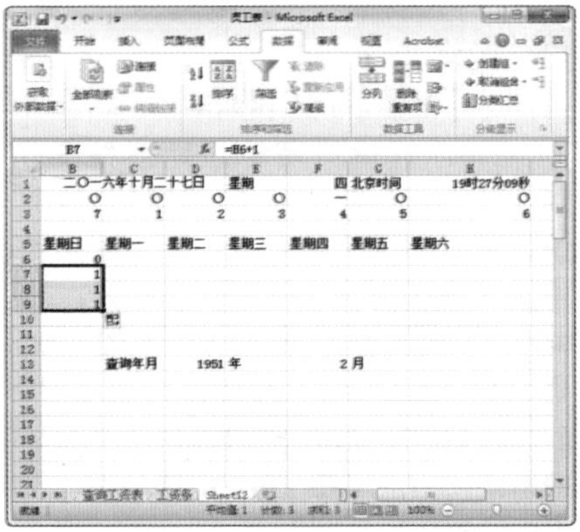

（4）输入 B10 单元格公式

选中 B10 单元格，输入“=if(h9 > =a2，0，h9+1)”，如下图所示。

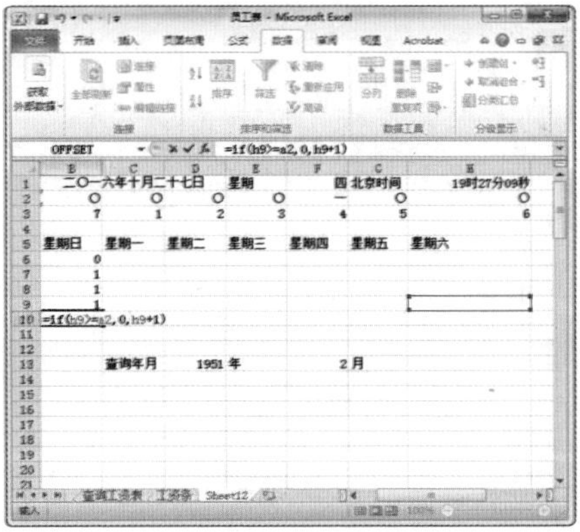

（5）输入 B11 单元格公式

选中 B11 单元格，输入“=IF(H10 > =A2,0, IF（H10 > 0，H10+1，0））”，如下图所示。

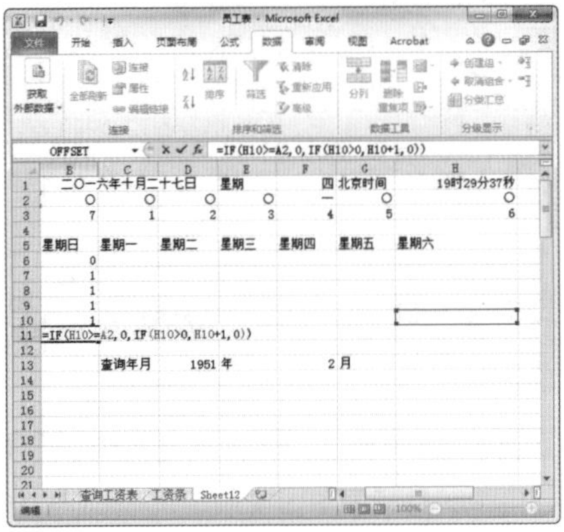

知识加油站

了解 Excel 日期系统

Excel 提供了两种日期系统，分别为 1900 日期系统和 1904 日期系统。默认情况下，Windows 操作系统中的 Excel 使用 1900 日期系统，而 Macintosh 操作系统的 Excel 使用的是 1904 日期系统，为了保持兼容性，Windows 中的 Excel 同时提供了两种日期系统，用户可在“Excel 选项”对话框中设置。

（6）输入 C6 单元格公式

选中 C6 单元格，输入公式“=if（b6 > 0，b6+1，if（c2=1，1，0））”，如上图所示。

（7）复制公式

选中 C6 单元格，并向右拖曳填充手柄至 H6 单元格，如下图所示。

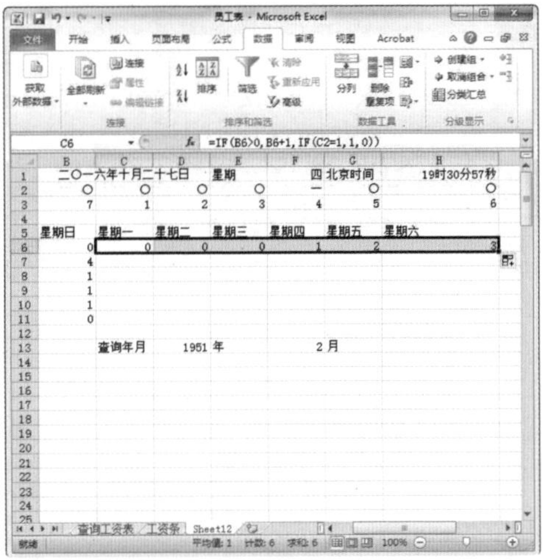

（8）输入 C7 单元格公式

选中 C7 单元格，输入公式“=B7+1”，如下图所示。

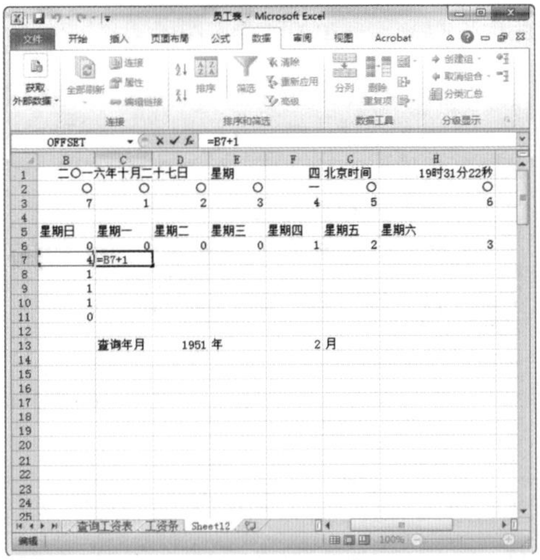

（9）复制公式

选中 C7 单元格，向下拖曳填充手柄至 C9 单元格，然后将其向右拖动至 H9 单元格，如下图所示。

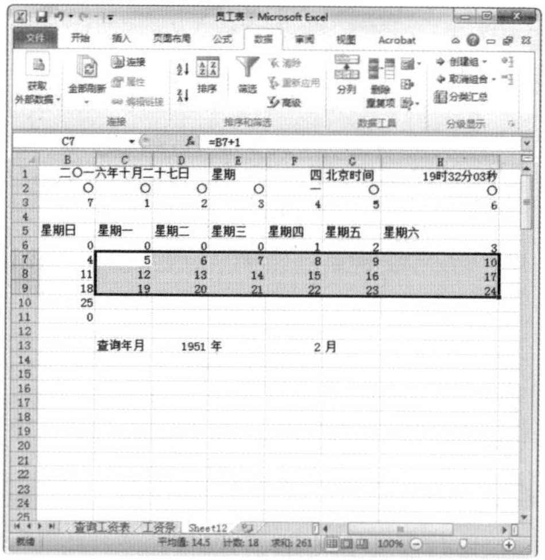

（10）输入 C10 单元格公式

选中 C10 单元格，输入公式“=if（b10 > =a2，0，if（b10 > 0，b10+1，if（c6=1，1，0）））”，如下图所示。

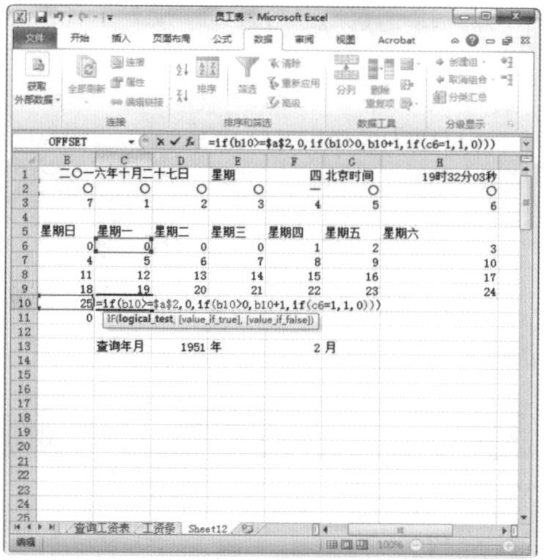

（11）完成万年历的制作

选中 C10 单元格填充手柄，按住鼠标左键向右拖曳其至 H10 单元格，然后再次选中 C10 单元格填充手柄，向下拖曳至 C11 单元格，如下图所示。

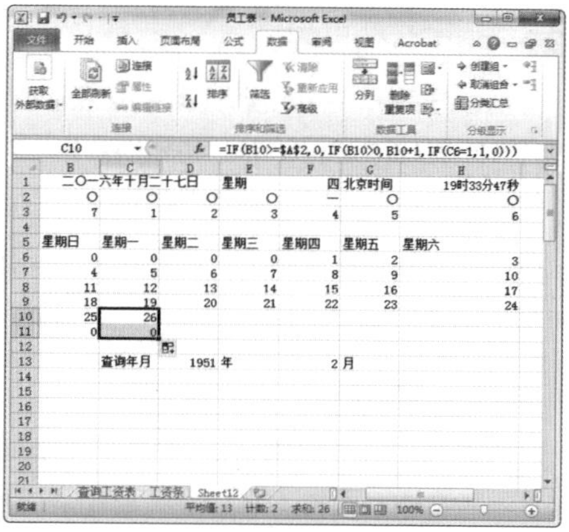

|知识加油站|

IF 函数语法介绍

IF 函数的语法表达式为 IF（logical_test，value_if_true，value_if_false）。其中，logical_test 表示计算结果为 TRUE 或 FALSE 的任意值或表达式：value_if_true 为计算结果是 TRUE 时返回的值；value_if_false 为计算结果是 FALSE 时返回的值。

（12）验证结果

万年历的数据制作完毕后，单击“查询年月”或“月”下拉列表，选择相应的年月份，此时万年历的数值会发生相应的变化，如下图所示。

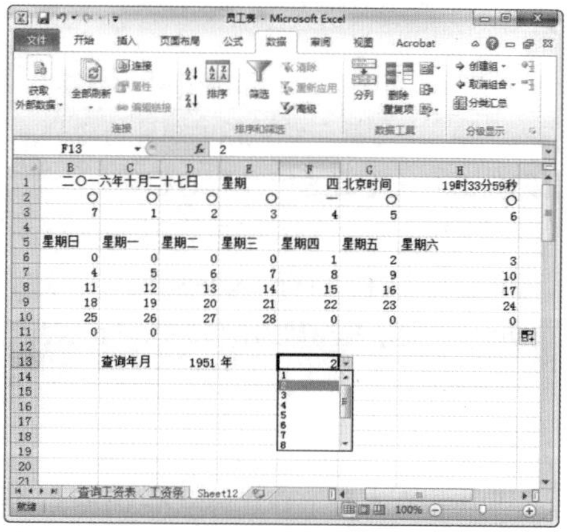

7.3.2 美化万年历

刚做好的万年历外观看上去有点简陋，并且万年历周围还显示着一些辅助数据。为了使万年历的外观看上去清爽整洁，用户可以适当地对其外观进行一些修饰，具体操作如下。

1. 隐藏单元行或列

若要将万年历周围的一些辅助数据删除，会直接影响到该万年历的数据显示。此时，用户只需将这些数据隐藏即可。

（1）选中单元行

选中表格的第 2 行和第 3 行，如下图所示。

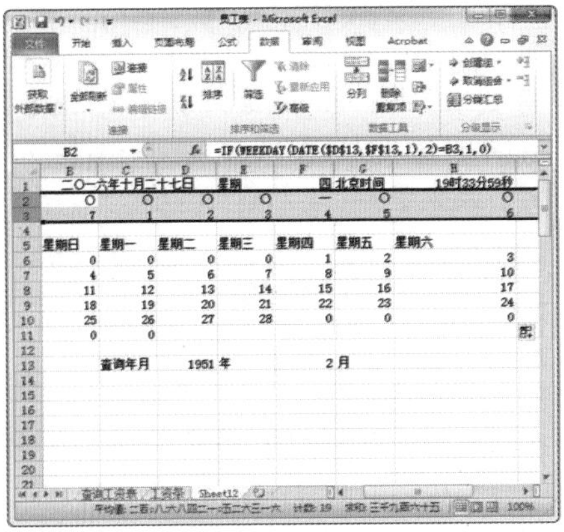

疑难解答

问：如何取消单元行/列的隐藏操作？

答：若要显示隐藏后的单元行或列，则先选中被隐藏的行或列的相邻 2 个单元行或列，例如选择 1 和 4 两个单元行，单击鼠标右键，执行“取消隐藏”命令，则可快速显示被隐藏的 2 和 3 单元行内容。

（2）选择隐藏选项

单击鼠标右键，在快捷菜单中执行“隐藏”命令，如下图所示。

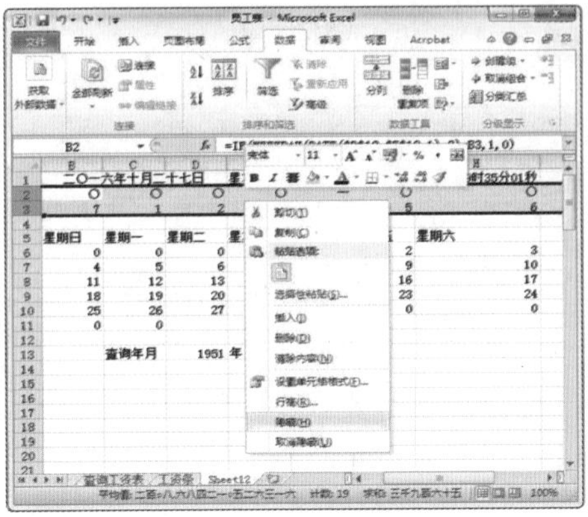

（3）完成隐藏

此时被选中的单元行已被隐藏。此时行序号发生了相应变化，如下图所示。

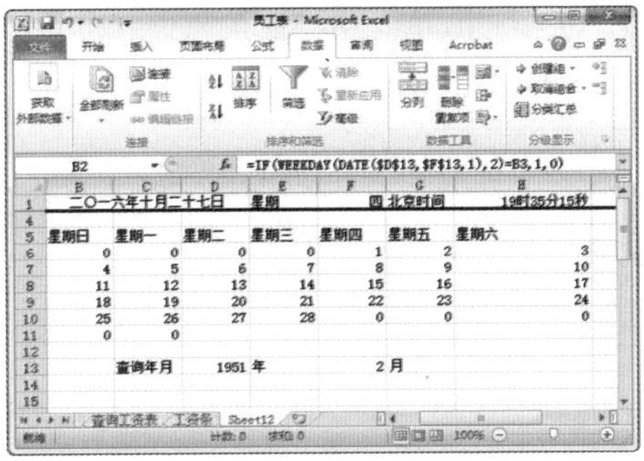

（4）选择单元列

在该表格中，选中 I 和 J 单元列，如下图所示。

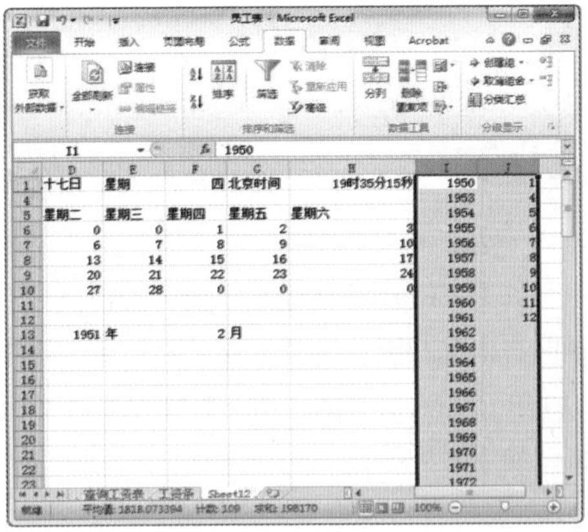

（5）选择隐藏选项

在“开始”选项卡的“单元格”组中，单击“格式”下拉按钮，选择“隐藏或取消隐藏>隐藏列”选项，如下图所示。

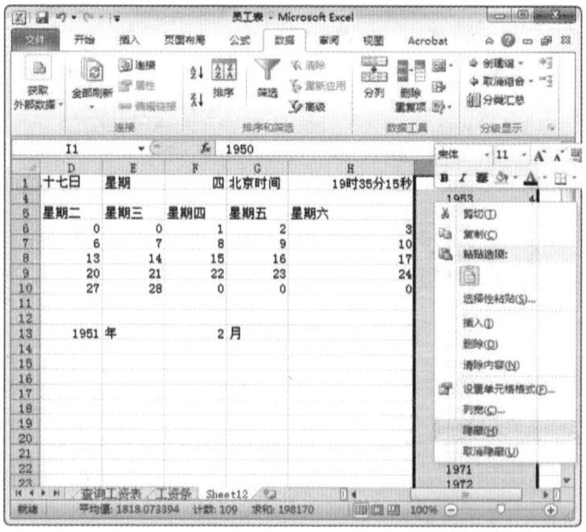

（6）完成隐藏操作

按照同样的方法可进行隐藏操作。此时被选中的单元列已被隐藏，如下图所示。

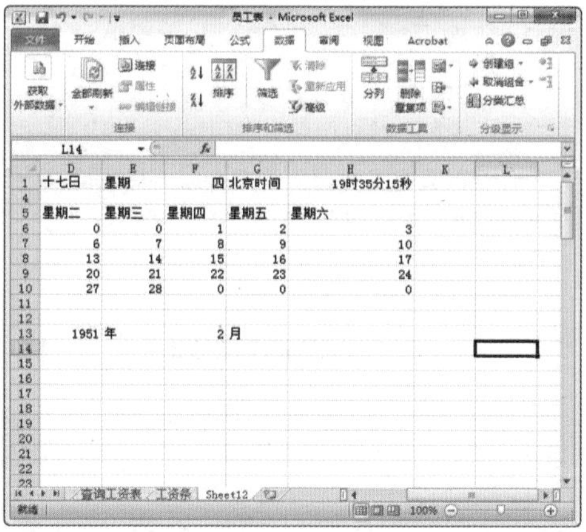

2. 修饰万年历内容

隐藏好多余的数据后，就可对万年历内容进行修饰操作了，具体操作如下。

（1）选择单元格区域

选择 B5：H11 单元格区域，如下图所示。

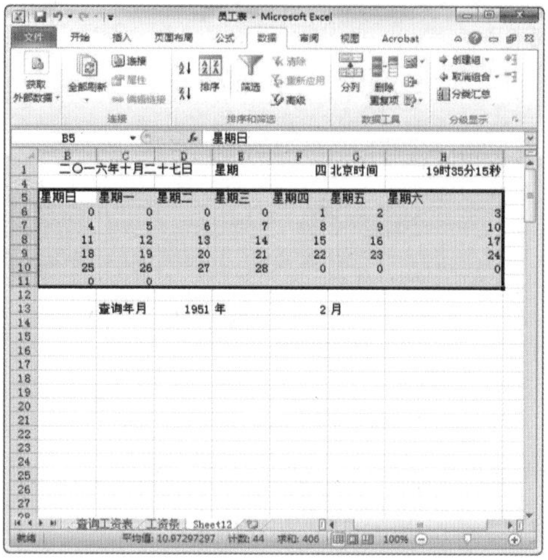

（2）设置内容格式

在“开始”选项卡的“字体”组中，根据需要对文本字体格式进行设置，结果如下图所示。

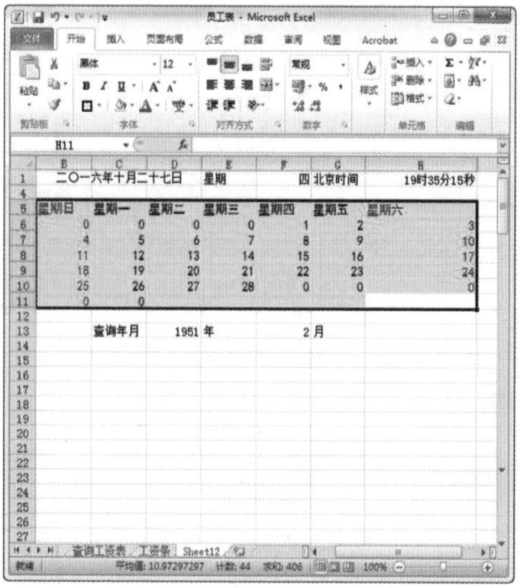

（3）打开“选项”对话框

同样选择 B5：H11 单元格区域，切换至“文件”选项面板，选择“选项”选项，打开“Excel 选项”对话框，如下图所示。

（4）选择相关选项

单击“高级”选项，在右侧的“此工

作表的显示选项”选项组中，取消选择“在具有零值的单元格中显示零”选项，如下图所示。

（5）查看效果

单击“确定”按钮，完成设置操作。此时被选中的单元格中的零值已被隐藏，如下图所示。

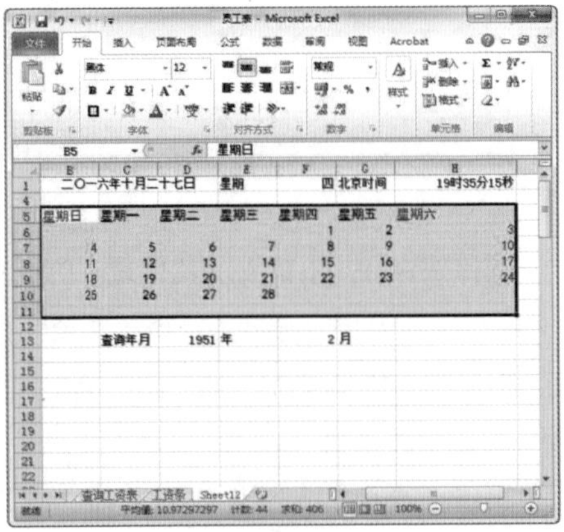

（6）设置当前日期格式

选中 B1 : H1 单元格区域，在“字体”组中设置其文本格式，结果如下图所示。

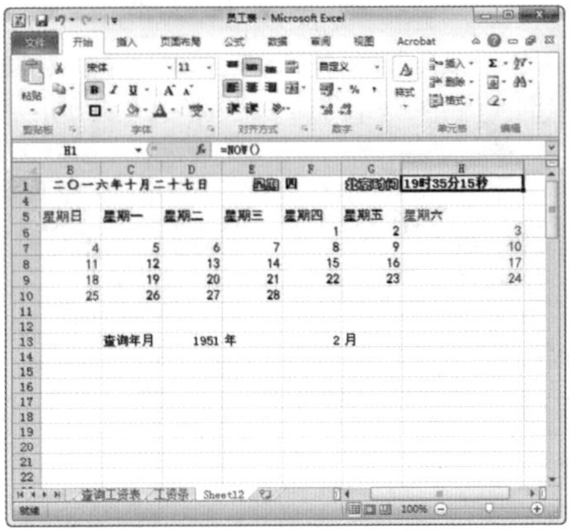

（7）设置查询年月内容格式

选中 C13:G13 单元格区域，在“字体”组中对其文本格式进行设置，结果如下图所示。

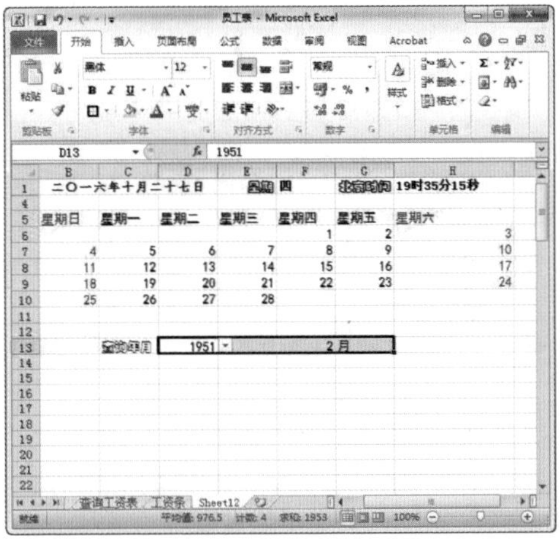

（8）打开设置对话框

选中 B5 : H11 单元格区域，单击鼠标右键，执行“设置单元格格式”命令，打开相应对话框。

（9）添加表格边框

在“边框”选项卡中，根据需要对表格

边框线进行设置，如下图所示。

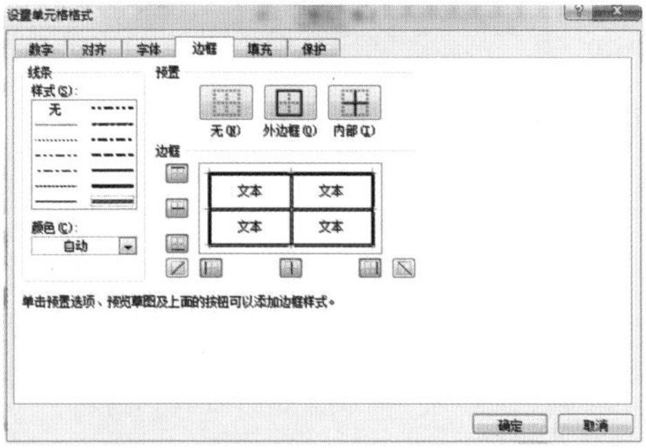

（10）查看设置结果

选择完成后，单击“确定”按钮，完成边框线的添加操作，结果如下图所示。

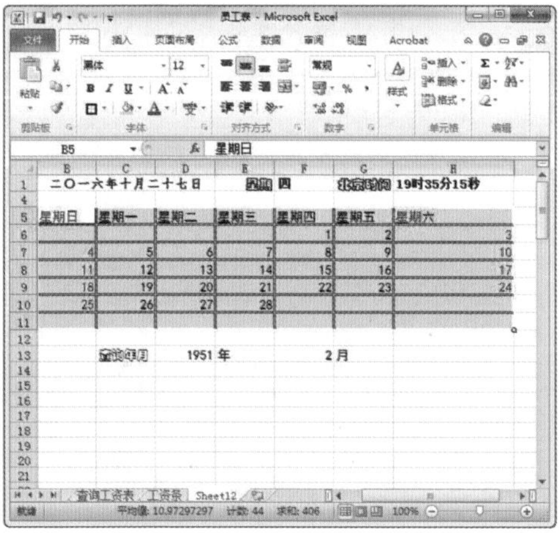

|知识加油站|

三种引用公式类型的区别

在 Excel 中公式的引用有三种类型，分别为：相对引用、绝对引用和混合引用。相对引用是指公式复制到其他单元格中，行和列的引用也会相应地改变；绝对引用是指当公式复制到其他单元格时，行和列的引用不会改变；而混合引用是介于相对引用与绝对引用之间的引用方式，行和列中一个是相对引用，另一个则是绝对引用。

（11）添加表格底纹

选中表格中相关的单元格区域，在“设置单元格格式”对话框的“边框”选项卡中，选择相应的底纹颜色进行添加，如下图所示。

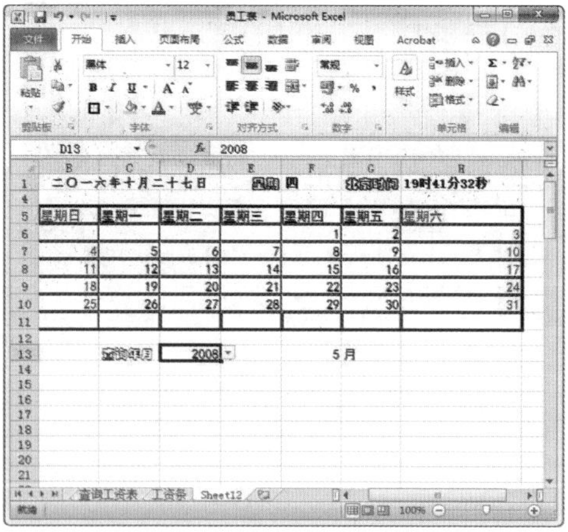

3. 添加背景图片

在 Excel 中，用户同样可对其文档添加背景图片，操作如下。

（1）打开背景设置对话框

切换至“页面布局”选项卡，在“页面设置”组中单击“背景”按钮；在“工作表背景”对话框中选择满意的图片，单击“插入”按钮，如下图所示。

（2）查看结果

设置完成后即可实现 Excel 文档背景的

填充，如下图所示。

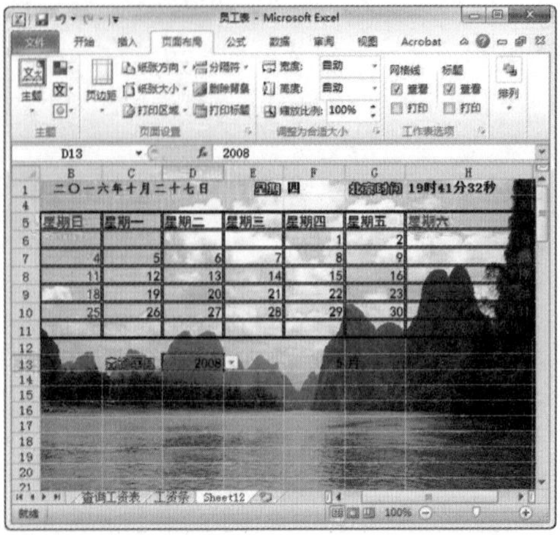

Chapter 08

使用Excel对数据进行排序汇总

本章导读

在日常工作中，用户经常会遇到一些烦琐的数据表格。若想快速处理、分析这些数据，需使用 Excel 数据管理功能。运用好该功能，用户可快速了解表格的数据信息，从中能够轻松地提取有效数据。

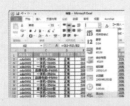

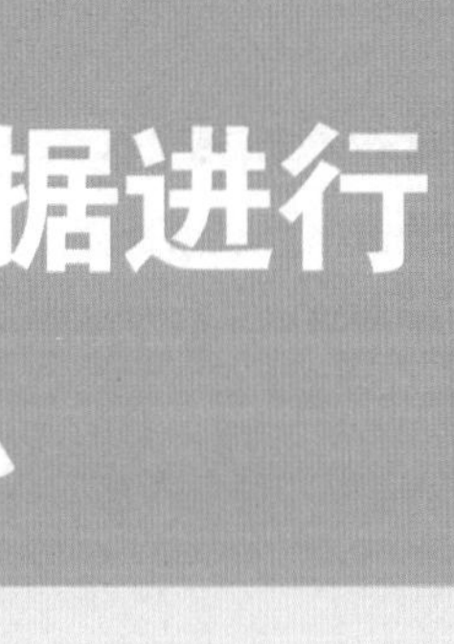

知识技能要求

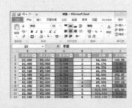

本章将介绍如何使用 Excel 对数据进行分析操作，例如数据排序、数据筛选以及分类汇总数据等。学完后读者需要掌握的相关知识技能如下：

⊙在表格对象中快速进行排序和筛选
⊙“排序”命令的使用
⊙根据条件筛选数据
⊙合并计算数据
⊙利用分类汇总功能分级显示数据

8.1 制作电子产品销售统计表

通常制作某产品销售统计表是为了能够及时了解该产品在市场上的一些销售情况。公司的销售部门会根据该统计信息，对该产品做相应调整。下面以制作电子产品销售统计表为例，介绍如何对表格数据进行统计分析操作。

8.1.1 输入表格数据

打开“电子产品销售统计表 . xlsx”素材文件，选中所需单元格即可输入相关数据。

（1）输入公式

选中 G2 单元格，输入公式“=(e2-f2) / e2”，如下图所示。

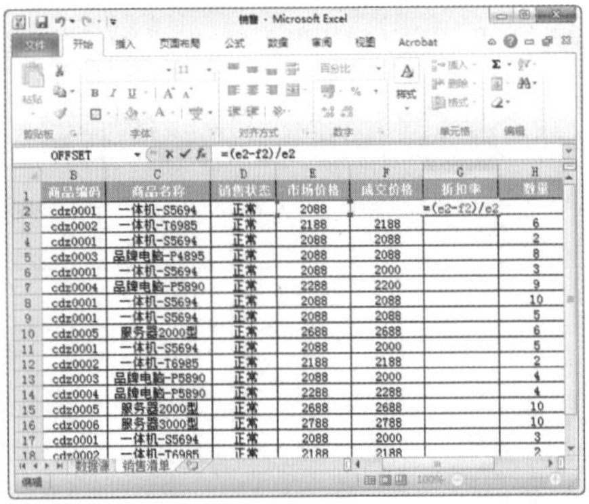

（2）设置数据格式

按【Enter】键，完成计算，同样选中

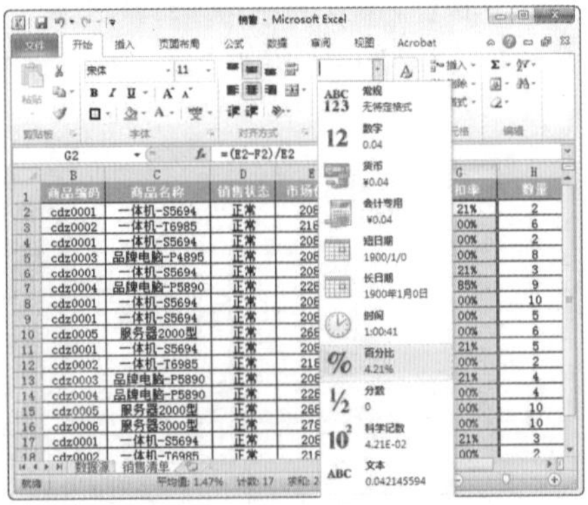

G2 单元格，单击“数字格式”下拉按钮，选择“百分比”选项，如上图所示。

（3）复制公式

选中 G2:G48 单元格区域，单击“向下”填充按钮，复制公式，如下图所示。

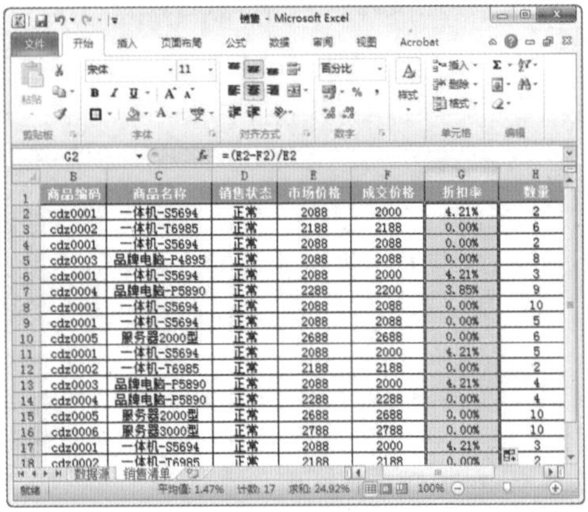

（4）输入公式

选中 I2 单元格，输入公式“=f2*h2”，如下图所示。

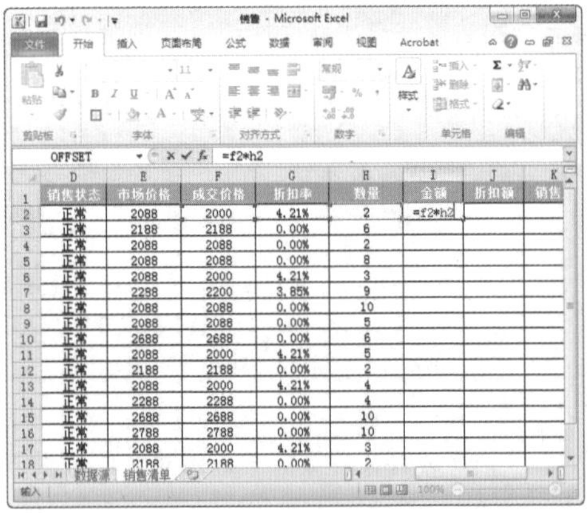

（5）完成“金额”计算

按【Enter】键完成计算，然后单击“向下”填充按钮，将公式复制到其他单元格中，如下图所示。

（6）输入公式

选中 J2 单元格，输入公式“=G2*I2”，

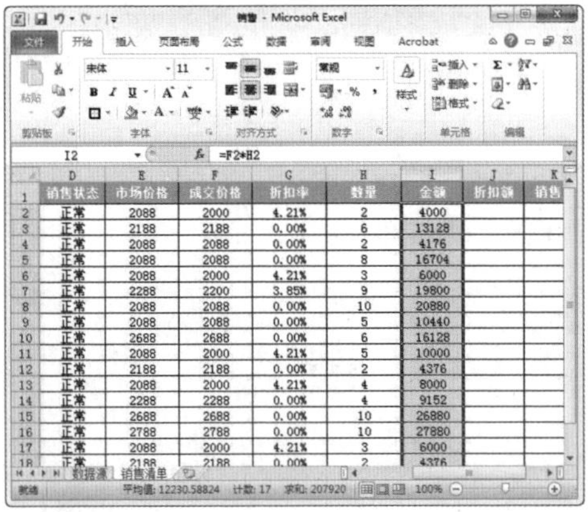

如下图所示。

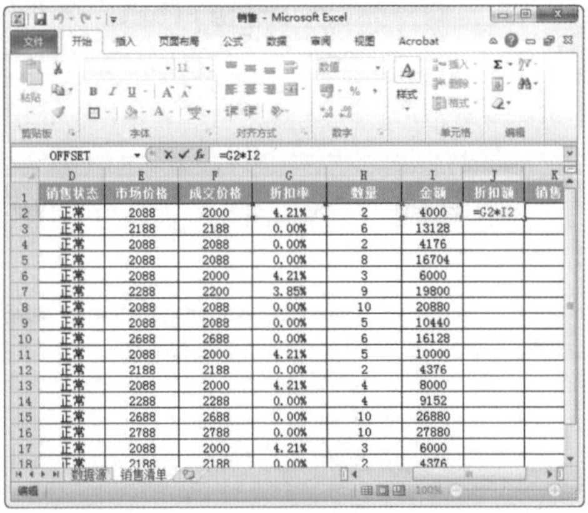

（7）完成“折扣额”计算

按【Enter】键完成计算，然后单击“向下”填充按钮，将公式复制到其他单元格中，如下图所示。

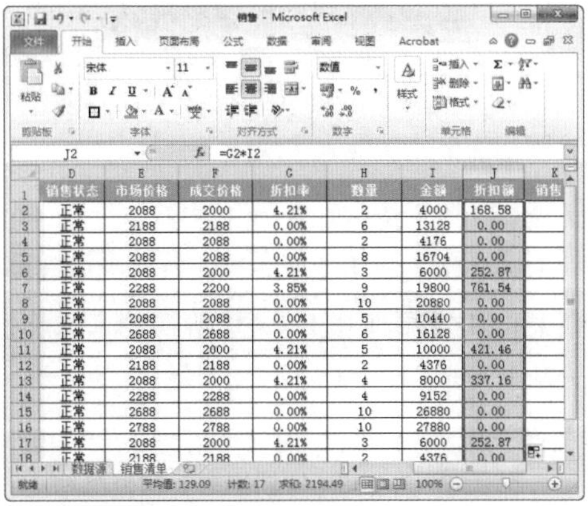

（8）设置数据有效性

选中K2单元格，单击“数据有效性”按钮，打开相应对话框，设置“允许”选项为“序列”，如下图所示。

（9）框选数据来源

单击“来源”文本框右侧选取按钮，选择“数据源”工作表中的F2:F8单元格区域，如下图所示。

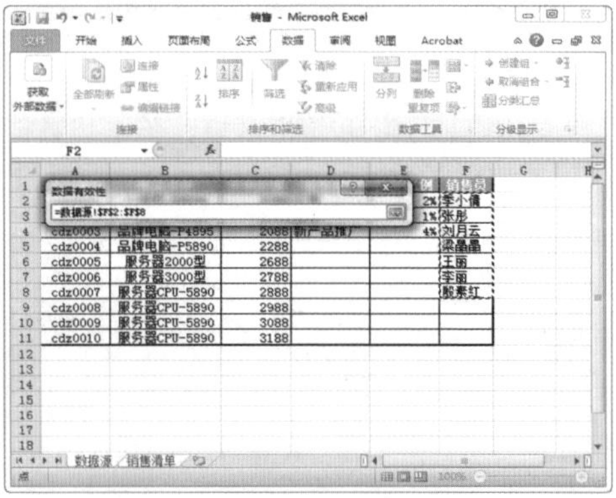

（10）完成设置

单击“确定”按钮，完成数据有效性的

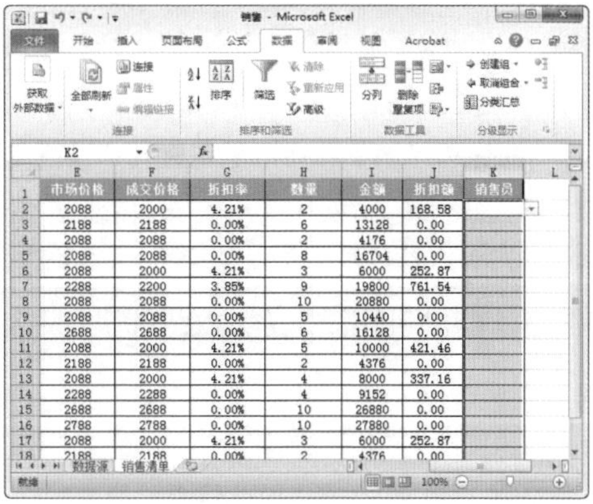

设置操作。选中 K2:K48 单元格区域，单击“向下”填充按钮，将该设置复制到其他单元格，如上图所示。

（11）输入有效数据

单击 K2 单元格，在下拉列表中选择相关销售员的姓名。按照同样的方法，完成“销售员”列的数据输入，如下图所示。

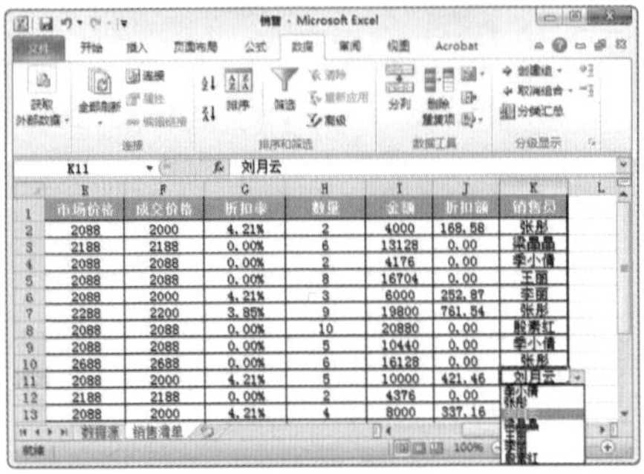

（12）设置数字格式

选中 J2 : J48 单元格区域，单击“数据格式”下拉按钮，选择“货币”选项，即可为该列数值添加货币符号，如下图所示。

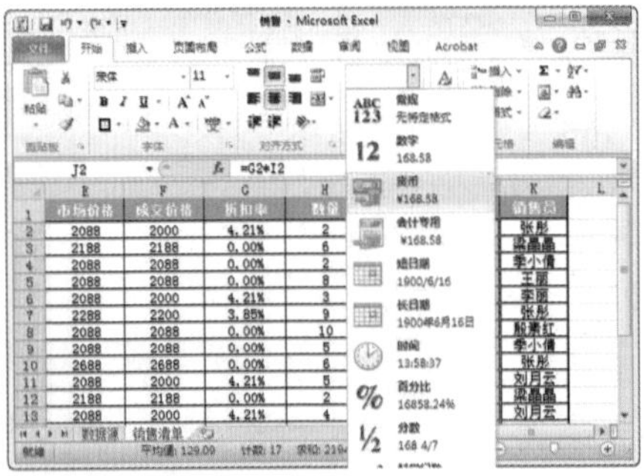

（13）设置小数位数

同样选择该单元格区域，打开“设置单元格格式”对话框，将“小数位数”设为 0，如上图所示。

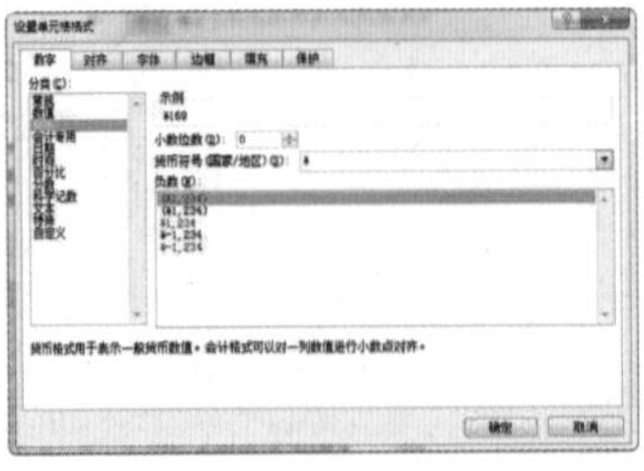

（14）完成数据格式更改

单击“确定”按钮，完成数据格式的更改操作，如下图所示。

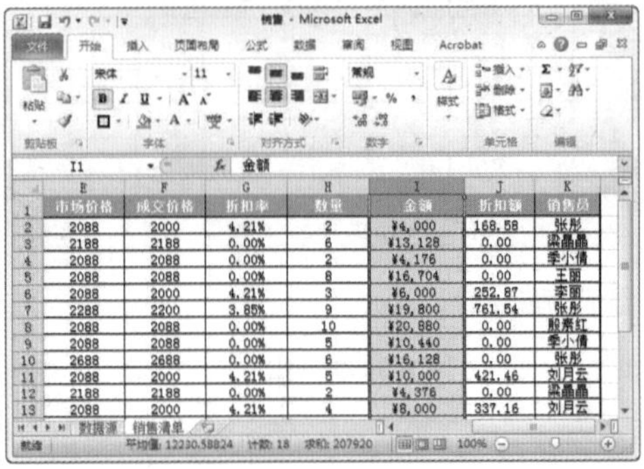

（15）设置其他数据格式

按照同样的方法，设置 E 列和 F 列的数据格式，如下图所示。

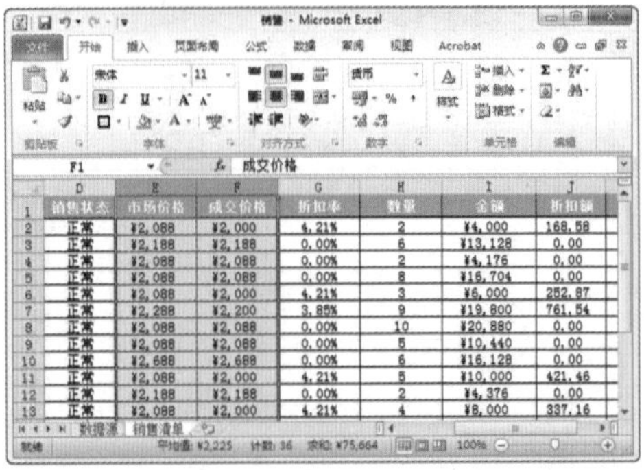

8.1.2 为表格数据添加条件格式

为了突出显示表格中某些数据，用户可使用条件格式功能来实现。

1. 使用色阶显示折扣率和折扣额

想要在表格中快速查看自己所需的数据信息，用户可使用 Excel 色阶功能来操作，方法如下。

（1）选择单元列

在表格中，选择 G 列内容，如下图所示。

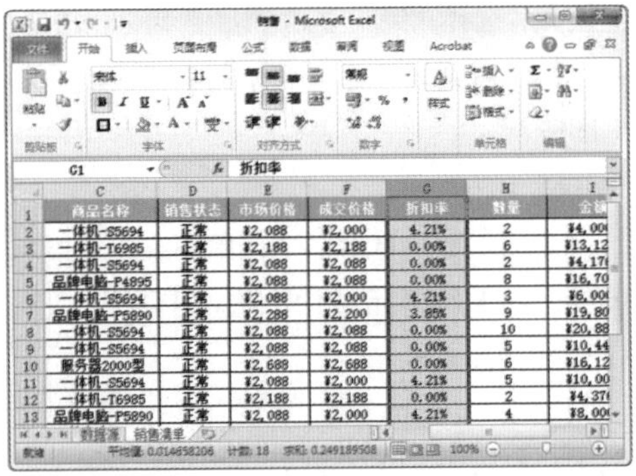

知识加油站

“图标集”功能介绍

使用“图标集”功能可对数据进行注释，并可以按阈值将数据分为3～5个类别，其中每个图标代表一个值的范围。

（2）启动“色阶”功能

在“开始”选项卡的“样式”组中，单击“条件格式”下拉按钮，选择“色阶”选项，并在级联列表中选择所需的选项，如下图所示。

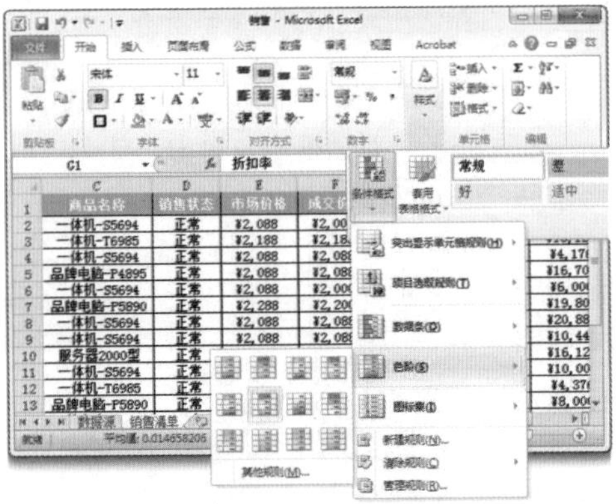

（3）完成设置

选择完成后，此时被选的G列内容已添加了色阶效果，如下图所示。

（4）为J列添加色阶

选择J列，单击“色阶”按钮，选择色

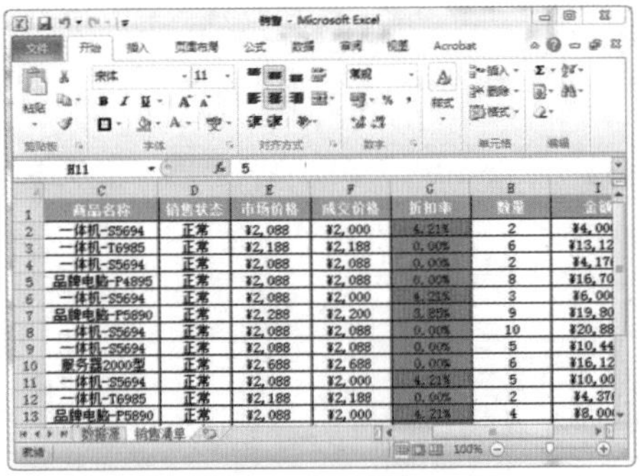

阶样式，如下图所示。

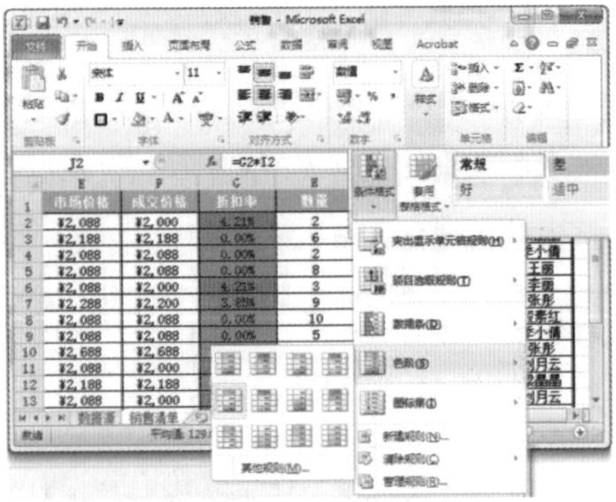

（5）完成J列填充操作

选择后，J列单元格区域已发生了相应的变化，如下图所示。

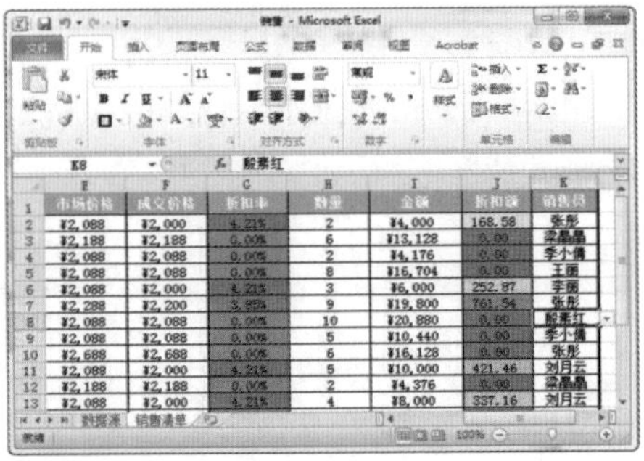

2. 使用数据条显示成交额数据

下面介绍如何使用数据条功能来突出显示成交额数据。

（1）启动数据条功能

选中F列单元格，单击“条件格式”下

拉按钮，选择“数据条”选项，并在级联列表中选择所需的选项，如下图所示。

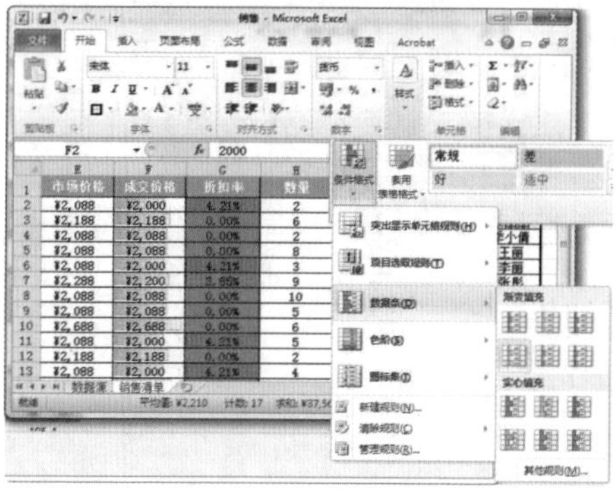

（2）查看效果

选择完成后，被选中的F列单元格已发生了相应的变化，如下图所示。

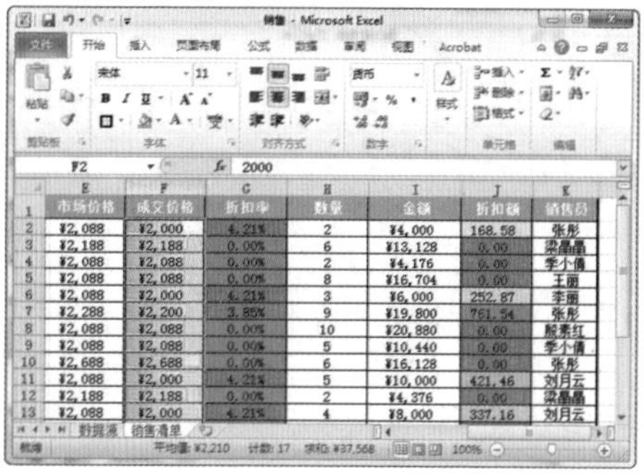

3. 使用条件规则显示金额数据

在Excel 2010中，使用“突显单元格规则”条件格式的操作方法如下。

（1）启动相关功能

选中I列单元格，单击“条件格式”下拉按钮，选择“突出显示单元格规则”选项，并在其级联列表中选择满意的条件选项，如上图所示。

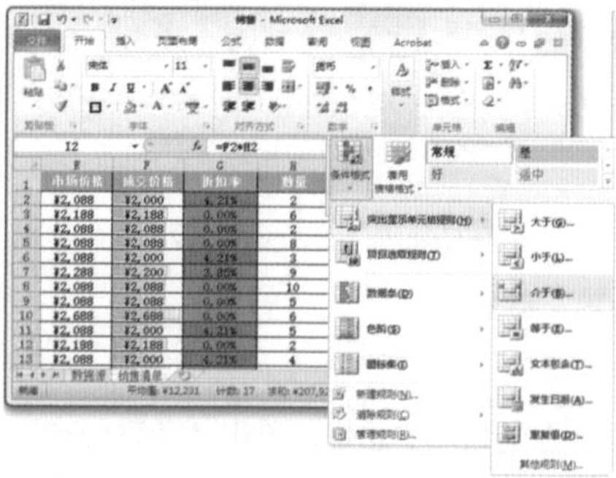

（2）设置第1参数

在“介于”对话框中，单击第1个选取按钮，在I列单元格中，选中I11单元格，如下图所示。

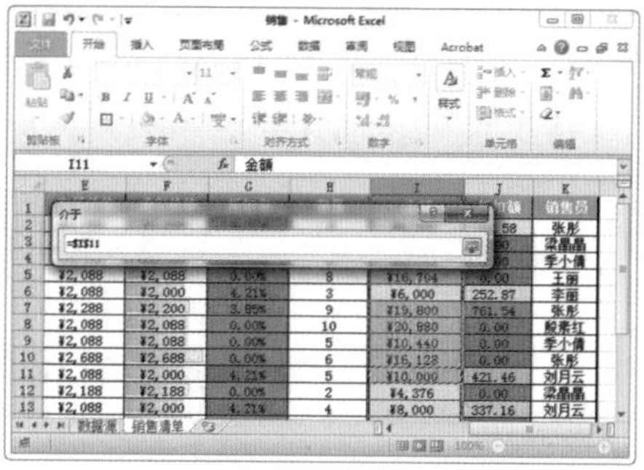

知识加油站

删除条件规则

若想删除条件规则，只需单击“条件格式”下拉按钮，选择“清除规则”选项，并在其级联列表中根据需要选择相关选项即可。

（3）设置第2参数

在“介于”对话框中，单击第2个选取按钮，并选中I列的I16单元格，如下图所示。

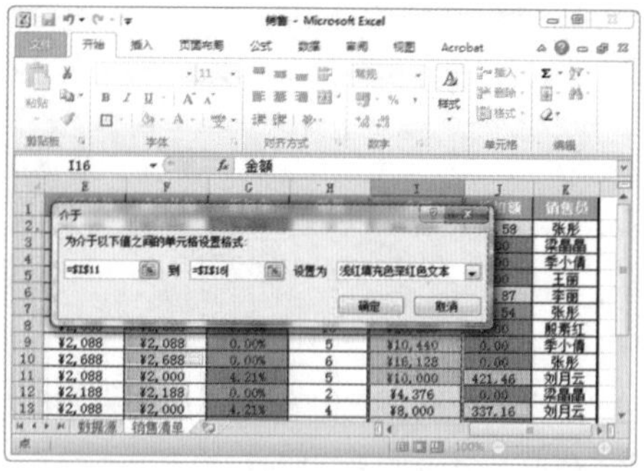

（4）设置填充颜色

单击“设置为”下拉按钮，选择满意的

填充颜色，如下图所示。

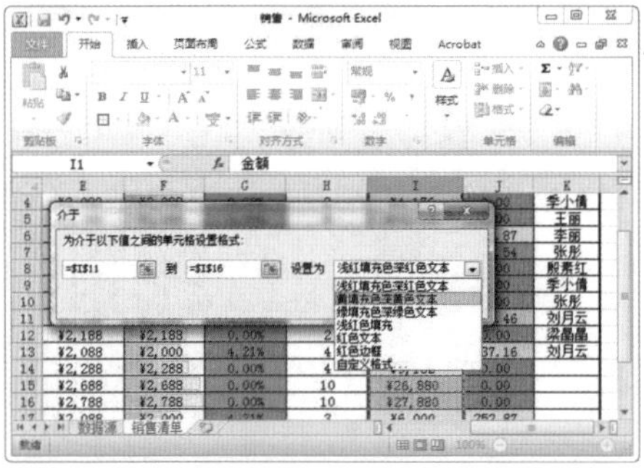

（5）完成设置

设置完成后，单击“确定”按钮，此时I列单元格中，大于等于1万且小于等于2万的数据都会被突出显示，如下图所示。

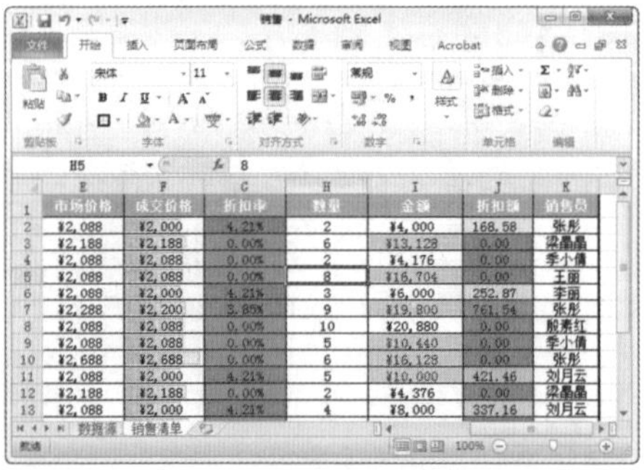

4 新建条件规则

如果Excel中的内置条件规则无法满足需求，用户可进行自定义操作，方法如下。

（1）新建条件规则

选中H列单元格区域，单击“条件格式”下拉按钮，在下拉列表中选择“新建规则”选项，如上图所示。

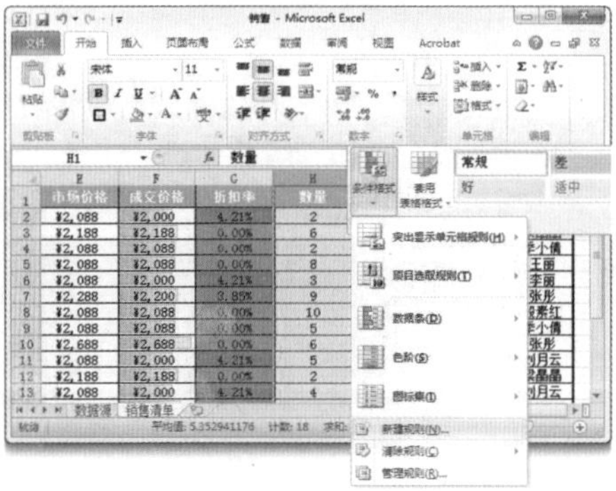

（2）选择规则类型

在“新建格式规则”对话框的“选择规则类型”列表框中，选择“只为包含以下内容的单元格设置格式”选项，如下图所示。

（3）编辑规则说明

在“编辑规则说明”选项组中，设置规则参数，如下图所示。

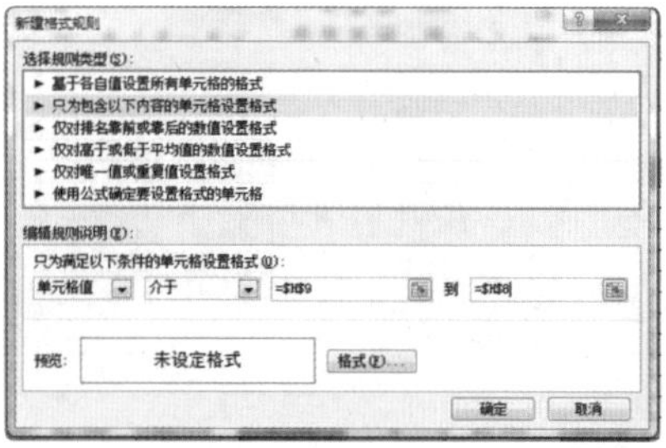

（4）设置规则格式

单击“格式”按钮，在“设置单元格格式”对话框中，切换至“填充”选项卡，单击“填充效果”按钮，如下图所示。

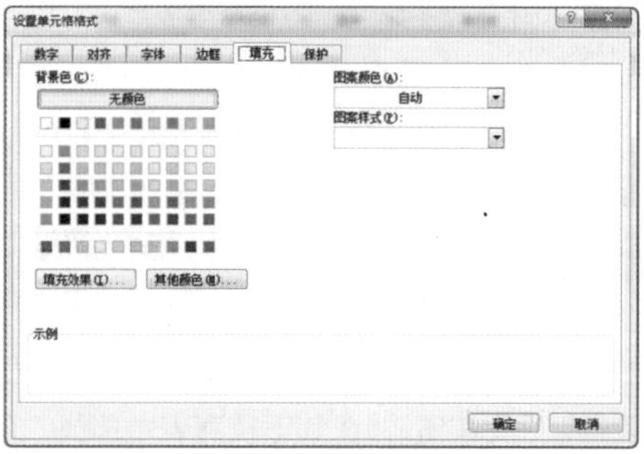

（5）设置填充效果样式

在“填充效果”对话框中，设置填充渐变色，如下图所示。

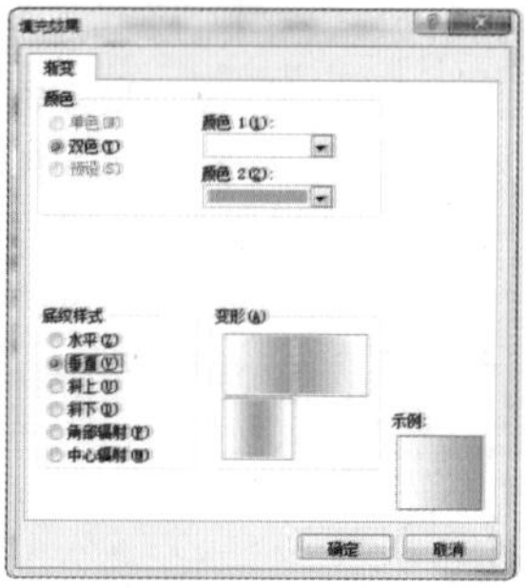

（6）完成设置

依次单击“确定”按钮，完成H列条件规则格式的创建设置，如下图所示。

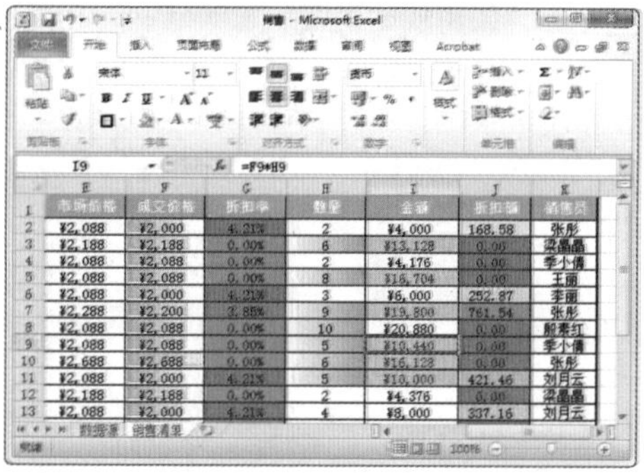

8.1.3 对表格数据进行排序

用户可根据需求，对表格中相应的数据进行排序。排序类型有多种，例如按行排序、按列排序和自定义排序等，下面将介绍数据排序的操作方法。

1. 按“成交价格”进行排序

下面以表格中的F列为例，介绍数据排序的操作方法。

（1）启动排序功能

选中表格中F列任意的单元格，在“开始”选项卡的“编辑”组中，单击“排序和筛选”下拉按钮，并在其下拉列表中选择“升序”选项，如下图所示。

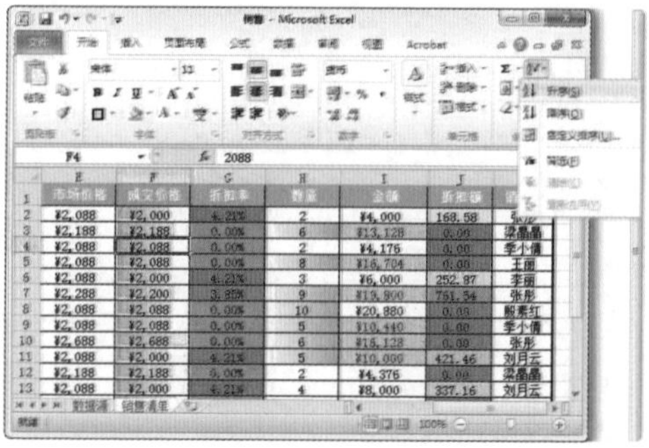

（2）完成排序

选择完成后，F列中的所有数据从小到大进行排序，如下图所示。

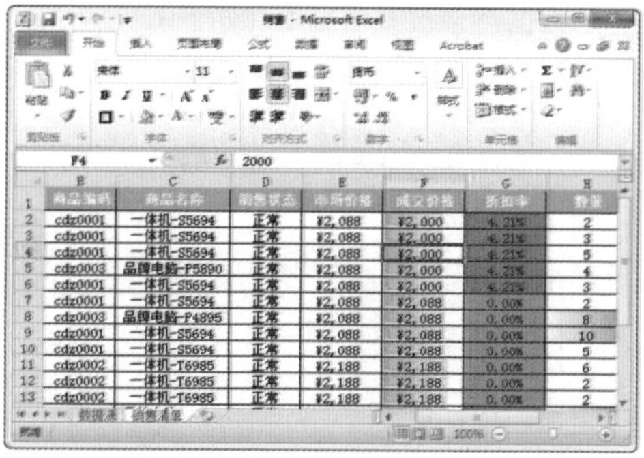

2. 按“金额”进行排序

下面介绍如何使用表格筛选功能对表格中的I列数据进行排序。

（1）转换表格

在“插入”选项卡中，单击“表格”按钮，打开“创建表”对话框，如下图所示。

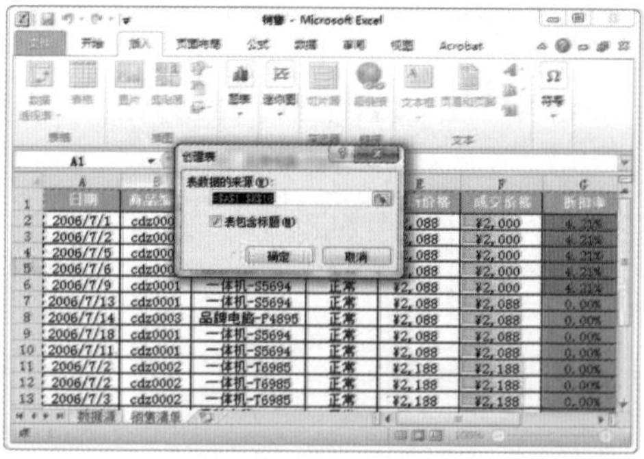

（2）添加筛选按钮

全选表格所有数据，单击“确定”按钮，此时在表格首行单元格中显示筛选按钮，如下图所示。

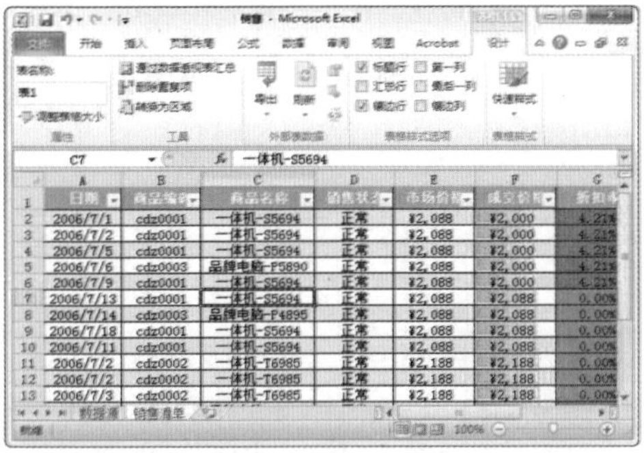

（3）选择排序方式

单击I列首行单元格的筛选按钮，在下拉列表中选择“降序”选项，如下图所示。

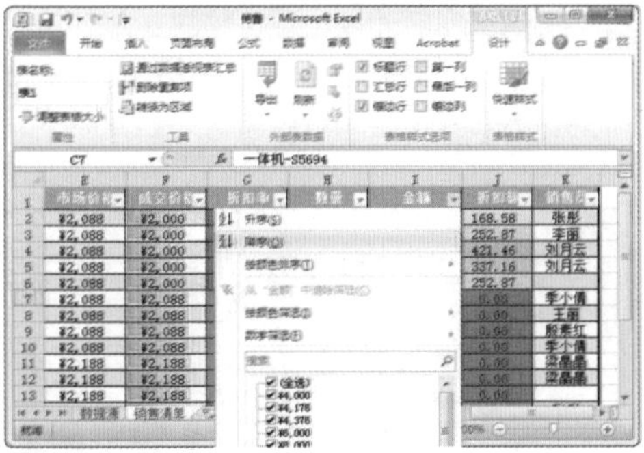

（4）完成排序操作

此时I列数据以降序显示，结果如下图所示。

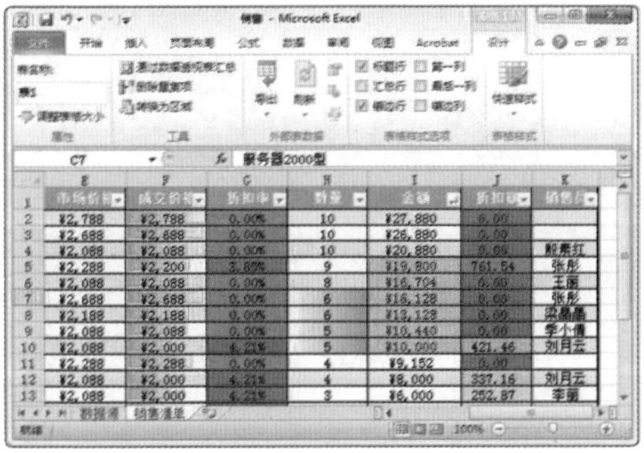

3. 自定义排序数据

在对表格中的数据进行排序时，会出现排序字段中存在多个相同数据的情况，此时就需要使这些字段按另一个字段中的数据进行排序。下面介绍自定义排序操作。

（1）启动“自定义排序”功能

选中I列任意单元格，单击“排序和筛选”下拉按钮，选择“自定义排序”选项，如下图所示。

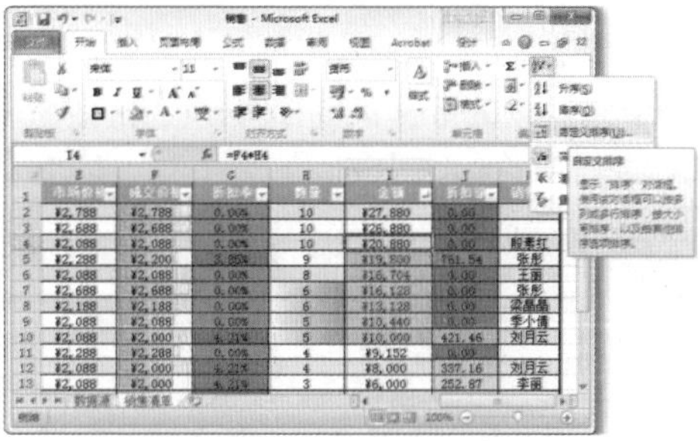

（2）设置主要关键字

在“排序”对话框中，单击“主要关键字”下拉按钮，选择“金额”，再将“次序”设置为“升序”，如下图所示。

（3）添加条件

单击“添加条件”按钮，并将“主要关键字”设为“销售员”，将“次序”设为“降序”，如下图所示。

（4）设置选项参数

单击“选项”按钮,在弹出的“排序选项”对话框中选择“笔划排序”选项,如下图所示。

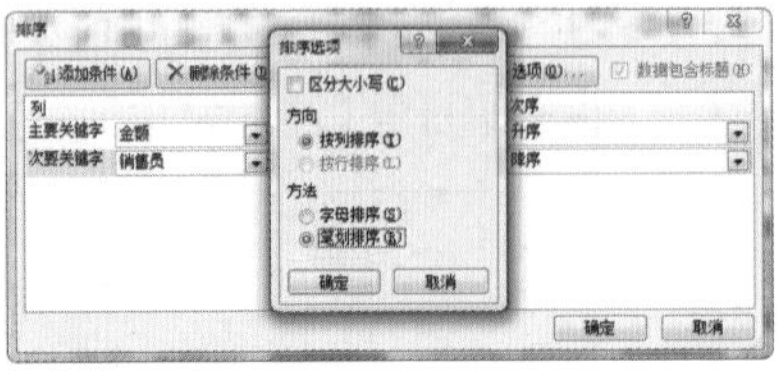

（5）完成排序操作

依次单击“确定”按钮，即可完成自定义排序，此时I列数据以升序显示，而K列中相对应的数据以降序显示，结果如下图所示。

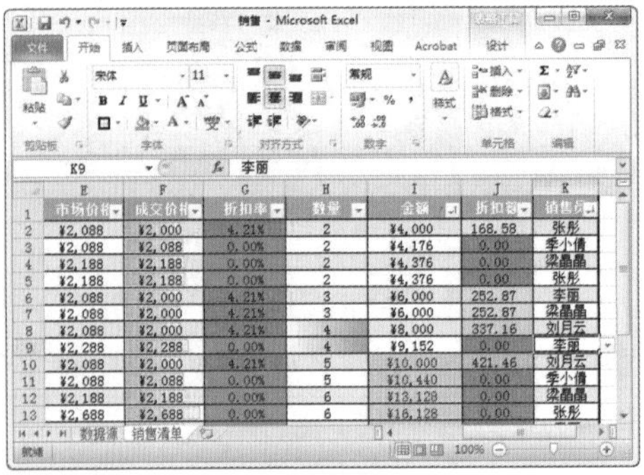

知识加油站

排序和筛选的相互作用

在实际应用过程中，排序和筛选是相辅相成的。一般来说，先筛选好需要的数据行，再进行排序操作。如果有需要，可以进行二轮筛选及排序。

在Excel中，用户可使用筛选功能，对表格中的有效数据进行筛选。下面介绍数据筛选的操作方法。

1 自动筛选“商品名称”数据

使用自动筛选功能，用户可在烦琐的表格快速查找到所需数据，而其他无关数据将被隐藏。

（1）启动“筛选”功能

若当前表格首行单元格中未添加筛选按钮，可选择表格任意单元格，单击“排序和筛选”下拉按钮，在下拉列表中选择“筛选”选项，即可完成筛选按钮的添加操作，如下图所示。

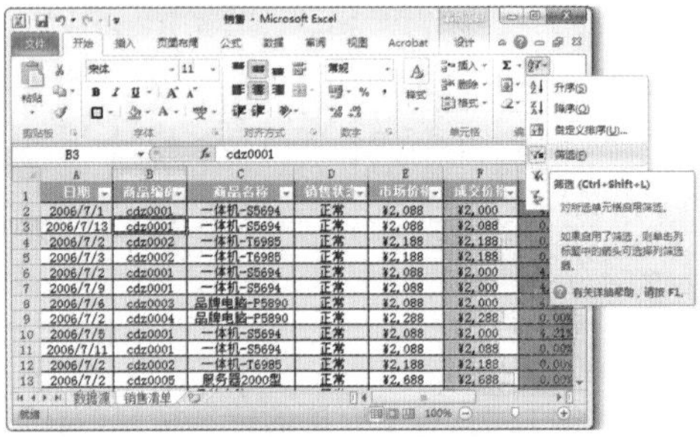

（2）设置筛选参数

单击“商品名称”筛选按钮，在筛选列表中选择所需商品名称对应的选项，如下图所示。

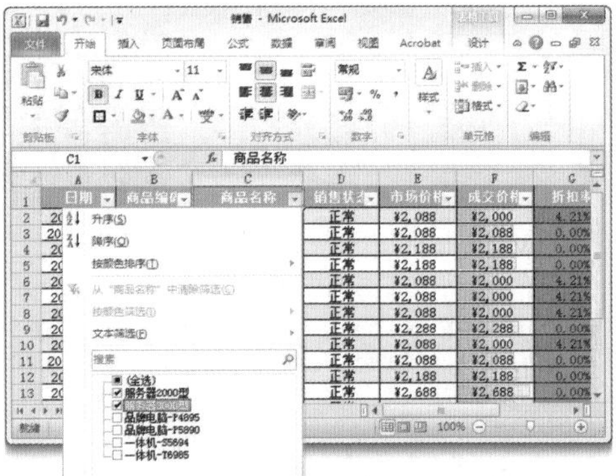

疑难解答

问：如何重新筛选数据？

答：完成筛选操作后，如需重新进行其他数据的筛选，只需在功能区中再次单击“筛选”按钮，即可恢复表格数据。

（3）完成自动筛选

单击“确定”按钮，完成自动筛选操作。此时，未被选中的商品名称数据已被隐藏，如下图所示。

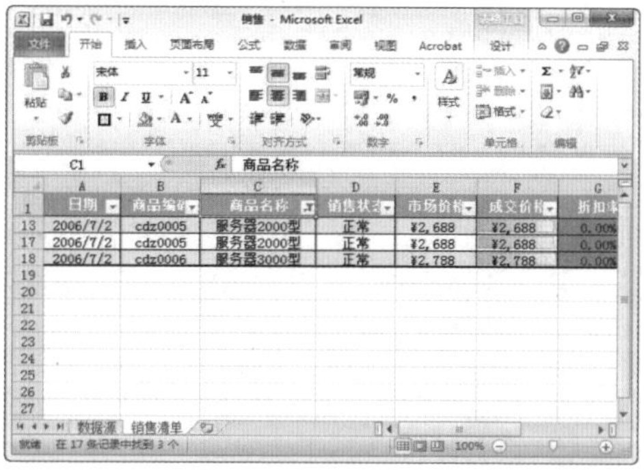

2. 按条件筛选“金额”数据

在 Excel 中，除了自动筛选功能外，还可根据所需条件进行自定义筛选。

（1）选择筛选条件

选中 I2 单元格，单击筛选按钮，选择“数字筛选＞大于或等于”选项，如下图所示。

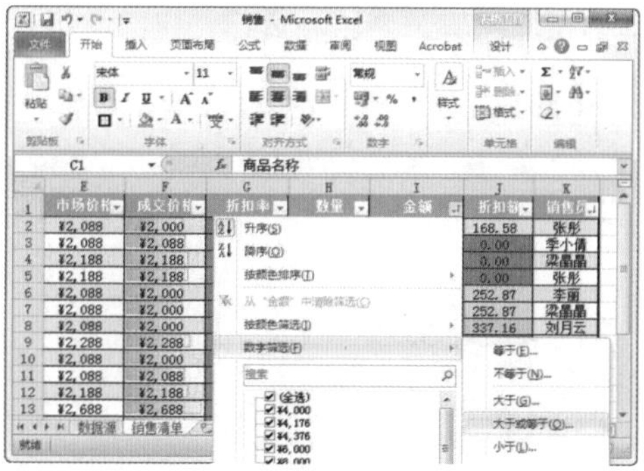

（2）设置筛选参数

在“自定义自动筛选方式”对话框中，设置筛选条件，如下图所示。

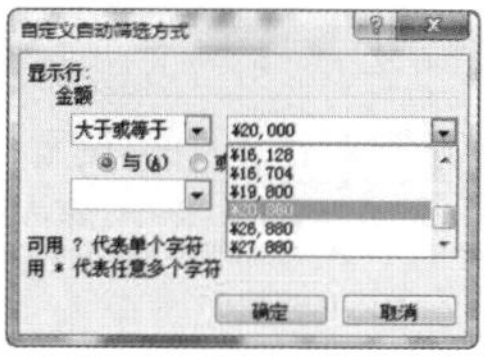

（3）完成设置

单击“确定”按钮，此时在“金额”数据列中，所有大于等于￥20,000 的数据已被筛选出来，而其他数据则被隐藏。

8.2 制作电器销售分析表

数据分类汇总，顾名思义就是按照某数据类别，分别汇总数量，把所有数据根据要求条件进行汇总。而汇总的条件有计数、求和、最大最小以及方差等。下面将以制作电器销售分析表为例，介绍 Excel 分类汇总的操作方法。

8.2.1 销售表的排序

销售表是企业运营状态以及发展规划最直接的数据来源，一直受到企业的重视。在制作数据表的同时，可以使用多种方法来查询和整合数据，作为重要的参考资料。

1. 按照销售总价进行排序

总价往往是最重要的数据资料。下面将介绍销售表的排序操作。

（1）创建表

打开“电器销售表 . xlsx”素材文件，单击“插入”选项卡中的“表格”按钮，打开

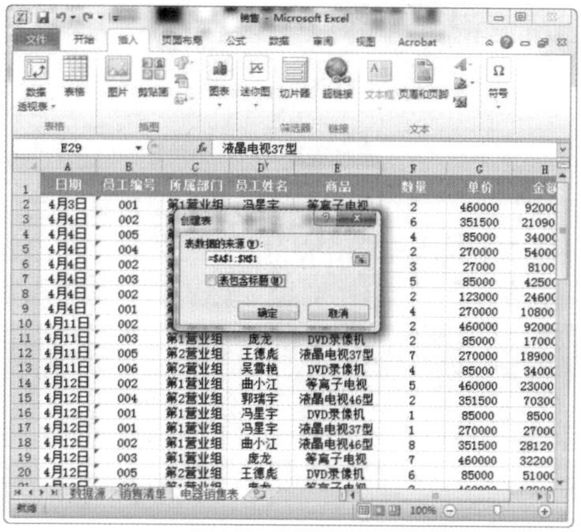

“创建表”对话框,然后单击“数据源”按钮,如上图所示。

（2）选择数据源

在工作表中，选择 A1:H63 单元格区域，如下图所示。

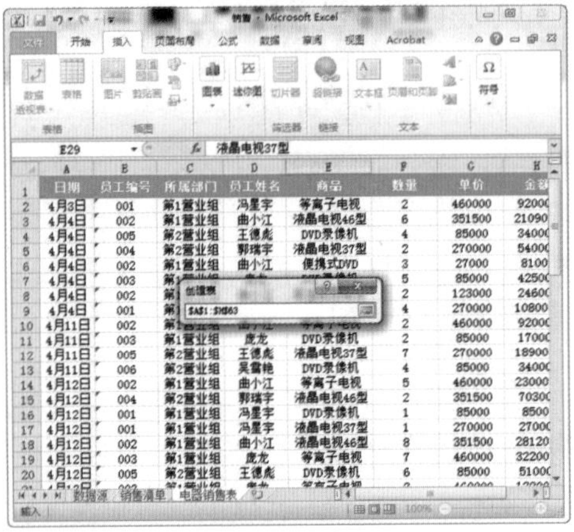

（3）设置参数

在“创建表”对话框中，选择“表包含标题”选项,单击“确定”按钮,如下图所示。

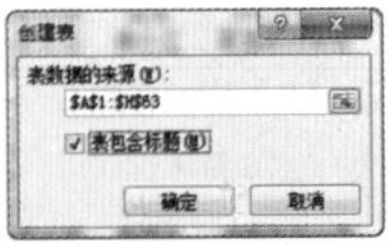

（4）选择排序类型

此时在首行单元格中已添加筛选按钮。

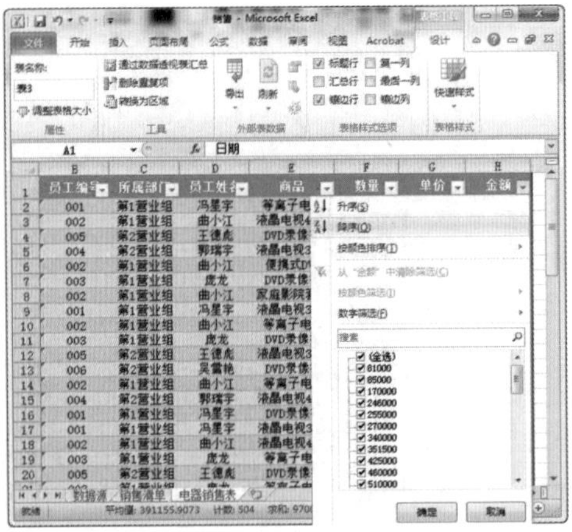

单击“金额”筛选按钮，选择“降序”选项，如上图所示。

（5）查看效果

此时，表格中的“金额”列数据从高到低进行排列，如下图所示。

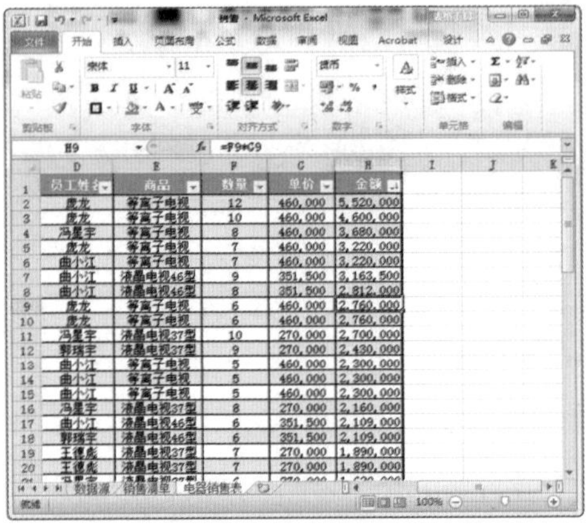

2. 按照产品对销售数量进行排序

下面将介绍如何对销售数据进行排序操作。

（1）选择自定义排序选项

在工作表中，单击“排序和筛选”下拉按钮,选择“自定义排序”选项,如下图所示。

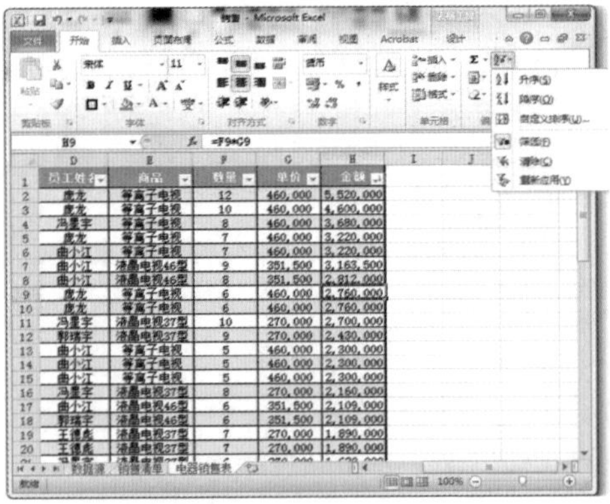

（2）配置选项

在“排序”对话框中，设置“主要关键字”为“商品”,设置“排序依据”为“数值”,设置“次序”为“升序”，单击“添加条件”

按钮，如下图所示。

（3）完成配置

将“次要关键字”设为“金额”，将“排序依据”设为“数值”，再将“次序”设为“降序”，单击“确定”按钮，如下图所示。

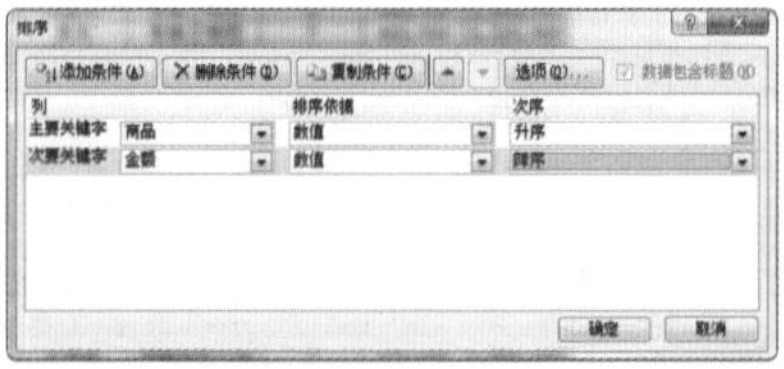

（4）最终效果

排序参数设置完成后，即可查看排序结果，如下图所示。

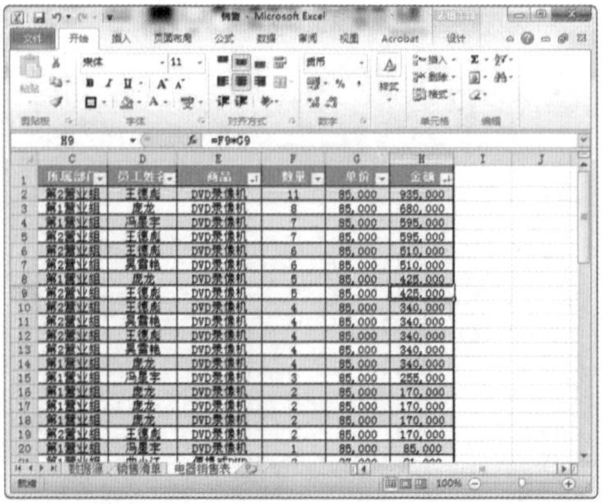

知识加油站

将姓名按笔划排序

默认的排序方式是以数字大小或汉字的英文字母顺序。如果想排序姓名，可以在“排序”对话框中单击“选项”按钮，再在“排序选项”对话框的“方法”选项组中选择“笔划排序”选项。

8.2.2 销售表数据分类汇总

除了简单的排序功能外，Excel 还提供了对数据的分类汇总计算功能。用户可对需要的数据进行计算，并按照用户的需求进行汇总，将准确的结果显示出来。

1. 按日期汇总销售额

按日期汇总所有商品的销售额是最常用的汇总方式。下面介绍具体操作。

（1）新建表格

新建“各日销售总额”工作表。输入相关表格数据，然后选中 A2 单元格，单击“数据”选项卡中的“合并计算”按钮，如下图所示。

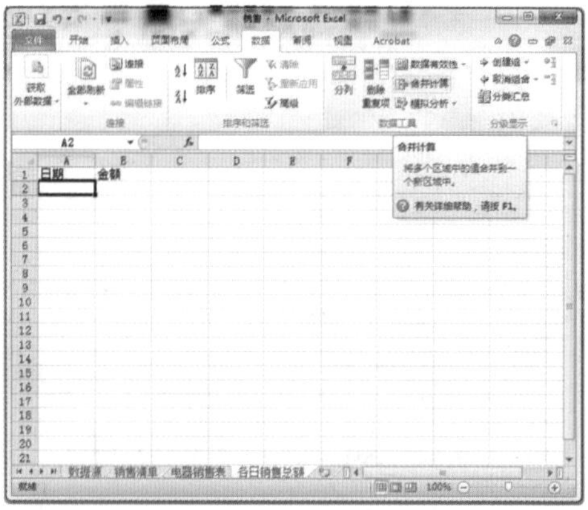

（2）完成参数设置

在“合并计算”对话框中，将“函数”设为“求和”，单击“引用位置”文本框右侧的选取按钮，选择“电器销售表”的所有数据，然后选择“最左列”选项，单击“确定”按钮，如下图所示。

（3）选择数据

在汇总结果中，选择“日期”数据列，单击鼠标右键，执行“设置单元格格式”命令，如下图所示。

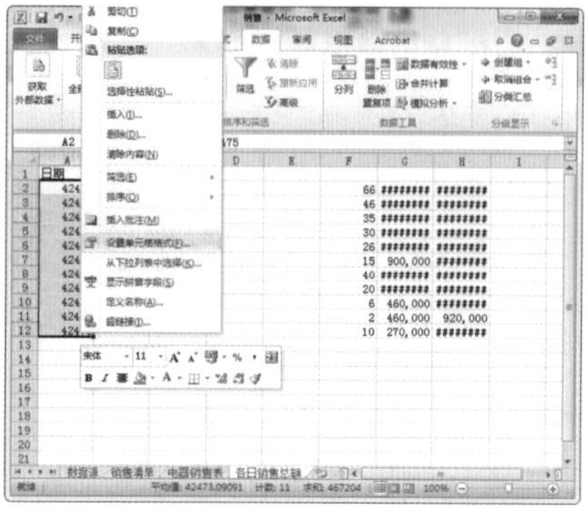

（4）设置数字格式

在“设置单元格格式”对话框中，选择“日期”分类中所需的类型，单击“确定”按钮，如下图所示。

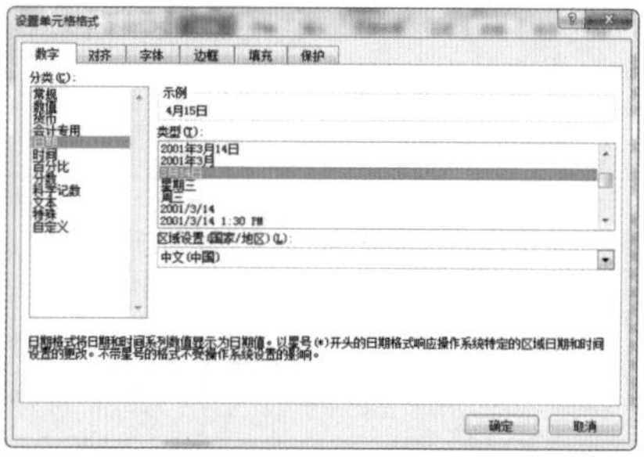

（5）查看效果

适当调整单元格大小，删除多余的数据列，然后全选表格，将“日期”数据列进行排序，如上图所示。

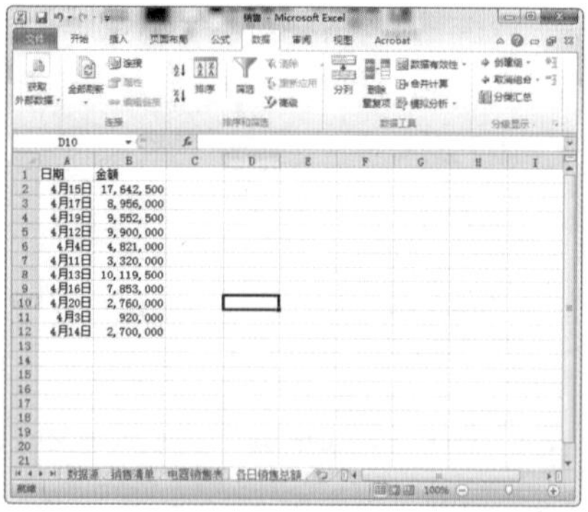

知识加油站

动态的数据汇总

汇总得出的数据是静态的，即不随原表的数据变化而变化。如果想实时动态地对数据进行汇总操作，需要在“合并计算”对话框中，选择“创建指向源数据的链接”选项，从而将新表中的数据变为动态。

2. 按员工进行数据分类汇总

应用分类汇总可快速对用户需要的关键字进行汇总计算，比表格中的排列和计算更加直观，下面介绍具体操作方法。

（1）选择相关命令

在“电器销售表”工作表标签上单击鼠标右键，执行“移动或复制”命令，如下图所示。

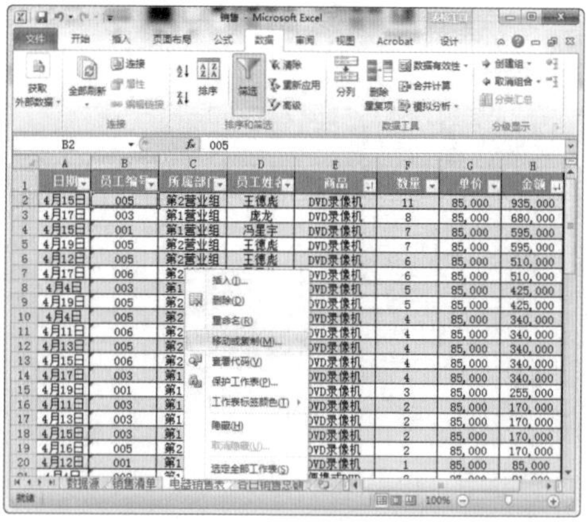

（2）选择参数

在“移动或复制工作表”对话框中，选择“各日销售总额”选项，并选择“建立副本”选项，单击“确定”按钮，如下图所示。

(3)转化区域

将新工作表命名为“按员工分类”。全选表格，单击“表格工具—设计”选项卡中的“转换为区域”按钮，如下图所示。

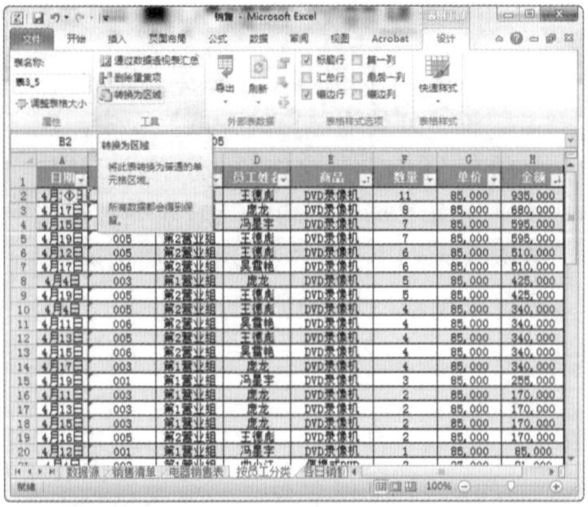

(4)选择排序

在打开的对话框中单击“是”按钮，选择“员工姓名”列任意单元格，然后单击“排序和筛选”按钮，选择“升序”选项，如下图所示。

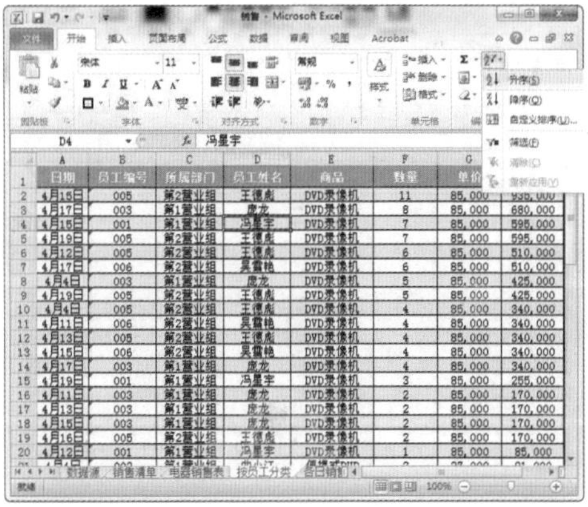

(5)启动分类汇总

完成排序后，单击“数据”选项卡中的“分类汇总”按钮，如下图所示。

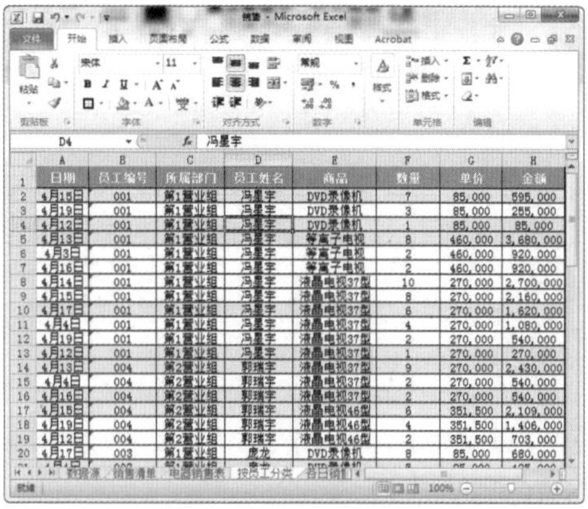

(6)选择选项

在“分类汇总”对话框中，设置“分类字段”为“员工姓名”，设置“汇总方式”为“求和”，设置“选定汇总项”为“金额”，单击“确定”按钮，如下图所示。

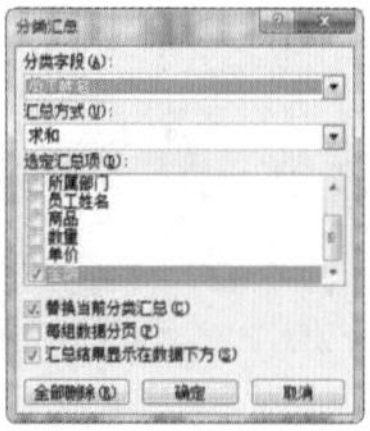

(7)查看效果

此时，系统将自动对员工姓名进行汇总，

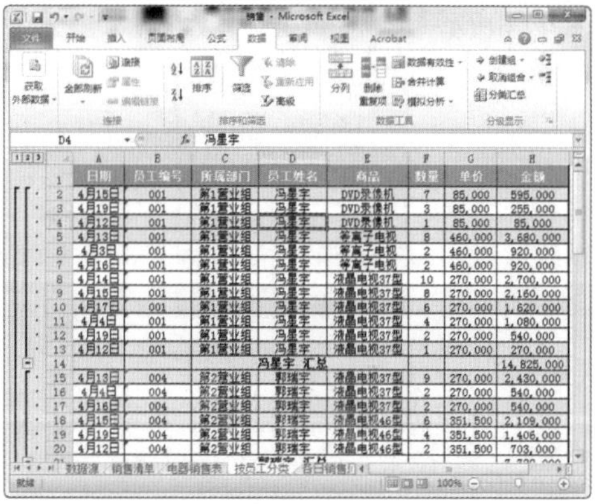

并计算出员工销售总金额数值，结果如上图所示。

3. 按照日期计算平均值

除了计算总的销量外，Excel 还可以按用户要求计算出平均值。

（1）创建表

新建“按日期分类”工作表，复制“电器销售表”工作表数据，将其粘贴至新工作表中。

（2）转换单元格区域

将复制后的数据转换成普通区域，将“日期”数据列进行升序排列，然后单击“分类汇总”按钮，如下图所示。

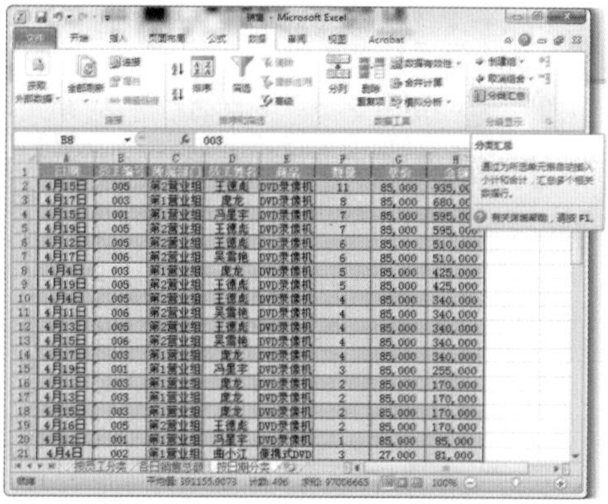

（3）设置参数

在“分类汇总”对话框中，将“汇总方式”设置为“平均值”，单击“确定”按钮，如下图所示。

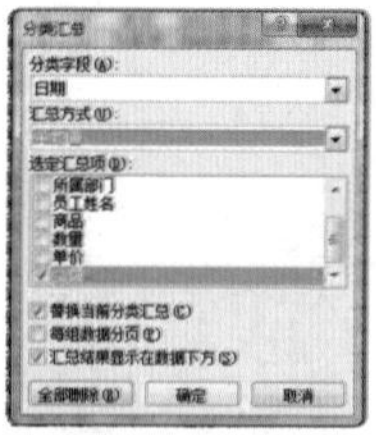

（4）查看设置结果

设置完成后，系统将以“日期”进行汇总，如下图所示。

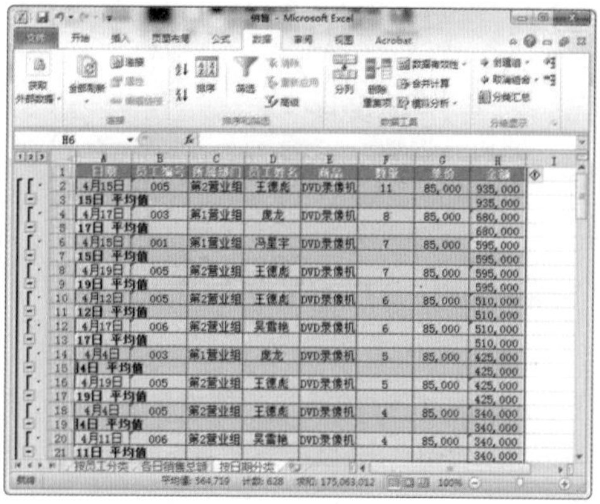

知识加油站

快速查看汇总数据

在“分类汇总”的完成界面中，左上角有 1、2、3 三个按钮，分别对应“总计平均值”“每日平均值”和“所有数据”，范围从大到小。用户可以根据实际需要，直接单击对应的按钮来快速查看。

4. 按部门及商品进行分类汇总

有时，不仅仅要对某一分类进行汇总，也有可能对两个或两个以上的分类进行汇总。下面将介绍具体操作方法。

（1）新建工作表

新建“按部门商品分类”工作表，单击“排序和筛选”下拉按钮，选择“自定义排序”选项，如下图所示。

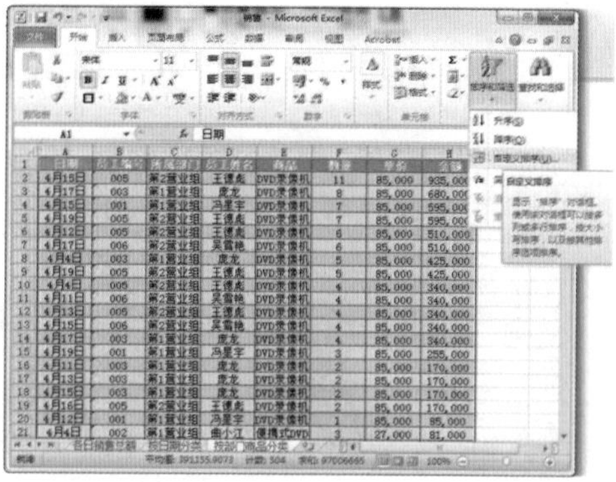

（2）设置参数

在“排序”对话框中，将“主要关键字”设置为“所属部门”，单击“添加条件”按钮，将“次要关键字”设置为“商品”，然后单击“确定”按钮，如下图所示。

（3）对部门分类汇总

在“数据”选项卡的“分级显示”组中，单击“分类汇总”按钮，如下图所示。

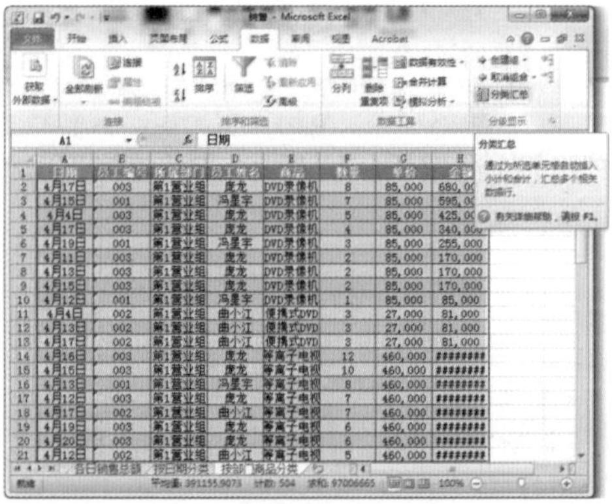

（4）设置具体参数

在“分类汇总”对话框中，将“分类字段”设为“所属部门”，将“选定汇总项”设为“金额”，单击“确定”按钮，如下图所示。

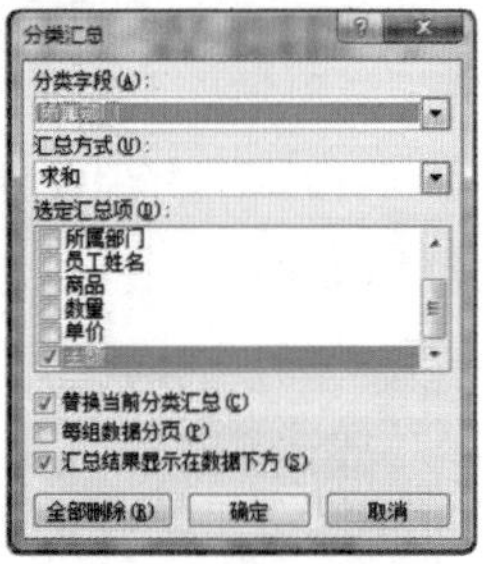

（5）再次执行分类汇总命令

再次单击“分类汇总”按钮，将“分类字段”设为“商品”，取消选择“替换当前分类汇总”选项，单击“确定”按钮，如下图所示。

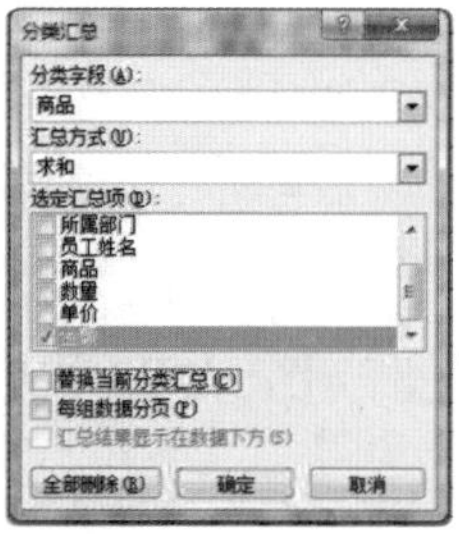

（6）查看设置结果

单击工作表左上角的“3”按钮，用户可更加直观地看到分类汇总的结果，如下图所示。

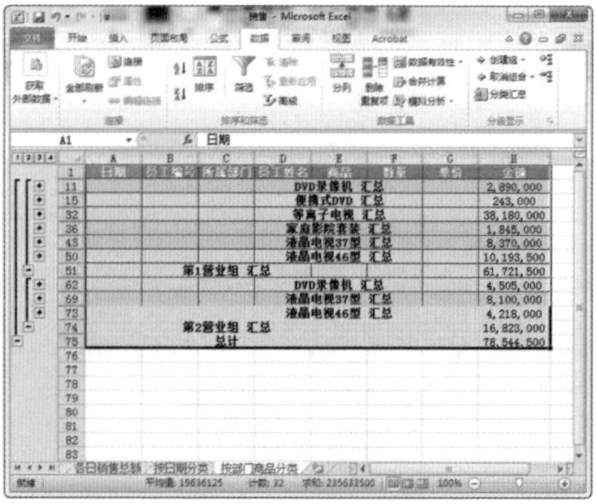

知识加油站

取消分类汇总的操作

只需在“分类汇总”对话框中，单击“全部删除”按钮，即可将已经完成的所有分类汇总删除掉。

8.2.3 销售表的筛选

除对数据进行排序及分类汇总外，Excel还能像数据库一样，将满足要求的数据提取出来。

Chapter 08

1. 筛选指定员工、指定商品的销售金额

应用高级筛选功能，可快速查找某员工或某商品的销售金额，下面介绍具体方法。

（1）新建工作表

新建“员工产品销量筛选”工作表，输入表格数据，然后单击“排序和筛选”组中的“高级”按钮，如下图所示。

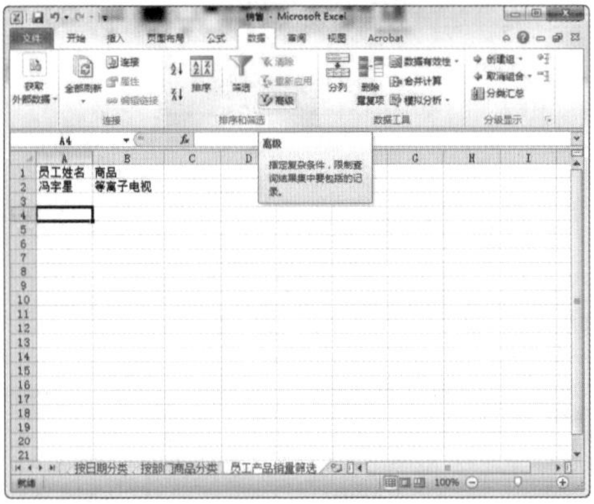

（2）设置参数

在“高级筛选”对话框中，选择“将筛选结果复制到其他位置”选项，再单击“列表区域”右侧的选取按钮，如下图所示。

（3）选择列表区域

选择“电器销售表”中标题及所有数据，返回“高级筛选”对话框，单击“条件区域”右侧的选取按钮，如下图所示。

（4）选择条件区域

在“员工产品销量筛选”工作表中选择手动输入的所有数据，再次单击框选按钮，如下图所示。

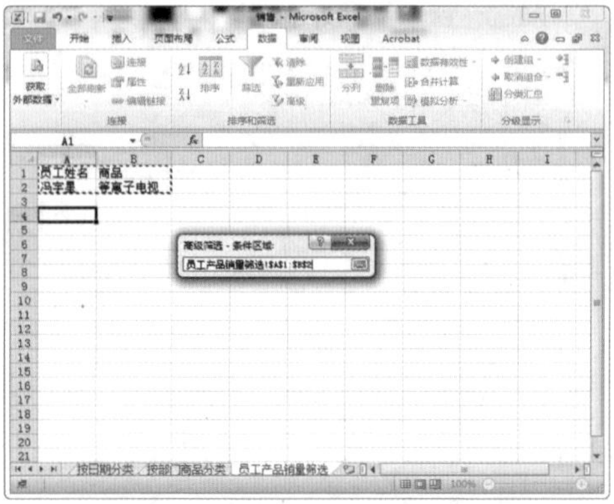

（5）选择复制位置

在“高级筛选”对话框中单击“复制到”右侧的选取按钮，在“员工产品销售筛选”表中选择A4单元格，如下图所示。

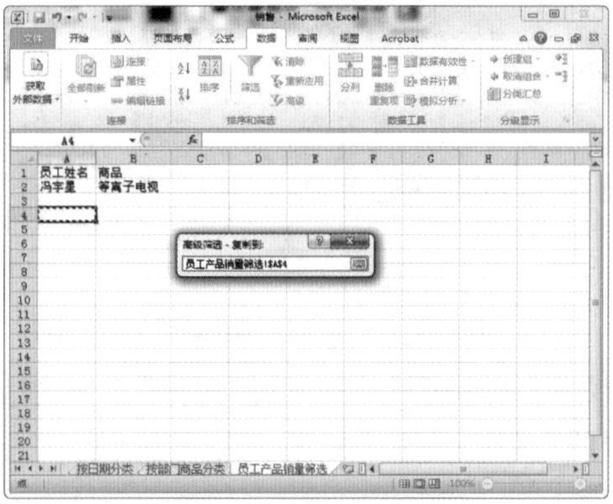

（6）检查设置

当表格中所有区域选择完成后，单击“确定”按钮，如下图所示。

（7）最终效果

完成上述操作后即可查看到筛选效果，如下图所示。

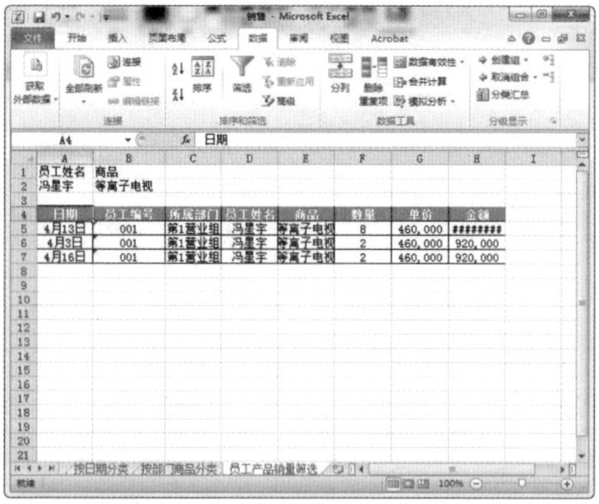

2. 筛选总额最高的 10 项数据

需了解销售总额最高的 10 项数据，可直接通过快捷选项来进行筛选。下面介绍具体操作。

（1）开启筛选功能

打开分析表，如果标题栏没有添加筛选按钮，可以在“数据”选项卡的“排序和筛选”组中单击“筛选”按钮，如下图所示。

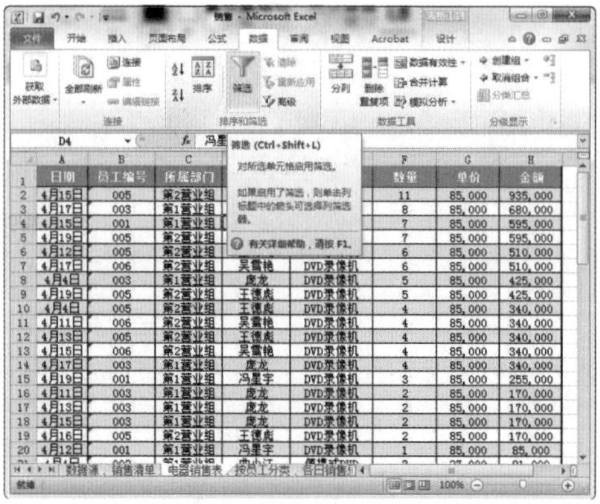

（2）选择命令

单击“金额”单元格筛选按钮，选择“数字筛选＞10 个最大的值”选项，如下图所示。

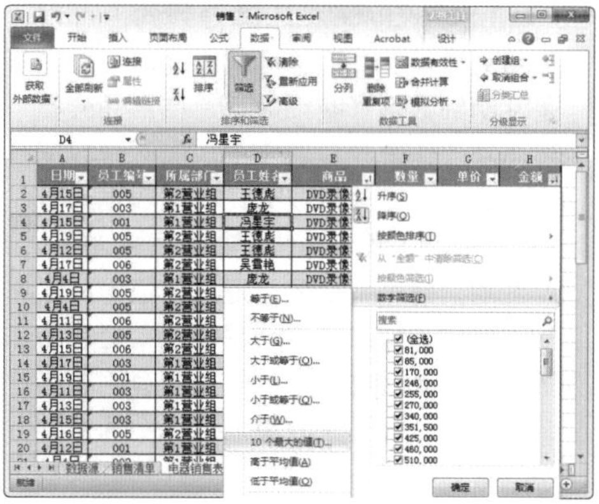

（3）设置参数

在“自动筛选前 10 个”对话框中，单击“确定”按钮，如下图所示。

（4）最终效果

设置完成后，系统将自动筛选出总金额的 10 个最大值，如下图所示。

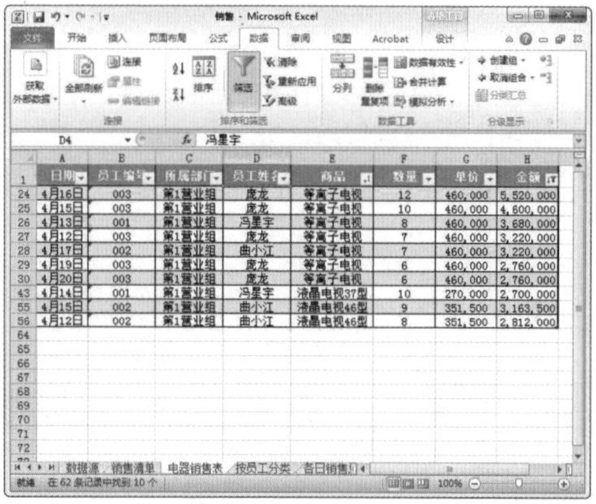

知识加油站

Excel 分类汇总计算概述

分类汇总是通过 SUBTOTAL 函数，利用汇总函数（汇总函数：是一种计算类型，用于在数据透视表或合并计算表中合并源数据，或在列表或数据库中插入自动分类汇总。汇总函数包括 SUM、

COUNT 和 AVERAGE）计算得到的，可以为每列显示多个汇总函数类型。而总计是从明细数据（明细数据：在自动分类汇总和工作表分级显示中，由汇总数据汇总的分类汇总行或列。明细数据通常与汇总数据相邻，并位于其上方或左侧）产生的，而不是从分类汇总的值中产生的。例如，如果使用“平均值”汇总函数，则总计行将显示列表中所有明细行的平均值，而不是分类汇总行中的值的平均值。

如果将工作簿设置为自动计算公式，则在编辑明细数据时，分类汇总命令将自动重新计算分类汇总和总计值。

Chapter 09

使用Excel对数据进行统计分析

本章导读

图表是 Excel 表格中的一项重要功能。在面对一些复杂的表格数据时，用户可能无法及时读取数据之间的关系及趋势，若将这些数据以图表的形式显示，用户则可轻松地从图表中读取到相关数据信息。

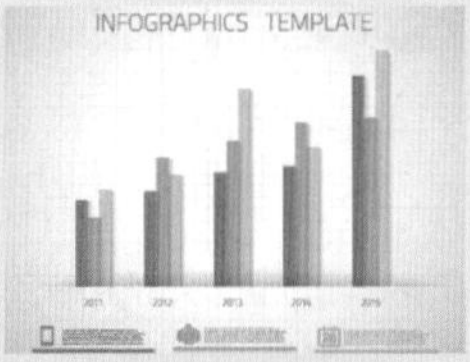

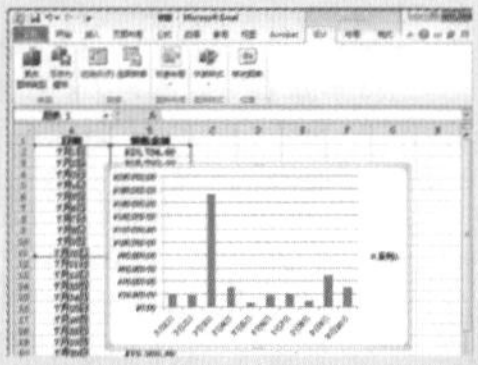
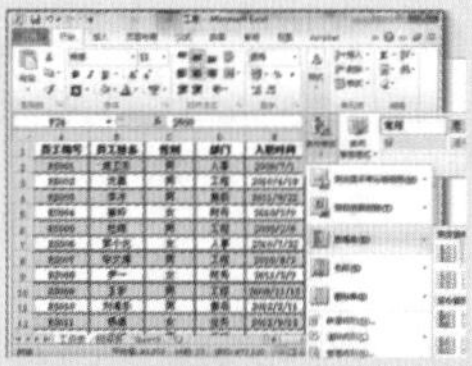

知识技能要求

本章将介绍 Excel 图表的基本操作，学完后读者需要掌握的相关知识技能如下：

⊙图表的创建
⊙图表格式的设置
⊙数据透视表 / 透视图

9.1 制作电子产品销售图表

第 8 章已向用户介绍了如何对电子产品销售表进行排序和筛选操作，下面同样以该表格数据为例，介绍 Excel 图表的创建与编辑操作。相信通过对该实例的学习，用户可以轻松制作出一张既准确又漂亮的图表。

9.1.1 常用图表种类介绍

在 Excel 中，图表的类型有多种，常用的图表类型有柱形图、条形图、饼图、折线图、面积图及 XY 散点图。下面分别对其进行简单的介绍。

1. 柱形图

柱形图是由一系列垂直条形图组成的，是图表中最常用的类型。该图表常用来比较一段时间内两个或多个项目的相对尺寸，如下图所示。

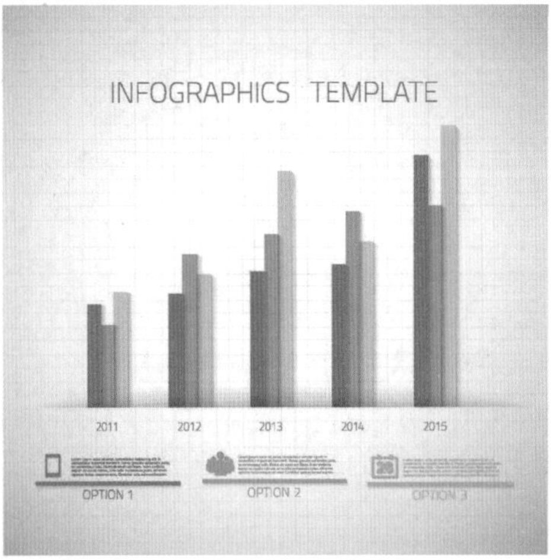

2. 条形图

条形图由一系列水平条形图组成，使时间轴上的某一点、两个或多个项目的相对尺寸具有可比性，如下图所示。

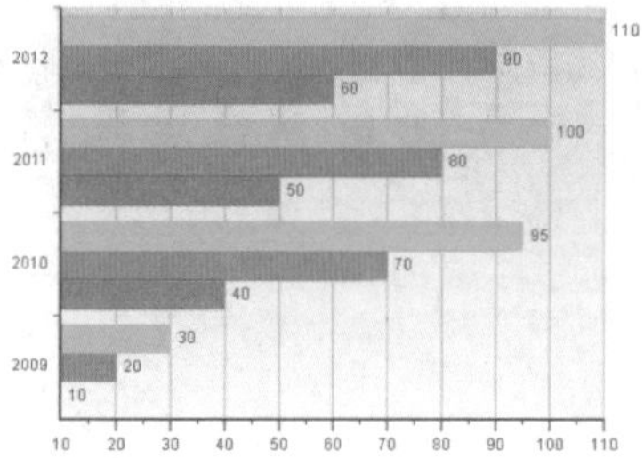

3. 饼图

对比几个数据在其形成总和中所占的百分比值时，通常用饼图来表示。整个饼图代表总和，每个数据用一个楔形或薄片代表，如下图所示。

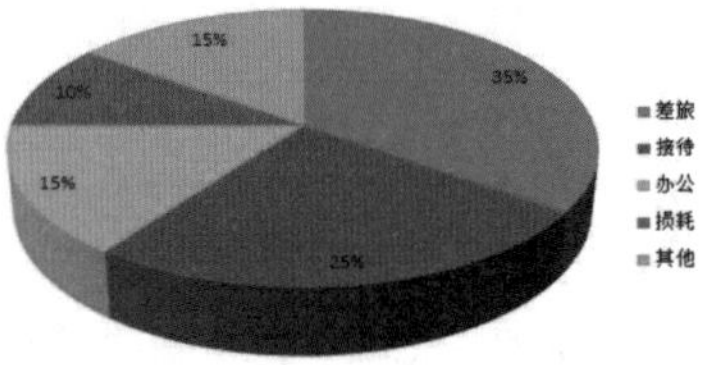

4. 折线图

该类型图表常被用来显示数据在一段时间内的趋势。通过折线图可对将来做出数据预测。折线图一般在工程上应用较多，若其中一个数据有多种情况，折线图里可以有几条不同的折线，如下图所示。

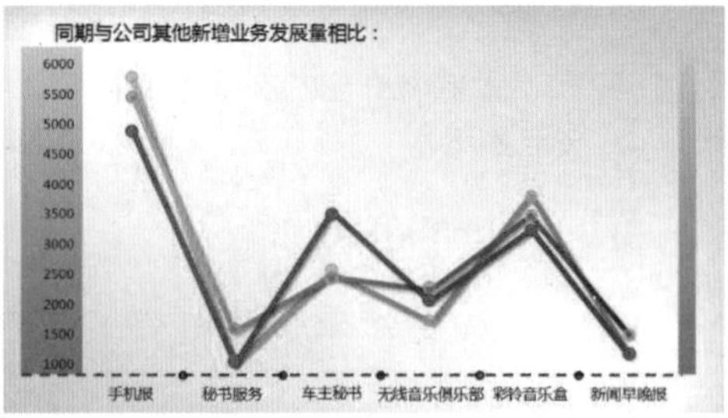

5. 面积图

面积图用于显示一段时间内变动的幅度值。当有几个部分正在变动，而用户对那些部分的总和感兴趣时，多用面积图来表示。在面积图中，既可看到单独各部分的变动，也可看到总体的变化，如下图所示。

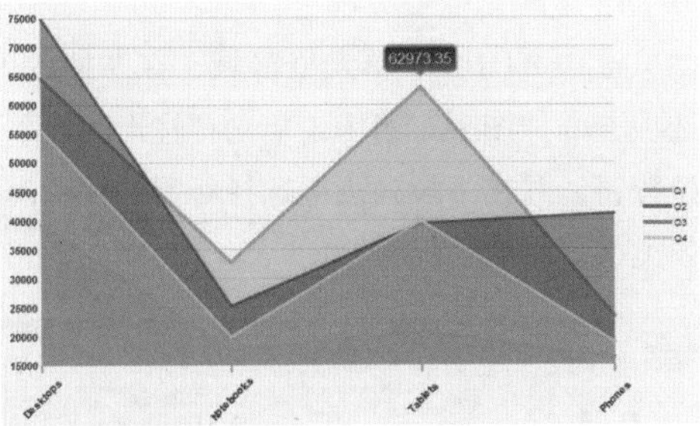

6. XY 散点图

XY 散点图用来展示成对的数和它们所代表的趋势之间的关系。对于每一对数对，一个数被绘制在 X 轴上，而另一个被绘制在 Y 轴上。过两点作轴垂线，在相交处有一个标记。散点图主要用来绘制函数曲线，所以在教学、科学计算中会常常运用到，如下图所示。

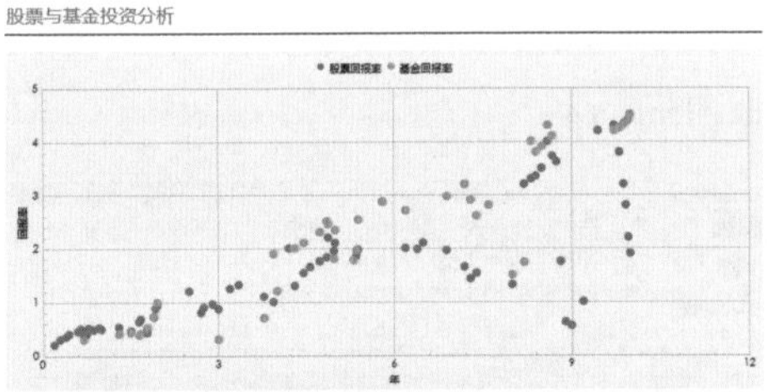

9.1.2 创建销售图表

了解图表种类后，下面介绍电子产品销售图表的创建操作。

1. 创建销售金额统计图表

下面介绍创建销售金额统计图表的方法。

（1）插入工作表

打开“电子产品销售统计表 .xlsx”文件，单击“插入工作表”按钮，插入新工作表，并对其重命名，如下图所示。

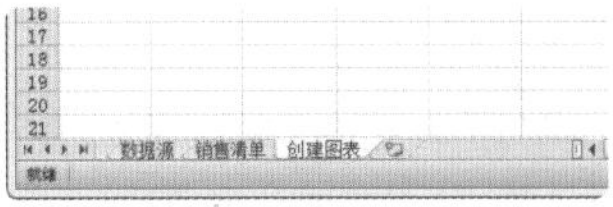

知识加油站

调整图表大小

选中图表，将光标移至图表任意控制点上，当光标呈双向箭头时，按住鼠标左键并拖曳至满意位置，释放鼠标即可完成对图表大小的调整操作。

（2）隐藏数据

在“销售清单”工作表中，选择 B ~ H 列单元格区域，单击鼠标右键，执行“隐藏”命令，对其数据进行隐藏，如下图所示。

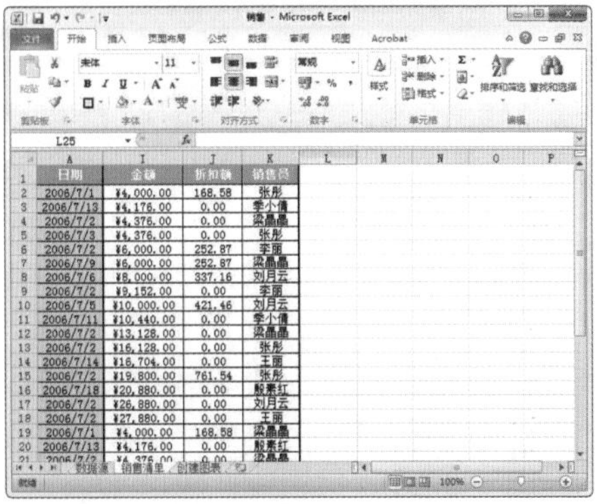

（3）输入表格内容

在“创建图表”工作表中，输入表格内容，如下图所示。

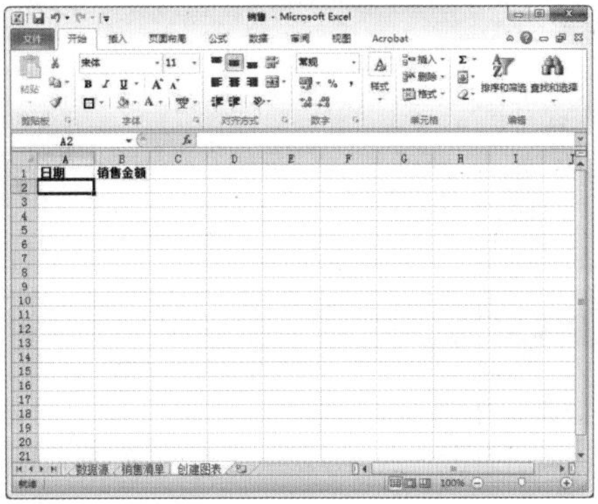

(4)合并汇总数据

在“创建图表”工作表中，选择 A2 单元格，在“数据”选项卡中单击“合并计算”按钮，打开相应对话框，对其参数进行设置，如下图所示。

(5)创建图表数据文件

在“创建图表”工作表中，删除多余数据列，设置好“日期”数据格式，结果如下图所示。

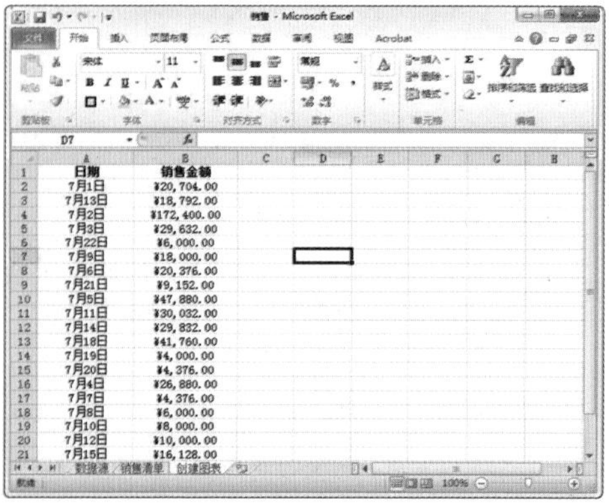

(6)数据排序

在“创建图表”工作表中，选中 A2：A22 单元格区域，单击“排序和筛选”下拉按钮，选择“升序”选项，将“日期”数据升序排列，如上图所示。

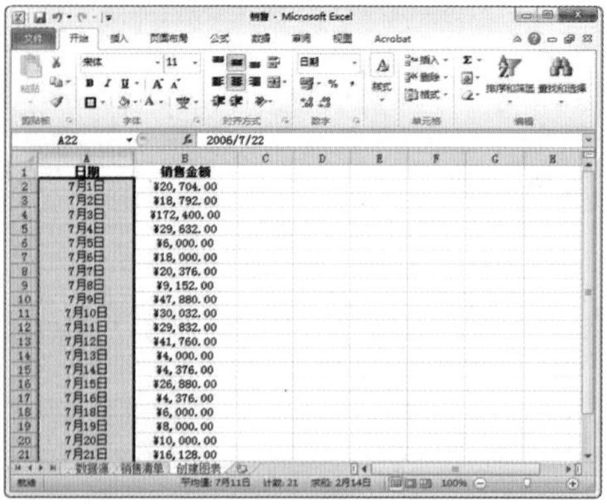

(7)选择图表类型

选中 A1：B11 单元格区域，在“插入”选项卡的“图表”组中，单击“柱形图”下拉按钮，并在下拉列表中选择所需的柱形图表类型，如下图所示。

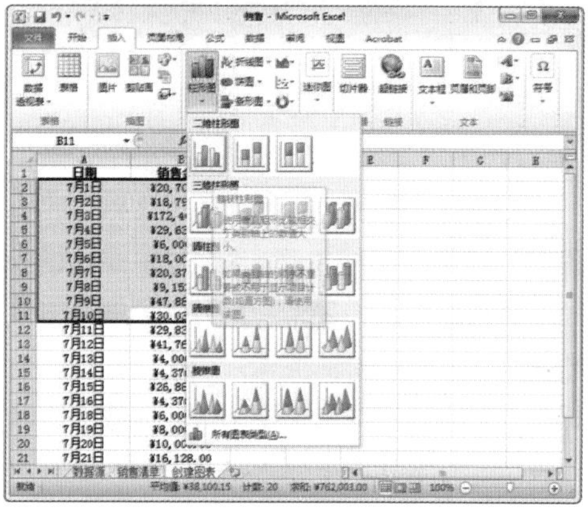

(8)创建图表

选择完成后，即可完成图表的创建操作，如下图所示。

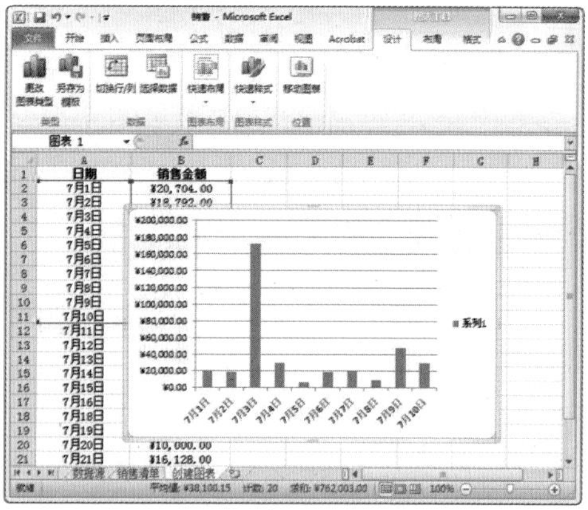

2. 添加图表数据

若想在创建好的图表中，添加新数据系列，可通过以下两种方法进行操作。

（1）启动“选择数据”功能

选中所需图表，在“图表工具—设计”选项卡的“数据”组中，单击“选择数据”按钮，如下图所示。

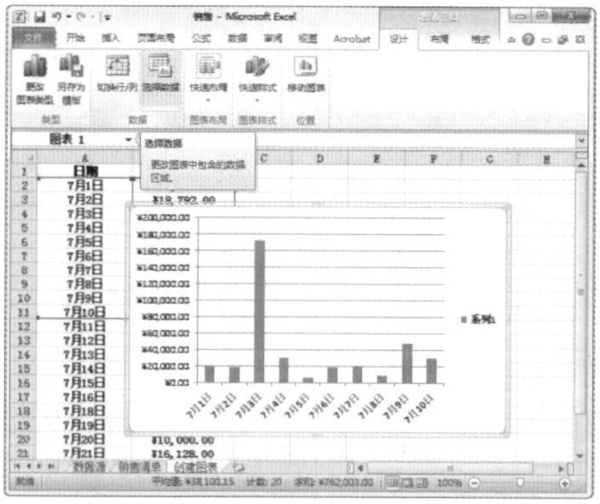

（2）设置数据参数

在“选择数据源”对话框中，单击“图表数据区域”右侧的选取按钮，在“创建图表”工作表中，选择 A1：B14 单元格区域，如下图所示。

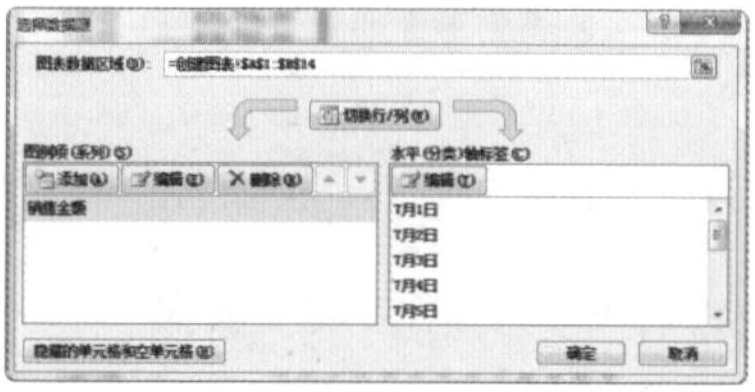

将图表移至其他工作表

选中所需图表，在“图表工具—设计”选项卡的“位置”组中，单击“移动图表”按钮，在“移动图表”对话框的“对象位于”下拉列表中选择所需工作表名称，单击“确定”按钮即可完成操作。

（3）完成添加操作

数据选择完成后，单击“确定”按钮，即可完成数据添加操作，如下图所示。

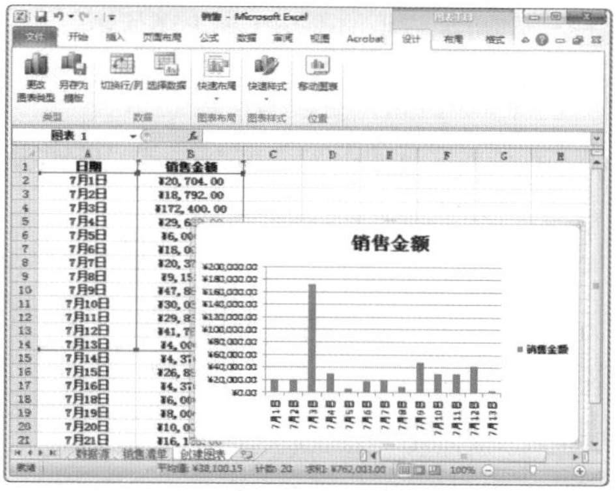

除了以上方法外，还可使用复制粘贴功能进行添加，方法如下。

（1）复制要添加的数据

在“创建图表”工作表中，选择 A12：B15 单元格区域，单击鼠标右键，执行“复制”命令，如下图所示。

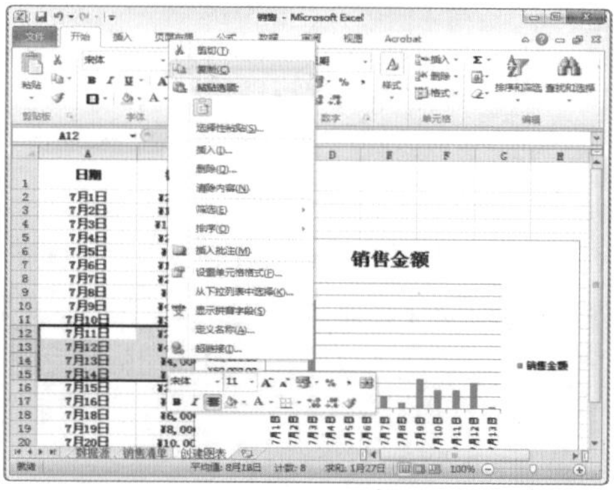

（2）粘贴添加的数据

选中图表，单击鼠标右键，执行“粘贴”

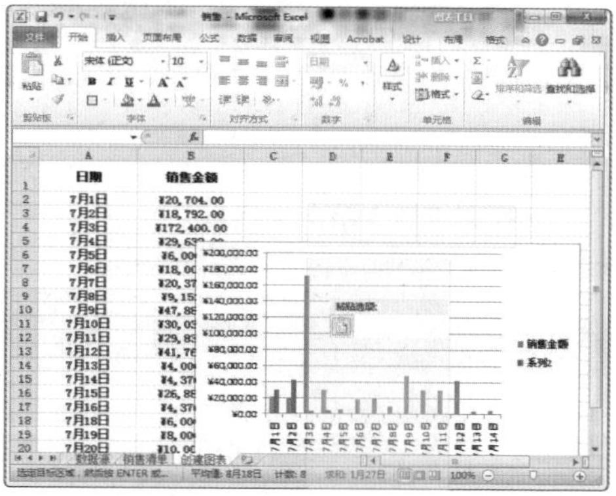

命令，即可完成添加操作，如上图所示。

3. 更改图表类型

若对创建好的图表类型不满意，可使用“更改图表类型”功能，操作如下。

（1）选择相关功能

选中图表，在“图表工具—设计”选项卡的“类型”组中，单击“更改图表类型”按钮，如下图所示。

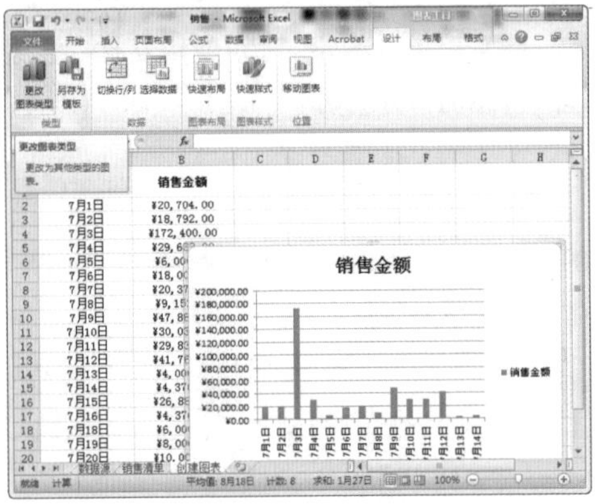

（2）选择新图表类型

在“更改图表类型”对话框中，选择新图表类型，如下图所示。

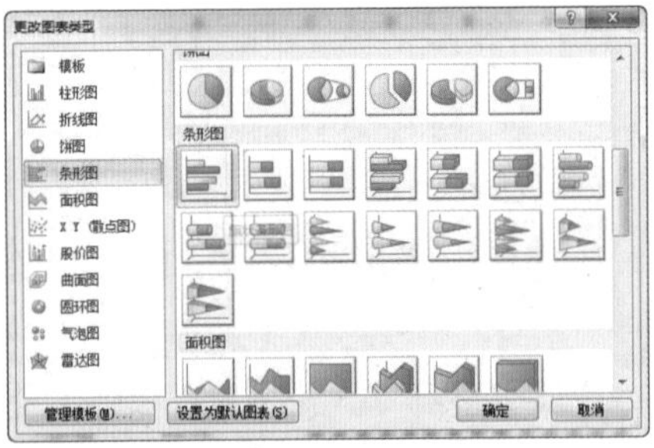

（3）完成更改操作

选择完成后，单击“确定”按钮，即可完成图表类型的更改操作，如下图所示。

9.1.3 调整图表布局

图表创建完成后，用户可对该图表的布局进行适当的调整，例如添加图表标题、数

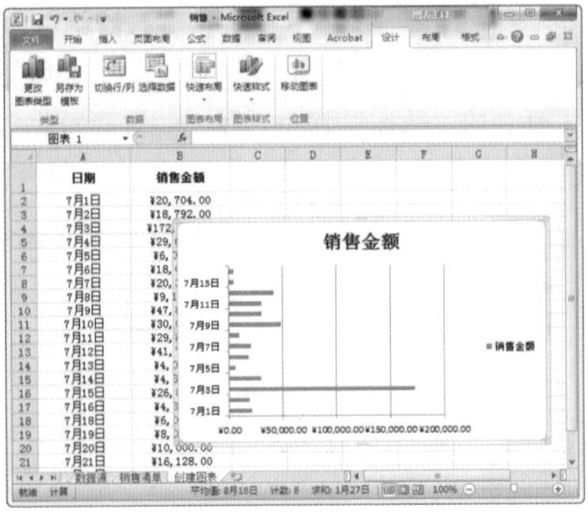

据标签、数据趋势线等。

1. 添加图表标题

默认情况下，图表标题以图例名称显示，可对该标题进行修改，操作如下。

若创建图表已添加标题，只需选中该图表标题内容，输入新标题，再单击图表任意空白处，即可完成修改，如下图所示。

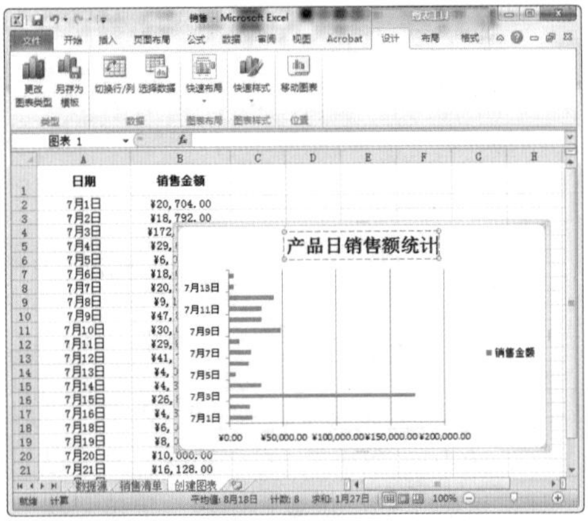

若创建的图表没有标题，可通过以下方法进行操作。

（1）选择图表标题功能

选中所需图表，在“图表工具—布局”选项卡的“标签”组中单击“图表标题”下拉按钮，并在其下拉列表中选择“图表上方”选项，如下图所示。

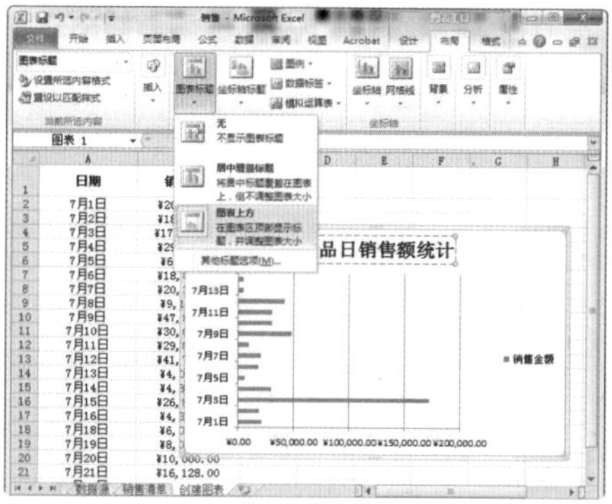

（2）输入标题内容

此时在图表上方显示默认标题，选中该标题内容将其修改即可，如下图所示。

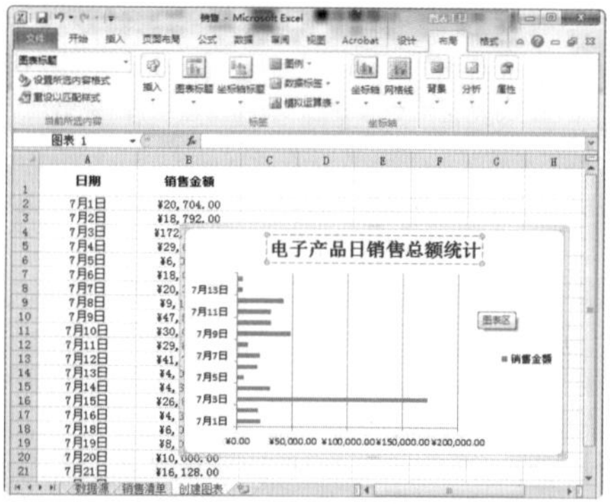

2 添加数据标签

为了能够更加直观地查看图表数据，可对图表添加数据标签，方法如下。

（1）启动数据标签选项

选中图表，在“图表工具—布局”选项卡的“标签”组中，单击“数据标签”下拉按钮，在其下拉列表中选择“数据标签外”选项，如上图所示。

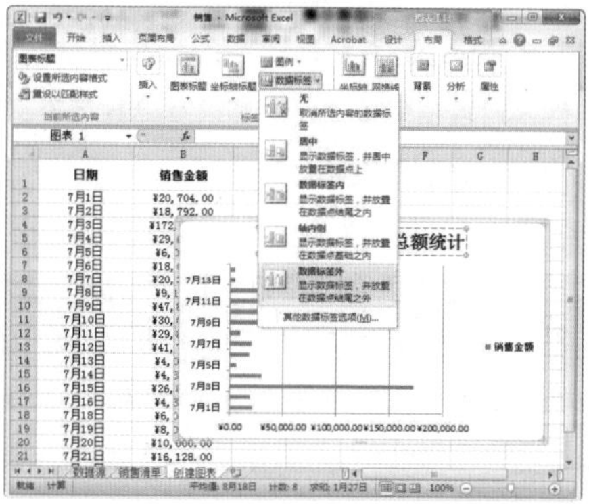

知识加油站

添加坐标轴标题的方法

选中图表，在“图表工具—布局”选项卡的“标签”组中单击“坐标轴标题”下拉按钮，并在其下拉列表中选择“主要横 / 纵坐标轴标题”选项，再在打开的级联列表中选择相应的标题位置，最后输入坐标轴标题内容即可。

（2）完成添加操作

选择后，即可完成数据标签的添加操作，结果如下图所示。

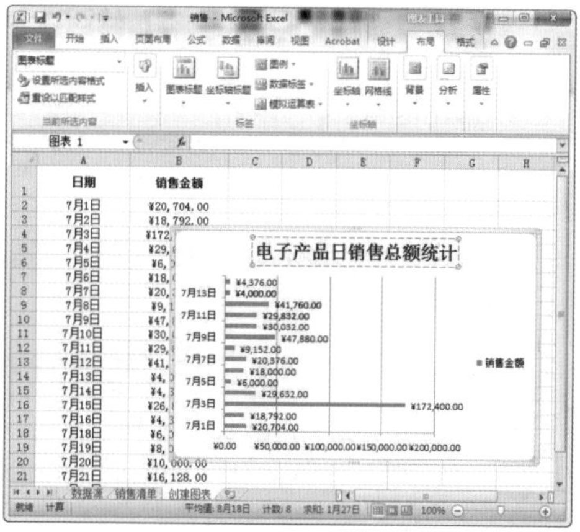

知识加油站

在图表中插入图片

若想在图表中添加产品图片，可选中该图表，在“图表工具—布局”选项卡的“插入”组中单击“图片”按钮，然后在打开的“插入图片”对话框中选择所需图片并单击“插入”按钮，即可完成图片的插入。插入图片后，还可调整图片大小和位置。

3. 设置图表坐标轴

在 Excel 图表中，用户可对其横 / 纵坐标轴的显示样式进行设置，方法如下。

（1）隐藏横坐标轴

选中图表，在“图表工具—布局”选项卡的“坐标轴”组中，单击“坐标轴”下拉按钮，选择“主要横坐标轴>无”选项，如下图所示。

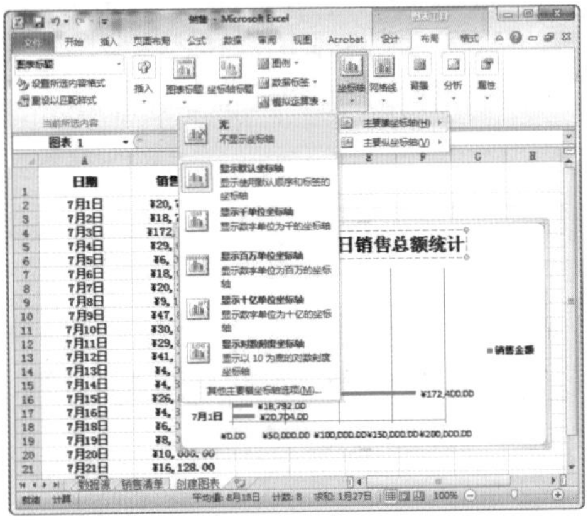

（2）完成隐藏设置

选择完成后，该图表横坐标轴即被隐藏，如下图所示。

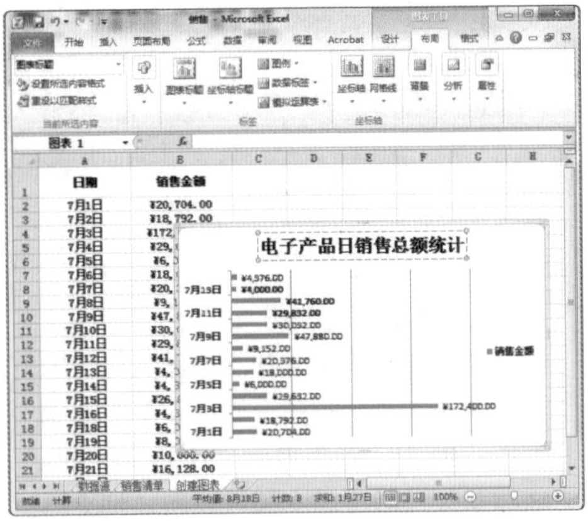

（3）选择网格线

在“坐标轴”组中，单击“网格线”下拉按钮，选择“主要纵网格线>主要网格线和次要网格线”选项，如下图所示。

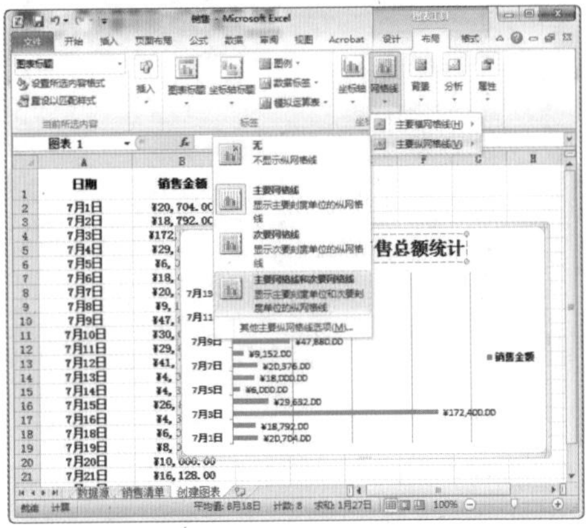

（4）显示网格线

选择完成后，在该图表中已显示了主要和次要网格线，如下图所示。

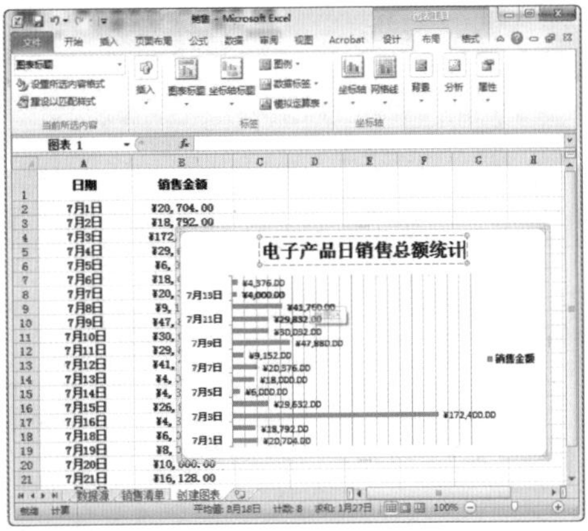

4. 添加趋势线

Excel 提供了多种类型的趋势线，例如线性、对数、多项式、乘幂以及指数等类型，下面将对当前图表添加趋势线。

（1）启动趋势线功能

选中图表，在“图表工具—布局”选项卡的“分析”组中，单击“分析”下拉按钮，选择“趋势线>线性趋势线”选项，如下图所示。

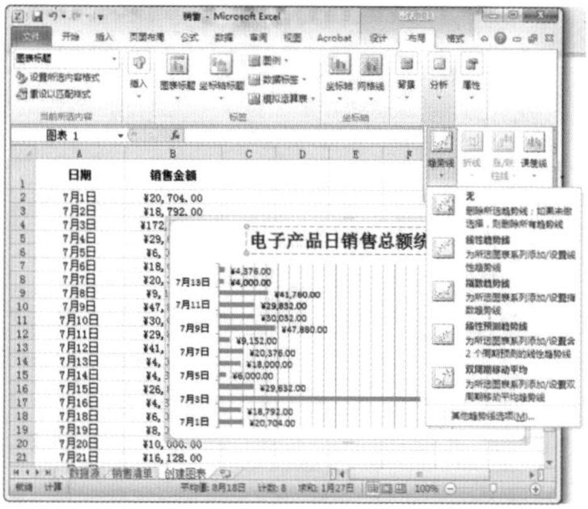

知识加油站

在图表中，若想删除趋势线，可在“趋势线”下拉列表中选择“无”选项。当然也可在图表中选中所需趋势线，按【Delete】键直接将其删除。

（2）完成添加操作

选择后，在当前图表中即显示添加的趋势线，如下图所示。

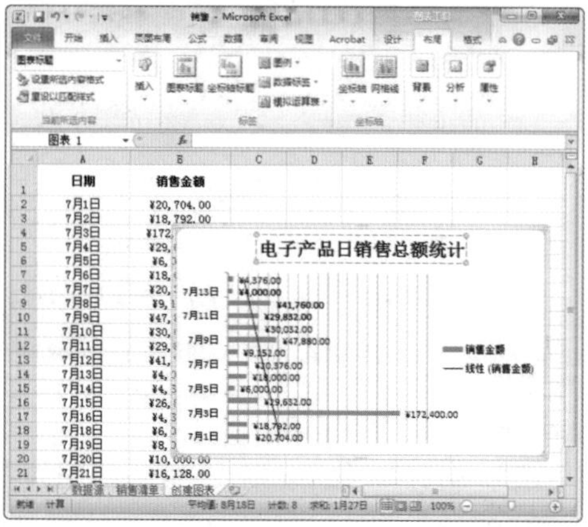

（3）设置趋势线格式

在图表中，选中添加的趋势线，单击鼠标右键，执行“设置趋势线格式”命令，如下图所示。

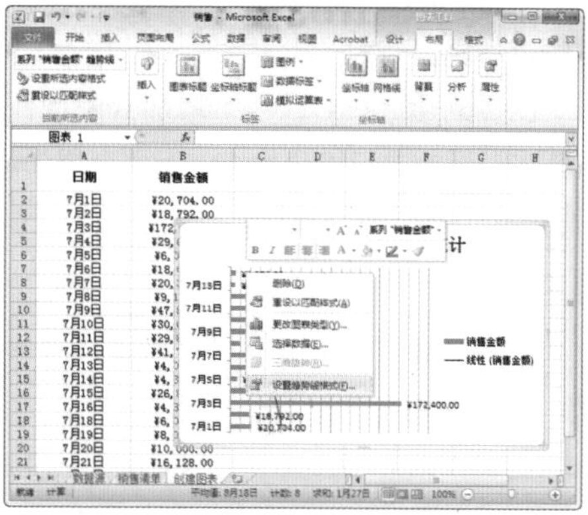

（4）更改趋势线名称

在“设置趋势线格式”对话框中，选择“趋势线选项”选项，并在其选项面板中选择“自定义”选项，并输入名称内容，如下图所示。

（5）完成名称更改

单击“关闭”按钮，关闭对话框，此时图标趋势线名称已发生相应变化，如下图所示。

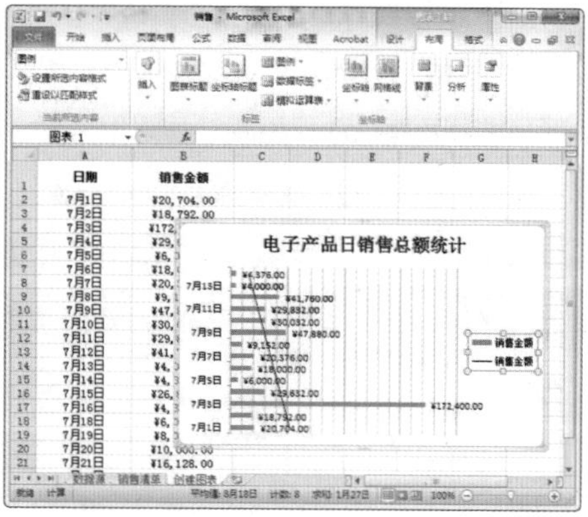

9.1.4 美化图表

图表创建完成后，为了增加其阅读性，可适当对图表进行美化操作。下面介绍如何对图表外观格式进行设置。

1. 设置图表标题格式

图表标题格式是可以根据需要设置的，操作如下。

（1）选择“字体”选项

选择图表中的标题文本，单击鼠标右键，执行“字体”命令，如下图所示。

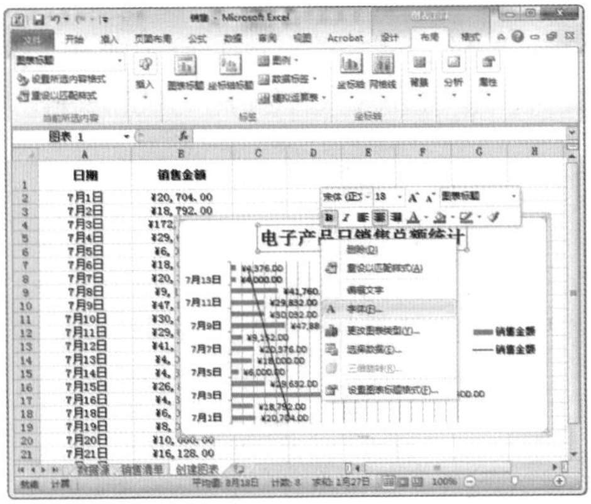

知识加油站

使用悬浮框设置标题文本格式

选中标题文本，单击鼠标右键，此时在悬浮框中即可对文本格式进行设置。

（2）设置字体格式

在“字体”对话框中，对标题内容的字体、字形、字号及颜色进行设置，如下图所示。

（3）右击选择相关命令

选中图表标题，单击鼠标右键，执行“设置图表标题格式”命令，如下图所示。

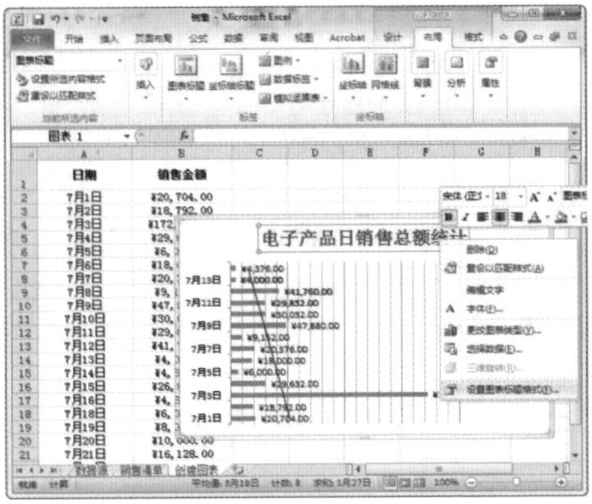

（4）设置文本框填充选项

在“设置图表标题格式”对话框的“填充”选项面板中，对填充颜色进行设置，如下图所示。

（5）完成设置

设置完成后，单击“关闭”按钮，关闭

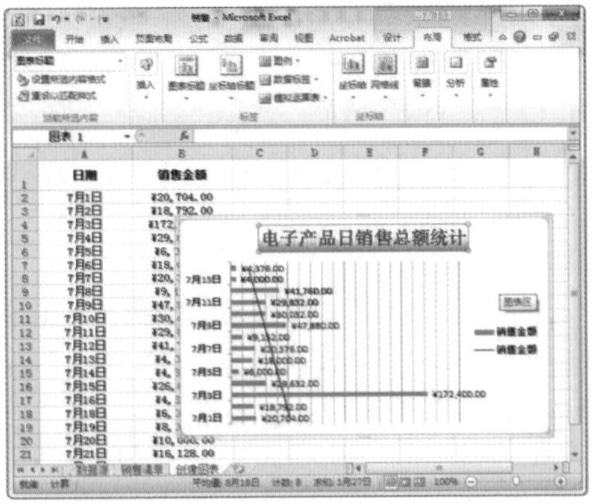

对话框，完成标题文本框的填充操作，结果如上图所示。

2. 设置坐标轴及图例项文本

图表中坐标轴文本格式设置的操作如下。

（1）右击选择相关选项

选中纵坐标轴，单击鼠标右键，在悬浮格式框中对其坐标轴文本格式进行设置，如下图所示。

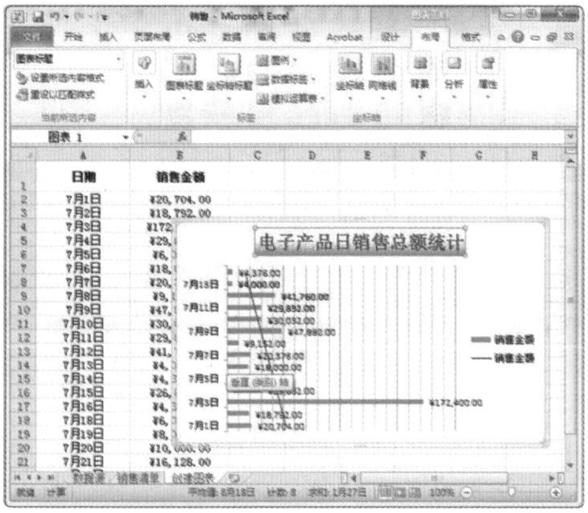

（2）设置坐标轴文本框

选中纵坐标轴，单击鼠标右键，执行“设置坐标轴格式”命令，打开相应对话框，如下图所示。

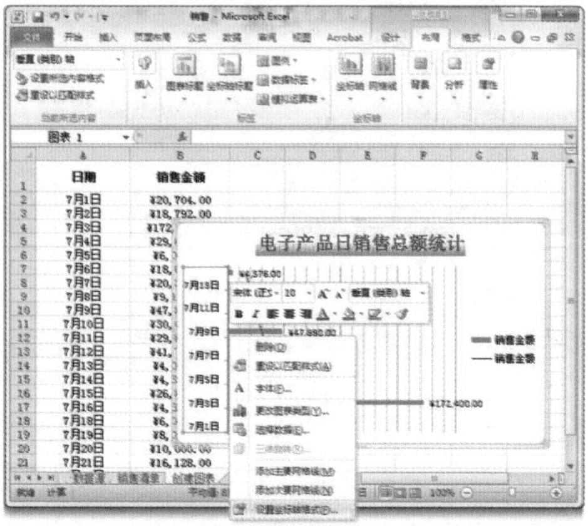

（3）设置填充项

选择“填充”选项，并在右侧选项面板中设置填充颜色，如下图所示。

（4）查看效果

单击“关闭”按钮，关闭对话框。此时坐标轴内容已发生变化，如下图所示。

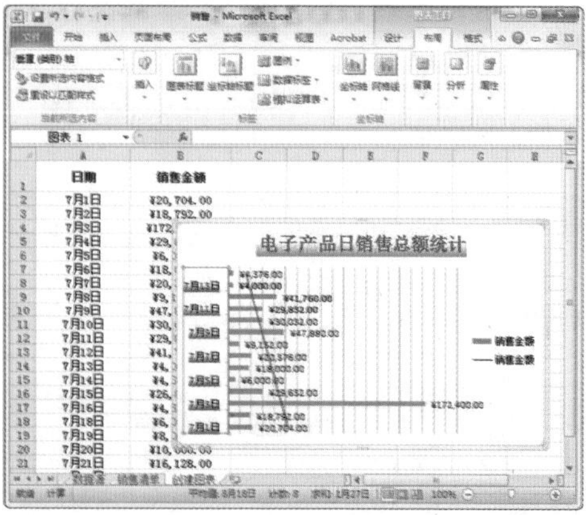

（5）设置图例项

在图表中选择图例项，单击鼠标右键，执行“设置图例格式”命令，如下图所示。

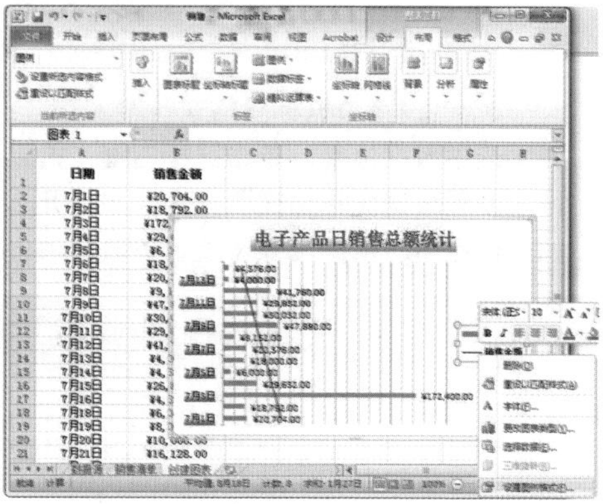

（6）设置图例项位置

在“设置图例格式”对话框中，选择“图例选项”选项，并在右侧选项面板中设置“图例位置”为“靠上”，如下图所示。

（7）完成设置

设置完成后，即可调整图例项位置，结果如下图所示。

知识加油站

设置数据标签格式

选中数据标签，单击鼠标右键，执行“设置数据标签格式”命令，在打开的对话框中，根据需要设置其参数选项即可。

3. 设置数据系列及图表背景格式

用户也可对图表中的数据系列及图表背景格式进行设置，其方法如下。

（1）选择数据系列样式

在图表中，选中数据系列，在“图表工具—格式”选项卡的“形状样式”组中，单击下拉按钮，选择所需的样式，如下图所示。

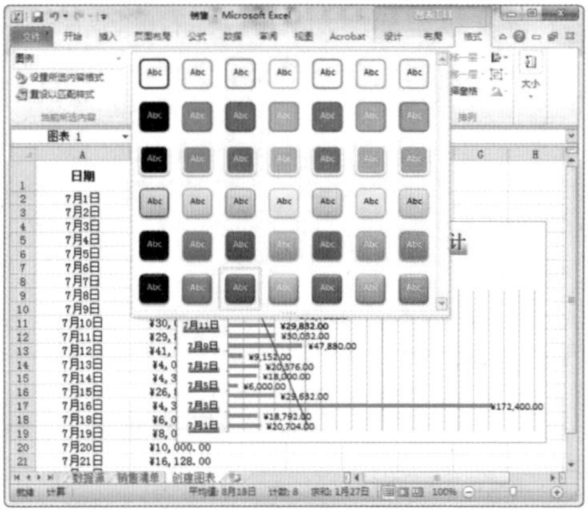

（2）选择相关命令

选中图表区，单击鼠标右键，执行“设置图表区域格式”命令，如下图所示，打开相应对话框。

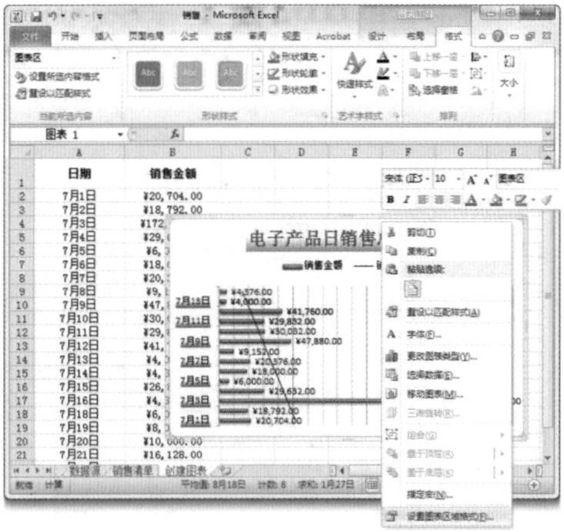

（3）选择图片

选择“填充”选项，在右侧选项面板中选择“图片或纹理填充”选项，然后单击“文件”按钮，在打开的对话框中选择背景图片，如下图所示。

（4）完成图表区背景设置

单击“插入”按钮，完成图表区域背景的设置，如下图所示。

（5）设置绘图区背景设置

选中绘图区域，单击鼠标右键，执行“设置绘图区格式”命令，打开相应对话框，设置填充选项，如下图所示。

（6）查看效果

选择完成后，绘图区背景已发生相应变化，如下图所示。

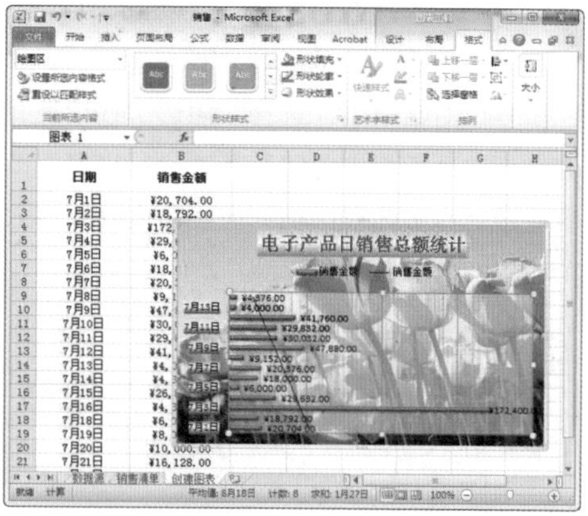

（7）设置图表边框

选中图表，打开“设置图表区格式”对话框，选择“边框样式”选项，并在右侧选项面板中选择“圆角”选项，如下图所示。

（8）设置图表三维格式

在“设置图表区格式”对话框中，选择

"三维格式"选项，根据需要对参数进行设置，如上图所示。

（9）设置阴影

在该对话框中，选择"阴影"选项，并在右侧选项面板中对阴影参数进行设置，设置完成后，关闭对话框，完成图表外观格式的设置，结果如下图所示。

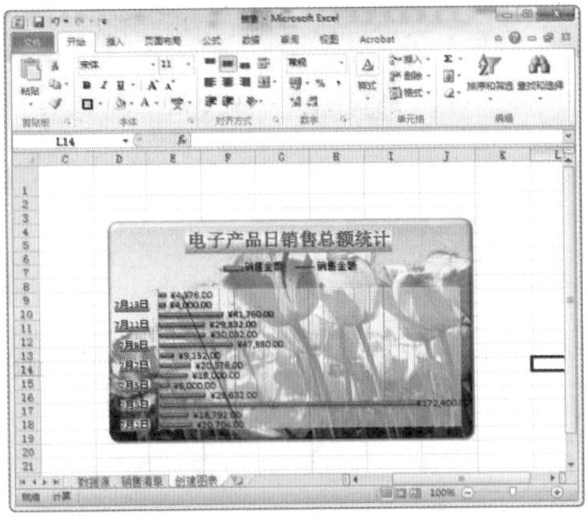

9.2 制作电子产品销售透视表 / 透视图

数据透视表是一种可快速汇总大量数据的交互方式。数据透视表可深入分析数值数据，并回答一些预料之外的数据问题。数据透视图则是透视表的一种表达方式，其制作方法与图表类似。下面同样以电子产品销售表格为例，介绍透视表和透视图的创建操作。

9.2.1 创建产品销售透视表

打开"电子产品销售统计表 . xlsx"素材文件，单击"数据透视表"按钮，创建透视表，具体操作如下。

（1）启动透视表功能

选中表格任意单元格，在"插入"选项卡的"表格"组中，单击"数据透视表"按钮，如下图所示。

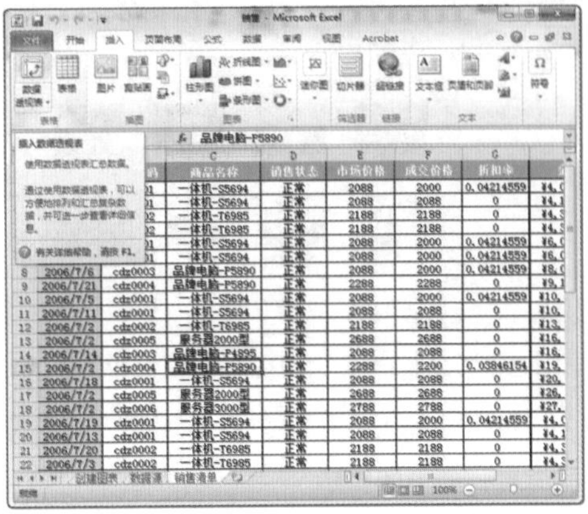

（2）设置数据参数

在"创建数据透视表"对话框中，单击"表 / 区域"右侧的选取按钮，框选表格所有数据，然后在"选择放置数据透视表的位置"选项组中，选择"新工作表"选项，如下图所示。

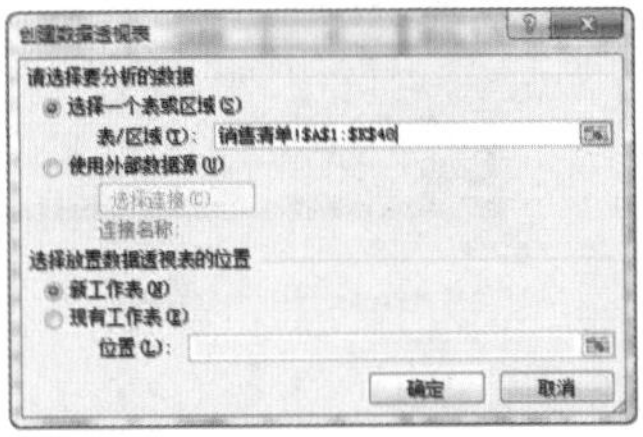

（3）重命名工作表

双击插入的工作表标签，将该表重命名，结果如下图所示。

（4）移动工作表

选中新建的工作表标签，按住鼠标左键不放，拖曳标签至新位置，释放鼠标即可完成工作表的移动操作，如下图所示。

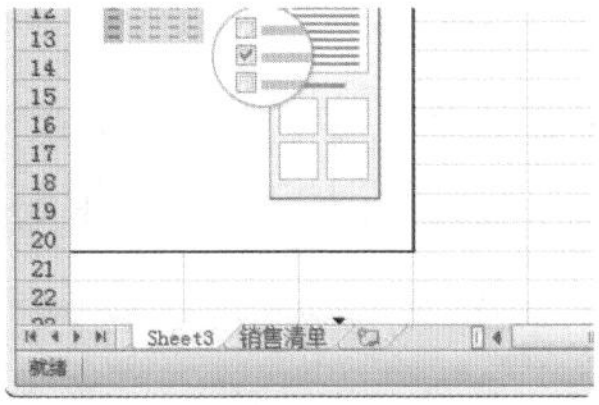

（5）选择数据字段

在表格右侧“数据透视表字段列表”窗格的“选择要添加到报表的字段”列表框中，选择要显示数据的选项，此时被选中的字段已添加到透视表中，如下图所示。

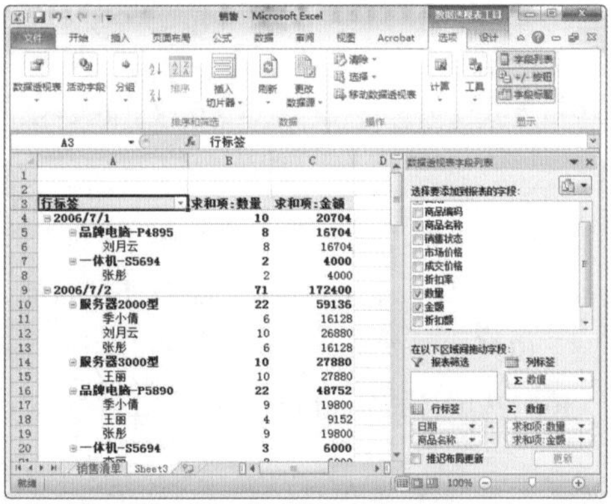

9.2.2 处理透视表数据信息

透视表数据的处理操作包括筛选字段、更改字段、更改字段的数字格式、对字段数据进行排序以及数据分组等，下面介绍具体操作。

1 按“日期”字段筛选数据

在透视表中，若想按“日期”字段来筛选数据，可进行以下操作。

（1）选择移动方式

在“数据透视表字段列表”窗格的“行标签”列表框中，单击“日期”下拉按钮，在弹出的列表中选择“添加到报表筛选”选项，如下图所示。

（2）查看结果

此时在“报表筛选”列表框中，可显示“日期”字段，并且在透视表中，所有“日期”数据已添加到页字段，如下图所示。

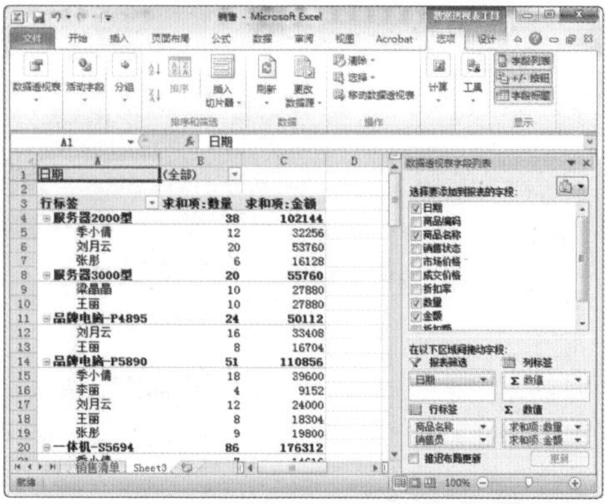

知识加油站

Excel 2010 切片器功能介绍

Excel 2010 提供了切片器功能，该功能是将数据透视表中的每个字段单独创建为一个选取器，在每一个选取器中进行选择就相当于在字段列表中选择选项一样，但切片器筛选数据更加直观方便。

（3）选择筛选日期

在透视表中，单击“日期”筛选器，在下拉列表中选择所需日期，如下图所示。

（4）筛选完成

选择完成后，单击“确定”按钮，此时在透视表中已显示了被选日期的相关数据，而其他数据被隐藏，如下图所示。

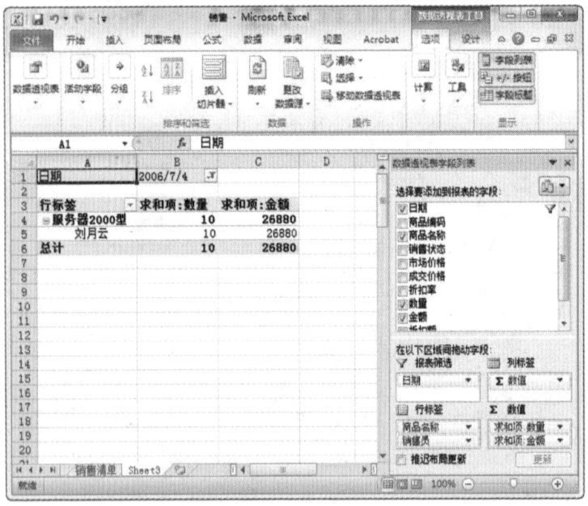

知识加油站

取消数据透视表筛选操作

若想取消筛选操作，只需在“数据透视表字段列表”窗格中的“报表筛选”列表中，单击所需字段下拉按钮，再在下拉列表中选择“删除字段”选项即可。

2. 更改“金额”汇总类型

默认情况下，透视表中的汇总字段会按照求和汇总方式进行计算。若用户想使用其他汇总方式，可按照以下方法更改。

（1）选择单元格

在透视表中，选中要更改汇总字段的单元格，这里选择C4单元格，如下图所示。

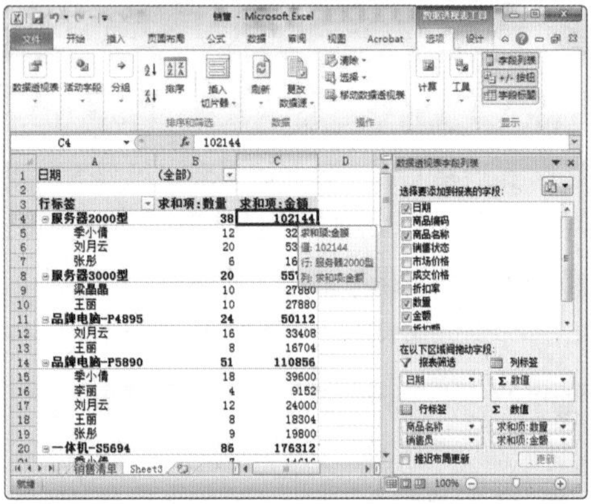

（2）选择汇总类型

在“数据透视表工具—选项”选项卡的“计算”组中，单击“按值汇总”下拉按钮，在下拉列表中选择汇总类型，这里选择“最大值”选项，如下图所示。

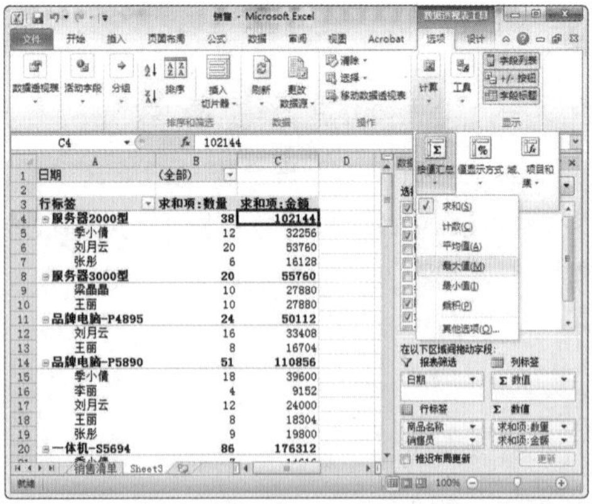

（3）查看结果

选择完成后，被选的汇总字段及汇总数

据已发生变化，如下图所示。

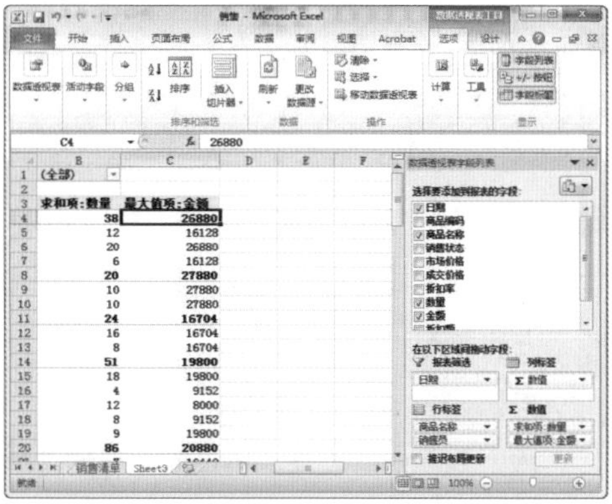

（4）设置值显示方式

同样选中C4单元格，在“选项”选项卡的“计算”组中，单击“值显示方式”下拉按钮，并在其下拉列表中选择合适的显示方式，即可更改数值显示，如下图所示。

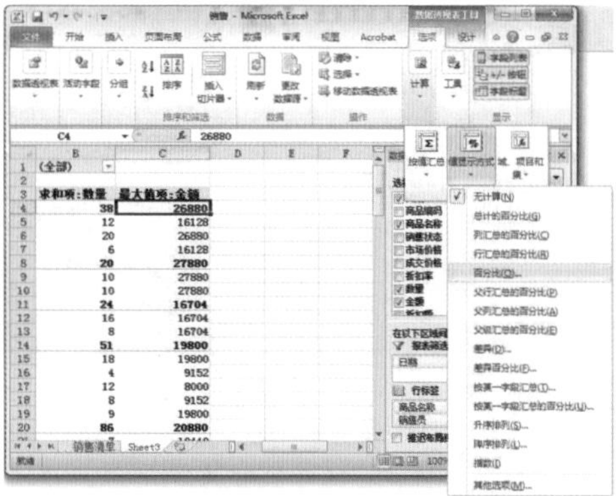

3. 对“金额”数据进行排序

在数据透视表中，用户也可根据需要对表中的数据进行排序操作，方法如下。

（1）启动排序功能

选中C3单元格，在“数据透视表工具—选项”选项卡的“排序和筛选”组中，单击“排序”按钮，如下图所示。

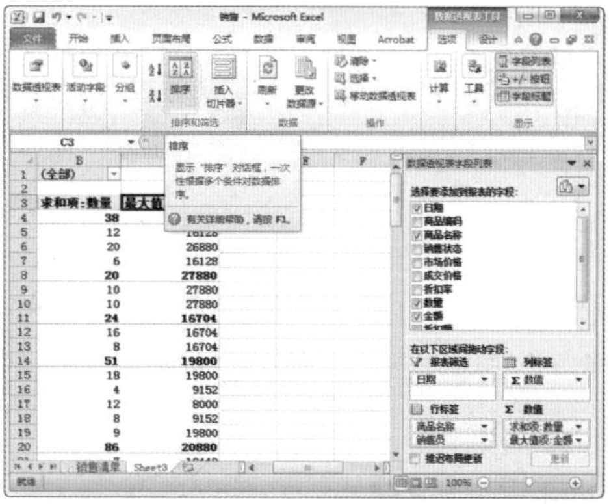

（2）选择排序方式

在“按值排序”对话框中，根据需要选择“升序”选项，并将“排序方向”设为“从上到下”，如下图所示。

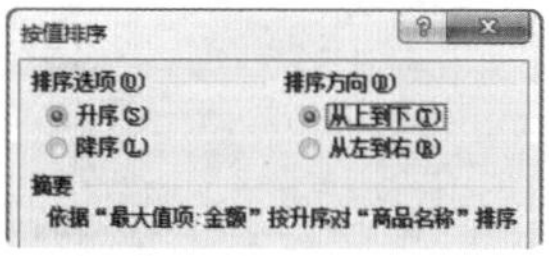

知识加油站

快速排序的操作

选中所需单元列任意单元格，单击鼠标右键，执行”排序”命令，并在其级联菜单中选择“升序”或“降序”选项，同样可进行排序操作。

（3）完成排序

单击“确定”按钮，此时透视表中的“金额”数据升序显示，如下图所示。

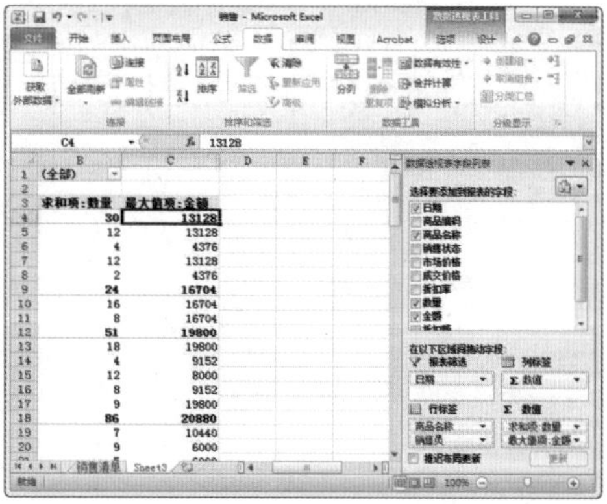

4. 更改数据源

透视表创建完成后，若要对数据源文件的数据进行更改，可按照以下方法进行操作。

（1）启动更改数据源命令

在透视表中，单击“数据透视表工具—选项”选项卡中的“更改数据源”下拉按钮，在下拉列表中选择“更改数据源”选项，如下图所示。

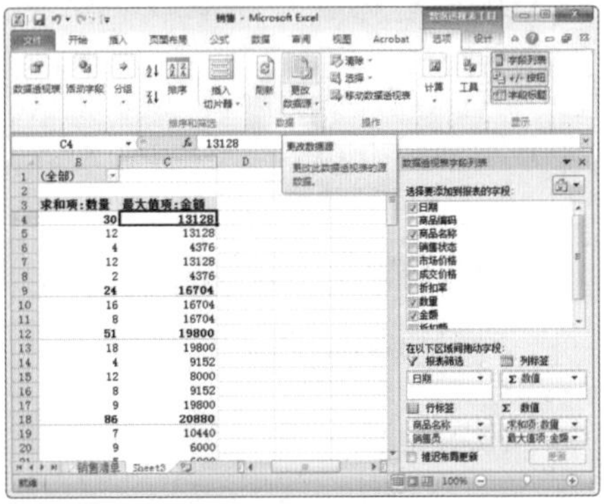

（2）选择数据源

在“更改数据透视表数据源”对话框中，单击“选择一个表或区域”下的选取按钮，选择数据源数据，如下图所示。

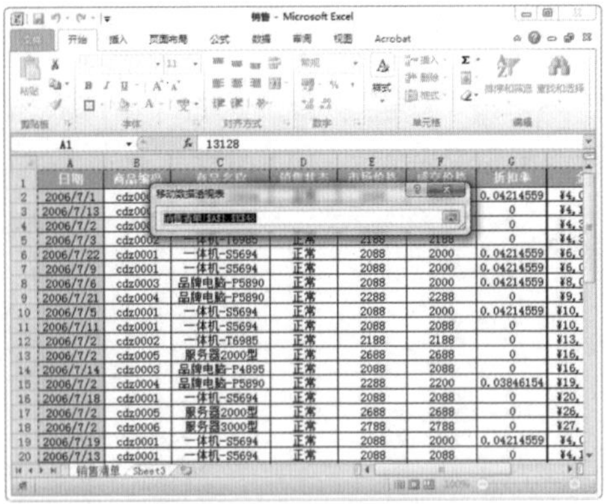

（3）完成设置

选择完成后，再次单击选取按钮，在返回的对话框中单击“确定”按钮，即可完成更改操作。

9.2.3 设置透视表样式

创建数据透视表后，为了使透视表更加美观，可以为其套用内置的数据透视表样式，也可以自定义数据透视表样式。

1. 更改透视表布局

用户可根据需要对透视表的布局进行调整，方法如下。

（1）启动布局功能

选中透视表任意单元格，在“数据透视表工具—设计”选项卡的“布局”组中，单击“报表布局”下拉按钮，在下拉列表中选择所需的布局，如下图所示。

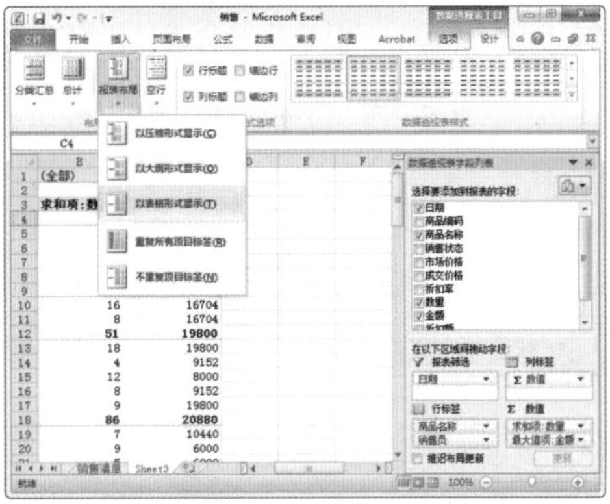

（2）查看布局更改效果

选择完成后，透视表的布局即发生了变化，如下图所示。

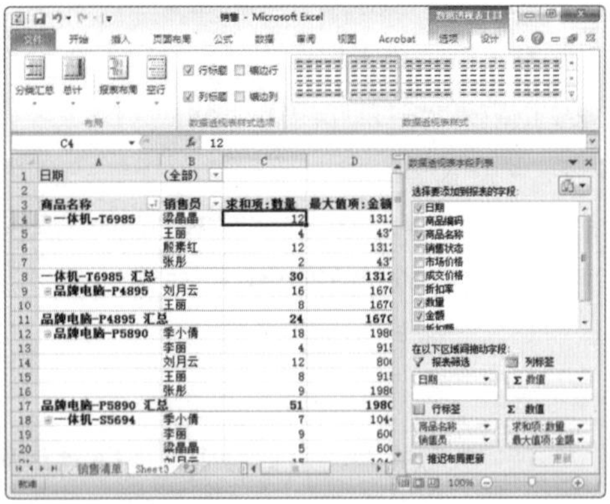

2. 使用内置透视表样式

系统提供了多种数据透视表样式，用户只需在数据透视表样式库选择样式即可，操作如下。

（1）选择透视表样式

选中透视表任意单元格，在“数据透视表工具—设计”选项卡的“数据透视表样式”组中，选择所需的透视表样式，如下图所示。

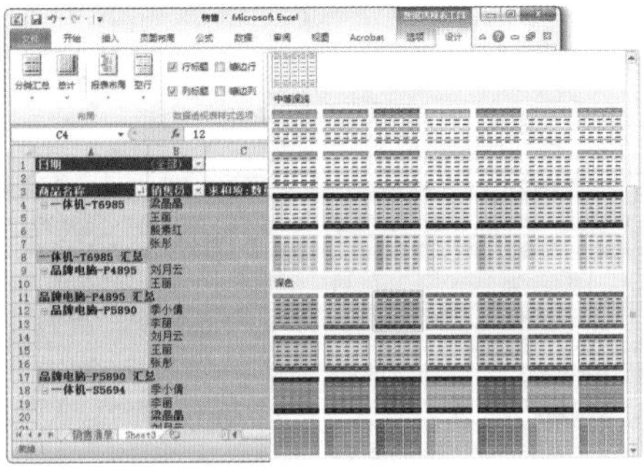

知识加油站

清除透视表样式

若想删除透视表样式，可在“数据透视表工具—设计”选项卡的“数据透视表样式”组中单击样式下拉按钮，然后在样式库中选择“清除”选项。

（2）查看结果

选择完成后，透视表样式已发生了变化，结果如下图所示。

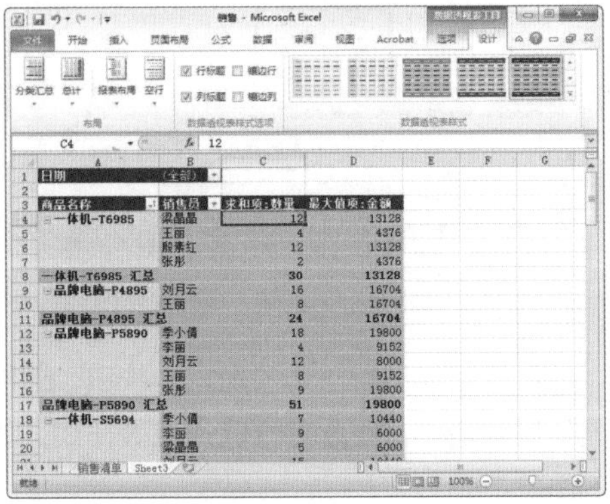

3. 自定义透视表样式

若透视表样式库中的样式满足不了用户，用户可自行定义透视表样式，操作如下。

（1）选择命令

在数据透视表样式库下拉列表中，选择“新建数据透视表样式”选项，如下图所示。

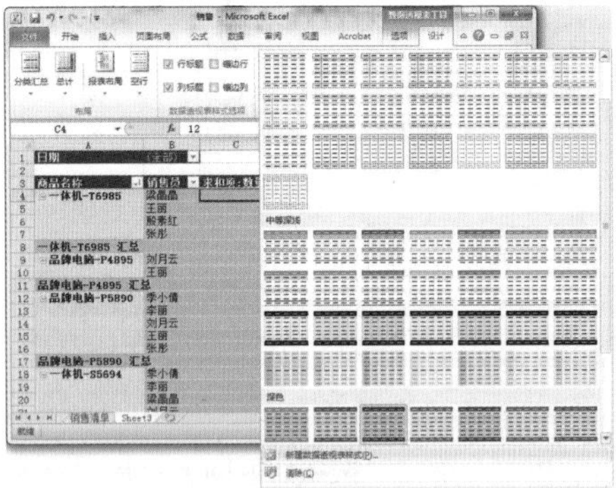

（2）选择表元素

在“新建数据透视表快速样式”对话框的“名称”文本框中，输入样式名称，再在“表元素”列表框中选择要设置的透视表元素，如下图所示。

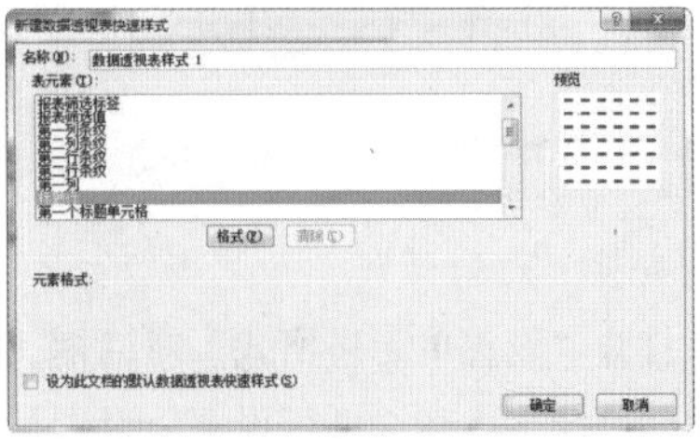

（3）设置标题行底纹

单击“格式”按钮，在“设置单元格格式”

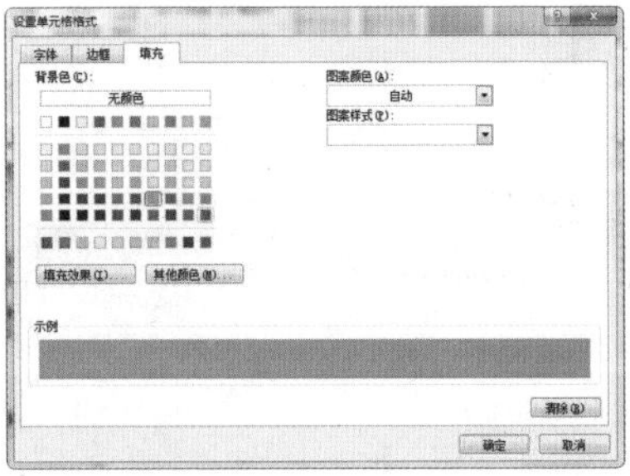

对话框中，切换至“填充”选项卡，选择标题行底纹颜色，如上图所示。

（4）设置标题行字体

切换至“字体”选项卡，对标题行的字体格式进行设置，如下图所示。

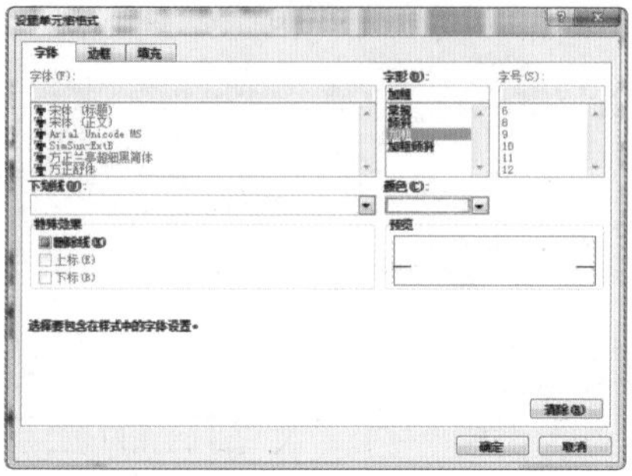

（5）选择总计行元素

单击“确定”按钮，返回上一层对话框，在“表元素”列表框中选择“总计行”选项，如下图所示。

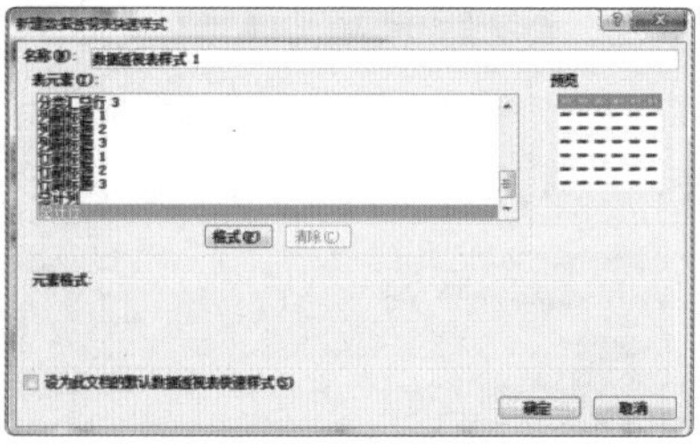

（6）设置总计行格式

打开“设置单元格格式”对话框，对其底纹颜色及字体格式进行设置，设置格式与标题行相同，如下图所示。

（7）设置整个表底纹

在“表元素”列表中，选择“整个表”选项，打开“设置单元格格式”对话框，切换至“填充”选项卡，对其颜色进行设置，如下图所示。

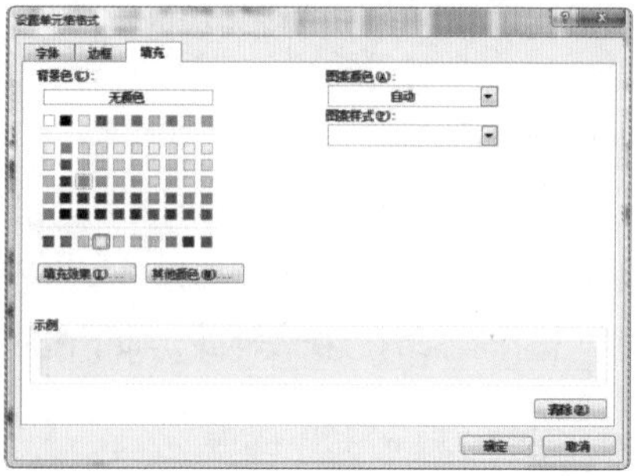

（8）设置整个表字体格式

切换至“字体”选项卡，对整个表文本的字体格式进行设置，如下图所示。

（9）设置整个表边框样式

切换至“边框”选项卡，选择好表格边框样式，如下图所示。

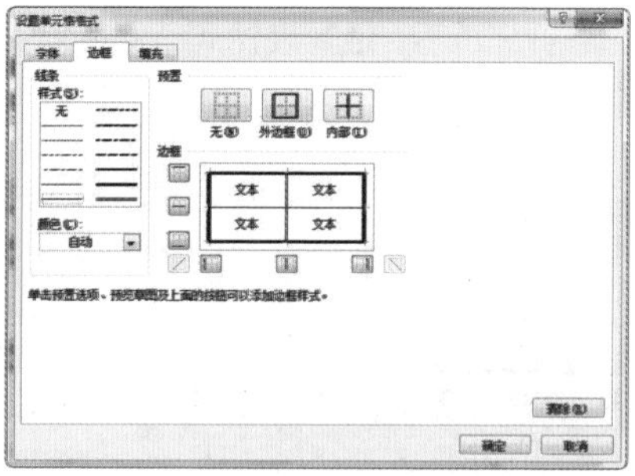

（10）预览透视表样式

设置完成后，单击“确定”按钮，返回上一层对话框，在此可预览透视表样式，如下图所示。

（11）应用自定义样式

单击“确定”按钮关闭对话框。此时单击透视表样式下拉按钮，在样式库中选择刚才自定义的样式，如下图所示。

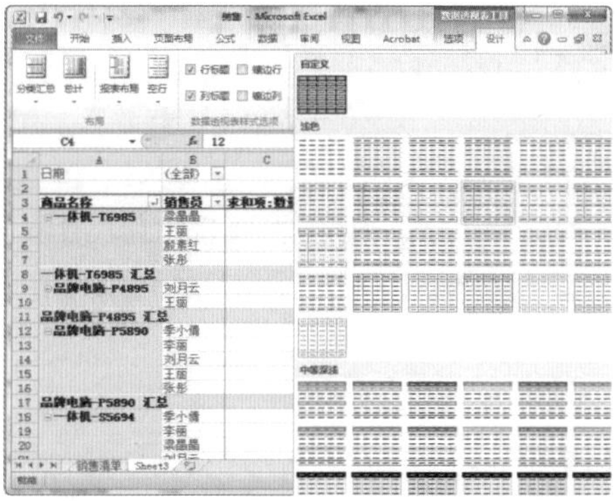

（12）查看结果

选择完成后，该透视表已应用了自定义样式，如下图所示。

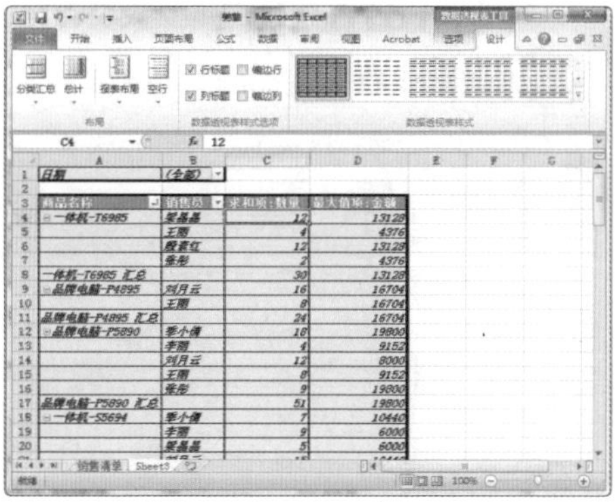

（13）修改自定义透视表样式

在数据透视表样式库中自定义的表样式选项上单击鼠标右键，执行“修改”命令，如下图所示。

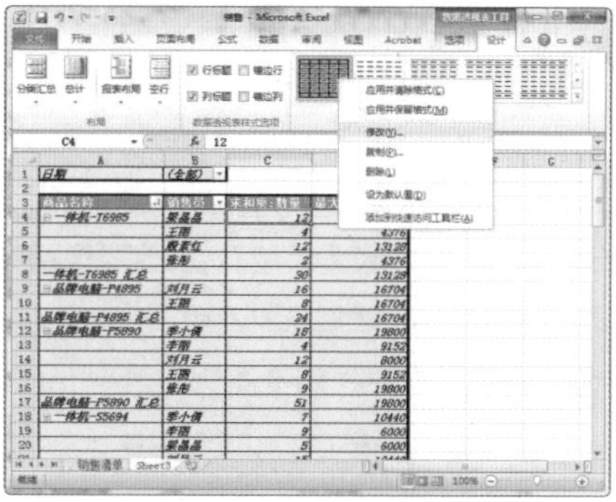

（14）修改样式元素

在“修改数据透视表快速样式”对话框的“表元素”列表框中，选择所需修改的表元素，并单击“格式”按钮，进行修改操作，如下图所示。

9.2.4 创建产品销售透视图

数据透视图是另一种数据表现形式，与数据透视表不同的是，它利用适当的图表和多种色彩来描述数据的特性。

（1）启动数据透视图

选择“销售清单”工作表中的任意单元格，在“插入”选项卡的“表格”组中，单

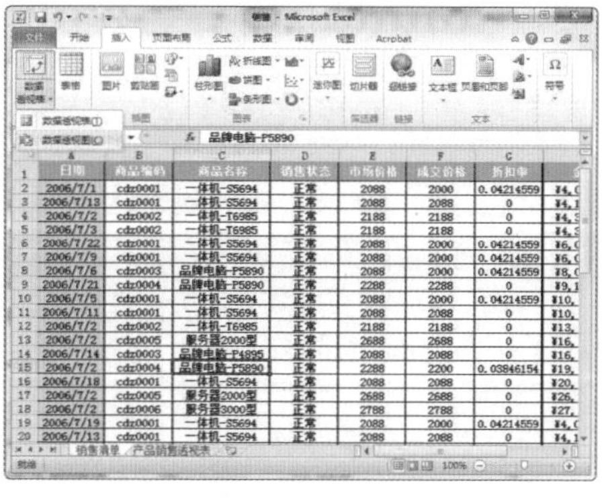

击“数据透视表”下拉按钮，选择“数据透视图”选项，如上图所示。

（2）选择数据

在“创建数据透视表及数据透视图”对话框中，设置“表/区域”为“销售清单”工作表所有数据，然后选择“新工作表”选项，单击“确定”按钮，如下图所示。

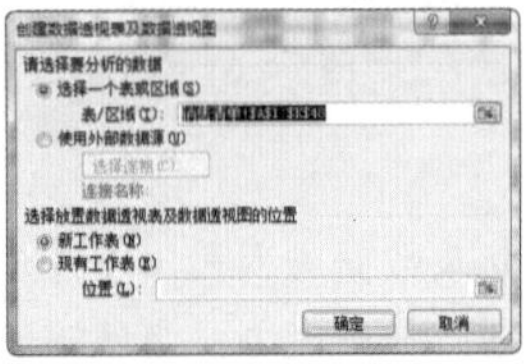

（3）重命名工作表名称

重命名新工作表，并将其移动至所需的位置，如下图所示。

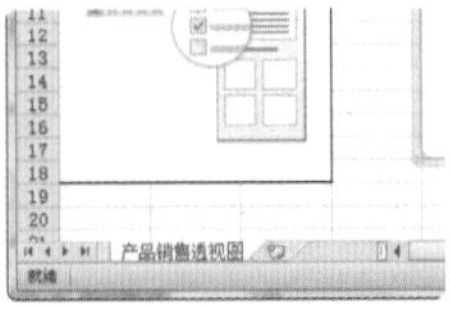

知识加油站

美化透视图

数据透视图的美化方法与图表美化的方法类似，用户只需在“数据透视图工具”选项卡中根据要求设置即可。

（4）选择要添加的数据字段

在“数据透视表字段列表”窗格中，选择要添加的数据字段所对应的选项，如上图所示。

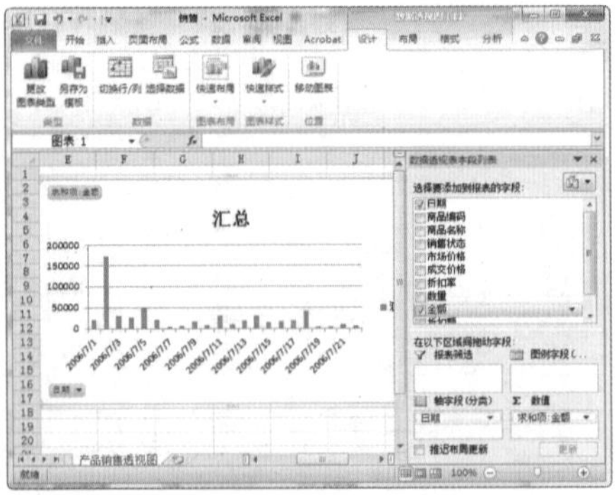

（5）完成创建操作

数据字段添加完毕后，工作表中即会显示相应的数据透视图。

9.2.5 筛选透视图数据

与数据透视表一样，在数据透视图中也可以进行筛选操作，操作如下。

（1）选择筛选条件

在透视图中，单击要筛选的字段，在其列表中选择筛选条件，如下图所示。

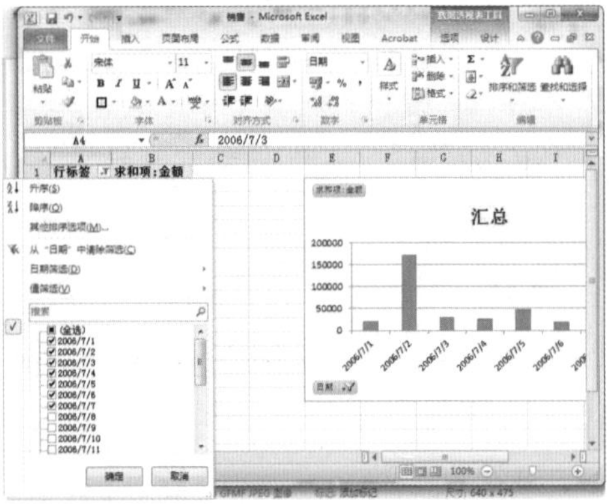

（2）完成筛选

单击“确定”按钮，即可完成透视图数据的筛选操作，如下图所示。

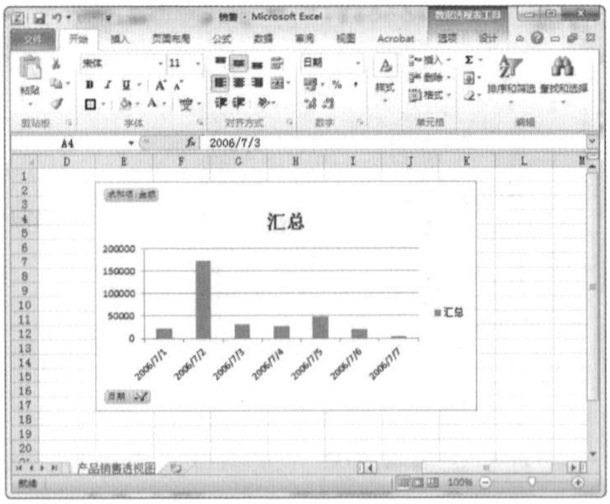

Chapter 10

PPT幻灯片的编辑与设计

本章导读

在日常办公应用中，用户常常需要将某些文稿内容以屏幕放映的方式进行展示，如新产品策划方案、新产品发布、企划方案、培训演讲等，应用 PowerPoint 软件可以方便快速地制作出图文并茂且具有丰富动态效果的演示文稿。本章将介绍演示文稿的创建、设计、编辑及美化。

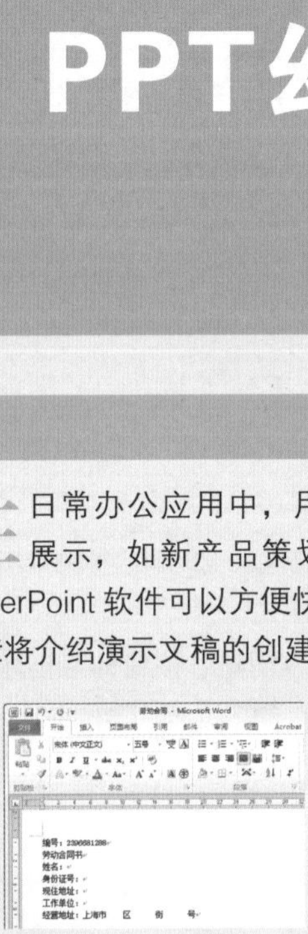

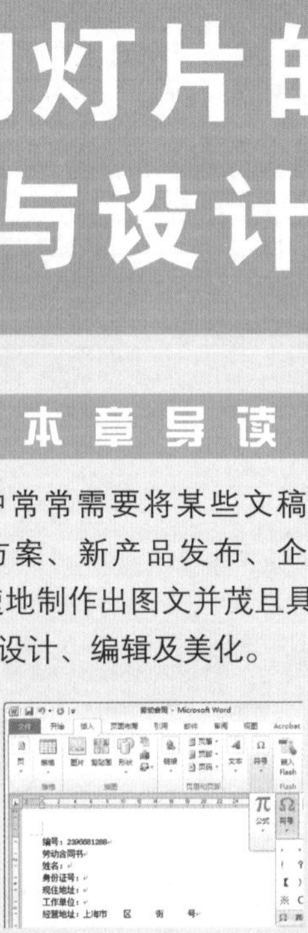

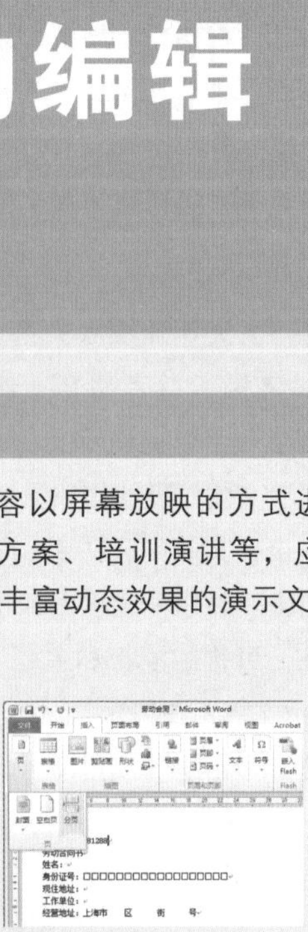

知识技能要求

通过本章内容的学习，读者主要学会在 PowerPoint 2010 软件中设计和制作幻灯片。学完后读者需要掌握的相关知识技能如下：

- ⊙幻灯片内容的编辑与修改
- ⊙应用文档大纲创建幻灯片
- ⊙应用与修改幻灯片设计
- ⊙应用与修改幻灯片版式
- ⊙在幻灯片中插入各种元素
- ⊙修改与制作幻灯片母版

10.1 制作企业宣传演示文稿

企业为提高自身的知名度，常常需要自主投资制作宣传文稿、宣传片和宣传动画等，介绍企业主营业务、产品、企业规模及人文历史，除在常见的媒体中投放广告外，通常需要制作企业的宣传演示文稿。本节将应用 PowerPoint 2010 制作企业的宣传演示文稿。

10. 1. 1 创建演示文稿文件

要制作企业宣传演示文稿，首先需要创建演示文稿文件。在 PowerPoint 201 0 中可以通过以下几种方法新建演示文稿。

1. 创建空演示文稿

要从零开始制作演示文稿，则可以新建空白演示文稿。当启动 PowerPoint 软件后，将自动创建一个空白演示文稿，若要自行新建空白演示文稿，可使用以下操作。

①单击“文件”选项卡；

②单击“新建”选项；

③在“可用的模板和主题”列表中选择“空白演示文稿”图标；

④单击“创建”按钮即可，如下图所示。

2. 根据主题创建演示文稿

在 PowerPoint 2010 中提供了多个设计主题，用户可在新建文稿时选择要应用的文稿主题，快速创建出美观漂亮的演示文稿，具体操作如下。

（1）根据主题新建演示文稿

①单击“文件”选项卡；

②单击“新建”选项；

③在“可用的模板和主题”列表中单击“主题”图标，如下图所示。

（2）选择主题并创建演示文稿

①在“主题”列表中选择要用于新演示文稿的主题样式；

②单击“创建”按钮即可创建出应用所选主题的空白演示文稿，如下图所示。

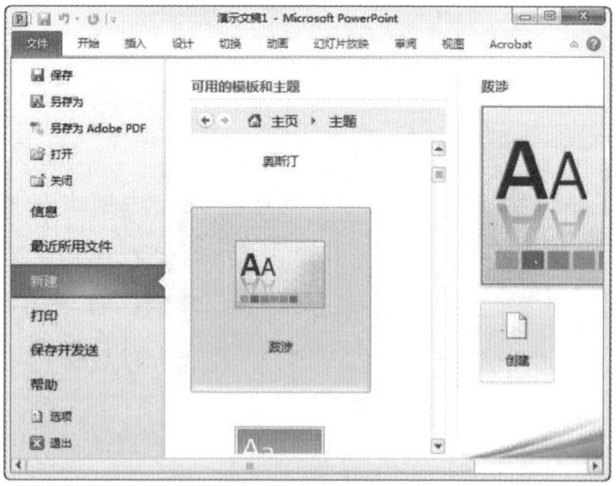

3. 根据样本模板创建演示文稿

在 PowerPoint 2010 中为用户提供了多种类型的样本模板，如“都市相册”“宽屏显示文稿”“培训”和“项目状态报告”等。本例将应用“宣传手册”样本模板创建文件，具体操作如下。

（1）选择“样本模板”选项

①单击“文件”选项卡；

②单击“新建”选项；

③在“可用的模板和主题”列表中单击“样本模板”图标，如下图所示。

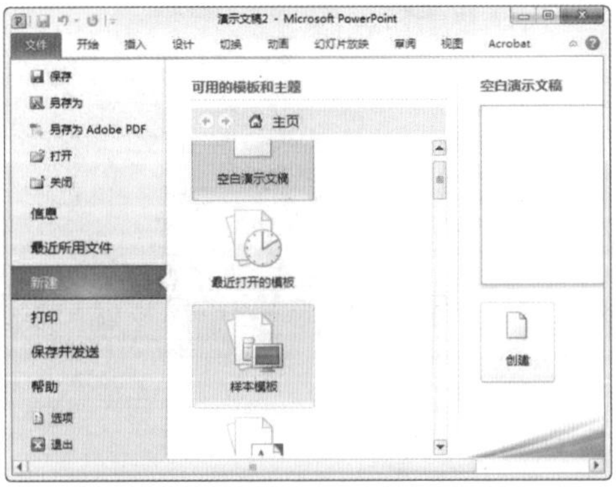

（2）选择模板并创建演示文稿

①在“样本模板”列表中选择要用于新演示文稿的样本模板“宣传手册”；

②单击“创建”按钮即可根据模板创建出新演示文稿，如下图所示。

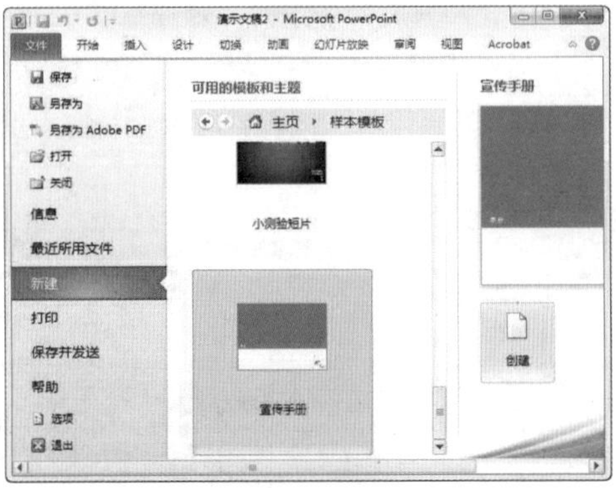

4. 根据现有演示文稿创建

通常在制作多个风格统一的演示文稿时，可以根据已经设计好的演示文稿快速创建新演示文稿。本例的企业宣传演示文稿将根据现有的演示文稿进行创建，具体操作如下。

（1）执行“根据现有内容新建”命令

①单击“文件”选项卡；

②单击“新建”选项；

③在“可用的模板和主题”列表中单击“根据现有内容新建”图标，如下图所示。

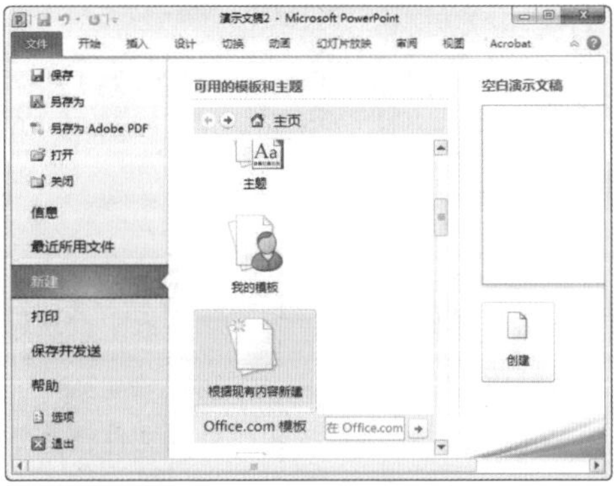

（2）选择文件

①在打开的“根据现有演示文稿新建”对话框中选择素材文件“示例文稿 . pptx”；

②单击“新建”按钮即可根据该文件创建出新文件，如下图所示。

5. 保存演示文稿

在创建出新演示文稿文件后，可先将文件保存，并在制作过程中不时地保存文件，避免文件丢失。保存文件的具体操作如下。

（1）执行“保存”命令

①单击“快速访问工具栏”中的“保存”按钮，如下图所示。

（2）设置文件名并保存

①在打开的“另存为”对话框中设置保存路径及文件名；

②单击“保存”按钮即可保文件，如下图所示。

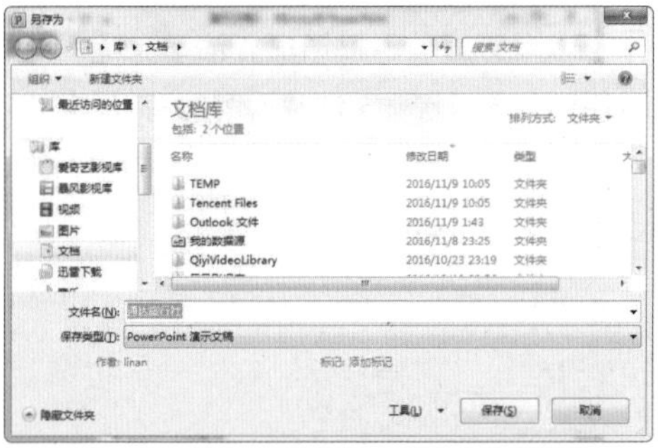

10.1.2 应用大纲视图添加主要内容

在制作幻灯片时，可先将演示文稿的大纲内容添加到大纲视图中，利用大纲视图快速创建出多张不同主题的幻灯片，再对各张幻灯片的效果进行修改和修饰。本例中应用大纲视图添加主要内容的具体操作如下。

1. 输入幻灯片标题文字

在大纲视图中直接输入的文字内容将作为幻灯片的标题文字，通过在大纲视图中输入多张幻灯片的标题，即可快速创建幻灯片，具体操作如下。

①单击窗口左侧的“大纲”选项卡；

②在窗格中输入各幻灯片的标题文字内容，输入各标题内容后按【Enter】键即可创建出具有相应标题的幻灯片，如下图所示。

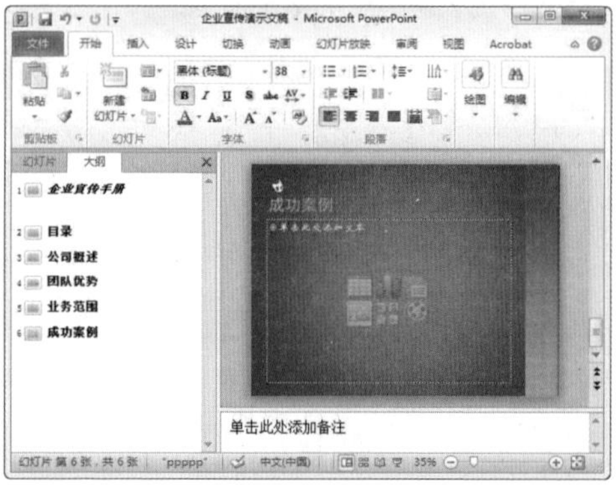

2. 输入幻灯片内容

在“大纲”视图中各标题后可增加二级标题内容，该内容将被自动作为幻灯片中的内容，应用该方式可快速为幻灯片添加内容，具体操作如下。

（1）添加标题幻灯片的副标题

在“大纲”窗格中的“企业宣传手册”文字后按【Enter】键插入一行，按【Tab】键缩进，即可降低大纲内容的级别，输入副标题内容即可，如下图所示。

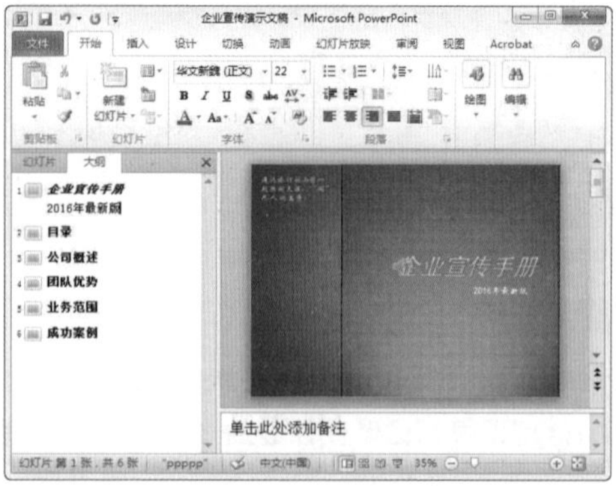

知识加油站

关于新建幻灯片的方法

在PowerPoint中，一个PowerPoint文件可称之为演示文稿，一个演示文稿由多个页面构成，每个页面被称为幻灯片。新建的文档中通常只有一个幻灯片，要新建幻灯片，可应用本例中的方式，即在“大纲”窗格中以输入标题的方式创建幻灯片，此外亦可使用“开始”选项卡中的“新建幻灯片”命令插入幻灯片，或按【Ctrl+M】快捷键新建幻灯片。

（2）添加目录中的内容

在“大纲”窗格中的“目录”文字后按【Enter】键插入一行，按【Tab】键降低内容的大纲级别，输入目录列表内容即可，如下图所示。

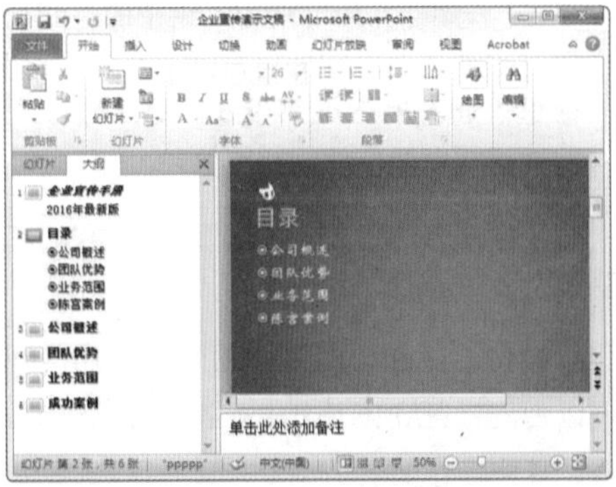

（3）输入公司概念的内容

在“大纲”窗格中的“公司概述”文字

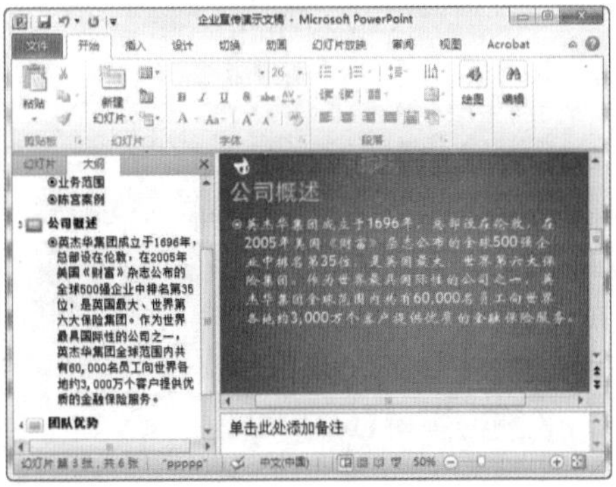

后按【Enter】键插入一行，按【Tab】键降低内容的大纲级别，输入公司概述内容即可，如上图所示。

（4）输入其他幻灯片内容

用与前面步骤相同的方式在“团队优势”和“业务范围”幻灯片中添加相应的内容，如下图所示。

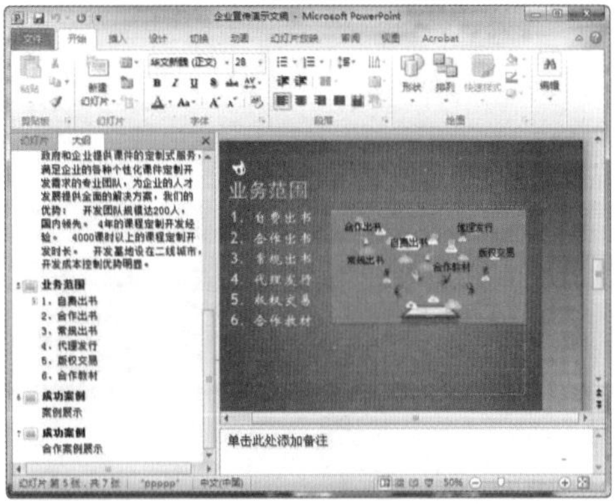

知识加油站

关于大纲级别的调整

在“大纲”窗格中通过调整文字内容的大纲级别可以更清晰地展示不同级别的文字信息，同时将内容自动添加到幻灯片相应的元素中。在对大纲内容进行编辑时，按【Tab】键可降低所选段落的级别，按【Shift+Tab】快捷键则可以提升段落的级别，也可以通过单击“开始”选项卡中的“降低列表级别”和“提高列表级别”按钮进行调整。

10.1.3 编辑与修饰“标题”幻灯片

在演示文稿中，通常将第一张幻灯片作为整个演示文稿的标题，在该页中仅有少量的标题文字，故常常需要对幻灯片中的文字添加各种修饰，并在该页中插入一些修饰元素。本例将对企业宣传演示文稿中的“标题”幻灯片进行如下编辑和修饰。

1. 设置文字格式

标题文字是“标题”幻灯片中的主要元素，故对标题文字设置字体格式及添加修饰，具体操作如下。

（1）设置标题文字字体及字号

①在“大纲”窗格中选择第 1 张幻灯片；

②选择幻灯片中的标题文字；

③在“开始”选项卡的“字体”组中设置字体为“黑体”、字号为 48，如下图所示。

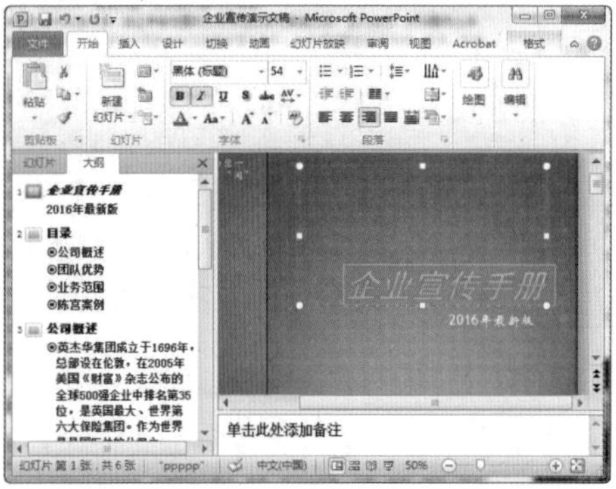

（2）设置标题字符间距

①单击“开始”选项卡中的“字符间距”按钮；

②在菜单中选择“很松”选项，增加标题文字的字符间距，如下图所示。

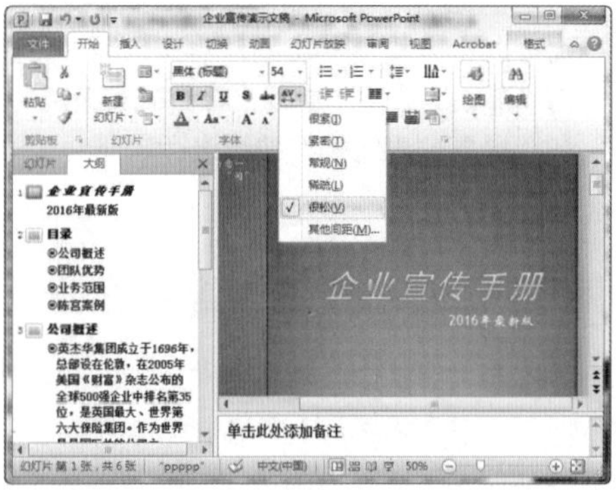

（3）为标题文字设置艺术字样式

①单击“绘图工具—格式”选项卡中的“快速样式”按钮；

②在菜单中选择要应用的艺术字效果，如下图所示。

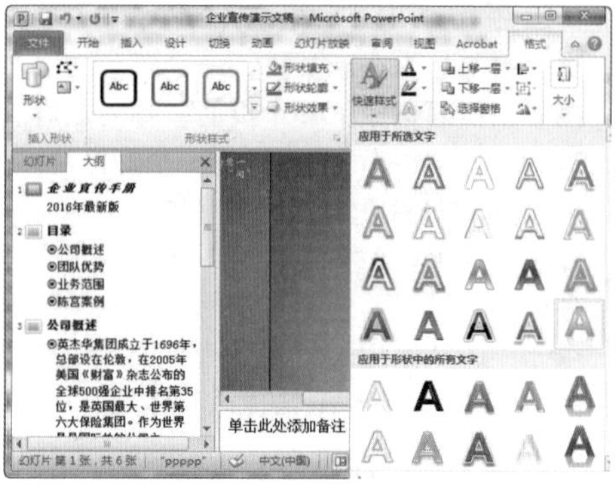

> **知识加油站**
>
> **通过“字体”对话框设置字体**
>
> 在 PowerPoint 中，除在“开始”选项卡中设置文字的字体格式外，也可通过“字体”对话框进行字体格式设置，单击“开始”选项卡“字体”组中的 “对话框启动器”按钮即可打开“字体”对话框，通过对话框可设置字体下划线、字体样式以及字符间距等效果。

2. 修饰副标题文字及占位符

为使“标题”幻灯片的效果更加美观，可以为副标题文字及其占位符添加适当的修饰，具体操作如下。

（1）调整副标题占位符高度

选择副标题占位符，拖动调整占位符高

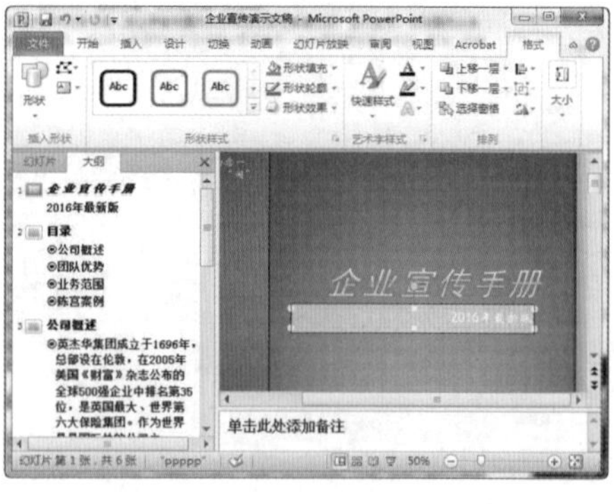

度，如上图所示。

（2）设置占位符填充效果

①单击“绘图工具—格式”选项卡中的“形状填充”按钮；

②选择“渐变”选项；

③单击“其他渐变”命令，如下图所示。

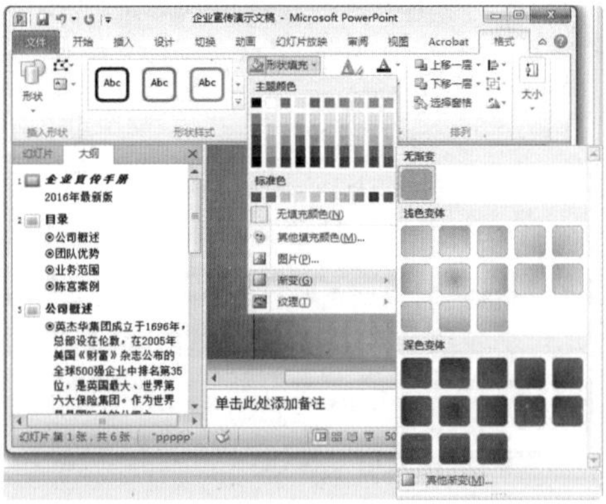

（3）设置渐变效果

在打开的对话框中设置填充效果为“渐变填充”，设置“类型”为“线性”，设置“角度”为0°，设置渐变颜色分别为“白色透明”“浅蓝”和“白色透明”，如下图所示。

（4）完成并查看幻灯片效果

单击“设置形状格式”对话框中的“关闭”按钮完成填充效果设置，幻灯片标题页的效果制作完成，如下图所示。

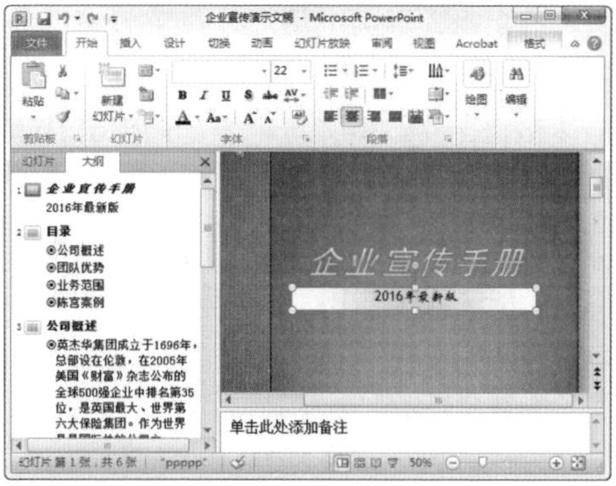

10.1.4 编辑与修饰“目录”幻灯片

用户通常需要在一个幻灯片中列举出该幻灯片中的主要内容，如本例中的第2页“目录”幻灯片，为使该幻灯片更加美观，需要为该幻灯片添加修饰。

1. 调整标题格式

首先对“目录”幻灯片中的标题格式进行调整，具体操作如下。

①在“幻灯片”窗格中选择第2张幻灯片；

②在幻灯片中选择标题占位符，拖动占位符至幻灯片右侧；

③设置字体为“黑体”、字号为36，并设置对齐方式为“右对齐”，如下图所示。

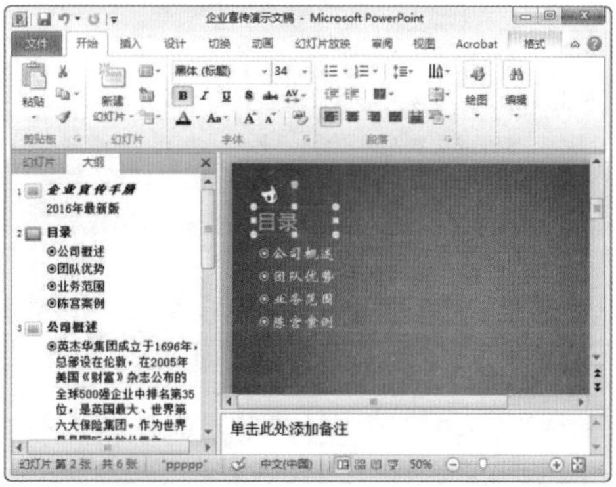

2. 调整内容列表格式

幻灯片内容部分的文字通常会自动使用项目符号格式，它取决于所应用的幻灯片主题或模板，本例中幻灯片目录内容部分不需要使用项目符号，且需要改变其位置、字体格式，并调整各行内容的间距，具体操作如下。

（1）设置内容位置及字体

①选择幻灯片中内容的占位符，调整占位符的位置；

②在“开始”选项卡“字体”组中设置字体为“黑体”、字号为24，如下图所示。

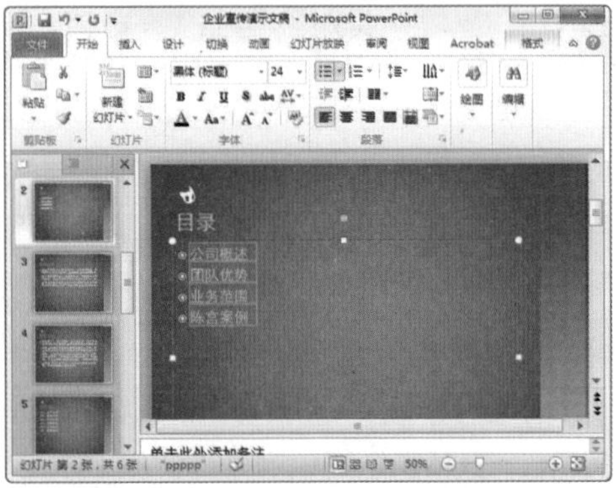

（2）取消项目符号

单击“开始”选项卡“段落”组中的“项目符号”按钮，取消内容段落中的项目符号，如下图所示。

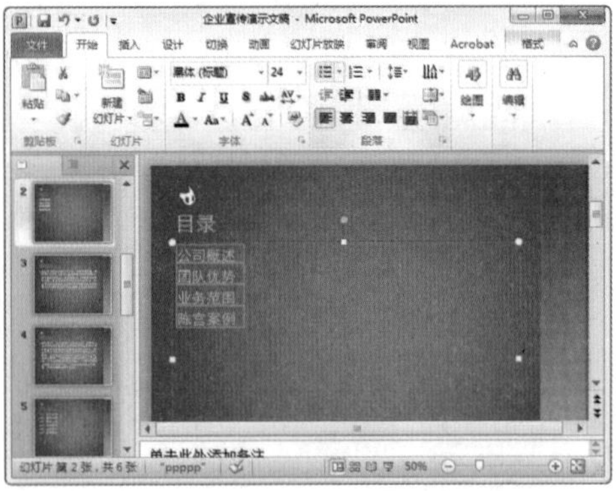

（3）执行“行距选项”命令

①单击“开始”选项卡中的“行距”按钮；

②在菜单中选择“行距选项”命令，如下图所示。

（4）设置行距

①在打开的“段落”对话框的“行距”下拉列表框中选择“固定值”选项，并在其后的“设置值”文本框中设置间距为“40磅”，如下图所示；

②单击“确定”按钮。

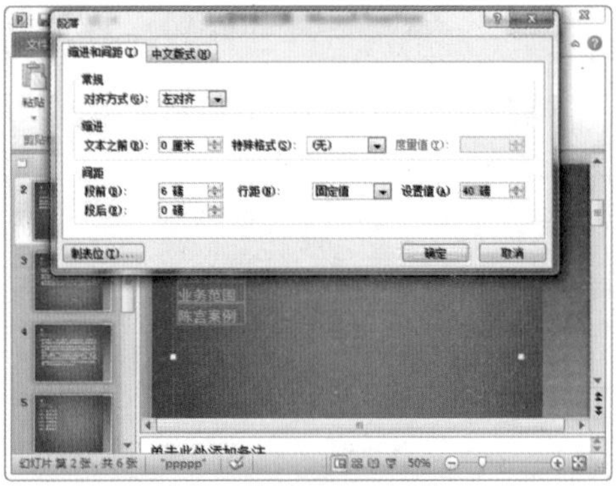

3. 插入图片

为丰富幻灯片页面内容，可以在幻灯片中插入图片进行修饰。本例“目录”幻灯片中需要插入3幅素材图片，具体操作如下。

（1）插入多幅图片

①单击“插入”选项卡中的“图片”按钮；

②在“插入图片”对话框中选择素材文件夹中的“图片1.jpg”“图片2.png”和“图片3.png”图片文件，如下图所示；

③单击“插入”按钮，将图片插入到幻

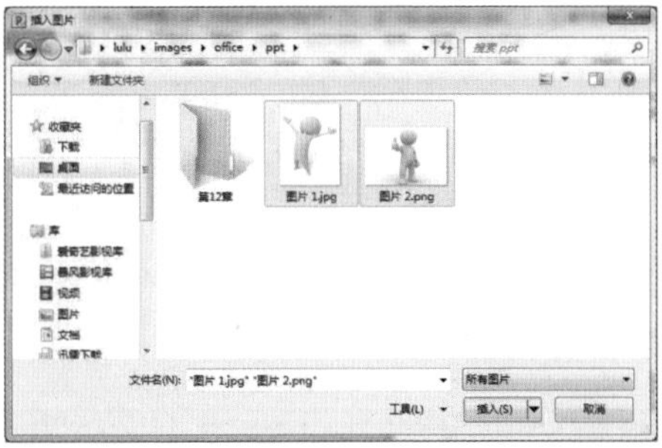

灯片中。

（2）调整图片次序

①选择并调整白色背景的大图片的位置；

②单击“图片工具—格式”选项卡中的“下移一层”下拉按钮；

③在菜单中选择“置于底层”命令，效果如下图所示。

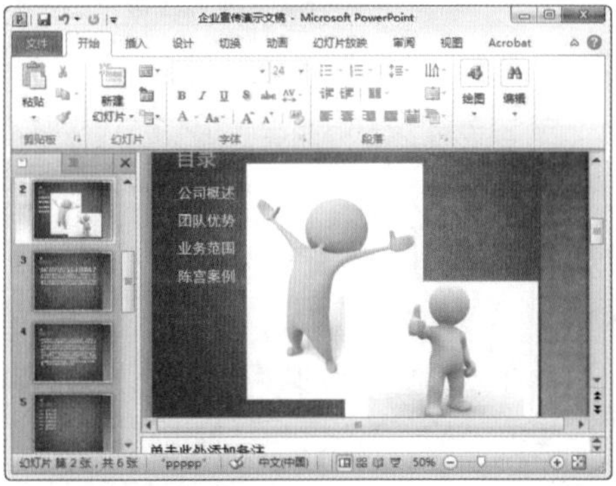

（3）调整编号图片

拖动数字编号内容的图片，将其移动至目录文字右侧的位置，如下图所示。

（4）调整人物造型图片

选择人物造型的图片，将其移动至目录列表内容左侧，如下图所示。

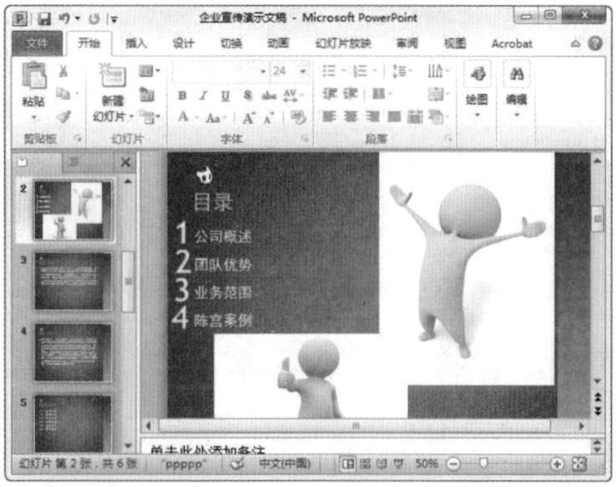

4. 绘制图形

在幻灯片中常常需要绘制一些图形以对幻灯片进行修饰，本例中在“目录”幻灯片标题和内容间添加一条直线进行分割和修饰，具体操作如下。

（1）选择直线形状

①单击“插入”选项卡中的“形状”按钮；

②在菜单中选择“直线图形”，如下图所示。

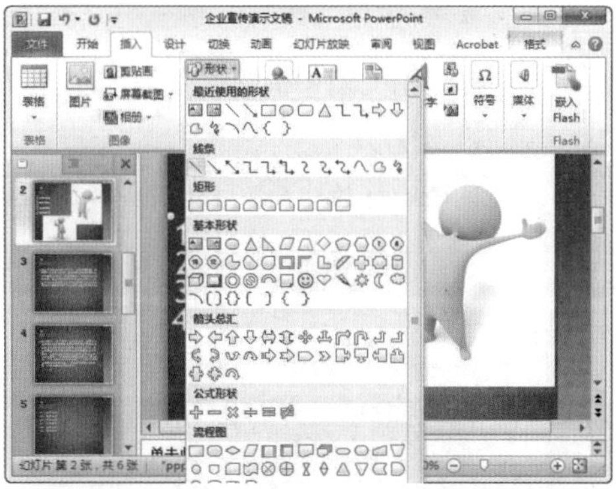

（2）绘制并设置线条样式

①在标题与内容之间绘制一条直线；

②在“绘图工具—格式”选项卡的“形状样式”组中选择一个线条样式，如下图所示。

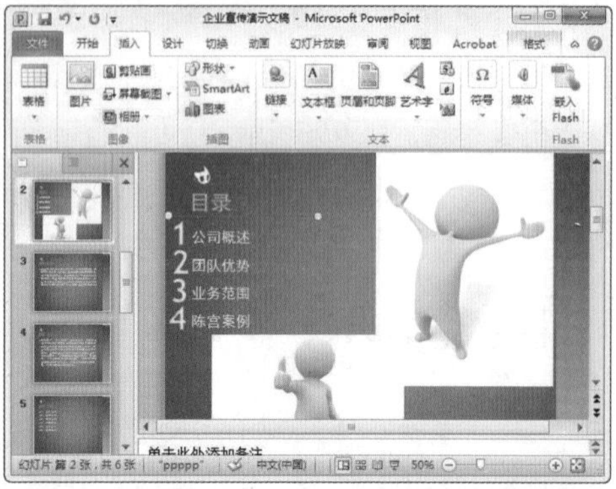

10.1.5 编辑与修饰“业务范围”幻灯片

在设计制作幻灯片时，常常直接将文字放置于幻灯片的占位符中，但有时需要使幻灯片内容排列更加个性，可应用文本框将幻灯片中的文字内容放置于其他位置。本例中通过文本框对“业务范围”幻灯片进行修饰，具体操作如下。

1. 调整占位符及字体格式

本例中对业务范围幻灯片进行修饰，首先需要调整该幻灯片内容的版式，即对标题占位符和内容占位符的位置和大小进行调整，具体操作如下。

（1）调整占位符

①选择演示文稿中的第5张幻灯片，即“业务范围”幻灯片；

②调整该幻灯片中标题和内容占位符的大小和位置，调整后的效果如上图所示。

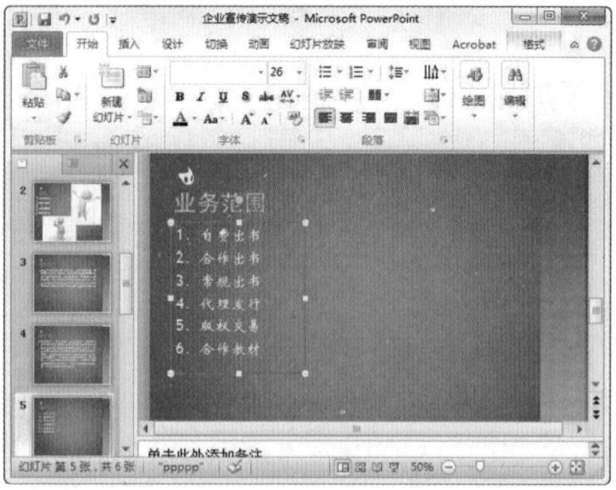

（2）设置标题文字格式

①选择幻灯片中的标题占位符；

②在“开始”选项卡中设置字体样式为“黑体”、字号为36，段落对齐方式为“左对齐”，如下图所示。

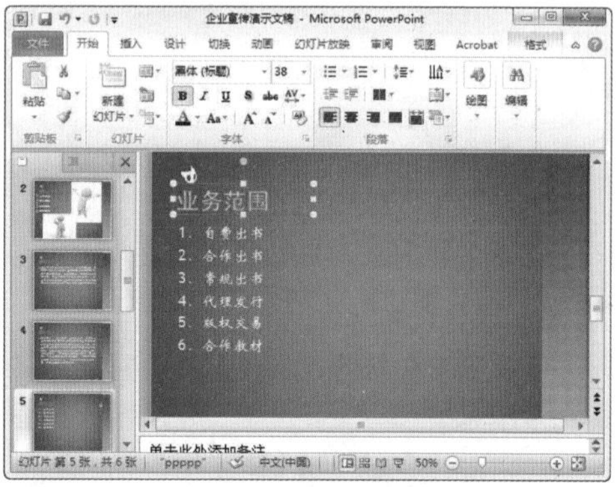

2. 插入图片及文本框

为更形象地在“业务范围”幻灯片中展示企业的业务范围，可添加素材图片和相应的文字内容，具体操作如下。

（1）插入素材图片

①单击“插入”选项卡中的“图片”按钮；

②在“插入图片”对话框中选择要插入的素材图片“图片9.png”，如下图所示；

③单击“插入”按钮。

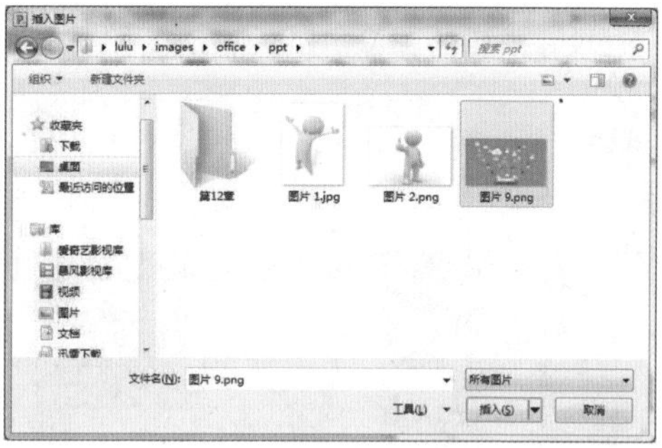

（2）调整图片大小和位置

插入图片后调整图片的大小和位置，如

下图所示。

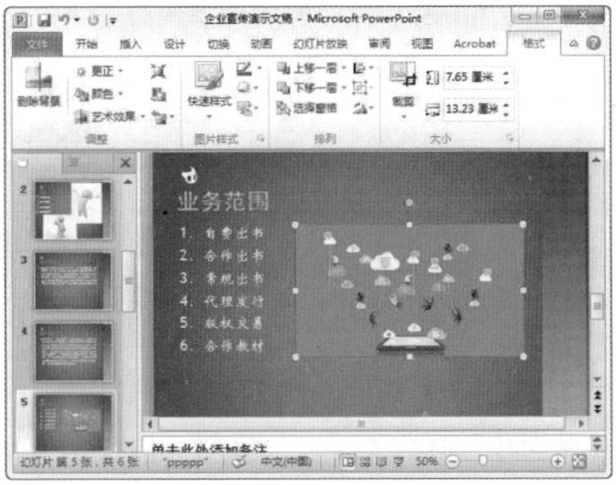

（3）插入文本框

①单击“插入”选项卡中的“文本框”下拉按钮；

②在菜单中选择“横排文本框”，如下图所示。

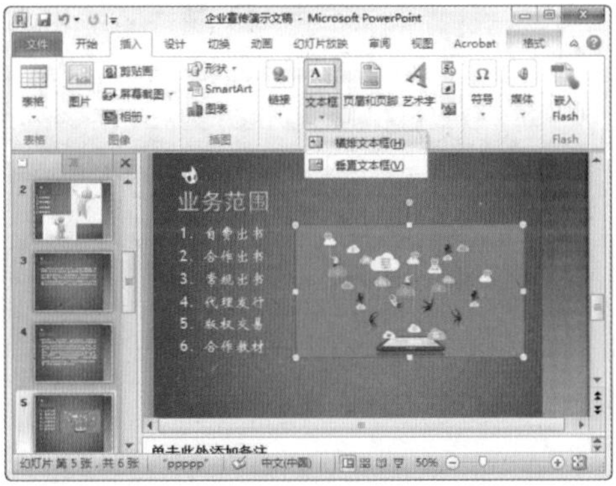

（4）绘制文本框并输入内容

在幻灯片中绘制一个文本框，并输入文

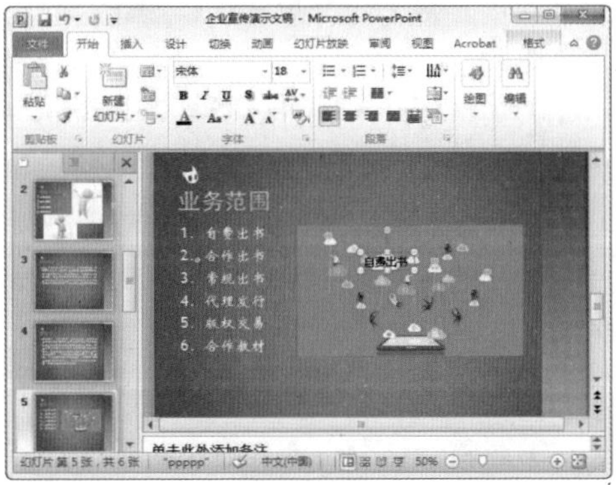

本“自费出书”，设置字号为14，设置效果如上图所示。

（5）插入其他文本框

在插入的素材图片上方绘制多个文本框，并添加相应的文字内容，最终效果如下图所示。

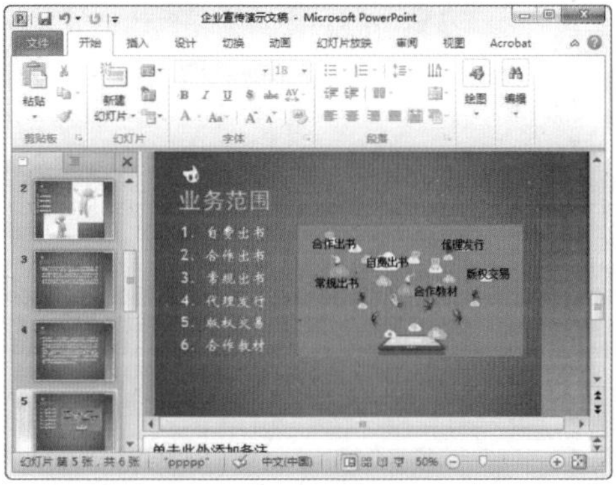

10.1.6 编辑与修饰其他幻灯片

在本例中，幻灯片“公司概述”“团队优势”和“成功案例”均需要进行编辑和修饰，具体操作如下。

1. 编辑与修饰“公司概述”幻灯片

在“公司概述”幻灯片中，除应用现有的文字外，还需要加入公司相关的图片，为方便文字和图片排列，可更改幻灯片的版式后插入图片，具体操作如下。

（1）更改幻灯片版式

①在“幻灯片”窗格中选择第3张幻灯片；

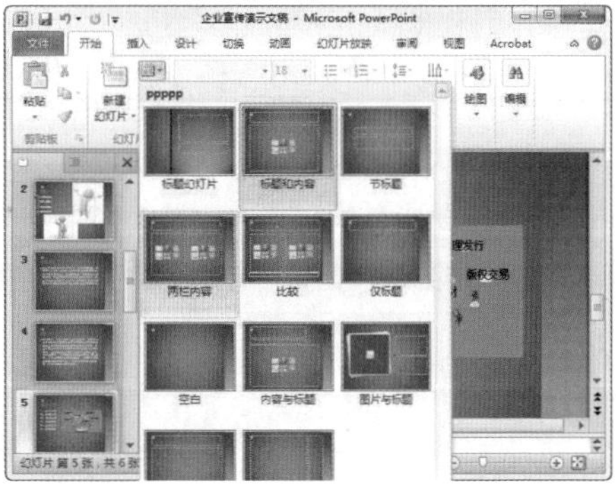

②单击“开始”选项卡中的“幻灯片版式”按钮；

③选择“两栏内容”版式，如上图所示。

(2) 在占位符中插入图片

单击幻灯片右侧占位符中的“插入来自文件的图片”按钮，如下图所示。

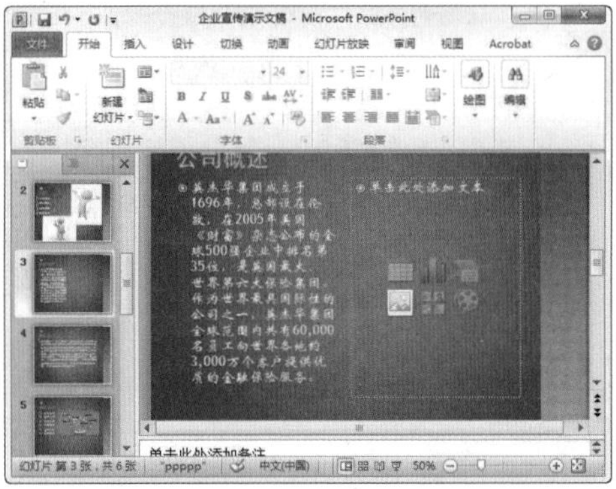

(3) 选择图片

①在打开的“插入图片”对话框中选择要插入的素材图片“照片.jpg”，如下图所示；

②单击“插入”按钮即可将图片插入到占位符中。

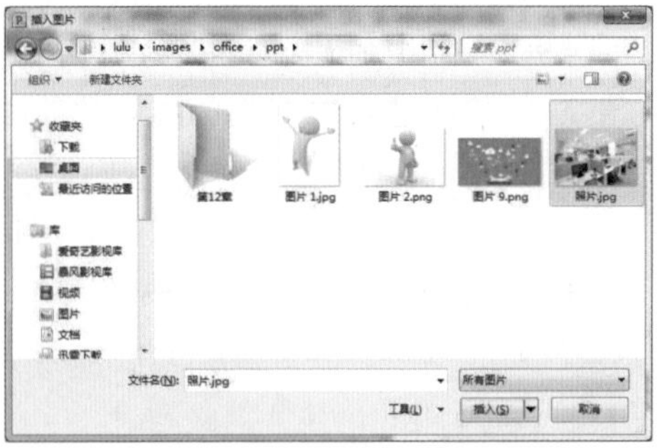

(4) 调整版式及字体

通过拖动调整幻灯片占位符和图片的大小及位置，并设置标题占位符中的文本字体为“黑体”、字号为36，如下图所示。

(5) 设置图片格式

①选择图片，通过拖动图片的旋转手柄

调整图片方向；

②单击“图片工具—格式”选项卡“快速样式”组中的图片样式，制作出如下图所示的效果。

2. 编辑与修饰“团队优势”幻灯片

在“团队优势”幻灯片中，除应用现有的标题及内容文字外，还需要加入相关的内容图片和修饰图片，并对整个幻灯片内容的位置及字体等格式进行调整，具体操作如下。

(1) 设置标题文字位置及字体

①选择第4张幻灯片；

②调整标题占位符的大小和位置；

③设置字体为“黑体”、字号为36，如下图所示。

(2) 设置内容文字位置及字体

①调整幻灯片中内容占位符的大小和

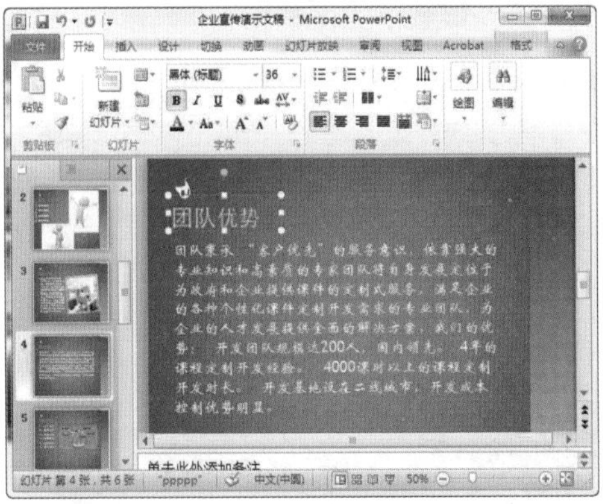

位置；

②选择内容文字后单击“开始”选项卡“段落”组中的“对话框启动器”按钮，如下图所示。

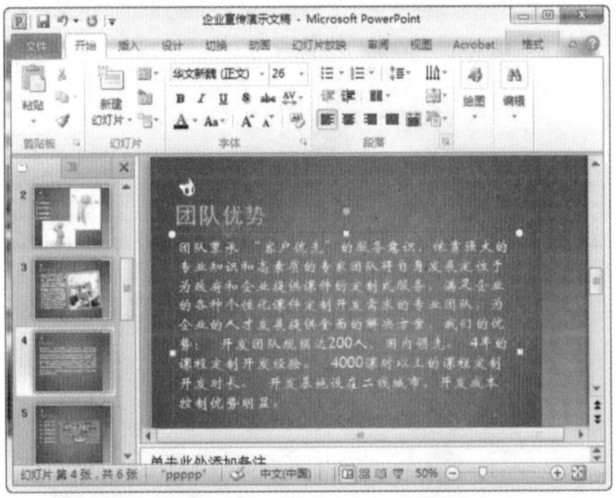

（3）设置段落格式

①在打开的“段落”对话框中设置“特殊格式”为“首行缩进”，“度量值”参数使用默认的值，即为缩进2个字符的位置；

②设置“行距”为“固定值”、“设置值”为“24磅”，如下图所示；

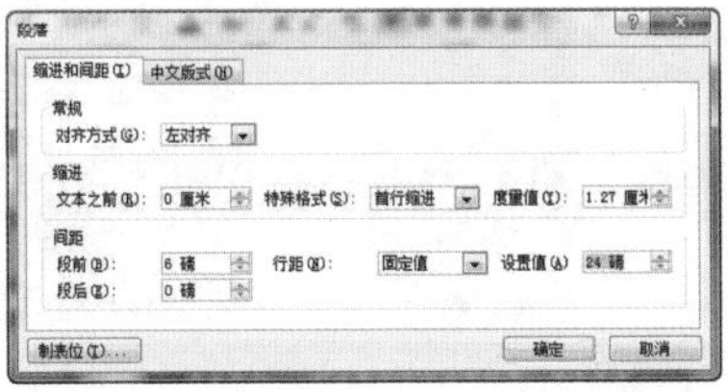

③单击“确定”按钮。

（4）插入素材图像

单击“插入”选项卡中的“插入来自文件的图片”按钮，将素材图像“图片7.png”和“图片8.png”插入到幻灯片，并调整图片的位置、大小等，达到如下图所示的效果。

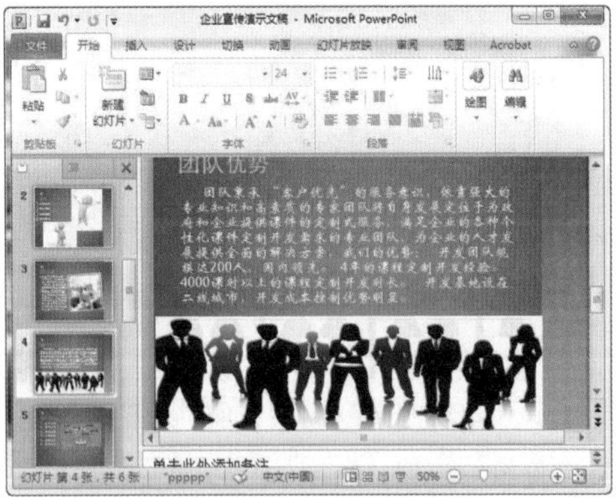

3. 编辑与修饰“成功案例”幻灯片

在“成功案例”幻灯片中，将以图片展示为主，故在改变幻灯片布局后插入图片，具体操作如下。

（1）更换幻灯片版式

①选择第6张幻灯片；

②单击“开始”选项卡中的“幻灯片版式”按钮；

③选择“图片与标题”版式，如下图所示。

Chapter 10

(2) 执行插入图片操作

①在文本内容占位符中输入文字内容；

②单击图片占位符中的“插入来自文件的图片”按钮，如下图所示。

(3) 插入图片并调整占位符

插入素材图片“网站案例 . png”后调整各占位符的位置，完成该幻灯片的制作，如下图所示。

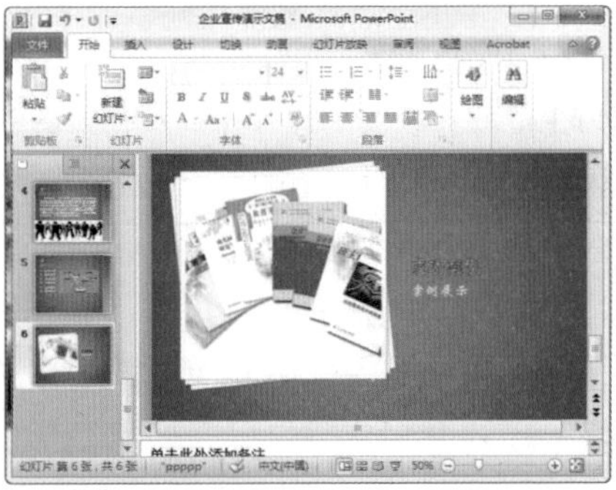

4. 复制并修改幻灯片

本例中“成功案例”幻灯片还需要一个相同版式的幻灯片，用于添加不同的图片及文字，可通过复制幻灯片的方式复制一个“成功案例”幻灯片，然后对幻灯片中的内容进行修改以制作出新幻灯片，具体操作如下。

(1) 复制幻灯片

①选择第 6 张幻灯片；

②单击“开始”选项卡中的“复制”下拉按钮；

③在菜单中选择第 2 个“复制”命令，直接复制一张幻灯片，如下图所示。

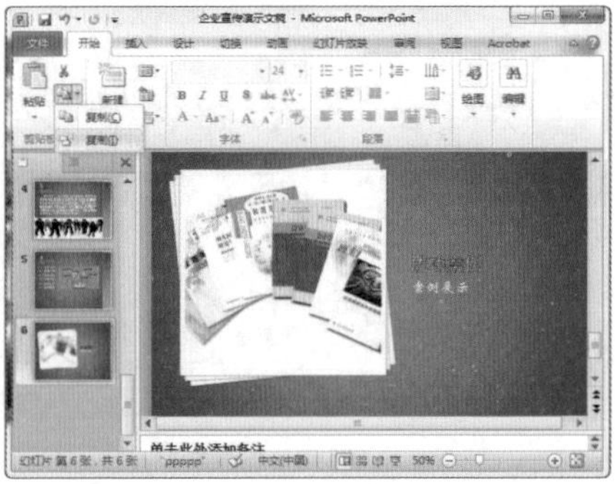

(2) 修改文字内容及图像

①在文本内容占位符中重新输入文字内容；

②选择图片；

③单击“图片工具—格式”选项卡中的“更改图片”按钮，如下图所示。

(3) 插入图片并调整布局

选择并插入素材图片“软件开发案

例 . png”，调整图片大小及位置，最终效果如上图所示，保存文件，完成本例制作。

知识加油站

关于幻灯片的编辑操作

在窗口左侧的“幻灯片”窗口中选择幻灯片后可对幻灯片进行各种编辑操作，如复制、粘贴、剪切、删除等。若要选择多个连续的幻灯片，可以按住【Shift】键单击选择；若要选择不连续的幻灯片，则可以按住【Ctrl】键单击选择；若要删除幻灯片，可选择幻灯片后按【Delete】键；若要剪切幻灯片，按【Ctrl+X】快捷键即可；若要粘贴幻灯片，则按【Ctrl+V】快捷键即可。

10.2 制作楼盘简介演示文稿

在日常工作中，企业常常需要为客户演示或讲解公司的产品，此时需要配有相关文字、图片、声音甚至视频等的演示文稿，以便更加形象生动地为客户介绍和讲解公司的产品。本节将以某楼盘简介的演示文稿为例，为读者介绍如何在 PowerPoint 2010 中制作产品展示的演示文稿。

10.2.1 设置并修改演示文稿主题

在设计和制作演示文稿时，首先确定演示文稿的主题，即对演示文稿中各幻灯片的布局、结构、主色调、字体及图形效果等进行设定。

1. 设置幻灯片主题

新建空白演示文稿后，可根据需要选择一种适合该演示文稿的主题样式，具体操作如下。

新建演示文稿，在“设计”选项卡“主题”列表中选择主题样式“华丽”，如下图所示。

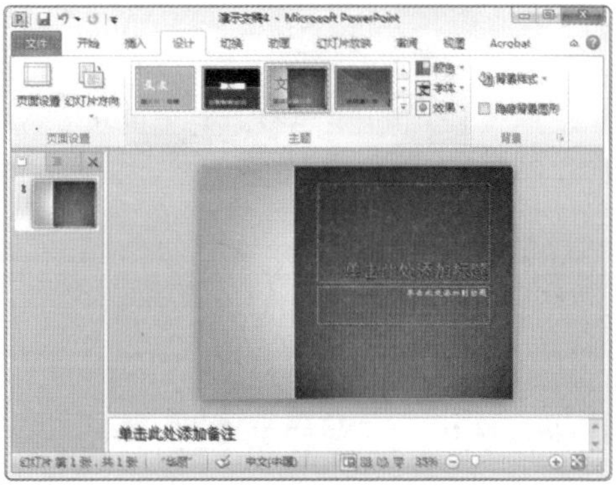

2. 修改幻灯片主题颜色

设置幻灯片应用主题样式后，用户需要根据幻灯片的内容设置主题中应用的颜色，若应用的主题颜色中有部分元素的颜色需要修改，则可选择某一主题颜色后在该主题颜色基础上新建主题颜色。本例中将应用一种主题颜色并对主题颜色进行修改，具体操作如下。

（1）选择主题颜色

①单击“设计”选项卡“主题”组中的“主题颜色”按钮；

②在菜单中选择主题颜色“都市”，如下图所示。

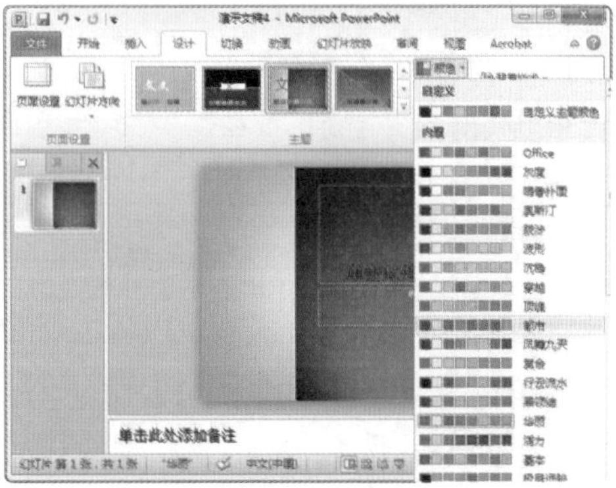

（2）新建主题颜色

①再次单击“设计”选项卡“主题”组中的“主题颜色”按钮；

②在菜单中选择“新建主题颜色”命令，

如下图所示。

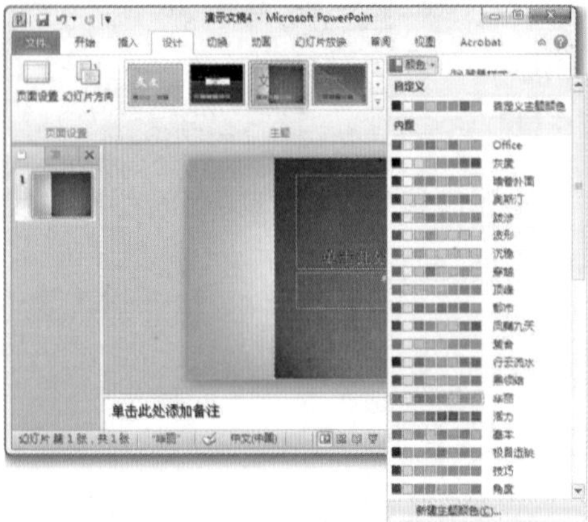

（3）更换主题颜色

①在打开的“新建主题颜色”对话框中设置“名称”为“我的主题颜色”；

②在“文字 / 背景—深色 2”颜色中选择“紫色”；

③单击“保存”按钮保存主题颜色设置，如下图所示。

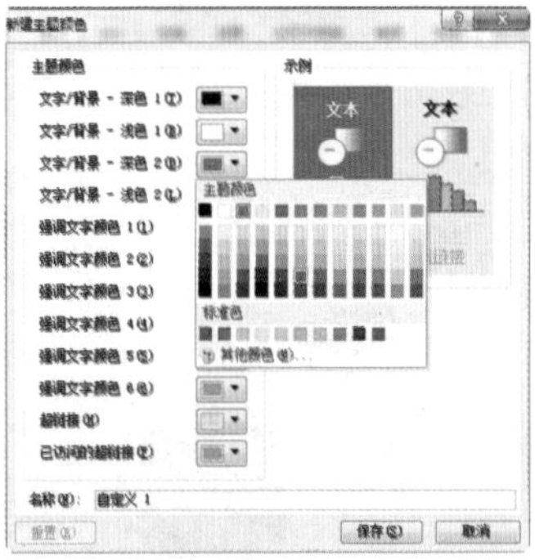

3. 修改幻灯片主题字体

幻灯片主题还包含了幻灯片标题文字和内容文字的字体格式，通过设置主题字体可更改幻灯片中各元素应用的字体。本例将修改幻灯片中的主题字体，具体操作如下。

（1）新建主题字体

①单击“设计”选项卡“主题”组中的“字体”按钮；

②在菜单中选择“新建主题字体”命令，如下图所示。

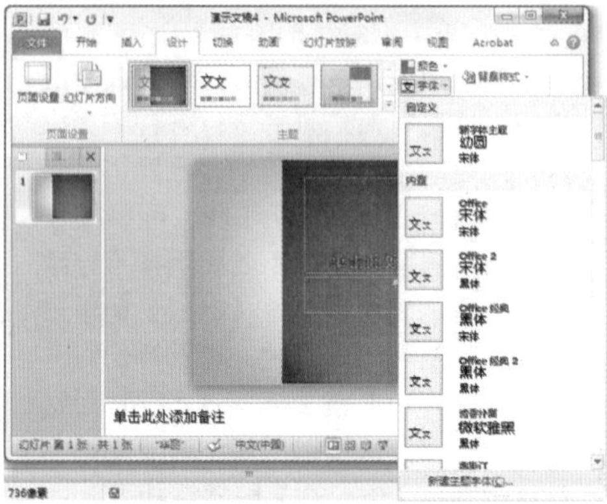

（2）设置主题字体

①在打开的“新建主题字体”对话框中设置“中文”组中的“标题字体”为“隶书”，设置“正文字体”为“楷体”，并设置主题样式的名称，如下图所示；

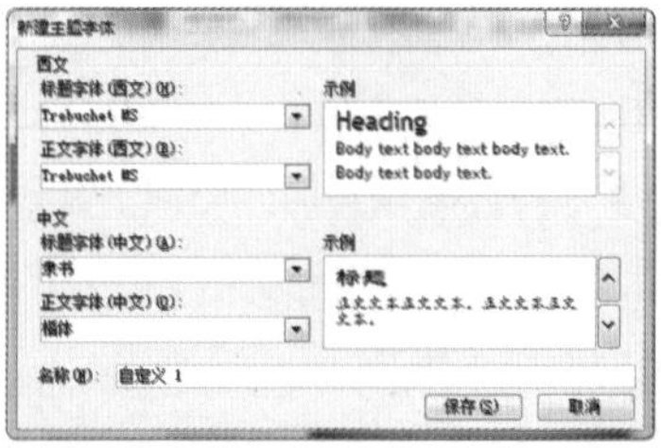

②单击“保存”按钮保存主题，新建出主题字体。

4. 修改幻灯片主题效果

幻灯片主题还包含了幻灯片中应用的各种效果，包括预置的形状样式、艺术字样式等。本例将修改当前主题中应用的自选主题效果，具体操作如下。

①单击“设计”选项卡中的“效果”按钮；

②在菜单中选择“穿越”效果样式，如下图所示。

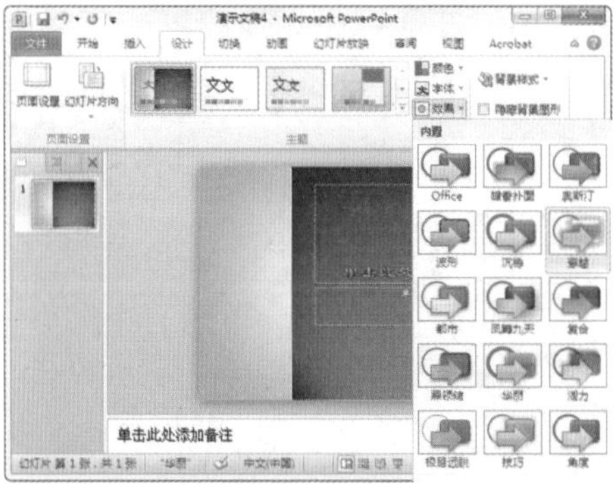

|知识加油站|

主题效果的应用

主题效果用于设置幻灯片中应用于图形上的图形样式和艺术字样式等，在幻灯片的图形上若应用了主题中的形状样式，则该形状样式会随主题效果的更改而变化。应用主题效果可快速设置幻灯片中的所有图形元素，并使其形成统一的风格。

10.2.2 制作主要内容幻灯片

设定好演示文稿中幻灯片应用的主题后，即可制作幻灯片，操作如下。

1. 制作“封面”幻灯片

首先制作出演示文稿中的“封面”幻灯片，具体操作如下。

在第 1 张幻灯片的标题占位符和副标题

占位符中输入相应的文字内容，如上图所示。

（1）制作“目录”幻灯片

制作好“封面”幻灯片后需要插入新幻灯片，用于显示和列举本演示文稿的主要内容，具体操作如下。

①单击“开始”选项卡中的“新建幻灯片”下拉按钮；

②选择“垂直排列标题与文本”幻灯片版式，如下图所示。

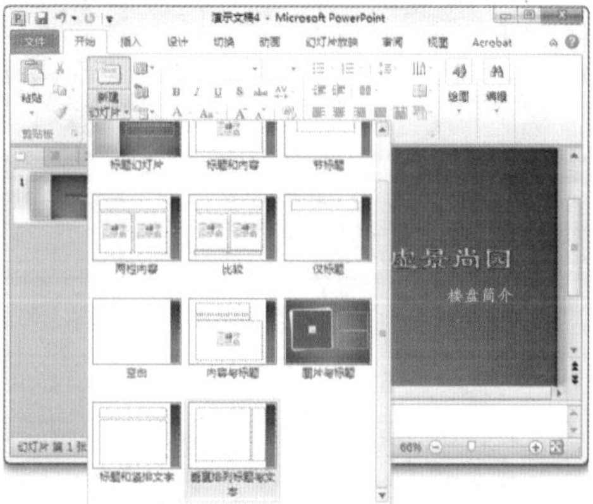

（2）输入幻灯片内容

在幻灯片标题占位符和内容占位符中输入如下图所示的文字内容。

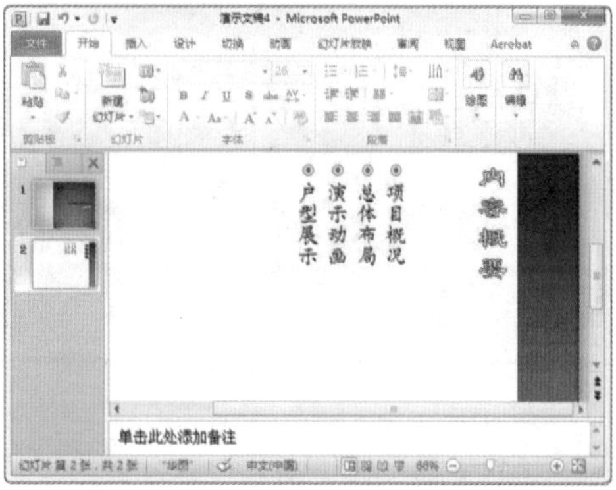

3. 制作“项目概况”幻灯片

新建第 3 张幻灯片，并添加项目概况相关的内容和图片，具体操作如下。

（1）插入新幻灯片

①单击“开始”选项卡中的“新建幻灯片”下拉按钮；

②选择“图片与标题”幻灯片版式，如下图所示。

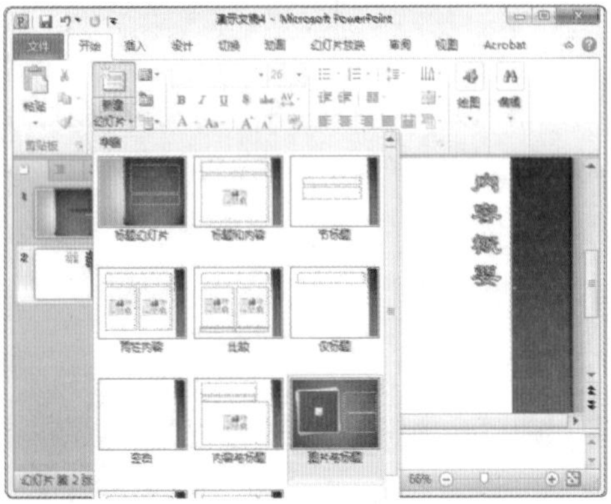

（2）输入幻灯片内容

①在幻灯片的标题占位符和内容占位符中输入如下图所示的文字内容；

②单击图片占位符中的“插入来自文件的图片”图标。

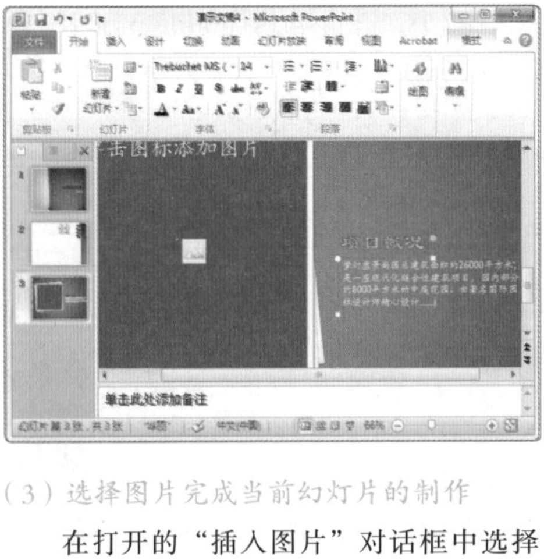

（3）选择图片完成当前幻灯片的制作

在打开的“插入图片”对话框中选择素材文件夹中的“图片 1. jpg”，将图片插入到图像占位符中，完成后效果如下图所示。

知识加油站

主题与幻灯片的关系

演示文稿采用了不同的主题后，新建幻灯片时用户可以使用的版式也可能有所不同，即主题设置中也包含了可用的幻灯片版式。若在制作好幻灯片后再次修改幻灯片的主题，主题中包含的幻灯片版式也会随之发生变化，从而会使已经应用相应版式的幻灯片的版式发生变化。用户可在本例中重新选择主题，查看应用不同主题时各幻灯片的版式发生的变化。

4. 制作“演示动画”幻灯片

在幻灯片中，为使幻灯片的内容更加丰富，除了在幻灯片内添加文字元素外，常常需要嵌入其他多媒体元素，如动画、视频、音频等。本例在制作“演示动画”幻灯片时，需要嵌入视频片段，具体操作如下。

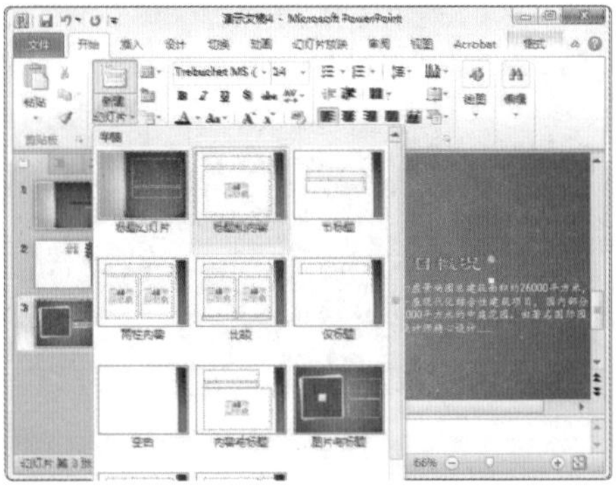

（1）插入新幻灯片

①单击“开始”选项卡中的“新建幻灯片”下拉按钮；

②选择“标题和内容”幻灯片版式，如上图所示。

（2）输入幻灯片内容

①在幻灯片的标题占位符中输入该幻灯片的标题文字内容；

②单击内容占位符中的“插入媒体剪辑”图标图片，如下图所示。

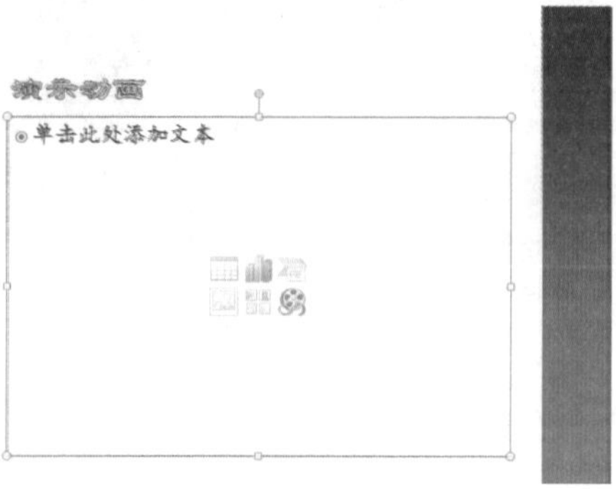

（3）选择视频文件

①在打开的“插入视频文件”对话框中选择素材中的“视频片段.avi”文件，如下图所示；

②单击“插入”按钮，即可将视频插入到幻灯片的内容占位符中。

（4）裁剪视频区域

①选择嵌入到幻灯片中的视频对象后，单击“视频工具—格式”选项卡中的“裁剪”按钮；

②拖动视频对象上方的裁剪控制点裁剪掉视频顶部的黑色部分，并按【Enter】键完成裁剪，如下图所示。

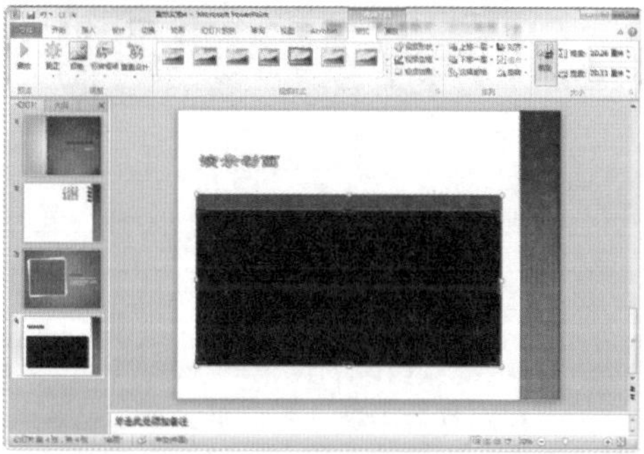

（5）添加视频样式

①单击“视频工具—格式”选项卡中的“视频样式”按钮；

②在列表中选择一种视频边框样式应用于插入的视频剪辑上，具体操作如下图所示。

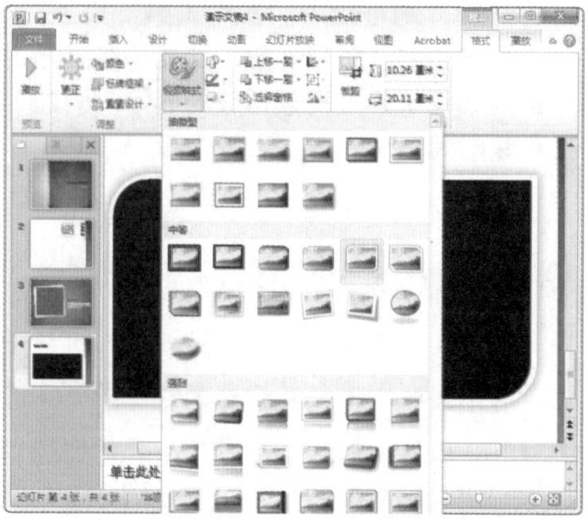

（6）设置视频自动播放

在放映幻灯片时，为使在播放到含有该视频的幻灯片时自动开始播放，可在“视频工具—播放”选项卡“视频选项”组中的“开始”下拉列表框中选择“自动”选项，如下图所示。

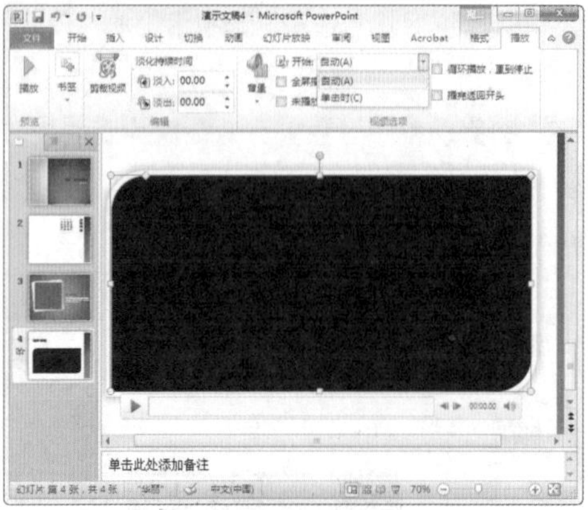

知识加油站

视频剪辑的编辑与修饰

在幻灯片中嵌入视频后，通过“视频工具—格式”选项卡中的选项，可以对嵌入的视频添加一些简单的效果和修饰。例如，应用“更正”选项，可以调整视频中画面的亮度和对比度，应用“颜色”选项，则可以对视频的整体色彩进行设置和调整；要查看视频播放的效果则可单击“播放”按钮；若要对视频进行剪辑，则可应用“视频工具－播放”选项卡中的“裁剪视频”功能，在打开的对话框中设置视频播放的起始时间和结束时间。

10.2.3 制作相册幻灯片

在制作幻灯片时，如果需要在幻灯片中连续展示多幅图像，并快速制作多幅图像的幻灯片，可以使用相册幻灯片。在制作出包含多幅图像的相册幻灯片后，使用“重用幻灯片”功能可以将相册幻灯片快速应用到当前幻灯片中，具体操作如下。

1. 保存幻灯片主题

为使制作的相册幻灯片与本例楼盘简介演示文稿中的风格统一，可将幻灯片上应用的主题保存为主题文件，便于用户在创建幻灯片时应用相同的主题样式，具体操作如下。

（1）执行“保存当前主题”命令

单击“设计”选项卡“主题”列表框中的“其他”按钮，在展开的列表中选择“保存当前主题”命令，如下图所示。

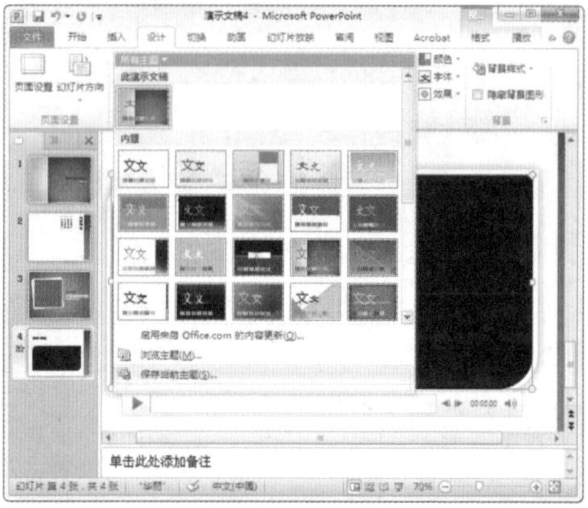

（2）保存主题文件

①在打开的“保存当前主题”对话框中选择保存路径并设置保存的主题文件名称，如“主题 1. thmx”，如下图所示；

②单击“保存”按钮保存文件即可。

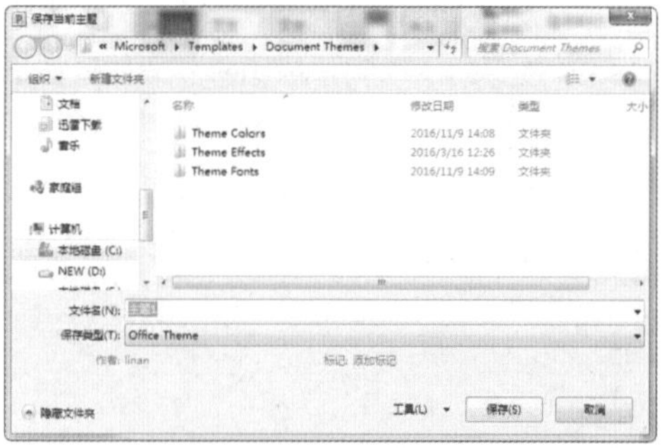

疑难解答

问：如何应用主题文件中的主题？

答：将自定义的主题保存为主题文件后，若需要在幻灯片中应用该主题，可以单击“设计”选项卡“主题”列表框中的“其他”按钮，在菜单中选择“浏

览主题”命令，在打开的对话框中选择需要使用的主题文件即可。

2. 插入相册

在 PowerPoint 2010 中可以应用“新建相册”命令快速创建浏览和展示多幅图像的幻灯片，具体操作如下。

（1）新建相册

单击“插入”选项卡中的“相册”按钮，即可开始创建相册，如下图所示。

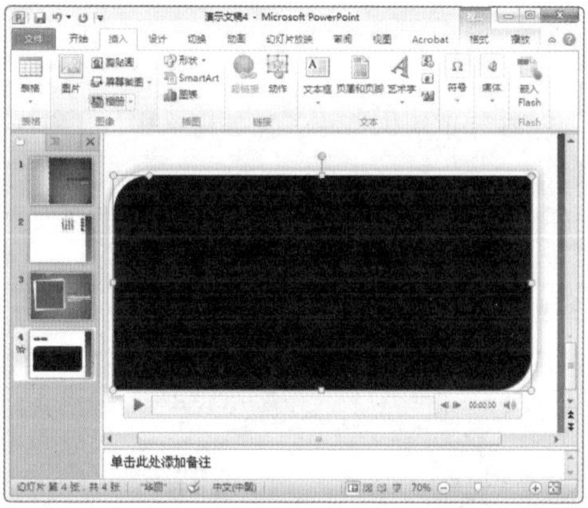

（2）选择相册中需要的图片

①在打开的“相册”对话框中单击“文件 / 磁盘”按钮；

②在打开的“插入新图片”对话框中选择要插入到相册中的图片，如下图所示；

③单击“插入”按钮。

（3）设置相册版式

①在“图片版式”下拉列表框中选择“1 张图片”选项，如下图所示；

②单击“主题”文本框右侧的“浏览”按钮。

（4）选择主题文件

①在打开的“选择主题”对话框中选择之前保存的主题文件“主题 1”；

②单击“选择”按钮，将该主题作为创建出的相册的主题，如下图所示。

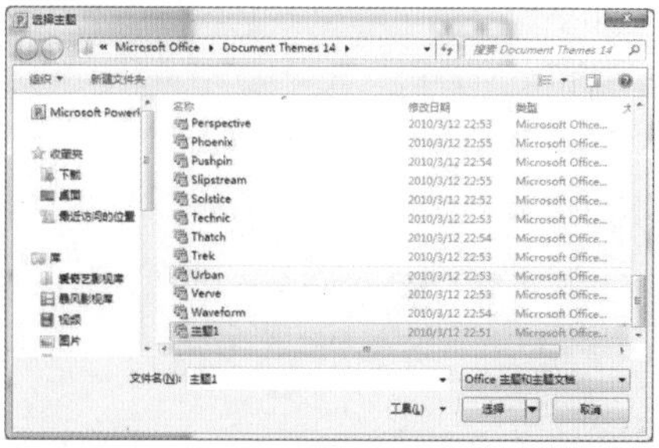

（5）完成相册的创建

单击“相册”对话框中的“创建”按钮

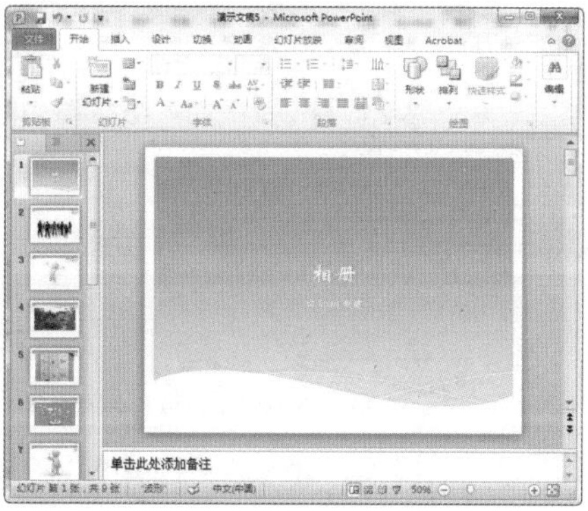

即可创建出由所选图片构成的新演示文稿，将文件保存并命名为“户型相册”，完成相册的创建，如上图所示。

知识加油站

关于相册幻灯片

通过“新建相册”创建出的幻灯片将作为一个独立的文件，并非直接插入到当前幻灯片中，且与普通的幻灯片相同，可以对创建出的幻灯片进行各种编辑和修改，从而使相册达到更好的效果。

3. 重用相册幻灯片

在“楼盘简介”演示文稿中需要应用“户型相册”演示文稿中的幻灯片，此时可以使用“重用相册”命令快速重用幻灯片，具体操作如下。

（1）执行“重用幻灯片”命令

①单击“插入”选项卡中的“新建幻灯片”下拉按钮；

②在菜单中选择“重用幻灯片”命令，如下图所示。

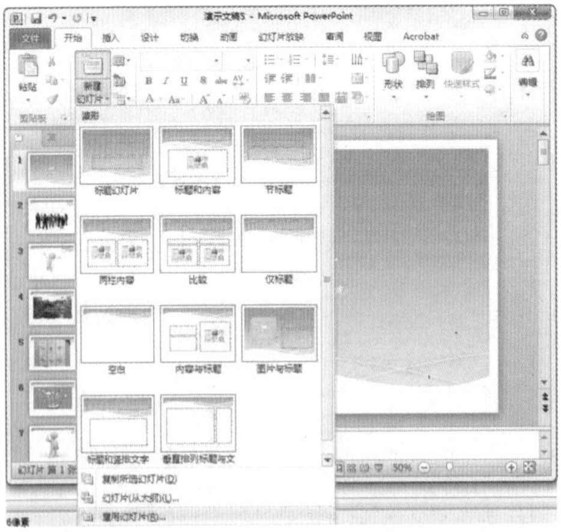

（2）打开相册文件

单击“重用幻灯片”任务窗格中的“打开 PowerPoint 文件”链接，如下图所示，打开前面创建的“户型相册”文件。

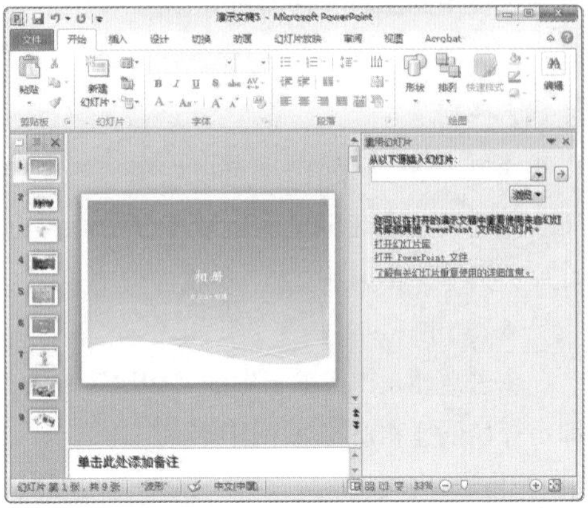

（3）插入幻灯片

在“重用幻灯片”任务窗格中依次单击要插入的幻灯片“幻灯片 2”～“幻灯片 5”，将其添加到当前幻灯片中，如下图所示。

10.2.4 修改幻灯片母版

在对演示文稿进行编辑和修饰时，有时常常需要同时对多个相同版式的幻灯片进行修改，此时，可以修改幻灯片母版。在 PowerPoint 2010 中，母版是一组用于设定不同版式的幻灯片外观效果的特殊幻灯片，其中存储了演示文稿中的主题和幻灯片版式，包括背景、颜色、字体、效果、占位符大小和位置等信息。通常，一个幻灯片主题样式中包含一组不同的幻灯片母版，在母版视图中可以对目前幻灯片中应用的母版进行修改。本例将通过对“楼盘简介”演示文稿中的母版进行修改和编辑，为读者介绍母版的应用，具体操作如下。

1. 修改标题母版

在幻灯片母版中可针对不同版式的幻灯片设计制作不同的排版和修饰效果，要查看和修改幻灯片母版，需要切换至母版视图。本例将对幻灯片中应用标题版式的幻灯片母版进行修改，具体操作如下。

（1）切换至母版视图

单击“视图”选项卡中的“幻灯片母版”按钮即可切换至母版视图，如下图所示。

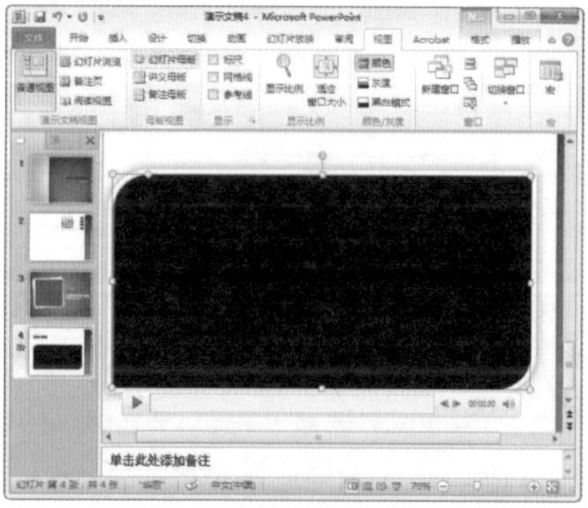

（2）在标题母版中插入图片

①在左侧栏中单击选择“标题幻灯片”母版；

②在右侧母版中插入素材图片“图片6. png”，如上图所示。

（3）关闭母版视图

单击“幻灯片母版”选项卡中的“关闭母版视图”按钮退出母版视图，如下图所示。

（4）查看标题幻灯片

在演示文稿中凡是应用了标题版式的幻灯片，包括新建的标题版式幻灯片，都将应用修改后的标题母版的格式，如下图所示。

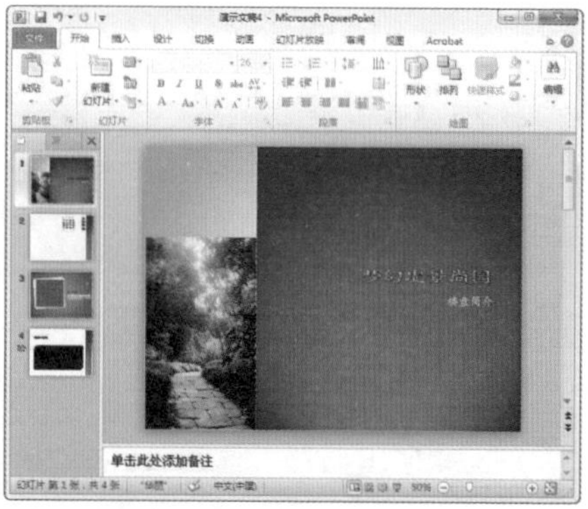

知识加油站

母版的修改及应用提示

在演示文稿中，不同版式的幻灯片可以使用一个不同的幻灯片母版。例如，本例所应用的主题中，大部分版式使用了不同的母版效果，故在新建幻灯片时，选择不同的幻灯片版式，则会应用不同的修饰效果。在母版视图中对幻灯片模板进行编辑修改时，若要在应用该母版的各幻灯片中添加一些相同的文字内容，应使用文本框或艺术字之类的元素进行添加，在占位符中添加的文字内容不会对幻灯片中的内容产生影响，但其字体格式等修饰效果将应用于使用该母版的幻灯片中。

2. 新建幻灯片版式

在演示文稿中若要使用一种新的版式，可以在幻灯片母版中新建版式，并设置该版式的修饰效果。例如，本例中将创建专门用于图片展示的幻灯片版式，具体操作如下。

（1）切换至母版视图

单击“视图”选项卡中的“幻灯片母版”按钮即可切换至母版视图，如下图所示。

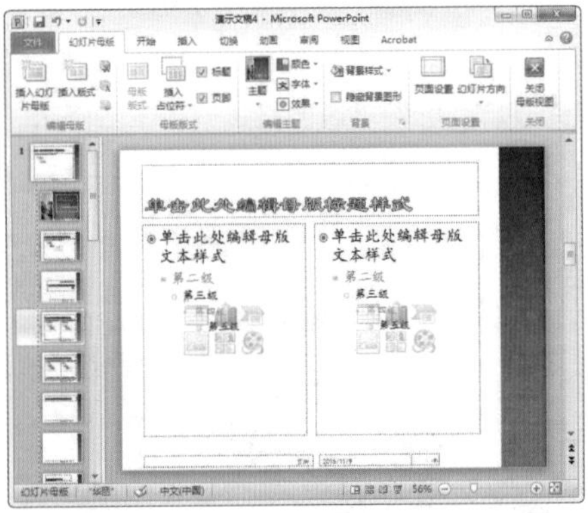

（2）插入版式

单击“幻灯片母版”选项卡中的“插入版式”按钮即可在幻灯片母版中插入一个新版式，如上图所示。

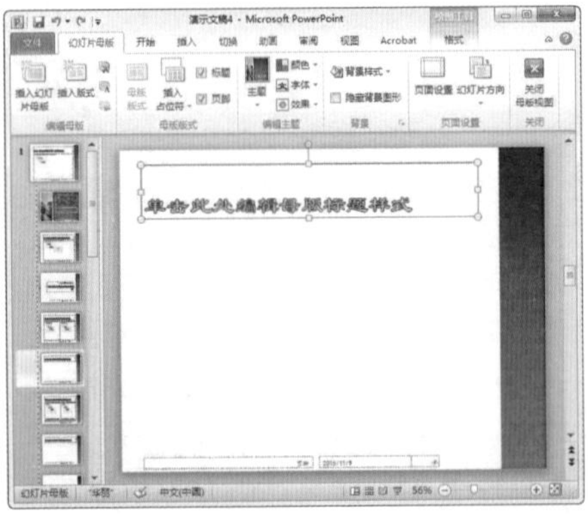

（3）调整占位符

①单击取消“幻灯片母版”选项卡“母版版式”组中的“页脚”选项；

②将页面中的标题占位符移动到页面底部，并调整其大小，如下图所示。

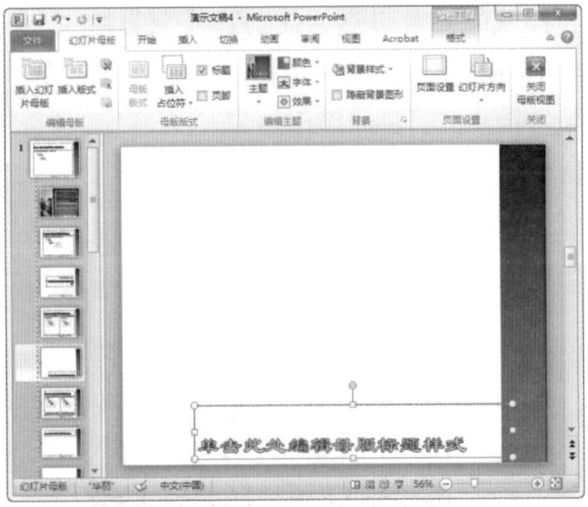

（4）设置标题占位符格式

在“开始”选项卡的“字体”和“段落”组中设置标题占位符中内容的字体为“宋体”、字号为20、不加粗、段落对齐方式为“水平居中对齐”，如下图所示。

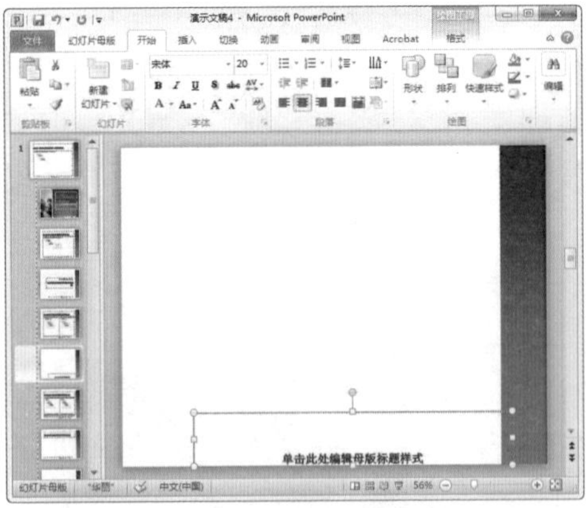

（5）调整占位符垂直对齐方式

①单击“开始”选项卡“段落”组中的“文本对齐”按钮；

②在菜单中选择“中部对齐”命令，如下图所示。

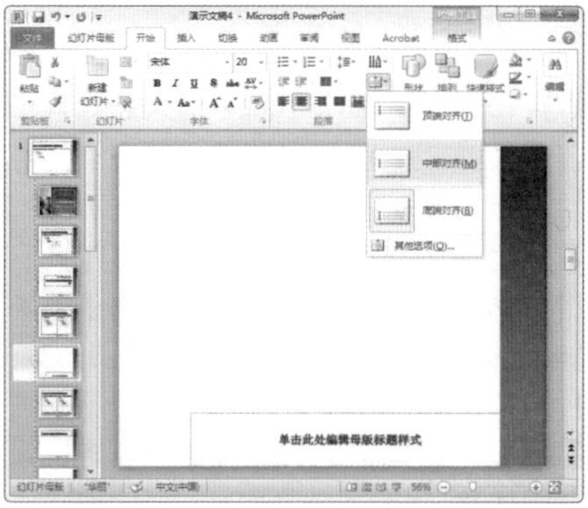

（6）隐藏背景图形

在“幻灯片母版”选项卡的“背景”组中单击选择“隐藏背景图形”选项，如下图所示。

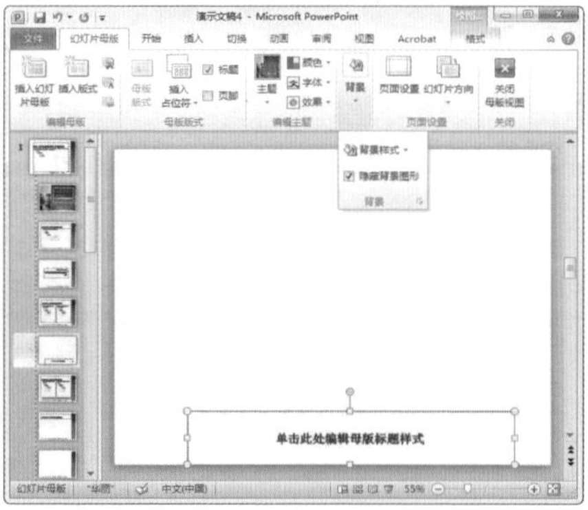

（7）设置背景样式

①单击“幻灯片母版”选项卡“背景”组中的“背景样式”按钮；

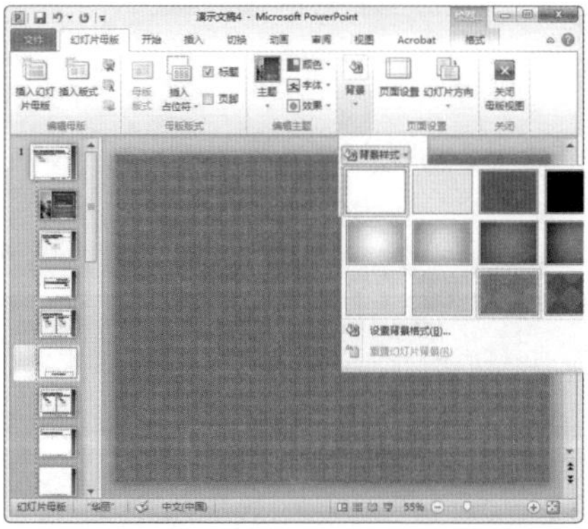

②在菜单中选择背景样式“样式 11”，如上图所示。

（8）绘制修饰图形

①在页面中部绘制一个圆角矩形，并调整矩形的圆角度；

②在“格式”选项卡的“形状样式”列表中选择如下图所示的形状样式，完成后退出母版视图。

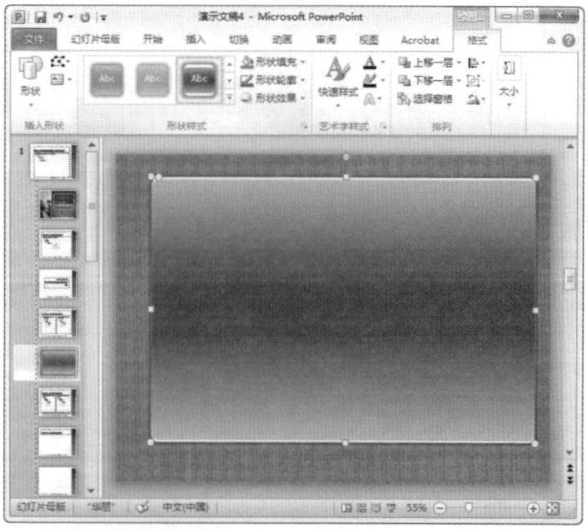

3. 应用自定义版式

在母版中创建了新的幻灯片版式后，要在指定的幻灯片中应用，只需要选择相应的幻灯片后更改其版式即可。要新建应用该版式的幻灯片，则在新建幻灯片时选择该自定义版式即可。例如，本例中将为所有户型展示的幻灯片应用自定义版式，具体操作如下。

（1）应用自定义版式

①选择要应用自定义版式的幻灯片；

②单击“开始”选项卡中的“幻灯片版式”按钮；

③在菜单中选择“自定义版式”即可，如下图所示。

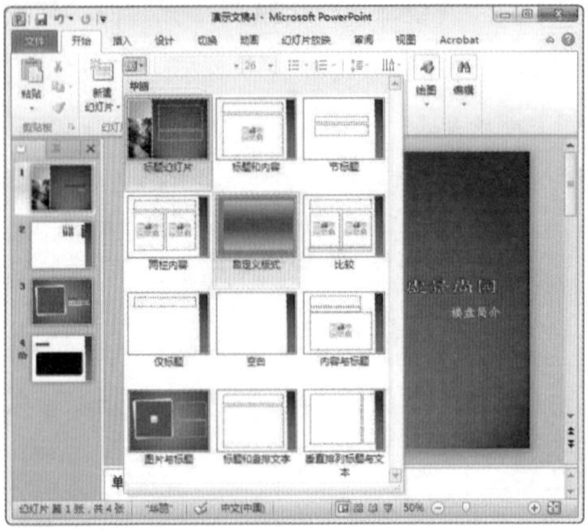

（2）添加各幻灯片标题文字

在更改版式后的各幻灯片中的标题占位符中输入标题文字，完成本例制作，如下图所示。

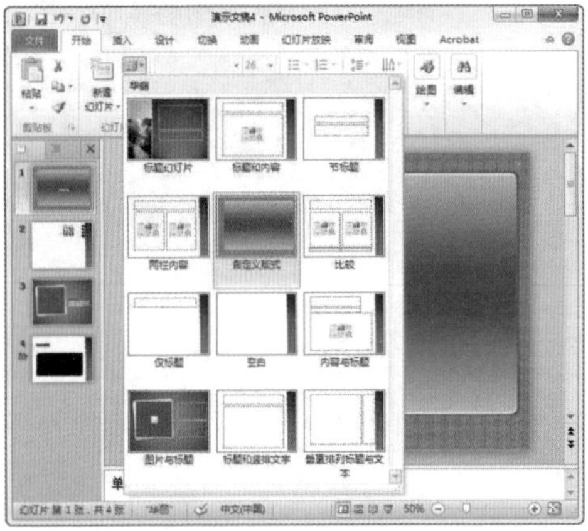

疑难解答

问：如何新建幻灯片母版？

答：在幻灯片母版视图下，单击“幻灯片母版”选项卡中的“插入幻灯片母版”按钮可新建幻灯片母版。一个幻灯片母版包含一组不同版式的特殊幻灯片，在一个演示文稿中，部分幻灯片需要应用截然不同的修饰效果，且应用了多种常规的幻灯片版式，此时可以新建幻灯片母版，针对新幻灯片母版应用新的主题或自行对母版中各版式的页面进行设计或调整。

Chapter 11

PPT幻灯片的动画制作与放映

本章导读

在应用幻灯片对企业进行宣传、对产品进行展示以及在各类会议或演讲过程中进行演示时，为使幻灯片内容更有吸引力，使幻灯片中的内容和效果更加丰富，常常需要在幻灯片中添加各类动画效果。本章将为读者介绍幻灯片动画的制作以及放映时的设置与技巧。

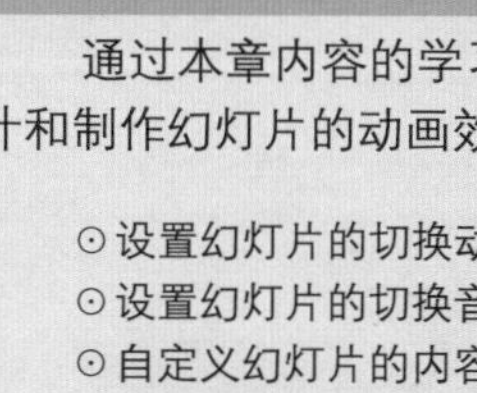

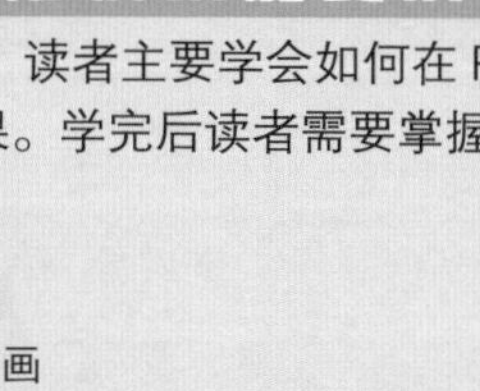

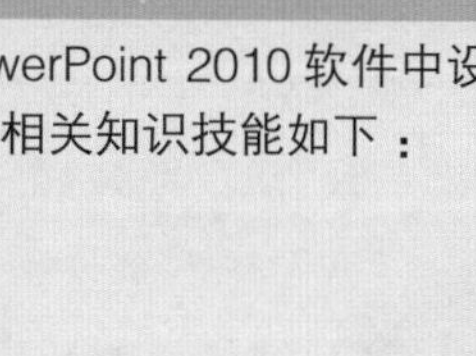

知识技能要求

通过本章内容的学习，读者主要学会如何在 PowerPoint 2010 软件中设计和制作幻灯片的动画效果。学完后读者需要掌握的相关知识技能如下：

⊙设置幻灯片的切换动画
⊙设置幻灯片的切换音效
⊙自定义幻灯片的内容动画
⊙设置内容动画的音效
⊙为幻灯片内容添加交互动画
⊙放映幻灯片

11.1 制作年终总结会幻灯片

开展各种会议时，企业常常需要应用幻灯片对会议的主题内容进行展示或演示，为使幻灯片更具吸引力，通常需要在幻灯片中加入各类动画效果。本例将以年终总结会的幻灯片为例，为读者介绍如何在幻灯片中添加各类动画效果的方法以及放映的技巧。

11.1.1 设置各幻灯片的切换动画及声音

在演示文稿中对幻灯片添加动画时，可为各幻灯片添加切换动画效果及音效，该类动画为各幻灯片整体的切换动画。本例将为整个演示文稿中所有幻灯片应用相同的幻灯片切换动画及音效，然后为个别幻灯片应用不同的切换动画。

1. 设置所有幻灯片的切换动画及声音

打开素材文件“年终总结会议 . pptx”，该幻灯片中没有添加任何动画效果，为使幻灯片切换时有风格统一的切换动画，可为所有幻灯片应用上相同的切换动画及音效，具体操作如下。

（1）设置切换动画及音效

①在“切换”选项卡的“切换方案”列表中选择要应用的幻灯片切换效果，如“立方体”；

②在“声音”下拉列表框中选择要应用的音效，如“推动”；

③单击“全部应用”按钮即可将所选择的幻灯片切换效果及音效应用于所有的幻灯片上，如上图所示。

（2）预览切换动画效果

单击“预览”按钮即可在当前文档窗口中查看到幻灯片切换的动画效果，如下图所示。

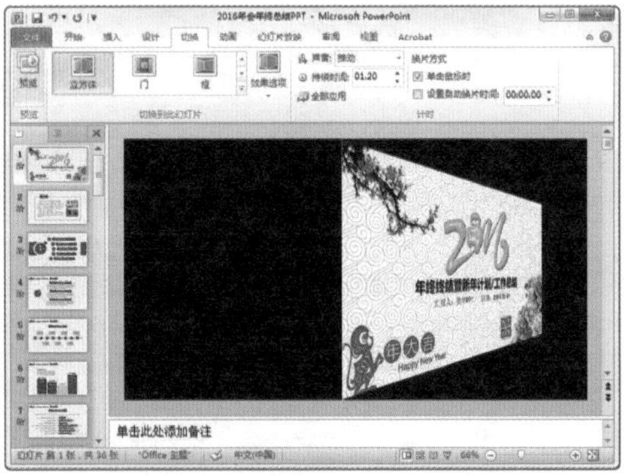

2. 设置标题幻灯片的切换动画及声音

本例中设置幻灯片切换动画效果为“立方体”，因为在标题幻灯片前没有其他幻灯片，所以无法看到立方体动画效果，为使效果更加完善，本例将为标题幻灯片重新应用一种切换动画，具体操作如下。

①选择第 1 张幻灯片；

②在“切换”选项卡的“切换方案”列表中选择要应用的幻灯片切换效果，如“蜂巢”；

③在“声音”下拉列表框中选择要应用

的音效，如“鼓掌”，如上图所示。

3. 修改个别幻灯片的切换动画效果

在演示文稿中，除首页外各幻灯片都应用了相同的动画效果，为使动画效果更加丰富，同时保持动画风格统一，可为不同的幻灯片设置不同的效果选项，具体操作如下。

（1）修改第 3 张幻灯片的切换效果

①选择第 3 张幻灯片；

②单击“切换”选项卡中的“效果选项”按钮；

③选择要应用的切换效果选项，如“自底部”，如下图所示。

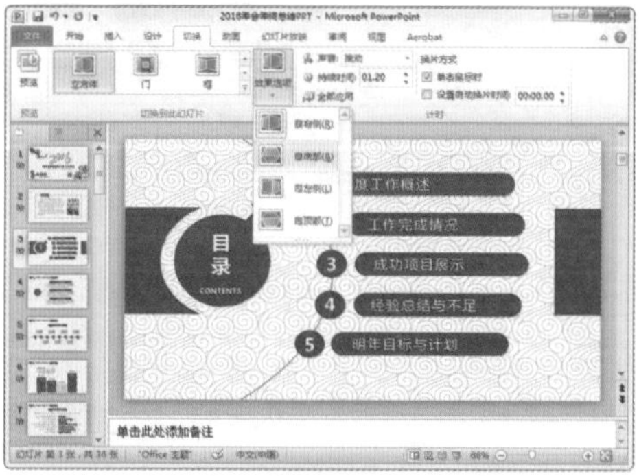

（2）修改第 4 张幻灯片的切换效果

①选择第 4 张幻灯片；

②单击“切换”选项卡中的“效果选项”按钮；

③选择要应用的切换效果选项，如“自左侧”，如下图所示。

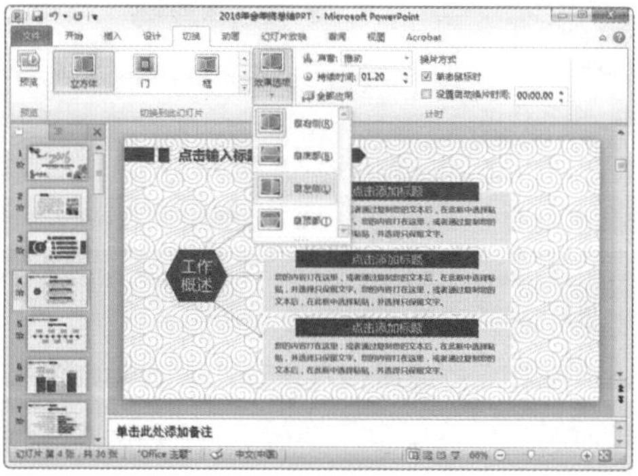

（3）修改第 5 张幻灯片的切换效果

①选择第 5 张幻灯片；

②单击“切换”选项卡中的“效果选项”按钮；

③选择要应用的切换效果选项，如“自顶部”，如下图所示。

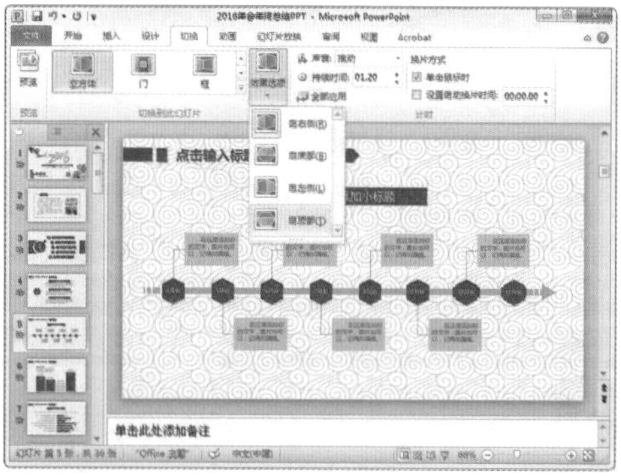

（4）浏览完整的动画效果

设置完各幻灯片的切换动画效果后，要查看各幻灯片播放时连续切换的完整效果，可按【F5】键直接放映幻灯片，效果如下图所示。

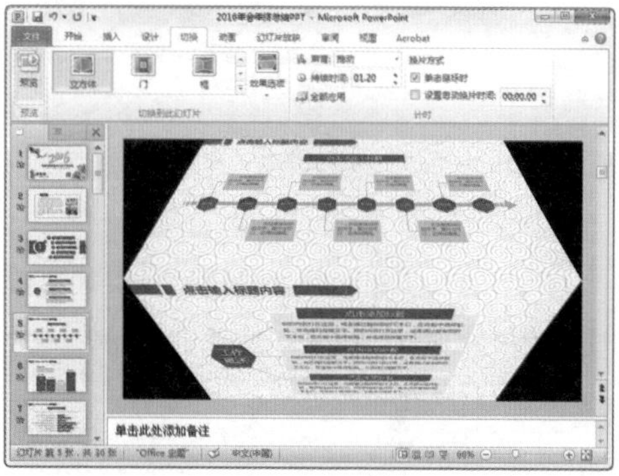

11.1.2 设置幻灯片的内容动画

在制作幻灯片时，除了设置幻灯片切换的动画效果外，常常需要为幻灯片中的内容添加不同的动画效果，如内容显示出来的动画、对内容进行强调的动画、内容逐渐消失的动画以及一些特殊的动画效果。本例将在各幻灯片中应用丰富的动画效果。

1. 制作“目录”幻灯片的动画

目录类型的幻灯片主要用于在开篇对幻灯片的整体内容进行简介，常常以项目列表的方式列出，为强调该内容，可应用动画使各项目逐个显示出来。本例目录中的各条项目由多个图形组合而成，为使各项目在动画中作为一个整体，需要先将其进行组合，然后再添加动画，具体操作如下。

（1）组合构成第一条项目的图形

①通过框选或按住【Shift】键单击选择，将目录中构成第一条项目的图形全部选中；

②单击“格式”选项卡“组合”按钮菜单中的“组合”命令将图形组合，如下图所示。

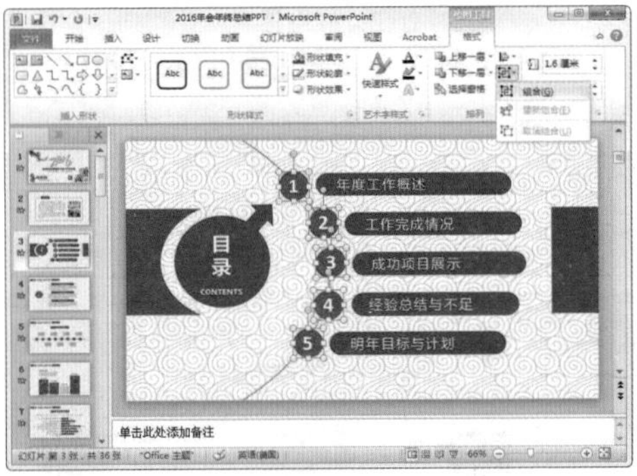

（2）组合其他项目中的图形

用与前一步相同的方式将目录中其他项目的图形分别进行组合，使各条项目为一个独立的整体图形，并选择所有组合后的项目，如上图所示。

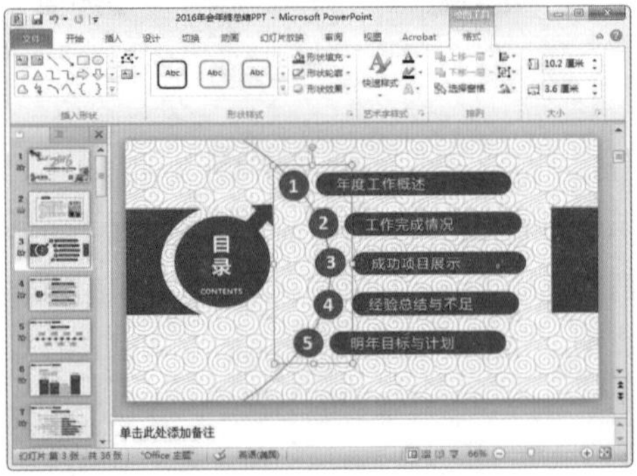

（3）选择动画效果

①单击“动画”选项卡中的“动画样式”按钮；

②选择需要使用的动画样式，如“飞入”，如下图所示。

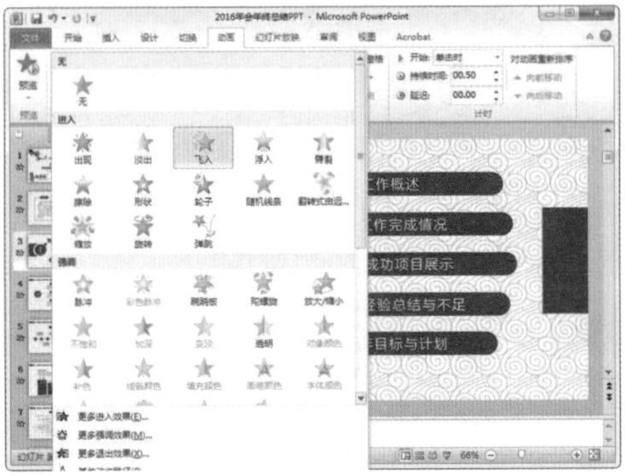

（4）设置动画效果选项

①单击“动画”选项卡的“效果选项”按钮；

②在菜单中选择飞入动画的动画方向，如“自左侧”，如下图所示。

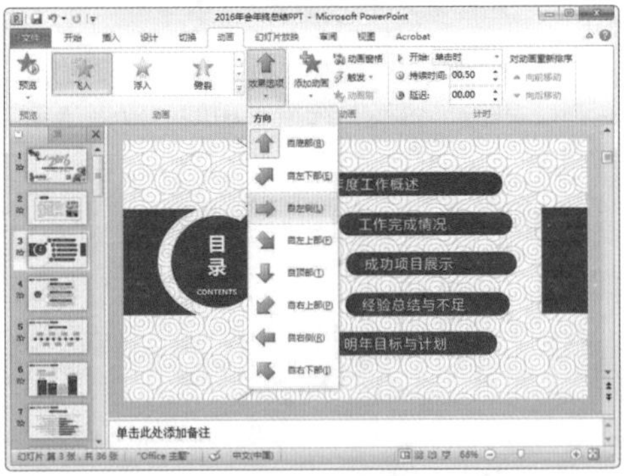

（5）设置动画开始时间与持续时间

①在“动画”选项卡的“开始”下拉列表框中选择“单击时”选项；

②在“持续时间”选项中设置动画持续的时间为01.00，如下图所示。

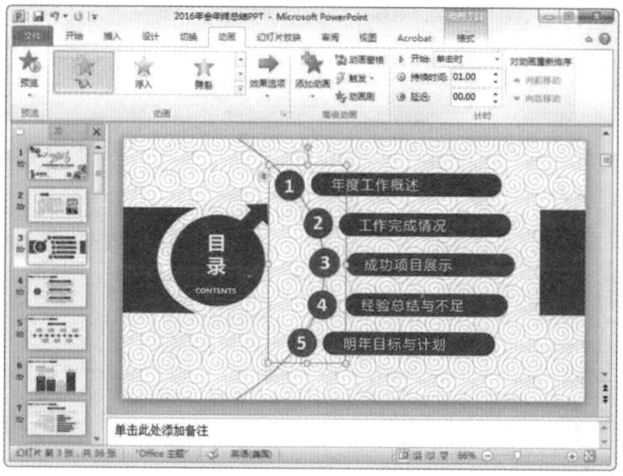

（6）预览该页动画播放效果

完成动画设置后，按【Shift+F5】快捷键即可放映当前幻灯片，预览当前幻灯片的动画效果，在放映时每单击一次鼠标左键，将逐一播放各项目飞出的动画效果，如下图所示。

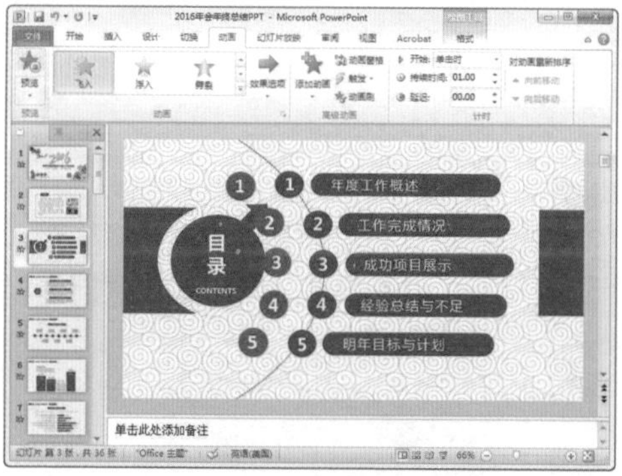

疑难解答

问：如何让多个动画自动播放？

答：若要使幻灯片中的动画自动播放，可以在“动画”选项卡的“开始”项中选择“与上一动画同时”或“上一动画之后”选项，在设置或更改动画效果时应注意选择要设置或更改动画的对象。

2. 制作“年终总结”幻灯片的动画

在以文字为主的幻灯片中，为使页面效果不那么单调，可以为文字加上一些动画效果，如进入动画、强调动画和退出动画。本例将对第 3 张幻灯片中的文字内容添加多种动画效果，具体操作如下。

（1）选择要添加动画的占位符

①选择第 3 张幻灯片；

②选择该幻灯片中要添加文字动画的占位符，如下图所示。

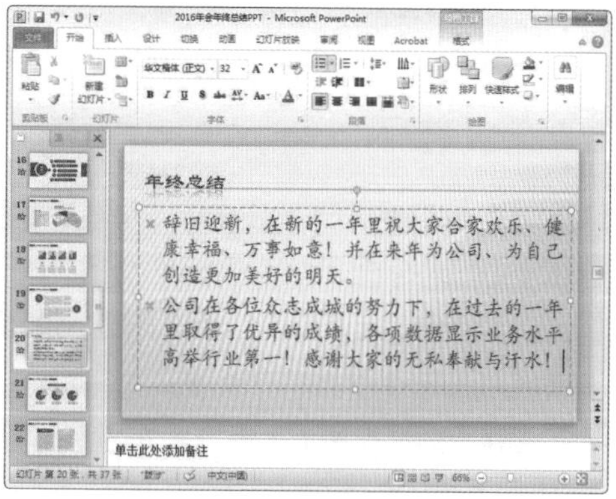

（2）执行“更多进入效果”命令

①单击“动画”选项卡中的“动画样式”按钮；

②在菜单中选择“更多进入效果”命令，如下图所示。

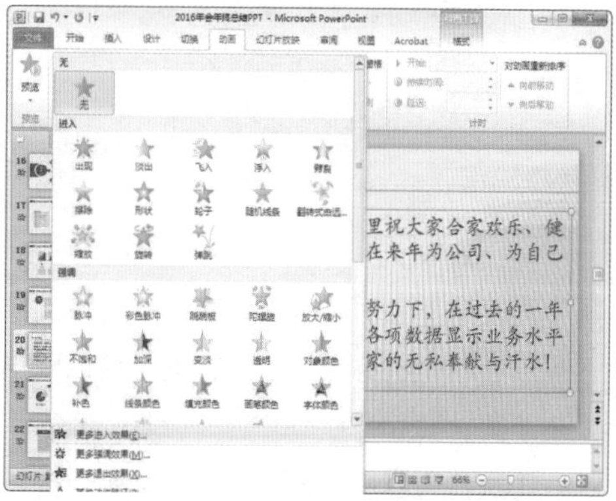

（3）选择动画效果

①在打开的“更多进入效果”对话框中选择“挥鞭式”选项，如下图所示；

②单击“确定”按钮应用该动画效果。

（4）设置动画的开始时间

①单击“动画”选项卡中的“动画窗格”按钮；

②在右侧“动画窗格”中选择第 2 条动画选项；

③在“动画”选项卡中设置开始时间为“上一动画之后”，如下图所示。

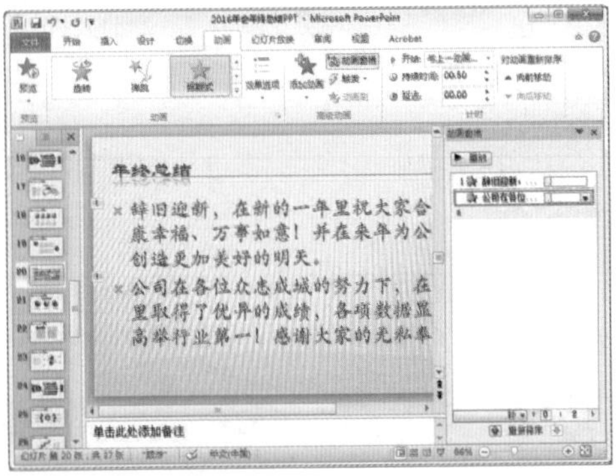

（5）添加强调动画

在文字上添加了进入动画后，为使文字在显示过程中也有动画效果，此时可以添加强调动画。

①选择内容占位符后单击“动画”选项卡中的“添加动画”按钮；

②在选项中的“强调”类别中选择要应用的动画效果，如“画笔颜色”，如下图所示。

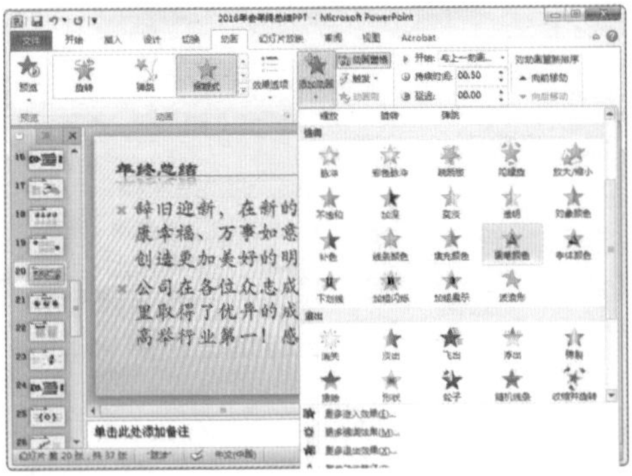

（6）修改动画效果选项

为使动画效果更加丰富，可以修改“画笔颜色”动画中文字的颜色。

①单击“动画”选项卡中的“效果选项”按钮；

②选择要应用的文字颜色，如“深红”，如下图所示。

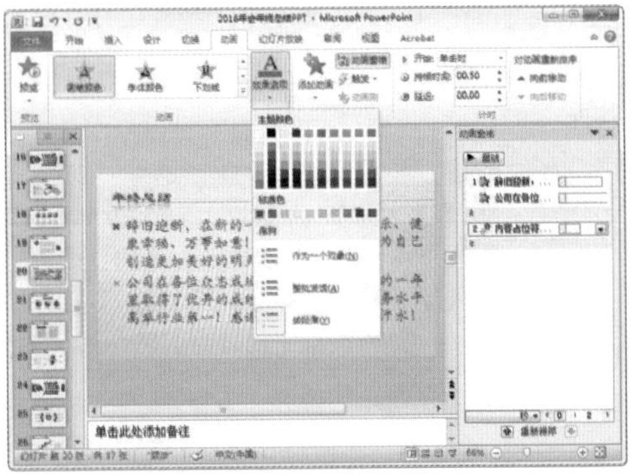

（7）添加退出动画

①选择内容占位符后单击“动画”选项

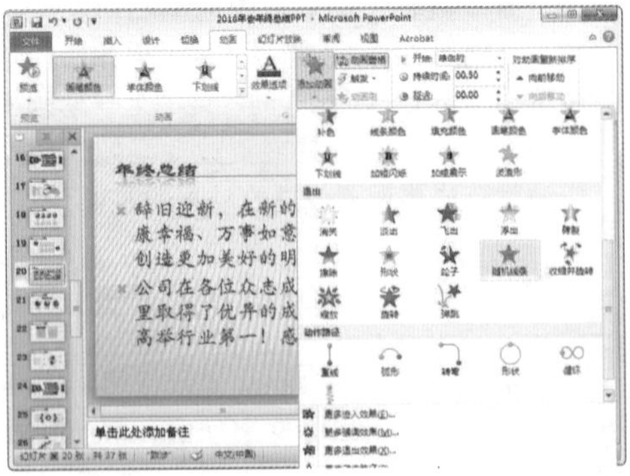

卡中的“添加动画”按钮；

②在选项中的“退出”类别中选择要应用的动画效果，如“随机线条”，如上图所示。

（8）预览动画效果

按【Shift+F5】快捷键放映当前幻灯片，查看动画效果，如下图所示。

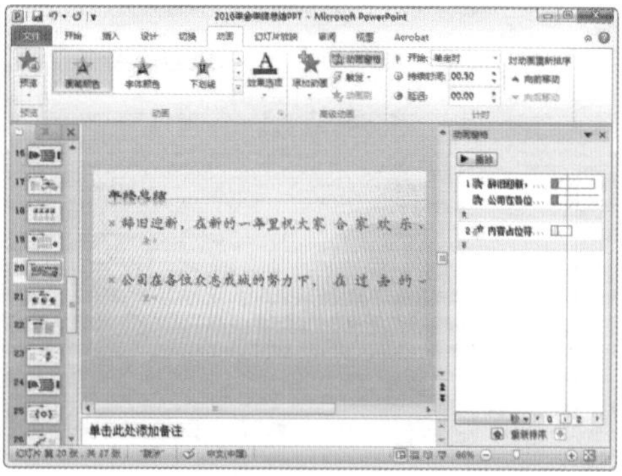

知识加油站

关于动画效果的叠加

在 PowerPoint 2010 中可以为同一个元素添加多种不同的动画样式，并且多个动画效果可进行叠加产生更加丰富的动画效果。例如，在同一元素上添加多个不同的动画样式，并设置动画开始时间均为“与上一动画同时”，此时即可将多个动画效果叠加于同一对象上。

3. 只做“销量情况分析”幻灯片的动画

在“销量情况分析”幻灯片中有图表元素和图片元素，为使图表和图片元素更具吸引力，可为图表和图片添加动画效果，使图表在显示时各分类各系列的数据逐一进行显示，在图表显示完成后，以动画方式显示出箭头图片，以对数据的变化趋势进行强调，具体操作如下。

（1）选择图标对象

①选择第 18 张幻灯片；

②选择该幻灯片中的图表对象。

（2）执行“更多进入效果”命令

①单击“动画”选项卡中的“动画样式”按钮；

②在菜单中选择“更多进入效果”命令，如下图所示。

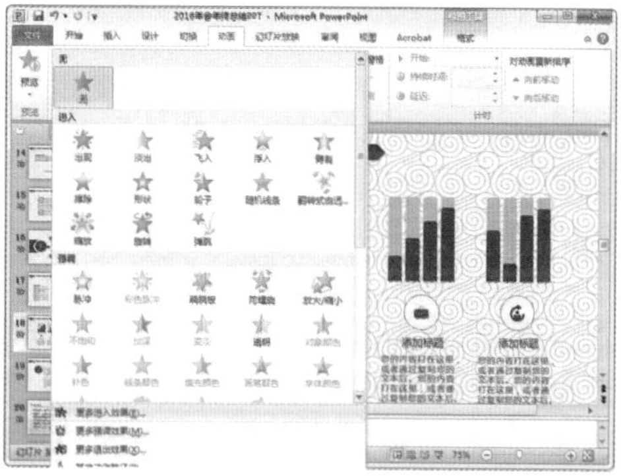

（3）选择动画效果

①在打开的“更改进入效果”对话框中选择动画效果为“切入”；

②单击“确定”按钮，如下图所示。

（4）更改图表动画效果

①单击“动画”选项卡中的“效果选项”按钮；

②选择“按类别中的元素”选项。

（5）选择图片对象

选择幻灯片中的图片元素。

（6）选择动画样式

①单击“动画”选项卡中的“动画样式”按钮；

②选择动画效果为“擦除”。

(7) 修改动画效果选项

①单击“动画”选项卡中的“效果选项”按钮；

②在菜单中选择“自左侧”命令。

(8) 预览动画效果

按【Shift+F5】快捷键放映当前幻灯片，单击鼠标左键，逐一放映当前幻灯片中的动画。

4. 制作“表彰先进”幻灯片的动画

在“表彰先进”幻灯片中有段落文字、多个添加了不同文字内容的图形以及图片等元素，现需要为这些元素设置动画效果。该幻灯片中的内容较多，在为其中的元素添加动画时若逐个进行设置，则操作较烦琐，故可同时为所有元素设置动画效果，然后再修改个别元素的动画设置，具体操作如下。

(1) 选择所有动画对象

①选择第 10 张幻灯片；

②通过框选或按住【Ctrl】键逐个单击的方法将除标题以外的所有元素选中，如下图所示。

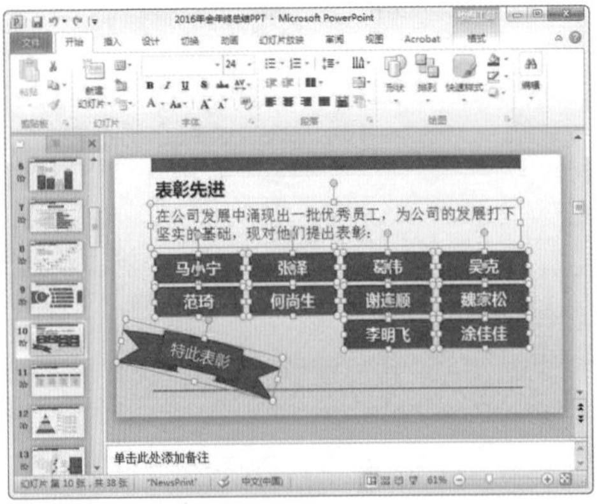

(2) 选择动画样式

①单击“动画”选项卡中的“动画样式”按钮；

②在菜单中选择动画样式“浮入”，同时设置各元素均应用该动画样式，如下图所示。

(3) 设置动画开始方式

①在“动画”选项卡的“开始”下拉列表框中选择“单击时”选项；

②单击“动画”选项卡中的“动画窗格”按钮，打开“动画窗格”，如下图所示。

(4) 调整动画顺序

在“动画窗格”中拖动 Picture 2 选项至序号为 12 的位置，即调整幻灯片中右下角的图片对象的动画顺序到姓名文字显示完成后，如下图所示。

(5) 选择要修改的动画

在“动画窗格”中单击选择第 3 个动画，按住【Shift】键单击第 11 个动画，即选择第 3 ~ 11 个动画过程，如下图所示。

(6) 设置动画时间

在“动画”选项卡中设置“开始”选项为“上一动画之后”，设置“持续时间”为

01.50，设置“延迟”为 00.50，如上图所示。

(7) 修改图片和图形动画的开始时间

①在“动画窗格”列表中选择最后两个动画；

②在“动画”选项卡中设置“开始”选项为“上动画之后”，如下图所示。

(8) 修改结束动画的效果

①选择“动画窗格”中最后一条动画；

②单击“动画样式”按钮；

③选择“更多进入效果”命令，如下图所示。

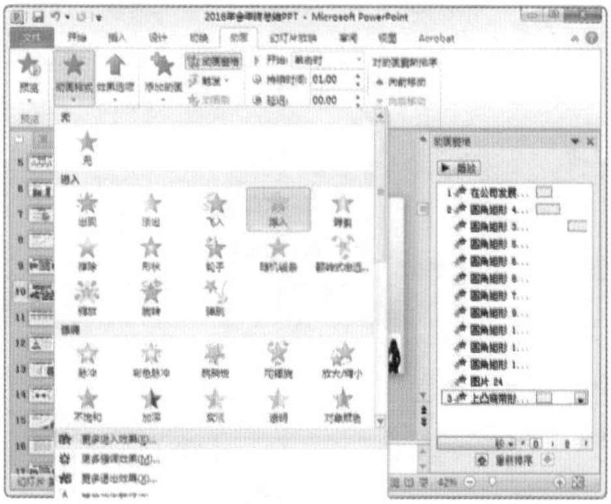

(9) 选择动画效果

①在“更改进入效果”对话框中选择要应用的动画效果“基本缩放”；

②单击“确定”按钮，如下图所示。

（10）设置动画效果选项及持续时间

①单击“动画”选项卡中的“效果选项”按钮；

②选择“缩小”选项；

③在“持续时间”选项中设置时间为0.25，即将动画播放速度加快，到此，该幻灯片中的动画制作完成，按【Shift+F5】快捷键可查看当前幻灯片中的动画效果，如下图所示。

5. 制作“会议结束”幻灯片的动画

在本例的最后一张幻灯片中，除显示了“会议结束”的字样和图片修饰外，还应用卷轴图形显示了一些祝福语。本例除为图片添加动画效果外，还将应用PowerPoint 2010中的动画功能，为该幻灯片中的祝福语制作卷轴展开的动画效果，具体操作如下。

（1）选择图片对象

①选择最后一张幻灯片；

②选择该幻灯片中的图片元素，如下图所示。

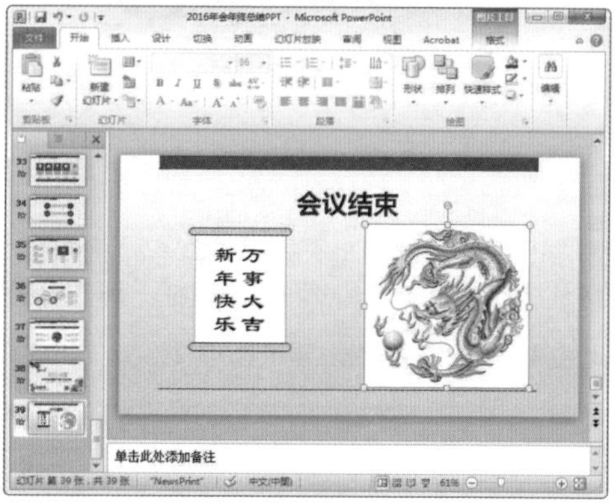

（2）选择动画样式

①单击“动画”选项卡中的“动画样式”按钮；

②在菜单中选择动画样式“翻转式由远及近”，如下图所示。

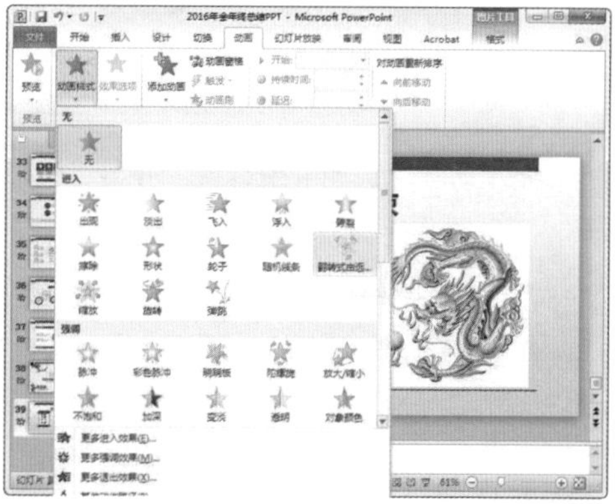

（3）选择卷轴图片背景及文字

选择幻灯片中卷轴图形的背景矩形以及该矩形上方的两段文字内容，如下图所示。

（4）选择动画样式

①单击“动画”选项卡中的“动画样式”按钮；

②在菜单中选择动画样式“擦除”，如下图所示。

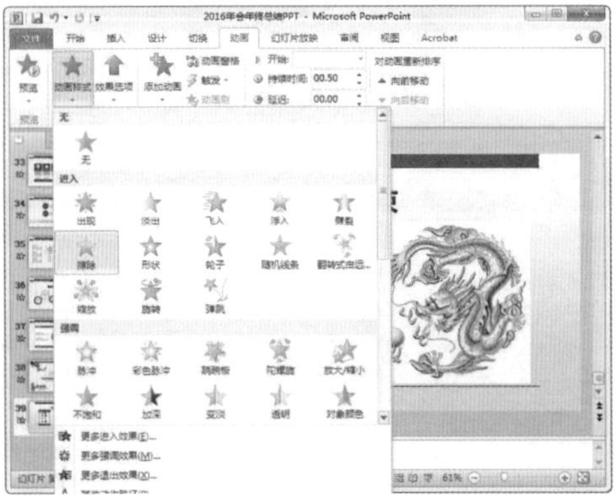

（5）设置动画效果选项及持续时间

①在动画效果选项中选择“自顶部”

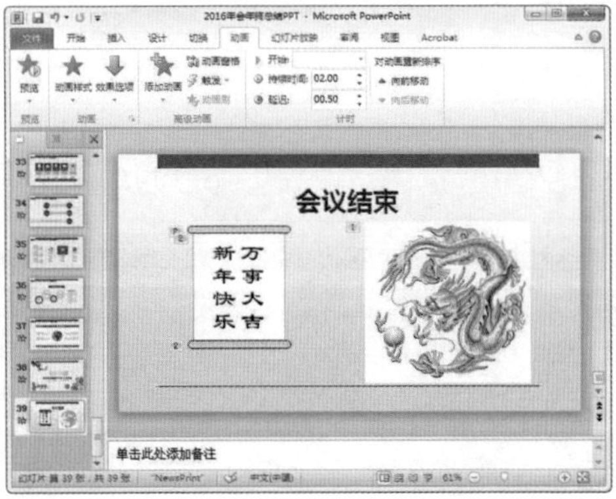

选项；

②设置“持续时间”时间为 02.00、“延迟”为 00.50，如上图所示。

（6）调整卷轴图形位置

选择下方的卷轴图形，并调整图形的位置到上方的卷轴下，如下图所示。

（7）执行“其他动作路径”命令

①单击“动画样式”按钮；

②在菜单中选择“其他动作路径”命令，如下图所示。

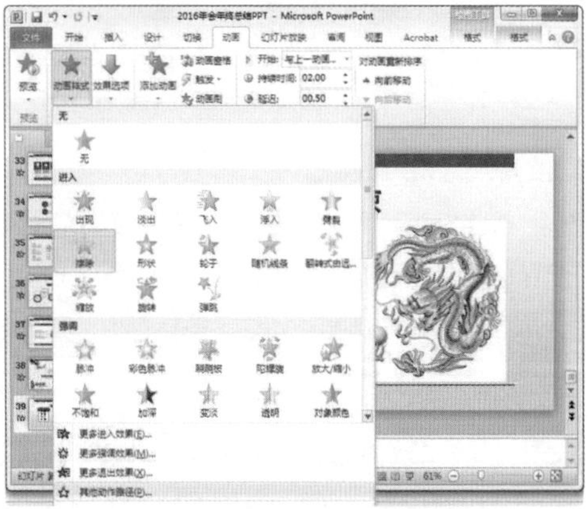

（8）选择动作路径

①在打开的“更改动作路径”对话框中选择“向下”动画；

②单击“确定”按钮，如下图所示。

(9) 调整动作路径动画

①调整画面中出现的动作路径引导线的位置到如下图所示的效果；

②在“动画”选项卡的“开始”下拉列表框中选择“与上一动画同时”选项，并设置“持续时间”为02.00。

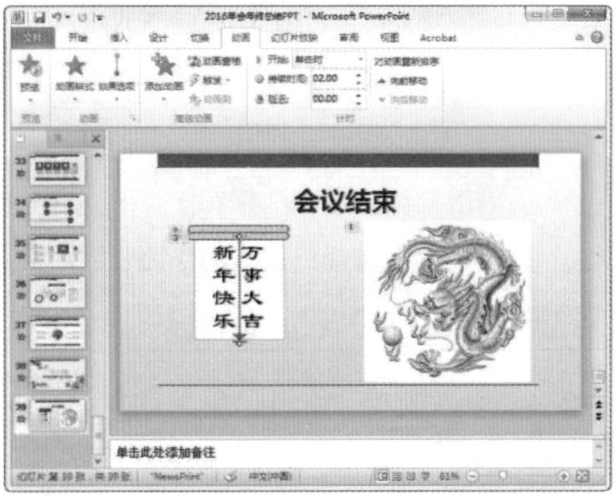

(10) 预览动画效果

按【Shift+F5】快捷键放映当前幻灯片，查看该幻灯片中的动画效果，如下图所示。

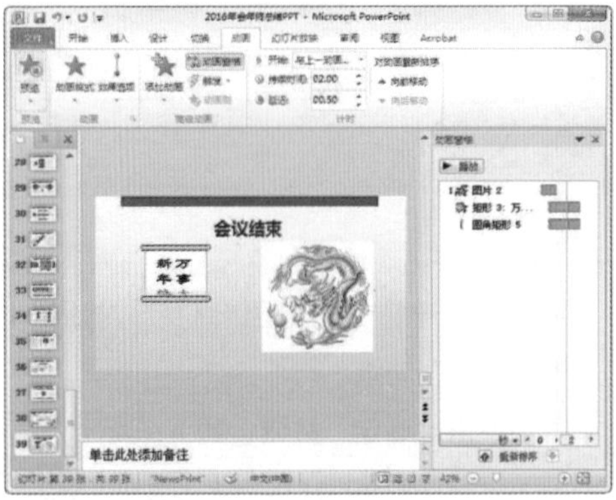

6. 制作模板幻灯片的动画

在本例幻灯片的母版中含有丰富的背景元素，为使幻灯片在放映时可以动态地显示这些背景元素，使幻灯片更加具有特色，可以为幻灯片母版中的背景元素添加动画效果，具体操作如下。

(1) 切换至母版视图

单击“视图”选项卡中的“幻灯片母版”按钮，切换至母版视图，如下图所示。

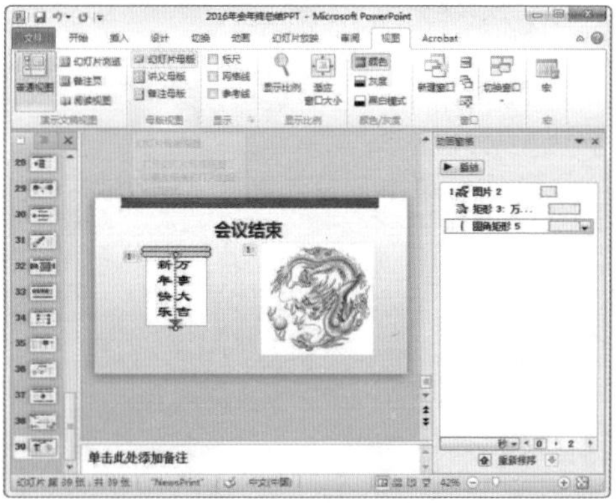

(2) 选择标题母版右上角的图片

①选择标题母版；

②选择标题母版幻灯片右上角的图片，如下图所示。

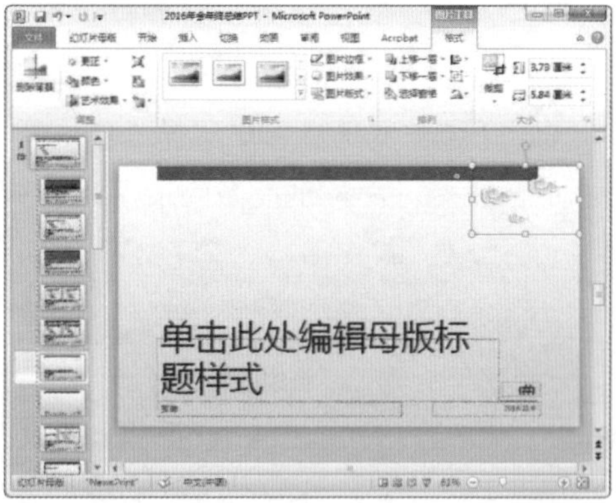

(3) 选择动画样式

①单击“动画”选项卡中的“动画样式”按钮；

②选择“其他动作路径”命令，如下图所示。

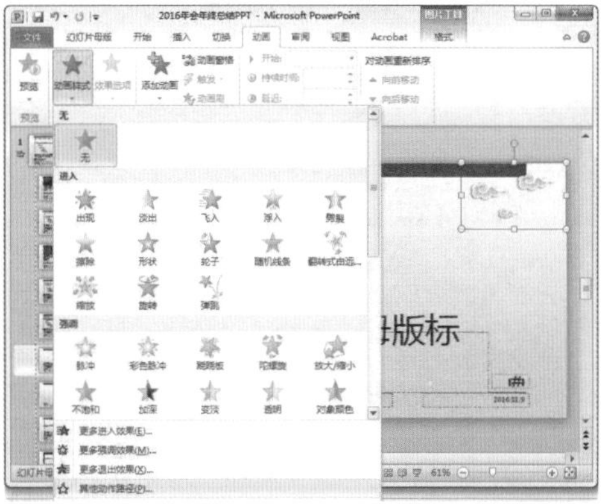

（4）设置动画效果

①在“更改动作路径”对话框中选择“向左”选项；

②单击“确定”按钮；

③调整画面中动画路径的位置和长度；

④设置动画的开始时间为“上一动画之后”、“持续时间”为01.50，如下图所示。

（5）设置底部图片动画

①选择底部红绸图片；

②设置动画样式为“擦除”；

③在“效果选项”中设置动画方向为“自左侧”；

④设置动画的开始时间为“与上一动画同时”，如下图所示。完成设置后退出母版视图，放映幻灯片查看动画效果。

11.1.3 添加幻灯片交互功能

在放映演示文稿的过程中，为方便放映者对幻灯片进行操作，可以在幻灯片中适当地添加一些交互功能。例如，在本例“目录”幻灯片中列举了会议的4个主要内容，为使幻灯片放映时可通过该目录选择要放映的具体幻灯片，可以为目录幻灯片中的各项目添加上相应的动作，并且在各内容幻灯片中添加返回“目录”幻灯片的功能按钮。

1. 为目录中的按钮添加动作

要使幻灯片中的元素具有交互功能，需要为元素添加相应的动作。本例中为目录中4个项目添加动画的具体操作如下。

（1）选择要添加动作的元素

①选择第2张幻灯片；

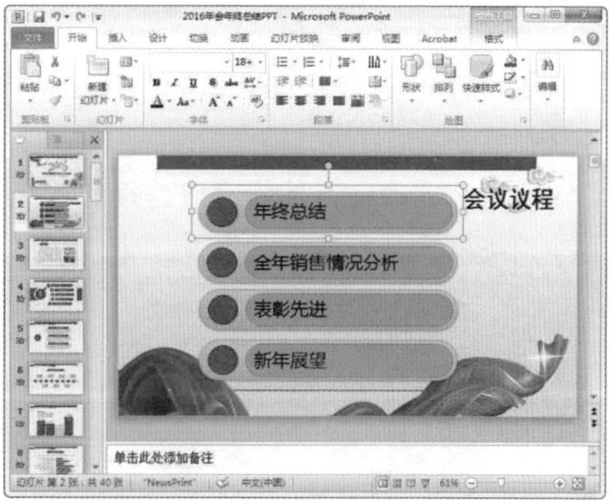

②在幻灯片中选择第 1 条项目的组合形状，再次单击选择组合图像内部的圆角矩形形状，如上图所示。

(2) 插入动作

单击“插入”选项卡“链接”组中的“动作”按钮，如下图所示。

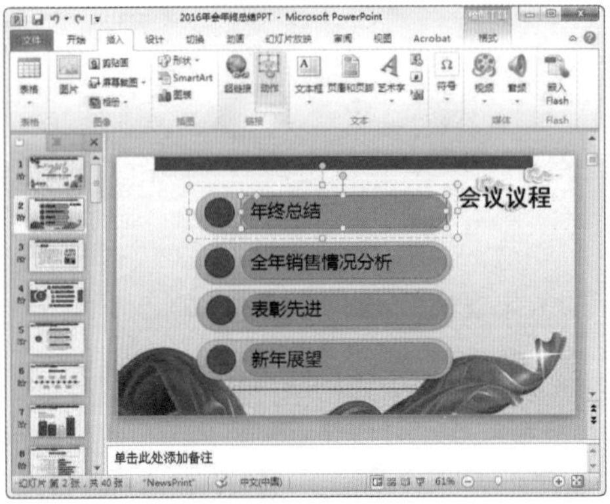

(3) 设置单击鼠标时的动作

①在“动作设置”对话框中选择“超链接到”选项；

②在下拉列表框中选择“幻灯片”选项，如下图所示。

(4) 选择链接到的幻灯片

①在打开的“超链接到幻灯片”对话框中选择第 3 张幻灯片，即“22. 年终总结”；

②单击“确定”按钮完成链接的选择，如下图所示。

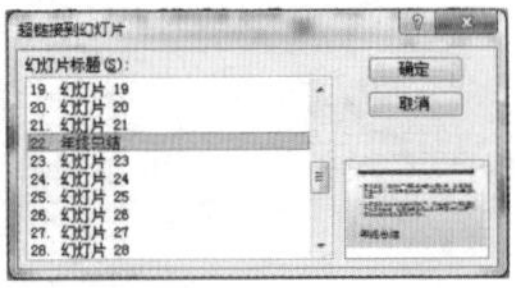

(5) 设置单击鼠标时的动作

①在“动作设置”对话框中选择“单击时突出显示”选项，如下图所示；

②单击“确定”按钮完成动作设置。

(6) 设置第二个按钮动作

用与前面相同的方法设置第二个按钮的动作为超链接到第 4 张幻灯片，如下图所示。

(7) 设置第三个按钮动作

用与前面相同的方法设置第三个按钮的动作为超链接到第 5 张幻灯片，如下图所示。

（8）设置第四个按钮动作

用与前面相同的方法设置第四个按钮的动作为超链接到第 6 张幻灯片，如下图所示。

2. 添加“返回目录”按钮功能

在放映幻灯片时，为使用户可以通过演讲者的操作快速切换到“目录”幻灯片，需要在各幻灯片中添加“返回目录”按钮，具体操作如下。

（1）绘制按钮图形

在第 3 张幻灯片左上角绘制一个圆角矩形，在圆角矩形中添加文字内容“返回目录”，并设置形状样式和艺术字样式，效果如下图所示。

（2）插入动作

单击“插入”选项卡“链接”组中的“动作”按钮，如下图所示。

（3）设置单击鼠标时的动作

①在“动作设置”对话框中选择“超链接到”选项，并设置链接到的幻灯片为“会议议程”，如下图所示；

②单击“确定”按钮完成动作设置。

（4）复制粘贴动作按钮

复制添加了动作的“返回目录”按钮，并将其粘贴于第 4 张到第 7 张幻灯片中，完成按钮制作，如下图所示。

11.1.4 放映幻灯片

演示文稿中的幻灯片制作完成后，在实际演讲或应用时则需要用各种不同的方式进行放映，除直接按【F5】键从头开始放映幻灯片以及按【Shift+F5】快捷键从当前幻灯片开始放映外，本小节将为读者介绍幻灯片放映的其他方式及放映相关的设置。

1. 设置放映类型

在不同的情况下放映幻灯片，可设置不同的幻灯片放映类型。例如，由演讲者演讲时自行操作放映，通常使用全屏方式放映；若由观众自行浏览，则常常以窗口方式放映，以方便观众应用相应的浏览功能；若要在展台进行播放，则常常应用全屏方式进行自动放映，且取消鼠标和键盘相关播放功能。本例将设置幻灯片的放映方式为观众自行浏览，并使幻灯片循环放映，具体操作如下。

（1）单击“设置幻灯片”按钮

在“幻灯片放映”选项卡的“设置”组中单击“设置幻灯片放映”按钮，如下图所示。

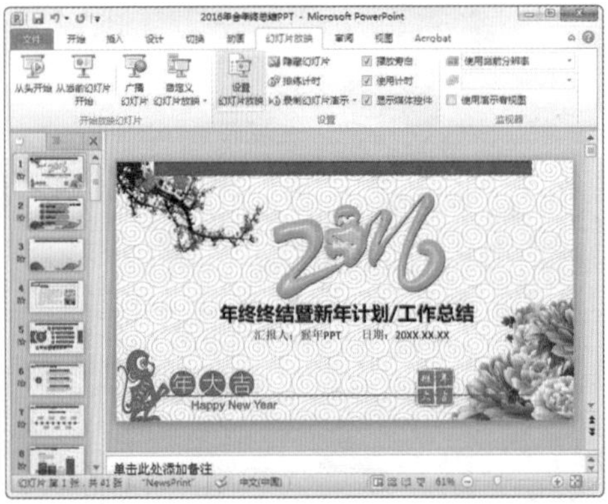

（2）设置放映方式

①在打开的“设置放映方式”对话框中选择“观众自行浏览（窗口）”选项；

②选择“循环放映，按 Esc 键终止”选项，如下图所示；

③单击“确定”按钮完成放映方式设置。

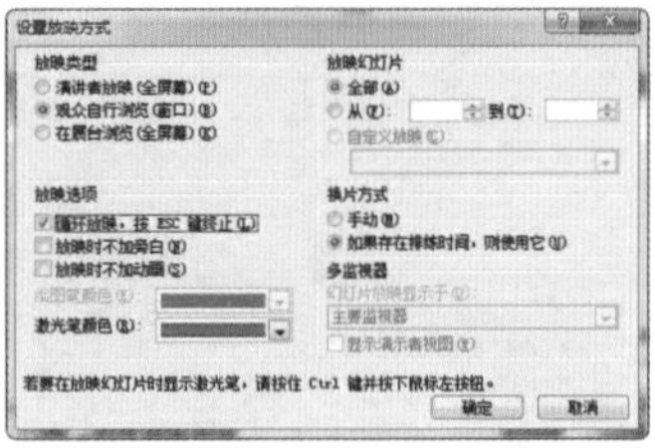

2. 新建自定义放映

在放映幻灯片时，有时需要显示的幻灯片内容或顺序可能有所不同，此时可在原有幻灯片的基础上通过自定义放映功能建立多种不同的放映过程，具体操作如下。

（1）执行“自定义放映”命令

①单击“幻灯片放映”选项卡中的“自定义幻灯片放映”按钮；

②在菜单中选择“自定义放映”命令，如下图所示；

③在打开的“自定义放映”对话框中单击“新建”按钮。

（2）新建自定义放映

①在打开的“定义自定义放映”对话框中设置幻灯片放映的名称，通过在左侧列表中选择幻灯片，单击“添加”按钮，将自定义放映中需要的幻灯片添加到右侧列表中，如下图所示；

②单击“确定”按钮完成自定义放映的

定义；

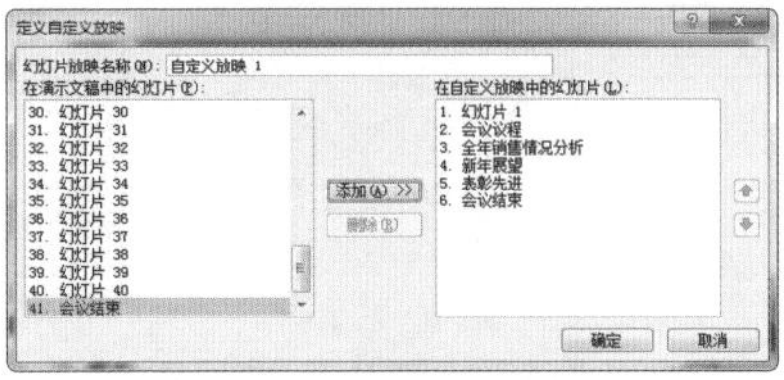

③单击“自定义放映”对话框中的“放映”按钮即可放映该自定义放映。

3. 幻灯片放映时的播放控制

在幻灯片放映的过程中，有时演讲者需要选择幻灯片进行放映，此时可应用幻灯片放映状态下的控制功能，具体操作如下。

按【F5】键开始放映幻灯片，在幻灯片放映窗口中右击，在打开的快捷菜单中可选择相应的幻灯片放映控制操作，如“下一张”“上一张”“定位至幻灯片”以及“结束放映”等操作，如下图所示。

4. 放映时使用笔画标注

演讲者在全屏状态下放映幻灯片时，可通过画笔工具在幻灯片中绘制和标注一些重要信息，具体操作如下。

（1）选择“笔”命令

①在全屏状态下放映的幻灯片中单击鼠标右键，在菜单中选择“指针选项”选项，如下图所示；

②选择“笔”命令后即可在幻灯片上进行绘制及标注。

（2）应用画笔进行绘制

在放映状态下按住鼠标左键拖动即可绘制出标注线条，如下图所示。

疑难解答

问：如何修改画笔颜色以及擦除墨迹？

答：在全屏放映状态下使用画笔进行绘制时，绘制出的线条颜色默认为红色。若要修改画笔颜色，在右键菜单“指针选项”的“墨迹颜色”子菜单中选择相应的颜色即可；若要擦除绘制的线条，可使用“橡皮擦”或“擦除幻灯片上的所有墨迹”命令。

11.1.5 排练计时和放映文件

在制作演示文稿时，若要使整个演示文稿中的幻灯片可以自动播放，且各幻灯片播放的时间与实际需要时间大致相同，此时可以应用排练计时功能。当幻灯片制作完成后，可以将幻灯片存储为放映文件，以实现直接打开文件，幻灯片立即开始播放。

1. 应用排练计时录制放映过程

在“切换”选项卡的“计时”组中可设置幻灯片持续播放的时间，但为了使幻灯片播放的时间更加准确，更接近真实的演讲状态时的时间，可以使用排练计时功能，在预演的过程中记录下幻灯片中动画切换的时间，具体操作如下。

（1）执行“排练计时”命令

单击“幻灯片放映”选项卡中的“排练计时”按钮，即可进入排练计时的放映状态，如下图所示。

（2）预演放映过程

此时，在幻灯片放映过程中将根据实际情况进行放映预演，排练计时功能将自动记录下各幻灯片的显示时间及动画的播放时间等信息。在屏幕左上角提供了“录制”工具栏，在该工具栏中可查看到整个演示文稿的放映时间以及当前幻灯片显示的时间，同时可通过工具栏中提供的控制功能对排练计时进行控制，如下图所示。

知识加油站

使用排练时间放映幻灯片

当应用排练计时功能录制完整个幻灯片后，直接放映幻灯片即可应用录制的排练时间自动放映幻灯片。若不想使用录制的排练时间自动放映幻灯片，可以取消选择“幻灯片放映”选项卡中的“使用计时”选项，然后再放映幻灯片即可。

2. 另存为放映文件

为使演示文稿在打开时自动播放幻灯片，可将演示文稿保存为放映文件格式，且放映文件的内容不能再被编辑和修改。将演示文稿另存为放映文件的操作如下。

①单击“文件”选项卡中的“另存为”命令；

②在“另存为”对话框中设置保存文件名称，并选择文件保存类型为“PowerPoint 放映 (*.ppsx)”，如下图所示；

③单击“保存”按钮保存文件即可。

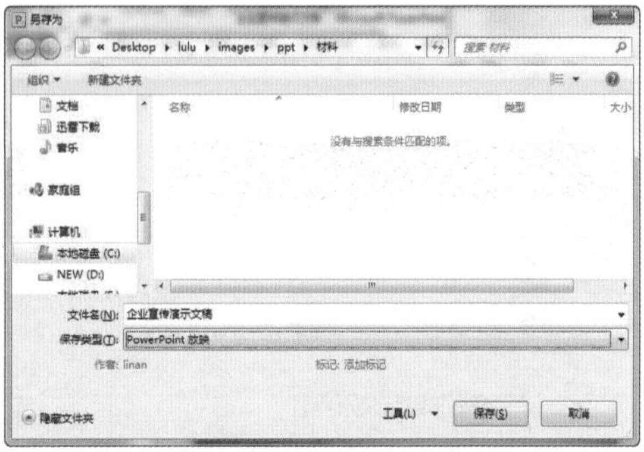

11.2 制作交互式产品介绍幻灯片

在日常办公应用中，用户常常需要以动画方式展示一些图片及文字，为使演示操作或观众自行浏览的操作更加方便，需要为这些演示幻灯片添加一些交互效果，使浏览者能有更好的互动体验。本例将以交互式产品介绍幻灯片为例，为读者介绍 PowerPoint 2010 中互动效果的添加方式和技巧。

11.2.1 制作“产品目录”及“产品介绍”幻灯片

在制作交互式产品介绍幻灯片时，首先需要新建一个演示文稿，并制作出静态的“产品目录”和“产品介绍”幻灯片，然后再添加相应的动画及动作效果。

1. 制作“产品目录”幻灯片

新建出空白演示文稿后，再应用幻灯片内容编辑功能及相关素材图片制作出目录幻灯片。由于本例中需要在“产品目录”幻灯片中应用互动效果，而直接设置的幻灯片背景颜色或图片无法添加动作，故先应用空白版式的幻灯片制作框架结构，再绘制可添加动作的矩形形状作为幻灯片背景，具体操作如下。

（1）更改幻灯片版式

①新建演示文稿，单击“开始”选项卡中的“幻灯片版式”按钮；

②选择“空白”选项，将幻灯片更改为空白版式，如下图所示。

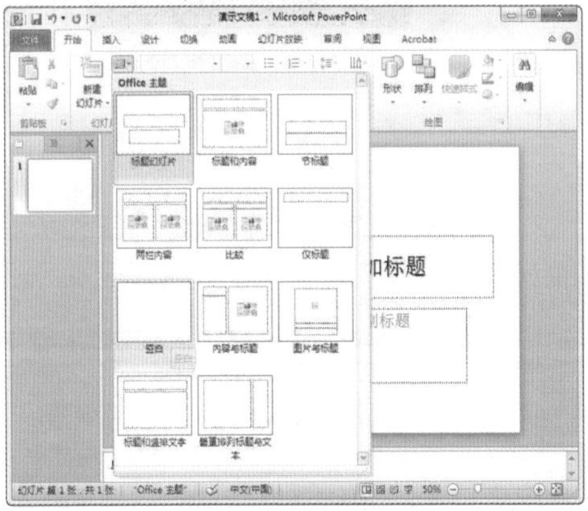

（2）绘制背景图形

①在幻灯片中绘制一个与幻灯片大小相同的矩形形状；

②设置形状样式如下图所示。

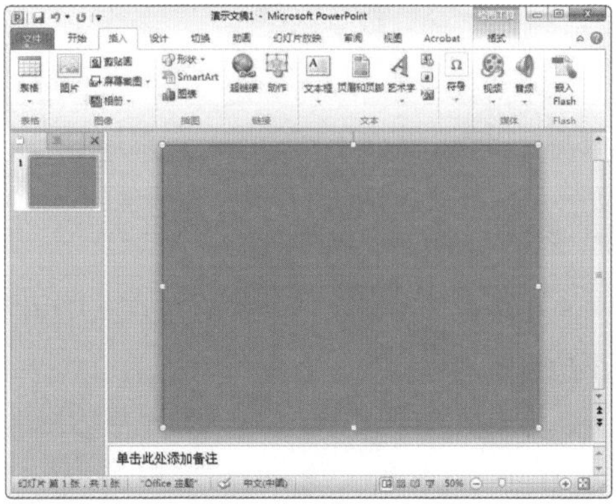

（3）插入艺术字

①在幻灯片中插入一个艺术字，并编辑艺术字内容为“产品目录”；

②设置艺术字字体格式，如下图所示。

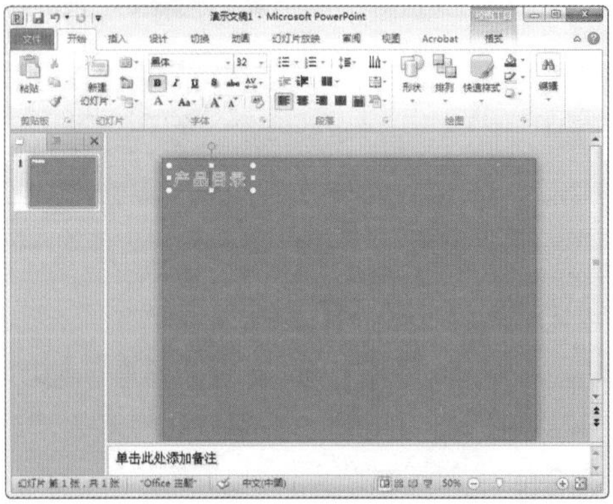

（4）插入素材图像

在幻灯片中插入素材图像，并调整图像大小和位置到如下图所示的效果。

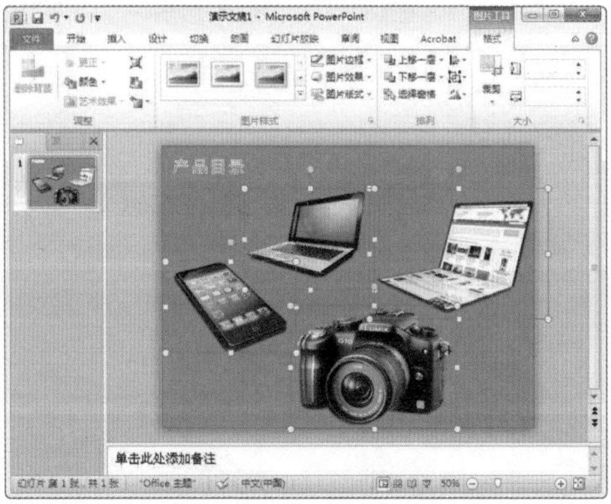

2. 制作“产品介绍”幻灯片

本例演示文稿需要介绍4个不同的产品，故需要制作出4张不同的幻灯片来展示和介绍不同的产品，各幻灯片的制作步骤如下。

（1）新建幻灯片

①单击“开始”选项卡中的“新建幻灯片”下拉按钮；

②选择幻灯片版式为“图片与标题”，如下图所示。

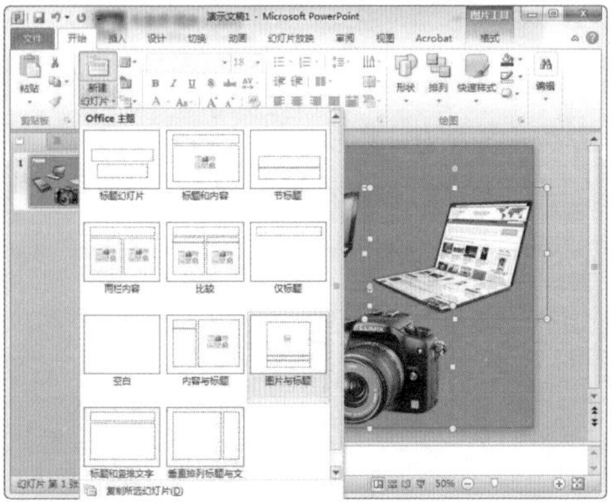

（2）调整并修饰占位符

①调整幻灯片中各占位符的位置和大小；

②设置文字内容占位符形状样式为“黑色填充”，如下图所示。

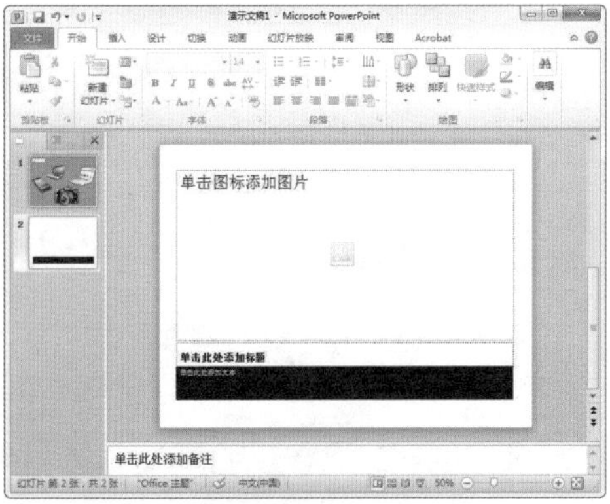

（3）插入并裁剪产品图片

①在图片占位符中插入素材图像；

②单击“裁剪”下拉按钮；

③在菜单中选择“调整”命令，如下图所示。

（4）调整图片裁剪效果

调整图片到如下图所示的裁剪效果。

（5）输入文字内容

在标题和文字占位符中输入如下图所示的文字内容。

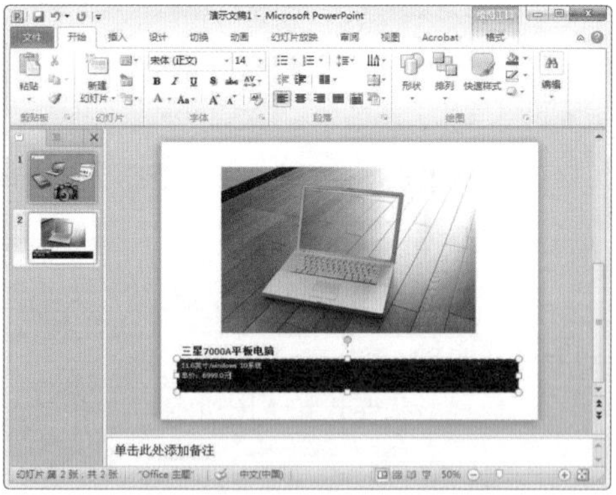

（6）制作第 2 个产品幻灯片

新建空白版式幻灯片，应用素材图像制作出如下图所示的“产品介绍”幻灯片。

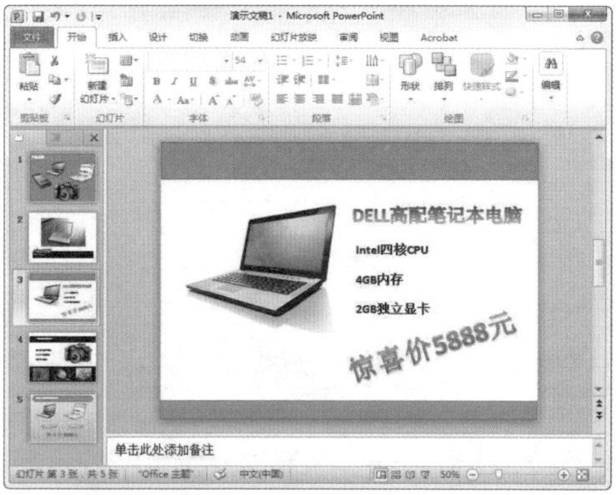

（7）制作第 3 个产品幻灯片

新建空白版式幻灯片，应用素材图像制作出如下图所示的“产品介绍”幻灯片。

（8）制作第 4 个产品幻灯片

新建空白版式幻灯片，应用素材图像制作出如下图所示的“产品介绍”幻灯片。

11.2.2 制作“产品目录”幻灯片的交互动画

为使“产品目录”幻灯片中具有丰富的视觉效果，本例将在幻灯片中添加动画效果及动作。同时，根据现有的幻灯片制作出多个交互效果所应用的幻灯片，即复制 4 个“产品目录”幻灯片，分别在各幻灯片中制作出当鼠标指针经过各产品图片时突出显示的交互效果，然后为各产品图片添加动作以实现交互动画，具体操作如下。

1. 制作“产品目录”幻灯片的交互动画

为了使鼠标指针经过“产品目录”幻灯片中的图片时出现不同的交互动画效果，可将鼠标指针经过各图片时的效果分别制作于不同的幻灯片中，具体操作如下。

（1）复制“产品目录”幻灯片

①在“幻灯片”列表中选择“产品目录”幻灯片；

②单击“开始”选项卡中的“复制”按钮；

③单击“粘贴”按钮粘贴出复制的“产品目录”幻灯片，如下图所示。

（2）选择第 1 张产品图片

在复制出的“产品目录”幻灯片中选择第 1 张产品图片，准备为该图片添加强调动画，如下图所示。

（3）添加“放大 / 缩小”动画

在“动画”选项卡的“动画样式”列表的“强调”类型中选择“放大 / 缩小”动画效果，如下图所示。

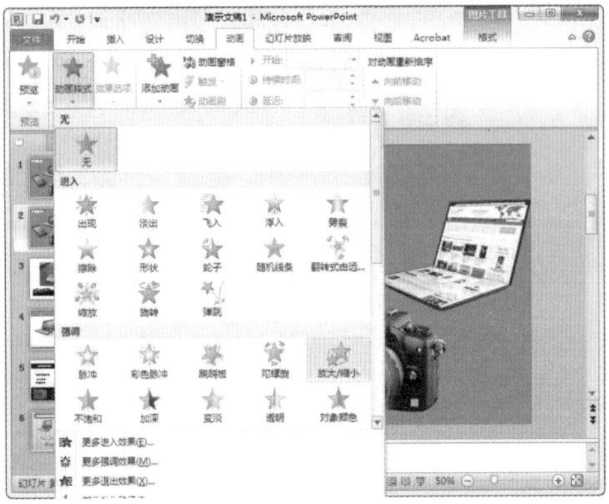

（4）设置动画计时

在“动画”选项卡中的“计时”组中设置“开始”为“与上一动画同时”，设置“持续时间”为 00.50，如上图所示。

（5）复制幻灯片

用第 2 张幻灯片复制出 3 张新幻灯片，如下图所示。

（6）应用动画刷复制动画

①选择第 3 张幻灯片；

②选择幻灯片中已添加动画的第 1 张产品图片；

③单击“动画”选项卡中的“动画刷”按钮，复制该图片上的动画效果；

④单击第 2 张产品图，在该图片上应用相同的动画，如下图所示。

（7）删除动画

①单击“动画”选项卡中的“动画窗格”按钮；

②在显示出的“动画窗格”中单击第 1 个动画项目的下拉按钮；

③在菜单中选择“删除”命令，删除该幻灯片中第 1 张产品图上的动画，如下图所示。

（8）制作第 4 张幻灯片的动画

用与前面相同的操作，为第 4 张幻灯片的第 3 幅产品图片设置动画效果，删除该幻灯片中第 1 张产品图片的动画，如下图所示。

（9）制作第 5 张换的幻灯片动画

用与前面相同的操作，为第 5 张幻灯片的第 4 幅产品图片设置动画效果，删除该幻灯片中第 1 张产品图片的动画，如下图所示。

2. 为产品图片添加鼠标经过动作

在“产品目录”页中，为了使鼠标指针指向各产品图片时可以看到对应商品图的动画效果，可为各产品图添加鼠标经过动画，在鼠标指针经过时链接到含有对应产品动画的交互动画幻灯片。在本例中，在第 1 张幻灯片中的各产品图上添加动作，当鼠标指针经过第 1 张产品图时链接到第 2 张幻灯片，当鼠标指针经过第 2 张产品图时链接到第 3 张幻灯片，当鼠标指针经过第 3 张产品图时链接到第 4 张幻灯片，当鼠标指针经过第 4 张产品图时链接到第 5 张幻灯片。在切换到显示产品图片动画效果的幻灯片后，如果鼠标指针离开指向的产品图片，应将幻灯片切换回原始的“产品目录”幻灯片，即第 1 张幻灯片。鼠标指针离开指向的产品图片时会经过背景图形，故可以在背景图形上添加鼠标经过动作，链接到第 1 张幻灯片，具体操作如下。

（1）为第 1 个产品添加动作

①选择第 1 张幻灯片，即初始的“产品目录”幻灯片；

②选择幻灯片的第 1 张产品图；

③单击“插入”选项卡“链接”组中的“动作”按钮，如下图所示。

（2）设置鼠标经过动作

①在打开的“动作设置”对话框中选择“鼠标移过”选项卡；

②选择鼠标移过时的动作为“超链接到第 2 张幻灯片”，即“幻灯片 2”，如下图所示；

③单击“确定”按钮完成动作设置。

（3）设置第 2 个产品图的动作

用与前面相同的方式设置第 2 张产品图的鼠标移过动作，设置超链接到“幻灯片 3”，如下图所示。

（4）设置第 3 个产品图的动作

用与前面相同的方式设置第 3 张产品图的鼠标移过动作，设置超链接到“幻灯片 4”，如下图所示。

（5）设置第 4 个产品图的动作

用与前面相同的方式设置第 4 张产品图的鼠标移过动作，设置超链接到“幻灯片 5”，如下图所示。

（6）设置背景图形动作

①选择第 2 张幻灯片；

②选择幻灯片中的背景图形；

③在“插入”选项卡中单击“动作”按钮，如下图所示。

（7）设置鼠标移过动作

①在打开的“动作设置”对话框中选择“鼠标移过”选项卡；

②选择鼠标移过时的动作为“超链接到第一张幻灯片”，如下图所示；

③单击“确定”按钮完成动作设置。

（8）设置其他幻灯片背景图形动作

用与前面相同的方式设置第3、4、5张幻灯片中背景图形的鼠标移过动作，均设置为鼠标移过时超链接到第1张幻灯片。完成后按【F5】键放映幻灯片，当鼠标指针指向不同的产品图片时，该产品图即会放大显示，如下图所示。

疑难解答

如何让本例中鼠标经过的交互效果更加灵活？

答：本例中，放映幻灯片时，鼠标经过图像时的交互效果并不太灵活，为了使互动效果更加灵活，用户可在各产品动画所在的幻灯片中，为所有产品图片添加与首页相同的动作。

3. 为产品图片添加鼠标单击动作

在“产品目录”中单击某产品图片后，需要切换到该产品相应的产品介绍幻灯片，由于鼠标指针指向幻灯片中的产品图片时，幻灯片已经切换到相应产品的交互动画幻灯片，故应在各个产品动画幻灯片中对应的图片上添加鼠标单击动作，具体操作如下。

（1）添加第1个产品图片的动作

①选择第2张幻灯片；

②在幻灯片中选择第1个产品图；

③单击“插入”选项卡中的“动作”按钮，如下图所示。

（2）设置单击鼠标动作

①在打开的“动作设置”对话框中选择“单击鼠标”选项卡；

②选择“超链接到”选项，并选择链接到的幻灯片为第6张幻灯片，如下图所示；

③单击“确定”按钮，完成动作设置。

（3）添加第 2 个产品图片的动作

①选择第 3 张幻灯片；

②在幻灯片中选择第 2 个产品图；

③单击“插入”选项卡中的“动作”按钮，如下图所示。

（4）设置单击鼠标动作

①在打开的“动作设置”对话框中选择“单击鼠标”选项卡；

②选择“超链接到”选项，并选择链接到的幻灯片为“幻灯片 7”；

③单击“确定”按钮，完成动作设置，如下图所示。

（5）添加其他产品图片的动作

用与前面相同的方式，分别为第 4 张和第 5 张幻灯片中的第 3 个和第 4 个产品图片添加单击鼠标动作，分别链接到第 7 张幻灯片和第 8 张幻灯片，然后按【F5】键放映幻灯片，查看交互效果，在“产品目录”幻灯片中单击相应的产品图片后即可显示出该产品的详细介绍，如下图所示。

4. 在“产品介绍”幻灯片中添加“返回目录”按钮

在幻灯片放映过程中显示产品介绍时，为了使浏览者可以快速返回“产品目录”幻灯片重新选择产品，可以在各产品介绍幻灯片中添加“返回目录”按钮，并为按钮添加链接到第 1 张幻灯片的动作，具体操作如下。

（1）制作按钮图形

在第 6 张幻灯片中的右上角绘制一个圆角矩形，设置形状样式，并添加相应的文字内容，如下图所示。

（2）添加单击鼠标动作

单击“插入”选项卡中的“动作”按钮，在打开的“动作设置”对话框中设置单击鼠标时的动作为“超链接到第一张幻灯片”，如下图所示。

（3）复制动作按钮

复制添加了动作的按钮图形，将图形粘贴到另外 3 张“产品介绍”幻灯片中，如下图所示。

5. 设置幻灯片切换方式及动画

本例的产品介绍需要浏览者在目录中单击相应的产品图片以进行显示，不需要自动切换，故需要取消幻灯片单击鼠标时的切换功能，同时为“产品介绍”幻灯片添加动画效果，具体操作如下。

（1）更改切换方式

①在“幻灯片”列表中选择一个幻灯片后按【Ctrl+A】快捷键全选幻灯片；

②在“切换”选项卡的“计时”组中取消选择“单击鼠标时”选项，如下图所示。

（2）设置“产品介绍”幻灯片的切换动画

①选择“产品介绍”幻灯片，即第 6 ~ 9 张幻灯片；

②在“切换”选项卡中选择一种幻灯片切换效果，如下图所示。